张量和连续介质力学

黄宝宗　编著

北　京

冶金工业出版社

2013

内 容 提 要

连续介质力学是近代力学的重要分支，它以统一的观点、严格的非线性理论体系研究连续介质的变形和运动规律，是众多应用力学的基础。张量分析是连续介质力学的数学工具，两者相辅相成，在力学研究中已被广泛应用。

本书内容主要包括：系统的张量理论基础及其在连续介质力学中的应用；连续介质力学的基本概念和精确、完整的理论系统；连续介质力学理论在线性和几何与材料非线性弹性、热弹性、塑性、黏弹性、流体等力学分支中的应用。本书注重基础性、系统性、相互关联和实用性。内容力求深入浅出，以便于初学读者理解和自学，书中并附有典型例题和习题。

本书可作为力学及相关工程学科(例如航空航天、土木与工程结构、机械、交通、采矿、材料、加工等)研究生、高年级本科生的教材或参考书，也可供有关科技工作者参考。

图书在版编目(CIP)数据

张量和连续介质力学/黄宝宗编著. —北京：冶金工业
出版社，2012.12 (2013.7 重印)
ISBN 978-7-5024-6035-8

Ⅰ. ①张 … Ⅱ. ①黄… Ⅲ. ①张量分析 ②连续介质力学 Ⅳ. ①O183.2 ②O33

中国版本图书馆 CIP 数据核字 (2012) 第 258829 号

出 版 人 谭学余
地　　址 北京北河沿大街嵩祝院北巷 39 号，邮编 100009
电　　话 (010)64027926 电子信箱 yjcbs@cnmip.com.cn
责任编辑 程志宏　美术编辑 彭子赫　版式设计 孙跃红
责任校对 王永欣　责任印制 张祺鑫
ISBN 978-7-5024-6035-8
冶金工业出版社出版发行；各地新华书店经销；北京慧美印刷有限公司印刷
2012 年 12 月第 1 版，2013 年 7 月第 2 次印刷
169mm×239mm；26.25 印张；511 千字；403 页
69.00 元
冶金工业出版社投稿电话: (010)64027932　投稿信箱: **tougao@cnmip.com.cn**
冶金工业出版社发行部　电话: (010)64044283　传真: (010)64027893
冶金书店　地址: 北京东四西大街 46 号(100010)　电话: (010)65289081(兼传真)
　　　　(本书如有印装质量问题，本社发行部负责退换)

前　言

　　物质由分子和原子组成，因此在本质上是不连续的。物体的宏观力学现象归根到底决定于物质的微观结构及其行为，但目前基于微观理论准确预测物体的宏观力学行为还很困难。另一方面，人们发现在研究物体或介质的变形和运动等宏观力学现象时，可以不必考虑物质微观结构的不连续性，因此把物质看作是连续的，可以无限分割并能保持其物理性质不变，从而将物体简化为占据某一空间（可以是无限空间，也可以存在有限个间断面）、由一些物理量描述的连续场。这些物理量描述了物体的变形、运动、内力与能量变化、温度、密度及其他物理性质等。这样的物质模型称为连续介质。连续介质力学就是把物质当作连续介质，研究物体宏观力学行为的连续场理论。只要物体中任何被考虑的部分其尺度比微观结构尺度的特征长度（例如晶体的原子间距或气体的平均自由程等）大得多，连续介质模型就是合理的。大量的实际应用证明，连续介质力学能够成功地描述和预测物体宏观力学行为，甚至可以用于像沙子、混凝土等包含大量颗粒的物质，只要分析时所考虑的微小区域比个别颗粒的尺度大得多就可以；相反地，对于像钢这样的连续介质，在研究具有微小波长的波在其中传播时，倘若波长与物质的微观尺度相当，则古典连续介质力学不能给出与实验相符合的结果。

　　连续介质力学的基本内容包括三部分：(1) 引入合适的且普遍适用的变量，描述连续介质的状态（例如变形、运动、受力状态等），根据定义和张量理论给出状态变量之间的某些关系及特性；(2) 研究连续介质运动的普遍规律，即研究对于所有连续介质共同适用的一般原理——守恒定律；(3) 研究与各类具体物质有关的规律，即本构关系。连续介质力学的一般原理可以看作是物质世界中被无数经验所检验而不证自明的公理，包括质量守恒、动量守恒、动量矩守恒、能量守恒、熵不等式（热力学第二定律) 等。这些守恒定律是以积分形式对整个物体给出的, 如果假设它们对于物体中任意小的部分也成立 (局部化假设), 则可以得到微分形式的守恒定律 (连续变量的场方程)。连续介质力学中与具体物质有关的规律, 是基于试验和本构理论建立的各种理想物质的本构关系。守恒定律和本构关系与初始条件和边界条件一起组成一组适定的基本方程。连续介质力学的任务是在连续性假设下研究物体宏观力学行为满足的基本关系, 进而确定连续介质在力、热、电磁等各种外载荷作用下的各种反应, 例如变形、运动、温度、应力、损伤等等。

连续介质力学的研究方法是宏观唯象的, 也是与材料微观和细观结构相联系的。近年来, 随着新材料和材料科学的发展, 许多研究将宏、细、微观相结合, 考虑微观和细观结构变化对于宏观力学性能的影响, 建立新的本构模型, 指导材料设计和应用, 并形成了一些新的学科, 例如连续损伤力学、细观力学等等。连续介质力学的本构理论为材料设计和材料本构关系研究提供了必要的基础和依据。

连续介质力学对于外载荷作用下物质的几何状态、运动状态和内部受力状态等采用精确、严格和普遍适用的描述方法以及相关的状态变量定义, 状态变量满足的基本原理和基本关系 (守恒定律和本构关系) 同样是严格和具有普遍意义的。这种完整、精美的理论体系使得连续介质力学概括了变形体力学各个分支的理论框架, 包括固体力学、流体力学、黏弹塑性力学等等, 并且能够更清楚地反映各力学分支的联系、区别、适用性和局限性, 从而成为众多应用力学学科的理论基础, 但它并不注重各学科中具体问题的研究。随着科学和技术进步, 材料和结构的工作条件越来越复杂、对性能要求更加苛刻, 同时应用大型通用分析软件已能够比较容易地解决工程中一般性力学问题, 这种情况更加突出了注重基本理论和分析模型的必要性, 因此连续介质力学成为解决复杂力学与工程问题的重要理论基础。

连续介质的状态变量是不依赖于坐标系的各阶张量, 具有张量的一般性质; 连续介质力学的基本方程和变量间的关系通常是包含张量运算的表达式或张量函数, 所以张量理论是连续介质力学的主要数学基础和基本数学工具, 同时连续介质力学则为张量理论的应用提供了极好的平台, 可以说学习连续介质力学的过程也是熟悉和运用张量理论的过程。另一方面, 近年来张量日益成为力学研究与应用中常用的数学工具, 所以比较系统的张量知识应该是力学工作者不可缺少的数学基础。

本书系统地介绍了张量和连续介质力学的基本内容, 主要包括三个部分:

1. 张量理论基础 (第 1 章)。简要和比较完整地介绍一般曲线坐标系中的张量及张量函数的概念、性质和运算, 为连续介质力学提供数学基础, 同时通过张量在连续介质力学中的应用, 使初学读者掌握较为系统的张量知识, 具有初步应用能力。

2. 连续介质力学基本理论 (第 2~5 章)。作为本书内容的主体, 在连续性、非微极和局部性假设下, 比较系统地讲述一般连续介质 (非电磁、非化学) 的状态描述、守恒定律、本构理论基础和“简单”物质的一般本构关系。在保持理论系统比较完整的前提下, 尽量精简内容, 并在概念和张量运算方面给出比较详细的叙述, 希望为读者提供更加普遍、严格、深入的力学基础。

3. 基本理论的若干应用 (第 6~8 章)。作为连续介质力学理论和方法的应用, 简要介绍固体 (线弹性、超弹性、热弹性和塑性)、黏弹性体和流体 (线性和非线性) 的基本关系及其简化, 以便读者进一步理解连续介质力学基本理论, 了解各主要应用力学分支的理论系统、概念和一些基本内容。

本书可用作力学及相关专业的研究生教材、高年级本科生教学用书或参考教材, 也可以作为科技工作者参考用书。根据作者的学习和教学经验, 连续介质力学是一门很有用但也是比较难掌握、难讲授的课程, 原因是初学者不熟悉张量形式, 课程内容又偏于抽象。因此, 作者尝试对于基本概念和基本理论尽可能给出较多说明和公式推导过程, 注意各部分内容之间相互联系, 力求深入浅出, 以便于初学读者理解和自学。考虑到应用需要，第 3 部分内容更具体一些，并引用了作者的部分研究成果，这些研究曾得到多项国家自然科学基金 (力学学科) 的支持，在此深表感谢。

在编写过程中，作者参阅了一些国内外的文献和著作，其中主要参考著作为文献 [1]～[10]，此外还有戴天民教授编著的讲义《广义连续介质力学》(应用数学和力学讲座，1981)，从中获得了很多有价值的启发和借鉴。

作者的恩师清华大学黄克智院士在本书定稿前仔细审阅了书稿，并提出许多宝贵意见。作者衷心感谢老师的悉心指导和多年来给予的帮助。

本书是在作者编写的《连续介质力学讲义》(东北大学，1982) 基础上，总结多年研究生教学经验，经过不断补充和修改之后完成的。作为教材建设项目，本书出版得到了东北大学研究生院的支持和资助，在此一并表示深切谢意。

限于作者水平，书中难免有错误和疏漏之处，恳请各位读者和专家批评指正。

黄宝宗

2012 年 3 月于东北大学

目　录

第1章 张量理论基础

本章提要:

张量理论是本书的数学基础。本章内容主要包括:

(1) 坐标系知识 (1.2 节、1.3 节、1.5 节、1.13 节和 1.14 节)。张量的分量依赖坐标系,关于坐标系的知识是张量理论和应用的基础。三维空间曲线坐标系具有一般性并且广泛应用,是张量理论中应用的基本坐标系。斜角直线坐标系是空间曲线坐标系的特殊情况,在不涉及位置变化时两者相同,在讨论张量定义、某些性质和代数运算时,用斜角直线坐标系不失一般性。因此,本书首先介绍和熟悉斜角直线坐标系 (1.2 节、1.3 节、1.5 节),然后在涉及到张量的微分和积分之前,再扩展到曲线坐标系 (1.13 节、1.14 节)。直角坐标系最常见、最简单,但用于张量微分时缺少普遍性。

坐标系的基本知识包括:基向量、度量张量、基向量的代数运算和导数以及坐标变换。

(2) 张量定义和代数运算 (1.4 节 ~1.7 节)。首先以斜角直线坐标系形式,回顾向量定义、坐标转换和代数运算,也作为斜角直线坐标系的应用,同时引入并积和置换张量。然后将向量推广,给出一般张量的定义、三种表示法和代数运算。在用并矢形式时,张量的代数运算可归结为基向量的代数运算和度量张量的应用。

(3) 二阶张量的性质 (1.8 节 ~1.12 节)。主要介绍实对称二阶张量、反对称二阶张量和正交张量的基本性质;任意二阶张量的加法分解和正则张量的极分解。

(4) 张量场的导数和积分 (1.15 节 ~1.20 节)。给出张量场的协变导数 (张量随曲线坐标的变化) 及梯度、散度、旋度、Laplace 运算的定义,引入微分算子。张量微分运算可归结为应用定义和基向量的代数运算,微分算子的向量性使微分与代数运算有可比性。引入曲率张量和 Riemann 空间概念。给出张量场的积分概念和两个常用的积分定理。讨论张量分析在正交曲线坐标系中的应用和物理标架。

(5) 张量函数 (1.21 节、1.22 节)。给出张量函数 (以张量为自变量的函数) 和各向同性张量函数的定义;介绍各向同性张量函数的表示形式 (表示定理);讨论二阶张量的幂函数及其简化、Cayley-Hamilton 定理;给出张量函数导数的定义及运算规则。

以上内容 (4) 和内容 (5) 均涉及张量的变化,此外还有张量随参数 (例如时间) 的变化 (物质导数),由于与连续介质运动学关系密切,所以张量随参数变化的内容放在 2.10 节讲述。

(6) 两点张量 (1.23 节)。简要介绍两点张量的概念、转换、代数运算和微分积分运算。

在叙述本章内容之前，首先给出张量理论中需要遵循的指标规则和部分常用符号。

1.1　指标、符号

▶1.1.1　求和约定、哑指标和自由指标

考虑下列和式：

$$S = a_1 x^1 + a_2 x^2 + \cdots + a_n x^n$$

式中, $1, 2, \cdots, n$ 为上指标或下指标, n 为指标变化范围，称为变程。在三维空间曲线坐标系中张量分量的上指标称为逆变指标，下指标称为协变指标，变程为 3。上式可以写成紧凑形式：

$$S = \sum_{i=1}^{n} a_i x^i$$

还可以进一步缩写，对于给定的变程，略去求和记号：

$$S = a_i x^i, \quad i = 1, 2, 3, \cdots, n$$

规定在一项中凡重复一次且仅重复一次的上、下文字指标 (文字指标多使用拉丁字母或希腊字母)，表示在整个变程内求和，这一规定称为 Einstein 求和约定。显然，式中的求和指标 i 也可以同时换成其他任意字母符号 $j, k, \cdots$，即

$$S = a_i x^i = a_j x^j = a_k x^k = \cdots$$

这种在一项中重复一次且仅重复一次、上下成对的文字指标，称为哑指标。哑指标可以任意更换字母，以后主要讨论三维空间中的张量，所以如无特殊说明，变程均为 3。

利用上述求和约定，还可以表示更复杂的和式，例如：

$$\sum_{i=1}^{3} \sum_{j=1}^{3} A_{ij} x^i y^j = A_{ij} x^i y^j; \quad \sum_{i=1}^{3} \sum_{j=1}^{3} \sum_{k=1}^{3} A_{ijk} x^i y^j z^k = A_{ijk} x^i y^j z^k; \cdots$$

上式分别为 3^2 项和 3^3 项求和，如果一项中包含 m 对哑指标，则为 3^m 项之和。应该特别指出，按求和约定，哑指标的重复不得多于一次，因此诸如下列各式被认为是没有意义的：

$$a_i b^i x_i; \quad D_{ij} x^i y^i z^j; \quad \cdots$$

此外，在非直角坐标系中，规定哑指标必须一上一下，这是与张量的点积运算结果相一致的，不能违背，否则表明运算有误。但在直角坐标系中，指标不需要区分上下，所以一对哑指标可以在同一高度。

以上规定了一个和式的简单记法和哑指标,下面引入另一种指标。考虑一组方程:

$$y_1 = A_{11}x^1 + A_{12}x^2 + A_{13}x^3$$
$$y_2 = A_{21}x^1 + A_{22}x^2 + A_{23}x^3$$
$$y_3 = A_{31}x^1 + A_{32}x^2 + A_{33}x^3$$

按照求和约定,各方程可以简写为

$$y_1 = A_{1j}x^j$$
$$y_2 = A_{2j}x^j$$
$$y_3 = A_{3j}x^j$$

还可以进一步简写,表为

$$y_i = A_{ij}x^j, \quad i = 1, 2, 3$$

其中,指标 i 在方程的每项中只出现一次,它分别取 1,2,3 时则得到前面的三个方程。这种在方程或表达式的每项中同一高度出现一次且只出现一次的文字指标称为自由指标,指标的变程表示方程或表达式的个数。例如向量方程 $\boldsymbol{g}'_i = Q_i^m \boldsymbol{g}_m$ 表示方程组:

$$\boldsymbol{g}'_1 = Q_1^m \boldsymbol{g}_m = Q_1^1 \boldsymbol{g}_1 + Q_1^2 \boldsymbol{g}_2 + Q_1^3 \boldsymbol{g}_3$$
$$\boldsymbol{g}'_2 = Q_2^m \boldsymbol{g}_m = Q_2^1 \boldsymbol{g}_1 + Q_2^2 \boldsymbol{g}_2 + Q_2^3 \boldsymbol{g}_3$$
$$\boldsymbol{g}'_3 = Q_3^m \boldsymbol{g}_m = Q_3^1 \boldsymbol{g}_1 + Q_3^2 \boldsymbol{g}_2 + Q_3^3 \boldsymbol{g}_3$$

同一方程中可以有多个自由指标,例如 $A_{ij} = B_{ip}C_{jq}D^{pq}$ 表示 9 个方程,每个方程的右端为 9 项和,i 和 j 为自由指标,p 和 q 为哑指标,$i = 1, j = 2$ 时的展开式为

$$A_{12} = B_{11}C_{21}D^{11} + B_{12}C_{21}D^{21} + B_{13}C_{21}D^{31} +$$
$$B_{11}C_{22}D^{12} + B_{12}C_{22}D^{22} + B_{13}C_{22}D^{32} +$$
$$B_{11}C_{23}D^{13} + B_{12}C_{23}D^{23} + B_{13}C_{23}D^{33}$$

应该特别指出,同一方程组中的同一自由指标必须用同一字母,每项中必须出现一次,且仅出现一次。因此,按约定诸如下列各式是无意义的:

$$a_i + b_j = c_i; \quad T_{ij} = T_{ik}; \quad \cdots$$

规定同一自由指标必须出现在同一高度,是与张量加减规则相一致的。但在直角坐标系中,由于不需要区分指标的上下位置,所以同一自由指标可以在不同高度。

指标的应用不仅使繁冗的公式变得简洁、紧凑,而且也是很方便的运算工具,本书后续章节将会遇到许多 "指标运算"。在张量的指标运算中,必须严格遵守哑指标和自由指标的规定,因为这些规定是以张量的运算法则为基础的,一旦违反就会导致运算错误。

➤ 1.1.2　Kronecker 符号和 Ricci 符号

Kronecker 符号的定义为

$$\delta_j^i = \begin{cases} 1 & \text{当 } i = j \\ 0 & \text{当 } i \neq j \end{cases} \tag{1.1}$$

如果用矩阵形式表示，则 δ_j^i 为单位矩阵 (其中 i 为行号，j 为列号)

$$\begin{bmatrix} \delta_1^1 & \delta_2^1 & \delta_3^1 \\ \delta_1^2 & \delta_2^2 & \delta_3^2 \\ \delta_1^3 & \delta_2^3 & \delta_3^3 \end{bmatrix} = \begin{bmatrix} 1 & 0 & 0 \\ 0 & 1 & 0 \\ 0 & 0 & 1 \end{bmatrix}$$

利用求和约定和定义式 (1.1)，可以给出下列关系：

$$\delta_i^i = \delta_1^1 + \delta_2^2 + \delta_3^3 = 3$$

$$\delta_m^i a^m = a^i; \quad \delta_m^i a^{mj} = a^{ij}$$

$$\delta_m^i \delta_j^m = \delta_j^i; \quad \delta_m^i \delta_j^m \delta_k^j = \delta_k^i$$

可见，Kronecker 符号在指标运算中可以用新的指标取代原来指标，所以也称为取代算子。例如，要想把 a^i、b_{ij} 的指标 i 换成 m，只需将它们表示成为 $\delta_m^i a^m$、$\delta_i^m b_{mj}$ 即可。这种代换在指标运算中是常用的。

Ricci 符号 (或置换符号)e_{ijk} 及 e^{ijk} 的定义为

$$e_{ijk} \text{ 及 } e^{ijk} = \begin{cases} 1 & \text{当 } i, j, k \text{ 形成 } 1, 2, 3 \text{ 的偶次置换} \\ -1 & \text{当 } i, j, k \text{ 形成 } 1, 2, 3 \text{ 的奇次置换} \\ 0 & \text{其余情况，即 } i, j, k \text{ 中至少有两个是相同的} \end{cases} \tag{1.2}$$

Ricci 符号各有 27 个分量，每组中只有 6 个是非零的，其余为零，即：

$$e_{123} = e_{231} = e_{312} = 1; \quad e_{132} = e_{321} = e_{213} = -1; \quad e_{111} = e_{112} = \cdots = 0$$

$$e^{123} = e^{231} = e^{312} = 1; \quad e^{132} = e^{321} = e^{213} = -1; \quad e^{111} = e^{112} = \cdots = 0$$

显然，由定义可得 $e_{ijk} = e_{jki} = e_{kij} = -e_{ikj} = -e_{jik} = -e_{kji}$。

➤ 1.1.3　行列式的指标表示

利用置换符号可以简化表示三阶行列式的展开式。例如，行列式

$$|a_n^m| = \det(a_n^m) = \begin{vmatrix} a_1^1 & a_2^1 & a_3^1 \\ a_1^2 & a_2^2 & a_3^2 \\ a_1^3 & a_2^3 & a_3^3 \end{vmatrix}$$

$$= a_1^1 a_2^2 a_3^3 + a_1^3 a_2^1 a_3^2 + a_1^2 a_2^3 a_3^1 - a_1^3 a_2^2 a_3^1 - a_1^1 a_2^3 a_3^2 - a_1^2 a_2^1 a_3^3$$

可以用 3 个哑指标表示成 3^3 项之和,其中非零项为上述 6 项,即

$$\det(a_n^m) = a_1^r a_2^s a_3^t e_{rst} = a_i^1 a_j^2 a_k^3 e^{ijk} \tag{1.3}$$

式 (1.3) 还可以进一步改写。不难验证

$$e_{ijk} |a_n^m| = e_{rst} a_i^r a_j^s a_k^t \tag{1.3a}$$

两端乘以 e^{ijk},注意到 $e^{ijk} e_{ijk} = 6 = 3!$,则有

$$\det(a_n^m) = \frac{1}{3!} e^{ijk} e_{rst} a_i^r a_j^s a_k^t \tag{1.3b}$$

对上式应用求导规则,可以得到行列式对某一元素 a_q^p 的导数,即行列式对于该元素的代数余子式:

$$
\begin{aligned}
\frac{\partial |a_n^m|}{\partial a_q^p} &= \frac{1}{3!} e^{ijk} e_{rst} \left[\frac{\partial a_i^r}{\partial a_q^p} a_j^s a_k^t + a_i^r \frac{\partial a_j^s}{\partial a_q^p} a_k^t + a_i^r a_j^s \frac{\partial a_k^t}{\partial a_q^p} \right] \\
&= \frac{1}{3!} e^{ijk} e_{rst} [\delta_p^r \delta_i^q a_j^s a_k^t + a_i^r \delta_p^s \delta_j^q a_k^t + a_i^r a_j^s \delta_p^t \delta_k^q] \\
&= \frac{1}{3!} [e^{qjk} e_{pst} a_j^s a_k^t + e^{iqk} e_{rpt} a_i^r a_k^t + e^{ijq} e_{rsp} a_i^r a_j^s]
\end{aligned}
$$

将式中第二项哑指标 i、r 换成 j、s,将第三项哑指标 i、r 换成 k、t,可见括号内的三项是相同的,因此得到

$$\frac{\partial |a_n^m|}{\partial a_q^p} = \frac{1}{2!} e^{qjk} e_{pst} a_j^s a_k^t = \mathrm{cofactor}(a_q^p) \tag{1.4}$$

式中,cofactor (a_q^p) 表示行列式 $|a_n^m|$ 中元素 a_q^p 的代数余子式。可以看到,式 (1.4) 符合指标约定 (其中,m, n 只表示行列式的元素),这是运算正确的必要条件,当然不是充分条件。

1.2 斜角直线坐标系的基向量和度量张量

➤ 1.2.1 斜角直线坐标系

先回顾一下三维欧氏空间中的直角坐标系 (亦称笛卡儿坐标系或卡氏坐标系)。取与坐标轴 x, y, z 平行的单位向量 $e_i (i = 1, 2, 3$,对应 x, y, z,见图 1.1) 作为基向量,称为标准正交基,它们满足熟知的关系:

$$e_1 \cdot e_1 = 1; \ e_1 \cdot e_2 = 0; \ e_1 \cdot e_3 = 0; \ \cdots$$

$$e_1 \times e_1 = 0; \ e_1 \times e_2 = e_3; \ e_2 \times e_1 = -e_3; \ \cdots$$

$$e_1 \times e_2 \cdot e_3 = e_3 \times e_1 \cdot e_2 = \cdots = 1; \ e_2 \times e_1 \cdot e_3 = \cdots = -1$$

或用上节规定的指标和符号简记为

图 1.1 三维空间直角坐标系

$$e_i \cdot e_j = \delta_{ij} \tag{1.5a}$$

$$e_i \times e_j = e_{ijk}e_k \tag{1.5b}$$

$$e_i \times e_j \cdot e_k = e_{ijk} \tag{1.5c}$$

在直角坐标系中,指标不需要区分上、下标,所以全部用下标。任意向量 v 可以通过三个分量 v_i 表示:

$$v = v_1e_1 + v_2e_2 + v_3e_3 = v_ie_i \tag{1.6}$$

现在引入斜角直线坐标系。在空间曲线坐标系中每点对应三个坐标,保持一个坐标不变,改变另两个坐标,形成的曲面称为坐标面;保持两个坐标不变,只改变一个坐标,形成的曲线称为坐标线;过每一点有三个坐标面和三条坐标线,坐标线是坐标面的交线。如果坐标面和坐标线是三族平行平面和三族平行线,两族之间不正交,这样的坐标系称为斜角直线坐标系 (也称为仿射坐标系)。它是空间曲线坐标系的特殊情况,也是直角坐标系的推广。曲线坐标系将在 1.13 节进一步介绍。

需要说明的是,描述各种场量及其变化离不开坐标系,所以关于坐标系的基本概念和基本关系在张量分析中非常重要。一般的坐标系是三维曲线坐标系,其特点是各点坐标线的方向不同,坐标线的“刻度”也不一定是单位长度 (例如可以用无量纲的弧度)。直角坐标系最简单常用,但不具备一般性,影响张量的某些普遍表示。斜角直线坐标系的特点,除坐标线是平行直线和比较简单之外,在非正交和非单位长度刻度方面与曲线坐标系相同,因此在一点处讨论张量的基本性质和代数运算时 (不涉及张量的空间变化),与曲线坐标系并无区别。这是我们先引入斜角直线坐标系之后再讨论曲线坐标系的原因。

➤ 1.2.2 斜变基向量和逆变基向量

考虑任一斜角直线坐标系 (x^1, x^2, x^3),沿三个坐标线的正方向 (即坐标值增加的方向) 取三个基向量 g_1, g_2, g_3,假定为右手系 (见图 1.2 实线,也可以是左手系)。显然,g_i 应该是非共面的,即线性无关的。与 e_i 不同,g_i 可以不互相垂直,也不一定是单位向量。g_i 称为协变基向量,三个协变基向量的组合称为协变标架。斜角直线坐标系 (仿射坐标系) 由空间的一点 O(原点) 和基向量 g_1、g_2、g_3 定义。

由于协变标架不垂直,使坐标系中的运算复杂化,为了便于运算,可以利用协变基向量 g_i 引入另一组向量 g^i,由下式定义:

图 1.2   三维空间斜角直线坐标系

$$g^i \cdot g_j = \delta_j^i \tag{1.7}$$

式中,g^i 称为逆变基向量,其组合称为逆变标架 (图 1.2 中虚线)。式 (1.7) 说明逆变基向量 g^i 与协变基向量 g_j 构成的坐标面垂直。以 g^3 为例,$g^3 \cdot g_1 = 0$ 和

$\boldsymbol{g}^3 \cdot \boldsymbol{g}_2 = 0$，因而 $\boldsymbol{g}^3$ 垂直 $\boldsymbol{g}_1\boldsymbol{g}_2$ 坐标面，再加上右手系规定，便确定了 $\boldsymbol{g}^3$ 的方向，而 $\boldsymbol{g}^3 \cdot \boldsymbol{g}_3 = 1$ 可给出它的大小。所以，逆变标架完全由协变标架确定，反之协变标架也可以由逆变标架求出，两者以式 (1.7) 为对偶条件。

任意向量 $\boldsymbol{v}$ 既可以在协变标架也可以在逆变标架中分解：

$$\boldsymbol{v} = v^i\boldsymbol{g}_i = v_i\boldsymbol{g}^i = v_1\boldsymbol{g}^1 + v_2\boldsymbol{g}^2 + v_3\boldsymbol{g}^3 \tag{1.8}$$

式中，v_i 和 v^i 分别称为向量 $\boldsymbol{v}$ 的协变分量和逆变分量。

➤ 1.2.3 度量张量

现将协变基向量沿逆变基向量分解：

$$\boldsymbol{g}_i = g_{ij}\boldsymbol{g}^j \tag{1.9}$$

式中，系数 g_{ij} 是 9 个量，称为协变度量张量。同样地，将逆变基向量沿协变基向量分解，得到

$$\boldsymbol{g}^i = g^{ij}\boldsymbol{g}_j \tag{1.10}$$

式中，系数 g^{ij} 称为逆变度量张量，1.6 节将证明 g_{ij}、g^{ij} 与 δ_i^j 其实是同一张量 (度量张量) 的不同分量。观察式 (1.9) 和式 (1.10) 发现，从形式上看，g_{ij} 可以使 $\boldsymbol{g}^j$ 的指标下降，而 g^{ij} 可以使 $\boldsymbol{g}_j$ 指标上升。在 1.1.2 节中指出可以用 δ_i^j 进行指标代换，而这里 g^{ij} 和 g_{ij} 则能使指标升降，所以度量张量在指标运算中经常使用。

将式 (1.9) 和式 (1.10) 中的哑标 j 改为 k(避免重复)，代入下式，注意到式 (1.7)，得到

$$\boldsymbol{g}_i \cdot \boldsymbol{g}_j = g_{ik}\boldsymbol{g}^k \cdot \boldsymbol{g}_j = g_{ik}\delta_j^k = g_{ij} \tag{1.11a}$$

$$\boldsymbol{g}^i \cdot \boldsymbol{g}^j = g^{ik}\boldsymbol{g}_k \cdot \boldsymbol{g}^j = g^{ik}\delta_k^j = g^{ij} \tag{1.11b}$$

式 (1.11) 说明 $\sqrt{g_{11}}$ 是 $\boldsymbol{g}_1$ 的长度，$g_{12}/\sqrt{g_{11}g_{22}}$ 是 $\boldsymbol{g}_1$、$\boldsymbol{g}_2$ 夹角的余弦，……所以度量张量 g_{ij} 和 g^{ij} 可以分别表示基向量 $\boldsymbol{g}_i$ 和 $\boldsymbol{g}^i$ 的长度与夹角。由于点积的对称性，式 (1.11a) 和式 (1.11b) 表明 g_{ij} 和 g^{ij} 具有指标对称性：

$$g_{ij} = g_{ji}; \quad g^{ij} = g^{ji} \tag{1.12}$$

将式 (1.9) 和式 (1.10) 适当改变哑指标，代入式 (1.7)，得到

$$g^{ik}g_{kj} = \delta_j^i \tag{1.13}$$

将 g^{ik}、g_{kj} 和 δ_j^i 用矩阵表示，第 1 个指标为行数，第 2 个指标为列数，依照矩阵运算规则，式 (1.13) 可以表示为矩阵形式：

$$\begin{bmatrix} g^{11} & g^{12} & g^{13} \\ g^{21} & g^{22} & g^{23} \\ g^{31} & g^{32} & g^{33} \end{bmatrix} \begin{bmatrix} g_{11} & g_{12} & g_{13} \\ g_{21} & g_{22} & g_{23} \\ g_{31} & g_{32} & g_{33} \end{bmatrix} = \begin{bmatrix} 1 & 0 & 0 \\ 0 & 1 & 0 \\ 0 & 0 & 1 \end{bmatrix}$$

式 (1.13) 给出了协变度量张量与逆变度量张量所满足的方程, 即互逆关系。在 1.3 节将证明行列式 $|g_{ij}|$ 和 $|g^{ij}|$ 不等于零, 因此, 由 g_{ij} 可以唯一地解出 g^{ij}, 反之亦然。

1.3   基向量的点积、叉积和混合积, 置换张量

➤ 1.3.1   基向量的点积、叉积和混合积

上节已经给出协变基向量和逆变基向量的点积, 即

$$\boldsymbol{g}_i \cdot \boldsymbol{g}^j = \delta_i^j; \quad \boldsymbol{g}_i \cdot \boldsymbol{g}_j = g_{ij}; \quad \boldsymbol{g}^i \cdot \boldsymbol{g}^j = g^{ij} \tag{1.11c}$$

如果 $\boldsymbol{g}_i$ 是互相垂直的单位向量, 则式 (1.11c) 与直角坐标系式 (1.5a) 相同。下面讨论斜角直线坐标系基向量的叉积、混合积和置换张量。

协变基向量的混合积记作:

$$[\boldsymbol{g}_1 \boldsymbol{g}_2 \boldsymbol{g}_3] = \boldsymbol{g}_1 \times \boldsymbol{g}_2 \cdot \boldsymbol{g}_3 = \boldsymbol{g}_2 \times \boldsymbol{g}_3 \cdot \boldsymbol{g}_1 = \boldsymbol{g}_3 \times \boldsymbol{g}_1 \cdot \boldsymbol{g}_2$$
$$= -\boldsymbol{g}_2 \times \boldsymbol{g}_1 \cdot \boldsymbol{g}_3 = -\boldsymbol{g}_3 \times \boldsymbol{g}_2 \cdot \boldsymbol{g}_1 = -\boldsymbol{g}_1 \times \boldsymbol{g}_3 \cdot \boldsymbol{g}_2$$

由于 $\boldsymbol{g}_i$ 是三个非共面向量, 而且构成右手系, 所以 $[\boldsymbol{g}_1 \boldsymbol{g}_2 \boldsymbol{g}_3] > 0$, 表示以 $\boldsymbol{g}_1$、$\boldsymbol{g}_2$、$\boldsymbol{g}_3$ 为邻边的平行六面体的体积, 可令:

$$[\boldsymbol{g}_1 \boldsymbol{g}_2 \boldsymbol{g}_3] = \sqrt{g} \tag{1.14}$$

利用式 (1.7), 不难验证:

$$\boldsymbol{g}^1 = \boldsymbol{g}_2 \times \boldsymbol{g}_3 / [\boldsymbol{g}_1 \boldsymbol{g}_2 \boldsymbol{g}_3]; \quad \boldsymbol{g}^2 = \boldsymbol{g}_3 \times \boldsymbol{g}_1 / [\boldsymbol{g}_1 \boldsymbol{g}_2 \boldsymbol{g}_3]; \quad \boldsymbol{g}^3 = \boldsymbol{g}_1 \times \boldsymbol{g}_2 / [\boldsymbol{g}_1 \boldsymbol{g}_2 \boldsymbol{g}_3] \tag{1.15a}$$

$$\boldsymbol{g}_1 = \boldsymbol{g}^2 \times \boldsymbol{g}^3 / [\boldsymbol{g}^1 \boldsymbol{g}^2 \boldsymbol{g}^3]; \quad \boldsymbol{g}_2 = \boldsymbol{g}^3 \times \boldsymbol{g}^1 / [\boldsymbol{g}^1 \boldsymbol{g}^2 \boldsymbol{g}^3]; \quad \boldsymbol{g}_3 = \boldsymbol{g}^1 \times \boldsymbol{g}^2 / [\boldsymbol{g}^1 \boldsymbol{g}^2 \boldsymbol{g}^3] \tag{1.15b}$$

上式可以用于由协变基向量表示或计算逆变基向量, 或者相反。另一种方法是由式 (1.11a) 用 $\boldsymbol{g}_i$ 求 g_{ij}, 再利用式 (1.13) 求 g^{ij}, 然后代入式 (1.10) 求 $\boldsymbol{g}^i$; 类似地可由 $\boldsymbol{g}^i$ 求 $\boldsymbol{g}_i$。

利用置换符号 e_{ijk}、e^{ijk} 和式 (1.15), 可以得到基向量叉积的指标形式:

$$\boldsymbol{g}_i \times \boldsymbol{g}_j = [\boldsymbol{g}_1 \boldsymbol{g}_2 \boldsymbol{g}_3] e_{ijk} \boldsymbol{g}^k \tag{1.16a}$$

$$\boldsymbol{g}^i \times \boldsymbol{g}^j = [\boldsymbol{g}^1 \boldsymbol{g}^2 \boldsymbol{g}^3] e^{ijk} \boldsymbol{g}_k \tag{1.16b}$$

或

$$\boldsymbol{g}_i \times \boldsymbol{g}_j = \varepsilon_{ijk} \boldsymbol{g}^k; \quad \boldsymbol{g}^i \times \boldsymbol{g}^j = \varepsilon^{ijk} \boldsymbol{g}_k \tag{1.16c}$$

式中, $\varepsilon_{ijk} = [\boldsymbol{g}_1 \boldsymbol{g}_2 \boldsymbol{g}_3] e_{ijk}$; $\varepsilon^{ijk} = [\boldsymbol{g}^1 \boldsymbol{g}^2 \boldsymbol{g}^3] e^{ijk}$。在直角坐标中标架形成的立方体的体积为 $\sqrt{g} = 1$, 式 (1.16c) 退化为式 (1.5b)。

下面讨论混合积 $[g_1 g_2 g_3]$ 和 $[g^1 g^2 g^3]$ 的关系。首先证明一个向量混合积的恒等式：

$$[a\ b\ c]\,[u\ v\ w] = \begin{bmatrix} a\cdot u & a\cdot v & a\cdot w \\ b\cdot u & b\cdot v & b\cdot w \\ c\cdot u & c\cdot v & c\cdot w \end{bmatrix} \tag{1.17}$$

式中, a, b, c 和 u, v, w 为两组非共面向量。上式与坐标系无关, 所以可以在直角坐标系中证明, 再用于任意坐标系, 向量的混合积可以表为分量的行列式：

$$[a\ b\ c] = \begin{vmatrix} a_1 & a_2 & a_3 \\ b_1 & b_2 & b_3 \\ c_1 & c_2 & c_3 \end{vmatrix}; \quad [u\ v\ w] = \begin{vmatrix} u_1 & u_2 & u_3 \\ v_1 & v_2 & v_3 \\ w_1 & w_2 & w_3 \end{vmatrix} = \begin{vmatrix} u_1 & v_1 & w_1 \\ u_2 & v_2 & w_2 \\ u_3 & v_3 & w_3 \end{vmatrix}$$

利用行列式的乘法运算, 即 $(\det A)\,(\det B) = \det(AB)$, (其中, A, B 为 3×3 矩阵), 以及向量点积的分量形式 (例如 $a\cdot u = a_i u_i$), 即可证明式 (1.17)。

令 $[a\ b\ c] = [g_1\ g_2\ g_3]$ 及 $[u\ v\ w] = [g^1\ g^2\ g^3]$, 代入式 (1.17), 得到

$$[g_1\ g_2\ g_3]\,[g^1\ g^2\ g^3] = 1$$

将式 (1.14) 代入上式, 得

$$[g^1 g^2 g^3] = \frac{1}{\sqrt{g}} \tag{1.18}$$

取 $[a\ b\ c] = [u\ v\ w] = [g_1\ g_2\ g_3]$ 或 $[g^1 g^2 g^3]$, 则有

$$\det(g_{ij}) = g; \ \det(g^{ij}) = \frac{1}{g} \tag{1.19}$$

可见, 行列式 $\det(g_{ij})$ 和 $\det(g^{ij})$ 是正值, 分别等于协变和逆变标架平行六面体体积的平方, 且互为倒数。

▶1.3.2 置换张量、置换张量与 Kronecker δ 的关系

在式 (1.16a) 和式 (1.16b) 中引入的记号

$$\left.\begin{array}{l} \varepsilon_{ijk} = [g_1\ g_2\ g_3]\,e_{ijk} = [g_i\ g_j\ g_k] \\ \varepsilon^{ijk} = [g^1\ g^2\ g^3]\,e^{ijk} = [g^i\ g^j\ g^k] \end{array}\right\} \tag{1.20}$$

称为置换张量 (或 Eddington 张量)。可以证明 (见 1.6 节), ε_{ijk} 和 ε^{ijk} 是同一张量的不同分量, 而置换符号 e_{ijk} 和 e^{ijk} 不是张量。ε_{ijk} 和 ε^{ijk} 各有 3^3 个分量, 即

$$\varepsilon_{123} = \varepsilon_{231} = \varepsilon_{312} = \sqrt{g}; \ \varepsilon_{213} = \varepsilon_{321} = \varepsilon_{132} = -\sqrt{g}; \ 其余为零 \tag{1.20a}$$

$$\varepsilon^{123} = \varepsilon^{231} = \varepsilon^{312} = 1/\sqrt{g}; \ \varepsilon^{213} = \varepsilon^{321} = \varepsilon^{132} = -1/\sqrt{g}; \ 其余为零 \tag{1.20b}$$

在式 (1.17) 中取 $[\boldsymbol{a}\,\boldsymbol{b}\,\boldsymbol{c}] = [\boldsymbol{g}^i\,\boldsymbol{g}^j\,\boldsymbol{g}^k]$ 及 $[\boldsymbol{u}\,\boldsymbol{v}\,\boldsymbol{w}] = [\boldsymbol{g}_i\,\boldsymbol{g}_j\,\boldsymbol{g}_k]$，可以建立置换张量与 Kronecker δ 的关系。由式 (1.20) 和式 (1.17)，得到

$$
\varepsilon^{ijk}\varepsilon_{rst} = e^{ijk}e_{rst} = [\boldsymbol{g}^i\boldsymbol{g}^j\boldsymbol{g}^k][\boldsymbol{g}_r\boldsymbol{g}_s\boldsymbol{g}_t] =
\begin{vmatrix}
\delta^i_r & \delta^i_s & \delta^i_t \\
\delta^j_r & \delta^j_s & \delta^j_t \\
\delta^k_r & \delta^k_s & \delta^k_t
\end{vmatrix}
\tag{1.21}
$$

或
$$
\varepsilon^{ijk}\varepsilon_{rst} = \delta^i_r\delta^j_s\delta^k_t + \delta^i_s\delta^j_t\delta^k_r + \delta^i_t\delta^j_r\delta^k_s - \delta^i_t\delta^j_s\delta^k_r - \delta^i_s\delta^j_r\delta^k_t - \delta^i_r\delta^j_t\delta^k_s
\tag{1.21a}
$$

式 (1.21a) 表示 3^6 个数，由式 (1.20a) 和式 (1.20b) 可知它们只能等于 ± 1 或 0。在式 (1.21a) 中，令 $k = t$，注意到 $\delta^t_t = 3$，$\delta^t_s\delta^i_t = \delta^i_s \cdots$，则有

$$
\varepsilon^{ijt}\varepsilon_{rst} = e^{ijt}e_{rst} = \delta^i_r\delta^j_s - \delta^i_s\delta^j_r
\tag{1.22}
$$

式 (1.22) 是数组 $\varepsilon^{ijk}\varepsilon_{rst}$ 中一部分元素的和，共 3^4 个数。

类似地，如果式 (1.22) 中令 $j = s$，则得

$$
\varepsilon^{ist}\varepsilon_{rst} = e^{ist}e_{rst} = 2\delta^i_r
\tag{1.23}
$$

式 (1.23) 中进一步令 $i = r$，得到

$$
\varepsilon^{rst}\varepsilon_{rst} = e^{rst}e_{rst} = 2\delta^r_r = 6
\tag{1.24}
$$

式 (1.21)～ 式 (1.24) 给出了置换张量与 Kronecker δ 的关系，这些关系在张量运算中很有用。

由于 $\varepsilon^{ijk}\varepsilon_{rst} = e^{ijk}e_{rst}$，式 (1.3b) 给出的行列式表达式可以写成更常用的形式

$$
\det(a^m_n) = |a^m_n| = \frac{1}{3!}\varepsilon^{ijk}\varepsilon_{rst}a^r_i a^s_j a^t_k
\tag{1.25}
$$

本节和 1.2 节给出了斜角直线坐标系基向量的基本关系，即式 (1.11c)、式 (1.16c) 和式 (1.20)，它们同样适用于曲线坐标系。在直角坐标系中，由于协变基向量与逆变基向量重合且为单位向量，这些关系归结为熟知的式 (1.5a)、式 (1.5b)、式 (1.5c)。基向量的运算是向量和张量运算的基础，应熟练应用。

1.4   向量的代数运算

如前所述，向量可以表示为不同的分量形式：

$$
\boldsymbol{v} = v^i\boldsymbol{g}_i = v_i\boldsymbol{g}^i
$$

式中，v^i 为逆变分量，v_i 为协变分量。将上式点乘 $\boldsymbol{g}_j$ 或 $\boldsymbol{g}^j$ 得

$$
v^i\boldsymbol{g}_i \cdot \boldsymbol{g}_j = v_i\boldsymbol{g}^i \cdot \boldsymbol{g}_j; \quad v^i\boldsymbol{g}_i \cdot \boldsymbol{g}^j = v_i\boldsymbol{g}^i \cdot \boldsymbol{g}^j
$$

利用式 (1.11c)，可以得到逆变分量 v^i 与协变分量 v_i 的关系：

$$v_j = v^i g_{ij}; \quad v^j = v_i g^{ij} \tag{1.26}$$

这里再次看到，度量张量在指标运算中起升降指标作用。式 (1.26) 说明分量 v^i 和 v_i 可以相互表示。在物理上这是很自然的，因为它们表示同一向量。

　　向量的代数运算包括加、减、点积、叉积和并积，这些运算可以在给定坐标系中用分量形式表示，也可以不借助坐标系以符号形式给出。

➤ 1.4.1　加、减

　　两个向量 u 和 v 相加，可以按平行四边形法则，求得和向量 c；u 减 v 定义为 u 加 $-v$，$-v$ 是与 v 大小相等、方向相反的向量，即 $c = u \pm v$。

　　若 u、v、w 是向量，a、b 是实数，向量加法满足下列关系：

$$u + v = v + u \qquad \text{(交换律)}$$
$$(u + v) + w = u + v + w \quad \text{(结合律)}$$
$$(a + b)u = au + bu \qquad \text{(分配律)}$$

如果将向量 u、v 在协变或逆变标架中分解，则和或差为

$$\left. \begin{array}{l} c = c^i g_i = u^i g_i \pm v^i g_i = \left(u^i \pm v^i\right) g_i \\ c = c_i g^i = u_i g^i \pm v_i g^i = \left(u_i \pm v_i\right) g^i \end{array} \right\} \tag{1.27a}$$

或

$$c^i = u^i \pm v^i; \; c_i = u_i \pm v_i \tag{1.27b}$$

式 (1.27b) 表明，自由指标必须在同一高度。

➤ 1.4.2　点积

　　两个向量 u 和 v 的点积定义为

$$u \cdot v = |u| \, |v| \cos(u, v)$$

式中，$|u|$、$|v|$ 和 $\cos(u, v)$ 是向量 u、v 的长度 (模) 和 u 与 v 夹角的余弦。点积在力学中表示力在位移上所做的功。点积满足下列关系：

$$u \cdot v = v \cdot u \qquad \text{(交换律)}$$
$$u \cdot (\alpha v + \beta w) = \alpha u \cdot v + \beta u \cdot w \quad \text{(分配律)}$$
$$|u \cdot v| \leqslant |u| \, |v| \qquad \text{(Schwatz 不等式)}$$

式中，u、v 和 w 为向量，α 和 β 为实数。

　　若 $u = v$，由点积定义，得到模 $|u| = \sqrt{u \cdot u}$；模为 0 的向量称为零向量，记作黑体字 0。若 u 与 v 垂直，则 $u \cdot v = 0$。

若 $\boldsymbol{u}$、$\boldsymbol{v}$ 分别用逆变分量和协变分量表示, 它们的点积为

$$\boldsymbol{u} \cdot \boldsymbol{v} = \left(u^i \boldsymbol{g}_i\right) \cdot \left(v_j \boldsymbol{g}^j\right) = u^i v_j \delta_i^j = u^i v_i \tag{1.28a}$$

$$\boldsymbol{u} \cdot \boldsymbol{v} = \left(u_i \boldsymbol{g}^i\right) \cdot \left(v^j \boldsymbol{g}_j\right) = u_i v^j \delta_j^i = u_i v^i \tag{1.28b}$$

若 $\boldsymbol{u}$、$\boldsymbol{v}$ 同时采用协变或逆变分量, 由式 (1.11c), 有

$$\boldsymbol{u} \cdot \boldsymbol{v} = \left(u^i \boldsymbol{g}_i\right) \cdot \left(v^j \boldsymbol{g}_j\right) = u^i v^j g_{ij} \tag{1.28c}$$

$$\boldsymbol{u} \cdot \boldsymbol{v} = \left(u_i \boldsymbol{g}^i\right) \cdot \left(v_j \boldsymbol{g}^j\right) = u_i v_j g^{ij} \tag{1.28d}$$

式 (1.28a)~ 式 (1.28d) 是点积的四种分量形式, 它们是等价的, 可用度量张量升降指标。式 (1.28a) 和式 (1.28b) 采用协变和逆变标架, 点积为 3 项和, 与在直角坐标系中一样简单; 式 (1.28c) 和式 (1.28d) 只用协变标架或只用逆变标架, 点积为 9 项和。可见逆变标架的引入能使运算简化。点积运算表明, 哑指标必然一上一下成对出现, 而且上下位置可以互换。在直角坐标系中, 协变标架与逆变标架相同, 所以指标不分上下。

➤ 1.4.3　叉积

向量 $\boldsymbol{u}$ 和 $\boldsymbol{v}$ 的叉积为一向量 $\boldsymbol{c} = \boldsymbol{u} \times \boldsymbol{v}$, 其方向垂直于 $\boldsymbol{u}$、$\boldsymbol{v}$, 符合右手法则 (从 $\boldsymbol{u}$ 到 $\boldsymbol{v}$ 转角小于 $180°$), 大小为 $|\boldsymbol{c}| = |\boldsymbol{u}|\,|\boldsymbol{v}| \sin{(\boldsymbol{u}, \boldsymbol{v})}$。叉积具有下列性质:

$$\boldsymbol{u} \times \boldsymbol{v} = -\boldsymbol{v} \times \boldsymbol{u}$$
$$\boldsymbol{u} \times (\boldsymbol{v} + \boldsymbol{w}) = \boldsymbol{u} \times \boldsymbol{v} + \boldsymbol{u} \times \boldsymbol{w}$$
$$(\alpha\boldsymbol{u}) \times (\beta\boldsymbol{v}) = (\alpha\beta)\,\boldsymbol{u} \times \boldsymbol{v}$$
$$\boldsymbol{u} \times \boldsymbol{u} = 0$$

利用上述性质和基向量的叉积式 (1.16), 可以得到叉积的分量形式

$$\boldsymbol{c} = \boldsymbol{u} \times \boldsymbol{v} = \left(u^i \boldsymbol{g}_i\right) \times \left(v^j \boldsymbol{g}_j\right) = \left(u_i \boldsymbol{g}^i\right) \times \left(v_j \boldsymbol{g}^j\right) = u^i v^j \varepsilon_{ijk} \boldsymbol{g}^k = u_i v_j \varepsilon^{ijk} \boldsymbol{g}_k$$

$$c_k = u^i v^j \varepsilon_{ijk}; \quad c^k = u_i v_j \varepsilon^{ijk} \tag{1.29}$$

或

$$\boldsymbol{u} \times \boldsymbol{v} = \sqrt{g} \begin{vmatrix} \boldsymbol{g}^1 & \boldsymbol{g}^2 & \boldsymbol{g}^3 \\ u^1 & u^2 & u^3 \\ v^1 & v^2 & v^3 \end{vmatrix} = \frac{1}{\sqrt{g}} \begin{vmatrix} \boldsymbol{g}_1 & \boldsymbol{g}_2 & \boldsymbol{g}_3 \\ u_1 & u_2 & u_3 \\ v_1 & v_2 & v_3 \end{vmatrix} \quad \text{(行列式表示)} \tag{1.29a}$$

进行叉积运算时, 两个向量都用协变或都用逆变分量比较方便, 因为可以直接应用基向量的叉积公式 (1.16c)。

[**例 1.1**] 证明向量恒等式 $(a \times b) \times c = (a \cdot c) b - (b \cdot c) a$。

证：将各向量写成分量形式 $a = a^i g_i$，$b = b^j g_j$，$c = c_k g^k$，代入等式，则

$$\text{左端} = (\varepsilon^{ijm} a_i b_j g_m) \times (c^k g_k) = \varepsilon^{ijm} \varepsilon_{mkn} a_i b_j c^k g^n = \varepsilon^{ijm} \varepsilon_{knm} a_i b_j c^k g^n$$

$$= \left(\delta_k^i \delta_n^j - \delta_n^i \delta_k^j\right) a_i b_j c^k g^n = (a_k c^k) b_n g^n - (b_k c^k) a_n g^n$$

$$= \text{右端 (等式成立)}$$

上述证明中，利用了基向量的叉积式 (1.16c) 和置换张量与 δ 的关系式 (1.22)。

➤ 1.4.4 混合积

三个向量的混合积为一标量，其绝对值等于三个向量所构成的平行六面体的体积，如图 1.3 所示。

$$u \times v \cdot w = |u \times v| |w| \cos(u \times v, w)$$

式中，$|u \times v|$ 是平行四边形底面面积，后两项是 w 在 $u \times v$ 上的投影 (h)，可见当 w 与 $u \times v$ 夹锐角 (或钝角) 时，$u \times v \cdot w$ 为图 1.3 所示平行六面体的体积 (或其负值)。混合积是叉积和点积的组合，未定义新的运算。

图 1.3 混合积的几何表示

若三个向量采用逆变分量形式 $u = u^i g_i$、$v = v^j g_j$、$w = w^k g_k$，混合积为

$$u \times v \cdot w = [u\ v\ w] = u^i v^j w^k (g_i \times g_j) \cdot g_k = u^i v^j w^k \varepsilon_{ijk} \tag{1.30a}$$

若用协变分量表示，则为

$$u \times v \cdot w = u_i v_j w_k \varepsilon^{ijk} \tag{1.30b}$$

注意到式 (1.3a)，混合积可用行列式表示：

$$u \times v \cdot w = [g_1\ g_2\ g_3] \begin{vmatrix} u^1 & v^1 & w^1 \\ u^2 & v^2 & w^2 \\ u^3 & v^3 & w^3 \end{vmatrix} = [g^1 g^2 g^3] \begin{vmatrix} u_1 & v_1 & w_1 \\ u_2 & v_2 & w_2 \\ u_3 & v_3 & w_3 \end{vmatrix} \tag{1.30c}$$

➤ 1.4.5 并积

两个向量 u、v 的并积记作 $u \otimes v$ 或简记为 uv，本书采用后一记法。并积定义为一个变换，当 uv 作用于 (点乘于) 一个向量 a 时，得到另一个与 u 平行的向量，该向量是 u 的 $(v \cdot a)$ 倍，即

$$uv \cdot a = u(v \cdot a) \tag{1.31}$$

向量的并积也称为两个向量的并矢。

显然并矢不是向量 (后面将会证明并矢是二阶张量)。并积是张量分析中定义的新运算, 每一种运算有一定的物理背景, 例如点积可以表示力在位移上做的功, 又积表示力对点的矩, 下面以应力为例, 说明并积的物理意义。

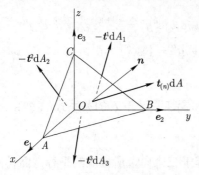

图 1.4　应力的并矢表示

在物体中某一点处, 沿直角坐标系坐标面用斜面截取一个微小四面体, 如图 1.4 所示。n 是斜面 $\triangle ABC$ 的外法线单位向量。若 $\triangle ABC$ 的面积和应力向量为 $\mathrm{d}A$ 和 $t_{(n)}$, 斜面的投影面 $\triangle BOC$、$\triangle COA$、$\triangle AOB$ 面积和各面的应力向量为 $\mathrm{d}A_i = \mathrm{d}A e_i \cdot n$ 和 $-t^i \, (i = 1, 2, 3)$。四面体的平衡条件是

$$t_{(n)}\mathrm{d}A - t^1\mathrm{d}A_1 - t^2\mathrm{d}A_2 - t^3\mathrm{d}A_3 = 0 \quad 或 \quad t_{(n)} = t^i e_i \cdot n$$

其中, 并矢的和 $t^i e_i$ 即是第 3 章中定义的应力张量。可见, 表示应力的量不仅需要应力向量, 还需要用作用面的法线向量, 两者组成并矢。

由两个向量的并积, 可以类似地定义三个向量的并积 uvw

$$(uvw) \cdot a = uv(w \cdot a)$$

依此类推。

利用并积的定义, 不难证明下列性质:

$$\left.\begin{array}{l}
(\alpha u)\,v = u\,(\alpha v) = \alpha uv \\
(uv)\,w = u\,(vw) = uvw \\
u\,(v + w) = uv + uw \\
(u + v)\,w = uw + vw
\end{array}\right\} \tag{1.32}$$

式中, u、v、w 为向量, α 为标量。上式说明并积满足分配律, 但一般情况下, 不满足交换律, 即 $uv \neq vu$。

可以用向量的分量和基向量表示并积:

$$uv = u^i v^j g_i g_j = u_i v_j g^i g^j \tag{1.33}$$

[例 1.2]　若向量 u 和 v 非 0, 证明 $uv = vu$ 的充分必要条件是两者平行。

证: 由并矢的定义, 对于任意向量 a, 有

$$(uv - vu) \cdot a = (uv) \cdot a - (vu) \cdot a = u(v \cdot a) - v(u \cdot a)$$

$(v \cdot a)$ 和 $(u \cdot a)$ 是标量, 所以上式等于 0 的必要条件是 u, v 同向 (平行)。令 $u = \alpha v$, 代入上式, 可见必要条件也是充分条件。

1.5 坐标变换、向量分量的坐标变换公式、向量的解析定义

在 1.2 节和 1.3 节建立的斜角直线坐标系的基本关系，在 1.4 节的向量代数运算中得到了应用。同一物理量可以在不同的坐标系中描述，即进行坐标变换。现在考虑两个斜角直线坐标系，原来坐标系基向量为 g_i 和 g^i，新的坐标系基向量为 $g_{i'}$ 和 $g^{i'}$。任一向量都可以沿基向量分解，如果将 $g_{i'}$ 沿原标架的协变基向量 g_i 分解，将 $g^{i'}$ 沿原标架的逆变基向量 g^i 分解，可以得到两者之间的关系：

$$g_{i'} = A_{i'}^i g_i; \quad g^{i'} = A_i^{i'} g^i \tag{1.34}$$

式中，系数 $A_{i'}^i$ 和 $A_i^{i'}$ 为两组量，每组 9 个分量，称为坐标变换系数。用原坐标系的协变基向量表示新坐标系协变基向量的系数 $A_{i'}^i$ 称为正变换系数，由原坐标系的逆变基向量表示新坐标系逆变基向量的系数 $A_i^{i'}$ 称为逆变换系数，它们给出了两个坐标系标架之间的关系。将式 (1.34) 中的指标适当替换，代入新坐标系的式 (1.7)，有

$$\delta_{i'}^{k'} = g_{i'} \cdot g^{k'} = \left(A_{i'}^i g_i\right) \cdot \left(A_l^{k'} g^l\right) = A_{i'}^i A_l^{k'} \delta_i^l = A_{i'}^i A_i^{k'} \tag{1.35}$$

式 (1.35) 给出了 $A_{i'}^i$ 和 $A_i^{i'}$ 的关系，可用于由一组系数计算另一组系数。上式的矩阵形式为

$$\left[A_{i'}^i\right] \left[A_i^{k'}\right]^{\mathrm{T}} = \begin{bmatrix} A_{1'}^1 & A_{1'}^2 & A_{1'}^3 \\ A_{2'}^1 & A_{2'}^2 & A_{2'}^3 \\ A_{3'}^1 & A_{3'}^2 & A_{3'}^3 \end{bmatrix} \begin{bmatrix} A_1^{1'} & A_2^{1'} & A_3^{1'} \\ A_1^{2'} & A_2^{2'} & A_3^{2'} \\ A_1^{3'} & A_2^{3'} & A_3^{3'} \end{bmatrix} = \begin{bmatrix} 1 & 0 & 0 \\ 0 & 1 & 0 \\ 0 & 0 & 1 \end{bmatrix} \tag{1.35a}$$

即两个变换系数矩阵是互逆的。注意式 (1.34)₂ 用矩阵表示时上标 i' 是行数，而式 (1.35a) 中上标 k' 是列数，所以必须转置。由式 (1.35a) 中两个互逆矩阵交换位置，可以得到两组系数互逆关系的另一形式：

$$A_k^{i'} A_{i'}^i = \delta_k^i \tag{1.36}$$

由式 (1.34) 分别乘以 $A_k^{i'}$ 和 $A_{i'}^k$，得到 g_k 和 g^k 沿新标架的协变基向量和逆变基向量分解的表达式

$$A_k^{i'} g_{i'} = A_k^{i'} A_{i'}^i g_i = \delta_k^i g_i = g_k; \quad A_{i'}^k g^{i'} = g^k \tag{1.37}$$

借助坐标变换系数，可以建立任一向量 v 在两个斜角直线坐标系中分量间的关系。令

$$v = v_i g^i = v^i g_i = v_{i'} g^{i'} = v^{i'} g_{i'}$$

将式 (1.34) 代入，得到 $v_i g^i = v_{i'} A_i^{i'} g^i$ 及 $v^i g_i = v^{i'} A_{i'}^i g_i$；同一标架中向量分量是唯一的，故

$$v_i = A_i^{i'} v_{i'}; \quad v^i = A_{i'}^i v^{i'} \tag{1.38a}$$

上两式右端哑指标 i' 改为 k', 两式分别乘以 A_i^i 和 $A_i^{i'}$, 利用式 (1.35), 得到

$$v_{i'} = A_{i'}^i v_i; \quad v^{i'} = A_i^{i'} v^i \tag{1.38b}$$

式 (1.38) 称为向量的坐标转换关系。任一向量 v 的分量 v^i 和 v_i 与坐标系有关, 在不同坐标系中有不同的值, 但必须满足式 (1.38)。如果某一向量 v 已知, 则它在任一给定坐标系中的分量 v^i(或 v_i) 已知, 那么由式 (1.38b) 可以求出任何其他坐标系中的分量, 只需给出坐标变换系数。因此向量 v 与其分量 v^i 或 v_i 等价。

　　既然向量等价于它的分量, 那么三维空间中的向量也可以定义为: 由三个有序数量 (称为分量) 组成的一组量, 当坐标系改变时, 它的分量满足坐标转换关系。这一定义称为向量的解析定义, 它等价于三维欧氏空间中不依赖坐标系的向量定义, 即具有大小和方向、满足平行四边形求和等规则的量。

　　坐标变换可以有无限多个, 其中满足一定性质的坐标变换的集合组成相应的坐标变换群。例如, 以后将要用到的正交变换群, 就是所有坐标系之间的坐标变换系数矩阵均为正交矩阵。

　　有些物理量只对一定的坐标变换群满足向量转换关系, 即满足式 (1.38), 所以是向量; 而对于这个群之外的变换, 则不满足式 (1.38), 也就是说, 这些物理量的向量性依赖于一定的坐标变换群。对于任意坐标变换保持不变的向量称为绝对向量 (或极向量), 在坐标系进行反射变换时改变符号的向量称为伪向量 (或轴向量)。所以伪向量在包括反射变换的坐标变换群内, 不具有向量性。

　　[例 1.3]　证明绝对向量 a, b 的叉积 $c = a \times b$ 是伪向量。

　　若坐标变换为 1-2 坐标面的反射 (图 1.5), 正变换系数为

$$\left[A_{i'}^i \right] = \begin{bmatrix} 1 & 0 & 0 \\ 0 & 1 & 0 \\ 0 & 0 & -1 \end{bmatrix}$$

由坐标变换, 得到两个坐标系的标架及分量关系:

$$e_{1'} = e_1, \ e_{2'} = e_2, \ e_{3'} = -e_3$$
$$a_{1'} = a_1, \ a_{2'} = a_2, \ a_{3'} = -a_3$$
$$b_{1'} = b_1, \ b_{2'} = b_2, \ b_{3'} = -b_3$$

利用叉积公式 (1.29), 有

$$c_1 = a_2 b_3 - a_3 b_2; \ c_2 = a_3 b_1 - a_1 b_3; \ c_3 = a_1 b_2 - a_2 b_1$$
$$c_{1'} = a_{2'} b_{3'} - a_{3'} b_{2'} = -c_1; \ c_{2'} = a_{3'} b_{1'} - a_{1'} b_{3'} = -c_2; \ c_{3'} = a_{1'} b_{2'} - a_{2'} b_{1'} = c_3$$

所以　　　　　　　$$c = a \times b = c_k e_k; \quad c' = a \times b = c_{k'} e_{k'} = -c$$

可见向量的叉积在反射变换的两个坐标系中符号相反, 即为伪向量。

类似的分析可知, 坐标系从右手系变为左手系时, 叉积也是伪向量 (见习题 1.7)。

图 1.5　反射坐标系中的叉积

1.6　张量的定义、张量性证明

现在将 1.5 节中向量的解析定义推广。张量的普遍定义如下: 满足下列坐标变换关系的一组量称为张量:

$$\varphi^{i' \cdots j'}{}_{k' \cdots l'} = A_i^{i'} \cdots A_j^{j'} A_{k'}^{k} \cdots A_{l'}^{l} \varphi^{i \cdots j}{}_{k \cdots l} \tag{1.39}$$

式中, $A_i^{i'} \cdots$, $A_{k'}^{k} \cdots$ 为坐标变换系数; $A_i^{i'}$ 为逆变换系数, 与上标变换对应, $A_{k'}^{k}$ 为正变换系数, 与下标变换对应。该组量中的每个量称为张量的分量, 张量是全部分量的有序整体。指标的变程为张量的维, 指标的个数为张量的阶, 上标称为逆变指标, 下标称为协变指标, 若上标有 r 个, 下标有 s 个, 则称为 $r + s$ 阶张量。只有逆变指标的分量称为逆变分量, 只有协变指标的分量称为协变分量, 既有逆变也有协变指标的分量称为混合分量。

根据上述定义, 标量和向量可以认为是零阶张量和一阶张量。在三维空间中的张量, 指标变程为 3, 称为三维张量, n 阶三维张量有 3^n 个分量; 二维空间 (曲面) 中的张量指标变程为 2, 称为二维张量, n 阶二维张量的分量个数为 2^n。

正如向量分量 v^i 和 v_i 的指标可以升降一样, 张量分量指标的上下位置也可以升降, 不同的上下位置不是本质差别, 仍为同一张量 (见下节)。但是, 指标的前后位置是严格的, 不能随意改变, 否则一般说来将会变为另一张量。张量的分量随坐标系而变化, 但张量本身作为分量的整体与坐标系无关, 在不同坐标系中由坐标变换关系得到的不同分量代表同一张量。

仿效向量, 张量可以用分量和基向量的并矢表示, 称为并矢记法, 例如:

$$\begin{aligned}
\boldsymbol{\varphi} &= \varphi^{i \cdots j}{}_{k \cdots l} \boldsymbol{g}_i \cdots \boldsymbol{g}_j \boldsymbol{g}^k \cdots \boldsymbol{g}^l = \varphi_{i \cdots j}{}^{k \cdots l} \boldsymbol{g}^i \cdots \boldsymbol{g}^j \boldsymbol{g}_k \cdots \boldsymbol{g}_l \\
&= \varphi^{i \cdots jk \cdots l} \boldsymbol{g}_i \cdots \boldsymbol{g}_j \boldsymbol{g}_k \cdots \boldsymbol{g}_l = \varphi_{i \cdots jk \cdots l} \boldsymbol{g}^i \cdots \boldsymbol{g}^j \boldsymbol{g}^k \cdots \boldsymbol{g}^l = \cdots
\end{aligned} \tag{1.40}$$

式 (1.40) 在任何坐标系中都有相同的形式。例如, 将式 (1.37) 代入下式, 得到

$$\varphi^{i \cdots j}{}_{k \cdots l} \boldsymbol{g}_i \cdots \boldsymbol{g}_j \boldsymbol{g}^k \cdots \boldsymbol{g}^l = \varphi^{i \cdots j}{}_{k \cdots l} A_i^{i'} \cdots A_j^{j'} A_{k'}^{k} \cdots A_{l'}^{l} \boldsymbol{g}_{i'} \cdots \boldsymbol{g}_{j'} \boldsymbol{g}^{k'} \cdots \boldsymbol{g}^{l'}$$

$$= \varphi^{i' \cdots j'}{}_{k' \cdots l'} \boldsymbol{g}_{i'} \cdots \boldsymbol{g}_{j'} \boldsymbol{g}^{k'} \cdots \boldsymbol{g}^{l'} \tag{1.41}$$

如果指标个数为 m，则并矢由 m 个基向量组成，每一个基向量可以是逆变或协变基向量，所以一个 m 阶张量有 2^m 种并矢形式。

张量的并矢记法式 (1.40) 也可以代替式 (1.39) 作为张量的定义，即凡是可以在任意坐标系中能写成类似式 (1.40) 那样并矢形式的量必为张量。根据张量的并矢定义式 (1.40)，很容易得到张量分量的坐标转换关系式 (1.39)，所以上述两个定义是等价的，它们都可以用来鉴别一组量的张量性。张量的分量形式和并矢形式都可用于张量运算。

应该指出，像每种分量形式中的指标具有严格的次序和位置一样，每种并矢记法中分量指标的次序必须与基向量的次序相同 (否则变为另一张量)，并且满足哑指标约定。

除了分量记法 (或指标记法，例如 $\varphi^{i \cdots j}{}_{k \cdots l}$) 和并矢记法 ($\varphi^{i \cdots j}{}_{k \cdots l} \boldsymbol{g}_i \cdots \boldsymbol{g}_j \boldsymbol{g}^k \cdots \boldsymbol{g}^l$) 这两种表示法之外，张量也可以单独用黑体字母 (例如 φ) 表示，称为抽象记法 (或不变性记法)。张量的三种表示法中，抽象记法与坐标系无关，符合张量的"不变性"本质，而且运算形式最简捷，在理论推导中应用日益增多；但在研究实际问题时，通常需要采用坐标系来描述，所以尽管形式复杂一些，目前分量形式和并矢形式仍然很常用。特别是并矢记法，既在总体上有不变性特点，又包含了标架和分量，因此更便于初学者在张量运算中应用。参考文献 [11] 对抽象记法和指标记法的优点和弱点给出了评论。

以二阶张量 $\boldsymbol{A}$ 为例，$\boldsymbol{A}$ 是抽象记法，其并矢记法有四种形式：

$$\boldsymbol{A} = a^{ij} \boldsymbol{g}_i \boldsymbol{g}_j = a_{ij} \boldsymbol{g}^i \boldsymbol{g}^j = a_i{}^j \boldsymbol{g}^i \boldsymbol{g}_j = a^i{}_j \boldsymbol{g}_i \boldsymbol{g}^j \tag{1.42}$$

式中，a^{ij}、a_{ij}、$a_i{}^j$、$a^i{}_j$ 分别称为 $\boldsymbol{A}$ 的逆变分量、协变分量和两种混合分量，也是 $\boldsymbol{A}$ 的四种分量记法。为了避免前后位置的混淆，有时也用下列符号来表示混合分量：

$$a_i^{\cdot j} \equiv a_i{}^j; \ a^i_{\cdot j} \equiv a^i{}_j$$

$\boldsymbol{A}$ 的分量的坐标转换关系是一组具有规律性的关系式，形式为

$$\left. \begin{array}{l} a^{i'j'} = a^{ij} A_i^{i'} A_j^{j'}; \ a^{ij} = a^{i'j'} A_{i'}^i A_{j'}^j \\ a_{i'j'} = a_{ij} A_{i'}^i A_{j'}^j; \ a_{ij} = a_{i'j'} A_i^{i'} A_j^{j'} \\ a_{i'}{}^{j'} = a_i{}^j A_{i'}^i A_j^{j'}; \ a_i{}^j = a_{i'}{}^{j'} A_i^{i'} A_{j'}^j \\ a^{i'}{}_{j'} = a^i{}_j A_i^{i'} A_{j'}^j; \ a^i{}_j = a^{i'}{}_{j'} A_{i'}^i A_j^{j'} \end{array} \right\} \tag{1.43}$$

证明一组量是否为张量的基本方法是根据张量定义，如果一组量在不同坐标系中的分量满足坐标转换关系式 (1.39)，或者能够表为并矢形式式 (1.40)，则这组量为张量。

张量性的另一种证明方法是用商法则, 即: 如果一组量在任意坐标系中与一个张量的点积运算, 得到另一张量, 则这组量也是张量。例如, 若

$$T\left(i, j, k\right) a_{ij} = b^k \tag{a}$$

式右端为双重点积, 见 1.7 节, 已知 a_{ij}、b^k 是二阶张量和向量, 则 $T\left(i, j, k\right) = T^{ijk}$ 为三阶张量。为了证明商法则的正确性, 考虑另一坐标系, 在该坐标系中

$$T\left(i', j', k'\right) a_{i'j'} = b^{k'} \tag{b}$$

将 a、b 的坐标转换关系代入式 (a), 有

$$T\left(i, j, k\right) A_i^{i'} A_j^{j'} a_{i'j'} = A_{r'}^{k} b^{r'} \tag{c}$$

两端乘以 $A_k^{k'}$, 利用互逆关系式 (1.35), 得到

$$T\left(i, j, k\right) A_i^{i'} A_j^{j'} A_k^{k'} a_{i'j'} = b^{k'} \tag{d}$$

由式 (b) 与式 (d) 相减, 注意到 $a \neq 0$, 得到

$$T\left(i', j', k'\right) = A_i^{i'} A_j^{j'} A_k^{k'} T\left(i, j, k\right)$$

所以 $T\left(i, j, k\right)$ 是三阶张量的逆变分量。可见, 商法则可作为张量性的证明。

此外, 以后定义的各种张量运算所得到的结果, 仍然是张量。

作为例子, 以下用张量的定义来证明前面已经给出的度量张量 g_{ij}, 置换张量 ε_{ijk} 和并矢 $a_i b_j$ 的张量性。

[例 1.4] 度量张量的张量性。

将式 (1.34) 代入 $g_{i'j'} = \boldsymbol{g}_{i'} \cdot \boldsymbol{g}_{j'}$, 得到

$$g_{i'j'} = \left(A_{i'}^i \boldsymbol{g}_i\right) \cdot \left(A_{j'}^j \boldsymbol{g}_j\right) = A_{i'}^i A_{j'}^j \boldsymbol{g}_i \cdot \boldsymbol{g}_j = A_{i'}^i A_{j'}^j g_{ij}$$

可见 g_{ij} 是二阶张量的协变分量, 其并矢记法为 $\boldsymbol{I} = g_{ij} \boldsymbol{g}^i \boldsymbol{g}^j$。

由式 (1.10) 用协变基向量表示 $\boldsymbol{I}$ 中的 $\boldsymbol{g}^i$ 和 $\boldsymbol{g}^j$:

$$\boldsymbol{I} = g_{ij} \boldsymbol{g}^i \boldsymbol{g}^j = g_{ij} \left(g^{ik} \boldsymbol{g}_k\right) \left(g^{jl} \boldsymbol{g}_l\right) = \delta_j^k g^{jl} \boldsymbol{g}_k \boldsymbol{g}_l = g^{kl} \boldsymbol{g}_k \boldsymbol{g}_l$$

所以逆变度量张量 g^{ij} 是 $\boldsymbol{I}$ 的逆变分量。用协变基向量分别表示 $\boldsymbol{I}$ 中的 $\boldsymbol{g}^i$ 或 $\boldsymbol{g}^j$, 有

$$\boldsymbol{I} = g_{ij} \left(g^{ik} \boldsymbol{g}_k\right) \boldsymbol{g}^j = \delta_j^k \boldsymbol{g}_k \boldsymbol{g}^j$$

$$\boldsymbol{I} = g_{ij} \boldsymbol{g}^i \left(g^{jl} \boldsymbol{g}_l\right) = \delta_i^l \boldsymbol{g}^i \boldsymbol{g}_l$$

所以度量张量的混合分量为 $g_j^i = g_j^{\;i} = \delta_j^i$; 度量张量可以记作:

$$\boldsymbol{I} = g_{ij} \boldsymbol{g}^i \boldsymbol{g}^j = g^{ij} \boldsymbol{g}_i \boldsymbol{g}_j = \delta_j^i \boldsymbol{g}_i \boldsymbol{g}^j = \delta_i^j \boldsymbol{g}^i \boldsymbol{g}_j = \boldsymbol{g}^i \boldsymbol{g}_i = \boldsymbol{g}_j \boldsymbol{g}^j \tag{1.44}$$

下节将表明，任何张量与 $\boldsymbol{I}$ 的点积，只是指标的升降或代换，不改变张量本身，所以 $\boldsymbol{I}$ 也称为单位张量。

[例 1.5] 置换张量的张量性。

由置换张量的定义，利用基向量的坐标变换关系，有

$$\varepsilon_{i'j'k'} = (\boldsymbol{g}_{i'} \times \boldsymbol{g}_{j'}) \cdot \boldsymbol{g}_{k'} = (A_{i'}^i \boldsymbol{g}_i) \times (A_{j'}^j \boldsymbol{g}_j) \cdot (A_{k'}^k \boldsymbol{g}_k)$$
$$= A_{i'}^i A_{j'}^j A_{k'}^k (\boldsymbol{g}_i \times \boldsymbol{g}_j) \cdot \boldsymbol{g}_k = A_{i'}^i A_{j'}^j A_{k'}^k \varepsilon_{ijk}$$

可见 ε_{ijk} 满足张量转换关系，是三阶张量 (记作 $\boldsymbol{E}$) 的协变分量。下面证明式 $(1.20)_2$ 定义的 ε^{ijk} 是 $\boldsymbol{E}$ 的逆变分量。

将 $\varepsilon_{ijk} = [\boldsymbol{g}_i \boldsymbol{g}_j \boldsymbol{g}_k]$ 代入 $\boldsymbol{E}$ 的并矢形式，由式 (1.10) 和向量并矢的结合律式 $(1.32)_1$，有

$$\boldsymbol{E} = [\boldsymbol{g}_i \boldsymbol{g}_j \boldsymbol{g}_k] \boldsymbol{g}^i \boldsymbol{g}^j \boldsymbol{g}^k = [\boldsymbol{g}_i \boldsymbol{g}_j \boldsymbol{g}_k] (g^{ir} \boldsymbol{g}_r) (g^{js} \boldsymbol{g}_s) (g^{kt} \boldsymbol{g}_t)$$
$$= [(g^{ir} \boldsymbol{g}_i) (g^{js} \boldsymbol{g}_j) (g^{kt} \boldsymbol{g}_k)] \boldsymbol{g}_r \boldsymbol{g}_s \boldsymbol{g}_t = [\boldsymbol{g}^r \boldsymbol{g}^s \boldsymbol{g}^t] \boldsymbol{g}_r \boldsymbol{g}_s \boldsymbol{g}_t = \varepsilon^{rst} \boldsymbol{g}_r \boldsymbol{g}_s \boldsymbol{g}_t$$

所以 ε^{ijk} 是 $\boldsymbol{E}$ 的逆变分量，置换张量的并矢记法为

$$\boldsymbol{E} = \varepsilon_{ijk} \boldsymbol{g}^i \boldsymbol{g}^j \boldsymbol{g}^k = \varepsilon^{ijk} \boldsymbol{g}_i \boldsymbol{g}_j \boldsymbol{g}_k \tag{1.45}$$

应该指出，Ricci 符号 e_{ijk} 不满足张量转换关系，因而不是张量。由式 (1.20)，注意到 ε_{ijk} 满足张量转换关系：

$$e_{i'j'k'} = \frac{\varepsilon_{i'j'k'}}{[\boldsymbol{g}_{1'} \boldsymbol{g}_{2'} \boldsymbol{g}_{3'}]} = A_{i'}^i A_{j'}^j A_{k'}^k \frac{\varepsilon_{ijk}}{[\boldsymbol{g}_{1'} \boldsymbol{g}_{2'} \boldsymbol{g}_{3'}]} = A_{i'}^i A_{j'}^j A_{k'}^k e_{ijk} \frac{[\boldsymbol{g}_1 \boldsymbol{g}_2 \boldsymbol{g}_3]}{[\boldsymbol{g}_{1'} \boldsymbol{g}_{2'} \boldsymbol{g}_{3'}]}$$

一般说来，$[\boldsymbol{g}_1 \boldsymbol{g}_2 \boldsymbol{g}_3] \neq [\boldsymbol{g}_{1'} \boldsymbol{g}_{2'} \boldsymbol{g}_{3'}]$，所以 $e_{i'j'k'} \neq A_{i'}^i A_{j'}^j A_{k'}^k e_{ijk}$。

[例 1.6] 并矢的张量性。

考虑向量 $\boldsymbol{a}$ 和 $\boldsymbol{b}$ 的并矢，利用并积的结合律，有

$$\boldsymbol{a}\boldsymbol{b} = (a^i \boldsymbol{g}_i)(b^j \boldsymbol{g}_j) = a^i b^j \boldsymbol{g}_i \boldsymbol{g}_j$$

上式为张量的并矢形式，所以并矢 $\boldsymbol{a}\boldsymbol{b}$ 为二阶张量，$a^i b^j$ 为它的逆变分量。利用式 (1.10) 下降指标，可以得到协变分量和混合分量形式：

$$\boldsymbol{a}\boldsymbol{b} = a_i b_j \boldsymbol{g}^i \boldsymbol{g}^j = a_i b^j \boldsymbol{g}^i \boldsymbol{g}_j = a^i b_j \boldsymbol{g}_i \boldsymbol{g}^j$$

1.7 张量的代数运算

张量的代数运算是向量代数运算的推广。张量的基本代数运算是加减、点积、叉积、并积，此外还有指标的升降、缩并、转置，可以看作是张量的特殊代数运算。

▶ 1.7.1 加减

只有同阶张量的同类分量才能加减，而且分量相加、相减时指标的位置结构相同，同一指标上下位置在同一高度，所得结果是同阶张量。例如：

$$\boldsymbol{\xi} \pm \boldsymbol{\eta} = \xi^{i\cdots j}{}_{k\cdots l}\boldsymbol{g}_i\cdots\boldsymbol{g}_j\boldsymbol{g}^k\cdots\boldsymbol{g}^l \pm \eta^{i\cdots j}{}_{k\cdots l}\boldsymbol{g}_i\cdots\boldsymbol{g}_j\boldsymbol{g}^k\cdots\boldsymbol{g}^l$$

$$= \zeta^{i\cdots j}{}_{k\cdots l}\boldsymbol{g}_i\cdots\boldsymbol{g}_j\boldsymbol{g}^k\cdots\boldsymbol{g}^l = \boldsymbol{\zeta} \tag{1.46}$$

$$\zeta^{i\cdots j}{}_{k\cdots l} = \xi^{i\cdots j}{}_{k\cdots l} \pm \eta^{i\cdots j}{}_{k\cdots l}$$

▶ 1.7.2 指标的升降

在 1.4 节中曾利用度量张量使向量分量的指标升降，并不改变向量本身，见式 (1.26)。现在来考察张量指标的升降，以三阶张量为例，利用式 (1.9)、式 (1.10) 和并积的结合律，有

$$\boldsymbol{\varphi} = \varphi_{ij}{}^k\boldsymbol{g}^i\boldsymbol{g}^j\boldsymbol{g}_k = \varphi_{ij}{}^k(g^{ir}\boldsymbol{g}_r)\boldsymbol{g}^j\boldsymbol{g}_k = \varphi_{ij}{}^k g^{ir}\boldsymbol{g}_r\boldsymbol{g}^j\boldsymbol{g}_k \equiv \varphi^r{}_j{}^k\boldsymbol{g}_r\boldsymbol{g}^j\boldsymbol{g}_k$$

$$\boldsymbol{\varphi} = \varphi^{ijk}\boldsymbol{g}_i\boldsymbol{g}_j\boldsymbol{g}_k = \varphi^{ijk}\boldsymbol{g}_i(g_{jr}\boldsymbol{g}^r)\boldsymbol{g}_k = \varphi^{ijk}g_{jr}\boldsymbol{g}_i\boldsymbol{g}^r\boldsymbol{g}_k \equiv \varphi^i{}_r{}^k\boldsymbol{g}_i\boldsymbol{g}^r\boldsymbol{g}_k$$

式中，"≡" 表示张量分量的定义，所以

$$\varphi_{ij}{}^k g^{ir} = \varphi^r{}_j{}^k; \quad \varphi^{ijk}g_{jr} = \varphi^i{}_r{}^k \tag{1.47a}$$

可见，g^{ir} 使 $\varphi_{ij}{}^k$ 的下标 i 上升，而 g_{jr} 使 φ^{ijk} 的指标 j 下降。指标的升与降只是张量分量形式的变化，张量本身并不改变。类似地，二阶张量 $\boldsymbol{a}$ 各种分量的关系为

$$\left.\begin{array}{l} a_{ij} = a^{kl}g_{ik}g_{jl}; \ a^{ij} = a_{kl}g^{ik}g^{jl} \\ a^i{}_j = a^{ik}g_{kj} = a_{kj}g^{ik}; \ a_j{}^i = a_{jk}g^{ki} = a^{ki}g_{kj} \\ a^i{}_j = a_l{}^k g^{il}g_{jk}; \ a_j{}^i = a^k{}_l g_{jk}g^{il} \end{array}\right\} \tag{1.47b}$$

▶ 1.7.3 并积

两个任意张量并积的定义为

$$\boldsymbol{\xi}\boldsymbol{\psi} = (\xi^{i\cdots j}{}_{k\cdots l}\boldsymbol{g}_i\cdots\boldsymbol{g}_j\boldsymbol{g}^k\cdots\boldsymbol{g}^l)(\psi^{p\cdots q}{}_{r\cdots s}\boldsymbol{g}_p\cdots\boldsymbol{g}_q\boldsymbol{g}^r\cdots\boldsymbol{g}^s)$$

$$= \xi^{i\cdots j}{}_{k\cdots l}\psi^{p\cdots q}{}_{r\cdots s}\boldsymbol{g}_i\cdots\boldsymbol{g}_j\boldsymbol{g}^k\cdots\boldsymbol{g}^l\boldsymbol{g}_p\cdots\boldsymbol{g}_q\boldsymbol{g}^r\cdots\boldsymbol{g}^s$$

$$= \xi^{i\cdots j}{}_{k\cdots l}{}^{p\cdots q}{}_{r\cdots s}\boldsymbol{g}_i\cdots\boldsymbol{g}_j\boldsymbol{g}^k\cdots\boldsymbol{g}^l\boldsymbol{g}_p\cdots\boldsymbol{g}_q\boldsymbol{g}^r\cdots\boldsymbol{g}^s = \boldsymbol{\xi} \tag{1.48}$$

或用分量形式：$\xi^{i\cdots j}{}_{k\cdots l}\psi^{p\cdots q}{}_{r\cdots s} = \zeta^{i\cdots j}{}_{k\cdots l}{}^{p\cdots q}{}_{r\cdots s}$。

两个张量的阶数和分量形式可以不同，并积的结果为新的张量，其阶数等于两个张量阶数之和，指标的结构不变，按原张量先后次序排列。

➤ 1.7.4 缩并、二阶张量的迹

在同一张量的并矢形式中将某个逆变基向量与另一协变基向量 (也可以是两个协变或两个逆变基向量) 进行点积，其结果是较原张量低两阶的新张量，这种运算称为缩并。用分量形式时，只能对混合分量进行缩并运算，否则需要通过指标的升降变为混合分量。例如：张量 $\varphi = \varphi^{ijk}{}_{rst}\boldsymbol{g}_i\boldsymbol{g}_j\boldsymbol{g}_k\boldsymbol{g}^r\boldsymbol{g}^s\boldsymbol{g}^t$，将 $\boldsymbol{g}_j$ 与 $\boldsymbol{g}^s$ 点积，则该缩并记作：

$$\begin{aligned}\bar{\varphi} &= \varphi^{ijk}{}_{rst}(\boldsymbol{g}_j \cdot \boldsymbol{g}^s)\boldsymbol{g}_i\boldsymbol{g}_k\boldsymbol{g}^r\boldsymbol{g}^t = \varphi^{ijk}{}_{rst}\delta_j^s\boldsymbol{g}_i\boldsymbol{g}_k\boldsymbol{g}^r\boldsymbol{g}^t \\ &= \varphi^{isk}{}_{rst}\boldsymbol{g}_i\boldsymbol{g}_k\boldsymbol{g}^r\boldsymbol{g}^t = \psi^{ik}{}_{rt}\boldsymbol{g}_i\boldsymbol{g}_k\boldsymbol{g}^r\boldsymbol{g}^t = \psi\end{aligned} \tag{1.49}$$

用分量形式时，缩并就是将混合分量的一对上下自由指标变成哑指标，缩并后得到的新张量较原张量低两阶，如果进行 n 次缩并则降低 $2n$ 阶。如果是一对相同高度的指标，缩并前需先将一个指标上升或下降。

任意二阶张量 $\boldsymbol{D}$ 缩并得到的标量，称为二阶张量 $\boldsymbol{D}$ 的迹 (trace)，记作：

$$\mathrm{tr}\boldsymbol{D} = D_i{}^j\boldsymbol{g}^i \cdot \boldsymbol{g}_j = D_i{}^i \tag{1.50}$$

或 $$\mathrm{tr}\boldsymbol{D} = D_i{}^j(g^{ik}\boldsymbol{g}_k) \cdot (g_{jl}\boldsymbol{g}^l) = D_i{}^j g^{ik} g_{jl}\delta_k^l = D^k{}_k$$

显然，迹 $\mathrm{tr}\boldsymbol{D}$ 等于混合分量 ($D_i{}^j$ 或 $D^i{}_j$) 矩阵的对角元素之和。

➤ 1.7.5 点积、二阶张量的点积、逆张量和正则张量

两个任意张量的点积 (也称为内积) 实际上是由并积和缩并组成的，一般说来与两个张量的次序有关，不满足交换律，这是与向量点积的不同之处。例如：

$$\begin{aligned}\overline{\xi\eta} &= (\xi^{ij}{}_k\boldsymbol{g}_i\boldsymbol{g}_j\boldsymbol{g}^k)(\eta^{pq}{}_r\boldsymbol{g}_p\boldsymbol{g}_q\boldsymbol{g}^r) = \xi^{ij}{}_k\eta^{pq}{}_r(\boldsymbol{g}^k \cdot \boldsymbol{g}_q)\boldsymbol{g}_i\boldsymbol{g}_j\boldsymbol{g}_p\boldsymbol{g}^r \\ &= \xi^{ij}{}_k\eta^{pq}{}_r\delta_q^k\boldsymbol{g}_i\boldsymbol{g}_j\boldsymbol{g}_p\boldsymbol{g}^r = \xi^{ij}{}_k\eta^{pk}{}_r\boldsymbol{g}_i\boldsymbol{g}_j\boldsymbol{g}_p\boldsymbol{g}^r = \zeta\end{aligned} \tag{1.51}$$

点积的结果是一新的张量，它的阶数等于原张量的阶数之和减 2。如果进行点积的基向量指标一上一下，其结果变为哑指标；如果基向量的指标在同一高度，点积的结果为度量张量。点积对应的哑指标上、下位置可以互换，这是点积的指标特征；反之，如果在张量运算的分量表达式中出现哑指标，则对应点积运算。在张量点积运算中，其余未进行点积的基向量依次排列，顺序不变。

式 (1.51) 左端的点积记号不是一种确切的表示。如果张量 $\boldsymbol{\xi}$ 的最后一个基向量与 $\boldsymbol{\eta}$ 的第一个基向量点积，可以记作：

$$\boldsymbol{\xi} \cdot \boldsymbol{\eta} = \xi^{ij}{}_k\eta^{kq}{}_r\boldsymbol{g}_i\boldsymbol{g}_j\boldsymbol{g}_q\boldsymbol{g}^r$$

两个张量的双重点积，被定义为前面张量的最后两个基向量与后面张量的前两个基向量交互点积，双重点积有并联和串联两种形式，以三阶张量 $\boldsymbol{\xi}$ 和 $\boldsymbol{\eta}$ 的双重点积为例：

并联双重点积

$$\boldsymbol{\xi} : \boldsymbol{\eta} = \left(\xi^{ij}{}_k \boldsymbol{g}_i \boldsymbol{g}_j \boldsymbol{g}^k \right) : \left(\eta^{pq}{}_r \boldsymbol{g}_p \boldsymbol{g}_q \boldsymbol{g}^r \right)$$
$$= \xi^{ij}{}_k \eta^{pq}{}_r \left(\boldsymbol{g}_j \cdot \boldsymbol{g}_p \right) \left(\boldsymbol{g}^k \cdot \boldsymbol{g}_q \right) \boldsymbol{g}_i \boldsymbol{g}^r = \xi^{ij}{}_k \eta_j{}^k{}_r \boldsymbol{g}_i \boldsymbol{g}^r \tag{1.52}$$

串联双重点积

$$\boldsymbol{\xi} \cdot \cdot \boldsymbol{\eta} = \left(\xi^{ij}{}_k \boldsymbol{g}_i \boldsymbol{g}_j \boldsymbol{g}^k \right) \cdot \cdot \left(\eta^{pq}{}_r \boldsymbol{g}_p \boldsymbol{g}_q \boldsymbol{g}^r \right)$$
$$= \xi^{ij}{}_k \eta^{pq}{}_r \left(\boldsymbol{g}_j \cdot \boldsymbol{g}_q \right) \left(\boldsymbol{g}^k \cdot \boldsymbol{g}_p \right) \boldsymbol{g}_i \boldsymbol{g}^r = \xi^{ij}{}_k \eta^k{}_{jr} \boldsymbol{g}_i \boldsymbol{g}^r \tag{1.53}$$

如果 $\boldsymbol{\xi}$ 和 $\boldsymbol{\eta}$ 为 m 和 n 阶张量, 则双重点积结果为 $(m+n-4)$ 阶张量。

若 $\boldsymbol{A}$、$\boldsymbol{B}$ 为二阶张量, 则

$$\boldsymbol{A} \cdot \boldsymbol{B} = (A_{ij} \boldsymbol{g}^i \boldsymbol{g}^j) \cdot (B_{kl} \boldsymbol{g}^k \boldsymbol{g}^l) = A_{ij} B_{kl} \boldsymbol{g}^i \boldsymbol{g}^l g^{jk} = A_{ij} B^j{}_l \boldsymbol{g}^i \boldsymbol{g}^l$$

上式表示 $\boldsymbol{A}$ 与 $\boldsymbol{B}$ 中两个邻近基向量的点积。两种双重点积为

$$\boldsymbol{A} : \boldsymbol{B} = (A_{ij} \boldsymbol{g}^i \boldsymbol{g}^j) : (B_{kl} \boldsymbol{g}^k \boldsymbol{g}^l) = A_{ij} B_{kl} (\boldsymbol{g}^i \cdot \boldsymbol{g}^k)(\boldsymbol{g}^j \cdot \boldsymbol{g}^l)$$
$$= A_{ij} B_{kl} g^{ik} g^{jl} = A_{ij} B^{ij} = A^k{}_j B_k{}^j$$
$$\boldsymbol{A} \cdot \cdot \boldsymbol{B} = A^i{}_k B^k{}_i$$

线弹性应力应变关系和应变能都是双重点积的例子。一点处的应力状态 σ^{ij} 和应变状态 ε_{kl} 均为二阶张量, 对于线弹性材料, σ^{ij}、ε_{kl} 满足线性关系, 可写成:

$$\sigma^{ij} = \Sigma(i,j,k,l) \varepsilon_{kl}$$

根据商法则, 系数 $\Sigma(i,j,k,l)$ 必为四阶张量 Σ^{ijkl} (即弹性张量), 所以上式应为

$$\sigma^{ij} = \Sigma^{ijkl} \varepsilon_{kl} \quad \text{或} \quad \boldsymbol{\sigma} = \boldsymbol{\Sigma} : \boldsymbol{\varepsilon}$$

由应力张量和应变张量的双重点积, 可以得到线弹性体的应变能密度

$$U = \frac{1}{2} \sigma^{ij} \varepsilon_{ij} = \frac{1}{2} \Sigma^{ijkl} \varepsilon_{kl} \varepsilon_{ij} = \frac{1}{2} \varepsilon_{ij} \Sigma^{ijkl} \varepsilon_{kl} = \frac{1}{2} \boldsymbol{\varepsilon} : \boldsymbol{\Sigma} : \boldsymbol{\varepsilon}$$

若两个二阶张量的点积等于度量张量, 记作:

$$\boldsymbol{A} \cdot \boldsymbol{A}^{-1} = \boldsymbol{I} \quad \text{或} \quad \boldsymbol{A}^{-1} \cdot \boldsymbol{A} = \boldsymbol{I} \tag{1.54}$$

则称 $\boldsymbol{A}^{-1}$ 是 $\boldsymbol{A}$ 的逆张量, 以上两式可以互相证明。如果用矩阵表示, $[\boldsymbol{A}]$ 和 $[\boldsymbol{A}^{-1}]$ 互为逆矩阵, 与矩阵求逆一样, 可以得到

$$A^{-1k}{}_l = \frac{\text{cofactor}(\boldsymbol{A})}{\det \boldsymbol{A}} = \frac{1}{2 \det \boldsymbol{A}} e^{krs} e_{lmn} A^m{}_r A^n{}_s = \frac{1}{2 \det \boldsymbol{A}} \varepsilon^{krs} \varepsilon_{lmn} A^m{}_r A^n{}_s \tag{1.54a}$$

式中，$\det \boldsymbol{A}$ 是 $\boldsymbol{A}$ 的混合分量矩阵的行列式，即 $\boldsymbol{A}$ 的行列式。可见，二阶张量存在逆张量的条件是

$$\det \boldsymbol{A} \neq 0 \tag{1.55}$$

行列式不等于零的二阶张量称为正则二阶张量，所以正则张量可以求逆。

零二阶张量的定义是全部分量等于 0，记作 $\boldsymbol{0}$，零张量与任意向量和二阶量的点积得到零向量和零二阶张量：

$$\boldsymbol{0} \cdot \boldsymbol{a} = \boldsymbol{0} \text{ (零向量)}; \quad \boldsymbol{A} \cdot \boldsymbol{0} = \boldsymbol{0} \cdot \boldsymbol{A} = \boldsymbol{0} \text{ (零二阶张量)}$$

任一二阶张量与度量张量的点积保持不变，即

$$\boldsymbol{A} \cdot \boldsymbol{I} = \boldsymbol{I} \cdot \boldsymbol{A} = \boldsymbol{A}$$

任一二阶张量点乘任一向量得到另一向量：

$$\boldsymbol{T} \cdot \boldsymbol{a} = (T^{ij}\boldsymbol{g}_i\boldsymbol{g}_j) \cdot (a_k\boldsymbol{g}^k) = T^{ij}a_k\delta_j^k\boldsymbol{g}_i = T^{ij}a_j\boldsymbol{g}_i = b^i\boldsymbol{g}_i = \boldsymbol{b} \tag{1.56}$$

➤ 1.7.6 叉积

两个张量的叉积 (也称为外积) 被定义为两个张量的相邻基向量的叉积，例如：

$$\boldsymbol{\xi} \times \boldsymbol{\eta} = (\xi^{ij}{}_k\boldsymbol{g}_i\boldsymbol{g}_j\boldsymbol{g}^k) \times (\eta_p{}^{rs}\boldsymbol{g}^p\boldsymbol{g}_r\boldsymbol{g}_s) = \xi^{ij}{}_k\eta_p{}^{rs}\boldsymbol{g}_i\boldsymbol{g}_j(\boldsymbol{g}^k \times \boldsymbol{g}^p)\boldsymbol{g}_r\boldsymbol{g}_s$$
$$= \xi^{ij}{}_k\eta_p{}^{rs}\varepsilon^{mkp}\boldsymbol{g}_i\boldsymbol{g}_j\boldsymbol{g}_m\boldsymbol{g}_r\boldsymbol{g}_s = \xi^{ijmrs}\boldsymbol{g}_i\boldsymbol{g}_j\boldsymbol{g}_m\boldsymbol{g}_r\boldsymbol{g}_s = \boldsymbol{\zeta} \tag{1.57}$$

叉积得到的张量，其阶数等于两个张量阶数之和减 1。与向量的叉积一样，张量叉积不满足交换律，而且一般情况下 $\boldsymbol{\xi} \times \boldsymbol{\eta} \neq -\boldsymbol{\eta} \times \boldsymbol{\xi}$，除非 $\boldsymbol{\xi}$、$\boldsymbol{\eta}$ 皆为向量。

如果进行叉积运算的基向量指标不在同一高度，需要先根据指标运算法则升降至同一高度，以便应用基向量的叉积公式。叉积得到的基向量应保持在原来位置，与其余的基向量一起构成新张量的基向量并矢，顺序不变。叉积式 (1.57) 的分量形式为

$$\zeta^{ijmrs} = \xi^{ij}{}_k\eta_p{}^{rs}\varepsilon^{mkp}$$

由上式右端可见，置换张量的指标中有两个指标 (k, p) 与两个张量的相邻指标 (k, p) 组成两对哑指标，则为叉积 —— 这是叉积的指标特征。反之，根据上述特征可以判断两个张量的叉积，写出对应的抽象记法。

➤ 1.7.7 指标的置换、张量的对称化和反对称化

若张量分量中的任意两个指标的次序改变 (基向量并积的次序不变)，结果构成新的同型张量 (同阶、同样的指标结构)，这种运算称为指标的置换。例如：

$$\boldsymbol{\varphi} = \varphi^{ijk}{}_{rst}\boldsymbol{g}_i\boldsymbol{g}_j\boldsymbol{g}_k\boldsymbol{g}^r\boldsymbol{g}^s\boldsymbol{g}^t$$

将分量中上标 i, k 互换 (也可以将 g_i, g_k 的位置互换), 则构成新的张量

$$\psi = \psi^{ijk}{}_{rst} g_i g_j g_k g^r g^s g^t = \varphi^{kji}{}_{rst} g_i g_j g_k g^r g^s g^t$$

如果指标变换后形成的张量与原张量相等, 则称此张量关于这组指标对称; 如果相差符号 ($\psi = -\varphi$), 称此张量关于这组指标反对称。例如:

若 $\varphi^{ijk}{}_{rst} = \varphi^{kji}{}_{rst}$, 则 φ 关于 i, k 对称, 若 $\Sigma_{ijkm} = \Sigma_{jimk}$, 则 Σ 关于 i, j 和 k, m 对称;

若 $\varphi^{ijk}{}_{rst} = -\varphi^{kji}{}_{rst}$, 则 φ 关于 i, k 反对称, 此时 $i = k$ 的分量 (称为对角分量) 等于零。

一个非对称张量 T (不一定是二阶张量), 将某两个指标置换, 得到张量 T', 令

$$S = \frac{1}{2}\left(T + T'\right) \tag{1.58a}$$

则 S 关于这两个指标对称。形成 S 的运算称为 T 的对称化。令

$$A = \frac{1}{2}\left(T - T'\right) \tag{1.58b}$$

由于 $(T')' = T$, 所以 $A' = \frac{1}{2}\left(T' - T\right) = -A$, 即 A 关于两个指标反对称。形成 A 的运算称为张量 T 的反对称化。

1.5 节和 1.6 节将向量的定义和代数运算推广, 给出了一般张量的定义和代数运算。二阶张量的应用最广, 并且具有一些特殊性质, 所以以下 4 节将集中讨论二阶张量。

1.8　二阶张量的转置、行列式、加法分解和反对称张量

➤ 1.8.1　二阶张量的转置和行列式

二阶张量只有两个指标, 所以只有一种置换。二阶张量的置换通常称为转置。二阶张量的 9 个分量, 可以排列成三阶方阵, 通常取第一个指标为行数, 第二个指标为列数。

例如, 张量 A 的逆变、协变和两种混合分量的矩阵为

$$\begin{bmatrix} a^{11} & a^{12} & a^{13} \\ a^{21} & a^{22} & a^{23} \\ a^{31} & a^{32} & a^{33} \end{bmatrix}; \begin{bmatrix} a_{11} & a_{12} & a_{13} \\ a_{21} & a_{22} & a_{23} \\ a_{31} & a_{32} & a_{33} \end{bmatrix}; \begin{bmatrix} a^1{}_1 & a^1{}_2 & a^1{}_3 \\ a^2{}_1 & a^2{}_2 & a^2{}_3 \\ a^3{}_1 & a^3{}_2 & a^3{}_3 \end{bmatrix}; \begin{bmatrix} a_1{}^1 & a_1{}^2 & a_1{}^3 \\ a_2{}^1 & a_2{}^2 & a_2{}^3 \\ a_3{}^1 & a_3{}^2 & a_3{}^3 \end{bmatrix} \tag{a}$$

二阶张量 A 的转置记作 A^{T}, 即

$$A = A^{ij} g_i g_j = A_{ij} g^i g^j = A^i{}_j g_i g^j = A_i{}^j g^i g_j$$

$$A^{\mathrm{T}} = A^{ji}\boldsymbol{g}_i\boldsymbol{g}_j = A_{ji}\boldsymbol{g}^i\boldsymbol{g}^j = A_j{}^i\boldsymbol{g}_i\boldsymbol{g}^j = A^j{}_i\boldsymbol{g}^i\boldsymbol{g}_j$$

可见，如果用分量的矩阵表示 $\boldsymbol{A}^{\mathrm{T}}$，则 $\boldsymbol{A}^{\mathrm{T}}$ 的逆变分量和协变分量矩阵分别为式 (a) 前两个矩阵的转置矩阵，但混合分量 ($a^i{}_j$ 或 $a_j{}^i$) 的转置不是自身矩阵的转置，而是另一混合分量矩阵的转置，简单地说就是将指标的前后位置交换、高度不变，即如果 $\boldsymbol{A}$ 的第 1 和第 2 个指标分别是行号和列号，则 $\boldsymbol{A}^{\mathrm{T}}$ 的第 1 和第 2 个指标就分别为列号和行号。所以 $\boldsymbol{A}^{\mathrm{T}}$ 的逆变、协变和两种混合分量的矩阵为 (与式 (a) 对应)

$$\begin{bmatrix} a^{11} & a^{21} & a^{31} \\ a^{12} & a^{22} & a^{32} \\ a^{13} & a^{23} & a^{33} \end{bmatrix} ; \begin{bmatrix} a_{11} & a_{21} & a_{31} \\ a_{12} & a_{22} & a_{32} \\ a_{13} & a_{23} & a_{33} \end{bmatrix} ; \begin{bmatrix} a_1{}^1 & a_2{}^1 & a_3{}^1 \\ a_1{}^2 & a_2{}^2 & a_3{}^2 \\ a_1{}^3 & a_2{}^3 & a_3{}^3 \end{bmatrix} ; \begin{bmatrix} a^1{}_1 & a^2{}_1 & a^3{}_1 \\ a^1{}_2 & a^2{}_2 & a^3{}_2 \\ a^1{}_3 & a^2{}_3 & a^3{}_3 \end{bmatrix} \quad (\mathrm{b})$$

比较式 (a) 和式 (b)，可见 $\boldsymbol{A}^{\mathrm{T}}$ 与 $\boldsymbol{A}$ 的各种分量的关系为

$$[a^{\mathrm{T}ij}] = [a^{ji}] ; \quad [a^{\mathrm{T}}{}_{ij}] = [a_{ji}] ; \quad [a^{\mathrm{T}i}{}_j] = [a_j{}^i] ; \quad [a^{\mathrm{T}}{}_j{}^i] = [a^i{}_j] \tag{1.59}$$

所以，二阶张量分量矩阵的行列式，满足下列关系：

$$\left|a^{\mathrm{T}ij}\right| = \left|a^{ji}\right| ; \quad \left|a^{\mathrm{T}}{}_{ij}\right| = \left|a_{ji}\right| ; \quad \left|a^{\mathrm{T}i}{}_j\right| = \left|a_j{}^i\right| ; \quad \left|a^{\mathrm{T}}{}_j{}^i\right| = \left|a^i{}_j\right| \tag{c}$$

可以证明式 (c) 的后两式子相等。利用混合分量的关系式 $(1.47b)_6$ 取行列式，注意式 (1.19)，得

$$\left|a_j{}^i\right| = \left|a^k{}_l g_{jk} g^{il}\right| = \left|a^k{}_l\right| \left|g_{jk}\right| \left|g^{il}\right| = \left|a^k{}_l\right|$$

即二阶张量两种混合分量的行列式相等。在一般情况下，式 (c) 可统一表示为

$$\det \boldsymbol{A}^{\mathrm{T}} = \det \boldsymbol{A} \tag{1.60}$$

但应该注意，二阶张量的行列式通常定义为混合分量的行列式，除非特殊说明。

[例 1.7]　若 $\boldsymbol{T}$ 是正则张量，证明置换和求逆可以互换，$\left(\boldsymbol{T}^{-1}\right)^{\mathrm{T}} = \left(\boldsymbol{T}^{\mathrm{T}}\right)^{-1}$。

证：由式 (1.54a) 和转置的定义：

$$左端 = \frac{1}{2\det \boldsymbol{T}}\varepsilon^{krs}\varepsilon_{lmn}T^m{}_r T^n{}_s \boldsymbol{g}^l\boldsymbol{g}_k$$

$$右端 = \frac{1}{2\det \boldsymbol{T}^{\mathrm{T}}}\varepsilon^{krs}\varepsilon_{lmn}T_r{}^m T_s{}^n \boldsymbol{g}_k\boldsymbol{g}^l$$

$$= \frac{1}{2\det \boldsymbol{T}}\varepsilon_{krs}\varepsilon^{lmn}T^r{}_m T^s{}_n \boldsymbol{g}^k\boldsymbol{g}_l \quad (指标升降，\ \det \boldsymbol{T}^{\mathrm{T}} = \det \boldsymbol{T})$$

$$= \frac{1}{2\det \boldsymbol{T}}\varepsilon_{lmn}\varepsilon^{krs}T^m{}_r T^n{}_s \boldsymbol{g}^l\boldsymbol{g}_k \quad (指标替换)\ 即左端 \tag{证毕}$$

若 $\boldsymbol{A}$ 是对称的，则 $\boldsymbol{A} = \boldsymbol{A}^{\mathrm{T}}$，若 $\boldsymbol{A}$ 是反对称的，则 $\boldsymbol{A} = -\boldsymbol{A}^{\mathrm{T}}$。一个二阶张量 $\boldsymbol{A}$，如果分量 $a^{ij} = a^{ji}$，利用式 (1.47) 不难证明其他分量形式的对称性：

$$a_{ij} = a^{kl}g_{ki}g_{lj} = a^{lk}g_{lj}g_{ki} = a_{ji}; \quad a_i{}^j = a^{kj}g_{ki} = a^{jk}g_{ki} = a^j{}_i$$

但是应该注意，$a_i{}^j \neq a_j{}^i$，两者不仅不相等，甚至不具备正确的指标形式。所以对称二阶张量 $\boldsymbol{A}$ 的四个分量矩阵中（见式 (a)），前两个矩阵是对称的，后两个矩阵不对称，但对应的对角元素相等，而非对角元素与另一矩阵的转置对应元素相等。

反对称二阶张量 $\boldsymbol{A}$ 分量的关系为

$$a^{ij} = -a^{ji}; \ a_{ij} = -a_{ji}; \ a_i{}^j = -a^j{}_i \quad (\text{但 } a_i{}^j \neq -a_j{}^i)$$

所以，反对称二阶张量协变和逆变分量矩阵是反对称矩阵，对角元素为零，对称元素反号，但混合分量矩阵不是反对称矩阵。

不难证明，二阶张量的转置满足下列两个常用关系（$\boldsymbol{A}$，$\boldsymbol{B}$ 为二阶张量，$\boldsymbol{v}$ 为向量）：

$$(\boldsymbol{A} \cdot \boldsymbol{B})^{\mathrm{T}} = \boldsymbol{B}^{\mathrm{T}} \cdot \boldsymbol{A}^{\mathrm{T}} \tag{1.61}$$

$$\boldsymbol{A} \cdot \boldsymbol{v} = \boldsymbol{v} \cdot \boldsymbol{A}^{\mathrm{T}} \tag{1.62}$$

证：
$$(\boldsymbol{A} \cdot \boldsymbol{B})^{\mathrm{T}} = \left(a^{ik} b_k{}^j \boldsymbol{g}_i \boldsymbol{g}_j\right)^{\mathrm{T}} = a^{jk} b_k{}^i \boldsymbol{g}_i \boldsymbol{g}_j$$

$$\boldsymbol{B}^{\mathrm{T}} \cdot \boldsymbol{A}^{\mathrm{T}} = \left(b_l{}^i \boldsymbol{g}_i \boldsymbol{g}^l\right) \cdot \left(a^{jk} \boldsymbol{g}_k \boldsymbol{g}_j\right) = a^{jk} b_l{}^i \delta_k^l \boldsymbol{g}_i \boldsymbol{g}_j = (\boldsymbol{A} \cdot \boldsymbol{B})^{\mathrm{T}}$$

$$\boldsymbol{A} \cdot \boldsymbol{v} = \left(a^{ij} \boldsymbol{g}_i \boldsymbol{g}_j\right) \cdot \left(v_k \boldsymbol{g}^k\right) = a^{ij} v_k \delta_j^k \boldsymbol{g}_i = a^{ij} v_j \boldsymbol{g}_i$$

$$\boldsymbol{v} \cdot \boldsymbol{A}^{\mathrm{T}} = \left(v_i \boldsymbol{g}^j\right) \cdot \left(a^{ik} \boldsymbol{g}_k \boldsymbol{g}_i\right) = a^{ik} v_j \delta_k^j \boldsymbol{g}_i = a^{ik} v_k \boldsymbol{g}_i = \boldsymbol{A} \cdot \boldsymbol{v} \qquad (\text{证毕})$$

由上述证明可见，两个作点积的基向量最好是选择一个协变基向量与一个逆变基向量。

▶ 1.8.2 加法分解

任何二阶张量可以分解为一个对称张量与一个反对称张量的和，而且这种分解是唯一的，称为加法分解。若任意二阶张量 $\boldsymbol{T}$，令

$$\boldsymbol{T} = \boldsymbol{S} + \boldsymbol{A} \tag{1.63}$$

$\boldsymbol{S}$ 和 $\boldsymbol{A}$ 为对称和反对称二阶张量，则 $\boldsymbol{T}^{\mathrm{T}} = \boldsymbol{S} - \boldsymbol{A}$，与式 (1.63) 相加和相减，可求得

$$\boldsymbol{S} = \frac{1}{2}(\boldsymbol{T} + \boldsymbol{T}^{\mathrm{T}}), \quad \boldsymbol{A} = \frac{1}{2}(\boldsymbol{T} - \boldsymbol{T}^{\mathrm{T}}) \tag{1.63a}$$

这说明式 (1.63) 的分解是可能的也是唯一的。

▶ 1.8.3 反对称二阶张量

反对称二阶张量有三个独立分量，可以用一个向量来表示。若 $\boldsymbol{A}$ 是反对称二阶张量，与置换张量进行双重点积，有

$$\boldsymbol{E} : \boldsymbol{A} = \boldsymbol{A} : \boldsymbol{E} = a^{ij} \varepsilon_{ijk} \boldsymbol{g}^k$$

上式为一向量，令

$$\boldsymbol{\omega} = -\frac{1}{2}\boldsymbol{E} : \boldsymbol{A} = -\frac{1}{2}\boldsymbol{A} : \boldsymbol{E} \tag{1.64}$$

$\boldsymbol{\omega}$ 称为反对称二阶张量 $\boldsymbol{A}$ 的反偶向量，它的分量为

$$\omega_k = \frac{1}{2}A^{ji}\varepsilon_{ijk}; \quad \omega^k = \frac{1}{2}A_{ji}\varepsilon^{ijk} \tag{1.64a}$$

将式 (1.20) 代入，得 $\omega_1 = \sqrt{g}A^{32}$；$\omega_2 = \sqrt{g}A^{13}$；$\omega_3 = \sqrt{g}A^{21}$。

由式 (1.64a)，可以得到

$$\boldsymbol{A} = -\boldsymbol{E} \cdot \boldsymbol{\omega} \tag{1.65}$$

证：利用置换张量与 Kronecker δ 的关系式 (1.22)，有

$$\boldsymbol{E} \cdot \boldsymbol{\omega} = (\varepsilon^{rst}\boldsymbol{g}_r\boldsymbol{g}_s\boldsymbol{g}_t) \cdot \left(\frac{1}{2}A^{ji}\varepsilon_{ijk}\boldsymbol{g}^k\right) = \frac{1}{2}A^{ji}\varepsilon^{rst}\varepsilon_{ijt}\boldsymbol{g}_r\boldsymbol{g}_s = A^{sr}\boldsymbol{g}_r\boldsymbol{g}_s = -\boldsymbol{A} \quad (\text{证毕})$$

反对称二阶张量 $\boldsymbol{A}$ 具有下列性质，对于任一向量 $\boldsymbol{u}$，

$$\boldsymbol{A} \cdot \boldsymbol{u} = \boldsymbol{\omega} \times \boldsymbol{u} \tag{1.66}$$

证：上式左端作点积，右端作叉积，利用关系式 (1.22)，有

$$\boldsymbol{A} \cdot \boldsymbol{u} = A^{ij}u_j\boldsymbol{g}_i$$

$$\boldsymbol{\omega} \times \boldsymbol{u} = \left(\frac{1}{2}A^{ji}\varepsilon_{ijk}\boldsymbol{g}^k\right) \times (u_l\boldsymbol{g}^l) = \frac{1}{2}A^{ji}u_l\varepsilon_{ijk}\varepsilon^{klm}\boldsymbol{g}_m$$

$$= \frac{1}{2}A^{ji}u_l\left(\delta_i^l\delta_j^m - \delta_j^l\delta_i^m\right)\boldsymbol{g}_m = A^{ml}u_l\boldsymbol{g}_m = \boldsymbol{A} \cdot \boldsymbol{u} \quad (\text{证毕})$$

图 1.6　$\boldsymbol{\omega}$ 的几何意义

推论：式 (1.66) 说明，作为向量 $\boldsymbol{A} \cdot \boldsymbol{u}(\boldsymbol{u}$ 的映像) 与 $\boldsymbol{u}$ 垂直，即 $\boldsymbol{u} \cdot \boldsymbol{A} \cdot \boldsymbol{u} = 0$。

利用式 (1.66)，图 1.6 给出了反偶向量的几何意义，图中 $\boldsymbol{u}$ 是任一给定向量 $(\theta \neq 0)$。则 $BC = |\boldsymbol{\omega} \times \boldsymbol{u}| = |\boldsymbol{\omega}||\boldsymbol{u}|\sin\theta$，所以有

$$\tan\varphi = \frac{BC}{AB} = \frac{|\boldsymbol{\omega}||\boldsymbol{u}|\sin\theta}{|\boldsymbol{u}|\sin\theta} = |\boldsymbol{\omega}| \tag{1.67}$$

如果 $|\boldsymbol{\omega}|$ 很小，则 $\varphi \approx |\boldsymbol{\omega}|$，此时反对称二阶张量表示轴线平行于反偶向量的小转动，转角 φ 等于反偶向量的模。

1.9　二阶张量的不变量、主值和主方向，正则与退化二阶张量

▶ 1.9.1　二阶张量的不变量

一个任意二阶张量 $\boldsymbol{T}$ 与任一向量 $\boldsymbol{a}$ 的点积，得到另一向量 $\boldsymbol{b}$(见式 (1.56))：

$$\boldsymbol{T} \cdot \boldsymbol{a} = \boldsymbol{b} \tag{a}$$

换言之，张量 T 是一个变换，它使得空间中的向量 a 与向量 b 相对应。容易证明下式成立：

$$T \cdot (\alpha u + \beta v) = \alpha T \cdot u + \beta T \cdot v \tag{b}$$

式中，u 和 v 为任意向量，α，β 为任意标量。上式说明 T 是线性变换。

附带指出，也可以利用式 (a) 和式 (b) 作为二阶张量的定义，即二阶张量是将空间中的一个向量变为另一个向量的线性变换。由这一定义可以导出坐标转换关系。因为式 (a) 与坐标系无关，可取 $t_{i'j'}a^{j'} = b_{i'}$ 和 $t_{ij}a^j = b_i$，若 $A^i_{i'}$，$A^{i'}_i$ 为坐标变换系数，则有

$$b_{i'} = A^i_{i'}b_i = A^i_{i'}t_{ij}a^j = A^i_{i'}t_{ij}A^j_{j'}a^{j'} = A^i_{i'}A^j_{j'}t_{ij}a^{j'} = t_{i'j'}a^{j'}$$

$a^{j'}$ 是任意的，所以 $t_{i'j'} = A^i_{i'}A^j_{j'}t_{ij}$，即坐标转换关系。

类似地，可以用线性变换定义任意阶张量。例如三阶张量是将任意向量变为二阶张量的线性变换，等等。

现在回到式 (a)。既然张量 T 将向量 a 变换为向量 b，那么是否存在特殊的向量 a，使得 b 与 a 平行呢。令

$$T \cdot a = \lambda a \tag{1.68a}$$

或

$$(T - \lambda I)a = 0; \quad (t^i_j - \lambda \delta^i_j)a_i = 0 \tag{1.68b}$$

当 $j = 1, 2, 3$ 时，式 (1.68b) 为分量 a_i 的三个实系数方程，λ 为标量。该方程有非零解的充要条件是系数行列式等于零，即

$$\left| t^i_j - \lambda \delta^i_j \right| = \begin{vmatrix} t^1_1 - \lambda & t^1_2 & t^1_3 \\ t^2_1 & t^2_2 - \lambda & t^2_3 \\ t^3_1 & t^3_2 & t^3_3 - \lambda \end{vmatrix} = 0 \tag{1.69}$$

式 (1.69) 是关于 λ 的三次方程，称为张量 T 的特征方程，λ 为特征值。代数学表明，实系数的三次方程至少存在一个实根，所以任一二阶张量至少有一个实特征值 $\lambda_{(r)}$，将 $\lambda_{(r)}$ 代入式 (1.69) 可以求得非零解 $a_{i(r)}$（带有任意常数因子），称为特征向量。

利用式 (1.25) 将式 (1.69) 展开，注意到式 (1.21)～ 式 (1.23)，整理后得到

$$6 \left| t^i_j - \lambda \delta^i_j \right| = (t^i_l - \lambda \delta^i_l)(t^j_m - \lambda \delta^j_m)(t^k_n - \lambda \delta^k_n)\varepsilon_{ijk}\varepsilon^{lmn}$$

$$= A - B\lambda + C\lambda^2 - D\lambda^3$$

$$A = t^i_l t^j_m t^k_n \varepsilon_{ijk}\varepsilon^{lmn} = 6 \det \left[t^i_j \right]$$

$$B = (\delta^i_l t^j_m t^k_n + t^i_l \delta^j_m t^k_n + t^i_l t^j_m \delta^k_n)\varepsilon_{ijk}\varepsilon^{lmn}$$

$$= (t^j_m t^k_n \varepsilon_{ljk} + t^i_l t^k_n \varepsilon_{imk} + t^i_l t^j_m \varepsilon_{ijn})\varepsilon^{lmn}$$

$$= t^j{}_m t^k{}_n (\delta^m_j \delta^n_k - \delta^m_k \delta^n_j) + t^i{}_l t^k{}_n (\delta^n_k \delta^l_i - \delta^n_i \delta^l_k) + t^i{}_l t^j{}_m (\delta^l_i \delta^m_j - \delta^l_j \delta^m_i)$$

$$= t^j{}_j t^k{}_k - t^j{}_k t^k{}_j + t^i{}_i t^k{}_k - t^i{}_k t^k{}_i + t^i{}_i t^j{}_j - t^i{}_j t^j{}_i$$

$$= 3(t^i{}_i t^j{}_j - t^i{}_j t^j{}_i)$$

$$C = (t^i{}_l \delta^j_m \delta^k_n + \delta^i_l t^j{}_m \delta^k_n + \delta^i_l \delta^j_m t^k{}_n) \varepsilon_{ijk} \varepsilon^{lmn}$$

$$= (t^i{}_l \varepsilon_{imn} + t^j{}_m \varepsilon_{ljn} + t^k{}_n \varepsilon_{lmk}) \varepsilon^{lmn}$$

$$= 2(t^i{}_l \delta^l_i + t^j{}_m \delta^m_j + t^k{}_n \delta^n_k)$$

$$= 6 t^i{}_i$$

$$D = \delta^i_l \delta^j_m \delta^k_n \varepsilon_{ijk} \varepsilon^{lmn} = \varepsilon_{lmn} \varepsilon^{lmn} = 6$$

所以特征方程可以写成

$$\lambda^3 - \mathrm{I}\,\lambda^2 + \mathrm{II}\,\lambda - \mathrm{III} = 0 \tag{1.70}$$

$$\mathrm{I} = t^i{}_i = \mathrm{tr}\,\boldsymbol{T}$$

$$\mathrm{II} = \frac{1}{2}(t^i{}_i t^j{}_j - t^i{}_j t^j{}_i) \tag{1.71}$$

$$\mathrm{III} = \left| t^i{}_j \right| = \det\left[t^i{}_j \right] = \frac{1}{3!} \varepsilon_{ijk} \varepsilon^{lmn} t^i{}_l t^j{}_m t^k{}_n$$

由于式 (1.68) 对于任何坐标系都成立，所以张量 $\boldsymbol{T}$ 的特征值 λ 与坐标系的选择无关，式 (1.70) 的所有系数应为坐标系的不变量。I、II 和 III 分别称为张量 $\boldsymbol{T}$ 的第一、第二和第三主不变量。它们分别是张量分量的线性、二次和三次函数。显然，这三个不变量的任何组合也是坐标不变量，例如：

$$\mathrm{I}^* = \mathrm{I} = \mathrm{tr}\,\boldsymbol{T} = t^i{}_i$$
$$\mathrm{II}^* = \mathrm{I}^2 - 2\,\mathrm{II} = \mathrm{tr}\,(\boldsymbol{T} \cdot \boldsymbol{T}) = t^i{}_j t^j{}_i \tag{1.72}$$
$$\mathrm{III}^* = \mathrm{I}^3 - 3\,\mathrm{I}\,\mathrm{II} + 3\,\mathrm{III} = \mathrm{tr}\,(\boldsymbol{T} \cdot \boldsymbol{T} \cdot \boldsymbol{T}) = t^i{}_j t^j{}_k t^k{}_i$$

不变量 I^*、II^*、III^* 也称为 $\boldsymbol{T}$ 的 1、2、3 阶矩，等于 $\boldsymbol{T}$ 的 1、2、3 次幂的迹。

应该注意，特征方程和不变量表达式皆用张量的混合分量。

下面我们进一步考察对称和非对称二阶张量的特征值和特征向量。

➤ 1.9.2 对称二阶张量的主值和主方向

可以证明，任一实对称二阶张量的特征值都是实数，若某两个特征值不相等，则它们对应的特征向量正交。

证：首先证明实对称二阶张量的特征值是实数。假设式 (1.70) 有一对共轭复特征值

$$\lambda_{(1)} = R + \mathrm{i}S; \quad \lambda_{(2)} = R - \mathrm{i}S \tag{c}$$

由式 (1.68a) 可以解出对应的共轭复特征向量 $a_{(1)i}$ 和 $a_{(2)i}$，满足方程

$$t^i{}_j a_{(1)i} = \lambda_{(1)} a_{(1)j}; \quad t^i{}_j a_{(2)i} = \lambda_{(2)} a_{(2)j} \tag{d}$$

式 (d) 两端乘以 g^{jm}，得

$$t^{im} a_{(1)i} = \lambda_{(1)} a^m_{(1)}; \quad t^{im} a_{(2)i} = \lambda_{(2)} a^m_{(2)} \tag{e}$$

上两式分别乘以 $a_{(2)m}$ 和 $a_{(1)m}$，第 1 式左端变为 $t^{im} a_{(1)i} a_{(2)m} = t^{mi} a_{(1)m} a_{(2)i} = t^{im} a_{(2)i} a_{(1)m}$，第一个等号是哑标 i, m 互换，第二个等号是对称条件 $t^{im} = t^{mi}$。两式相减，得

$$0 = \lambda_{(1)} a^m_{(1)} a_{(2)m} - \lambda_{(2)} a^m_{(2)} a_{(1)m} = (\lambda_{(1)} - \lambda_{(2)}) a^m_{(1)} a_{(2)m} \tag{f}$$

由于 $a_{(1)m}$ 与 $a_{(2)m}$ 是共轭的，令 $a_{(1)m} = u_m + iv_m$; $a_{(2)m} = u_m - iv_m$，
则 $\quad a^m_{(1)} a_{(2)m} = (u^m + iv^m)(u_m - iv_m) = u^m u_m + v^m v_m = \boldsymbol{u} \cdot \boldsymbol{u} + \boldsymbol{v} \cdot \boldsymbol{v} > 0$
由式 (f)，必有 $\lambda_{(1)} - \lambda_{(2)} = 2iS = 0$，所以 $S = 0$，即特征方程式 (1.70) 不可能有复根。

其次证明不同特征值对应的特征向量正交。若 $\lambda_{(1)}$ 和 $\lambda_{(2)}$ 是对称二阶张量 $\boldsymbol{T}$ 的两个不相等的特征值，由式 (f)，若 $\lambda_{(1)} - \lambda_{(2)} \neq 0$，则 $a^m_{(1)} a_{(2)m} = \boldsymbol{a}_{(1)} \cdot \boldsymbol{a}_{(2)} = 0$，即两个特征向量正交。

一般说来，对称二阶张量有三个不同的实特征值，亦称为主值，对应的有三个互相垂直的特征向量，称为张量的主方向或主轴。特征向量的大小是不确定的，可以乘任意实常数因子，乘负值即为反方向。

对于对称二阶张量，可以沿它的三个主方向建立直角坐标系，取基向量 $\boldsymbol{e}_{m'}$ ($m' = 1, 2, 3$) 等于单位特征向量 $\boldsymbol{a}_{(m')}$，将 $\boldsymbol{a}_{(m')}$ 在原来的坐标系中分解，有

$$\boldsymbol{e}_{m'} = \boldsymbol{a}_{(m')} = a^i_{(m')} \boldsymbol{g}_i = a_{(m')i} \boldsymbol{g}^i$$

其中 $a^i_{(m')}$ 和 $a_{(m')i}$ 是 $\boldsymbol{a}_{(m')}$ 的逆变分量和协变分量，且 $a^i_{(m')} a_{(m')i} = 1$。将上式与式 (1.34) 比较，可见 $a^i_{(m')}$ 和 $a_{(m')i}$ 就是正变换系数和逆变换系数，记作 $A^i_{m'}$ 和 $A^{m'}_i$。以主方向为基向量的直角坐标系，称为二阶张量的主坐标系。若式 (1.68b) 中 λ 和 a_i 分别为 $\lambda_{(m')}$ 和 $A^{m'}_i$，则有

$$(t^i_j - \lambda_{(m')} \delta^i_j) A^{m'}_i = 0$$

两端乘以逆变换系数 $A^j_{n'}$(即 $a^j_{(n')}$)，得

$$t^i_j A^{m'}_i A^j_{n'} - \lambda_{(m')} A^{m'}_j A^j_{n'} = t^{m'}_{n'} - \lambda_{(m')} \delta^{m'}_{n'} = 0$$

所以 $\boldsymbol{T}$ 在主坐标系中的混合分量 $t^{m'}_{n'} = \lambda_{(m')} \delta^{m'}_{n'}$。这说明在主坐标系中张量 $\boldsymbol{T}$ 可以用对角矩阵形式表示：

$$T = \begin{bmatrix} t_{(1)} & 0 & 0 \\ 0 & t_{(2)} & 0 \\ 0 & 0 & t_{(3)} \end{bmatrix} \tag{1.73a}$$

其中, $t_{(i)} \equiv \lambda_{(i)}$, 为 T 的主值。上式的并矢形式为

$$T = t_{(1)}e_1e_1 + t_{(2)}e_2e_2 + t_{(3)}e_3e_3 \tag{1.73b}$$

式 (1.73b) 称为对称二阶张量的标准形。如果 T 是应力张量, $t_{(i)}$ 即是主应力, 在应力张量的主坐标系中剪应力等于零。由式 (1.71), 主坐标系中 T 的不变量为

$$\left. \begin{array}{l} \text{I} = t_{(1)} + t_{(2)} + t_{(3)} \\ \text{II} = t_{(1)}t_{(2)} + t_{(2)}t_{(3)} + t_{(3)}t_{(1)} \\ \text{III} = t_{(1)}t_{(2)}t_{(3)} \end{array} \right\} \tag{1.74}$$

如果特征方程 (1.70) 有重根, 例如 $\lambda_{(1)} = \lambda_{(2)} \neq \lambda_{(3)}$, 由式 (f) 可知 $a_{(1)}, a_{(2)}$ 不一定正交 (但必须与 $a_{(3)}$ 正交), 所以与主方向 $a_{(3)}$ 垂直的任何方向都是主方向。这时可以取 $a_{(3)}$ 和另外两个垂直于 $a_{(3)}$ 且互相垂直的任意单位向量构成主坐标系。如果式 (1.70) 有三重根 $\lambda_{(1)} = \lambda_{(2)} = \lambda_{(3)}$, 则任何三个相互垂直的单位向量都可以作为主坐标系。

下面证明, 对称二阶张量的最大主值和最小主值是该张量在一切直角坐标系中分量的对角元素的最大值和最小值。

证: 若 e_i 为 T 的主坐标系的基向量, $e_{i'}$ 为任一直角坐标系的基向量, e_i 和 $e_{i'}$ 满足转换关系 $e_{i'} = A_{i'i}e_i$, 变换系数 $A_{i'i}$ 就是 $e_{i'}$ 在 e_i 标架中的方向余弦。由 $e_{i'} \cdot e_{i'} = 1$(不对 i' 求和), 可得

$$(A_{i'1})^2 + (A_{i'2})^2 + (A_{i'3})^2 = 1 \quad (i' = 1, 2, 3 \text{ 为非求和指标, 下同})$$

利用式 (1.73b) 和坐标转换关系, 得到对角分量

$$t_{(i'i')} = t_{(1)}(A_{i'1})^2 + t_{(2)}(A_{i'2})^2 + t_{(3)}(A_{i'3})^2$$

若 $t_{(1)} \geqslant t_{(2)} \geqslant t_{(3)}$, 则有下列关系:

$$t_{(1)} = t_{(1)}\left[(A_{i'1})^2 + (A_{i'2})^2 + (A_{i'3})^2\right] \geqslant t_{(1)}(A_{i'1})^2 + t_{(2)}(A_{i'2})^2 + t_{(3)}(A_{i'3})^2 \geqslant$$
$$t_{(3)}\left[(A_{i'1})^2 + (A_{i'2})^2 + (A_{i'3})^2\right] = t_{(3)}$$

即
$$t_{(1)} \geqslant t_{(i'i')} \geqslant t_{(3)} \quad \text{(证毕)} \tag{1.75}$$

若 T 为 Cauchy 应力张量, 式 (1.75) 表示最大和最小主应力是直角坐标系中正应力的极大值和极小值。

对称二阶张量的主值是与坐标系无关的量, 如果给定主方向和三个主值, 那么该张量就是已知的。由式 (1.73a) 和式 (1.73b) 可见, 在主坐标系中表示对称二阶

张量非常简单，因此可以在主坐标系中讨论其性质，再用于其他坐标系。上面讨论的对称二阶张量的一般性质被广泛应用，例如可用于应力张量、应变张量等等。

如果对称二阶张量 A 的所有主值皆为正数，则称张量 A 为正定张量。正定张量 A 与任一非零向量 u 的下列点积是恒正标量，即 A 的正定二次型：

$$u \cdot A \cdot u = u_{i'} a^{i'}_{j'} u^{j'} = a_{(1)}(u_1)^2 + a_{(2)}(u_2)^2 + a_{(3)}(u_3)^2 > 0 \qquad (1.76a)$$

式中，$a_{(i)}$ 为 A 的主值，u_i 为 u 在 A 的主坐标系中的分量。若 A 的一个主值为零，另外两个主值大于零，则 A 为半正定张量，有半正定二次型：

$$u \cdot A \cdot u \geqslant 0 \qquad (1.76b)$$

利用对称二阶张量在主坐标系中的形式，取主值的解析函数，可以定义出一系列新的张量。这些张量与原张量有相同的主方向，可称为原张量的解析函数。若

$$s = s_{(1)} e_1 e_1 + s_{(2)} e_2 e_2 + s_{(3)} e_3 e_3$$

式中，$s_{(i)}$、e_i 为对称二阶张量 s 的主值和主向量，则可定义 s 的幂函数

$$s^n \stackrel{df}{=\!=} \overbrace{s \cdot s \cdots s}^{n} = s^n_{(1)} e_1 e_1 + s^n_{(2)} e_2 e_2 + s^n_{(3)} e_3 e_3 \quad (n \text{ 为正整数})$$

若 $s_{(i)} \geqslant 0$，可以定义 s 的分数幂

$$s^{1/n} \stackrel{df}{=\!=} s^{1/n}_{(1)} e_1 e_1 + s^{1/n}_{(2)} e_2 e_2 + s^{1/n}_{(3)} e_3 e_3$$

若 $s_{(i)} > 0$，可以定义 s 的对数张量，并记作：

$$\ln s = \ln\left(s_{(1)}\right) e_1 e_1 + \ln\left(s_{(2)}\right) e_2 e_2 + \ln\left(s_{(3)}\right) e_3 e_3$$

等等。若 $s_{(i)} \neq 0$，在主坐标系中 s 的逆张量为

$$s^{-1} = s^{-1}_{(1)} e_1 e_1 + s^{-1}_{(2)} e_2 e_2 + s^{-1}_{(3)} e_3 e_3$$

▶ 1.9.3　非对称二阶张量的主值和主方向

非对称二阶张量的特征值方程式 (1.70) 至少有一个实根，例如 $\lambda_{(3)}$。由式 (1.68) 可以求出与 $\lambda_{(3)}$ 对应的特征向量 $a_{(3)}$。但是，不能证明特征值方程的另外两个根一定是实根，实际上可能是两个实根，也可能是一对共轭复根。下面只简要介绍关于非对称二阶张量主值和主方向的主要结论，详细内容可以参阅参考文献 [1]。

如果将特征向量 $a_{(3)}$ 方向取作一个坐标基向量，记作 g_3，可以令 $a_{(3)} = g_3$，在包含 g_3 的标架中 $a_{(3)}$ 的分量为 $[0,0,1]^T$，代入矩阵形式的特征方程：

$$\begin{bmatrix} t^1{}_1 & t^1{}_2 & t^1{}_3 \\ t^2{}_1 & t^2{}_2 & t^2{}_3 \\ t^3{}_1 & t^3{}_2 & t^3{}_3 \end{bmatrix} \begin{bmatrix} 0 \\ 0 \\ 1 \end{bmatrix} = \lambda_{(3)} \begin{bmatrix} 0 \\ 0 \\ 1 \end{bmatrix}$$

由上式得到 $t^1{}_3 = t^2{}_3 = 0$。所以，在以特征向量为一个基向量的坐标系中，非对称二阶张量可以简化为

$$[t^i{}_j] = \begin{bmatrix} t^1{}_1 & t^1{}_2 & 0 \\ t^2{}_1 & t^2{}_2 & 0 \\ t^3{}_1 & t^3{}_2 & \lambda_{(3)} \end{bmatrix} \tag{1.77a}$$

如果特征方程的另外两个根也是实根 $\lambda_{(1)}$、$\lambda_{(2)}$，且 $\lambda_{(1)}$、$\lambda_{(2)}$、$\lambda_{(3)}$ 不相等时，则有三个特征向量，但不能证明互相垂直。可以用与上面相同的方法，即分别选取特征向量 $\boldsymbol{a}_{(1)}$ 和 $\boldsymbol{a}_{(2)}$ 作为基向量 $\boldsymbol{g}_1$ 和 $\boldsymbol{g}_2$，证明在 $\boldsymbol{g}_1$、$\boldsymbol{g}_2$、$\boldsymbol{g}_3$ 组成的标架中，$t^2{}_1 = t^3{}_1 = 0$，$t^1{}_2 = t^3{}_2 = 0$。所以有三个不相等实特征值的非对称二阶张量，在沿特征向量方向标架中混合分量 $t^i{}_j$ 仍可简化为对角形式：

$$[t^i{}_j] = \begin{bmatrix} \lambda_{(1)} & 0 & 0 \\ 0 & \lambda_{(2)} & 0 \\ 0 & 0 & \lambda_{(3)} \end{bmatrix}$$

或

$$\boldsymbol{T} = \lambda_{(1)}\boldsymbol{g}_1\boldsymbol{g}^1 + \lambda_{(2)}\boldsymbol{g}_2\boldsymbol{g}^2 + \lambda_{(3)}\boldsymbol{g}_3\boldsymbol{g}^3 \tag{1.77b}$$

式中，$\boldsymbol{g}_i$ 的长度是任选的，$\boldsymbol{g}^i$ 是根据定义式 (1.7) 得到的，所以 $\boldsymbol{g}_i$ 的长度不影响 $\boldsymbol{T}$ 的混合分量，但逆变分量和协变分量依赖于基向量的大小，而且一般说来有非零的非对角元素。

如果三个实根中有二重根或三重根，可以证明重根对应的特征向量不唯一，此时张量不一定能化为对角形式的标准形。

如果特征方程的另外两个根是共轭复根 $\lambda_{(1)}$ 和 $\lambda_{(2)}$，则由式 (1.68a) 求出的特征向量 $\boldsymbol{a}_{(1)}$、$\boldsymbol{a}_{(2)}$ 也是共轭的。若选取实协变标架

$$\boldsymbol{g}_1 = \boldsymbol{a}_{(1)} + \boldsymbol{a}_{(2)} \qquad (\boldsymbol{a}_{(1)}、\boldsymbol{a}_{(2)} \text{ 的实部})$$
$$\boldsymbol{g}_2 = \mathrm{i}\left(\boldsymbol{a}_{(1)} - \boldsymbol{a}_{(2)}\right) \quad (\boldsymbol{a}_{(1)}、\boldsymbol{a}_{(2)} \text{ 的虚部})$$
$$\boldsymbol{g}_3 = \boldsymbol{a}_{(3)}$$

代入特征式 (1.68)，可以得到 $\boldsymbol{T}$ 在 $\boldsymbol{g}_i$ 标架中的简化形式 (非对称标准形)

$$[t^i{}_j] = \begin{bmatrix} R & -S & 0 \\ S & R & 0 \\ 0 & 0 & \lambda_{(3)} \end{bmatrix} \tag{1.78}$$

式中，R、S 是复特征值的实部和虚部。

反对称二阶张量是特殊的非对称二阶张量。二阶张量的不变量不依赖坐标系，所以可利用式 (1.71) 的直角坐标系表达式，得到反对称二阶张量 $\boldsymbol{A}$ (或 a_{ij}) 的不变量

$$\mathrm{I} = \mathrm{III} = 0; \quad \mathrm{II} = -\frac{1}{2}a_{ij}a_{ji} = (a_{12})^2 + (a_{23})^2 + (a_{13})^2$$

特征方程为 $\lambda^3 + \mathrm{II}\,\lambda = 0$。因为 $\mathrm{II} > 0$，所以特征方程的三个根 (特征值) 是

$$\lambda_{(1)} = \mathrm{i}\sqrt{\mathrm{II}}; \ \lambda_{(2)} = -\mathrm{i}\sqrt{\mathrm{II}}; \ \lambda_{(3)} = 0 \tag{1.79}$$

设 $\lambda_{(3)}$ 对应的特征向量为单位向量 e_3，由式 (1.68) 得

$$\boldsymbol{A} \cdot \boldsymbol{e}_3 = \boldsymbol{0} \tag{1.80}$$

取任意互相垂直的单位向量 e_1、e_2 与特征向量 e_3 构成卡氏标架，在该标架中有

$$\boldsymbol{A} = a_{12}\,(\boldsymbol{e}_1\boldsymbol{e}_2 - \boldsymbol{e}_2\boldsymbol{e}_1) + a_{13}\,(\boldsymbol{e}_1\boldsymbol{e}_3 - \boldsymbol{e}_3\boldsymbol{e}_1) + a_{23}\,(\boldsymbol{e}_2\boldsymbol{e}_3 - \boldsymbol{e}_3\boldsymbol{e}_2)$$

代入式 (1.80)，得到 $a_{13} = a_{23} = 0$。由式 (1.64a)，$\omega_1 = \omega_2 = 0$，反偶向量沿 e_3 方向

$$\boldsymbol{\omega} = \omega\boldsymbol{e}_3, \ \omega = -a_{12} \tag{1.80a}$$

所以，反对称二阶张量 $\boldsymbol{A}$ 在特征向量 e_3 构成的卡氏标架中的形式为

$$\boldsymbol{A} = -\omega\boldsymbol{e}_1\boldsymbol{e}_2 + \omega\boldsymbol{e}_2\boldsymbol{e}_1 \tag{1.81}$$

➤ 1.9.4　正则二阶张量和退化二阶张量

二阶张量 $\boldsymbol{T}$ 的混合分量 ($T^i{}_j$ 或 $T_i{}^j$) 构成的行列式，被定义为 $\boldsymbol{T}$ 的行列式

$$\det \boldsymbol{T} = \left|T^i{}_j\right| = \left|T_i{}^j\right|$$

即 $\boldsymbol{T}$ 的第三主不变量III。如果 $\det\boldsymbol{T} \neq 0$，则称 $\boldsymbol{T}$ 是正则二阶张量 (参见 1.7 节)，否则若 $\det\boldsymbol{T} = 0$，称 $\boldsymbol{T}$ 为退化的二阶张量。

因为 $\det\boldsymbol{T}^\mathrm{T} = \det\boldsymbol{T}$，所以 $\boldsymbol{T}$ 和 $\boldsymbol{T}^\mathrm{T}$ 同为正则张量或退化张量。若 $\det\boldsymbol{T} \neq 0$，则正则张量 $\boldsymbol{T}$ 存在逆张量 $\boldsymbol{T}^{-1}$，$\boldsymbol{T}^{-1}$ 的分量矩阵等于 $[\boldsymbol{T}]^{-1}$；而退化二阶张量不存在对应的逆张量。

如前所述，二阶张量 $\boldsymbol{T}$ 作为线性变换，使向量 $\boldsymbol{a}$ 变为 $\boldsymbol{b}$(称为 $\boldsymbol{a}$ 的映射，或映像)，即

$$\boldsymbol{T} \cdot \boldsymbol{a} = \boldsymbol{b} \quad \text{或} \quad T^i{}_j a_i = b_j$$

上式为三元线性方程组。所以，当 $\left|T^i{}_j\right| \neq 0$ 时，即 $\boldsymbol{T}$ 为正则张量，可以得到下列结论：

(1) 对于任意给定的向量 $\boldsymbol{b}$，存在唯一的向量 $\boldsymbol{a}$ 与 $\boldsymbol{b}$ 对应，当 $\boldsymbol{b} = \boldsymbol{0}$ 时，必有 $\boldsymbol{a} = \boldsymbol{0}$；

(2) 若 $\boldsymbol{a}_1$、$\boldsymbol{a}_2$、$\boldsymbol{a}_3$ 为三个非共面向量 (或线性无关向量，$\boldsymbol{a} = \alpha\boldsymbol{a}_1 + \beta\boldsymbol{a}_2 + \gamma\boldsymbol{a}_3 \neq \boldsymbol{0}$，$\alpha, \beta, \gamma$ 为任意实数)，则它们的映像 $\boldsymbol{b}_1$、$\boldsymbol{b}_2$、$\boldsymbol{b}_3$ 也是非共面的，这是因为

$$\alpha\boldsymbol{b}_1 + \beta\boldsymbol{b}_2 + \gamma\boldsymbol{b}_3 = \boldsymbol{T} \cdot (\alpha\boldsymbol{a}_1 + \beta\boldsymbol{a}_2 + \gamma\boldsymbol{a}_3) = \boldsymbol{T} \cdot \boldsymbol{a} \neq \boldsymbol{0}$$

但是，当 T 是退化二阶张量时，即 $|T^i{}_j| = 0$，则有不同的结论：

(1) 当 $b = 0$ 时，方程 $T \cdot a = 0$ 必存在非零解 a_0 使 $T \cdot a_0 = 0$，即有一个映像为零的方向；

(2) 令 a_0 等于三个非共面向量之和 $a_0 = a_1 + a_2 + a_3$，则三个向量的映像共面

$$T \cdot (a_1 + a_2 + a_3) = T \cdot a_1 + T \cdot a_2 + T \cdot a_3 = 0$$

在 2.2 节中引入的二阶张量 F(变形梯度张量) 是正则张量的例子。F 描述局部变形，作为变换，可以将变形前物体的三个微小非共面向量 $\mathrm{d}X^1, \mathrm{d}X^2, \mathrm{d}X^3$ (平行六面体的三个边)，变为变形后物体中三个微小向量 $\mathrm{d}x^1, \mathrm{d}x^2, \mathrm{d}x^3$，显然它们不能是共面的，否则变形前的平行六面体在变形后将消失，所以变形梯度张量必须是正则张量。

1.10　正交张量、有限转动和二阶张量的乘法分解 (极分解)

➤ 1.10.1　正交张量的定义和性质

若二阶张量 Q 满足下列关系：

$$Q^{\mathrm{T}} \cdot Q = I \quad \text{或} \quad Q \cdot Q^{\mathrm{T}} = I \tag{1.82}$$

式中，I 为单位张量，则称 Q 为正交张量。Q 和 Q^{T} 的并矢形式为

$$Q = Q^{ij} g_i g_j = Q_{ij} g^i g^j = Q_i{}^j g^i g_j = Q^i{}_j g_i g^j$$

$$Q^{\mathrm{T}} = Q^{ji} g_i g_j = Q_{ji} g^i g^j = Q^j{}_i g^i g_j = Q_j{}^i g_i g^j$$

上两式的任何点积，都可以给出式 (1.82) 的分量形式，例如：

$$Q_{ik} Q^{lk} = \delta_i^l; \ Q^{ik} Q_{lk} = \delta_l^i; \ Q_i{}^k Q^l{}_k = \delta_i^l; \ g_{jk} Q_i{}^j Q_l{}^k = g_{il}; \ \cdots \quad (Q \cdot Q^{\mathrm{T}} = I)$$

$$Q^{ki} Q_{kl} = \delta_l^i; \ Q_{ki} Q^{kl} = \delta_i^l; \ Q^k{}_i Q_k{}^l = \delta_i^l; \ Q_j{}^i Q_k{}^l g^{jk} = g^{il}; \ \cdots \quad (Q^{\mathrm{T}} \cdot Q = I)$$

利用式 (1.82) 的第 1 式，可以证明第 2 式成立，反之亦然。第 1 式两端前后点乘 Q 和 Q^{T}

$$Q \cdot \left(Q^{\mathrm{T}} \cdot Q\right) \cdot Q^{\mathrm{T}} = Q \cdot I \cdot Q^{\mathrm{T}}$$

利用结合律，上式变为

$$\left(Q \cdot Q^{\mathrm{T}}\right) \cdot \left(Q \cdot Q^{\mathrm{T}}\right) - Q \cdot Q^{\mathrm{T}} = \left(Q \cdot Q^{\mathrm{T}}\right) \cdot \left(Q \cdot Q^{\mathrm{T}} - I\right) = 0$$

由于 $Q \neq 0$，所以 $Q \cdot Q^{\mathrm{T}} = I$。

由式 (1.82) 和逆张量的定义，可见正交张量的转置等于它的逆张量：

$$Q^{\mathrm{T}} = Q^{-1} \tag{1.83}$$

正交张量有下列性质：

(1) 任意向量 v 与正交张量 Q 的点积 $Q \cdot v$ 所得到的向量 (或称向量 v 的映像) 与原向量 v 的长度相等，即

$$(Q \cdot v) \cdot (Q \cdot v) = v \cdot v \tag{1.84}$$

证明：利用式 (1.62)，有

$$(Q \cdot v) \cdot (Q \cdot v) = (v \cdot Q^{\mathrm{T}}) \cdot (Q \cdot v) = v \cdot (Q^{\mathrm{T}} \cdot Q) \cdot v = v \cdot v$$

(2) 任意向量 u 和 v 的夹角与其映像 $Q \cdot u$ 和 $Q \cdot v$ 的夹角相等。

证明：类似地，有

$$(Q \cdot u) \cdot (Q \cdot v) = (u \cdot Q^{\mathrm{T}}) \cdot (Q \cdot v) = u \cdot (Q^{\mathrm{T}} \cdot Q) \cdot v = u \cdot v \tag{1.85}$$

由于 $Q \cdot u$ 与 u 长度相等以及 $Q \cdot v$ 与 v 长度相等，根据点积的几何定义，上式表明 $Q \cdot u$、$Q \cdot v$ 的夹角与 u、v 的夹角相等。

上述两个性质说明，正交张量所表示的变换适合描述刚性转动。

对式 (1.82) 取行列式，得到

$$(\det Q)\left(\det Q^{\mathrm{T}}\right) = (\det Q)^2 = 1 \quad \text{或} \quad \det Q = \pm 1 \tag{1.86}$$

其中，Q 取混合分量。若 $\det Q = 1$，Q 称为正常正交张量 (或第一类正交张量)，表示转动；当 $\det Q = -1$ 时，Q 称为反常正交张量 (或第二类正交张量)，表示转动加反射。式 (1.86) 表明正交张量是正则张量。

▶ 1.10.2 正交张量与有限转动及反射

作为实二阶张量，正交张量至少有一个实特征值和对应的特征向量，令

$$Q \cdot r = \lambda r \tag{a}$$

由式 (1.62)，有 $r \cdot Q^{\mathrm{T}} = \lambda r$，两端与上式两端点积，得到 $r^2 = \lambda^2 r^2$，所以 Q 的实特征值为

$$\lambda = \pm 1 \tag{b}$$

式 (a) 说明特征向量 r 在转动 Q 中方向不变，即沿 "转轴"，所以 r 称为正交张量的轴。

取一组特殊的单位正交标架 (标准正交基)e_i，使 e_3 沿特征向量 (r 或 $-r$)。在 e_i 标架中 $Q = Q_{ij}e_ie_j$，用类似于式 (1.77a) 的证明方法，可得到

$$Q_{13} = Q_{23} = 0; \quad Q_{33} = \lambda \tag{c}$$

将式 (c) 代入式 (1.82)，有

$$
\begin{bmatrix} Q_{11} & Q_{12} & 0 \\ Q_{21} & Q_{22} & 0 \\ Q_{31} & Q_{32} & \lambda \end{bmatrix} \begin{bmatrix} Q_{11} & Q_{21} & Q_{31} \\ Q_{12} & Q_{22} & Q_{32} \\ 0 & 0 & \lambda \end{bmatrix} = \begin{bmatrix} 1 & 0 & 0 \\ 0 & 1 & 0 \\ 0 & 0 & 1 \end{bmatrix} \tag{d}
$$

由式 (d) 给出方程

$$
Q_{31}{}^2 + Q_{32}{}^2 + \lambda^2 = 1 \tag{e}
$$

所以

$$
Q_{31} = Q_{32} = 0; \ Q_{11}{}^2 + Q_{12}{}^2 = 1; \ Q_{22}{}^2 + Q_{21}{}^2 = 1; \ Q_{11}Q_{21} + Q_{12}Q_{22} = 0 \tag{f}
$$

式 (f) 表明，可以令

$$
Q_{11} = Q_{22} = \cos\varphi; \quad Q_{12} = -\sin\varphi; \quad Q_{21} = \sin\varphi, \quad \varphi \in (-\pi, \pi] \tag{g}
$$

因此，在以正交张量的轴向单位向量作为 e_3 的右手标准正交基 e_i 中，正交张量 $\boldsymbol{Q}$ 可表为

$$
\boldsymbol{Q} = \begin{bmatrix} \cos\varphi & -\sin\varphi & 0 \\ \sin\varphi & \cos\varphi & 0 \\ 0 & 0 & \lambda \end{bmatrix} \tag{1.87}
$$

式中，$-\pi < \varphi \leqslant \pi$，转角 φ 与 e_3 符合右手螺旋法则，$\lambda = \pm 1$。其并矢形式为

$$
\boldsymbol{Q} = \cos\varphi\,(e_1 e_1 + e_2 e_2) - \sin\varphi\,(e_1 e_2 - e_2 e_1) + \lambda e_3 e_3 \tag{1.87a}
$$

或

$$
\boldsymbol{Q} = \cos\varphi \boldsymbol{I} + (\lambda - \cos\varphi)\,e_3 e_3 - \sin\varphi \boldsymbol{E} \cdot e_3 \tag{1.87b}
$$

式中

$$
\boldsymbol{I} = \delta_{ij} e_i e_j = e_1 e_1 + e_2 e_2 + e_3 e_3
$$
$$
\boldsymbol{E} = \varepsilon_{ijk} e_i e_j e_k = (e_2 e_3 - e_3 e_2) e_1 + (e_3 e_1 - e_1 e_3) e_2 + (e_1 e_2 - e_2 e_1) e_3
$$

由式 (1.87)，可得到前面已经给出的结果：

$$
\det \boldsymbol{Q} = \lambda = \pm 1 \tag{1.88}
$$

式 (1.87b) 说明，对于标准正交基 e_i，只要给定轴线方向 e_3 和转角 φ，便可以确定正常正交张量 ($\lambda = 1$) 和反常正交张量 ($\lambda = -1$)，参见习题 1.18。

当 $\lambda = +1$ 时，式 (1.87) 给出正常正交张量，它使任一向量绕 e_3 轴旋转 φ 角；当 $\lambda = -1$，得到反常正交张量，它使任一向量绕 e_3 轴旋转 φ 角，并对 $e_1 e_2$ 坐标

面作镜面反射 (见图 1.7)。式 (1.87b) 表明正交张量可以用它的轴向量 e_3 和转角 φ 表示。当转角很小时，正常正交张量与单位张量的差近似等于反对称张量，由式 (1.87a)，得

$$Q - I \approx -\varphi e_1 e_2 + \varphi e_2 e_1 = A = -E \cdot \varphi$$

上式即式 (1.81)($\omega = \varphi$) 和式 (1.65)。其中 A 为反对称二阶张量，其反偶向量为

$$\varphi = -\frac{1}{2} E : A = -\frac{1}{2} e_{ijk} A_{ij} e_k = \varphi e_3$$

所以在小转动时 (严格地说是无限小转动)，正交张量退化为反对称二阶张量或其反偶向量。

图 1.7　正交张量与有限转动

上述分析可见，有限转动是正交张量，无限小转动是向量。它们的差别不仅表现为转角的大小，而且转动合成的规则完全不同。下面的例子可以说明两者的区别。

若将向量 u 先后作有限转动 Q_1 和 Q_2，转动后的向量为

$$v = Q_2 \cdot (Q_1 \cdot u)$$

式中，$Q_1 \cdot u$ 是第 1 次转动后的向量，根据点积的结合律：

$$v = (Q_2 \cdot Q_1) \cdot u = Q \cdot u; \quad Q = Q_2 \cdot Q_1$$

即有限转动的合成为正交张量的点积，由于张量的点积不满足交换律，所以若 $Q_1 \neq Q_2$，则 $Q_2 \cdot Q_1 \neq Q_1 \cdot Q_2$，即转动次序不同导致合成结果改变。图 1.8 为两个次序不同的有限转动合成算例，其中 Q_1 和 Q_2 分别为绕 e_2 和 e_1 方向转 90°，即 e_2 和 e_1 为 Q_1, Q_2 的单位轴向量，$\varphi = -\pi/2$ 为转角 (按右手法则为正)，类似于式 (1.87a)，可以得到

$$Q_1 = e_3 e_1 + e_2 e_2 - e_1 e_3; \quad Q_2 = e_1 e_1 - e_3 e_2 + e_2 e_3$$

图 1.8(a) 和 (b) 分别为先转 Q_1 后转 Q_2 和先转 Q_2 后转 Q_1 两种情况，可见合成的结果完全不同。

图 1.8　有限转动的合成

(a) $\boldsymbol{Q} = \boldsymbol{Q}_2 \cdot \boldsymbol{Q}_1$；(b) $\boldsymbol{Q} = \boldsymbol{Q}_1 \cdot \boldsymbol{Q}_2$

无限小转动的合成为转动向量的向量和。如果向量 $\boldsymbol{u}$ 作两次无限小转动 $\boldsymbol{\omega}_1$ 和 $\boldsymbol{\omega}_2$，则合成转动为 $\boldsymbol{\omega} = \boldsymbol{\omega}_1 + \boldsymbol{\omega}_2 = \boldsymbol{\omega}_2 + \boldsymbol{\omega}_1$，与转动次序无关，转动后得到的向量均为

$$\boldsymbol{v} = \boldsymbol{\omega} \times \boldsymbol{u} = \boldsymbol{\omega}_1 \times \boldsymbol{u} + \boldsymbol{\omega}_2 \times \boldsymbol{u} = \boldsymbol{\omega}_2 \times \boldsymbol{u} + \boldsymbol{\omega}_1 \times \boldsymbol{u}$$

如图 1.9 所示，若 $\boldsymbol{u}$ 沿 $\boldsymbol{e}_3$ 方向 $(\overline{OA})$，$\boldsymbol{\omega}_1$ 和 $\boldsymbol{\omega}_2$ 是绕 $\boldsymbol{e}_1$ 和 $\boldsymbol{e}_2$ 的小转动，转角为 ω_1, ω_2。当转角很小时，向量 $\overline{AB} = \overline{DC} = \omega_1 |u|$，$\overline{AD} = \overline{BC} = \omega_2 |u|$，所以合成结果 $\overline{OC}$ 与相加次序无关。

图 1.9　无限小转动的合成

转动在连续介质变形描述中具有重要意义，第 2 章将应用正交张量和转动向量表示有限转动和无限小转动。

▶ 1.10.3　极分解定理

任意正则二阶张量 $\boldsymbol{F}$(即第三不变量$\text{III} = \det\left[F^i{}_j\right] \neq 0$)，可以唯一地分解为下列两个点积：

$$\boldsymbol{F} = \boldsymbol{Q} \cdot \boldsymbol{U}; \quad \boldsymbol{F} = \boldsymbol{V} \cdot \boldsymbol{Q} \tag{1.89}$$

式中，$\boldsymbol{Q}$ 为正交张量；$\boldsymbol{U}$ 和 $\boldsymbol{V}$ 为正定对称二阶张量；式 (1.89) 称为极分解 (或乘法分解)，第 1 式称为右分解，第 2 式称为左分解。由式 (1.89) 和式 (1.82)，可以得

到

$$U = (F^{\mathrm{T}} \cdot F)^{\frac{1}{2}}; \quad V = (F \cdot F^{\mathrm{T}})^{\frac{1}{2}} \tag{1.90}$$

和

$$Q = F \cdot U^{-1} = V^{-1} \cdot F \tag{1.91}$$

现在证明 U 是正定对称二阶张量，Q 是正交张量。对于任意非零向量 u，由式 (1.62) 有

$$(F \cdot u) \cdot (F \cdot u) = \left(u \cdot F^{\mathrm{T}}\right) \cdot (F \cdot u) = u \cdot \left(F^{\mathrm{T}} \cdot F\right) \cdot u > 0$$

且 $(F^{\mathrm{T}} \cdot F)^{\mathrm{T}} = F^{\mathrm{T}} \cdot F$，若令 $F^{\mathrm{T}} \cdot F = C$，可见 C 是正定对称二阶张量，同样 $U = C^{\frac{1}{2}}$ 也是正定对称的，可以求逆。将 $Q = F \cdot U^{-1}$ 代入下式，则

$$Q^{\mathrm{T}} \cdot Q = \left(U^{-1} \cdot F^{\mathrm{T}}\right) \cdot (F \cdot U^{-1}) = U^{-1} \cdot C \cdot U^{-1} = U^{-1} \cdot U^2 \cdot U^{-1} = I$$

所以 Q 是正常或反常正交张量，而且可以由式 (1.90) 和式 (1.91) 唯一地求出，故式 $(1.89)_1$ 成立。

类似地，可以证明式 $(1.89)_2$ 成立。

在连续介质的几何学描述中，极分解定理是一个重要关系。第 2 章中 F 将作为变形梯度张量用于描述线元的变化，U 和 V 作为右和左伸长张量表示纯变形，用正常正交张量 Q(记作 R，称为转动张量) 描述局部刚性转动，通过 F 的极分解可以使纯变形和刚性转动分开，以便分别考虑它们的不同响应。

1.11 球形张量和偏斜张量

在某些情况下，例如在弹塑性固体中，需要将二阶张量 t 作如下分解：

$$t = t^0 + \bar{t} \tag{1.92}$$

其中

$$t^0 = \frac{1}{3}(\mathrm{tr}\,t)\,I; \quad \bar{t} = t - \frac{1}{3}(\mathrm{tr}\,t)I \tag{1.93}$$

分别称为球形张量和偏斜张量。式 (1.92) 和式 (1.93) 的分量形式为

$$t^i{}_j = t^{0i}{}_j + \bar{t}^i{}_j; \ t_{ij} = t^0{}_{ij} + \bar{t}_{ij}; \ \cdots$$

其中

$$t^{0i}{}_j = t\delta^i_j, \ t^0{}_{ij} = tg_{ij}; \ \bar{t}^i{}_j = t^i{}_j - t\delta^i_j; \ \bar{t}_{ij} = t_{ij} - tg_{ij}; \quad t = \frac{1}{3}t^i{}_i = \frac{1}{3}\mathrm{tr}\,t \tag{1.94}$$

球形张量 t^0 有三个相等的主值 $t = \frac{1}{3}\mathrm{tr}\,t$，只有一个独立分量，任何方向都是主方向。偏斜张量 $\bar{t}$ 的第一不变量为零

$$\bar{I} = \bar{t}_i{}^i = t^i{}_i - t\delta^i_i = 0 \tag{1.95a}$$

第二和第三不变量可以由定义式 (1.71) 和式 (1.94) 得到

$$\bar{\mathrm{I}} = \frac{1}{2}(\bar{t}^i{}_i\bar{t}^j{}_j - \bar{t}^i{}_j\bar{t}^j{}_i) = \mathrm{II} - \frac{1}{3}\,\mathrm{I}^2$$

$$\overline{\mathrm{III}} = \det\left[\bar{t}^i{}_j\right] = \mathrm{III} - \frac{1}{3}\,\mathrm{I}\,\mathrm{II} + \frac{2}{27}\,\mathrm{I}^3 \tag{1.95b}$$

若 t 是对称的二阶张量,则偏斜张量 $\bar{t}$ 也是对称的,而且 $\bar{t}^i{}_i = \bar{t}^1{}_1 + \bar{t}^2{}_2 + \bar{t}^3{}_3 = 0$,所以只有五个独立分量。

1.12　二阶张量与矩阵

矩阵是一个有序数组,若把 $m \times n$ 个数 $a_{ij}(i = 1, \cdots, m; j = 1, \cdots, n)$ 排成下列形式:

$$\begin{bmatrix} a_{11} & a_{12} & \cdots & a_{1n} \\ a_{21} & a_{22} & \cdots & a_{2n} \\ \vdots & \vdots & & \vdots \\ a_{m1} & a_{m2} & \cdots & a_{mn} \end{bmatrix}$$

那么这些数连同它们的相对位置一起组成的整体,称为 m 行 n 列矩阵,简称 $m \times n$ 矩阵,常以黑体字母表示。当 $m = n$ 时称为方阵或 n 阶矩阵,当 $n = 1$ 时称为 m 维列矩阵,$m = 1$ 时称为 n 维行矩阵。

矩阵代数给出了矩阵的加法、乘法、转置、求逆、分解等运算。3×3 矩阵和 3 维列阵的运算与前面讨论的二阶张量和向量的运算规则有很多相似之处,表 1.1 中给出了对比。由此可见,3×3 矩阵和 3 维列阵与二阶张量和向量的部分代数运算规则及若干性质是一致的,其中矩阵乘法相当于张量点积,因此二阶张量和向量在进行具体的坐标变换及部分代数运算中,应用熟悉的矩阵记法常常很方便,需要注意的是指标前后位置与行列的对应关系。

表 1.1　张量运算与矩阵运算的比较

运　算	张　量		矩　阵
	不变性记法	分量记法	
加法	$\boldsymbol{C} = \boldsymbol{A} + \boldsymbol{B}$	$C_{ij} = A_{ij} + B_{ij}$	$\boldsymbol{C} = \boldsymbol{A} + \boldsymbol{B}$
点积	$\boldsymbol{C} = \boldsymbol{A} \cdot \boldsymbol{B}$	$C_{ij} = A_{ik}B^k{}_j$	$\boldsymbol{C} = \boldsymbol{AB}$
	$\boldsymbol{b} = \boldsymbol{A} \cdot \boldsymbol{a}$	$b_i = A_{ij}a^j$	$\boldsymbol{b} = \boldsymbol{Aa}$
转置	$\boldsymbol{C} = \boldsymbol{A}^{\mathrm{T}}$	$C_{ij} = A_{ji}$	$\boldsymbol{C} = \boldsymbol{A}^{\mathrm{T}}$
	$(\boldsymbol{A} \cdot \boldsymbol{B})^{\mathrm{T}} = \boldsymbol{B}^{\mathrm{T}} \cdot \boldsymbol{A}^{\mathrm{T}}$	$(A_{ik}B^{kj})^{\mathrm{T}} = B^{jk}A_{ki}$	$(\boldsymbol{AB})^{\mathrm{T}} = \boldsymbol{B}^{\mathrm{T}}\boldsymbol{A}^{\mathrm{T}}$
逆	$\boldsymbol{C} \cdot \boldsymbol{C}^{-1} = \boldsymbol{C}^{-1} \cdot \boldsymbol{C} = \boldsymbol{I}$	$C_{ik}C^{-1kj} = \delta_i^j$	$\boldsymbol{CC}^{-1} = \boldsymbol{I}$
特征方程	$\boldsymbol{T} \cdot \boldsymbol{a} = \lambda \boldsymbol{a}$	$t^i{}_j a^j = \lambda a^i$	$\boldsymbol{Ta} = \lambda \boldsymbol{a}$
加法分解	$\boldsymbol{T} = \boldsymbol{S} + \boldsymbol{A}$	$T_{ij} = S_{ij} + A_{ij}$	$\boldsymbol{T} = \boldsymbol{S} + \boldsymbol{A}$
极分解	$\boldsymbol{F} = \boldsymbol{Q} \cdot \boldsymbol{U} = \boldsymbol{V} \cdot \boldsymbol{Q}$	$F^i{}_j = Q^{ik}U_{kj} = V^{ik}Q_{kj}$	$\boldsymbol{F} = \boldsymbol{QU} = \boldsymbol{VQ}$

注: 1. $\boldsymbol{A}$、$\boldsymbol{B}$、$\boldsymbol{C}$、$\boldsymbol{T}$、$\boldsymbol{S}$、$\boldsymbol{F}$、$\boldsymbol{Q}$、$\boldsymbol{U}$、$\boldsymbol{V}$ 为二阶张量或 3×3 矩阵,$\boldsymbol{a}$、$\boldsymbol{b}$ 为向量或 3×1 列阵;

2. 在张量的分量记法中,第 1 个指标对应行,第 2 个指标对应列。

　　但是应该指出，三维空间中的向量和二阶张量与三维列阵和 3×3 矩阵在概念上是不同的，不能认为"张量就是矩阵"。仅就定义而言，我们知道向量和张量是根据坐标转换关系定义的一组分量，而作为有序数组的矩阵元素并不与坐标转换关系相联系，同一张量在不同坐标系中的分量或者在同一坐标系中不同形式的分量，需要用不同的矩阵表示。

1.13　曲线坐标系

➤ 1.13.1　曲线坐标系的定义

　　前面我们在斜角直线坐标系中讨论了张量的坐标转换、代数运算和二阶张量的性质，空间中各点标架是相同的。但在实际应用中常常需要采用曲线坐标系，基向量随位置改变，向量和张量在不同点处必须在不同的标架中分解。前面讨论的代数运算等只涉及任意一点，因而在斜角直线坐标系中和在曲线坐标系中没有差别，这也是前面暂时未引入曲线坐标系的原因。然而，微分和积分运算涉及空间位置的变化，即不同的点，所以斜角直线坐标系和曲线坐标系的差别将会在运算中显现出来。在讨论张量的导数和积分之前，首先需要介绍曲线坐标系。

　　以球坐标系为例 (图 1.10)，空间任一点的直角坐标 (x^1, x^2, x^3) 可以用另外三个量 (r, θ, φ) 表示，并由下式确定：

$$
\begin{aligned}
x^1 &= r\sin\theta\cos\theta \\
x^2 &= r\sin\theta\sin\varphi \\
x^3 &= r\cos\theta
\end{aligned}
\tag{1.96}
$$

式中，$0 \leqslant r < \propto, 0 \leqslant \theta \leqslant \pi, 0 \leqslant \varphi < 2\pi$。$(x^1, x^2, x^3)$ 与 (r, θ, φ) 在定义域内是一一对应的，所以 r, θ, φ 也可以作为点的坐标，称为曲线坐标 (球坐标)。如果 r, θ, φ 中将任何一个作为参数取定，则式 (1.96) 给出一族曲面 (分别为球面、圆锥面和子午面)，称为球坐标面。如果 r, θ, φ 中将任何两个作为参数取定，则式 (1.96) 得到一族曲线，称为球坐标线，坐标线是三族坐标面的交线 (分别为径向射线、经线和纬线)。任一点有三条坐标线经过，该点处坐标基向量沿坐标线的切线和坐标值增加的方向。

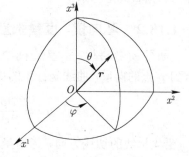

图 1.10　球坐标系

　　在一般情况下，取一个给定的直角坐标系或斜角直线坐标系作为参考系，协变基向量为 $\boldsymbol{g}_i$，见图 1.11。如果 $x^i(i = 1, 2, 3)$ 是斜角直线坐标系中一点的坐标，x^i

与参数 $x^{i'}(i'=1',2',3')$ 在 $x^{i'}$ 的定义域内满足单值、连续、可微的函数关系：

$$x^1 = x^1(x^{1'}, x^{2'}, x^{3'})$$
$$x^2 = x^2(x^{1'}, x^{2'}, x^{3'}) \quad \text{或} \quad x^i = x^i(x^{i'}) \tag{1.97}$$
$$x^3 = x^3(x^{1'}, x^{2'}, x^{3'})$$

图 1.11 曲线坐标系

而且存在单值、连续、可微的反函数：

$$x^{1'} = x^{1'}(x^1, x^2, x^3)$$
$$x^{2'} = x^{2'}(x^1, x^2, x^3) \quad \text{或} \quad x^{i'} = x^{i'}(x^i) \tag{1.98}$$
$$x^{3'} = x^{3'}(x^1, x^2, x^3)$$

则 $x^{i'}$ 称为三维空间曲线坐标。若式 (1.97) 中令 $x^{1'} = x_A^{1'}$，$x^{2'} = x_A^{2'}$，$x^{3'} = x_A^{3'}$，得到的三个曲面为 A 点 $(x_A^{1'}, x_A^{2'}, x_A^{3'})$ 的坐标面，它们的交线是过该点的坐标线。

如果式 (1.97) 是线性函数，则坐标面为平面，坐标线为直线，空间曲线坐标系变为斜角直线坐标系。

▶1.13.2 基向量、度量张量和坐标变换系数

如果 $\boldsymbol{p}(x^{1'}, x^{2'}, x^{3'})$ 为空间中任一点的位置向量 (或向径)，即从参考坐标系原点到 $\boldsymbol{p}$ 点的向量，曲线坐标系的协变基向量定义为

$$\boldsymbol{g}_{i'} = \frac{\partial \boldsymbol{p}}{\partial x^{i'}} = \frac{\partial}{\partial x^{i'}}(x^i \boldsymbol{g}_i) = \frac{\partial x^i}{\partial x^{i'}} \boldsymbol{g}_i \tag{1.99}$$

$\boldsymbol{g}_{i'}$ 沿坐标线的切线方向，指向坐标 $x^{i'}$ 增加一侧。需要指出，上式中位置向量被表示为 $\boldsymbol{p} = x^i \boldsymbol{g}_i$，只有在斜角直线坐标系中才是正确的，因为 x^i 既是 $\boldsymbol{p}(x^i)$ 点的坐标，也是 $\boldsymbol{p}$ 的逆变分量，用度量张量还可以定义它的协变分量 $x_j = x^i g_{ij}$，但 x_j 并无坐标含义。在曲线坐标系中 $\boldsymbol{p} = x^i(x^{i'})\boldsymbol{g}_i \neq x^{i'}\boldsymbol{g}_{i'}$，$x^{i'}$ 只是坐标，不是 $\boldsymbol{p}$ 的分量，并且认为 $x_{i'}$ 没有意义。

因为式 (1.97) 是已知函数, 所以式 (1.99) 定义的局部坐标基向量是已知的。像 1.2 节中一样由协变基向量 $\boldsymbol{g}_{i'}$ 可以定义该点的逆变基向量 $\boldsymbol{g}^{i'}$ 及度量张量 $g_{i'j'}$ 和 $g^{i'j'}$。这样, 与该点有关的向量、张量都可以对局部标架分解, 以前在斜角直线坐标系中的全部定义和运算规则, 对于曲线坐标系局部标架完全适用, 不同点仅仅在于曲线坐标系的基向量因位置而异。

由式 (1.34)$_1$ 可知, 式 (1.99) 中的系数 $\dfrac{\partial x^i}{\partial x^{i'}}$ 即是由斜角坐标系到曲线坐标系的正变换系数 $A^i_{i'}$。注意到

$$\frac{\partial x^i}{\partial x^j} = \frac{\partial x^i}{\partial x^{i'}} \frac{\partial x^{i'}}{\partial x^j} = \delta^i_j \tag{1.100}$$

由式 (1.34)$_2$ 可知, $\dfrac{\partial x^{i'}}{\partial x^i}$ 是逆变换系数, 所以

$$A^i_{i'} = \frac{\partial x^i}{\partial x^{i'}}, \quad A^{i'}_i = \frac{\partial x^{i'}}{\partial x^i} \tag{1.101}$$

式中, $\dfrac{\partial x^i}{\partial x^{i'}}$ 和 $\dfrac{\partial x^{i'}}{\partial x^i}$ 也称为正变换和逆变换的雅可比 (Jacobi)。

如果在每一点处局部标架 $\boldsymbol{g}_{i'}$ 互相垂直, 则 $\left\{x^{i'}\right\}$ 称为正交曲线坐标系, 例如熟知的圆柱坐标系、球坐标系等。

现在考察在某一点处沿坐标曲面切出的以基向量 $\boldsymbol{g}_{i'}$ 为边的平行六面体的体积, 注意到定义式 (1.99) 和行列式的指标表达式 (1.3), 有

$$[\boldsymbol{g}_{1'} \boldsymbol{g}_{2'} \boldsymbol{g}_{3'}] = \boldsymbol{g}_{1'} \times \boldsymbol{g}_{2'} \cdot \boldsymbol{g}_{3'} = \frac{\partial x^i}{\partial x^{1'}} \cdot \frac{\partial x^j}{\partial x^{2'}} \cdot \frac{\partial x^k}{\partial x^{3'}} \boldsymbol{g}_i \times \boldsymbol{g}_j \cdot \boldsymbol{g}_k$$

$$= \frac{\partial x^i}{\partial x^{1'}} \cdot \frac{\partial x^j}{\partial x^{2'}} \cdot \frac{\partial x^k}{\partial x^{3'}} e_{ijk} [\boldsymbol{g}_1 \boldsymbol{g}_2 \boldsymbol{g}_3] = \left| \frac{\partial x^i}{\partial x^{i'}} \right| [\boldsymbol{g}_1 \boldsymbol{g}_2 \boldsymbol{g}_3]$$

或

$$[\boldsymbol{g}_{1'} \boldsymbol{g}_{2'} \boldsymbol{g}_{3'}] = J [\boldsymbol{g}_1 \boldsymbol{g}_2 \boldsymbol{g}_3] \tag{1.102a}$$

类似地, 利用逆变换 $\boldsymbol{g}_i = \dfrac{\partial x^{i'}}{\partial x^i} \boldsymbol{g}_{i'}$, 可以得到

$$[\boldsymbol{g}_1 \boldsymbol{g}_2 \boldsymbol{g}_3] = J' [\boldsymbol{g}_{1'} \boldsymbol{g}_{2'} \boldsymbol{g}_{3'}] \tag{1.102b}$$

式中

$$J = \left| \frac{\partial x^i}{\partial x^{i'}} \right|; \quad J' = \left| \frac{\partial x^{i'}}{\partial x^i} \right| \tag{1.103}$$

称为正变换和逆变换 Jacobi 行列式, 显然有 $JJ' = 1$。J 为坐标变换中新标架与原标架构成的平行六面体的体积比, J' 为 J 的倒数。

通常取参考系为直角坐标系 x^i, 斜角直线坐标系 $x^{i'}$ 可作为曲线坐标系的特例, 由线性函数定义 $x^i = a^i_{\ i'} x^{i'}$。由于变换系数 $a^i_{\ i'}$ 的行列式 $\det\left(a^i_{\ i'}\right) \neq 0$, 所以反函数 $x^{i'} = a^{i'}_{\ i} x^i$ 存在。基向量和度量张量分别为

$$g_{i'} = a^i{}_{i'} e_i; \quad g_{i'j'} = a^i{}_{i'} a^j{}_{j'} \delta_{ij} \quad (\delta_{ij} = e_i \cdot e_j)$$

当 $[a^i{}_{i'}]$ 是正交矩阵时，$g_{i'} = e_{i'}$ 是另一组标准正交标架，变换系数 $a^i{}_{i'} = \cos(e_{i'}, e_i)$。

➤ 1.13.3　线元、面元和体元

在建立了曲线坐标系之后，可以用曲线坐标的增量表示线元、面元和体元 (图 1.12)。

图 1.12　线元、面元和体元

(a) 线元; (b) 面元; (c) 体元

线元 $d\boldsymbol{x}$ 是位置向量 $\boldsymbol{x}$ 的增量，可以沿协变标架分解为 $d\boldsymbol{x} = dx^{i'} \boldsymbol{g}_{i'}$，$dx^{i'}$ 是坐标增量和 $d\boldsymbol{x}$ 的逆变分量，也可以沿逆变标架分解 $d\boldsymbol{x} = dx_{i'} \boldsymbol{g}^{i'}$，其中 $dx_{i'} = g_{i'j'} dx^{j'}$ 是 $d\boldsymbol{x}$ 的协变分量，由 $dx^{i'}$ 下降指标得到。线元 $d\boldsymbol{x}$ 长度的平方为：

$$d\boldsymbol{x} \cdot d\boldsymbol{x} = \left(dx^{i'} \boldsymbol{g}_{i'} \right) \cdot \left(dx^{j'} \boldsymbol{g}_{j'} \right) = g_{i'j'} dx^{i'} dx^{j'}$$

取两个线元 $d\boldsymbol{x}_{(1)} = dx^{i'}_{(1)} \boldsymbol{g}_{i'}$ 和 $d\boldsymbol{x}_{(2)} = dx^{i'}_{(2)} \boldsymbol{g}_{i'}$，面元是一个向量，等于两个线元的叉积

$$d\boldsymbol{a} = d\boldsymbol{x}_{(1)} \times d\boldsymbol{x}_{(2)} = da_{k'} \boldsymbol{g}^{k'} = da^{k'} \boldsymbol{g}_{k'}$$

$$da_{k'} = \varepsilon_{i'j'k'} dx^{i'}_{(1)} dx^{j'}_{(2)}; \quad da^{k'} = \varepsilon^{i'j'k'} dx_{(1)i'} dx_{(2)j'} \tag{1.104}$$

式中，$da_{k'}$，$da^{k'}$ 为 $d\boldsymbol{a}$ 的协变和逆变分量。有时也用 $d\boldsymbol{x}_{(1)}$ 和 $d\boldsymbol{x}_{(2)}$ 为边的三角形作为面元，此时 $d\boldsymbol{a} = \dfrac{1}{2} d\boldsymbol{x}_{(1)} \times d\boldsymbol{x}_{(2)}$。显然面元向量 $d\boldsymbol{a}$ 沿面元的法线方向，所以面元向量也可表示为

$$d\boldsymbol{a} = \boldsymbol{n} da \tag{1.104a}$$

式中，$\boldsymbol{n}$ 为 $d\boldsymbol{a}$ 的单位法线向量，da 是面元的面积。由几何学可知，在直角坐标系 (标架 e_i) 中，面元的三个分量为面积 da 在三个坐标面上的投影，当 $\boldsymbol{n}$ 与基向量 e_i 夹角为锐角或钝角时，投影面积为正值或负值。但在非直角坐标系中，分量不是投影。

体元可用三个非共面线元的混合积表示为：

$$\mathrm{d}V = \mathrm{d}\boldsymbol{x}_{(1)} \times \mathrm{d}\boldsymbol{x}_{(2)} \cdot \mathrm{d}\boldsymbol{x}_{(3)} = \varepsilon_{i'j'k'}\mathrm{d}x_{(1)}^{i'}\mathrm{d}x_{(2)}^{j'}\mathrm{d}x_{(3)}^{k'} \tag{1.105}$$

为了书写简单，在以后的讨论中，将用 x^i 表示曲线坐标 $x^{i'}$。

1.14　Christoffel 符号

在曲线坐标系中，基向量是坐标的连续可微函数。现在讨论基向量随曲线坐标的变化，即基向量的导数。基向量的导数仍为向量，以 $\dfrac{\partial \boldsymbol{g}_1}{\partial x^2}$ 为例 (图 1.13)，其定义为

$$\frac{\partial \boldsymbol{g}_1}{\partial x^2} = \lim_{\Delta x^2 \to 0} \frac{\boldsymbol{g}_1\left(x^1, x^2 + \Delta x^2, x^3\right) - \boldsymbol{g}_1\left(x^1, x^2, x^3\right)}{\Delta x^2}$$

为了方便，引入记号 $\partial_i(\ ) \equiv \dfrac{\partial(\ )}{\partial x^i}$。将基向量的导数分别沿协变和逆变标架分解，有

$$\partial_i \boldsymbol{g}_j = \frac{\partial \boldsymbol{g}_j}{\partial x^i} = \Gamma_{ij}^k \boldsymbol{g}_k = \Gamma_{ijk}\boldsymbol{g}^k \tag{1.106}$$

式中，系数 Γ_{ijk} 和 Γ_{ij}^k 各为 27 个量，称为第一类和第二类 Christoffel 符号，有时也分别

图 1.13　基向量的导数

用记号 $[ijk]$ 和 $\left\{ \begin{matrix} k \\ ij \end{matrix} \right\}$ 表示。由定义式 (1.106) 将基向量升降指标，不难得到 Γ_{ijk} 和 Γ_{ij}^k 的关系：

$$\Gamma_{ijk} = g_{kr}\Gamma_{ij}^r; \quad \Gamma_{ij}^k = g^{kr}\Gamma_{ijr} \tag{1.107}$$

即 Γ_{ijk} 的第 3 个指标和 Γ_{ij}^k 的上标可以升降。由式 (1.106) 得到

$$\Gamma_{ijk} = \partial_i \boldsymbol{g}_j \cdot \boldsymbol{g}_k; \quad \Gamma_{ij}^k = \partial_i \boldsymbol{g}_j \cdot \boldsymbol{g}^k$$

利用 $\partial_i \delta_j^k = \partial_i\left(\boldsymbol{g}_j \cdot \boldsymbol{g}^k\right) = \partial_i\boldsymbol{g}_j \cdot \boldsymbol{g}^k + \partial_i\boldsymbol{g}^k \cdot \boldsymbol{g}_j = 0$，有

$$\partial_i \boldsymbol{g}^k \cdot \boldsymbol{g}_j = -\partial_i\boldsymbol{g}_j \cdot \boldsymbol{g}^k = -\Gamma_{ij}^k$$

所以，逆变基向量的导数为

$$\partial_i \boldsymbol{g}^j = -\Gamma_{ir}^j \boldsymbol{g}^r \tag{1.108}$$

由于 $\partial_i \boldsymbol{g}_j = \dfrac{\partial}{\partial x^i}\left(\dfrac{\partial \boldsymbol{p}}{\partial x^j}\right) = \dfrac{\partial}{\partial x^j}\left(\dfrac{\partial \boldsymbol{p}}{\partial x^i}\right) = \partial_j\boldsymbol{g}_i$，

所以

$$\Gamma_{ijk} = \Gamma_{jik}; \quad \Gamma_{ij}^k = \Gamma_{ji}^k \tag{1.109}$$

即 Christoffel 符号的前面两个指标或者下面两个指标具有对称性。

在直角坐标系和斜角直线坐标系中，标架不随位置改变，所以 $\Gamma_{ijk} = \Gamma_{ij}^k = 0$。

应该指出，Christoffel 符号尽管可以借助式 (1.107) 像张量那样通过度量张量升降指标，但不是张量。现以第二类 Christoffel 符号为例，进行坐标变换。若 $\boldsymbol{g}_{i'} = A_{i'}^i \boldsymbol{g}_i$ 为一新的曲线坐标系的基向量，在新的曲线坐标系中，

$$\Gamma_{i'j'}^{k'} = \partial_{i'} \boldsymbol{g}_{j'} \cdot \boldsymbol{g}^{k'} = \left(\frac{\partial}{\partial x^i} \left(A_{j'}^j \boldsymbol{g}_j \right) \frac{\partial x^i}{\partial x^{i'}} \right) \cdot \left(A_k^{k'} \boldsymbol{g}^k \right)$$

$$= A_{i'}^i A_{j'}^j A_k^{k'} \partial_i \boldsymbol{g}_j \cdot \boldsymbol{g}^k + A_{i'}^i A_k^{k'} \delta_j^k \partial_i A_{j'}^j = A_{i'}^i A_{j'}^j A_k^{k'} \Gamma_{ij}^k + A_{i'}^i A_j^{k'} \partial_i A_{j'}^j$$

由于存在第二项 $A_{i'}^i A_k^{k'} \delta_j^k \partial_i A_{j'}^j$，所以 Γ_{ij}^k 不满足张量转换关系。

Christoffel 符号可以用度量张量表示。度量张量的导数为

$$g_{ij,k} \equiv \partial_k g_{ij} = \partial_k \left(\boldsymbol{g}_i \cdot \boldsymbol{g}_j \right) = \partial_k \boldsymbol{g}_i \cdot \boldsymbol{g}_j + \partial_k \boldsymbol{g}_j \cdot \boldsymbol{g}_i = \Gamma_{kij} + \Gamma_{kji} \tag{1.110}$$

适当变换指标，得到

$$g_{jk,i} = \Gamma_{ijk} + \Gamma_{ikj}; \quad g_{ki,j} = \Gamma_{jki} + \Gamma_{jik} = \Gamma_{jki} + \Gamma_{ijk}$$

将上两式相加减去式 (1.110)，得

$$\Gamma_{ijk} = \frac{1}{2} \left(g_{jk,i} + g_{ik,j} - g_{ij,k} \right) \tag{1.111a}$$

由式 (1.107)，有

$$\Gamma_{ij}^k = g^{kr} \Gamma_{ijr} = \frac{1}{2} g^{kr} \left(g_{jr,i} + g_{ir,j} - g_{ij,r} \right) \tag{1.111b}$$

利用式 (1.106) 可以给出基向量混合积的偏导数

$$\partial_i \sqrt{g} = \partial_i \left[\boldsymbol{g}_1 \boldsymbol{g}_2 \boldsymbol{g}_3 \right] = \left[\left(\partial_i \boldsymbol{g}_1 \right) \boldsymbol{g}_2 \boldsymbol{g}_3 \right] + \left[\boldsymbol{g}_1 \left(\partial_i \boldsymbol{g}_2 \right) \boldsymbol{g}_3 \right] + \left[\boldsymbol{g}_1 \boldsymbol{g}_2 \partial_i \boldsymbol{g}_3 \right]$$

$$= \Gamma_{i1}^r \left[\boldsymbol{g}_r \boldsymbol{g}_2 \boldsymbol{g}_3 \right] + \Gamma_{i2}^r \left[\boldsymbol{g}_1 \boldsymbol{g}_r \boldsymbol{g}_3 \right] + \Gamma_{i3}^r \left[\boldsymbol{g}_1 \boldsymbol{g}_2 \boldsymbol{g}_r \right]$$

$$= \Gamma_{ir}^r \left[\boldsymbol{g}_1 \boldsymbol{g}_2 \boldsymbol{g}_3 \right] = \Gamma_{ir}^r \sqrt{g} \tag{1.112}$$

由式 (1.112)，得到

$$\Gamma_{ir}^r = \partial_i \sqrt{g} / \sqrt{g} = \partial_i \left(\ln \sqrt{g} \right) \tag{1.113}$$

如果一个曲线坐标系是已知的，即给定了曲线坐标与一个参考系 (斜角直线坐标系) 的变换关系式 (1.97)，那么任一点处的基向量、度量张量、Christoffel 符号均可以求得，利用 Christoffel 符号可以给出基向量，度量张量对曲线坐标的偏导数。下面通过抛物柱面坐标给出一个曲线坐标系算例，常用的圆柱坐标系和球坐标系的相关结果见 1.20 节。

[例 1.8]   抛物柱面坐标

抛物柱面坐标系 (u, v, z) 的定义为

$$x = \frac{1}{2}\left(u^2 - v^2\right); \quad y = uv; \quad z = z$$

式中，(x, y, z) 为直角坐标，$-\infty < u <\infty$，$v \geqslant 0$，$-\infty < z <\infty$。若 $v, z =$ 常数，上式消去 u 得到抛物线 $x = \frac{1}{2}\left(\dfrac{y^2}{v^2} - v^2\right)(v \neq 0)$，若 $u, z =$ 常数，得到另一族抛物线，见图 1.14。

图 1.14　抛物柱面坐标线 $(z = 0$ 面$)$

由式 (1.101) 得到正变换系数，然后求逆得到逆变换系数，分别为

$$\begin{bmatrix} x_{,u} & x_{,v} & x_{,z} \\ y_{,u} & y_{,v} & y_{,z} \\ z_{,u} & z_{,v} & z_{,z} \end{bmatrix} = \begin{bmatrix} u & -v & 0 \\ v & u & 0 \\ 0 & 0 & 1 \end{bmatrix}; \quad \frac{1}{u^2 + v^2}\begin{bmatrix} u & v & 0 \\ -v & u & 0 \\ 0 & 0 & u^2 + v^2 \end{bmatrix}$$

由式 (1.99)，协变基向量 $\boldsymbol{g}_i$ 为 (u, v, z 对应 $i = 1, 2, 3$)

$$\boldsymbol{g}_1 = \frac{\partial x}{\partial u}\boldsymbol{e}_x + \frac{\partial y}{\partial u}\boldsymbol{e}_y + \frac{\partial z}{\partial u}\boldsymbol{e}_z = u\boldsymbol{e}_x + v\boldsymbol{e}_y$$

$$\boldsymbol{g}_2 = \frac{\partial x}{\partial v}\boldsymbol{e}_x + \frac{\partial y}{\partial v}\boldsymbol{e}_y + \frac{\partial z}{\partial v}\boldsymbol{e}_z = -v\boldsymbol{e}_x + u\boldsymbol{e}_y$$

$$\boldsymbol{g}_3 = \boldsymbol{e}_z$$

由协变基向量的点积给出协变度量张量，求逆得到逆变度量张量，分别为

$$[g_{ij}] = \begin{bmatrix} u^2 + v^2 & 0 & 0 \\ 0 & u^2 + v^2 & 0 \\ 0 & 0 & 1 \end{bmatrix}; \quad [g^{ij}] = \begin{bmatrix} \left(u^2 + v^2\right)^{-1} & 0 & 0 \\ 0 & \left(u^2 + v^2\right)^{-1} & 0 \\ 0 & 0 & 1 \end{bmatrix}$$

上式表明，抛物柱面坐标为正交曲线坐标系。逆变基向量可用逆变换系数或逆变度量张量计算，$\boldsymbol{g}^i = A_j^i \boldsymbol{e}_j \,(j = x, y, z)$ 或 $\boldsymbol{g}^i = g^{ij}\boldsymbol{g}_j$，得

$$\boldsymbol{g}^1 = \frac{u}{u^2 + v^2}\boldsymbol{e}_x + \frac{v}{u^2 + v^2}\boldsymbol{e}_y = \frac{1}{u^2 + v^2}\boldsymbol{g}_1$$

$$\boldsymbol{g}^2 = -\frac{v}{u^2 + v^2}\boldsymbol{e}_x + \frac{u}{u^2 + v^2}\boldsymbol{e}_y = \frac{1}{u^2 + v^2}\boldsymbol{g}_2$$

$$\boldsymbol{g}^3 = \boldsymbol{e}_z$$

利用式 (1.111a)，计算 Γ_{ijk} 得到

$$\Gamma_{111} = \Gamma_{122} = \Gamma_{212} = -\Gamma_{221} = u; \quad \Gamma_{222} = \Gamma_{121} = \Gamma_{211} = -\Gamma_{112} = v; \quad \text{其余为 } 0$$

1.15　向量的协变导数、微分算子

三维空间的向量场 $\boldsymbol{v}$ 是位置向量 $\boldsymbol{x}$ 的函数, 当位置向量有一增量 $h\boldsymbol{u}$ 时, 向量 $\boldsymbol{v}$ 的增量可以对小量 h 展成 Taylor 级数:

$$\boldsymbol{v}\left(\boldsymbol{x}+h\boldsymbol{u}\right)-\boldsymbol{v}\left(\boldsymbol{x}\right)=\left(\frac{\mathrm{d}\boldsymbol{v}}{\mathrm{d}h}\right)_{h=0}h+\mathrm{O}\left(h^2\right)$$

式中, $\mathrm{O}\left(h^2\right)$ 是 h 的高阶小量。与函数的微分定义类似, 当位置向量 $\boldsymbol{x}$ 改变 $h\boldsymbol{u}$ 时, 向量 $\boldsymbol{v}$ 变化的主部称为 $\boldsymbol{v}$ 在 $\boldsymbol{x}$ 点对应增量 $\boldsymbol{u}$ 的微分, 微分与 $\boldsymbol{u}$ 成线性关系, 可以记作:

$$\boldsymbol{v}'\left(\boldsymbol{x}\right)\cdot\boldsymbol{u}=\lim_{h\to0}\frac{1}{h}\left[\boldsymbol{v}\left(\boldsymbol{x}+h\boldsymbol{u}\right)-\boldsymbol{v}\left(\boldsymbol{x}\right)\right]=\left[\frac{\mathrm{d}\boldsymbol{v}\left(\boldsymbol{x}+h\boldsymbol{u}\right)}{\mathrm{d}h}\right]_{h=0} \tag{1.114}$$

式中, $\boldsymbol{v}'\left(\boldsymbol{x}\right)$ 称为 $\boldsymbol{v}$ 对 $\boldsymbol{x}$ 的导数, 也可以表示为 $\dfrac{\mathrm{d}\boldsymbol{v}}{\mathrm{d}\boldsymbol{x}}$; 应该指出, 上面的定义中不能直接借助 $\Delta\boldsymbol{x}$ 表示 $\boldsymbol{x}$ 的变化和求极限, 因为向量没有除法运算。根据商法则, 可知 $\boldsymbol{v}'\left(\boldsymbol{x}\right)$ 是二阶张量。

若取 $h\boldsymbol{u}=\Delta x^i\boldsymbol{g}_i$(不对 i 求和), 即 $\boldsymbol{x}$ 在 $\boldsymbol{g}_i$ 方向有一个增量 $h\boldsymbol{g}_i$, 因为 $\boldsymbol{g}_i$ 沿坐标线 x^i, 所以 h 是坐标 x^i 的增量 Δx^i。这样, 式 (1.114) 右端的导数变为向量 $\boldsymbol{v}$ 对坐标 x^i 的偏导数:

$$\frac{\partial\boldsymbol{v}}{\partial x^i}=\lim_{\Delta x^i\to0}\frac{1}{\Delta x^i}\left[\boldsymbol{v}\left(\boldsymbol{x}+\Delta x^i\boldsymbol{g}_i\right)-\boldsymbol{v}\left(\boldsymbol{x}\right)\right]\quad(\text{不对 } i \text{ 求和}) \tag{1.115}$$

例如:
$$\frac{\partial\boldsymbol{v}}{\partial x^1}=\lim_{\Delta x^1\to0}\frac{1}{\Delta x^1}\left[\boldsymbol{v}\left(x^1+\Delta x^1,x^2,x^3\right)-\boldsymbol{v}\left(x^1,x^2,x^3\right)\right]$$

可见向量沿坐标线的变化率需要 9 个分量表示。

如上所述, 当 $\boldsymbol{u}=\boldsymbol{g}_i$、$h=\Delta x^i$ 时 $\dfrac{\mathrm{d}\boldsymbol{v}}{\mathrm{d}h}=\dfrac{\partial\boldsymbol{v}}{\partial x^i}$, 式 (1.114) 变为 $\boldsymbol{v}'\left(\boldsymbol{x}\right)\cdot\boldsymbol{g}_i=\dfrac{\partial\boldsymbol{v}}{\partial x^i}$。由此可知, $\boldsymbol{v}$ 的导数应为

$$\boldsymbol{v}'=\frac{\mathrm{d}\boldsymbol{v}}{\mathrm{d}\boldsymbol{x}}=\frac{\partial\boldsymbol{v}}{\partial x^i}\boldsymbol{g}^i\quad(\text{对 } i \text{ 求和}) \tag{1.116}$$

上式称为 $\boldsymbol{v}$ 的右梯度。

为了方便, 下面将对坐标的导数 $\dfrac{\partial}{\partial x^i}(\ )$ 简记为 $\partial_i(\ )$ 或 $(\ )_{,i}$。

现在讨论向量偏导数的分量形式。若 $\boldsymbol{v}$ 用逆变分量表示 $\boldsymbol{v}=v^i\boldsymbol{g}_i$, 则

$$\frac{\partial\boldsymbol{v}}{\partial x^j}=\frac{\partial}{\partial x^j}\left(v^i\boldsymbol{g}_i\right)=\frac{\partial v^i}{\partial x^j}\boldsymbol{g}_i+v^i\frac{\partial\boldsymbol{g}_i}{\partial x^j}$$

利用 Christoffel 符号定义式 (1.106), 适当更换哑指标, 由上式得到

$$\frac{\partial\boldsymbol{v}}{\partial x^j}=\frac{\partial v^i}{\partial x^j}\boldsymbol{g}_i+v^i\varGamma_{ij}^k\boldsymbol{g}_k=\left(v_{,j}^i+v^m\varGamma_{mj}^i\right)\boldsymbol{g}_i=\nabla_jv^i\boldsymbol{g}_i \tag{1.117}$$

式中
$$\nabla_j v^i = v^i_{,j} + v^m \Gamma^i_{mj} \tag{1.117a}$$

称为 v 的逆变分量的协变导数，$\nabla_j v^i$ 也可以记作 $v^i_{;j}$(或 $v^i|_j$、$v^i_{|j}$)。由式 (1.116)，v

的右梯度为 $\dfrac{\partial v}{\partial x^j} g^j = \nabla_j v^i g_i g^j$。应该注意的是，这两种记法的指标顺序是相反

的，$\nabla_j v^i$ 的指标顺序与左梯度并矢记法顺序一致，见式 (1.117b) 或式 (1.123a)，而

$v^i_{;j}$ 的指标顺序与右梯度并矢记法一致，见式 (1.123b)。

　　上式中右端第一项为分量 v^i 的普通偏导数，表示分量自身随坐标 x^j 的变化；

右端第二项反映由于标架随坐标的变化引起的分量改变，因此分量的变化由两部

分组成。在斜角直线坐标系中，由于标架不变，全部 $\Gamma^k_{ij} = 0$，所以协变导数与普通

偏导数相同。

　　类似地，用协变分量表示 $v = v_i g^i$，则

$$\frac{\partial v}{\partial x^j} = \frac{\partial}{\partial x^j} \left(v_i g^i \right) = \left(v_{i,j} - v_m \Gamma^m_{ij} \right) g^i = \nabla_j v_i g^i \tag{1.118}$$

式中
$$\nabla_j v_i = v_{i,j} - v_m \Gamma^m_{ij} \tag{1.118a}$$

称为协变分量的协变导数，也记作 $v_{i;j}$(或 $v_i|_j$、$v_{i|j}$)。式中负号来自逆变基向量的

导数 (见式 (1.108))。

　　可以证明 $\nabla_j v_i$ 和 $\nabla_j v^i$ 均满足张量转换关系。现以 $\nabla_j v_i$ 为例，若 $x^{i'}$ 为另一

曲线坐标系，在 $x^{i'}$ 中 $v = v_{i'} g^{i'}$，对 $x^{j'}$ 求导 $v_{,j'} = \nabla_{j'} v_{i'} g^{i'}$。另一方面，利用复合

函数的微分法，注意到 $\dfrac{\partial x^j}{\partial x^{j'}} = A^j_{j'}$(坐标变换系数)，有 $v_{,j'} = v_{,j} \dfrac{\partial x^j}{\partial x^{j'}} = \nabla_j v_i g^i A^j_{j'}$。

所以，$\nabla_{j'} v_{i'} g^{i'} = \nabla_j v_i g^i A^j_{j'}$，两端用关系式 $g_{k'} = A^k_{k'} g_k$ 的两端分别点乘，得到

$$\nabla_{j'} v_{k'} = \nabla_j v_k A^j_{j'} A^k_{k'}$$

可见，$\nabla_j v_i$ 满足张量转换关系，为二阶张量。同样可以证明，$\nabla_j v^i$ 满足张量转换

关系。值得注意的是，式 (1.117a) 和式 (1.118a) 中左端是张量，而右端第二项不满

足张量转换关系，因而不是张量，所以右端第一项，即向量的普通导数不是张量。

　　由式 (1.117) 和式 (1.118)，求并矢和 $g^j \dfrac{\partial v}{\partial x^j}$，得到的二阶张量称为 v 的左梯

度：

$$g^j \frac{\partial v}{\partial x^j} = \nabla_j v^i g^j g_i \tag{1.117b}$$

$$g^j \frac{\partial v}{\partial x^j} = \nabla_j v_i g^j g^i \tag{1.118b}$$

可见，$\nabla_j v^i$ 和 $\nabla_j v_i$ 是同一个二阶张量的不同分量。因而，$\nabla_j v_i$ 和 $\nabla_j v^i$ 可以通过

度量张量升降指标，例如可升高指标 j，引入记号：

$$\nabla^j v^i = \nabla_k v^i g^{kj}; \ \nabla^j v_i = \nabla_k v_i g^{jk} \tag{1.119}$$

分别是协变导数的逆变分量和混合分量，与 ∇_i 表示协变导数类似，符号 ∇^j 也可以称为 "逆变导数"，其定义是

$$\nabla^j(\ ) = g^{jk}\nabla_k(\ ) \tag{1.120}$$

为了便于表示导数运算，引入一个算子 $\boldsymbol{\nabla}$：

$$\boldsymbol{\nabla}(\ ) = \boldsymbol{g}^i\frac{\partial(\ )}{\partial x^i}; \quad (\ )\boldsymbol{\nabla} = \frac{\partial(\ )}{\partial x^i}\boldsymbol{g}^i \tag{1.121}$$

称为 Hamilton 微分算子 (有时称为 nabla)，作为一个不依赖坐标系的符号，$\boldsymbol{\nabla}$ 也称为不变性微分算子。上式表明 $\boldsymbol{\nabla}$ 相当于一个向量，使括号内的张量提高一阶，所以用黑体表示；在形式上 ∇_i 和 ∇^j 相当于 $\boldsymbol{\nabla}$ 的分量，不用黑体表示。

如果算子 $\boldsymbol{\nabla}$ 作用于标量场 φ，即 φ 的微分，则得到一向量场，即

$$\boldsymbol{\nabla}\varphi = \mathrm{grad}\varphi = \boldsymbol{g}^i\frac{\partial\varphi}{\partial x^i} = \boldsymbol{g}^i\varphi_{,i} \tag{1.122}$$

称为标量场 φ 的梯度。显然 $\boldsymbol{\nabla}\varphi = \varphi\boldsymbol{\nabla}$。

由式 (1.117b)、式 (1.118b) 和式 (1.116) 可见，如果算子 $\boldsymbol{\nabla}$ 从左侧或从右侧并积于向量 $\boldsymbol{v}$，则得到二阶张量：

$$\boldsymbol{\nabla}\boldsymbol{v} = \mathrm{grad}\boldsymbol{v} = \boldsymbol{g}^i\frac{\partial\boldsymbol{v}}{\partial x^i} = \nabla_i v_j\boldsymbol{g}^i\boldsymbol{g}^j \tag{1.123a}$$

$$\boldsymbol{v}\boldsymbol{\nabla} = \frac{\partial\boldsymbol{v}}{\partial x^i}\boldsymbol{g}^i = \nabla_i v_j\boldsymbol{g}^j\boldsymbol{g}^i = \nabla_j v_i\boldsymbol{g}^i\boldsymbol{g}^j \tag{1.123b}$$

式中，$\boldsymbol{\nabla}\boldsymbol{v}$，$\boldsymbol{v}\boldsymbol{\nabla}$ 称为 $\boldsymbol{v}$ 的左梯度和右梯度。一般说来 $\boldsymbol{\nabla}\boldsymbol{v} \neq \boldsymbol{v}\boldsymbol{\nabla}$。左梯度 $\boldsymbol{\nabla}(\ )$ 也用 $\mathrm{grad}(\ )$ 表示。

利用 $\boldsymbol{\nabla}$ 还可以定义另外两种运算：

$$\boldsymbol{\nabla}\cdot(\ ) = \boldsymbol{g}^i\cdot\frac{\partial(\ )}{\partial x^i} \quad \text{或} \quad (\ )\cdot\boldsymbol{\nabla} = \frac{\partial(\ )}{\partial x^i}\cdot\boldsymbol{g}^i \tag{1.124}$$

称为量 ( ) 的左散度和右散度，显然括号所代表的量不能是标量；

$$\boldsymbol{\nabla}\times(\ ) = \boldsymbol{g}^i\times\frac{\partial(\ )}{\partial x^i} \quad \text{或} \quad (\ )\times\boldsymbol{\nabla} = \frac{\partial(\ )}{\partial x^i}\times\boldsymbol{g}^i \tag{1.125}$$

称为量 ( ) 的左旋度和右旋度，括号所代表的量同样不能是标量。

将定义式 (1.124) 和式 (1.125) 用于向量场 $\boldsymbol{v}$，有

$$\left.\begin{array}{l}\boldsymbol{\nabla}\cdot\boldsymbol{v} = \mathrm{div}\boldsymbol{v} = \boldsymbol{g}^i\cdot\dfrac{\partial\boldsymbol{v}}{\partial x^i} = \boldsymbol{g}^i\cdot\left(\nabla_i v^j\boldsymbol{g}_j\right) = \nabla_i v^i \\[3mm] \boldsymbol{v}\cdot\boldsymbol{\nabla} = \dfrac{\partial\boldsymbol{v}}{\partial x^i}\cdot\boldsymbol{g}^i = \boldsymbol{\nabla}\cdot\boldsymbol{v}\end{array}\right\} \tag{1.124a}$$

称为向量场 $\boldsymbol{v}$ 的散度，为标量场。左散度 $\boldsymbol{\nabla}\cdot(\ )$ 也用 div$(\ )$ 表示。

$$
\left.
\begin{aligned}
\boldsymbol{\nabla}\times\boldsymbol{v} &= \mathrm{rot}\,\boldsymbol{v} = \boldsymbol{g}^i\times\frac{\partial\boldsymbol{v}}{\partial x^i} = \boldsymbol{g}^i\times(\nabla_i v_j\boldsymbol{g}^j) = \nabla_i v_j\boldsymbol{g}^i\times\boldsymbol{g}^j \\
&= \varepsilon^{ijk}\nabla_i v_j\boldsymbol{g}_k = \varepsilon^{ijk}v_{j;i}\boldsymbol{g}_k \\
\boldsymbol{v}\times\boldsymbol{\nabla} &= \frac{\partial\boldsymbol{v}}{\partial x^i}\times\boldsymbol{g}^i = -\boldsymbol{\nabla}\times\boldsymbol{v}
\end{aligned}
\right\}
\tag{1.125a}
$$

式中，$\boldsymbol{\nabla}\times\boldsymbol{v}$，$\boldsymbol{v}\times\boldsymbol{\nabla}$ 称为向量场 $\boldsymbol{v}$ 的左旋度和右旋度。左旋度 $\boldsymbol{\nabla}\times(\ )$ 也用 rot$(\ )$ 表示。

若 φ 为标量，先求梯度再求散度，则有

$$
\begin{aligned}
\boldsymbol{\nabla}\cdot\boldsymbol{\nabla}\varphi &= \boldsymbol{\nabla}^2\varphi = \mathrm{div}\,\mathrm{grad}\,\varphi \\
&= \boldsymbol{g}^i\cdot\frac{\partial}{\partial x^i}\left(\varphi_{,k}\boldsymbol{g}^k\right) = g^{ik}\nabla_i\left(\varphi_{,k}\right) = \nabla^k\left(\varphi_{,k}\right)
\end{aligned}
$$

令 $\varphi_{,k} = \dfrac{\partial\varphi}{\partial x^k} \equiv \nabla_k\varphi$，则

$$
\boldsymbol{\nabla}\cdot\boldsymbol{\nabla}\varphi = \boldsymbol{\nabla}^2\varphi = \mathrm{div}\left(\mathrm{grad}\,\varphi\right) = g^{ik}\nabla_i\left(\varphi_{,k}\right) = \nabla^k\nabla_k\varphi
\tag{1.126}
$$

式中，$\boldsymbol{\nabla}^2(\ ) = \boldsymbol{\nabla}\cdot\boldsymbol{\nabla}(\ )$ 亦称为 Laplace 算子，或记作 $\Delta(\ )$。若 $\boldsymbol{\nabla}^2\varphi = 0$，称 φ 为调和函数。

利用梯度、散度和旋度的定义式 (1.121)、式 (1.124) 和式 (1.125)，以及基向量的代数运算，可以借助微分算子，进行各种微分运算，例如：

$$
\left.
\begin{aligned}
\boldsymbol{\nabla}\times\boldsymbol{\nabla}\varphi &= \mathrm{rot}\left(\mathrm{grad}\,\varphi\right) = \boldsymbol{g}^i\times\frac{\partial}{\partial x^i}\left(\varphi_j\boldsymbol{g}^j\right) = \varepsilon^{ijk}\nabla_i\left(\nabla_j\varphi\right)\boldsymbol{g}_k = 0 \\
\boldsymbol{\nabla}\cdot(\boldsymbol{\nabla}\times\boldsymbol{v}) &= \mathrm{div}\left(\mathrm{rot}\,\boldsymbol{v}\right) = \boldsymbol{g}^l\cdot\boldsymbol{g}_k\nabla_l\left(\varepsilon^{ijk}\nabla_i v_j\right) = \varepsilon^{ijk}\nabla_k\left(\nabla_i v_j\right) = 0
\end{aligned}
\right\}
\tag{1.126a}
$$

上面两式等于 0，利用了 ε^{ijk} 对任何两个指标的反对称性和两个微分的对称性：

$$
\varepsilon^{ijk}\nabla_i\nabla_j(\ ) = -\varepsilon^{jik}\nabla_i\nabla_j(\ ) = -\varepsilon^{jik}\nabla_j\nabla_i(\ ) = -\varepsilon^{ijk}\nabla_i\nabla_j(\ )
$$

上式第一个等号是根据 ε^{ijk} 关于 i、j 的反对称性，第二个等号是因为在三维欧几里得空间中协变导数可以交换次序 (见 1.18 节)，第三个等号是改变哑指标 (i、j 互换)，一个量的正值等于它的负值，该量必为零。可见，反对称指标与对称指标组成的和式等于零，上述证明方法也适用于其他类似情况，具有普遍性。

与代数运算类似，微分运算也有许多恒等式，例如：

$$
\begin{aligned}
\boldsymbol{\nabla}\cdot(\varphi\boldsymbol{u}) &= \boldsymbol{u}\cdot(\boldsymbol{\nabla}\varphi) + \varphi(\boldsymbol{\nabla}\cdot\boldsymbol{u}) \\
\boldsymbol{\nabla}\cdot(\boldsymbol{u}\times\boldsymbol{v}) &= \boldsymbol{v}\cdot(\boldsymbol{\nabla}\times\boldsymbol{u}) - \boldsymbol{u}\times(\boldsymbol{\nabla}\varphi)\cdot(\boldsymbol{\nabla}\times\boldsymbol{v}) \\
\boldsymbol{\nabla}\times(\boldsymbol{u}\times\boldsymbol{v}) &= \boldsymbol{u}(\boldsymbol{\nabla}\cdot\boldsymbol{v}) + \boldsymbol{v}(\boldsymbol{\nabla}\boldsymbol{u}) - \boldsymbol{v}(\boldsymbol{\nabla}\cdot\boldsymbol{u}) - \boldsymbol{u}(\boldsymbol{\nabla}\boldsymbol{v})
\end{aligned}
$$

$$\nabla(\boldsymbol{u} \times \boldsymbol{v}) = \boldsymbol{u} \times (\nabla \times \boldsymbol{v}) + \boldsymbol{u} \cdot (\nabla \boldsymbol{v}) + \boldsymbol{v} \times (\nabla \times \boldsymbol{u}) + \boldsymbol{v} \cdot (\nabla \boldsymbol{u})$$

$$\nabla \times (\nabla \varphi) = 0$$

$$\nabla \cdot (\nabla \times \boldsymbol{u}) = 0$$

$$\nabla \times \nabla \times \boldsymbol{u} = \nabla(\nabla \cdot \boldsymbol{u}) - \nabla \cdot (\nabla \boldsymbol{u})$$

式中，φ 为标量；$\boldsymbol{u}$、$\boldsymbol{v}$ 为向量。读者可以利用微分算子的定义，像证明代数恒等式那样证明上述关系。

[例 1.9]　证明等式 $\nabla \times \nabla \times \boldsymbol{u} = \nabla(\nabla \cdot \boldsymbol{u}) - \nabla \cdot (\nabla \boldsymbol{u})$。

$$左端 = \boldsymbol{g}^i \times \partial_i \left(\boldsymbol{g}^j \times \partial_j \left(u_k \boldsymbol{g}^k \right) \right) \quad (左旋度的定义)$$

$$= \boldsymbol{g}^i \times \partial_i \left(\varepsilon^{jkm} \nabla_j u_k \boldsymbol{g}_m \right) \quad (用协变导数 \nabla_j 表示 \partial_j，进行基向量叉积)$$

$$= \boldsymbol{g}^i \times \nabla_i \left(\varepsilon^{jkm} \nabla_j u_k \right) g_{mn} \boldsymbol{g}^n \quad (用协变导数 \nabla_i 表示 \partial_i，\boldsymbol{g}_m 升高指标)$$

$$= \nabla_i \left(\varepsilon^{jkm} \nabla_j u_k \right) g_{mn} \varepsilon^{inl} \boldsymbol{g}_l = \nabla_i \left(\nabla_j u_k \right) \varepsilon^{jkm} g_{mn} \varepsilon^{inl} \boldsymbol{g}_l$$

$$(基向量叉积，\varepsilon^{jkm} 移出导数)$$

$$= \nabla_i \left(\nabla^j u^k \right) \varepsilon_{jkn} \varepsilon^{inl} \boldsymbol{g}_l = \nabla_i \left(\nabla^j u^k \right) \left(\delta_j^l \delta_k^i - \delta_k^l \delta_j^i \right) \boldsymbol{g}_l$$

$$(指标升降，应用式 (1.22))$$

$$= \nabla_k \left(\nabla^l u^k \right) \boldsymbol{g}_l - \nabla_j \nabla^j u^l \boldsymbol{g}_l = \nabla^l \left(\nabla_k u^k \right) \boldsymbol{g}_l - \nabla_j \nabla^j u^l \boldsymbol{g}_l$$

$$(导数交换次序，见 1.18 节)$$

$$= \nabla \nabla \cdot \boldsymbol{u} - \nabla \cdot \nabla \boldsymbol{u} \quad (证毕)$$

上述证明和式 $(1.126a)_2$ 推导中已经应用置换张量对于协变导数而言可以作为常数，详见下节。

1.16　张量的协变导数和微分

向量场的微分和协变导数可以推广到任意阶张量。若 φ 为任意阶张量，类似式 (1.114)，张量 φ 在 $\boldsymbol{x}$ 点对应位置向量 $\boldsymbol{x}$ 增量 $\boldsymbol{u}$ 的微分是 φ 变化的主部，与 $\boldsymbol{u}$ 成线性关系，记作：

$$\varphi'(\boldsymbol{x}) \cdot \boldsymbol{u} = \lim_{h \to 0} \frac{1}{h} \left(\varphi(\boldsymbol{x} + h\boldsymbol{u}) - \varphi(\boldsymbol{x}) \right) \tag{1.127}$$

式中，φ' 称为 φ 对位置向量 $\boldsymbol{x}$ 的导数 (也记作 $\dfrac{\mathrm{d}\varphi}{\mathrm{d}\boldsymbol{x}}$)，若 φ 为 n 阶张量，由商法则可知 φ' 是 $(n+1)$ 张量。

在式 (1.127) 中取 $\boldsymbol{u} = \boldsymbol{g}_i$，张量 φ 对坐标 x^i 的偏导数定义为

$$\frac{\partial \varphi}{\partial x^i} = \lim_{\Delta x^i \to 0} \frac{1}{\Delta x^i} \left(\varphi(\boldsymbol{x} + \Delta x^i \boldsymbol{g}_i) - \varphi(\boldsymbol{x}) \right) \quad (不对 i 求和) \tag{1.128}$$

与式 (1.116) 和式 (1.117b) 类似, 取 $\dfrac{\partial \varphi}{\partial x^i}$ 与基向量的并矢和, 称为 φ 的右梯度和左梯度, 利用 Hamilton 算子表示, 分别为

$$\varphi \nabla = \frac{\partial \varphi}{\partial x^i} \boldsymbol{g}^i = \frac{\mathrm{d}\varphi}{\mathrm{d}\boldsymbol{x}}, \quad \nabla \varphi = \boldsymbol{g}^i \frac{\partial \varphi}{\partial x^i} \tag{1.129}$$

利用乘积的求导法则可以得到 $\dfrac{\partial \varphi}{\partial x^i}$ 的分量形式. 以三阶张量 φ 为例, 考虑分量及每个基向量的导数, 适当改变哑指标, 有

$$\begin{aligned}
\frac{\partial \varphi}{\partial x^t} &= \varphi_{,t} = \partial_t \left(\varphi^{ij}{}_k \boldsymbol{g}_i \boldsymbol{g}_j \boldsymbol{g}^k \right) \\
&= \varphi^{ij}{}_{k,t} \boldsymbol{g}_i \boldsymbol{g}_j \boldsymbol{g}^k + \varphi^{rj}{}_k \Gamma^l_{tr} \boldsymbol{g}_l \boldsymbol{g}_j \boldsymbol{g}^k + \varphi^{ir}{}_k \Gamma^l_{tr} \boldsymbol{g}_i \boldsymbol{g}_l \boldsymbol{g}^k - \varphi^{ij}{}_k \Gamma^k_{tr} \boldsymbol{g}_i \boldsymbol{g}_j \boldsymbol{g}^r \\
&= \left(\varphi^{ij}{}_{k,t} + \Gamma^i_{tr} \varphi^{rj}{}_k + \Gamma^j_{tr} \varphi^{ir}{}_k - \Gamma^r_{tk} \varphi^{ij}{}_r \right) \boldsymbol{g}_i \boldsymbol{g}_j \boldsymbol{g}^k \\
&= \nabla_t \varphi^{ij}{}_k \boldsymbol{g}_i \boldsymbol{g}_j \boldsymbol{g}^k
\end{aligned} \tag{1.130}$$

$$\nabla_t \varphi^{ij}{}_k = \varphi^{ij}{}_{k,t} + \Gamma^i_{tr} \varphi^{rj}{}_k + \Gamma^j_{tr} \varphi^{ir}{}_k - \Gamma^r_{tk} \varphi^{ij}{}_r \tag{1.130a}$$

式中, $\nabla_t \varphi^{ij}{}_k$ 称为张量 φ 的混合分量的协变导数, 也记做 $\varphi^{ij}{}_{k;t}$ 或 $\varphi^{ij}{}_k|_t$, 利用式 (1.130) 可以证明 $\nabla_t \varphi^{ij}{}_k$ 满足张量转换关系. 当三个基向量指标上下位置为各种组合时, 用类似方法推导可得到协变导数的其他分量形式.

将 φ 的协变导数代入式 (1.129), φ 的左梯度和右梯度为

$$\begin{aligned}
\nabla \varphi &= \nabla_t \varphi^{ij}{}_k \boldsymbol{g}^t \boldsymbol{g}_i \boldsymbol{g}_j \boldsymbol{g}^k = \nabla_t \varphi^{ijk} \boldsymbol{g}^t \boldsymbol{g}_i \boldsymbol{g}_j \boldsymbol{g}_k = \nabla_t \varphi_{ijk} \boldsymbol{g}^t \boldsymbol{g}^i \boldsymbol{g}^j \boldsymbol{g}^k = \cdots \\
&= \nabla^t \varphi^{ij}{}_k \boldsymbol{g}_t \boldsymbol{g}_i \boldsymbol{g}_j \boldsymbol{g}^k = \nabla^t \varphi^{ijk} \boldsymbol{g}_t \boldsymbol{g}_i \boldsymbol{g}_j \boldsymbol{g}_k = \nabla^t \varphi_{ijk} \boldsymbol{g}_t \boldsymbol{g}^i \boldsymbol{g}^j \boldsymbol{g}^k = \cdots \\
\varphi \nabla &= \nabla_t \varphi^{ij}{}_k \boldsymbol{g}_i \boldsymbol{g}_j \boldsymbol{g}^k \boldsymbol{g}^t = \nabla_t \varphi^{ijk} \boldsymbol{g}_i \boldsymbol{g}_j \boldsymbol{g}_k \boldsymbol{g}^t = \nabla_t \varphi_{ijk} \boldsymbol{g}^i \boldsymbol{g}^j \boldsymbol{g}^k \boldsymbol{g}^t = \cdots \\
&= \nabla^t \varphi^{ij}{}_k \boldsymbol{g}_i \boldsymbol{g}_j \boldsymbol{g}^k \boldsymbol{g}_t = \nabla^t \varphi^{ijk} \boldsymbol{g}_i \boldsymbol{g}_j \boldsymbol{g}_k \boldsymbol{g}_t = \nabla^t \varphi_{ijk} \boldsymbol{g}^i \boldsymbol{g}^j \boldsymbol{g}^k \boldsymbol{g}_t = \cdots
\end{aligned}$$

式中, $\nabla \varphi$ 和 $\varphi \nabla$ 是两个不同的四阶张量.

对于二阶张量 $\boldsymbol{A}$, 各种协变导数分量为

$$\left. \begin{aligned}
\nabla_k a_{ij} &= a_{ij;k} = a_{ij,k} - a_{rj} \Gamma^r_{ki} - a_{ir} \Gamma^r_{kj} \\
\nabla_k a^i{}_j &= a^i{}_{j;k} = a^i{}_{j,k} + a^r{}_j \Gamma^i_{kr} - a^i{}_r \Gamma^r_{kj} \\
\nabla_k a_i{}^j &= a_i{}^j{}_{;k} = a_i{}^j{}_{,k} - a_r{}^j \Gamma^r_{ki} + a_i{}^r \Gamma^j_{kr} \\
\nabla_k a^{ij} &= a^{ij}{}_{;k} = a^{ij}{}_{,k} + a^{rj} \Gamma^i_{kr} + a^{ir} \Gamma^j_{kr}
\end{aligned} \right\} \tag{1.131}$$

式 (1.130a) 和式 (1.131) 表明, n 阶张量协变导数的每种分量形式包含 $n+1$ 项, 第一项是该分量的普通导数, 以后 n 项由 n 个基向量的导数产生, 为张量分量与 Christoffel 符号之积, 与该基向量相应的分量指标改为哑指标 (例如 r), 分量的其余指标保持不变, Christoffel 符号的指标符合指标约定即可, 如果分量中的哑指标是上标, 该项符号为正, 否则为负.

对于度量张量应用上式，注意到式 (1.110)、式 (1.109) 和式 (1.107)，可以证明度量张量的协变导数等于零：

$$\nabla_k g_{ij} = g_{ij,k} - g_{rj}\Gamma_{ik}^r - g_{ir}\Gamma_{kj}^r = \Gamma_{kij} + \Gamma_{kji} - \Gamma_{ikj} - \Gamma_{kji} = 0$$

$$\nabla_k g^{ij} = \left(\boldsymbol{g}^i \cdot \boldsymbol{g}^j\right)_{,k} + g^{rj}\Gamma_{kr}^i + g^{ir}\Gamma_{rk}^j = \boldsymbol{g}^i_{,k} \cdot \boldsymbol{g}^j + \boldsymbol{g}^i \cdot \boldsymbol{g}^j_{,k} + g^{rj}\Gamma_{kr}^i + g^{ir}\Gamma_{rk}^j = 0$$

$$(1.132)$$

或 $\nabla \boldsymbol{I} = 0$，上式称为 Ricci 定理。

下面证明置换张量的协变导数等于零。根据乘积求导规则

$$\begin{aligned}
\frac{\partial \boldsymbol{E}}{\partial x^t} &= \nabla_t \varepsilon^{ijk} \boldsymbol{g}_i \boldsymbol{g}_j \boldsymbol{g}_k = \partial_t \left(\varepsilon^{ijk} \boldsymbol{g}_i \boldsymbol{g}_j \boldsymbol{g}_k\right) = \partial_t \left(\left[\boldsymbol{g}^i \boldsymbol{g}^j \boldsymbol{g}^k\right] \boldsymbol{g}_i \boldsymbol{g}_j \boldsymbol{g}_k\right) \\
&= \left(\left[\partial_t \boldsymbol{g}^i \boldsymbol{g}^j \boldsymbol{g}^k\right] + \left[\boldsymbol{g}^i \partial_t \boldsymbol{g}^j \boldsymbol{g}^k\right] + \left[\boldsymbol{g}^i \boldsymbol{g}^j \partial_t \boldsymbol{g}^k\right]\right) \boldsymbol{g}_i \boldsymbol{g}_j \boldsymbol{g}_k + \\
&\quad \left[\boldsymbol{g}^i \boldsymbol{g}^j \boldsymbol{g}^k\right] \left(\partial_t \boldsymbol{g}_i \boldsymbol{g}_j \boldsymbol{g}_k + \boldsymbol{g}_i \partial_t \boldsymbol{g}_j \boldsymbol{g}_k + \boldsymbol{g}_i \boldsymbol{g}_j \partial_t \boldsymbol{g}_k\right) \\
&= \left(-\Gamma_{ts}^i \left[\boldsymbol{g}^s \boldsymbol{g}^j \boldsymbol{g}^k\right] - \Gamma_{ts}^j \left[\boldsymbol{g}^i \boldsymbol{g}^s \boldsymbol{g}^k\right] - \Gamma_{ts}^k \left[\boldsymbol{g}^i \boldsymbol{g}^j \boldsymbol{g}^s\right]\right) \boldsymbol{g}_i \boldsymbol{g}_j \boldsymbol{g}_k + \\
&\quad \left[\boldsymbol{g}^i \boldsymbol{g}^j \boldsymbol{g}^k\right] \left(\Gamma_{ti}^s \boldsymbol{g}_s \boldsymbol{g}_j \boldsymbol{g}_k + \Gamma_{tj}^s \boldsymbol{g}_i \boldsymbol{g}_s \boldsymbol{g}_k + \Gamma_{tk}^s \boldsymbol{g}_i \boldsymbol{g}_j \boldsymbol{g}_s\right) = \boldsymbol{0}
\end{aligned}$$

所以

$$\nabla_t \varepsilon^{ijk} = \nabla_t \varepsilon_{ijk} = 0 \qquad (1.133)$$

由于度量张量和置换张量的协变导数等于零，所以它们可以像常数一样移到协变导数符号之外或之内。

利用协变导数的定义式 (1.130)，还可以证明协变导数的一些运算法则，例如：

(1) 由 $\partial_m (\boldsymbol{A}\boldsymbol{B}) = (\partial_m \boldsymbol{A}) \boldsymbol{B} + \boldsymbol{A} (\partial_m \boldsymbol{B})$，可以证明：

$$\nabla_m \left(A_{ij} B_{kl}\right) = \left(\nabla_m A_{ij}\right) B_{kl} + A_{ij} \nabla_m B_{kl}$$

(2) 由 $\partial_m (\boldsymbol{A} \cdot \boldsymbol{B}) = (\partial_m \boldsymbol{A}) \cdot \boldsymbol{B} + \boldsymbol{A} \cdot (\partial_m \boldsymbol{B})$，可以证明：

$$\nabla_m \left(A_{ij} B^{jl}\right) = \left(\nabla_m A_{ij}\right) B^{jl} + A_{ij} \nabla_m B^{jl}$$

一般地，有

$$\nabla_t \left(\alpha \varphi^{i\cdots j}{}_{k\cdots l} + \beta \psi^{i\cdots j}{}_{k\cdots l}\right) = \alpha \nabla_t \varphi^{i\cdots j}{}_{k\cdots l} + \beta \nabla_t \psi^{i\cdots j}{}_{k\cdots l}$$

$$\nabla_t \left(\varphi^{i\cdots j}{}_{k\cdots l} \psi^{r\cdots s}{}_{m\cdots n}\right) = \left(\nabla_t \varphi^{i\cdots j}{}_{k\cdots l}\right) \psi^{r\cdots s}{}_{m\cdots n} + \varphi^{i\cdots j}{}_{k\cdots l} \left(\nabla_t \psi^{r\cdots s}{}_{m\cdots n}\right)$$

但上面各式不能写成算子形式，例如：

$$\begin{aligned}
\nabla (\boldsymbol{A}\boldsymbol{B}) &= \boldsymbol{g}^m \partial_m (\boldsymbol{A}\boldsymbol{B}) = \boldsymbol{g}^m \left((\partial_m \boldsymbol{A}) \boldsymbol{B} + \boldsymbol{A} (\partial_m \boldsymbol{B})\right) \\
&\neq \left(\boldsymbol{g}^m \partial_m \boldsymbol{A}\right) \boldsymbol{B} + \boldsymbol{A} \left(\boldsymbol{g}^m \partial_m \boldsymbol{B}\right) = (\nabla \boldsymbol{A}) \boldsymbol{B} + \boldsymbol{A} (\nabla \boldsymbol{B})
\end{aligned}$$

同样地，$\nabla (\boldsymbol{A} \cdot \boldsymbol{B}) \neq (\nabla \boldsymbol{A}) \cdot \boldsymbol{B} + \boldsymbol{A} \cdot (\nabla \boldsymbol{B})$，这是因为算子 ∇ 具有向量性，不能与向量或张量交换位置。

将上节中引入的微分算子应用于任意阶张量，则得到张量场的梯度、散度、旋度等。

如果以三阶张量 $\boldsymbol{\varphi} = \varphi^{ij}{}_k \boldsymbol{g}_i \boldsymbol{g}_j \boldsymbol{g}^k$ 为例，有

$$\nabla \boldsymbol{\varphi} = \operatorname{grad} \boldsymbol{\varphi} = \boldsymbol{g}^t \partial_t \boldsymbol{\varphi} = \nabla_t \varphi^{ij}{}_k \boldsymbol{g}^t \boldsymbol{g}_i \boldsymbol{g}_j \boldsymbol{g}^k \quad \text{(左梯度)}$$

$$\boldsymbol{\varphi} \nabla = \partial_t \boldsymbol{\varphi} \boldsymbol{g}^t = \nabla_t \varphi^{ij}{}_k \boldsymbol{g}_i \boldsymbol{g}_j \boldsymbol{g}^k \boldsymbol{g}^t \quad \text{(右梯度)}$$

$$\nabla \cdot \boldsymbol{\varphi} = \operatorname{div} \boldsymbol{\varphi} = \boldsymbol{g}^t \cdot \partial_t \boldsymbol{\varphi} = \boldsymbol{g}^t \cdot \nabla_t \varphi^{ij}{}_k \boldsymbol{g}_i \boldsymbol{g}_j \boldsymbol{g}^k = \nabla_t \varphi^{tj}{}_k \boldsymbol{g}_j \boldsymbol{g}^k \quad \text{(左散度)}$$

$$\boldsymbol{\varphi} \cdot \nabla = \partial_t \boldsymbol{\varphi} \cdot \boldsymbol{g}^t = \nabla_t \varphi^{ij}{}_k \boldsymbol{g}_i \boldsymbol{g}_j \boldsymbol{g}^k \cdot \boldsymbol{g}^t = \nabla_t \varphi^{ijt} \boldsymbol{g}_i \boldsymbol{g}_j \quad \text{(右散度)}$$

$$\nabla \times \boldsymbol{\varphi} = \operatorname{rot} \boldsymbol{\varphi} = \boldsymbol{g}^t \times \partial_t \boldsymbol{\varphi} = \boldsymbol{g}^t \times \nabla_t \varphi_{ij}{}^k \boldsymbol{g}^i \boldsymbol{g}^j \boldsymbol{g}_k = \varepsilon^{sti} \nabla_t \varphi_{ij}{}^k \boldsymbol{g}_s \boldsymbol{g}^j \boldsymbol{g}_k \quad \text{(左旋度)}$$

$$\boldsymbol{\varphi} \times \nabla = \partial_t \boldsymbol{\varphi} \times \boldsymbol{g}^t = \nabla_t \varphi_{ijk} \boldsymbol{g}^i \boldsymbol{g}^j \boldsymbol{g}^k \times \boldsymbol{g}^t = \varepsilon^{kts} \nabla_t \varphi_{ijk} \boldsymbol{g}^i \boldsymbol{g}^j \boldsymbol{g}_s \quad \text{(右旋度)}$$

$$\nabla \cdot \nabla \boldsymbol{\varphi} = \nabla^2 \boldsymbol{\varphi} = \operatorname{div}(\operatorname{grad} \boldsymbol{\varphi}) = \boldsymbol{g}^s \cdot \partial_s \left(\nabla_t \varphi^{ij}{}_k \boldsymbol{g}^t \boldsymbol{g}_i \boldsymbol{g}_j \boldsymbol{g}^k \right) = \boldsymbol{g}^s \cdot \left(\nabla_s \nabla_t \varphi^{ij}{}_k \boldsymbol{g}^t \boldsymbol{g}_i \boldsymbol{g}_j \boldsymbol{g}^k \right)$$
$$= \nabla^t \nabla_t \varphi^{ij}{}_k \boldsymbol{g}_i \boldsymbol{g}_j \boldsymbol{g}^k$$

1.17　张量微分运算与代数运算的比较

张量的微分运算和代数运算是张量的两种主要运算，也是应用中最常见的。这两种运算在形式上有许多相同点，为了便于掌握张量微分运算规律和正确应用，下面举例说明。

二阶张量 $\boldsymbol{T}$ 对坐标取偏导数得到的分量是协变导数：

$$\frac{\partial \boldsymbol{T}}{\partial x^t} = \frac{\partial}{\partial x^t} \left(T_{ij} \boldsymbol{g}^i \boldsymbol{g}^j \right) = \nabla_t T_{ij} \boldsymbol{g}^i \boldsymbol{g}^j = \cdots \text{(不同分量)} \tag{a}$$

式中，导数既要考虑张量分量随坐标的变化也要考虑并矢随坐标的变化，在应用协变导数符号 ∇_t 表示后，从形式上看 ∇_t 只作用于分量 T_{ij}，其实两种变化已经隐含在 ∇_t 的定义之中。

二阶张量 $\boldsymbol{T}$ 对坐标的偏导数与逆变基向量的并积为左梯度和右梯度，左梯度的分量即是协变导数，右梯度的分量是协变导数的一种指标"轮换"，可用微分算子表示为

$$\left. \begin{array}{l} \nabla \boldsymbol{T} = \boldsymbol{g}^t \dfrac{\partial \boldsymbol{T}}{\partial x^t} = \nabla_t T_{ij} \boldsymbol{g}^t \boldsymbol{g}^i \boldsymbol{g}^j = \cdots \text{(不同分量)} \\[2mm] \boldsymbol{T} \nabla = \dfrac{\partial \boldsymbol{T}}{\partial x^t} \boldsymbol{g}^t = \nabla_t T_{ij} \boldsymbol{g}^i \boldsymbol{g}^j \boldsymbol{g}^t = \cdots \text{(不同分量)} \end{array} \right\} \tag{b}$$

式中，算子 ∇ 在形式上相当于一个向量，例如 $\boldsymbol{T}$ 的梯度形式与 $\boldsymbol{a}$，$\boldsymbol{T}$ 的并积形式相同：

$$\boldsymbol{a} \boldsymbol{T} = a_t T_{ij} \boldsymbol{g}^t \boldsymbol{g}^i \boldsymbol{g}^j = \cdots$$

$$\boldsymbol{Ta} = a_t T_{ij} \boldsymbol{g}^i \boldsymbol{g}^j \boldsymbol{g}^t = \cdots$$

类似地, 还可以进行下列比较:

$$\boldsymbol{\nabla} \cdot \boldsymbol{T} = \boldsymbol{g}^t \cdot \frac{\partial \boldsymbol{T}}{\partial x^t} = \boldsymbol{g}^t \cdot \left(\nabla_t T^{ij} \boldsymbol{g}_i \boldsymbol{g}_j \right) = \nabla_t T^{tj} \boldsymbol{g}_j = \cdots \qquad \text{和} \qquad \boldsymbol{a} \cdot \boldsymbol{T} = a_t T^{tj} \boldsymbol{g}_j = \cdots$$

$$\boldsymbol{T} \cdot \boldsymbol{\nabla} = \frac{\partial \boldsymbol{T}}{\partial x^t} \cdot \boldsymbol{g}^t = \left(\nabla_t T^{ij} \boldsymbol{g}_i \boldsymbol{g}_j \right) \cdot \boldsymbol{g}^t = \nabla_t T^{it} \boldsymbol{g}_i = \cdots \qquad \boldsymbol{T} \cdot \boldsymbol{a} = a_t T^{it} \boldsymbol{g}_i = \cdots$$

$$\boldsymbol{\nabla} \times \boldsymbol{T} = \boldsymbol{g}^t \times \frac{\partial \boldsymbol{T}}{\partial x^t} = \boldsymbol{g}^t \times \left(\nabla_t T_{ij} \boldsymbol{g}^i \boldsymbol{g}^j \right) = \varepsilon^{tim} \nabla_t T_{ij} \boldsymbol{g}_m \boldsymbol{g}^j = \cdots$$

$$\boldsymbol{T} \times \boldsymbol{\nabla} = \frac{\partial \boldsymbol{T}}{\partial x^t} \times \boldsymbol{g}^t = \left(\nabla_t T_{ij} \boldsymbol{g}^i \boldsymbol{g}^j \right) \times \boldsymbol{g}^t = \varepsilon^{jtm} \nabla_t T_{ij} \boldsymbol{g}^i \boldsymbol{g}_m = \cdots$$

和

$$\boldsymbol{a} \times \boldsymbol{T} = \varepsilon^{tim} a_t T_{ij} \boldsymbol{g}_m \boldsymbol{g}^j = \cdots$$

$$\boldsymbol{T} \times \boldsymbol{a} = \varepsilon^{jtm} a_t T_{ij} \boldsymbol{g}^i \boldsymbol{g}_m = \cdots$$

可见, 从 $\dfrac{\partial}{\partial x^t}$ 到 ∇_t 的 "转换" 是张量微分运算中最重要的一步, 接下来的便是基向量的代数运算了, 并且在形式上相当于 "向量" $\boldsymbol{\nabla}$ 与张量的代数运算. 因此微分运算与代数运算具有形式可比性. 若 $\boldsymbol{\varphi}$ 为任意阶张量, 上述转换过程可以表示为

$$\boldsymbol{\nabla} * \boldsymbol{\varphi} \equiv \boldsymbol{g}^t * \frac{\partial \boldsymbol{\varphi}}{\partial x^t} = \boldsymbol{g}^t * \left(\nabla_t \varphi^{i \cdots j}{}_{k \cdots l} \boldsymbol{g}_i \cdots \boldsymbol{g}_j \boldsymbol{g}^k \cdots \boldsymbol{g}^l \right)$$

$$= \nabla_t \varphi^{i \cdots j}{}_{k \cdots l} \boldsymbol{g}^t * \boldsymbol{g}_i \cdots \boldsymbol{g}_j \boldsymbol{g}^k \cdots \boldsymbol{g}^l \qquad (1.134)$$

$$\boldsymbol{\varphi} * \boldsymbol{\nabla} \equiv \frac{\partial \boldsymbol{\varphi}}{\partial x^t} * \boldsymbol{g}^t = \left(\nabla_t \varphi^{i \cdots j}{}_{k \cdots l} \boldsymbol{g}_i \cdots \boldsymbol{g}_j \boldsymbol{g}^k \cdots \boldsymbol{g}^l \right) * \boldsymbol{g}^t$$

$$= \nabla_t \varphi^{i \cdots j}{}_{k \cdots l} \boldsymbol{g}_i \cdots \boldsymbol{g}_j \boldsymbol{g}^k \cdots \boldsymbol{g}^l * \boldsymbol{g}^t \qquad (1.135)$$

当 "$*$" 代表并积、点积和叉积时, 分别得到左右梯度、散度和旋度.

正因为微分运算和代数运算类似, 最后都归结为基向量的代数运算, 所以分量指标 (包括原张量指标和算子指标) 的主要特征与代数运算相同, 例如:

(1) 分量中的自由指标来自基向量的并积, 算子为自由指标时对应梯度;

(2) 分量中的哑指标来自基向量的点积, 算子为哑指标时对应散度;

(3) 分量中的置换张量来自基向量的叉积, 算子与置换张量指标组成一对哑指标时对应旋度.

需要指出, 式 (1.134) 和式 (1.135) 中可以引入逆变导数 ∇^t(相当于微分算子的上标), 逆变导数是利用协变导数定义的, $\nabla^t (\ ) = g^{tr} \nabla_r (\ )$ 不是新的运算. 此外, 在分量形式中算子 ∇_t 或 ∇^t 的位置显然必须在微分对象的张量分量之前 (例如 $\nabla_t T_{ij}$), 而不能像向量那样可以改变位置 (例如 $a_t T_{ij}$ 可以写作 $T_{ij} a_t$ 等).

在张量定义和代数运算中 (1.6 节和 1.7 节) 指出，张量指标上、下位置的改变只是该张量分量形式的变化，而指标顺序改变，一般说来将变成新的张量。在张量微分中也同样如此，所以

$$\nabla(\varphi * \psi) \neq \nabla\varphi * \psi + \varphi * \nabla\psi$$

$$\nabla * (\varphi\psi) \neq \nabla * \varphi\psi + \varphi\nabla * \psi$$

是由于右端第二项基向量的顺序已经改变。此外，并矢式 (1.134) 和式 (1.135) 中微分算子对应的基向量 $\boldsymbol{g}^t$ 分别在前后位置与相邻基向量运算，所以 $\nabla * \varphi$ 和 $\varphi * \nabla$ 是不同张量。在特殊情况下，当 φ 为标量时

$$\nabla\varphi = \varphi\nabla = \varphi_{,t}\boldsymbol{g}^t$$

当 φ 为向量时

$$\nabla\varphi = (\varphi\nabla)^{\mathrm{T}}; \quad \nabla\cdot\varphi = \varphi\cdot\nabla; \quad \nabla\times\varphi = -\varphi\times\nabla$$

当 φ 为对称二阶张量时

$$\nabla\cdot\varphi = \varphi^{\mathrm{T}}\cdot\nabla; \quad \nabla\times\varphi = -\varphi^{\mathrm{T}}\times\nabla$$

在一般情况下，$\nabla * \varphi$ 和 $\varphi * \nabla$ 互为指标的依次 "轮换"(不是代数运算中两个指标的置换)。

利用式 (1.134) 和式 (1.135)，很容易证明上述关系。

1.18 二阶协变导数、曲率张量

如前所述，张量的协变导数是更高一阶的张量，对它们再取一次协变导数就得到二阶协变导数，所以二阶协变导数是比原张量高两阶的张量。例如向量 v 的二阶协变导数，利用式 (1.118) 和式 (1.131)，有

$$v_{j;kl} \equiv (v_{j;k})_{;l} = \left(v_{j,k} - v_m\Gamma^m_{jk}\right)_{,l} - \left(v_{r,k} - v_m\Gamma^m_{rk}\right)\Gamma^r_{lj} - \left(v_{j,r} - v_m\Gamma^m_{jr}\right)\Gamma^r_{lk}$$

普通二阶偏导数的求导次序是可以交换的，为了讨论二阶协变导数的次序能否交换，可以改变求导次序，得到

$$v_{j;lk} \equiv (v_{j;l})_{;k} = \left(v_{j,l} - v_m\Gamma^m_{jl}\right)_{,k} - \left(v_{r,l} - v_m\Gamma^m_{rl}\right)\Gamma^r_{kj} - \left(v_{j,r} - v_m\Gamma^m_{jr}\right)\Gamma^r_{kl}$$

将上两式相减，注意到 $\Gamma^r_{kl} = \Gamma^r_{lk}$，有

$$v_{j;kl} - v_{j;lk} = (v_{j;k})_{;l} - (v_{j;l})_{;k}$$

$$= v_{j,kl} - v_m \Gamma^m_{jk,l} - v_{m,l} \Gamma^m_{jk} - \left(v_{r,k} - v_m \Gamma^m_{rk} \right) \Gamma^r_{lj} - \left(v_{j,r} - v_m \Gamma^m_{jr} \right) \Gamma^r_{lk} -$$

$$v_{j,lk} + v_m \Gamma^m_{jl,k} + v_{m,k} \Gamma^m_{jl} + \left(v_{r,l} - v_m \Gamma^m_{rl} \right) \Gamma^r_{jk} + \left(v_{j,r} - v_m \Gamma^m_{jr} \right) \Gamma^r_{kl}$$

$$= v_m \left(\Gamma^m_{jl,k} - \Gamma^m_{jk,l} + \Gamma^m_{rk} \Gamma^r_{jl} - \Gamma^m_{rl} \Gamma^r_{jk} \right)$$

$$= v_m R^m_{jkl} \tag{1.136}$$

其中
$$R^m_{jkl} = \Gamma^m_{jl,k} - \Gamma^m_{jk,l} + \Gamma^m_{rk} \Gamma^r_{jl} - \Gamma^m_{rl} \Gamma^r_{jk} \tag{1.137}$$

由式 (1.136)，根据商法则，R^m_{jkl} 为四阶张量，称为 Riemann-Christoffel 张量 (或曲率张量)，记作：

$$\boldsymbol{R} = R^m_{jkl} \boldsymbol{g}_m \boldsymbol{g}^j \boldsymbol{g}^k \boldsymbol{g}^l$$

将上标 m 下降，注意到式 (1.110)，有

$$g_{im} \Gamma^m_{jl,k} = \left(g_{im} \Gamma^m_{jl} \right)_{,k} - \Gamma^m_{jl} g_{im,k} = \Gamma_{jli,k} - \Gamma^m_{jl} \left(\Gamma_{kim} + \Gamma_{kmi} \right)$$

和
$$g_{im} \Gamma^m_{jk,l} = \Gamma_{jki,l} - \Gamma^m_{jk} \left(\Gamma_{ilm} + \Gamma_{mli} \right)$$

代入式 (1.137)，利用式 (1.111a)，得

$$R_{ijkl} = g_{im} R^m_{jkl} = \Gamma_{jli,k} - \Gamma_{jki,l} + \Gamma^m_{jk} \Gamma_{ilm} - \Gamma^m_{jl} \Gamma_{ikm}$$

$$= \frac{1}{2} \left(g_{il,jk} + g_{jk,il} - g_{ik,jl} - g_{jl,ik} \right) + g^{mn} \left(\Gamma_{jkn} \Gamma_{ilm} - \Gamma_{jln} \Gamma_{ikm} \right) \tag{1.137a}$$

可见，R_{ijkl} 对于指标 i、j 反对称，对于 k、l 反对称，对于 i、j 和 k、l 对称，所以前两个指标或后两个指标相同的分量为零 (例如 $R_{11kl} = -R_{11kl} = 0$)，前两个指标或后两个指标各自交换的分量大小相等符号相反 ($R_{ijkl} = -R_{jikl}$, $R_{ijkl} = -R_{ijlk}$)，前两个指标同时依次与后两个指标交换，分量不变 ($R_{ijkl} = R_{klij}$)。这样 R_{ijkl} 的 81 个分量中，只有 6 个非零独立分量，即 R_{1212}、R_{1313}、R_{2323}、R_{1213}、R_{2123}、R_{3132}。

可以证明上述 6 个分量还需要满足 3 个微分方程 (Bianchi 恒等式)，

$$R_{lpij;k} + R_{lpjk;i} + R_{lpki;j} = 0 \tag{1.138}$$

由于 R_{ijkl} 的特点，实际上式 (1.138) 绝大多数情况为 $0 = 0$。因此 6 个分量并不互相独立。

由式 (1.137) 看到，曲率张量的分量只与 Christoffel 符号有关，因而只与度量张量有关。另一方面，$\boldsymbol{R}$ 作为张量在给定的坐标变换群内又与坐标系无关，所以曲率张量反映了所考虑的坐标系集合的性质，或者说反映了所应用空间的性质。

三维欧几里得 (Euclidean) 空间是指欧几里得几何学成立的空间，因此有两点间只能连一条直线，平行线不相交等公理。在此空间中：(1) 直线坐标系是容许的；(2) 向量的点积 (因而度量张量) 有定义。如果在这个空间的坐标系集合内，取任一斜角直线坐标系，那么各点处的坐标基向量相同，Christoffel 符号恒等于零，

所以曲率张量为零。由坐标转换关系可知，在任何可由斜角直线坐标系通过转换得到的曲线坐标系中，均有

$$\boldsymbol{R} = 0 \tag{1.139}$$

如果物体变形之前建立的坐标系 $\boldsymbol{R} = 0$，在受力后设想坐标系与物体一起连续变形，从而形成一个新的坐标系，也有 $\boldsymbol{R} = 0$。新旧坐标系的差别实际上反映物体的变形，因而新坐标系 $\boldsymbol{R} = 0$ 的性质反映了变形的规律，在第 2 章中式 (1.139) 将用于建立变形协调条件。

在欧几里得空间中，必然存在笛卡儿 (Cartesian) 坐标系，所以欧几里得空间也称为笛卡儿空间。一维欧氏空间 E^1 是一条直线 (实数轴)，二维欧氏空间 E^2 是无限大平面，每个几何点的位置与两个有序实数 (坐标) 一一对应，其中包括直角坐标，也可以是极坐标和其他与直角坐标有坐标变换关系的平面曲线坐标。三维欧氏空间 E^3 就是本节之前所讨论的空间，E^3 中坐标系的集合由 1.13 节中的坐标转换关系 $x^i = x^i\left(x^{i'}\right)$ (式 (1.97)) 定义，其中 x^i 是直角坐标或斜角直线坐标 (i、i' 的变程为 3)，向量 $\boldsymbol{u}$、$\boldsymbol{v}$ 的点积为 $\boldsymbol{u} \cdot \boldsymbol{v} = u^i v_i = g_{ij} u^i v^j$，$\sqrt{\boldsymbol{u} \cdot \boldsymbol{u}}$ 为 $\boldsymbol{u}$ 的模。n 维欧氏空间 E^n 是上述坐标转换关系 $x^i = x^i\left(x^{i'}\right)$ 和点积定义从三维到 n 维 (指标变程为 n) 的推广。

本章所讨论的张量理论均属于三维欧氏空间。曲率张量 $\boldsymbol{R}$ 等于零是欧氏空间的充分必要条件。

将不一定满足欧氏空间条件 (1)(即不一定能够建立直线坐标系)，只满足条件 (2) 的空间称为黎曼 (Riemann) 空间，在黎曼空间中曲率张量不一定等于零，显然欧氏空间是黎曼空间的子空间。为了形象地说明曲率张量和黎曼空间的意义，以二维空间 (曲面) 为例，如果我们讨论的问题局限于某一曲面之内，该曲面就是二维空间。曲面理论指出，二维四阶曲率张量 $\boldsymbol{R}$ 与曲面的曲率有关，对于曲面构成的二维空间，一般情况下 $\boldsymbol{R} \neq 0$，所以不是二维欧氏空间。例如球面，在球面上欧几里德几何学公理不再适用 (例如球面三角形内角之和大于 $180°$ 等)，不可能建立直线坐标系，曲率张量不等于零，因此不是二维欧氏空间，而是等曲率的二维黎曼空间。如果曲面可以展成平面，同时曲面上的弧长和夹角保持不变，这样的曲面称为"可展曲面"。可以证明，可展曲面的曲率张量为零，所以可展曲面 (例如柱面和锥面)，是二维欧氏空间，可以应用欧几里德几何学。

现在回到式 (1.136)，可见当 $\boldsymbol{R} = 0$ 时，即在欧氏空间中，二阶协变导数的次序可以交换。

1.19　向量和张量场的积分定理

以向量和张量为被积函数时，积分表示无限小单元中的向量和张量在积分域

内求和的极限。例如在三维欧氏空间中体积 V 内，张量 $\boldsymbol{\varphi}$ 的积分为

$$\int_V \boldsymbol{\varphi}(\boldsymbol{x})\,\mathrm{d}v = \lim_{\Delta v \to 0} \sum_V \boldsymbol{\varphi}(x)\,\Delta v$$

在直线坐标系中，由于基向量保持不变，可以移至积分之外，从而向量和张量的积分变为向量和张量分量的积分，即积分的分量等于分量的积分：

$$\boldsymbol{\psi} = \int_V \boldsymbol{\varphi}(\boldsymbol{x})\,\mathrm{d}v = \int_V \varphi^{k\cdots l}(\boldsymbol{x})\,\boldsymbol{g}_k\cdots\boldsymbol{g}_l\mathrm{d}v = \int_V \varphi^{k\cdots l}(\boldsymbol{x})\mathrm{d}v\,\boldsymbol{g}_k\cdots\boldsymbol{g}_l$$

$$\psi^{k\cdots l} = \int_V \varphi^{k\cdots l}(\boldsymbol{x})\mathrm{d}v$$

但在曲线坐标系中，因为积分域内各点的局部标架不同，所以被积函数须包含并矢，不能只对分量积分。当积分域是某一曲线、曲面和体积时，则为线积分、面积分和体积分。

下述重要积分定理给出了面积分与体积分、线积分与面积分之间的关系。

▶ 1.19.1 Gauss 定理 (散度定理) 和 Green 变换

若 $\boldsymbol{\varphi}$ 为三维空间的向量场或张量场，A 为任意封闭曲面，V 是 A 所包围的体积 (图 1.15)，可以证明：

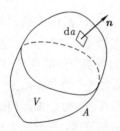

$$\int_V \boldsymbol{\nabla}\cdot\boldsymbol{\varphi}\mathrm{d}v = \oint_A \mathrm{d}\boldsymbol{a}\cdot\boldsymbol{\varphi};\quad \int_V \boldsymbol{\varphi}\cdot\boldsymbol{\nabla}\mathrm{d}v = \oint_A \boldsymbol{\varphi}\cdot\mathrm{d}\boldsymbol{a}$$

$$\tag{1.140}$$

称为 Gauss 定理或散度定理。式中 $\mathrm{d}v$ 是体积元，$\mathrm{d}\boldsymbol{a}$ 为面积元向量，$da = \mathrm{d}a\boldsymbol{n} = \mathrm{d}a_i\boldsymbol{g}^i$，$\boldsymbol{n}$ 是 $\mathrm{d}\boldsymbol{a}$ 的单位外法线向量，$\mathrm{d}a_i$ 为 $\mathrm{d}\boldsymbol{a}$ 的协变分量。

图 1.15 Gauss 定理

高斯定理给出了体积分与面积分间的关系。对于向量场 $\boldsymbol{\varphi}$ 有

$$\int_V \boldsymbol{\nabla}\cdot\boldsymbol{\varphi}\mathrm{d}v = \oint_A \mathrm{d}\boldsymbol{a}\cdot\boldsymbol{\varphi}\quad \text{或}\quad \int_V \nabla_i\varphi^i\mathrm{d}v = \oint_A \varphi^i\mathrm{d}a_i$$

式中，$\oint_A \mathrm{d}\boldsymbol{a}\cdot\boldsymbol{\varphi} = \oint_A \boldsymbol{n}\cdot\boldsymbol{\varphi}\mathrm{d}a$，所以向量 $\boldsymbol{\varphi}$ 在体积 V 中的散度等于向量 $\boldsymbol{\varphi}$ 在外围曲面上法线方向分量的积分。

散度定理可以用下述方法证明。由于散度定理的成立不依赖坐标系，所以可以在直角坐标系中证明，再推广到三维欧氏空间的任意坐标系。由式 (1.140)，在标架 $\boldsymbol{e}_i$ 中

$$\boldsymbol{\nabla}\cdot\boldsymbol{\varphi} = \boldsymbol{e}_i\cdot\frac{\partial\boldsymbol{\varphi}}{\partial x^i} = \boldsymbol{e}_1\cdot\frac{\partial\boldsymbol{\varphi}}{\partial x^1} + \boldsymbol{e}_2\cdot\frac{\partial\boldsymbol{\varphi}}{\partial x^2} + \boldsymbol{e}_3\cdot\frac{\partial\boldsymbol{\varphi}}{\partial x^3}\tag{a}$$

先讨论积分 $\int_V e_3 \cdot \dfrac{\partial \varphi}{\partial x^3} \mathrm{d}v$，体积 V 可以看作由轴线平行于 e_3、截面积为 $\mathrm{d}a_3$ 的无限小柱体组成，柱体的两个端面是表面 A 上的两个面元，它们在坐标面 $x^1 x^2$ 上的投影就是 $\mathrm{d}a_3$。于是被积函数 $e_3 \cdot \dfrac{\partial \varphi}{\partial x^3}$ 可先对坐标 x^3（即柱体轴线）积分，再对面元投影积分，得到

$$\int_V e_3 \cdot \frac{\partial \varphi}{\partial x^3} \mathrm{d}v = \oint_A \mathrm{d}a_3 e_3 \cdot \varphi$$

类似地计算式 (a) 右端中的另外两项，注意到 $\mathrm{d}a = \mathrm{d}a_i e_i$，所以式 $(1.140)_1$ 成立。由

$$\varphi \cdot \nabla = \frac{\partial \varphi}{\partial x^i} \cdot e_i = \frac{\partial \varphi}{\partial x^1} \cdot e_1 + \frac{\partial \varphi}{\partial x^2} \cdot e_2 + \frac{\partial \varphi}{\partial x^3} \cdot e_3 \qquad \text{(b)}$$

可证明式 $(1.140)_2$。

用同样的方法，可以证明下列定理：

$$\int_V \nabla \varphi \mathrm{d}v = \oint_A \mathrm{d}a \varphi; \quad \int_V \varphi \nabla \mathrm{d}v = \oint_A \varphi \mathrm{d}a \qquad (1.141)$$

$$\int_V \nabla \times \varphi \mathrm{d}v = \oint_A \mathrm{d}a \times \varphi; \quad \int_V \varphi \times \nabla \mathrm{d}v = \oint_A \varphi \times \mathrm{d}a \qquad (1.142)$$

式 (1.141)、式 (1.142) 和式 (1.140) 统称为 Green 变换。如果用统一的符号 "$*$" 表示并积、点积和叉积，Green 变换表为

$$\int_V \nabla * \varphi \mathrm{d}v = \oint_A \mathrm{d}a * \varphi; \quad \int_V \varphi * \nabla \mathrm{d}v = \oint_A \varphi * \mathrm{d}a \qquad (1.143)$$

散度定理在连续介质力学中将用于建立守恒定律，给出一个体积内场变量随时间的变率与流过该体积表面的通量之间的关系。

▶ 1.19.2 Stokes 定理

若 φ 为三维空间中的向量场或张量场，C 为任一简单闭合曲线（即能够连续收缩成一点而不越过边界的闭合曲线），A 为以 C 为边界的任一曲面（图 1.16(a)），可以证明：

$$\int_A \mathrm{d}a \cdot (\nabla \times \varphi) = \oint_C \mathrm{d}s \cdot \varphi; \quad \int_A (\varphi \times \nabla) \cdot \mathrm{d}a = -\oint_C \varphi \cdot \mathrm{d}s \qquad (1.144)$$

式 (1.144) 称为 Stokes 定理（或 Kelvin 定理）。式中，$\mathrm{d}s$ 为曲线 C 上的线元，若 $\mathrm{d}s$ 为线元的长度、t 为单位切线向量（与曲面外法线符合右手法则的方向为正方向），则 $\mathrm{d}s = t\mathrm{d}s = \mathrm{d}s^i g_i$。

当曲面 A 包含内边界时 (复连通域, 见图 1.16(b)), 曲线 C 应该为外边界与内边界 (反向) 的和 $C_1 + C_2$(图 1.16 中沿路径 1-2 与 3-4 的线积分互相抵消)。

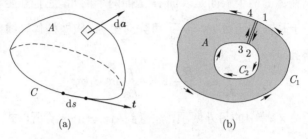

(a)   (b)

图 1.16　Stokes 定理

Stokes 定理给出了线积分与面积分之间的关系。若 φ 为速度场 $\boldsymbol{v}$, 式 (1.144) 为

图 1.17　面元向量和旋度向量

$$\int_A \mathrm{d}\boldsymbol{a} \cdot (\boldsymbol{\nabla} \times \boldsymbol{v}) = \oint_C \mathrm{d}\boldsymbol{s} \cdot \boldsymbol{v}$$

或　　　$$\int_A \varepsilon^{ijk} \nabla_i v_j \mathrm{d}a_k = \oint_C v_i \mathrm{d}s^i \tag{1.145}$$

式 (1.145) 表明速度场 $\boldsymbol{v}$ 的旋度 ($\boldsymbol{\nabla} \times \boldsymbol{v}$) 在面元向量上投影 (图 1.17) 的面积分等于速度在曲面边缘切线方向投影的线积分。

1.20　正交曲线坐标系和直角坐标系中的张量分析, 非完整系和物理分量

▶ 1.20.1　物理标架、物理分量和正交曲线坐标系

正交曲线坐标系是最常用的曲线坐标系。在正交曲线坐标系中, 任一点处的坐标基向量互相垂直, 协变基向量 $\boldsymbol{g}_i$ 与逆变基向量 $\boldsymbol{g}^i$ 方向相同, 而长度和量纲一般是不同的。由式 (1.11), 式 (1.13) 和式 (1.19), 度量张量满足:

$$g_{ij} = g^{ij} = 0 \quad (i \neq j)$$
$$g^{\underline{ii}} = 1/g_{\underline{ii}}; \quad g = g_{11}g_{22}g_{33} \tag{1.146}$$

式中, $\underline{i}$ 表示不对 i 求和, 下同。通常令 $H_i = \sqrt{g_{\underline{ii}}}$ 称为 Lamé 常数。由式 (1.10) 得到

$$\boldsymbol{g}^i = g^{\underline{ii}}\boldsymbol{g}_i$$

利用式 (1.111), 第一类和第二类 Christoffel 符号为

$$\Gamma_{ijk} = \Gamma_{ij}^k = 0 \quad (i, j, k \text{ 皆不相等})$$

$$\Gamma_{\underline{i}j\underline{i}} = \Gamma_{j\underline{i}\underline{i}} = \frac{1}{2} g_{\underline{i}\underline{i},j} = H_{\underline{i}} H_{\underline{i},j}, \ \Gamma_{\underline{i}j}^{\underline{i}} = \Gamma_{j\underline{i}}^{\underline{i}} = \frac{1}{2 g_{\underline{i}\underline{i}}} g_{\underline{i}\underline{i},j} = \frac{H_{\underline{i},j}}{H_{\underline{i}}} \quad (\underline{i} = \text{ 或} \neq j, \ \underline{i} \text{ 不求和})$$

$$\Gamma_{\underline{i}\underline{i}j} = -\frac{1}{2} g_{\underline{i}\underline{i},j} = -H_{\underline{i}} H_{\underline{i},j}, \ \Gamma_{\underline{i}\underline{i}}^{j} = -\frac{1}{2 g_{\underline{j}\underline{j}}} g_{\underline{i}\underline{i},j} = -\frac{H_{\underline{i}} H_{\underline{i},j}}{H_{\underline{j}}^2} \quad (\underline{i} \neq j, \ \underline{i} \text{ 不求和})$$

$$\left.\right\} \tag{1.147}$$

在一般曲线坐标系中，由于基向量不一定是无量纲单位向量，所以张量分量不一定具有真实的物理量纲，例如式 (1.96) 给出的球坐标 θ, φ 是角度 (无量纲)，由式 (1.99) 给出的相应的协变基向量为长度量纲，所以速度向量沿该基向量的分量便是角速度量纲，而且如果基向量的模不是 1，则分量的大小也与实际分量值不一致，这在应用中是不方便的。为了得到有真实物理量纲和大小的分量，需要将基向量变为无量纲单位向量 (不一定正交)，令

$$\bar{\boldsymbol{g}}_i = \boldsymbol{g}_i / \sqrt{\boldsymbol{g}_{\underline{i}} \cdot \boldsymbol{g}_{\underline{i}}} = \boldsymbol{g}_i / \sqrt{g_{\underline{i}\underline{i}}}$$

$$\bar{\boldsymbol{g}}^i = \boldsymbol{g}^i / \sqrt{\boldsymbol{g}^{\underline{i}} \cdot \boldsymbol{g}^{\underline{i}}} = \boldsymbol{g}^i / \sqrt{g^{\underline{i}\underline{i}}} \tag{1.148}$$

式中，$\bar{\boldsymbol{g}}_i$ 和 $\bar{\boldsymbol{g}}^i$ 称为物理标架。

应该指出，与 $\bar{\boldsymbol{g}}_i$ 对应的曲线坐标系不一定存在。这是因为正常的 (或自然的) 基向量是由曲线坐标变换 $x^i = x^i\left(x^{i'}\right)$ 的导数确定的 (见式 (1.97) 和式 (1.99))，反过来若给定 $\boldsymbol{g}_{i'}$ (例如 $\bar{\boldsymbol{g}}_i$)，即给定 9 个导数，并不一定能够通过积分得到对应的坐标变换，因为需要满足可积分条件才可以，就像由应变场求位移场那样。所以一般说来，基向量 $\bar{\boldsymbol{g}}_i$ 并不对应某一曲线坐标系，这样的参考标架称为非完整系。有曲线坐标系与之对应的参考标架称为完整系。

可以利用 $\bar{\boldsymbol{g}}_i$ 或 $\bar{\boldsymbol{g}}^i$ 的并矢形式表示张量，例如：

$$\boldsymbol{T} = t^{ij} \boldsymbol{g}_i \boldsymbol{g}_j = t^{ij} \sqrt{g_{\underline{i}\underline{i}}} \sqrt{g_{\underline{j}\underline{j}}} \left(\boldsymbol{g}_i / \sqrt{g_{\underline{i}\underline{i}}}\right) \left(\boldsymbol{g}_j / \sqrt{g_{\underline{j}\underline{j}}}\right) = t^{(i)(j)} \bar{\boldsymbol{g}}_i \bar{\boldsymbol{g}}_j$$

$$\boldsymbol{T} = t_{(i)(j)} \bar{\boldsymbol{g}}^i \bar{\boldsymbol{g}}^i \tag{1.149}$$

式中

$$t^{(i)(j)} = t^{ij} \sqrt{g_{\underline{i}\underline{i}}} \sqrt{g_{\underline{j}\underline{j}}}; \quad t_{(i)(j)} = t_{ij} \sqrt{g^{\underline{i}\underline{i}}} \sqrt{g^{\underline{j}\underline{j}}} \tag{1.149a}$$

称为张量 $\boldsymbol{T}$ 的逆变物理分量和协变物理分量，用带括号的指标表示。由于具有更直接的物理意义，所以在分析具体问题时常常采用物理分量。

在正交曲线坐标系中，每一点处的物理标架是互相垂直的单位向量，所以协变物理标架与逆变物理标架相同，协变物理分量与逆变物理分量相同：

$$\boldsymbol{e}_i = \boldsymbol{g}_i / \sqrt{g_{\underline{i}\underline{i}}} = \bar{\boldsymbol{g}}_i = \boldsymbol{g}^i / \sqrt{g^{\underline{i}\underline{i}}} = \bar{\boldsymbol{g}}^i; \quad t^{(i)(j)} = t_{(i)(j)}$$

利用正交曲线坐标系的物理标架 e_i，可以给出 1.13 节中的微分算式在正交曲线坐标系中的物理分量表达式：

$$\boldsymbol{\nabla}\varphi = \mathrm{grad}\varphi = \frac{1}{H_1}\frac{\partial\varphi}{\partial x^1}\boldsymbol{e}_1 + \frac{1}{H_2}\frac{\partial\varphi}{\partial x^2}\boldsymbol{e}_2 + \frac{1}{H_3}\frac{\partial\varphi}{\partial x^3}\boldsymbol{e}_3 \tag{1.150a}$$

$$\boldsymbol{\nabla}\cdot\boldsymbol{A} = \mathrm{div}\boldsymbol{A} = H_1 H_2 H_3 \left\{ \frac{\partial}{\partial x^1}\left[H_2 H_3 A^{(1)}\right] + \frac{\partial}{\partial x^2}\left[H_3 H_1 A^{(2)}\right] + \frac{\partial}{\partial x^3}\left[H_1 H_2 A^{(3)}\right] \right\} \tag{1.150b}$$

$$\boldsymbol{\nabla}\times\boldsymbol{A} = \mathrm{rot}\boldsymbol{A} = H_2 H_3 \left\{ \frac{\partial}{\partial x^2}\left[H_3 A^{(3)}\right] - \frac{\partial}{\partial x^3}\left[H_2 A^{(2)}\right] \right\}\boldsymbol{e}_1 +$$
$$H_3 H_1 \left\{ \frac{\partial}{\partial x^3}\left[H_1 A^{(1)}\right] - \frac{\partial}{\partial x^1}\left[H_3 A^{(3)}\right] \right\}\boldsymbol{e}_2 +$$
$$H_1 H_2 \left\{ \frac{\partial}{\partial x^1}\left[H_2 A^{(2)}\right] - \frac{\partial}{\partial x^2}\left[H_1 A^{(1)}\right] \right\}\boldsymbol{e}_3 \tag{1.150c}$$

$$\boldsymbol{\nabla}\cdot\boldsymbol{\nabla}\varphi = \boldsymbol{\nabla}^2\varphi$$
$$= H_1 H_2 H_3 \left\{ \frac{\partial}{\partial x^1}\left[\frac{H_2 H_3}{H_1}\frac{\partial\varphi}{\partial x^1}\right] + \frac{\partial}{\partial x^2}\left[\frac{H_3 H_1}{H_2}\frac{\partial\varphi}{\partial x^2}\right] + \frac{\partial}{\partial x^3}\left[\frac{H_1 H_2}{H_3}\frac{\partial\varphi}{\partial x^3}\right] \right\} \tag{1.150d}$$

$$\boldsymbol{\nabla}\cdot\boldsymbol{\sigma} = \left[\frac{H_{\underline{l}}}{\sqrt{g}}\frac{\partial}{\partial x^i}\left(\frac{\sqrt{g}\sigma^{(i)(l)}}{H_{\underline{i}}H_{\underline{l}}}\right) - \frac{H_{\underline{l}}}{H_{\underline{i}}H_{\underline{m}}}\Gamma^l_{im}\sigma^{(i)(m)}\right]\bar{\boldsymbol{g}}_l \tag{1.150e}$$

式中，$\underline{i},\,\underline{m},\,\underline{l}$ 为不求和指标；i, m, l 为求和指标；$\underline{i} = i,\ \underline{m} = m,\ \underline{l} = l$；$\varphi$ 为标量；$\boldsymbol{A}$ 为向量；$A^{(i)}$ 为 $\boldsymbol{A}$ 的物理分量；H_i 是 Lamé常数。

下面给出两种最常用的正交曲线坐标系和直角坐标系中的一些张量分析公式，读者可以作为练习自己推导。

▶1.20.2　圆柱坐标系中的张量分析

对于圆柱坐标 (图 1.18)，定义式 (1.97) 为

$$x^1 = r\cos\theta$$
$$x^2 = r\sin\theta$$
$$x^3 = z$$

由式 (1.99)，圆柱坐标系的协变基向量为

$$\boldsymbol{g}_1 = \cos\theta\boldsymbol{e}_1 + \sin\theta\boldsymbol{e}_2$$
$$\boldsymbol{g}_2 = -r\sin\theta\boldsymbol{e}_1 + r\cos\theta\boldsymbol{e}_2$$
$$\boldsymbol{g}_3 = \boldsymbol{e}_3$$

式中，$\boldsymbol{e}_i$ 为直角坐标系 x^i 的基向量。度量张量、Lamé常数、Christoffel 符号和物理标架为

图 1.18　圆柱坐标系

$$g_{11} = g^{11} = g_{33} = g^{33} = 1; \quad g_{22} = 1/g^{22} = r^2; \quad g_{ij} = g^{ij} = 0 \quad (i \neq j)$$

$$H_1 = H_3 = 1; \quad H_2 = r$$

$$\Gamma_{12}^2 = \Gamma_{21}^2 = \frac{1}{r}; \quad \Gamma_{22}^1 = -r; \quad \Gamma_{212} = \Gamma_{122} = r; \quad \Gamma_{221} = -r \quad \text{（其余为零）}$$

$$\boldsymbol{e}_r = \boldsymbol{g}_1; \quad \boldsymbol{e}_\theta = \boldsymbol{g}_2/r; \quad \boldsymbol{e}_z = \boldsymbol{g}_3 \quad \text{（物理标架）}$$

将上述关系代入式 (1.150)，可以得到

$$\nabla \varphi = \operatorname{grad}\varphi = \frac{\partial \varphi}{\partial r}\boldsymbol{e}_r + \frac{1}{r}\frac{\partial \varphi}{\partial \theta}\boldsymbol{e}_\theta + \frac{\partial \varphi}{\partial z}\boldsymbol{e}_z \tag{1.151a}$$

$$\nabla \cdot \boldsymbol{A} = \operatorname{div}\boldsymbol{A} = \frac{\partial A_r}{\partial r} + \frac{1}{r}\frac{\partial A_\theta}{\partial \theta} + \frac{\partial A_z}{\partial z} + \frac{A_r}{r} \tag{1.151b}$$

$$\nabla \times \boldsymbol{A} = \operatorname{rot}\boldsymbol{A} = \left[\frac{1}{r}\frac{\partial A_z}{\partial \theta} - r\frac{\partial A_\theta}{\partial z}\right]\boldsymbol{e}_r + \left(\frac{\partial A_r}{\partial z} - \frac{\partial A_z}{\partial r}\right)\boldsymbol{e}_\theta + \left[\frac{\partial A_\theta}{\partial r} - \frac{1}{r}\frac{\partial A_r}{\partial \theta} + \frac{A_\theta}{r}\right]\boldsymbol{e}_z \tag{1.151c}$$

$$\nabla \cdot \nabla \varphi = \nabla^2 \varphi = \frac{\partial^2 \varphi}{\partial r^2} + \frac{1}{r}\frac{\partial \varphi}{\partial r} + \frac{1}{r^2}\frac{\partial^2 \varphi}{\partial \theta^2} + \frac{\partial^2 \varphi}{\partial z^2} \tag{1.151d}$$

$$\nabla \cdot \boldsymbol{\sigma} = \left(\frac{\partial \sigma_r}{\partial r} + \frac{1}{r}\frac{\partial \sigma_{r\theta}}{\partial \theta} + \frac{\partial \sigma_{rz}}{\partial z} + \frac{\sigma_r - \sigma_\theta}{r}\right)\boldsymbol{e}_r + \left(\frac{\partial \sigma_{\theta r}}{\partial r} + \frac{1}{r}\frac{\partial \sigma_\theta}{\partial \theta} + \frac{\partial \sigma_{\theta z}}{\partial z} + \frac{2\sigma_{\theta r}}{r}\right)\boldsymbol{e}_\theta +$$
$$\left(\frac{\partial \sigma_{zr}}{\partial r} + \frac{1}{r}\frac{\partial \sigma_{z\theta}}{\partial \theta} + \frac{\partial \sigma_z}{\partial z} + \frac{\sigma_{zr}}{r}\right)\boldsymbol{e}_z \tag{1.151e}$$

式中，φ 为标量；$\boldsymbol{A}$ 为向量；A_r, A_θ, A_z 为 $\boldsymbol{A}$ 的物理分量；$\boldsymbol{\sigma}$ 是对称二阶张量；$\sigma_r, \sigma_\theta,$ $\sigma_z, \sigma_{r\theta} = \sigma_{\theta r}, \sigma_{\theta z} = \sigma_{z\theta}, \sigma_{zr} = \sigma_{rz}$ 是 $\boldsymbol{\sigma}$ 的物理分量。

推导张量微分的物理分量表达式可以用两种方法，一种是在完整系 $(\boldsymbol{g}_i, \boldsymbol{g}^i)$ 中求导，应用完整系标架导数给出的 Christoffel 符号；另一种是在非完整系 $(\bar{\boldsymbol{g}}_i, \bar{\boldsymbol{g}}^i)$ 中求导，应用物理标架的导数关系。后一方法常常比较方便。

▶ 1.20.3 球坐标系中的张量分析

式 (1.96) 给出了球坐标 (r, θ, φ) 与直角坐标 x^i 的转换关系 (图 1.19)：

$$x^1 = r\sin\theta\cos\theta$$
$$x^2 = r\sin\theta\sin\varphi$$
$$x^3 = r\cos\theta$$

球坐标系的协变基向量、度量张量、Lamé常数、Christoffel 符号和物理标架为

$$\boldsymbol{g}_1 = \sin\theta\cos\varphi\boldsymbol{e}_1 + \sin\theta\sin\varphi\boldsymbol{e}_2 + \cos\theta\boldsymbol{e}_3$$

$$\boldsymbol{g}_2 = r\cos\theta\cos\varphi\boldsymbol{e}_1 + r\cos\theta\sin\varphi\boldsymbol{e}_2 + r\sin\theta\boldsymbol{e}_3$$

$$\boldsymbol{g}_3 = -r\sin\theta\sin\varphi\boldsymbol{e}_1 + r\sin\theta\cos\varphi\boldsymbol{e}_2$$

$$g_{11} = g^{11} = 1; \quad g_{22} = \frac{1}{g^{22}} = r^2; \quad g_{33} = \frac{1}{g^{33}} = r^2\sin^2\theta$$

$$g_{ij} = g^{ij} = 0 \quad (i \neq j)$$

$$H_1 = 1; \ H_2 = r; \ H_3 = r\sin\theta$$

$$\Gamma_{221} = -r; \ \Gamma_{212} = \Gamma_{122} = r; \ \Gamma_{331} = -r\sin^2\theta; \ \Gamma_{332} = -r^2\sin\theta\cos\theta$$

$$\Gamma_{133} = \Gamma_{313} = r\sin^2\theta; \ \Gamma_{233} = \Gamma_{323} = r^2\sin\theta\cos\theta$$

$$\Gamma_{22}^1 = -1; \ \Gamma_{21}^2 = \Gamma_{12}^2 = 1/r; \ \Gamma_{33}^1 = -r\sin^2\theta; \ \Gamma_{33}^2 = -\sin\theta\cos\theta,$$

$$\Gamma_{13}^3 = \Gamma_{31}^3 = 1/r; \ \Gamma_{23}^3 = \Gamma_{32}^3 = \cos\theta \quad (\text{其余为 } 0)$$

$$\boldsymbol{e}_r = \boldsymbol{g}_1; \ \boldsymbol{e}_\theta = \boldsymbol{g}_2/r; \ \boldsymbol{e}_\varphi = \boldsymbol{g}_3/r\sin\theta \quad (\text{物理标架})$$

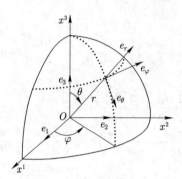

图 1.19　球坐标系

将上述关系代入式 (1.150)，得到

$$\boldsymbol{\nabla}\psi = \mathrm{grad}\psi = \frac{\partial\psi}{\partial r}\boldsymbol{e}_r + \frac{1}{r}\frac{\partial\psi}{\partial\theta}\boldsymbol{e}_\theta + \frac{1}{r\sin\theta}\frac{\partial\psi}{\partial\varphi}\boldsymbol{e}_\varphi \tag{1.152a}$$

$$\boldsymbol{\nabla}\cdot\boldsymbol{A} = \mathrm{div}\boldsymbol{A} = \frac{1}{r^2}\frac{\partial}{\partial r}(r^2 A_r) + \frac{1}{r\sin\theta}\frac{\partial}{\partial\theta}(A_\theta\sin\theta) + \frac{1}{r\sin\theta}\frac{\partial A_\varphi}{\partial\varphi} \tag{1.152b}$$

$$\boldsymbol{\nabla}\times\boldsymbol{A} = \mathrm{rot}\boldsymbol{A} = \frac{1}{r\sin\theta}\left[\frac{\partial}{\partial\theta}(A_\varphi\sin\theta) - \frac{\partial A_\theta}{\partial\varphi}\right]\boldsymbol{e}_r +$$

$$\left[\frac{1}{r\sin\theta}\frac{\partial A_r}{\partial\varphi} - \frac{1}{r}\frac{\partial}{\partial r}(rA_\varphi)\right]\boldsymbol{e}_\theta + \frac{1}{r}\left[\frac{\partial}{\partial r}(rA_\theta) - \frac{\partial A_r}{\partial\theta}\right]\boldsymbol{e}_\varphi \tag{1.152c}$$

$$\boldsymbol{\nabla}\cdot\boldsymbol{\nabla}\psi = \boldsymbol{\nabla}^2\psi = \frac{1}{r^2}\frac{\partial}{\partial r}\left(r^2\frac{\partial\psi}{\partial r}\right) + \frac{1}{r^2\sin^2\theta}\frac{\partial}{\partial\theta}\left(\sin\theta\frac{\partial\psi}{\partial\theta}\right) + \frac{1}{r^2\sin^2\theta}\frac{\partial^2\psi}{\partial\varphi^2} \tag{1.152d}$$

$$\boldsymbol{\nabla}\cdot\boldsymbol{\sigma} = \left(\frac{\partial\sigma_r}{\partial r} + \frac{1}{r}\frac{\partial\sigma_{r\theta}}{\partial\theta} + \frac{1}{r\sin\theta}\frac{\partial\sigma_{r\varphi}}{\partial\varphi} + \frac{2\sigma_r - \sigma_\theta}{r} + \frac{\cot\theta\,\sigma_{r\theta} - \sigma_\varphi}{r}\right)\boldsymbol{e}_r +$$

$$\left(\frac{\partial\sigma_{\theta r}}{\partial r} + \frac{1}{r}\frac{\partial\sigma_\theta}{\partial\theta} + \frac{1}{r\sin\theta}\frac{\partial\sigma_{\theta\varphi}}{\partial\varphi} + \frac{3\sigma_{\theta r}}{r} + \frac{\cot\theta}{r}(\sigma_r - \sigma_\varphi)\right)\boldsymbol{e}_\theta +$$

$$\left(\frac{\partial\sigma_{\varphi r}}{\partial r} + \frac{1}{r}\frac{\partial\sigma_{\varphi\theta}}{\partial\theta} + \frac{1}{r\sin\theta}\frac{\partial\sigma_\varphi}{\partial\varphi} + \frac{3\sigma_{\varphi r}}{r} + \frac{2\cot\theta}{r}\sigma_{\varphi\theta}\right)\boldsymbol{e}_\varphi \tag{1.152e}$$

式中，ψ 为标量；$\boldsymbol{A}$ 为向量；A_r, A_θ, A_φ 为 $\boldsymbol{A}$ 的物理分量；$\boldsymbol{\sigma}$ 为对称二阶张量；$\sigma_r, \sigma_\theta, \sigma_\varphi, \sigma_{r\theta} = \sigma_{\theta r}, \sigma_{\theta\varphi} = \sigma_{\varphi\theta}, \sigma_{\varphi r} = \sigma_{r\varphi}$ 为 $\boldsymbol{\sigma}$ 的物理分量。

➤ 1.20.4 直角坐标系中的张量分析

在直角坐标系中, 有

$$g_{ij} = g^{ij} = \delta_{ij}; \quad \Gamma_{ijk} = \Gamma_{ij}^k = 0; \quad \boldsymbol{g}_i = \boldsymbol{g}^i = \boldsymbol{e}_i$$

所以, 协变导数与偏导数相同, 逆变分量与协变分量相同, 因而上标与下标之间的差别不再存在。由直角坐标系中得到的关系式, 写成不变性记法以后, 可以直接用于任何斜角直线坐标系和曲线坐标系。在采用并矢和分量记法时, 可以用替换的方法, 将直角坐标系中的张量关系直接转换成曲线坐标系中的关系, 替换包括: (1) $\boldsymbol{e}_i$ 换成 $\boldsymbol{g}_i$ 或 $\boldsymbol{g}^i$; (2) δ_{ij} 换成 g_{ij} 或 g^{ij}; (3) 偏导数换成协变导数; (4) 所有求和指标要上标和下标成对, 无论哪一项中同一自由指标必须在同一高度出现 (偏导数分母中的上标等同分子的下标)。由于直角坐标系最简单, 而且与曲线坐标系有上述替换关系, 所以在连续介质力学中常采用直角坐标系形式表述, 必要时引入曲线坐标系。

在直角坐标系中, 标量 φ、向量 $\boldsymbol{u}$ 和对称二阶张量 $\boldsymbol{\sigma}$ 的微分算式分量表达式为

$$\left. \begin{aligned} \boldsymbol{\nabla}\varphi = \mathrm{grad}\varphi &= \frac{\partial \varphi}{\partial x_i}\boldsymbol{e}_i \\ \boldsymbol{\nabla}\boldsymbol{u} = \mathrm{grad}\boldsymbol{u} &= \frac{\partial u_k}{\partial x_i}\boldsymbol{e}_i\boldsymbol{e}_k \\ \boldsymbol{\nabla}\cdot\boldsymbol{u} = \mathrm{div}\boldsymbol{u} &= \frac{\partial u_i}{\partial x_i} \\ \boldsymbol{\nabla}\times\boldsymbol{u} = \mathrm{rot}\boldsymbol{u} &= \varepsilon_{ijk}\frac{\partial u_k}{\partial x_j}\boldsymbol{e}_i \\ \Delta\varphi = \boldsymbol{\nabla}^2\varphi &= \frac{\partial^2 \varphi}{\partial x_i^2} = \frac{\partial^2 \varphi}{\partial x_1^2} + \frac{\partial^2 \varphi}{\partial x_2^2} + \frac{\partial^2 \varphi}{\partial x_3^2} \\ \boldsymbol{\nabla}\cdot\boldsymbol{\sigma} &= \frac{\partial \sigma_{ij}}{\partial x_i}\boldsymbol{e}_j \end{aligned} \right\} \tag{1.153}$$

1.21 张量函数、各向同性张量函数、Cayley-Hamilton 定理、表示定理

➤ 1.21.1 张量函数

以张量为自变量的函数称为张量函数, 若函数值为标量、向量和张量时, 分别称为张量的标量函数、向量函数和张量函数。例如, 在线弹性理论中, 单位体积变形能是应变张量 $\boldsymbol{\varepsilon}$ 的标量函数, $U = U(\varepsilon^{ij}) = \frac{1}{2}E_{ijkl}\varepsilon^{ij}\varepsilon^{kl}$ 或 $U = U(\boldsymbol{\varepsilon})$, 而应力张量 $\boldsymbol{\sigma}$ 则是应变张量的二阶张量函数, $\sigma_{ij} = \sigma_{ij}(\varepsilon^{kl}) = E_{ijkl}\varepsilon^{kl}$ 或记作 $\boldsymbol{\sigma} = \boldsymbol{\sigma}(\boldsymbol{\varepsilon})$, 等号左端的 $\boldsymbol{\sigma}, \sigma_{ij}$ 是函数值, 为了方便右端用 $\boldsymbol{\sigma}, \sigma_{ij}$ 表示函数 (也可以采用其他符

号，例如 f，f_{ij} 等）。本节讨论的张量函数与 1.15 节和 1.16 节中的张量场不同，张量场是以位置向量为自变量的函数，而这里的函数以张量为自变量。

若 B 为二阶张量，B 的标量函数 φ 是以 B 的分量作为自变量的标量函数：

$$\varphi = \varphi(B_{ij}) \quad \text{或} \quad \varphi = \varphi(\boldsymbol{B})$$

式中，B_{ij} 表示所有分量。若 B 为二阶张量，B 的张量函数 C 是由 B 的分量作为自变量的二阶张量函数：

$$C_{ij} = f_{ij}(B_{kl}) \quad \text{或} \quad \boldsymbol{C} = \boldsymbol{f}(\boldsymbol{B})$$

式中，f_{ij} 表示 9 个函数，其中每一个是 B 的所有分量的函数，函数值 C_{ij} 满足张量转换关系。张量函数的自变量可以是多个向量和张量。

在三维欧氏空间中，以 n 阶张量 $\boldsymbol{T}$ 为自变量的 m 阶张量函数 $\boldsymbol{\psi}$ 为

$$\boldsymbol{\psi} = \boldsymbol{\psi}(\boldsymbol{T}) \quad \text{或} \quad \psi_{i \cdots j} = \psi_{i \cdots j}(T_{k \cdots l})$$

用分量记法时，函数 $\boldsymbol{\psi}$ 包括 3^m 个按顺序排列的函数，$i \cdots j$ 为 m 个自由指标，$T_{k \cdots l}$ 表示 T 的全部分量，所有指标可以有不同的上、下位置，函数 $\boldsymbol{\psi}$ 的协变、逆变和混合分量形式通过度量张量转换。在不同坐标系中的张量函数满足坐标转换关系。

张量函数可以有多个张量自变量，例如 $\boldsymbol{\psi} = \boldsymbol{\psi}(\boldsymbol{B}, \boldsymbol{C})$。

▶1.21.2　各向同性张量和各向同性张量函数

一般说来在不同坐标系中张量分量有不同的值，张量函数有不同的形式。但是，有些张量在正交变换中分量保持不变，有些张量函数对于正交坐标变换群具有函数形式不变性，例如各向同性弹性体的虎克定律在所有直角坐标系中的形式都是相同的。

如果直角坐标系中张量的分量在任何正交变换中保持不变，则称该张量为各向同性张量。若正交变换为 $\tilde{e}_{i'} = Q_{i'i}e_i$，$m$ 阶张量 φ 正交变换后的张量为 $\tilde{\varphi}$：

$$\begin{aligned}
\boldsymbol{\varphi} &= \varphi_{i \cdots j} \boldsymbol{e}_i \cdots \boldsymbol{e}_j \\
\tilde{\boldsymbol{\varphi}} &= \tilde{\varphi}_{i' \cdots j'} \tilde{\boldsymbol{e}}_{i'} \cdots \tilde{\boldsymbol{e}}_{j'} = \tilde{\varphi}_{i' \cdots j'} (Q_{i'i}\boldsymbol{e}_i) \cdots (Q_{j'j}\boldsymbol{e}_j) = Q_{i'i} \cdots Q_{j'j} \tilde{\varphi}_{i' \cdots j'} \boldsymbol{e}_i \cdots \boldsymbol{e}_j
\end{aligned}$$

φ 为各向同性张量的条件是 $\tilde{\boldsymbol{\varphi}} = \boldsymbol{\varphi}$ 或 $\tilde{\varphi}_{i' \cdots j'} = \varphi_{i \cdots j}\,(i' = i, \cdots, j' = j)$，所以有

$$\varphi_{i' \cdots j'} = Q_{i'i} \cdots Q_{j'j} \varphi_{i \cdots j} \tag{1.154}$$

需要注意，式中 $\varphi_{i'j'}$，φ_{ij} 是同一直角坐标系中 φ 的分量，所以与普遍成立的张量坐标转换关系不同。上式给出了各向同性张量分量必须满足的条件，可用于各向同性的判别和证明。

1.10 节指出，正交张量是一种正交变换，使向量在变换后保持长度不变，两个向量间的夹角不变。正常正交张量 $\det \boldsymbol{Q} = 1$ 表示刚性转动，反常正交张量 $\det \boldsymbol{Q} = -1$ 表示刚性转动和镜面反射，所以任意正交变换 $\boldsymbol{Q}$ 使一个直角坐标系变为另一个直角坐标系，既包含标架的刚性转动也包含镜面反射。如果上述定义仅限于正常正交变换，则称为不完全各向同性张量或伪各向同性张量。

下面将定义式 (1.154) 用于识别各向同性张量。

标量与坐标系无关，所以是零阶各向同性张量。

如果向量 $\boldsymbol{v}$ 在同一坐标系中的分量满足关系 $v_{i'} = Q_{i'}^i v_i$，只有 $\boldsymbol{v} = \boldsymbol{0}$ 才可能，所以非零向量不是各向同性张量。

球形张量对于任何正交变换满足关系：

$$\boldsymbol{Q} \cdot \boldsymbol{T}^\circ \cdot \boldsymbol{Q}^{\mathrm{T}} = \frac{1}{3}\left(\mathrm{tr}\boldsymbol{T}\right)\boldsymbol{Q} \cdot \boldsymbol{Q}^{\mathrm{T}} = \frac{1}{3}\left(\mathrm{tr}\boldsymbol{T}\right)\boldsymbol{I} = \boldsymbol{T}^\circ; \quad T_{i'j'}^\circ = Q_{i'i}Q_{j'j}T_{ij}^\circ$$

所以为各向同性二阶张量。适当选择 $\boldsymbol{Q}$ 可以证明二阶张量中只有球形张量是各向同性的。

四阶张量 $\boldsymbol{\Sigma}$ 为各向同性张量的条件是

$$\Sigma_{i'j'k'l'} = Q_{i'i}Q_{j'j}Q_{k'k}Q_{l'l}\Sigma_{ijkl}$$

可以证明 (见 6.1.1 节)，具有 Voigt 对称性 ($\Sigma_{ijkl} = \Sigma_{jikl} = \Sigma_{ijlk} = \Sigma_{klij}$) 的四阶各向同性张量 $\boldsymbol{\Sigma}$ 可以表为

$$\Sigma_{ijkl} = \lambda\delta_{ij}\delta_{kl} + \mu\left(\delta_{ik}\delta_{jl} + \delta_{il}\delta_{jk}\right)$$

上式即为各向同性线弹性体的弹性张量，λ 和 μ 是 Lamé参数。

在任意正交变换中，若张量函数的形式保持不变，则称为各向同性张量函数。

各向同性张量函数 φ 在任意正交变换 $\boldsymbol{Q}$ 中的函数形式不变性，相当于函数值张量 φ 和自变量张量 (例如二阶张量 $\boldsymbol{T}$ 和向量 $\boldsymbol{v}$) 的函数关系与它们的正交变换映像满足的关系相同，所以各向同性张量函数的定义为：

张量的标量值函数 $\varphi = \varphi(\boldsymbol{T}, \boldsymbol{v})$ 是各向同性的，如果

$$\varphi(\boldsymbol{T}, \boldsymbol{v}) = \varphi\left(\boldsymbol{Q} \cdot \boldsymbol{T} \cdot \boldsymbol{Q}^{\mathrm{T}}, \boldsymbol{Q} \cdot \boldsymbol{v}\right) \tag{1.155a}$$

张量的向量值函数 $\varphi = \varphi(\boldsymbol{T}, \boldsymbol{v})$ 是各向同性的，如果

$$\boldsymbol{Q} \cdot \varphi(\boldsymbol{T}, \boldsymbol{v}) = \varphi\left(\boldsymbol{Q} \cdot \boldsymbol{T} \cdot \boldsymbol{Q}^{\mathrm{T}}, \boldsymbol{Q} \cdot \boldsymbol{v}\right) \tag{1.155b}$$

张量的二阶张量值函数 $\varphi = \varphi(\boldsymbol{T}, \boldsymbol{v})$ 是各向同性的，如果

$$\boldsymbol{Q} \cdot \varphi(\boldsymbol{T}, \boldsymbol{v}) \cdot \boldsymbol{Q}^{\mathrm{T}} = \varphi\left(\boldsymbol{Q} \cdot \boldsymbol{T} \cdot \boldsymbol{Q}^{\mathrm{T}}, \boldsymbol{Q} \cdot \boldsymbol{v}\right) \tag{1.155c}$$

式 (1.155a) ∼ 式 (1.155c) 各式中左端为函数值的正交变换映像，右端括号内是自变量的映像。将上述定义推广，m 阶张量函数 $\varphi = \varphi(\boldsymbol{T}, \boldsymbol{v})$ 的各向同性定义及其分量形式为

$$\boldsymbol{Q} \circ \varphi(\boldsymbol{T}, \boldsymbol{v}) = \varphi\left(\boldsymbol{Q} \cdot \boldsymbol{T} \cdot \boldsymbol{Q}^{\mathrm{T}}, \boldsymbol{Q} \cdot \boldsymbol{v}\right) \tag{1.156}$$

$$Q_{p'}{}^{p} Q_{q'}{}^{q} \cdots Q_{t'}{}^{t} \varphi_{pq\cdots t}(T_{ij}, v_i) = \varphi_{p'q'\cdots t'}\left(Q_{i'}{}^{i} Q_{j'}{}^{j} T_{ij}, Q_{i'}{}^{i} v_i\right) \tag{1.156a}$$

式中，$\boldsymbol{Q} \circ \varphi$ 表示在 φ 的并矢表达式中每个基向量前面点乘 $\boldsymbol{Q}$。

[例 1.10]　证明向量的标量函数 $W = \boldsymbol{F} \cdot \boldsymbol{u}$ (外力做的功) 是各向同性函数。

$$(\boldsymbol{Q} \cdot \boldsymbol{F}) \cdot (\boldsymbol{Q} \cdot \boldsymbol{u}) = \boldsymbol{F} \cdot \boldsymbol{Q}^{\mathrm{T}} \cdot \boldsymbol{Q} \cdot \boldsymbol{u} = \boldsymbol{F} \cdot \boldsymbol{u} = W$$

符合定义式 (1.155a)，所以 $W(\boldsymbol{F}, \boldsymbol{u})$ 是各向同性函数。若 $\boldsymbol{F}, \boldsymbol{u}, W$ 分别为力、位移和功，则在一切直角坐标系中 $W = F_i u_i$，形式相同；但在非正交变换得到的斜角直线坐标系或曲线坐标系中 $W = g^{ij} F_i u_j$，函数形式随 g^{ij} 改变。

[例 1.11]　证明各向同性材料的虎克定律是二阶各向同性张量函数。

虎克定律在直角坐标系 e_i 中的形式为

$$\boldsymbol{\sigma} = \boldsymbol{\sigma}(\boldsymbol{\varepsilon}) = \boldsymbol{\Sigma} : \boldsymbol{\varepsilon} \quad \text{或} \quad \sigma_{ij} = \Sigma_{ijkl} \varepsilon_{kl} \tag{a}$$

$\boldsymbol{\Sigma}$ 是各向同性弹性张量，已在本节前面给出。将 $\boldsymbol{\Sigma}$ 代入上式，得

$$\sigma_{ij} = (\lambda \delta_{ij} \delta_{kl} + \mu(\delta_{ik} \delta_{jl} + \delta_{il} \delta_{jk})) \varepsilon_{kl} \tag{b}$$

在正交变换后，应力张量和应变张量为

$$\widetilde{\sigma}_{i'j'} = Q_{i'i} Q_{j'j} \sigma_{ij}; \quad \widetilde{\varepsilon}_{i'j'} = Q_{i'i} Q_{j'j} \varepsilon_{ij} \tag{c}$$

用 $Q_{i'i} Q_{j'j}$ 乘式 (b)，注意到 $\delta_{kl} = Q_{kl'} Q_{ll'}$，进行适当的指标代换，有

$$\begin{aligned}
Q_{i'i} Q_{j'j} \sigma_{ij} &= Q_{i'i} Q_{j'j} (\lambda \delta_{ij} \delta_{kl} + \mu(\delta_{ik} \delta_{jl} + \delta_{il} \delta_{jk})) \varepsilon_{kl} \\
&= \lambda (Q_{i'j} Q_{j'j} \delta_{kl} + \mu(Q_{i'k} Q_{j'l} + Q_{i'l} Q_{j'k})) \varepsilon_{kl} \\
&= \lambda (\delta_{i'j'} \delta_{k'l'} Q_{k'k} Q_{ll} + \mu(\delta_{i'k'} Q_{k'k} \delta_{j'l'} Q_{ll} + \delta_{i'l'} Q_{ll} \delta_{j'k'} Q_{k'k})) \varepsilon_{kl} \\
&= \lambda (\delta_{i'j'} \delta_{k'l'} + \mu(\delta_{i'k'} \delta_{j'l'} + \delta_{i'l'} \delta_{j'k'})) Q_{k'k} Q_{ll} \varepsilon_{kl} \tag{d}
\end{aligned}$$

显然式 (d) 满足各向同性张量函数分量定义式 (1.156a)($m = 2$)，将式 (c)$_2$ 代入，得

$$\widetilde{\sigma}_{i'j'} = \lambda (\delta_{i'j'} \delta_{k'l'} + \mu(\delta_{i'k'} \delta_{j'l'} + \delta_{i'l'} \delta_{j'k'})) \widetilde{\varepsilon}_{k'l'}$$

可见当 Σ_{ijkl} 为各向同性张量时，虎克定律式 (a) 在正交变换群内，函数形式保持不变。

各向同性张量函数在不同的参考系中有不同的形式，在正交变换群内同样保持各自形式不变。例如，在两个斜角直线坐标系 g_i 和 $\tilde{g}_{i'} = Q_{i'}{}^i g_i$ 中，虎克定律的形式相同：

$$\sigma^{ij} = \lambda \left(g^{ij} g^{kl} + \mu \left(g^{ik} g^{jl} + g^{il} g^{jk} \right) \right) \varepsilon_{kl} \tag{e}$$

$$\tilde{\sigma}^{i'j'} = \lambda \left(\tilde{g}^{i'j'} \tilde{g}^{k'l'} + \mu \left(\tilde{g}^{i'k'} \tilde{g}^{j'l'} + \tilde{g}^{i'l'} \tilde{g}^{j'k'} \right) \right) \tilde{\varepsilon}_{k'l'} \tag{f}$$

➤ 1.21.3 Cayley-Hamilton 定理

二阶张量的多项式函数是常见的张量函数。在一般情况下，二阶张量 A 的 n 次多项式函数可以表示为

$$P(A) = \alpha_0 A^n + \alpha_1 A^{n-1} + \cdots + \alpha_n I \tag{1.157a}$$

式中，$\alpha_0, \cdots, \alpha_n$ 是常数；A 的各次幂都是二阶张量，例如 $A^2 = A \cdot A$、$A^3 = A \cdot A \cdot A$ 等。

二阶张量函数 $\varphi(T)$ 的幂级数为

$$\varphi(T) = a_0 + a_1 T + a_2 T^2 + \cdots + a_n T^n + \cdots \tag{1.157b}$$

式中，$a_0, a_1, a_2, \cdots, a_n, \cdots$ 是常数，假设 $\varphi(T)$ 在其定义域内是收敛的。例如指数函数

$$e^T = I + \frac{T}{1} + \frac{T^2}{2!} + \cdots + \frac{T^n}{n!} + \cdots \tag{1.157c}$$

下述定理给出了二阶张量的幂之间的重要关系。若 T 为任意二阶张量，可以证明

$$T^3 - \mathrm{I}\, T^2 + \mathrm{II}\, T - \mathrm{III} I = 0 \tag{1.158}$$

式中，I，II，III 为 T 的第一、第二、第三不变量。上式称为 Cayley-Hamilton 定理。与式 (1.70) 比较，可见任意二阶张量满足自己的特征方程。由上式得到

$$T^3 = \mathrm{I}\, T^2 - \mathrm{II}\, T + \mathrm{III} I$$

因此，T 的多项式中二次幂以上的高次项，可以不断降低次数直到二次和二次以下，如果 T 是正则张量 (存在 T^{-1})，上式点乘 T^{-n} ($n = 1, 2, \cdots$) 则给出负幂间的关系，可用低次负幂表示高次负幂，从而使任意次幂多项式函数简化为二次幂函数。同样地，任意二阶张量函数 $\varphi(T)$ 若能通过幂级数展开，则可表示成 T 的二次多项式。

Cayley-Hamilton 定理的证明如下。

利用二阶张量 T 和任意实数 λ，建立二阶张量

$$B = T - \lambda I \tag{a}$$

$\boldsymbol{B}$ 的行列式为 $|\boldsymbol{B}| = |T^i{}_j - \lambda\delta^i_j|$。$|\boldsymbol{B}|$ 的代数余子式的元素记作 $\overline{B}^q{}_p$，由式 (1.4)

$$\overline{B}^i{}_r = \frac{1}{2!}\varepsilon^{ijk}\varepsilon_{rst}\left(T^s{}_j - \lambda\delta^s_j\right)\left(T^t{}_k - \lambda\delta^t_k\right)$$

由上式可见，以 $\overline{B}^i{}_r$ 为元素的张量 $\overline{\boldsymbol{B}}$(伴随张量) 是 λ 的二次多项式，令

$$\overline{\boldsymbol{B}} = \overline{\boldsymbol{B}}_2\lambda^2 + \overline{\boldsymbol{B}}_1\lambda + \overline{\boldsymbol{B}}_0 \tag{b}$$

类似逆矩阵计算，$\boldsymbol{B}$ 的逆张量为

$$\boldsymbol{B}^{-1} = \frac{\overline{\boldsymbol{B}}}{|\boldsymbol{B}|} \tag{c}$$

由 $\boldsymbol{B}\cdot\boldsymbol{B}^{-1} = \boldsymbol{I}$ 和 $|T^i{}_j - \lambda\delta^i_j|$ 的展开式 (1.70)，有

$$\boldsymbol{B}\cdot\overline{\boldsymbol{B}} = |\boldsymbol{B}|\,\boldsymbol{I} = -\left(\lambda^3 - \mathrm{I}\,\lambda^2 + \mathrm{II}\,\lambda - \mathrm{III}\right)\boldsymbol{I} \tag{d}$$

式中，I，II，III 是 $\boldsymbol{T}$ 的主不变量。将式 (a) 和式 (b) 代入式 (d)，由于 λ 是任意实数，等式两端 λ 同次幂的系数相等，所以得到

$$-\overline{\boldsymbol{B}}_2 = -\boldsymbol{I};\; \boldsymbol{T}\cdot\overline{\boldsymbol{B}}_2 - \overline{\boldsymbol{B}}_1 = \mathrm{I}\,\boldsymbol{I};\; \boldsymbol{T}\cdot\overline{\boldsymbol{B}}_1 - \overline{\boldsymbol{B}}_0 = -\mathrm{II}\,\boldsymbol{I};\; \boldsymbol{T}\cdot\overline{\boldsymbol{B}}_0 = \mathrm{III}\boldsymbol{I}$$

上述 4 式两端分别左侧点乘 $\boldsymbol{T}^3$、$\boldsymbol{T}^2$、$\boldsymbol{T}$ 和 $\boldsymbol{I}$，然后相加，即得到式 (1.158)。

➤ 1.21.4　表示定理

各向同性函数是最重要的张量函数之一。许多实际物质的性质没有方向性，因而本构方程是各向同性函数，在建立这些物质的本构关系时，应该满足各向同性函数的形式不变性要求。因此，需要研究各向同性函数的正确表示形式。

各向同性张量函数必须具有的表示形式称为表示定理。满足表示定理规定形式的张量函数一定是各向同性的，所以表示定理也是判断张量函数各向同性的充分必要条件。在构造各向同性张量函数时，例如建立各向同性材料的本构关系，应该具备表示定理所确定的形式，它不仅是各向同性函数关系的基本要求，也提供了未知函数的可能形式。因此，表示定理在研究各向同性物质的本构关系时具有重要意义。

下面列举一些比较常见的表示定理。关于表示定理的一般理论综述可以参考文献 [12]。

1.21.4.1　各向同性标量值函数的表示定理

定理 1 (Cauchy 基本表示定理)：以向量 $\boldsymbol{v}_1, \cdots, \boldsymbol{v}_m$ 为自变量的标量值函数 $f(\boldsymbol{v}_1, \cdots, \boldsymbol{v}_m)$，各向同性的充分必要条件是 f 可以表示为标量积 (点积) $\boldsymbol{v}_i\cdot\boldsymbol{v}_j(i, j = 1, 2, \cdots, m)$ 的函数。

推论: 以一个向量 v 为自变量的标量值函数 $\varphi = f(v)$ 为各向同性函数的充分必要条件是 $\varphi = f(|v|)$。因为点积 $v \cdot v$ 与模 $|v|$ 一一对应，所以推论成立。

定理 2: 以对称二阶张量 B 为自变量的标量值函数 $\varphi(B)$ 为各向同性函数的充分必要条件是 $\varphi(B)$ 可以表示为 B 的三个主不变量 I、II、III 的函数:

$$\varphi = f(\text{I}, \text{II}, \text{III}) \tag{1.159}$$

定理 3: 以对称二阶张量 A 和 B 为自变量的各向同性标量值函数 $\varphi(A, B)$，可以表示为下列十个不变量的函数:

$$\begin{array}{l} \text{tr}A; \quad \text{tr}A^2; \quad \text{tr}A^3; \quad \text{tr}B; \quad \text{tr}B^2; \quad \text{tr}B^3 \\ \text{tr}(A \cdot B); \quad \text{tr}(A \cdot B^2); \quad \text{tr}(A^2 \cdot B); \quad \text{tr}(A^2 \cdot B^2) \end{array} \tag{1.160}$$

定理 4: 以对称二阶张量 A 和向量 v 为自变量的各向同性标量值函数 $\varphi(A, v)$，可以表示为下列六个不变量的函数:

$$\text{tr}A; \quad \text{tr}A^2; \quad \text{tr}A^3; \quad v \cdot v; \quad v \cdot A \cdot v; \quad v \cdot A^2 \cdot v \tag{1.161}$$

1.21.4.2 各向同性二阶张量值函数的表示定理

定理 5(第一表示定理): 以对称二阶张量 B 为自变量的二阶张量值函数 $T(B)$ 为各向同性函数的充分必要条件是 T 可以表示为

$$T(B) = \varphi_0 I + \varphi_1 B + \varphi_2 B^2 \tag{1.162}$$

式中，$\varphi_0, \varphi_1, \varphi_2$ 是 B 的三个主不变量的标量值函数。

定理 6(第二表示定理): 以对称正则二阶张量 B 为自变量的二阶张量值函数 $T(B)$ 为各向同性函数的充分必要条件是 T 可以表示为

$$T(B) = \beta_0 I + \beta_1 B + \beta_2 B^{-1} \tag{1.163}$$

式中，$\beta_0, \beta_1, \beta_2$ 是 B 的三个主不变量的标量值函数。

定理 7: 两个对称二阶张量 B 和 C 的各向同性二阶张量值函数 $\varphi(B, C)$，可以表示为

$$\begin{aligned} \varphi(B, C) =& \psi_0 I + \psi_1 B + \psi_2 C + \psi_3 B^2 + \psi_4 C^2 + \\ & \psi_5(B \cdot C + C \cdot B) + \psi_6(B^2 \cdot C + C \cdot B^2) + \\ & \psi_7(B \cdot C^2 + C^2 \cdot B) + \psi_8(B^2 \cdot C^2 + C^2 \cdot B^2) \end{aligned} \tag{1.164}$$

式中，$\psi_0, \psi_1, \cdots, \psi_8$ 是式 (1.160) 中 10 个不变量 (A、B 换成 B、C) 的标量函数。

1.21.4.3　线性函数表示定理

定理 8：以二阶张量 $\boldsymbol{T}$ 为自变量的线性标量值函数 $W(\boldsymbol{T})$ 为各向同性函数的充分必要条件为

$$W(\boldsymbol{T}) = \lambda \mathrm{tr} \boldsymbol{T} \quad (\lambda \text{ 是常数}) \tag{1.165}$$

定理 9：以对称二阶张量 $\boldsymbol{S}$ 为自变量的线性二阶张量值函数 $\boldsymbol{T}(\boldsymbol{S})$ 为各向同性函数的充分必要条件是 $\boldsymbol{T}$ 可以表示为

$$\boldsymbol{T}(\boldsymbol{S}) = \lambda (\mathrm{tr} \boldsymbol{S}) \boldsymbol{I} + 2\mu \boldsymbol{S} \quad (\lambda, \ \mu \text{ 是常数}) \tag{1.166}$$

1.22　张量函数的微分和导数

➤ 1.22.1　定义

由于张量自变量变化引起的张量函数的变化用张量函数的微分表示，张量函数微分的定义与张量场的微分定义 (1.15 节) 类似。若 $\varphi(\boldsymbol{B})$ 为任意阶张量 $\boldsymbol{B}$ 的任意阶张量函数，当自变量 $\boldsymbol{B}$ 有无限小增量 $h\boldsymbol{S}$ 时 (h 为无限小量，引入 h 可以避免 $\boldsymbol{S}$ 作分母，张量运算中没有除法)，将函数 φ 的增量在 $h = 0$ 处展开成 h 的一次项与 h 的高阶小量 $\mathrm{O}(h)$ 之和：

$$\varphi(\boldsymbol{B} + h\boldsymbol{S}) - \varphi(\boldsymbol{B}) = h \left. \frac{\mathrm{d}\varphi}{\mathrm{d}h} \right|_{h=0} + \mathrm{O}(h) \tag{1.167}$$

式中，$\dfrac{\mathrm{d}\varphi}{\mathrm{d}h}$ 是自变量 $\boldsymbol{B}$ 的改变量为 $\boldsymbol{S}$ 时函数 φ 变化的主部，称为 φ 在 $\boldsymbol{B}$ 处对应增量 $\boldsymbol{S}$ 的微分，它与 $\boldsymbol{S}$ 成线性关系，是 φ 的同阶张量，可以记作：

$$\varphi'(\boldsymbol{B}) \binom{n}{\cdot} \boldsymbol{S} = \lim_{h \to 0} \frac{1}{h} (\varphi(\boldsymbol{B} + h\boldsymbol{S}) - \varphi(\boldsymbol{B})) = \left. \frac{\mathrm{d}}{\mathrm{d}h} \varphi(\boldsymbol{B} + h\boldsymbol{S}) \right|_{h=0} \tag{1.168}$$

式中，$\binom{n}{\cdot}$ 表示 n 重点积，n 为张量 $\boldsymbol{B}$ 的阶数；φ' 称为 φ 对 $\boldsymbol{B}$ 的导数，记作：

$$\varphi'(\boldsymbol{B}) = \frac{\mathrm{d}\varphi}{\mathrm{d}\boldsymbol{B}} \tag{1.168a}$$

上式代入式 (1.167)，得

$$\varphi(\boldsymbol{B} + h\boldsymbol{S}) - \varphi(\boldsymbol{B}) = h\varphi'\binom{n}{\cdot} \boldsymbol{S} + \mathrm{O}(h) \tag{1.168b}$$

式 (1.168) 表明，当 φ 为 m 阶张量、$\boldsymbol{B}$ 为 n 阶张量时，根据商法则，φ' 必为 $m+n$ 阶张量。如果式 (1.168) 的极限存在，则导数存在并且唯一，导数的分量记法可以由定义 (1.168) 得到。若 (以逆变分量为例)

$$\varphi = \varphi^{i \cdots j} \boldsymbol{g}_i \cdots \boldsymbol{g}_j; \ \boldsymbol{B} = B^{r \cdots t} \boldsymbol{g}_r \cdots \boldsymbol{g}_t; \ \boldsymbol{S} = S^{r \cdots t} \boldsymbol{g}_r \cdots \boldsymbol{g}_t$$

代入式 (1.168)，有

$$\lim_{h \to 0} \frac{1}{h} (\boldsymbol{\varphi}(\boldsymbol{B} + h\boldsymbol{S}) - \boldsymbol{\varphi}(\boldsymbol{B})) = \lim_{h \to 0} \frac{1}{h} \left[\varphi^{i \cdots j} \left(B^{r \cdots t} + hS^{r \cdots t} \right) - \varphi^{i \cdots j} \left(B^{r \cdots t} \right) \right] \boldsymbol{g}_i \cdots \boldsymbol{g}_j \tag{a}$$

将分量 $\varphi^{i \cdots j} \left(B^{r \cdots t} + hS^{r \cdots t} \right)$ 在 $h = 0$ 处展开成 h 的一次项与 h 的高阶小量之和，则式 (a) 变为

$$\lim_{h \to 0} \frac{1}{h} (\boldsymbol{\varphi}(\boldsymbol{B} + h\boldsymbol{S}) - \boldsymbol{\varphi}(\boldsymbol{B})) = \left(\frac{\partial \varphi^{i \cdots j}}{\partial B^{r \cdots t}} S^{r \cdots t} \right) \boldsymbol{g}_i \cdots \boldsymbol{g}_j \tag{b}$$

令

$$\boldsymbol{\varphi}'(\boldsymbol{B}) = \varphi'^{i \cdots j}{}_{k \cdots l} \boldsymbol{g}_i \cdots \boldsymbol{g}_j \boldsymbol{g}^k \cdots \boldsymbol{g}^l \tag{c}$$

将式 (b) 和式 (c) 代入式 (1.168)，得到分量形式：

$$\varphi'^{i \cdots j}{}_{r \cdots t} S^{r \cdots t} = \frac{\partial \varphi^{i \cdots j}}{\partial B^{r \cdots t}} S^{r \cdots t} \quad \text{或} \quad \left(\varphi'^{i \cdots j}{}_{r \cdots t} - \frac{\partial \varphi^{i \cdots j}}{\partial B^{r \cdots t}} \right) S^{r \cdots t} = 0 \tag{d}$$

由于 $\boldsymbol{S} \neq 0$ 和任意性，所以并矢记法式 (c) 中导数 $\boldsymbol{\varphi}'$ 的分量为

$$\varphi'^{i \cdots j}{}_{k \cdots l} = \frac{\partial \varphi^{i \cdots j}}{\partial B^{k \cdots l}} \tag{1.169}$$

任意升降指标，便可得到其他分量形式。将式 (1.169) 写成微分形式，有

$$\mathrm{d}\varphi^{i \cdots j} = \frac{\partial \varphi^{i \cdots j}}{\partial B^{k \cdots l}} \mathrm{d}B^{k \cdots l} \quad \text{或} \quad \mathrm{d}\boldsymbol{\varphi} = \boldsymbol{\varphi}' \binom{n}{\cdot} \mathrm{d}\boldsymbol{B} = \frac{\mathrm{d}\boldsymbol{\varphi}}{\mathrm{d}\boldsymbol{B}} \binom{n}{\cdot} \mathrm{d}\boldsymbol{B} \tag{1.169a}$$

可见，上述分量运算中指标上下和前后位置的规律是：式 (1.169) 中偏导数分母的上标 (或下标) 对应导数的下标 (或上标)，分母指标排在分子指标之后，各自顺序不变。违反这一规律会导致错误。

导数 $\dfrac{\mathrm{d}\boldsymbol{\varphi}}{\mathrm{d}\boldsymbol{B}}$ 的分量 $\varphi'^{i \cdots j}{}_{k \cdots l}$ 是分量 $\varphi^{i \cdots j}$ 对于分量 $B^{k \cdots l}$ 的变化率，m 阶张量 $\boldsymbol{\varphi}$ 作为 n 阶张量 $\boldsymbol{B}$ 的函数，其变化率需要用导数 $\boldsymbol{\varphi}'$ 的 $3^{(m+n)}$ 个分量表示。

导数 $\dfrac{\mathrm{d}\boldsymbol{\varphi}}{\mathrm{d}\boldsymbol{B}}$ 也称为函数 $\boldsymbol{\varphi}$ 在 $\boldsymbol{B}$ 处的右梯度。类似 1.15 节，可以用微分算子 ∇ 定义张量函数的右梯度和左梯度，例如若 $\boldsymbol{\varphi}$ 是向量 $\boldsymbol{v}$ 的函数，有

$$\begin{aligned} \boldsymbol{\varphi}\nabla &= \frac{\partial \boldsymbol{\varphi}}{\partial v^r} \boldsymbol{g}^r = \frac{\partial \varphi^{i \cdots j}}{\partial v^r} \boldsymbol{g}_i \cdots \boldsymbol{g}_j \boldsymbol{g}^r = \frac{\mathrm{d}\boldsymbol{\varphi}}{\mathrm{d}\boldsymbol{v}} \quad \text{(右梯度)} \\ \nabla\boldsymbol{\varphi} &= \boldsymbol{g}^r \frac{\partial \boldsymbol{\varphi}}{\partial v^r} = \frac{\partial \varphi^{i \cdots j}}{\partial v^r} \boldsymbol{g}^r \boldsymbol{g}_i \cdots \boldsymbol{g}_j \quad \text{(左梯度)} \end{aligned} \tag{1.170}$$

应该注意的是：这里自变量是向量场 $\boldsymbol{v}$，而张量场的微分算子 (1.15 节) 中自变量是坐标 x^r(或位置向量)，所以如果应用张量函数微分算子，需要加以说明，以防混淆。

[**例 1.12**] 求矢量的标量值函数 $f(\boldsymbol{v}) = \boldsymbol{v} \cdot \boldsymbol{v}$ 的导数。

由式 (1.167b)，$\boldsymbol{f}'(\boldsymbol{v}) = \dfrac{\mathrm{d}f}{\mathrm{d}\boldsymbol{v}}$ 是向量，其分量可由式 (1.169) 得到

$$f_i' = \frac{\partial f(v^m)}{\partial v^i} = \frac{\partial}{\partial v^i}\left(g_{kl}v^k v^l\right) = 2v_i \quad \text{和} \quad f'^i = \frac{\partial f(v_m)}{\partial v_i} = \frac{\partial}{\partial v_i}\left(g^{kl}v_k v_l\right) = 2v^i$$

式中，f_i' 和 f'^i 分别是 $\boldsymbol{f}'$ 的协变分量和逆变分量。函数中 v^m 表示全部分量。

[**例 1.13**]　求向量的向量值函数 $\boldsymbol{u} = \boldsymbol{F}(\boldsymbol{v})$ 的导数。

由式 (1.168a)，$\boldsymbol{F}'(\boldsymbol{v}) = \dfrac{\mathrm{d}\boldsymbol{F}}{\mathrm{d}\boldsymbol{v}}$ 是二阶张量，当 $\boldsymbol{F}$ 的逆变或协变分量用 $\boldsymbol{v}$ 的逆变或协变分量表示时，可以有四种形式 $F_i(v^k)$、$F^i(v_k)$、$F_i(v_k)$、$F^i(v^k)$。利用式 (1.169)，$\boldsymbol{F}'$ 的协变、逆变和混合分量为

$$F_{ij}' = \frac{\partial F_i(v^k)}{\partial v^j}; \quad F'^{ij} = \frac{\partial F^i(v_k)}{\partial v_j}; \quad F'{}_i{}^j = \frac{\partial F_i(v_k)}{\partial v_j}; \quad F'^i{}_j = \frac{\partial F^i(v^k)}{\partial v^j}$$

或
$$\boldsymbol{F}' = F_{ij}'\boldsymbol{g}^i\boldsymbol{g}^j = F'^{ij}\boldsymbol{g}_i\boldsymbol{g}_j = F'{}_i{}^j\boldsymbol{g}^i\boldsymbol{g}_j = F'^i{}_j\boldsymbol{g}_i\boldsymbol{g}^j$$

[**例 1.14**]　求二阶张量 $\boldsymbol{A}$ 的二阶张量值函数 $\boldsymbol{B} = \boldsymbol{B}(\boldsymbol{A})$ 的导数。

由式 (1.168a)，$\boldsymbol{B}'(\boldsymbol{A}) = \dfrac{\mathrm{d}\boldsymbol{B}}{\mathrm{d}\boldsymbol{A}}$ 是四阶张量，当 $\boldsymbol{B}, \boldsymbol{A}$ 为协变、逆变或混合分量时，$\boldsymbol{B}'$ 有多种分量形式，例如：

$$\boldsymbol{B}'(\boldsymbol{A}) = \frac{\mathrm{d}\boldsymbol{B}}{\mathrm{d}\boldsymbol{A}} = B'^{ijkl}\boldsymbol{g}_i\boldsymbol{g}_j\boldsymbol{g}_k\boldsymbol{g}_l = B'_{ijkl}\boldsymbol{g}^i\boldsymbol{g}^j\boldsymbol{g}^k\boldsymbol{g}^l$$
$$= B'_{ij}{}^{kl}\boldsymbol{g}^i\boldsymbol{g}^j\boldsymbol{g}_k\boldsymbol{g}_l = B'_i{}^j{}_k{}^l\boldsymbol{g}^i\boldsymbol{g}_j\boldsymbol{g}^k\boldsymbol{g}_l = \cdots$$

$$B'^{ijkl} = \frac{\partial B^{ij}}{\partial A_{kl}}; \quad B'_{ijkl} = \frac{\partial B_{ij}}{\partial A^{kl}}; \quad B'_{ij}{}^{kl} = \frac{\partial B_{ij}}{\partial A_{kl}}; \quad B'_i{}^j{}_k{}^l = \frac{\partial B_i{}^j}{\partial A^k{}_l}; \quad \cdots$$

▶ 1.22.2　复合函数和乘积的导数

根据张量函数微分和导数的定义，可以得到求函数导数的一些规则。

1.22.2.1　复合函数的导数

若复合函数 $\boldsymbol{H} = \varphi(\boldsymbol{F}(\boldsymbol{T}))$，即 r 阶张量 $\boldsymbol{H}$ 是 m 阶张量 $\boldsymbol{F}$ 的函数，而 $\boldsymbol{F}$ 又是 n 阶张量 $\boldsymbol{T}$ 的函数，则 $\boldsymbol{H}$ 对 $\boldsymbol{T}$ 的导数为

$$\frac{\mathrm{d}\boldsymbol{H}}{\mathrm{d}\boldsymbol{T}} = \frac{\mathrm{d}\varphi}{\mathrm{d}\boldsymbol{F}}\,\overset{(m)}{\cdot}\,\frac{\mathrm{d}\boldsymbol{F}}{\mathrm{d}\boldsymbol{T}} \quad \text{或} \quad \boldsymbol{H}'(\boldsymbol{T}) = \varphi'(\boldsymbol{F})\,\overset{(m)}{\cdot}\,\boldsymbol{F}'(\boldsymbol{T}) \tag{1.171}$$

上式称为链法则，式中 $\boldsymbol{H}'$ 为 $(r+n)$ 阶张量，φ'、$\boldsymbol{F}'$ 为 $(r+m)$ 和 $(m+n)$ 阶张量。式 (1.171) 的分量形式为 (逆变分量)

$$H'^{i\cdots j k\cdots l} = \frac{\partial H^{i\cdots j}}{\partial T_{k\cdots l}} = \frac{\partial H^{i\cdots j}(F_{s\cdots t})}{\partial F_{p\cdots q}}\frac{\partial F_{p\cdots q}(T_{u\cdots v})}{\partial T_{k\cdots l}} \tag{1.171a}$$

证明: 利用式 (1.168) 和式 (1.168b), 有

$$
\begin{aligned}
\frac{\mathrm{d}\boldsymbol{H}}{\mathrm{d}\boldsymbol{T}}\binom{n}{.}\boldsymbol{S} &= \lim_{h\to 0}\frac{1}{h}\left[\varphi\left(\boldsymbol{F}\left(\boldsymbol{T}+h\boldsymbol{S}\right)\right) - \varphi\left(\boldsymbol{F}\left(\boldsymbol{T}\right)\right)\right] \\
&= \lim_{h\to 0}\frac{1}{h}\left[\varphi\left(\boldsymbol{F}\left(\boldsymbol{T}\right)+h\boldsymbol{F}'\binom{n}{.}\boldsymbol{S}+\mathrm{O}\left(h\right)\right) - \varphi\left(\boldsymbol{F}\left(\boldsymbol{T}\right)\right)\right] \\
&= \lim_{h\to 0}\frac{1}{h}\left[\varphi\left(\boldsymbol{F}\left(\boldsymbol{T}\right)\right)+h\varphi'\left(\boldsymbol{F}\left(\boldsymbol{T}\right)\right)\binom{m}{.}\left(\boldsymbol{F}'\binom{n}{.}\boldsymbol{S}\right)+\mathrm{O}\left(h\right) - \varphi\left(\boldsymbol{F}\left(\boldsymbol{T}\right)\right)\right] \\
&= \varphi'\left(\boldsymbol{F}\left(\boldsymbol{T}\right)\right)\binom{m}{.}\left(\boldsymbol{F}'\binom{n}{.}\boldsymbol{S}\right)
\end{aligned}
$$

式中, 第 3 和第 4 个等号是将 $\boldsymbol{F}'\left(\boldsymbol{T}\right)\binom{n}{.}\boldsymbol{S}$ 作为 $\boldsymbol{F}\left(\boldsymbol{T}\right)$ 的增量, 再应用式 (1.168b) 和式 (1.168). 利用点积的结合律和 $\boldsymbol{S}$ 的任意性, 式 (1.171) 成立.

1.22.2.2 张量函数乘积的导数

若两个张量函数的乘积为 $\boldsymbol{H}\left(\boldsymbol{T}\right)=\boldsymbol{A}\left(\boldsymbol{T}\right)*\boldsymbol{B}\left(\boldsymbol{T}\right)$, 其中 $\boldsymbol{H}$、$\boldsymbol{A}$、$\boldsymbol{B}$、$\boldsymbol{T}$ 分别是 r、m、n、l 阶张量, 符号 $*$ 可以表示点积、叉积或并积, 则

$$
\boldsymbol{H}'\left(\boldsymbol{T}\right)\binom{l}{.}\boldsymbol{U}=\left(\boldsymbol{A}'\left(\boldsymbol{T}\right)\binom{l}{.}\boldsymbol{U}\right)*\boldsymbol{B}\left(\boldsymbol{T}\right)+\boldsymbol{A}\left(\boldsymbol{T}\right)*\left(\boldsymbol{B}'\left(\boldsymbol{T}\right)\binom{l}{.}\boldsymbol{U}\right) \tag{1.172}
$$

式中, $\boldsymbol{U}$ 是 $\boldsymbol{T}$ 的任意增量. 上式称为莱布尼兹 (Leibniz) 法则, 这里略去证明.

需要指出的是, 在一般情况下, 由于不满足交换律, 右端不能简化为后乘公因子 $\boldsymbol{U}$ 的形式, 所以一般情况下得不到 $\boldsymbol{H}'\left(\boldsymbol{T}\right)$ 的显式 (不含 $\boldsymbol{U}$). 但利用 $\boldsymbol{U}$ 的任意性, 式 (1.172) 的分量形式可以用显式表示.

[**例 1.15**]　用导数定义求乘积 $\boldsymbol{H}\left(\boldsymbol{T}\right)=\boldsymbol{A}\left(\boldsymbol{T}\right)*\boldsymbol{B}\left(\boldsymbol{T}\right)$ 的导数, $\boldsymbol{A},\boldsymbol{B},\boldsymbol{T}$ 为二阶张量.

由式 (1.168) 和式 (1.168b), 有

$$
\begin{aligned}
\boldsymbol{H}'\left(\boldsymbol{T}\right):\boldsymbol{U} &= \lim_{h\to 0}\frac{1}{h}\left[\boldsymbol{A}\left(\boldsymbol{T}+h\boldsymbol{U}\right)*\boldsymbol{B}\left(\boldsymbol{T}+h\boldsymbol{U}\right)-\boldsymbol{A}\left(\boldsymbol{T}\right)*\boldsymbol{B}\left(\boldsymbol{T}\right)\right] \\
&= \lim_{h\to 0}\frac{1}{h}\left[\left(\boldsymbol{A}\left(\boldsymbol{T}\right)+h\boldsymbol{A}':\boldsymbol{U}+\mathrm{O}\left(h\right)\right)*\left(\boldsymbol{B}\left(\boldsymbol{T}\right)+h\boldsymbol{B}':\boldsymbol{U}+\mathrm{O}\left(h\right)\right)-\right. \\
&\quad\left.\boldsymbol{A}\left(\boldsymbol{T}\right)*\boldsymbol{B}\left(\boldsymbol{T}\right)\right] \\
&= \lim_{h\to 0}\frac{1}{h}\left[h\boldsymbol{A}':\boldsymbol{U}*\boldsymbol{B}\left(\boldsymbol{T}\right)+h\boldsymbol{A}\left(\boldsymbol{T}\right)*\boldsymbol{B}':\boldsymbol{U}+\mathrm{O}\left(h\right)\right] \\
&= \boldsymbol{A}':\boldsymbol{U}*\boldsymbol{B}\left(\boldsymbol{T}\right)+\boldsymbol{A}\left(\boldsymbol{T}\right)*\boldsymbol{B}':\boldsymbol{U}
\end{aligned}
$$

即二阶张量函数乘积求导的莱布尼兹公式. 若 $*$ 为并积, 上式的分量形式为

$$
H'^{ijklrt}U_{rt}=A'^{ijrt}B^{kl}U_{rt}+A^{ij}B'^{klrt}U_{rt}
$$

由于 U_{rt} 的任意性, 得 $H'^{ijklrt}=A'^{ijrt}B^{kl}+A^{ij}B'^{klrt}$, 可见 $\boldsymbol{H}'\neq\boldsymbol{A}'*\boldsymbol{B}+\boldsymbol{A}*\boldsymbol{B}'$.

若 $*$ 为点积, $\boldsymbol{H}'\left(\boldsymbol{T}\right)=\left(\boldsymbol{A}\left(\boldsymbol{T}\right)\cdot\boldsymbol{B}\left(\boldsymbol{T}\right)\right)'$ 的分量形式为

$$
H'^{ilrt}=A'^{ijrt}B_{j}{}^{l}+A^{ij}B'_{j}{}^{lrt}
$$

➤ 1.22.3　二阶张量主不变量的导数

二阶张量 $\boldsymbol{T}$ 的三个主不变量 I、II、III 由式 (1.71) 给出, 它们是张量 $\boldsymbol{T}$ 的标量值函数。利用式 (1.168a)、式 (1.169), 得到

$$\frac{\mathrm{d}\,\mathrm{I}}{\mathrm{d}\boldsymbol{T}} = \frac{\partial t^i{}_i}{\partial t^k{}_l}\boldsymbol{g}^k\boldsymbol{g}_l = \delta^i_k\delta^l_i\boldsymbol{g}^k\boldsymbol{g}_l = \boldsymbol{I}, \quad 即 \quad \frac{\mathrm{d}\,(\mathrm{tr}\boldsymbol{T})}{\mathrm{d}\boldsymbol{T}} = \boldsymbol{I} \tag{1.173a}$$

$$\begin{aligned}
\frac{\mathrm{d}\,\mathrm{II}}{\mathrm{d}\boldsymbol{T}} &= \frac{1}{2}\frac{\partial}{\partial t^k{}_l}\left(t^i{}_i t^j{}_j - t^i{}_j t^j{}_i\right)\boldsymbol{g}^k\boldsymbol{g}_l \\
&= \frac{1}{2}\left(2\delta^i_k\delta^l_i t^j{}_j - \delta^i_k\delta^l_j t^j{}_i - t^i{}_j\delta^j_k\delta^l_i\right)\boldsymbol{g}^k\boldsymbol{g}_l = (\mathrm{tr}\boldsymbol{T})\,\boldsymbol{I} - \boldsymbol{T}^{\mathrm{T}}
\end{aligned} \tag{1.173b}$$

$$\begin{aligned}
\frac{\mathrm{d}\,\mathrm{III}}{\mathrm{d}\boldsymbol{T}} &= \frac{1}{3!}\varepsilon_{ijk}\varepsilon^{lmn}\frac{\partial}{\partial t^r{}_s}\left(t^i{}_l t^j{}_m t^k{}_n\right)\boldsymbol{g}^r\boldsymbol{g}_s \\
&= \frac{1}{6}\varepsilon_{ijk}\varepsilon^{lmn}\left(\delta^i_r\delta^s_l t^j{}_m t^k{}_n + \delta^j_r\delta^s_m t^i{}_l t^k{}_n + \delta^k_r\delta^s_n t^i{}_l t^j{}_m\right)\boldsymbol{g}^r\boldsymbol{g}_s \\
&= \frac{1}{6}\left(\varepsilon_{rjk}\varepsilon^{smn}t^j{}_m t^k{}_n + \varepsilon_{irk}\varepsilon^{lsn}t^i{}_l t^k{}_n + \varepsilon_{ijr}\varepsilon^{lms}t^i{}_l t^j{}_m\right)\boldsymbol{g}^r\boldsymbol{g}_s \\
&= \frac{1}{2}\varepsilon_{rjk}\varepsilon^{smn}t^j{}_m t^k{}_n\boldsymbol{g}^r\boldsymbol{g}_s
\end{aligned}$$

利用式 (1.21a) 和式 (1.71), 得到

$$\begin{aligned}
\frac{\mathrm{d}\,\mathrm{III}}{\mathrm{d}\boldsymbol{T}} &= \frac{1}{2}\left(\delta^s_r t^j{}_j t^k{}_k + t^j{}_r t^s{}_j + t^s{}_k t^k{}_r - t^j{}_j t^s{}_r - t^s{}_r t^k{}_k - t^j{}_k t^k{}_j\delta^s_r\right)\boldsymbol{g}^r\boldsymbol{g}_s \\
&= \left(\mathrm{II}\,\delta^s_r + t^s{}_j t^j{}_r - t^j{}_j t^s{}_r\right)\boldsymbol{g}^r\boldsymbol{g}_s \\
&= \mathrm{II}\,\boldsymbol{I} + \left(\boldsymbol{T}^{\mathrm{T}}\right)^2 - \mathrm{I}\,\boldsymbol{T}^{\mathrm{T}}
\end{aligned} \tag{1.173c}$$

两端点乘 $\boldsymbol{T}^{\mathrm{T}}$ 利用 Cayley-Hamilmon 定理, 得

$$\frac{\mathrm{d}\,\mathrm{III}}{\mathrm{d}\boldsymbol{T}}\cdot\boldsymbol{T}^{\mathrm{T}} = \mathrm{II}\,\boldsymbol{T}^{\mathrm{T}} + \left(\boldsymbol{T}^{\mathrm{T}}\right)^3 - \mathrm{I}\,\left(\boldsymbol{T}^{\mathrm{T}}\right)^2 = \mathrm{III}$$

若 $\boldsymbol{T}^{-1}$ 存在, 上式点乘 $\boldsymbol{T}^{-\mathrm{T}}$, 则式 (1.173c) 可表为

$$\frac{\mathrm{d}\,\mathrm{III}}{\mathrm{d}\boldsymbol{T}} = \frac{\partial\,(\det\boldsymbol{T})}{\partial\boldsymbol{T}} = \mathrm{III}\boldsymbol{T}^{-\mathrm{T}} \tag{1.173d}$$

1.23　两点张量

在连续介质力学中, 常常需要考虑两个状态: 变形前状态与变形后状态。一般来说每个状态可以各自用一个坐标系描述, 两个坐标系的选取是任意的, 但在选定的两个坐标系中同一个物质点的坐标是一一对应的, 即必须有某一确定的变换关系相联系 (在 2.1 节中称为运动变换):

$$x^k = x^k(X^K) \quad 或 \quad X^K = X^K(x^k) \tag{1.174}$$

式中, X^K 和 x^k 是同一物质点在变形前坐标系和变形后坐标系中的坐标 (图 1.20)。

变形前构形　　　　变形后构形

图 1.20　两个坐标系

式 (1.174) 给出了 $\{x^k\}$ 坐标系中物质点的坐标 x^k 与 $\{X^K\}$ 坐标系中同一物质点的坐标 X^K 之间的关系。所以, 如果考虑任一二阶张量场 B, 它既可以表为位置向量 x 的函数 $B(x)$, 因而参考 $\{x^k\}$ 坐标系, 也可以表为位置向量 X 的函数 $B(X)$, 因而参考 $\{X^K\}$ 坐标系, 还可以同时表为 x 和 X 的函数 $B(x, X)$, 因而同时参考两个坐标系。这种参考两个坐标系的张量称为两点张量。本节约定, 大写字母指标表示参考 $\{X^K\}$ 坐标系, 小写字母指标表示参考 $\{x^k\}$ 坐标系。

类似普通张量 (或一点张量), 两点张量的定义为: 当两个坐标系 x^k 和 X^K 分别转换到另外两个坐标 $x^{k'}$ 和 $X^{K'}$ 时, 若一组量的分量 $B^k{}_K(x, X)$ 满足转换关系:

$$B^{k'}{}_{K'}(x, X) = B^k{}_K(x, X) A^{k'}_k A^K_{K'} \tag{1.175}$$

式中, $A^{k'}_k$, $A^K_{K'}$ 为坐标变换系数, x, X 是两个坐标系中对应点的位置向量; 则称 $B^k{}_K$ 为两点张量, 可以用并矢记法记作:

$$\boldsymbol{B} = B^k{}_K \boldsymbol{g}_k \boldsymbol{G}^K = B^{kK} \boldsymbol{g}_k \boldsymbol{G}_K = B_{kK} \boldsymbol{g}^k \boldsymbol{G}^K = B_k{}^K \boldsymbol{g}^k \boldsymbol{G}_K \tag{1.176}$$

式中, $\boldsymbol{g}_k$, $\boldsymbol{g}^k$ 和 $\boldsymbol{G}_K$, $\boldsymbol{G}^K$ 为两个坐标系中对应点的基向量。类似地, 可以定义任意阶两点张量。

对应点 x 和 X 处两个坐标系的局部标架, 可以互相表示。将标架 $\boldsymbol{G}_K, \boldsymbol{G}^K$ 在另一组标架 $\boldsymbol{g}_k, \boldsymbol{g}^k$ 中分解, 得到

$$\boldsymbol{G}_K = g_K{}^k \boldsymbol{g}_k, \quad \boldsymbol{G}_K = g_{Kk} \boldsymbol{g}^k, \quad \boldsymbol{G}^K = g^K{}_k \boldsymbol{g}^k, \quad \boldsymbol{G}^K = g^{Kk} \boldsymbol{g}_k \tag{1.177a}$$

式中, $g_K{}^k, g^K{}_k, g_{Kk}, g^{Kk}$ 为四组系数, 每组为 9 个分量, 称为转移张量。将上式哑指标 k 改为 l, 两端点乘 $\boldsymbol{g}^k$ 或 $\boldsymbol{g}_k$, 可以求出各组系数:

$$g_K{}^k = \boldsymbol{G}_K \cdot \boldsymbol{g}^k; \ g_{Kk} = \boldsymbol{G}_K \cdot \boldsymbol{g}_k; \ g^K{}_k = \boldsymbol{G}^K \cdot \boldsymbol{g}_k; \ g^{Kk} = \boldsymbol{G}^K \cdot \boldsymbol{g}^k \tag{1.178a}$$

类似地, 将 $\boldsymbol{g}^k$、$\boldsymbol{g}_k$ 在 $\boldsymbol{G}_K$、$\boldsymbol{G}^K$ 标架中分解, 令

$$\boldsymbol{g}_k = g_k{}^K \boldsymbol{G}_K; \ \boldsymbol{g}_k = g_{kK} \boldsymbol{G}^K; \ \boldsymbol{g}^k = g^k{}_K \boldsymbol{G}^K; \ \boldsymbol{g}^k = g^{kK} \boldsymbol{G}_K \tag{1.177b}$$

式中, $g_k{}^K, g^k{}_K, g_{kK}, g^{kK}$ 是另外四组系数, 也称为转移张量。同样地可以求出:

$$g_k{}^K = \boldsymbol{g}_k \cdot \boldsymbol{G}^K; \ g_{kK} = \boldsymbol{g}_k \cdot \boldsymbol{G}_K; \ g^k{}_K = \boldsymbol{g}^k \cdot \boldsymbol{G}_K; \ g^{kK} = \boldsymbol{g}^k \cdot \boldsymbol{G}^K \tag{1.178b}$$

比较式 (1.178a) 和式 (1.178b), 有

$$g_k{}^K = g^K{}_k \equiv g_k^K; \quad g_{kK} = g_{Kk}; \quad g^k{}_K = g_K{}^k \equiv g_K^k; \quad g^{kK} = g^{Kk} \tag{1.179}$$

可见, 两组转移张量是同一张量。利用式 (1.177a) 不难证明转移张量满足两点张量的坐标转换关系式 (1.175), 所以是两点张量。式 (1.179) 表明转移张量分量指标的前后位置可以交换, 而上下位置可用两个坐标系的度量张量升降。将式 (1.177a) 和式 (1.177b) 两端点乘 $\boldsymbol{G}_L, \boldsymbol{G}^L$ 和 $\boldsymbol{g}_l, \boldsymbol{g}^l$, 得到转移张量的互逆关系:

$$\left.\begin{array}{l} g_K^k g_k^L = \delta_K^L; \quad g_{Kk} g^{kL} = \delta_K^L \\ g_k^K g_K^l = \delta_k^l; \quad g_{kK} g^{Kl} = \delta_k^l \end{array}\right\} \tag{1.180}$$

借助转移张量可以使向量和张量分量从一个坐标系转到另一坐标系, 将两点张量变成一点张量, 或者相反。例如向量

$$\boldsymbol{V} = v^K \boldsymbol{G}_K = v^k \boldsymbol{g}_k$$

式中第 2 个等号两端点乘 $\boldsymbol{G}^L$ 和 $\boldsymbol{g}^l$, 得到两个坐标系中分量之间的关系

$$v^L = g_k^L v^k; \quad v^l = g_K^l v^K$$

同样地, 对于二阶张量 $\boldsymbol{T}$, 有转换关系

$$\left.\begin{array}{l} T^{KL} = T^{Kl} g_l^L = T^{kl} g_k^K g_l^L; \quad T_{KL} = T_{Kl} g_L^l = T_{kl} g_K^k g_L^l \\ T^{kl} = T^{Kl} g_K^k = T^{KL} g_K^k g_L^l; \quad T_{kl} = T_{Kl} g_k^K = T_{KL} g_k^K g_l^L \end{array}\right\} \tag{1.181}$$

需要指出, 两个给定的坐标系 $\{x^k\}$ 和 $\{X^K\}$ 可以采用相同坐标系, 但分别用于描述变形前后的物体, 位置向量 $\boldsymbol{x}, \boldsymbol{X}$ 不同, 两个对应点的标架在曲线坐标系中一般是不同的, 在具体问题求解之前, 运动变换虽然存在但暂时未知, 因此如果给定物质点 X^K, 变形后对应点的位置 x^k、标架和转移张量都是待求的。在用两个直角坐标系时, 标架虽然相同, 基向量指标仍然需要用大小写字母区分, 两点张量的定义式 (1.175)、式 (1.176) 同样适用, 但不再区分上下指标, 转移张量简化为定值, 即 "两点" Kronecher δ, $\delta_{kK} = \delta_{Kk} = \boldsymbol{e}_k \cdot \boldsymbol{e}_K$。

两点张量的代数运算与一点张量相同, 可以归结为基向量的代数运算, 同一标架基向量的点积等于该坐标系的度量张量, 两个不同标架基向量的点积得到转移张量 [即式 (1.178)], 不同标架基向量的叉积可先将基向量转移到同一标架下进行, 例如:

$$\boldsymbol{G}_K \times \boldsymbol{g}_k = g_K^l \boldsymbol{g}_l \times \boldsymbol{g}_k = g_K^l \varepsilon_{lkm} \boldsymbol{g}^m = \varepsilon_{Kkm} \boldsymbol{g}^m$$

$$= G_K \times G_L g_k^L = g_k^L \varepsilon_{KLM} G^M = \varepsilon_{KkM} G^M$$

但是在计算两点张量的导数时，必须考虑两个坐标 x^k 和 X^K 的变化及其函数关系式 (1.174)。下面以两点张量 $\boldsymbol{A}$ 为例说明，$\boldsymbol{A}(\boldsymbol{x}, \boldsymbol{X}) = A^k{}_L(\boldsymbol{x}, \boldsymbol{X}) \boldsymbol{g}_k(\boldsymbol{x}) \boldsymbol{G}^L(\boldsymbol{X})$，式中分量依赖于两个对应点的位置向量 $\boldsymbol{x}$ 和 $\boldsymbol{X}$，$\boldsymbol{g}_k$、$\boldsymbol{G}^L$ 分别只与 $\boldsymbol{x}$、$\boldsymbol{X}$ 有关，而且 $\boldsymbol{x} = \boldsymbol{x}(\boldsymbol{X})$。

如果将 X^K 作为自变量，利用复合函数的微分法则，有

$$\frac{\partial \boldsymbol{A}(x^m, X^M)}{\partial X^K} \equiv \partial_K \left[A^k{}_L \left(x^m, X^M \right) \boldsymbol{g}_k \left(x^m \right) \boldsymbol{G}^L \left(X^M \right) \right]$$

$$= \frac{\partial A^k{}_L}{\partial X^K} \boldsymbol{g}_k \boldsymbol{G}^L + \frac{\partial A^k{}_L}{\partial x^m} \frac{\partial x^m}{\partial X^K} \boldsymbol{g}_k \boldsymbol{G}^L + A^k{}_L \frac{\partial \boldsymbol{g}_k}{\partial x^m} \frac{\partial x^m}{\partial X^K} \boldsymbol{G}^L + A^k{}_L \boldsymbol{g}_k \frac{\partial \boldsymbol{G}^L}{\partial X^K}$$

$$= \left(A^k{}_{L,K} + A^k{}_{L,m} x^m_{,K} + A^l{}_L \Gamma^k_{ml} x^m_{,K} - A^k{}_M \Gamma^M_{KL} \right) \boldsymbol{g}_k \boldsymbol{G}^L$$

$$= A^k{}_{L:K} \boldsymbol{g}_k \boldsymbol{G}^L \tag{1.182}$$

其中引入定义：

$$A^k{}_{L:K} \equiv A^k{}_{L,K} - A^k{}_M \Gamma^M_{KL} + \left(A^k{}_{L,m} + A^l{}_L \Gamma^k_{ml} \right) x^m_{,K} = A^k{}_{L;K} + A^k{}_{L;m} x^m_{,K} \tag{1.183a}$$

式中，$A^k{}_{L:K}$ 称为两点张量 $A^k{}_L$ 的全协变导数。类似地逆变分量 A^{kL} 的全协变导数为

$$A^{kL}{}_{:K} = A^{kL}{}_{;K} + A^{kL}{}_{;m} x^m_{,K} \tag{1.183b}$$

在求 $A^{kL}{}_{;K}$ 时，x^k 保持不变，而在求 $A^{kL}{}_{;m}$ 时，X^K 保持不变，所以相当于向量的协变导数：

$$A^{kL}{}_{;K} = A^{kL}{}_{,K} + A^{kM} \Gamma^L_{KM}, \quad A^{kL}{}_{;m} = A^{kL}{}_{,m} + A^{rL} \Gamma^k_{rm}$$

如果取 x^k 作为自变量，$X^K = X^K(x^k)$ 是 x^k 的函数，与式 (1.182) 类似的推导可以得到以 x^k 为自变量的全协变导数，例如：

$$\left. \begin{array}{l} A^k{}_{L:l} = A^k{}_{L;l} + A^k{}_{L;M} X^M_{,l} \\ A_{kL:l} = A_{kL;l} + A_{kL;M} X^M_{,l} \end{array} \right\} \tag{1.184}$$

为了与全协变导数相区别，$A^k{}_{L;l}$、$A^k{}_{L;M}$、$\cdots$ 称为偏协变导数。

不难证明下列公式：

$$g^k_{K:M} = g^k_{K;M} = 0; \quad g^k_{K:m} = g^k_{K;m} = 0; \quad G_{KL:m} = g_{kl:M} = 0 \tag{1.185}$$

即度量张量和转移张量的偏协变导数和全协变导数均为零。所以，对于全协变导数和偏协变导数来说，度量张量和转移张量可以像常数一样移到求导符号之外或之内。

利用转移张量与基向量的关系和导数的定义及 Ricci 定理，可以证明式 (1.185)，例如：

$$g^k_{K;l} = \left(g^k_K\right)_{,l} + g^m_K \Gamma^k_{ml} = \left(\boldsymbol{g}^k \cdot \boldsymbol{G}_K\right)_{,l} + g^m_K \Gamma^k_{ml} = -\Gamma^k_{ml}\boldsymbol{g}^m \cdot \boldsymbol{G}_K + g^m_K \Gamma^k_{ml} = 0$$

$$g^k_{K;L} = \left(\boldsymbol{g}^k \cdot \boldsymbol{G}_K\right)_{,L} - g^k_M \Gamma^M_{KL} = \boldsymbol{g}^k \cdot \boldsymbol{G}_M \Gamma^M_{KL} - g^k_M \Gamma^M_{KL} = 0$$

$$g^k_{K:L} = g^k_{K;L} + g^k_{K;l} x^l_{,L} = 0$$

$$g^{kl}_{:L} = g^{kl}_{;L} + g^{kl}_{;m} x^m_{,L} = 0$$

全协变导数的运算法则与普通导数相同，例如：

$$\left.\begin{array}{l} \left(A^k{}_K B_k{}^L\right)_{:M} = A^k{}_{K:M} B_k{}^L + A^k{}_K B_k{}^L{}_{:M} \\ \left(A^k{}_K + B^k{}_K\right)_{:M} = A^k{}_{K:M} + B^k{}_{K:M} \end{array}\right\} \tag{1.186}$$

对于两点张量 B^{Kl}，散度定理的形式为

$$\int_V B^{Kl}{}_{:K}\boldsymbol{g}_l \mathrm{d}V = \oint_A \mathrm{d}\boldsymbol{A} \cdot \boldsymbol{B}; \quad \int_v B^{Kl}{}_{:l}\boldsymbol{G}_K \mathrm{d}v = \oint_a \boldsymbol{B} \cdot \mathrm{d}\boldsymbol{a} \tag{1.187}$$

式中，V,A 为 X^K 坐标系中的物体体积和表面积；v, a 为同一物体在 x^k 坐标系中对应的体积和表面积。注意 $B^{Kl} = B^{KL}g^l_L = B^{kl}g^K_k$，利用高斯定理式 (1.140)，不难证明式 $(1.187)_1$

$$\begin{aligned}
\oint_A \mathrm{d}\boldsymbol{A} \cdot \boldsymbol{B} &= \oint_A \left(\mathrm{d}A_M \boldsymbol{G}^M\right) \cdot \left(B^{KL}g^l_L \boldsymbol{G}_K \boldsymbol{g}_l\right) \\
&= \oint_A \mathrm{d}A_M B^{ML}\boldsymbol{G}_L = \int_V B^{ML}{}_{;M}\boldsymbol{G}_L \mathrm{d}V \\
&= \int_V \boldsymbol{G}^M \cdot \partial_M \left(B^{KL}\boldsymbol{G}_K \boldsymbol{G}_L\right) \mathrm{d}V = \int_V \boldsymbol{G}^M \cdot \partial_M \left(B^{Kl}\boldsymbol{G}_K \boldsymbol{g}_l\right) \mathrm{d}V \\
&= \int_V \boldsymbol{G}^M \cdot \left(B^{Kl}{}_{:M}\boldsymbol{G}_K \boldsymbol{g}_l\right) \mathrm{d}V \\
&= \int_V B^{Kl}{}_{:K}\boldsymbol{g}_l \mathrm{d}V
\end{aligned}$$

类似地，可以证明式 $(1.187)_2$。

习　题

1-1　完成下列填空：

1. $a_{kl} + a_{mn}b^{mn}c_{kl} = a_{in}(\quad)$; 2. $t^{kl} = t^{ij}(\quad)$; 3. $b^m(\quad) = A_{ij}b^j + B_{im}C^m_n b^n$; 4. $e_{ijk}a^i b^j = -(\quad)a^i b^j = -e_{ijk}(\quad)$

1-2　分别用定义和式 (1.4)，写出 3 阶方阵 $[a_{mn}]$ 的 9 个代数余子式。

1-3　已知直角坐标系 x^i 基向量 e_i 与斜角直线坐标系 $x^{i'}$ 协变基向量 $g_{i'}$ 的关系 (见图 1.21) 为

$$g_1 = e_1; \quad g_2 = e_1 + e_2; \quad g_3 = e_3$$

1. 求从直角坐标系到斜角坐标系的正变换系数和逆变换系数 (用矩阵表示)；

2. 用定义和坐标变换两种方法求逆变基向量，并在图上示出；

3. 求协变度量张量和逆变度量张量、逆变基向量的模和夹角。

图 1.21　习题 1-3 图

1-4　坐标系同题 1-3，若向量 $v = 1.5e_2$：

1. 用几何和坐标变换两种方法，求 v 在斜角直线坐标系中的协变分量和逆变分量 v_i, v^i；

2. 求 v 在协变标架上的投影，与分量比较。

1-5　用斜角直线坐标系中的分量和基向量表示向量，证明下列向量代数运算恒等式：

1. $(a \times b) \cdot (c \times d) = (a \cdot c)(b \cdot d) - (a \cdot d)(b \cdot c)$；

2. $(a \times b) \times (c \times d) = b(a \cdot c \times d) - a(b \cdot c \times d)$；

3. $(a \times b) \times (c \times d) = c(a \cdot b \times d) - d(a \cdot b \times c)$；

4. $a \times (b \times (c \times d)) = [a \cdot (c \times d)]b - (a \cdot b)(c \times d)$。

1-6　证明向量的混合积满足关系 $u \times v \cdot w = -u \times w \cdot v$。

1-7　已知两个直角坐标系的标准正交基 $e_i, e_{i'}$ 分别为右手系和左手系，且

$$e_{1'} = e_2; \quad e_{2'} = e_1; \quad e_{3'} = e_3$$

1. 求右手系到左手系的正变换系数和逆变换系数；

2. 证明在右手系到左手系变换中，向量的叉积反号。

1-8　指出下列并矢形式中相同的张量：

$$\varphi^{ijkl} g_i g_j g_k g_l; \quad \varphi^{ijkl} g_i g_k g_j g_l; \quad \varphi^{rsmn} g_r g_s g_n g_m; \quad \varphi^{ikjl} g_i g_j g_k g_l; \quad \varphi^{ikjl} g_i g_k g_j g_l$$

$$\varphi_i{}^j{}_l{}^k g^i g^l g_j g_k; \quad \varphi_{mnr}{}^l g^m g^r g^n g_l; \quad \varphi_{kl}{}^{ij} g^k g^l g_i g_j; \quad \varphi_i{}^k{}_j{}^l g^i g_k g_l g^j$$

1-9　在题 1-4 的斜角直线坐标系中，向量 $u = -e_1$, $v = 1.5e_2$，试给出二阶张量 $T = uv$ 的两种混合分量，并加以比较。

1-10　若 T 为任意二阶张量，证明 $T_i{}^i = T^i{}_i (= \text{tr} T)$，并用上例验证。

1-11　若 T, S 为任意二阶张量，a, b 为向量，试证明：

1. $(ab)^{\text{T}} = ba$; 2. $(T + S)^{\text{T}} = T^{\text{T}} + S^{\text{T}}$; 3. $\text{tr}(T \cdot S) = T^{\text{T}} : S = T : S^{\text{T}}$。

1-12　已知反对称二阶张量 $\boldsymbol{A} = e_2e_1 - e_1e_2 + e_1e_3 - e_3e_1$，求 $\boldsymbol{A}$ 的反偶向量 $\boldsymbol{\omega}$。

1-13　对于下列运算进行分量记法和抽象记法的转换：

1. $\varepsilon_{ijk}\varepsilon^{klm}g_{nl}a^ib^jc^n$, $\varepsilon^{ijk}T_{mi}a^mb_j$, $\varepsilon_{ijk}a^ib^rT^{jl}S_{lr}$, $T^m_mS_{ki}a^ib^jc^k$;

2. $\boldsymbol{a}\cdot\boldsymbol{T}\times\boldsymbol{S}\cdot\boldsymbol{b}$, $\boldsymbol{a}\cdot\boldsymbol{T}^4$, $\boldsymbol{a}\times\boldsymbol{b}\times\boldsymbol{T}\cdot\boldsymbol{c}$, $\det(\boldsymbol{ab})$, $\operatorname{tr}(\boldsymbol{T}\cdot\boldsymbol{S})$ $(\boldsymbol{a},\boldsymbol{b},\boldsymbol{c}$ 是向量，$\boldsymbol{T},\boldsymbol{S}$ 为二阶张量)。

1-14　用并矢形式证明下列代数运算恒等式 ($\boldsymbol{T}$ 为二阶张量，$\boldsymbol{a},\boldsymbol{b},\boldsymbol{c}$ 为向量)：

1. $\boldsymbol{T}\cdot(\boldsymbol{u}\times\boldsymbol{v}) = (\boldsymbol{T}\times\boldsymbol{u})\cdot\boldsymbol{v}$;

2. $(\boldsymbol{I}\times\boldsymbol{v})\cdot\boldsymbol{T} = \boldsymbol{v}\times\boldsymbol{T}$;

3. $\boldsymbol{a}(\boldsymbol{b}\times\boldsymbol{c}) + \boldsymbol{b}(\boldsymbol{c}\times\boldsymbol{a}) + \boldsymbol{c}(\boldsymbol{a}\times\boldsymbol{b}) = [\boldsymbol{a}\cdot(\boldsymbol{b}\times\boldsymbol{c})]\boldsymbol{I}$。

1-15　若 $\boldsymbol{A},\boldsymbol{B}$ 为正则二阶张量，证明

$$(\boldsymbol{A}\cdot\boldsymbol{B})^{-1} = \boldsymbol{B}^{-1}\cdot\boldsymbol{A}^{-1}$$

提示：利用式 (1.54a) 表示二阶逆张量。

1-16　试求绕直角坐标系基向量 e_3 逆时针转 θ 角的坐标变换 $A^i_{i'}$，证明该变换是直角坐标系中的正交张量 (记作 $\boldsymbol{Q}$, $Q^i_{i'}$)。若 $\theta = 90°$，求习题 1-3 所给出的斜角直线坐标旋转后的协变标架，并与几何方法得到的结果进行比较。

1-17　证明直角坐标系的右手系与左手系之间的变换是正交变换且为反常正交张量。

1-18　如图 1.22 所示，已知标准正交基 e_i 中单位向量 $\boldsymbol{n} = (e_1 + e_2)/\sqrt{2}$:

图 1.22　习题 1-18 图

1. 求以 $\boldsymbol{n}$ 为轴线、转角为 φ 的正常正交张量 $\boldsymbol{Q}$;

2. 用正交变换 $\boldsymbol{Q}$ 求单位向量 e_3 的映像 $\boldsymbol{u} = \boldsymbol{Q}\cdot e_3$;

3. 用几何方法求 $\boldsymbol{u}$，与映射结果比较。

提示：由式 (1.87b)，对于给定的标架 e_i

$$\boldsymbol{Q} = \cos\varphi\boldsymbol{I} + (1 - \cos\varphi)\boldsymbol{n}\boldsymbol{n} - \sin\varphi\boldsymbol{E}\cdot\boldsymbol{n}$$

I，E 是标架 e_i 的度量张量和置换张量，$n = (e_1 + e_2)/\sqrt{2}$。将 n 代入 Q，注意：

$$E \cdot n = \frac{\sqrt{2}}{2}(e_2 e_3 - e_3 e_2 + e_3 e_1 - e_1 e_3)$$

$$u = Q \cdot e_3 = \cos\varphi e_3 - \frac{\sqrt{2}}{2}\sin\varphi(e_2 - e_1)$$

1-19　推导偏斜张量第二和第三不变量 $\overline{\mathrm{II}}$, $\overline{\mathrm{III}}$ 与原来张量不变量 I，II，III 的关系，即式 (1.95b)。

1-20　在标准正交基 e_i 中，张量 T 的分量为

$$[T_{ij}] = \begin{bmatrix} 5 & 4 & 0 \\ 4 & -1 & 0 \\ 0 & 0 & 3 \end{bmatrix}$$

1. 求 T 的三个主不变量和矩；

2. 求 T 的三个主值、主方向和标准型。

提示：每个主方向中可以给定一个分量，求另外两个分量。

1-21　若对称二阶张量 t 在一个坐标系中的分量可以表示为

$$\left[t^i_j\right] = \begin{bmatrix} t_{(1)} & 0 & 0 \\ 0 & t_{(2)} & 0 \\ 0 & 0 & t_{(3)} \end{bmatrix}$$

试证明该坐标系为主坐标系，$t_{(i)}$ $(i = 1, 2, 3)$ 是主值。

1-22　以直角坐标系 (x_1, x_2, x_3) 为参考系，圆柱坐标 (r, θ, z) 的定义是 (参见图 1.18)

$$x^1 = r\cos\theta; \quad x^2 = r\sin\theta; \quad x^3 = z$$

1. 求圆柱坐标系的协变基向量、逆变基向量及其对坐标的导数，并说明导数 $g_{r,\theta}, g_{\theta,\theta}, g_{\theta,r}$ 的几何意义 (用图形表示)；

2. 在 $(r, \theta, z) = (2, \pi/3, 3.5)$ 点，有一向量 $v = 2e_1 + e_2 + 3e_3$，求该向量在圆柱坐标系中的协变分量和逆变分量。

1-23　利用并矢表示法，证明下列微分等式 (φ 为标量，u、v 为向量)：

1. $\nabla \cdot (\varphi u) = u \cdot (\nabla\varphi) + \varphi(\nabla \cdot u)$；

2. $\nabla \cdot (u \times v) = v \cdot (\nabla \times u) - u \cdot (\nabla \times v)$；

3. $\nabla \times (u \times v) = u(\nabla \cdot v) + v \cdot (\nabla u) - v(\nabla \cdot u) - u \cdot (\nabla v)$；

4. $\nabla(u \times v) = u \times (\nabla \times v) + u \cdot (\nabla v) + v \times (\nabla \times u) + v \cdot (\nabla u)$；

5. $(\nabla u) : (v\nabla) = (u\nabla) : (\nabla v) \neq (\nabla u) : (\nabla v)$。

1-24   试推导二阶张量 σ 在正交曲线坐标系物理标架中的散度 $\nabla \cdot \sigma$ 表达式 (式 (1.150e)),写出用 Lamé 常数表示的分量和圆柱坐标系中的形式 (式 (1.151e))。提示:根据定义式 (1.124),利用基向量及其混合积的导数式 (1.106) 和式 (1.112),得

$$\nabla \cdot \sigma = g^i \cdot \partial_i \left(\sigma^{kl} g_k g_l \right) = g^i \cdot \left\{ \sigma^{kl}{}_{,i} g_k g_l + \Gamma^m_{ki} \sigma^{kl} g_m g_l + \Gamma^m_{li} \sigma^{kl} g_k g_m \right\}$$

$$= \sigma^{il}{}_{,i} g_l + \Gamma^i_{ki} \sigma^{kl} g_l + \Gamma^m_{li} \sigma^{il} g_m = \left(\sigma^{il}{}_{,i} + \frac{\partial_k \sqrt{g}}{\sqrt{g}} \sigma^{kl} + \Gamma^l_{mi} \sigma^{im} \right) g_l$$

上式用物理分量和物理标架表示,可得式 (1.150e)。

1-25   试推导标量场 φ 的 Laplace 方程 $\Delta \varphi = 0$ 在正交曲线坐标系物理标架中的表达式。

1-26   已知速度场 $v = v_1 e_1$(图 1.18),求圆柱坐标系中 $(r, 2\pi/3, z)$ 点处速度的张量分量和物理分量。

1-27   用下列两种方法证明圆柱坐标系物理标架的非 0 导数为

$$e_{r,\theta} = e_\theta; \ e_{\theta,\theta} = -e_r$$

1. 根据物理标架的定义;
2. 利用几何学方法。

1-28   根据物理标架的定义证明球坐标系物理标架的非 0 导数为

$$e_{r,\theta} = e_\theta; \quad e_{\theta,\theta} = -e_r$$

$$e_{r,\varphi} = e_\theta \sin\theta; \quad e_{\theta,\varphi} = e_\varphi \cos\theta; \quad e_{\varphi,\varphi} = -e_r \sin\theta - e_\theta \cos\theta$$

说明基向量的导数与基向量本身垂直的条件。

1-29   试用下列两种方法求向量场的旋度 $\nabla \times A$ 在圆柱坐标系中的物理分量:

1. 利用式 (1.150c) 推导;
2. 直接在物理标架中求导。

1-30   由直角坐标系中小位移时的应变–位移关系 $\varepsilon_{ij} = \dfrac{1}{2} \left(u_{j,i} + u_{i,j} \right)$,采用替换方法直接导出圆柱坐标系中的张量分量和物理分量展开形式。

答案:物理分量为

$$\varepsilon_r = u_{r,r}; \ \varepsilon_\theta = \frac{1}{r} u_{\theta,\theta}; \ \varepsilon_z = u_{z,z}; \ \varepsilon_{r\theta} = \frac{\gamma_{r\theta}}{2} = \frac{1}{2} \left(u_{\theta,r} + \frac{1}{r} \left(u_{r,\theta} - u_\theta \right) \right)$$

$$\varepsilon_{\theta z} = \frac{\gamma_{\theta z}}{2} = \frac{1}{2} \left(\frac{1}{r} u_{z,\theta} + u_{\theta,z} \right); \ \varepsilon_{zr} = \frac{\gamma_{zr}}{2} = \frac{1}{2} \left(u_{r,z} + u_{z,r} \right)$$

1-31   直角坐标系中不可压缩牛顿流体的 Navier-Stokes 方程为

$$\rho_0 \left(\frac{\partial v_x}{\partial t} + v_x \frac{\partial v_x}{\partial x} + v_y \frac{\partial v_x}{\partial y} + v_z \frac{\partial v_x}{\partial z} \right) = \rho_0 f_x - \frac{\partial p}{\partial x} + \eta \left(\frac{\partial^2 v_x}{\partial x^2} + \frac{\partial^2 v_x}{\partial y^2} + \frac{\partial^2 v_x}{\partial z^2} \right)$$

$$\rho_0\left(\frac{\partial v_y}{\partial t}+v_x\frac{\partial v_y}{\partial x}+v_y\frac{\partial v_y}{\partial y}+v_z\frac{\partial v_y}{\partial z}\right)=\rho_0 f_y-\frac{\partial p}{\partial y}+\eta\left(\frac{\partial^2 v_y}{\partial x^2}+\frac{\partial^2 v_y}{\partial y^2}+\frac{\partial^2 v_y}{\partial z^2}\right)$$

$$\rho_0\left(\frac{\partial v_z}{\partial t}+v_x\frac{\partial v_z}{\partial x}+v_y\frac{\partial v_z}{\partial y}+v_z\frac{\partial v_z}{\partial z}\right)=\rho_0 f_z-\frac{\partial p}{\partial z}+\eta\left(\frac{\partial^2 v_z}{\partial x^2}+\frac{\partial^2 v_z}{\partial y^2}+\frac{\partial^2 v_z}{\partial z^2}\right)$$

式中，ρ_0,η 是密度和黏性系数；p 是静水压力；v_x,v_y,v_z 和 f_x,f_y,f_z 是速度和质量力分量。

1. 写出方程的指标形式、曲线坐标系中的张量分量记法和抽象记法；

2. 导出圆柱坐标系中方程的物理分量展开形式。

1-32　T 为正则二阶张量，试用 T 的正次幂多项式表示 T^{-1}。

1-33　将二阶张量 B 的幂函数 $f(B)=B^4-2B^2$ 表示成 B 的二次函数。

1-34　若 T 是正则张量，由第一表示定理和第二表示定理，有

$$T(B)=\varphi_0 I+\varphi_1 B+\varphi_2 B^2=\beta_0 I+\beta_1 B+\beta_2 B^{-1}$$

求：系数 $\varphi_0,\varphi_1,\varphi_2$ 与 β_0,β_1,β_2 的关系。

1-35　若 T 为二阶张量，v,a,b 是向量，α,β 是常数，证明向量函数 $v=\alpha T\cdot a+\beta b$ 是各向同性函数。

1-36　若 φ,B,C 为二阶张量，m,n 是正整数，证明二阶张量函数 $\varphi(B,C)=B^m\cdot C^n$ 是各向同性函数。

1-37　若二阶张量 T 的标量函数 $\psi=\psi(T)$ 是各向同性函数，证明导数 $\psi'=\dfrac{\mathrm{d}\psi}{\mathrm{d}T}$ 也是各向同性函数。

1-38　求四阶张量 $\dfrac{\mathrm{d}T}{\mathrm{d}T}$ 和 $\dfrac{\mathrm{d}T^{\mathrm{T}}}{\mathrm{d}T}$（$T$ 是二阶张量）的分量。

答案：$\dfrac{\mathrm{d}T}{\mathrm{d}T}=g_i g^j g^i g_j$；$\dfrac{\mathrm{d}T^{\mathrm{T}}}{\mathrm{d}T}=g^j g_i g^i g_j$。

1-39　已知线弹性体的应变能为 $U=\dfrac{1}{2}E:\varSigma:E$，$E,\varSigma$ 是应变张量和弹性张量，利用分量形式证明 $\dfrac{\mathrm{d}U}{\mathrm{d}E}=\varSigma:E$。

提示：$U=\dfrac{1}{2}\varSigma^{klmn}E_{kl}E_{mn}$，由 $\varSigma^{klmn}$ 的对称性，有

$$\frac{\partial U}{\partial E_{ij}}=\frac{1}{2}\left(\varSigma^{klmn}\delta_k^i\delta_l^j E_{mn}+\varSigma^{klmn}E_{kl}\delta_m^i\delta_n^j\right)$$

$$=\frac{1}{2}\left(\varSigma^{ijmn}E_{mn}+\varSigma^{klij}E_{kl}\right)=\varSigma^{ijmn}E_{mn}$$

1-40　若 T 为二阶张量，φ,ψ 为 T 的标量函数，U,V 为 T 的二阶张量函数，利用莱布尼兹公式和分量形式两种求导方法，证明：

1. $[\varphi(T)\psi(T)]'=\varphi'(T)\psi(T)+\varphi(T)\psi'(T)$；

2. $[U(T):V(T)]' = V(T):U'(T) + U(T):V'(T)$
$$\neq U'(T):V(T) + U(T):V'(T)。$$

1-41　假如用圆柱坐标表示的运动变换 (圆柱体扭转，见图 2.9) 为

$$r = R; \quad \theta = \Theta + KZ; \quad z = Z \quad 或 \quad x^1 = X^1; \quad x^2 = X^2 + KX^3; \quad x^3 = X^3$$

其中，$\{X^1, X^2, X^3\} = \{R, \Theta, Z\}$；$\{x^1, x^2, x^3\} = \{r, \theta, z\}$；常数 $K = \pi/4$。

求：A 点 $\{X^1, X^2, X^3\} = \{0, 0, 1\}$ 的转移张量 g_{kK}、g_K^k、g_k^K(用矩阵表示)。

1-42　题 1-41 中 A 点变形后为 B 点，若 B 点处有一向量 $\boldsymbol{v} = 2\boldsymbol{g}_2$，求该向量的分量 v_k、v_K、$v^K(\boldsymbol{v} = v_k\boldsymbol{g}^k = v_K\boldsymbol{G}^K = v^K\boldsymbol{G}_K)$，并说明它们的几何意义。

1-43　若 $\boldsymbol{F} = x^k_{,K}\boldsymbol{g}_k\boldsymbol{G}^K$；$\boldsymbol{t} = t^{kl}\boldsymbol{g}_k\boldsymbol{g}_l$；$\boldsymbol{T} = T^{KL}\boldsymbol{G}_K\boldsymbol{G}_L$，求：

$$\boldsymbol{F} \cdot \boldsymbol{F}^{\mathrm{T}}、\boldsymbol{F}^{\mathrm{T}} \cdot \boldsymbol{F}、\boldsymbol{F} \cdot \boldsymbol{T} \cdot \boldsymbol{F}^{\mathrm{T}}、\boldsymbol{F}^{\mathrm{T}} \cdot \boldsymbol{t} \cdot \boldsymbol{F} \quad (用分量表示)$$

1-44　利用全协变导数定义，推导 $A^k_{L:l} = A^k_{L;K} + A^k_{L;M}X^M_{,l}$。

第 2 章　变形与运动

+·+

本章提要:

连续介质力学的任务是研究连续介质在外载荷作用下的响应,例如几何和运动状态的变化等等。为了从几何学和运动学角度描述一般连续介质 (固体、液体或者气体) 的任意变形与运动,可以暂时不考虑引起物体变形与运动的原因 (外力,热等) 以及物质本身的不同属性。连续介质几何学的任务是建立适当的变量描述变形物体内任一点邻域的位置与方位变化 (移动和局部转动) 及纯变形;连续介质运动学的任务是建立适当变量描述运动中变形物体各点的位置及变形随时间的变化率。本章将在物质连续性假设下,应用张量理论讨论连续介质的变形与运动。

连续介质变形几何学的内容包括:

(1) 描述变形和运动的两种方法 —— 物质描述法和空间描述法;变形基本假设 —— 连续性公理的数学形式 (2.1 节);

(2) 通过变形前后线元的比较,引入变形梯度张量描述一点邻域的几何变化 (2.2 节);

(3) 利用变形梯度张量的点积和两种描述法,定义多种变形张量和应变张量,用于描述一点邻域的纯变形 (长度、夹角、面积和体积变化等),讨论变形的基本性质 (2.3~2.5 节);

(4) 利用变形梯度张量的极分解定义转动张量,描述一点邻域的刚性转动,给出变形的完整描述 (2.6 节);

(5) 有限变形下的应变相容方程 (2.7 节);

(6) 有限变形举例和简化 (2.8、2.9 节)。

连续介质运动学的内容包括:

(1) 运动学的数学基础 —— 张量对时间的导数 (物质导数) 及应用 (2.10 节);

(2) 用速度作为基本物理量描述物质点的运动,用速度梯度表示一点附近的运动随位置的变化 (2.11~2.12 节);

(3) 通过速度梯度的加法分解,引入变形率张量和自旋张量描述纯变形速率和转动速度,给出运动的完整描述 (2.13 节);

(4) 变形的时间变率 (2.14 节);

(5) 张量积分的时间变率 (2.15 节)。

+·+

2.1　坐标系、连续性公理

为了描述物体在某一选定的参考时刻 t_0 时各点的几何位置，需要建立一个坐标系 $\{X^K, t_0\}$ 或简记为 $\{X^K\}$。在该时刻物体中任一点 P 的位置与一组实数 (X^1, X^2, X^3) 相对应，称为该物质点的坐标。任一物质点的位置也可以用从某一定点出发、矢端与物质点重合的向量来表示，称为位置向量，记作 $\boldsymbol{X}$（或 $\boldsymbol{P}$），见图 2.1。参考时刻物体中各点的几何位置称为参考构形，记作 $\mathscr{R}$。对于固体，常常取未变形的位置作为参考构形。

图 2.1　坐标系

为了研究物体的变形和运动，还必须描述任一时刻 t 时物体各点的位置，为了方便可以建立另一个与 $\{X^K\}$ 不同的坐标系 $\{x^k, t\}$，或简记为 $\{x^k\}$。在时刻 t 物体中 P 点的位置 p 用坐标 (x^1, x^2, x^3) 表示，同样也可以用位置向量 $\boldsymbol{x}$（或 $\boldsymbol{p}$）来表示。任一时刻 t 物体中各点的几何位置，即已变形的物体，称为即时构形（或当前构形），记作 $\mathfrak{r}$。

上述两种坐标系 $\{X^K\}$ 和 $\{x^k\}$ 是取定的三维欧氏空间曲线坐标系，根据需要它们可以是不相同的，也可以是相同的。图 2.1 给出了同一物体的参考构形 $\mathscr{R}$ 和即时构形 $\mathfrak{r}$ 及各自的坐标系，其中 $\{Z^K\}$ 和 $\{z^k\}$ 是两个给定的直角坐标系，单位基向量为 $\boldsymbol{I}_K$ 和 $\boldsymbol{i}_k$，$\{X^K\}$ 和 $\{x^k\}$ 为描述构形 $\mathscr{R}$ 和 $\mathfrak{r}$ 的曲线坐标系，由下式给出

$$Z^K = Z^K(X^1, X^2, X^3) \quad 或 \quad X^K = X^K(Z^1, Z^2, Z^3)$$

$$z^k = z^k(x^1, x^2, x^3) \quad 或 \quad x^k = x^k(z^1, z^2, z^3)$$

从本节开始，以后一般用大写字母表示由 $\{X^K\}$ 坐标系描述的依赖构形 $\mathscr{R}$ 的

变量, 用小写字母表示由 $\{x^k\}$ 坐标系描述的依赖构形 $\mathfrak{r}$ 的变量。可以将 1.2 节和 1.3 节中有关坐标系的关系应用于 $\{X^K\}$ 和 $\{x^k\}$。

对于 $\{X^K\}$ 坐标系, 有:

位置向量

$$\boldsymbol{X} = Z^1\boldsymbol{I}_1 + Z^2\boldsymbol{I}_2 + Z^3\boldsymbol{I}_3 = Z^K\boldsymbol{I}_K$$

协变基向量

$$\boldsymbol{G}_K = \frac{\partial \boldsymbol{X}}{\partial X^K} = \frac{\partial Z^M}{\partial X^K}\boldsymbol{I}_M$$

协变度量张量

$$G_{KL} = \boldsymbol{G}_K \cdot \boldsymbol{G}_L = \left(\frac{\partial Z^M}{\partial X^K}\boldsymbol{I}_M\right) \cdot \left(\frac{\partial Z^N}{\partial X^L}\boldsymbol{I}_N\right) = \frac{\partial Z^M}{\partial X^K}\frac{\partial Z^M}{\partial X^L}$$

$\boldsymbol{G}_K$ 的混合积

$$[\boldsymbol{G}_1\boldsymbol{G}_2\boldsymbol{G}_3] = \sqrt{G} = \sqrt{\det G_{KL}}, \quad G \equiv \det G_{KL} = \frac{1}{3!}e^{KPQ}e^{LRS}G_{KL}G_{PR}G_{QS}$$

逆变基向量

$$\boldsymbol{G}^1 = \frac{\boldsymbol{G}_2 \times \boldsymbol{G}_3}{\sqrt{G}}; \quad \boldsymbol{G}^2 = \frac{\boldsymbol{G}_3 \times \boldsymbol{G}_1}{\sqrt{G}}; \quad \boldsymbol{G}^3 = \frac{\boldsymbol{G}_1 \times \boldsymbol{G}_2}{\sqrt{G}} \quad \text{或} \quad \boldsymbol{G}^K = \frac{1}{2}\varepsilon^{KLM}\boldsymbol{G}_L \times \boldsymbol{G}_M$$

逆变度量张量

$$G^{KL} = \boldsymbol{G}^K \cdot \boldsymbol{G}^L = \frac{1}{4}\varepsilon^{KPQ}\varepsilon^{LRS}(\boldsymbol{G}_P \times \boldsymbol{G}_Q) \cdot (\boldsymbol{G}_R \times \boldsymbol{G}_S)$$

可得

$$G^{KL} = \frac{1}{4}\varepsilon^{KPQ}\varepsilon^{LRS}(G_{PR}G_{QS} - G_{PS}G_{QR}) = \frac{1}{2}\varepsilon^{KPQ}\varepsilon^{LRS}G_{PR}G_{QS}$$

基向量、度量张量间的关系

$$\boldsymbol{G}_K \cdot \boldsymbol{G}_L = G_{KL}; \quad \boldsymbol{G}^K \cdot \boldsymbol{G}^L = G^{KL}; \quad \boldsymbol{G}_K \cdot \boldsymbol{G}^L = \delta_K^L; \quad G_{KM}G^{ML} = \delta_K^L$$

对于 $\{x^k\}$ 坐标系 (将上述各式大写字母改为小写), 有:

位置向量

$$\boldsymbol{x} = z^k\boldsymbol{i}_k$$

协变基向量

$$\boldsymbol{g}_k = \frac{\partial \boldsymbol{x}}{\partial x^k} = \frac{\partial z^m}{\partial x^k}\boldsymbol{i}_m$$

协变度量张量

$$g_{kl} = \boldsymbol{g}_k \cdot \boldsymbol{g}_l = \frac{\partial z^m}{\partial x^k}\frac{\partial z^m}{\partial x^l}$$

$\boldsymbol{g}_k$ 的混合积

$$[\boldsymbol{g}_1\boldsymbol{g}_2\boldsymbol{g}_3] = \sqrt{g} = \sqrt{\det g_{kl}}, \quad g \equiv \det g_{kl} = \frac{1}{3!}e^{kpq}e^{lrs}g_{kl}g_{pr}g_{qs}$$

逆变基向量

$$\boldsymbol{g}^k = \frac{1}{2}\varepsilon^{klm}\boldsymbol{g}_l \times \boldsymbol{g}_m$$

逆变度量张量

$$g^{kl} = \boldsymbol{g}^k \cdot \boldsymbol{g}^l = \frac{1}{2}\varepsilon^{kpq}\varepsilon^{lrs}g_{pr}g_{qs}$$

基向量和度量张量间的关系

$$\boldsymbol{g}_k \cdot \boldsymbol{g}_l = g_{kl}; \quad \boldsymbol{g}^k \cdot \boldsymbol{g}^l = g^{kl}; \quad \boldsymbol{g}_k \cdot \boldsymbol{g}^l = \delta_k^l; \quad g_{km}g^{ml} = \delta_k^l$$

在某一取定时刻 t_0，参考构形 $\mathscr{R}$ 中任一几何点与物质点一一对应，记作 $\boldsymbol{X}$ 或 X^K。在任一时刻 t 物体运动到即时构形 $\mathfrak{r}$，若 t_0 时刻的物质点 X^K 在时刻 t 运动到 $\{x^k\}$ 坐标系中的一点 x^k(即时构形 $\mathfrak{r}$ 内位置向量为 $\boldsymbol{x}$ 的点)，假设存在函数关系

$$\boldsymbol{x} = \boldsymbol{x}(\boldsymbol{X}, t) \quad \text{或} \quad x^k = x^k(X^K, t) \tag{2.1}$$

且在整个区域 $\mathscr{R}$ 内单值、连续、可微至需要阶数，并存在唯一的单值、连续、可微至需要阶数的反函数：

$$\boldsymbol{X} = \boldsymbol{X}(\boldsymbol{x}, t) \quad \text{或} \quad X^K = X^K(x^k, t) \tag{2.2}$$

这一假设称为连续性公理。

事实上，式 (2.1) 和式 (2.2) 给出了域 $\mathscr{R}$ 和域 $\mathfrak{r}$ 中对应点的一种变换，通常称为运动变换和逆变换。假设反函数存在，所以变换的雅克比行列式 $\det\dfrac{\partial x^k}{\partial X^K}$ 和 $\det\dfrac{\partial X^K}{\partial x^k}$ 必不等于零或 ∞。

连续性公理是连续介质力学的基础，它表示物质变形的不消失性和不可重叠性，有限的物质体积不可能变为零或无穷大，只可能从一个域运动到另一个域，从一个连续的物质线、物质面或物质体变为另一个连续的物质线、物质面或物质体 (可以有有限个间断面)。两个域内的物质点是一一对应的，t_0 时刻的两个质点，在 t 时刻不可能占有同一个位置；t_0 时刻的一个质点，在 t 时刻不可能占据两个位置。这样的运动称为许可运动。

显然，式 (2.1) 或式 (2.2) 可以完全描述物体的运动，它给出了 t_0 时刻的任一个质点 X^K 在任一时刻 t 时的空间位置。在给定的外部作用、边界条件和初始条件下，确定关系式 (2.1) 或式 (2.2) 是连续介质力学的根本任务。

常常引入位移向量 (参见图 2.1)

$$u = x - X + b \tag{2.3}$$

表示连续介质的变形，式中 b 是两个坐标系原点间的给定向量。如果已知运动变换式 (2.1)，则可求得任一点的位移，反之亦然。在本章以后各节中，将从运动变换式 (2.1) 和逆变换式 (2.2) 出发，定义各种状态变量表示物体的变形和运动。

上面建立的坐标系 $\{X^K\}$ 和 $\{x^k\}$ 分别描述参考构形 $\mathscr{R}$ 和即时构形 $\mathfrak{r}$，由于 t_0 是取定的参考时刻，因此，可以认为坐标系 $\{X^K\}$ 中 $\mathscr{R}$ 域内的任一点与构形 $\mathscr{R}$ 中的物质点一一对应，所以将 $\{X^K\}$ 称为物质坐标系或 Lagrange 坐标系；而 t 时刻物体的位置随时间改变，但坐标系 $\{x^k\}$ 不随物体运动，即坐标系 $\{x^k\}$ 中 $\mathfrak{r}$ 域内的任一空间点 x^k 在不同时刻被不同的质点占据，所以 $\{x^k\}$ 坐标系称为空间坐标系或 Euler 坐标系。为了清楚，今后通常用大写字母表示物质坐标系中定义的标量、矢量和张量，例如：$G, U_K, C_{KL}, T^{KL}, \cdots$，用小写字母表示空间坐标系中定义的标量、矢量和张量，例如：$g, u_k, c_{kl}, t^{kl}, \cdots$。

在连续介质力学中，既可以用物质坐标 X^K 作为自变量描述状态变量，将 x^k 和其他变量作为函数，称为物质描述法或 Lagrange 描述法；也可以用空间坐标 x^k 作为自变量，将 X^K 和其他变量作为函数，称为空间描述法或 Euler 描述法。前者跟随物质点建立各种状态变量及其关系，例如某一物质点处的应力，同一物质点在不同时刻可以占据不同位置。后者则在某一空间点处，建立正经过该处的物质点的有关状态变量及其关系，例如某一空间点的速度，是指不同物质点经过该点时的速度。同一变量或物理关系可以用两种描述方法表示，两种描述法之间能够借助运动变换互相转换。

2.2　随体坐标系、变形梯度张量

连续性公理指出，t_0 时刻构形 $\mathscr{R}$ 内的任一物质曲面和物质曲线变形后变为 t 时刻构形 $\mathfrak{r}$ 内与之对应的物质曲面和物质曲线。所以，如果设想构形 $\mathscr{R}$ 中物质坐标系 $\{X^K, t_0\}$ 的坐标曲线族和坐标曲面族与物体固结，在 t 时刻将变为构形 $\mathfrak{r}$ 中的另一族曲线和曲面，它们的位置和形状随变形而变化，如果仍用原来的坐标 X^K 来 "标记" 变形后的对应点，那么在 t 时刻构形 $\mathfrak{r}$ 中，物质坐标系 $\{X^K, t_0\}$ 将变成另一曲线坐标系，称为 Lagrange 随体 (co-moving) 坐标系或拖带坐标系，记做 $\{X^K, t\}$。这样，物体从 t_0 时刻到 t 时刻的运动，可以看作是固结在物体内的随体坐标系 $\{X^K, t\}$ 的运动，显然随体坐标系的变形将能够反映物体的变形。

同样地，如果把 t 时刻空间坐标系 $\{x^k, t\}$ 设想为与构形 $\mathfrak{r}$ 固结，那么在 t_0 时刻构形 $\mathscr{R}$ 中将对应有另一随体坐标系，称为 Euler 随体坐标系，记做 $\{x^k, t_0\}$，该随体坐标系随物体的运动而变化。和 Lagrange 随体坐标系 $\{X^K, t\}$ 一样，$\{x^k, t_0\}$

与 Euler 坐标系 x^k 中对应的物质点用同一坐标 x^k 来表示。这样，物体从 t_0 时刻到 t 时刻的运动，也可以看作是随体坐标系 $\{x^k, t_0\}$ 的变化。

图 2.2 为随体坐标系示意图，构形 $\mathscr{R}$ 中实线为 Lagrange 坐标系过 X^K 点的坐标线，变形后 X^K 点变为构形 $\mathfrak{r}$ 中 $x^k(X^K, t)$ 点，坐标线变为虚线表示的随体坐标系 $\{X^K, t\}$ 的坐标线，对应点的坐标值不变。构形 $\mathfrak{r}$ 中的实线和 $\mathscr{R}$ 中的虚线分别是 Euler 坐标系及其随体坐标系。图示线元在 Lagrange 坐标和随体坐标 $\{X^K, t\}$ 中坐标增量都是 $\mathrm{d}X^K$，但由于度量标准不同，所以两者长度不同。

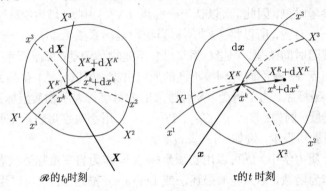

$\mathscr{R}$ 的 t_0 时刻　　　　　　　　　　$\mathfrak{r}$ 的 t 时刻

图 2.2　随体坐标系和线元

下面进一步考察线元的变化，通过线元的变化表示一点附近的变形。若 $\mathrm{d}\boldsymbol{X}$ 是 t_0 时刻构形 $\mathscr{R}$ 中 X^K 处的一个线元 (见图 2.2，矢端在 $X^K + \mathrm{d}X^K$)，在 t 时刻 X^K 点运动到构形 $\mathfrak{r}$ 中 x^k 点，变为线元 $\mathrm{d}\boldsymbol{x}$。将线元在局部坐标系中分解，得到

$$\mathrm{d}\boldsymbol{X} = \mathrm{d}X^K \boldsymbol{G}_K; \quad \mathrm{d}\boldsymbol{x} = \mathrm{d}x^k \boldsymbol{g}_k \tag{2.4}$$

由运动变换式 (2.1) 和式 (2.2) 的微分，可以给出线元分量 $\mathrm{d}X^K$ 和 $\mathrm{d}x^k$ 之间的关系：

$$\mathrm{d}x^k = \frac{\partial x^k}{\partial X^K} \mathrm{d}X^K; \quad \mathrm{d}X^K = \frac{\partial X^K}{\partial x^k} \mathrm{d}x^k \tag{2.5}$$

式中，$\dfrac{\partial x^k}{\partial X^K}$ 和 $\dfrac{\partial X^K}{\partial x^k}$ 是运动变换和逆变换的 Jacobi，每组量有 9 个分量，可简写为

$$x^k{}_{,K} = \frac{\partial x^k}{\partial X^K}; \quad X^K{}_{,k} = \frac{\partial X^K}{\partial x^k}$$

上述两组量组成两个互逆的二阶张量，称为变形梯度张量，其并矢形式为

$$\boldsymbol{F} = x^k{}_{,K} \boldsymbol{g}_k \boldsymbol{G}^K; \quad \boldsymbol{F}^{-1} = X^K{}_{,k} \boldsymbol{G}_K \boldsymbol{g}^k \tag{2.6}$$

在 Lagrange 坐标系 $\{X^K, t_0\}$ 和 Euler 坐标系 $\{x^k, t\}$ 中表示线元 $\mathrm{d}\boldsymbol{x}$，有

$$\mathrm{d}\boldsymbol{x} = \frac{\partial \boldsymbol{x}}{\partial X^K} \mathrm{d}X^K = \mathrm{d}x^k \boldsymbol{g}_k$$

将式 $(2.5)_1$ 代入上式，由于 $\mathrm{d}X^K$ 的任意性，得到

$$\frac{\partial \boldsymbol{x}}{\partial X^K} = x^k{}_{,K}\boldsymbol{g}_k$$

根据向量梯度的定义式 (1.123b)，有

$$\boldsymbol{F} = x^k{}_{,K}\boldsymbol{g}_k\boldsymbol{G}^K = \frac{\partial \boldsymbol{x}}{\partial X^K}\boldsymbol{G}^K = \boldsymbol{x}\boldsymbol{\nabla}_X \tag{2.6a}$$

类似地，

$$\boldsymbol{F}^{-1} = X^K{}_{,k}\boldsymbol{G}_K\boldsymbol{g}^k = \boldsymbol{X}\boldsymbol{\nabla}_x \tag{2.6b}$$

式中，$\boldsymbol{\nabla}_X$ 和 $\boldsymbol{\nabla}_x$ 分别是物质坐标系和空间坐标系的微分算子，应该注意式 (2,6a,b) 中基向量的前后次序，否则会引起错误。显然，如果 $\boldsymbol{F}$ 和 $\boldsymbol{F}^{-1}$ 已知，则由 $\mathrm{d}\boldsymbol{X}$ 可以确定 $\mathrm{d}\boldsymbol{x}$，或由 $\mathrm{d}\boldsymbol{x}$ 确定 $\mathrm{d}\boldsymbol{X}$，包括线元长度和方向，但不反映平移。式 (2.5) 的不变性记法为

$$\mathrm{d}\boldsymbol{x} = \boldsymbol{F}\cdot\mathrm{d}\boldsymbol{X}; \quad \mathrm{d}\boldsymbol{X} = \boldsymbol{F}^{-1}\cdot\mathrm{d}\boldsymbol{x} \tag{2.5a}$$

变形梯度张量可以完全描述一点邻域的变形，是变形几何学中的基本变量。$\boldsymbol{F}$ 和 $\boldsymbol{F}^{-1}$ 同时依赖于坐标系 X^K 和 x^k，所以是两点张量，其张量性可由商法则得到，也可以进行如下证明。考虑两个新的坐标系 $X^{K'}$ 和 $x^{k'}$，与原坐标系 X^K 和 x^k 的变换关系为

$$x^{k'} = x^{k'}(x^k); \quad X^{K'} = X^{K'}(X^K)$$

$\dfrac{\partial x^{k'}}{\partial x^k}$ 和 $\dfrac{\partial X^K}{\partial X^{K'}}$ 分别为 $x^{k'}$ 坐标系的正变换系数 $a_K^{k'}$ 和 $X^{K'}$ 坐标系的逆变换系数 $A_{K'}^k$。利用隐函数微分法，有

$$x^{k'}{}_{,K'} = \frac{\partial x^{k'}}{\partial X^{K'}} = \frac{\partial x^{k'}}{\partial x^k}\frac{\partial x^k}{\partial X^K}\frac{\partial X^K}{\partial X^{K'}} = x^k{}_{,K}A_{K'}^K a_k^{k'}$$

此式就是两点张量的坐标转换关系。$X^K{}_{,k}$ 的张量性可以类似地证明。

由于 $\dfrac{\partial x^k}{\partial x^l} = \dfrac{\partial x^k}{\partial X^K}\dfrac{\partial X^K}{\partial x^l} = \delta_l^k$; $\dfrac{\partial X^K}{\partial X^L} = \dfrac{\partial X^K}{\partial x^k}\dfrac{\partial x^k}{\partial X^L} = \delta_L^K$，所以

$$x^k{}_{,K}X^K{}_{,l} = \delta_l^k; \quad X^K{}_{,k}x^k{}_{,L} = \delta_L^K \quad \text{或} \quad \boldsymbol{F}\cdot\boldsymbol{F}^{-1} = \boldsymbol{i}; \quad \boldsymbol{F}^{-1}\cdot\boldsymbol{F} = \boldsymbol{I} \tag{2.7}$$

式中，$\boldsymbol{i}$ 和 $\boldsymbol{I}$ 是 Euler 坐标系和 Lagrange 坐标系的单位张量，即度量张量。可见变形梯度张量式 (2.6a,b) 互为逆张量。

利用方程式 (2.7)，$x^k{}_{,K}$ 和 $X^K{}_{,k}$ 可以互相表示。由逆张量表达式 (1.54a)，有

$$X^K{}_{,k} = \frac{\text{cofactor}\left(x^l{}_{,K}\right)}{\det\left(x^k{}_{,K}\right)} = \frac{1}{2j}e^{KMN}e_{kmn}x^m{}_{,M}x^n{}_{,N} \tag{2.8a}$$

式中, j 为运动变换式 (2.1) 的 Jacobi 行列式, $j = \det(x^k{}_{,K})$。利用定义式 (1.20), 可得

$$X^K{}_{,k} = \frac{1}{2J}\varepsilon^{KMN}\varepsilon_{kmn}x^m{}_{,M}x^n{}_{,N} \tag{2.8b}$$

式中

$$J \equiv j\sqrt{\frac{g}{G}} = \frac{1}{3!}\varepsilon^{KMN}\varepsilon_{kmn}x^k{}_{,K}x^m{}_{,M}x^n{}_{,N} \tag{2.9}$$

现在考察随体坐标系的基向量和度量张量。利用曲线坐标系协变基向量的定义式 (1.99), 随体坐标系 $\{X^K, t\}$ 的协变基向量和协变度量张量为

$$\boldsymbol{C}_K(X^K, t) \equiv \frac{\partial\boldsymbol{x}(X^K)}{\partial X^K} = \frac{\partial\boldsymbol{x}}{\partial x^k}\frac{\partial x^k}{\partial X^K} = x^k{}_{,K}\boldsymbol{g}_k \quad \text{或} \quad \boldsymbol{C}_K = \boldsymbol{F}\cdot\boldsymbol{G}_K \tag{2.10}$$

$$C_{KL} = \boldsymbol{C}_K\cdot\boldsymbol{C}_L = g_{kl}x^k{}_{,K}x^l{}_{,L} \quad \text{或} \quad \boldsymbol{C} = \boldsymbol{F}^{\mathrm{T}}\cdot\boldsymbol{F} \tag{2.11}$$

对 C_{KL} 求逆, 得到逆变度量张量

$$C^{-1KL} = g^{kl}X^K{}_{,k}X^L{}_{,l} \quad \text{或} \quad \boldsymbol{C}^{-1} = \boldsymbol{F}^{-1}\cdot\boldsymbol{F}^{-\mathrm{T}} \tag{2.12}$$

不难验证 C_{KL} 与 C^{-1KL} 满足互逆关系:

$$C^{-1KM}C_{ML} = (g^{kl}X^K{}_{,k}X^M{}_{,l})(g_{rs}x^r{}_{,M}x^s{}_{,L}) = g^{kl}g_{rs}\delta^r_l X^K{}_{,k}x^s{}_{,L} = \delta^k_s X^K{}_{,k}x^s{}_{,L} = \delta^K_L \tag{2.13}$$

类似地, 可以得到另一随体坐标系 $\{x^k, t\}$ 的协变基向量和度量张量

$$\boldsymbol{c}_k(x^k, t) \equiv \frac{\partial\boldsymbol{X}(x^k)}{\partial x^k} = \boldsymbol{G}_K(x^k)X^K{}_{,k} \quad \text{或} \quad \boldsymbol{c}_k = \boldsymbol{F}^{-1}\cdot\boldsymbol{g}_k \tag{2.14}$$

$$c_{kl} = G_{KL}X^K{}_{,k}X^L{}_{,l} \quad \text{或} \quad \boldsymbol{c} = \boldsymbol{F}^{-\mathrm{T}}\cdot\boldsymbol{F}^{-1} \tag{2.15}$$

$$c^{-1kl} = G^{KL}x^k{}_{,K}x^l{}_{,L} \quad \text{或} \quad \boldsymbol{c}^{-1} = \boldsymbol{F}\cdot\boldsymbol{F}^{\mathrm{T}} \tag{2.16}$$

$$c^{-1km}c_{ml} = \delta^k_l \quad \text{或} \quad \boldsymbol{c}^{-1}\cdot\boldsymbol{c} = \boldsymbol{i} \tag{2.17}$$

随体坐标系与物体一起变形, 所以其基向量和度量张量完全由变形梯度张量决定, 同时它们也反映了物体的变形状态。既然随体坐标系中各点坐标与变形前对应点的坐标相同, 即坐标系的 "刻度" 值不变, 那么度量尺度 (或协变基向量) 必然随变形一起相应地改变, 例如单向拉伸时要想保持沿拉伸方向两点坐标值不变, 只能增加单位值所代表的长度, 即协变基向量的长度。注意到协变基向量是根据位置向量随坐标的变化定义的, 所以随体坐标系中只有协变基向量与物体一起变形, 而逆变基向量的定义不是基于坐标系变形, 因此一般情况下不与变形固结。

2.3 纯变形的度量 —— 变形张量、应变张量、广义应变张量、相对应变张量

物体从参考构形 $\mathscr{R}$ 运动到即时构形 $\mathfrak{r}$ 时，任一局部可发生形状、位置和方位的改变。如果在 t_0 时刻物体的某一点处取任一线元、面元或体元，变形以后线元的长度、不同线元之间的夹角、面元的面积、体元的体积将发生变化，这些变化反映了该点邻域的纯变形，此外还有局部转动。除了连续性假设外，对于变形大小没有任何限制。

➤ 2.3.1　常用变形张量和应变张量

为了度量物体中各点处的纯变形，需要选取适当的状态变量。这些量应该是尺寸的相对比较；应该能够完全反映各点变形的大小，与变形状态有一一对应关系；应该有明确的几何意义，便于应用；应该与坐标系的选择无关，所以是张量。满足这些要求、适于度量变形的量可以有多种，即变形张量和应变张量，下面讨论比较常用的几种。

2.3.1.1　右 Cauchy-Green 变形张量和 Cauchy 变形张量

如前所述，线元长度的变化反映了变形情况，如果在变形前构形 $\mathscr{R}$ 中取一线元 $\mathrm{d}\boldsymbol{X} = \mathrm{d}X^K \boldsymbol{G}_K$，长度为 $\mathrm{d}S$，则

$$(\mathrm{d}S)^2 = \mathrm{d}\boldsymbol{X} \cdot \mathrm{d}\boldsymbol{X} = G_{KL}\mathrm{d}X^K \mathrm{d}X^L \tag{2.18}$$

在 t 时刻线元 $\mathrm{d}\boldsymbol{X}$ 变为构形 $\mathfrak{r}$ 中的线元 $\mathrm{d}\boldsymbol{x} = \mathrm{d}x^k \boldsymbol{g}_k$，其长度为 $\mathrm{d}s$，则

$$(\mathrm{d}s)^2 = \mathrm{d}\boldsymbol{x} \cdot \mathrm{d}\boldsymbol{x} = g_{kl}\mathrm{d}x^k \mathrm{d}x^l \tag{2.19}$$

将式 (2.5) 代入式 (2.19) 和式 (2.18)，得到

$$(\mathrm{d}s)^2 = g_{kl}x^k{}_{,K}x^l{}_{,L}\mathrm{d}X^K\mathrm{d}X^L = C_{KL}\mathrm{d}X^K\mathrm{d}X^L \quad \text{或} \quad \mathrm{d}s^2 = \mathrm{d}\boldsymbol{X} \cdot \boldsymbol{C} \cdot \mathrm{d}\boldsymbol{X} \tag{2.20}$$

$$(\mathrm{d}S)^2 = G_{KL}X^K{}_{,k}X^L{}_{,l}\mathrm{d}x^k\mathrm{d}x^l = c_{kl}\mathrm{d}x^k\mathrm{d}x^l \quad \text{或} \quad \mathrm{d}S^2 = \mathrm{d}\boldsymbol{x} \cdot \boldsymbol{c} \cdot \mathrm{d}\boldsymbol{x} \tag{2.21}$$

其中

$$C_{KL}(X^K, t) = g_{kl}x^k{}_{,K}x^l{}_{,L} \quad \text{或} \quad \boldsymbol{C} = \boldsymbol{F}^{\mathrm{T}} \cdot \boldsymbol{F} \tag{2.22}$$

$$c_{kl}(x^k, t) = G_{KL}X^K{}_{,k}X^L{}_{,l} \quad \text{或} \quad \boldsymbol{c} = \boldsymbol{F}^{-\mathrm{T}} \cdot \boldsymbol{F}^{-1} \tag{2.23}$$

式中，C_{KL} 称为右 Cauchy-Green 变形张量，也称为 Green 变形张量，Green 变形张量以物质坐标为自变量，即物质描述法，由式 (2.20) 可以求得变形前任一线元在

变形后的长度；c_{kl} 称为 Cauchy 变形张量，以空间坐标为自变量，即空间描述法，式 (2.21) 给出了变形后任一线元 $\mathrm{d}\boldsymbol{x}$ 在变形前的长度。实际上，这两个变形张量的表达式已经由上节式 (2.11) 和式 (2.15) 给出，由此可以得到它们的几何意义：C_{KL} 在数值上等于物质坐标系的随体坐标系 $\{X^k, t\}$ 的度量张量；c_{kl} 在数值上等于空间坐标系的随体坐标系 $\{x^k, t_0\}$ 的度量张量。它们并矢形式为

$$\boldsymbol{C} = C_{KL}\boldsymbol{G}^K\boldsymbol{G}^L = C^{KL}\boldsymbol{G}_K\boldsymbol{G}_L = C_L^K\boldsymbol{G}_K\boldsymbol{G}^L \tag{2.22a}$$

$$\boldsymbol{c} = c_{kl}\boldsymbol{g}^k\boldsymbol{g}^l = c^{kl}\boldsymbol{g}_k\boldsymbol{g}_l = c_l^k\boldsymbol{g}_k\boldsymbol{g}^l \tag{2.23a}$$

不难证明，$\boldsymbol{C}$ 是依赖于 Lagrange 坐标系的对称正定二阶张量。若取另一物质坐标系 $X^{K'}$，则线元 $\mathrm{d}\boldsymbol{X}$ 在 $X^{K'}$ 和 X^K 坐标系的局部标架中的分量满足关系 $\mathrm{d}X^K = A_{K'}^K \mathrm{d}X^{K'}$(式中 $A_{K'}^K$ 为坐标系变换系数)。由式 (2.20)，有

$$(\mathrm{d}s)^2 = C_{KL}A_{K'}^K A_{L'}^L \mathrm{d}X^{K'}\mathrm{d}X^{L'} = C_{K'L'}\mathrm{d}X^{K'}\mathrm{d}X^{L'}$$

上式对任意线元 $\mathrm{d}\boldsymbol{X}$ 成立，因而 $C_{K'L'} = C_{KL}A_{K'}^K A_{L'}^L$，即二阶张量坐标转换关系，所以 $\boldsymbol{C}$ 是二阶张量。由式 (2.22)，注意到度量张量的对称性 $g_{kl} = g_{lk}$，适当改变哑指标，有

$$C_{KL} = g_{kl}x^k{}_{,K}x^l{}_{,L} = g_{lk}x^k{}_{,K}x^l{}_{,L} = g_{kl}x^k{}_{,L}x^l{}_{,K} = C_{LK}$$

即 $\boldsymbol{C}$ 是对称的。由式 (2.20)，有 $(\mathrm{d}s)^2 = \mathrm{d}\boldsymbol{X}\cdot\boldsymbol{C}\cdot\mathrm{d}\boldsymbol{X} > 0$，根据定义式 (1.76a)，$\boldsymbol{C}$ 是正定的。

可以类似地证明 Cauchy 变形张量 $\boldsymbol{c}$ 是依赖于 Euler 坐标系的对称正定二阶张量。

若某一点处任意方向的线元，在变形前后保持长度不变，即 $(\mathrm{d}s)^2 = (\mathrm{d}S)^2$，比较式 (2.18) 和式 (2.20)、式 (2.19) 和式 (2.21)，得到

$$C_{KL} = G_{KL}; \quad c_{kl} = g_{kl} \quad \text{或} \quad \boldsymbol{C} = \boldsymbol{I}; \quad \boldsymbol{c} = \boldsymbol{i} \tag{2.24}$$

反之，若式 (2.24) 成立，则在变形时线元长度不变，下一节中还将证明，线元间的夹角、面元的面积和体元的体积均保持不变，因此上式是局部变形为刚性运动的充要条件，此时局部纯变形为零。

2.3.1.2　Piola 变形张量和左 Cauchy-Green 变形张量

正定对称二阶张量 C_{KL} 和 c_{kl} 的逆张量存在而且唯一，令：

$$B^{KL} = C^{-1KL} = g^{kl}X^K{}_{,k}X^L{}_{,l} \quad \text{或} \quad \boldsymbol{B} = \boldsymbol{C}^{-1} = \boldsymbol{F}^{-1}\cdot\boldsymbol{F}^{-\mathrm{T}} \tag{2.25}$$

$$b^{kl} = c^{-1kl} = G^{KL}x^k{}_{,K}x^l{}_{,L} \quad \text{或} \quad \boldsymbol{b} = \boldsymbol{c}^{-1} = \boldsymbol{F}\cdot\boldsymbol{F}^{\mathrm{T}} \tag{2.26}$$

式中，C^{-1KL} 是 Green 变形张量的逆张量 C^{-1} 的逆变分量；同样，c^{-1kl} 是 Cauchy 变形张量的逆张量 c^{-1} 的逆变分量。由于 C 和 c 可以度量变形，所以它们的逆张量也可用作变形的度量。B(或 C^{-1}) 称为 Piola 变形张量；b(或 c^{-1}) 称为 Finger 变形张量，也称为左 Cauchy-Green 变形张量。它们的并矢记法为

$$B = C^{-1} = C^{-1KL}G_K G_L = C^{-1}{}_{KL}G^K G^L = C^{-1K}{}_L G_K G^L \qquad (2.25a)$$

$$b = c^{-1} = c^{-1kl}g_k g_l = c^{-1}{}_{kl}g^k g^l = c^{-1k}{}_l g_k g^l \qquad (2.26a)$$

需要指出，在许多文献和著作中常常将左 Cauchy-Green 变形张量 b 记作 B，而 Piola 变形张量用 C^{-1} 表示 (本书第 6 章中 b 将改用 B 表示)。

显然，Piola 变形张量 C^{-1} 是依赖于 Lagrange 坐标系的正定对称二阶张量，Finger 变形张量 c^{-1} 是依赖于 Euler 坐标系的对称正定二阶张量。在数值上 C^{-1KL} 等于物质随体坐标系 $\{X^k, t\}$ 的逆变度量张量，而 c^{-1kl} 等于空间随体坐标系 $\{x^k, t_0\}$ 的逆变度量张量。

2.3.1.3 Green 应变张量和 Almansi 应变张量

除前面给出的变形张量 C、c、$C^{-1}(B)$ 和 $c^{-1}(b)$ 之外，还经常使用下面定义的应变张量作为纯变形的度量。由式 (2.20) 和式 (2.18) 及式 (2.19) 和式 (2.21) 分别相减，

$$\begin{aligned}
(\mathrm{d}s)^2 - (\mathrm{d}S)^2 &= C_{KL}\mathrm{d}X^K\mathrm{d}X^L - G_{KL}\mathrm{d}X^K\mathrm{d}X^L \equiv 2E_{KL}\mathrm{d}X^K\mathrm{d}X^L \\
&= g_{kl}\mathrm{d}x^k\mathrm{d}x^l - c_{kl}\mathrm{d}x^k\mathrm{d}x^l \equiv 2e_{kl}\mathrm{d}x^k\mathrm{d}x^l
\end{aligned} \qquad (2.27)$$

其中

$$E_{KL} = \frac{1}{2}(C_{KL} - G_{KL}) \quad \text{或} \quad E = \frac{1}{2}(C - I) \qquad (2.28)$$

$$e_{kl} = \frac{1}{2}(g_{kl} - c_{kl}) \quad \text{或} \quad e = \frac{1}{2}(i - c) \qquad (2.29)$$

式中，E 称为 Green 应变张量或 Lagrange 应变张量；e 称为 Almansi 应变张量或 Euler 应变张量。上式中度量张量 G_{KL} 与 g_{kl} 与变形无关，所以与 C_{KL}、c_{kl} 一样，E_{KL}、e_{kl} 也适合作为变形的度量。对于刚体运动，$C = I$、$c = i$，所以 E、e 变为零张量，因此它们更适于描述小应变。Green-Lagrange 应变张量和 Almansi-Euler 应变张量的并矢记法为

$$E = E_{KL}G^K G^L = E^{KL}G_K G_L = E_L^K G_K G^L \qquad (2.30)$$

$$e = e_{kl}g^k g^l = e^{kl}g_k g_l = e_l^k g_k g^l \qquad (2.31)$$

E 和 e 分别是 Lagrange 描述法和 Euler 描述法的对称二阶张量，但不是正定的。

➤ 2.3.2　位移梯度、变形张量和应变张量的位移表示

以上给出的变形张量和应变张量都是用变形梯度张量及其逆张量的点积表示的，它们也可以用位移向量 $\boldsymbol{u}$ 的梯度表示。为此，首先给出位移梯度和变形梯度的关系。位移 $\boldsymbol{u}$ 既可以看作是构形 $\mathscr{R}$ 中物质点 X^K 的函数，也可以看作是构形 τ 中物质点 $x^k(X^K)$ 的函数，采用两种描述法，将 $\boldsymbol{u}$ 在两个坐标系 X^K 和 x^k 中分解，有

$$\boldsymbol{u} = U^K \boldsymbol{G}_K = u^k \boldsymbol{g}_k \tag{2.32}$$

将 $\boldsymbol{u} = U^K \boldsymbol{G}_K$ 代入式 (2.3)，对 X^K 取偏导数，得到

$$\frac{\partial \boldsymbol{u}}{\partial X^K} = \frac{\partial}{\partial X^K}(\boldsymbol{x} - \boldsymbol{X} + \boldsymbol{b}) = \frac{\partial \boldsymbol{x}}{\partial x^l}\frac{\partial x^l}{\partial X^K} - \frac{\partial \boldsymbol{X}}{\partial X^K} = \boldsymbol{g}_l x^l{}_{,K} - \boldsymbol{G}_K$$

两端右侧用 $\boldsymbol{G}^K$ 取并积，利用梯度定义，得到位移梯度与变形梯度的关系 $\boldsymbol{u}\nabla_X = \boldsymbol{F} - \boldsymbol{I}$。由向量场梯度的定义，$\dfrac{\partial \boldsymbol{u}}{\partial X^K} = \nabla_K U_M \boldsymbol{G}^M$，代入上式，两端点乘 $\boldsymbol{G}_L$ 或 $\boldsymbol{g}^k$，可得

$$\nabla_K U_L = x^l{}_{,K} g_{lL} - G_{KL} \tag{2.33}$$

$$x^k{}_{,K} = g^k_K + \nabla_K U_M g^{kM} = g^k_K + \nabla_K U^M g^k_M \tag{2.34}$$

式中，$g_{lL}, g^k_K, g^{kM}, g^k_M$ 均为转移张量 (见式 (1.178a))。类似地，可以得到关系：

$$\boldsymbol{u}\nabla_x = \boldsymbol{i} - \boldsymbol{F}^{-1}$$

$$\nabla_k u_l = g_{kl} - g_{lL} X^L{}_{,k} \tag{2.35}$$

$$X^K{}_{,k} = g^K_k - \nabla_k u^m g^K_m \tag{2.36}$$

式中，$\nabla_K U_L$，$\nabla_k u_l$ 为位移 $\boldsymbol{u}$ 在物质坐标系和空间坐标系中的梯度，其并矢形式为

$$\boldsymbol{\nabla}_X \boldsymbol{u} = \nabla_K U_L \boldsymbol{G}^K \boldsymbol{G}^L = \nabla_K U^L \boldsymbol{G}^K \boldsymbol{G}_L = \cdots;\ \boldsymbol{\nabla}_x \boldsymbol{u} = \nabla_k u_l \boldsymbol{g}^k \boldsymbol{g}^l = \nabla_k u^l \boldsymbol{g}^k \boldsymbol{g}_l = \cdots$$

将式 (2.34) 代入式 (2.22)，利用转移张量的运算规则，有

$$\begin{aligned}
C_{KL} &= g_{kl}(g^k_K + U^M{}_{;K} g^k_M)(g^l_L + U^N{}_{;L} g^l_N)\\
&= g_{kl} g^k_K g^l_L + U^M{}_{;K} g_{kl} g^k_M g^l_L + U^N{}_{;L} g_{kl} g^k_K g^l_N + U^M{}_{;K} U^N{}_{;L} g_{kl} g^k_M g^l_N\\
&= G_{KL} + U^M{}_{;K} G_{ML} + U^N{}_{;L} G_{KN} + U^M{}_{;K} U^N{}_{;L} G_{MN}
\end{aligned}$$

利用 Ricci 定理 (见式 (1.132))，将度量张量移入求导符号之内，得到

$$C_{KL} = G_{KL} + U_{K;L} + U_{L;K} + U^M{}_{;K} U_{M;L} \tag{2.37}$$

或

$$C = I + u\nabla_X + \nabla_X u + \nabla_X u \cdot u\nabla_X$$

同样地得到

$$c_{kl} = g_{kl} - u_{k;l} - u_{l;k} + u^m{}_{;k}u_{m;l} \tag{2.38}$$

或

$$c = i - u\nabla_x - \nabla_x u + \nabla_x u \cdot u\nabla_x$$

式 (2.37) 和式 (2.38) 是右 Cauchy-Green 变形张量和 Cauchy 变形张量的位移表达式。∇_X、∇_x 是物质坐标系和空间坐标系的 Hamilton 算子，在不引起混淆时，可以略去算子的下标。将式 (2.37) 和式 (2.38) 代入式 (2.28) 和式 (2.29)，则得到 Green 应变张量和 Almansi 应变张量的位移表达式

$$E_{KL} = \frac{1}{2}(U_{K;L} + U_{L;K} + U^M{}_{;K}U_{M;L}) \tag{2.39}$$

$$e_{kl} = \frac{1}{2}(u_{k;l} + u_{l;k} - u^m{}_{;k}u_{m;l}) \tag{2.40}$$

或

$$E = \frac{1}{2}\left(u\nabla_X + \nabla_X u + \nabla_X u \cdot u\nabla_X\right)$$

$$e = \frac{1}{2}\left(u\nabla_x + \nabla_x u - \nabla_x u \cdot u\nabla_x\right)$$

▶ 2.3.3　直角坐标系中的应变张量及其几何意义

如果 Lagrange 坐标系和 Euler 坐标系是直角坐标系，则协变导数变为普通导数，Green 应变张量即是弹性力学中熟知的有限变形应变张量，分量为

$$E_{11} = \frac{\partial U_1}{\partial X_1} + \frac{1}{2}\left[\left(\frac{\partial U_1}{\partial X_1}\right)^2 + \left(\frac{\partial U_2}{\partial X_1}\right)^2 + \left(\frac{\partial U_3}{\partial X_1}\right)^2\right]; \cdots$$

$$E_{12} = E_{21} = \frac{1}{2}\left(\frac{\partial U_1}{\partial X_2} + \frac{\partial U_2}{\partial X_1} + \frac{\partial U_1}{\partial X_1}\frac{\partial U_1}{\partial X_2} + \frac{\partial U_2}{\partial X_1}\frac{\partial U_2}{\partial X_2} + \frac{\partial U_3}{\partial X_1}\frac{\partial U_3}{\partial X_2}\right); \cdots$$

Almansi 应变张量分量为

$$e_{11} = \frac{\partial u_1}{\partial x_1} - \frac{1}{2}\left[\left(\frac{\partial u_1}{\partial x_1}\right)^2 + \left(\frac{\partial u_2}{\partial x_1}\right)^2 + \left(\frac{\partial u_3}{\partial x_1}\right)^2\right]; \cdots$$

$$e_{12} = e_{21} = \frac{1}{2}\left(\frac{\partial u_1}{\partial x_2} + \frac{\partial u_2}{\partial x_1} - \frac{\partial u_1}{\partial x_1}\frac{\partial u_1}{\partial x_2} - \frac{\partial u_2}{\partial x_1}\frac{\partial u_2}{\partial x_2} - \frac{\partial u_3}{\partial x_1}\frac{\partial u_3}{\partial x_2}\right); \cdots$$

可见, 与线性应变不同, 有限变形应变张量包含位移导数的非线性项。图 2.3 和图 2.4 以 E_{11}、E_{12} 为例说明应变张量的几何意义和非线性项的必要性。图 2.3 中 AB 为变形前沿 X_1 方向的线元, 长度为 $\mathrm{d}S = \mathrm{d}X_1$, 端点 A 和 B 的位移为 U_K 和 $U_K + \mathrm{d}U_K$, 点 A' 和 B' 为变形后的位置, 变形后长度为 $\mathrm{d}s$, 则

$$\mathrm{d}s^2 = (\mathrm{d}X_1 + \mathrm{d}U_1)^2 + (\mathrm{d}U_2)^2 + (\mathrm{d}U_3)^2$$

其中, $\mathrm{d}U_K = \dfrac{\partial U_K}{\partial X_1}\mathrm{d}X_1$。线元 $\mathrm{d}X_1$ 的伸长率为

$$E_{(X_1)} = \frac{\mathrm{d}s - \mathrm{d}X_1}{\mathrm{d}X_1} = \sqrt{\left(1 + \frac{\partial U_1}{\partial X_1}\right)^2 + \left(\frac{\partial U_2}{\partial X_1}\right)^2 + \left(\frac{\partial U_3}{\partial X_1}\right)^2} - 1 = \sqrt{1 + 2E_{11}} - 1$$

式中, $\dfrac{\partial U_1}{\partial X_1}$ 为线性应变, 也是上式 Taylor 展开中的一次项, 这说明 E_{11} 可以精确表示线元 $\mathrm{d}X_1$ 的实际伸长, 而线性应变只是近似表示, 当位移导数 (梯度) 无限小时, 误差为 0。

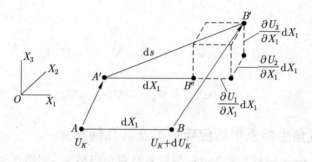

图 2.3 E_{11} 的几何意义

图 2.4 中考虑两个互相垂直的线元 AB 和 AC, 变形前分别沿 X_1 和 X_2 方向, 长度为 $\mathrm{d}X_1$ 和 $\mathrm{d}X_2$, A、B、C 点的位移为 U_K、$U_K + \dfrac{\partial U_K}{\partial X_1}\mathrm{d}X_1$、$U_K + \dfrac{\partial U_K}{\partial X_2}\mathrm{d}X_2$, 变形后为 $A'B'$ 和 $A'C'$, 记作 $\mathrm{d}\boldsymbol{x}_{(1)}$ 和 $\mathrm{d}\boldsymbol{x}_{(2)}$, 长度为 $\mathrm{d}s_1$, $\mathrm{d}s_2$, 点 B''、C'' 的位移为 U_K, 则

$$\mathrm{d}\boldsymbol{x}_{(1)} = \left[\left(1 + \frac{\partial U_1}{\partial X_1}\right)\boldsymbol{G}_1 + \frac{\partial U_2}{\partial X_1}\boldsymbol{G}_2 + \frac{\partial U_3}{\partial X_1}\boldsymbol{G}_3\right]\mathrm{d}X_1$$

$$\mathrm{d}\boldsymbol{x}_{(2)} = \left[\frac{\partial U_1}{\partial X_2}\boldsymbol{G}_1 + \left(1 + \frac{\partial U_2}{\partial X_2}\right)\boldsymbol{G}_2 + \frac{\partial U_3}{\partial X_2}\boldsymbol{G}_3\right]\mathrm{d}X_2$$

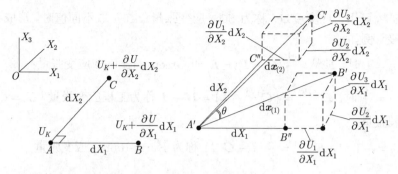

图 2.4　E_{12} 的几何意义

若 θ 为变形后线元的夹角，根据点积定义，得到

$$\cos\theta = \sin\left(\frac{\pi}{2} - \theta\right) = \frac{\mathrm{d}\boldsymbol{x}_{(1)} \cdot \mathrm{d}\boldsymbol{x}_{(2)}}{\left|\mathrm{d}\boldsymbol{x}_{(1)}\right|\left|\mathrm{d}\boldsymbol{x}_{(2)}\right|}$$

$$= \left[\left(1 + \frac{\partial U_1}{\partial X_1}\right)\frac{\partial U_1}{\partial X_2} + \frac{\partial U_2}{\partial X_1}\left(1 + \frac{\partial U_2}{\partial X_2}\right) + \frac{\partial U_3}{\partial X_1}\frac{\partial U_3}{\partial X_2}\right]\frac{\mathrm{d}X_1}{\mathrm{d}s_1}\frac{\mathrm{d}X_2}{\mathrm{d}s_2} = \frac{2E_{12}}{\Lambda_1\Lambda_2}$$

式中，$\Lambda_i = \mathrm{d}s_i/\mathrm{d}X_i\,(i=1,2$ 不求和$)$ 是线元变形后与变形前的长度比。上式说明 E_{12} 可以表示 X_1 和 X_2 方向线元夹角的变化，如果只保留位移导数的线性项 $\left(\dfrac{\partial U_1}{\partial X_2} + \dfrac{\partial U_2}{\partial X_1}\right)$ 略去非线性项则带来误差。可见在有限变形情况下，应变张量中的非线性项是必要的。

➤ 2.3.4　广义应变张量、Seth 应变张量

2.3.1 节的第一段说明了度量纯变形的变量应该满足的基本要求，能够符合这些要求的变量都可以被定义为应变张量。在 1.9 节中曾指出，借助实对称二阶张量主值的初等函数可定义该张量的初等函数，例如指数函数 $\boldsymbol{C}^n$ 等等。假如 $\boldsymbol{C}$ 的主值是 $C_{(i)}\,(i=1,2,3)$，主方向为 $\boldsymbol{N}_i$(见 2.5 节)，$\lambda_{(i)} = \sqrt{C_{(i)}}$ 称为主长度比 (见式 (2.64))，利用单调、单值、连续、可微函数 $f\left(\lambda_{(i)}\right)$ 作为主值可以定义的新的应变张量，在主坐标系中的并矢形式为

$$\tilde{\boldsymbol{E}} = f\left(\lambda_{(i)}\right)\boldsymbol{N}_i\boldsymbol{N}_i \tag{2.41}$$

式中，$\tilde{\boldsymbol{E}}$ 为广义应变张量或 Hill 应变张量，与 $\boldsymbol{C}$ 的主方向相同，采用 Lagrange 描述法；对 $f\left(\lambda_{(i)}\right)$ 的要求是 $f(1)=0$(即 $\lambda_{(i)}=1$ 时应变为 0)，$f'(1)=1$(即 $\lambda \approx 1$ 时 $\mathrm{d}f \approx \mathrm{d}\lambda$，因而小应变时 $\tilde{\boldsymbol{E}}$ 趋于线性应变)。

若取 $f\left(\lambda_{(i)}\right) = \dfrac{1}{2n}\left(\lambda_{(i)}^{2n} - 1\right)$，有

$$\boldsymbol{E}^{(n)} = \frac{1}{2n}\left(\boldsymbol{C}^n - \boldsymbol{I}\right) \quad (n \neq 0) \tag{2.42}$$

式中，$E^{(n)}$ 可用于应变度量，称为 Seth 应变张量。当 n 取不同值时，形成不同的 Seth 应变。例如：

当 $n = 1$ 时，$E^{(1)} = \dfrac{1}{2}(C - I) = E$ 即 Green-Lagrange 应变张量；

当 $n = \dfrac{1}{2}$ 时，$E^{(1/2)} = \left(C^{1/2} - I\right) = U - I$ 称为工程应变张量，$U = C^{1/2}$ 称为右伸长张量；

当 $n = -1$ 时，$E^{(-1)} = \dfrac{1}{2}\left(I - C^{-1}\right)$ 称为 Karni-Rainer 应变张量；

当 $n = 0$ 时，定义 $E^{(0)} = \lim\limits_{n \to 0} \dfrac{1}{2n}(C^n - I)$，主方向为 N_i，主值为

$$E_{(i)}^{(0)} = \lim_{n \to 0} \frac{1}{2n}\left(\lambda_{(i)}^{2n} - 1\right) = \lim_{n \to 0} \frac{1}{2}\frac{\mathrm{d}}{\mathrm{d}n}\left(\mathrm{e}^{2n \ln \lambda_{(i)}} - 1\right) = \ln \lambda_{(i)}\,(\text{应用洛必达法则})$$

故

$$E^{(0)} = \ln C^{\frac{1}{2}} = \ln U = \left(\ln \lambda_{(1)}\right)N_1 N_1 + \left(\ln \lambda_{(2)}\right)N_2 N_2 + \left(\ln \lambda_{(3)}\right)N_3 N_3$$

称为对数应变张量。2.5 节将会证明 λ_i 等于沿应变主方向 N_i 的主长度比，所以 $E^{(0)}$ 的主值是主长度比的对数。

➤ 2.3.5　相对变形梯度和相对变形张量

前面均采用 t_0 时刻的物体为参考构形，t_0 为选定时刻，与当前时刻 t 无关。在某些情况下 (例如流体)，也采用 t 时刻空间坐标系中的物体作为参考构形，描述 t 时刻附近的变化，此时参考构形随物体运动，这种描述称为相对描述法。

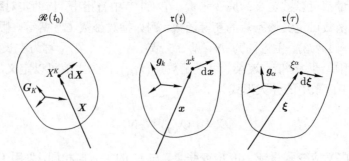

图 2.5　初始构形 $\mathscr{R}(t_0)$，t 时刻参考构形 $\mathfrak{r}(t)$，即时构形 $\mathfrak{r}(\tau)$

假设 X、x、ξ 和 $\left\{X^K\right\}$、$\left\{x^k\right\}$、$\left\{\xi^\alpha\right\}$ 为 t_0、t、τ 时刻构形中的位置向量和坐标系 (见图 2.5)。以 t_0 时刻物体 $\mathscr{R}$ 为参考构形时，运动变换为

$$x = x(X, t) \quad (t\text{时刻}); \qquad \xi = \xi(X, \tau) \quad (\tau\text{时刻}) \tag{2.43}$$

将逆变换 $\boldsymbol{X} = \boldsymbol{X}(\boldsymbol{x}, t)$ 代入式 $(2.43)_2$，得到以 t 时刻物体 $\mathfrak{r}(t)$ 为参考构形的运动变换：

$$\boldsymbol{\xi} = \boldsymbol{\xi}(\boldsymbol{X}(\boldsymbol{x}, t), \tau) \equiv \boldsymbol{\xi}_{(t)}(\boldsymbol{x}, t) \tag{2.44}$$

式中，$\boldsymbol{\xi}_{(t)}$ 称为相对变形函数，以后简记为 $\boldsymbol{\xi}$；$\boldsymbol{x}$ 是 t 时刻物质点的位置向量。t_0 时刻 X^K 点的线元 $\mathrm{d}\boldsymbol{X}$，在 t 时刻和 τ 时刻变为 x^k 点线元 $\mathrm{d}\boldsymbol{x}$ 和 ξ^α 点线元 $\mathrm{d}\boldsymbol{\xi}$，如图 2.5 所示。由运动变换和导数的链法则，有

$$\mathrm{d}\xi^\alpha = \frac{\partial \xi^\alpha}{\partial x^k}\mathrm{d}x^k = \frac{\partial \xi^\alpha}{\partial x^k}\frac{\partial x^k}{\partial X^K}\mathrm{d}X^K = \frac{\partial \xi^\alpha}{\partial X^K}\mathrm{d}X^K$$

或

$$\mathrm{d}\boldsymbol{\xi} = \boldsymbol{F}_{(t)}(\tau)\cdot\mathrm{d}\boldsymbol{x} = \boldsymbol{F}_{(t)}(\tau)\cdot\boldsymbol{F}(t)\cdot\mathrm{d}\boldsymbol{X} = \boldsymbol{F}(\tau)\cdot\mathrm{d}\boldsymbol{X}$$

由上式得到

$$\boldsymbol{F}(\tau) = \boldsymbol{F}_{(t)}(\tau)\cdot\boldsymbol{F}(t) \tag{2.45a}$$

式中，$\boldsymbol{F}(\tau)$、$\boldsymbol{F}(t)$ 是 τ 时刻和 t 时刻构形对于构形 $\mathscr{R}(t_0)$ 的变形梯度，$\boldsymbol{F}_{(t)}(\tau)$ 是 τ 时刻构形对于构形 $\mathfrak{r}(t)$ 的相对变形梯度

$$\boldsymbol{F}_{(t)}(\tau) = \frac{\partial \xi^\alpha}{\partial x^k}\boldsymbol{g}_\alpha\boldsymbol{g}^k; \quad \boldsymbol{F}(\tau) = \frac{\partial \xi^\alpha}{\partial X^K}\boldsymbol{g}_\alpha\boldsymbol{G}^K; \quad \boldsymbol{F}(t) = \frac{\partial x^k}{\partial X^K}\boldsymbol{g}_k\boldsymbol{G}^K \tag{2.45b}$$

由式 (2.45a) 可得

$$\boldsymbol{F}_{(t)}(\tau) = \boldsymbol{F}(\tau)\cdot\boldsymbol{F}^{-1}(t) \tag{2.46a}$$

对上式求逆，相对变形梯度的逆张量为

$$\boldsymbol{F}_{(t)}^{-1}(\tau) = \boldsymbol{F}(t)\cdot\boldsymbol{F}^{-1}(\tau) = \frac{\partial \boldsymbol{x}}{\partial \boldsymbol{X}}\cdot\frac{\partial \boldsymbol{X}}{\partial \boldsymbol{\xi}} = \frac{\partial \boldsymbol{x}}{\partial \boldsymbol{\xi}} = x^k{}_{,\beta}\boldsymbol{g}_k\boldsymbol{g}^\beta \quad (\text{也可记作 } \boldsymbol{F}_{(\tau)}(t)) \tag{2.46b}$$

将式 (2.45a) 代入变形张量的定义式 (2.22)、式 (2.23)、式 (2.25)、式 (2.26)，用 t 时刻变形梯度 $\boldsymbol{F}(t)$ 和 τ 时刻相对变形梯度 $\boldsymbol{F}_{(t)}(\tau)$ 表示变形张量，有

$$\boldsymbol{C}(\tau) = \boldsymbol{F}^{\mathrm{T}}(t)\cdot\boldsymbol{C}_{(t)}(\tau)\cdot\boldsymbol{F}(t) = g_{\alpha\beta}\xi^\alpha{}_{,K}\xi^\beta{}_{,L}\boldsymbol{G}^K\boldsymbol{G}^L \tag{2.47a}$$

$$\boldsymbol{B}(\tau) = \boldsymbol{F}^{-1}(t)\cdot\boldsymbol{B}_{(t)}(\tau)\cdot\boldsymbol{F}^{-\mathrm{T}}(t) = g^{\alpha\beta}X^K{}_{,\alpha}X^L{}_{,\beta}\boldsymbol{G}_K\boldsymbol{G}_L \tag{2.47b}$$

$$\boldsymbol{c}(\tau) = \boldsymbol{F}_{(t)}(\tau)\cdot\boldsymbol{c}(t)\cdot\boldsymbol{F}_{(t)}^{\mathrm{T}}(\tau) = G_{KL}X^K{}_{,\alpha}X^L{}_{,\beta}\boldsymbol{g}^\alpha\boldsymbol{g}^\beta \tag{2.47c}$$

$$\boldsymbol{b}(\tau) = \boldsymbol{F}_{(t)}(\tau)\cdot\boldsymbol{b}(t)\cdot\boldsymbol{F}_{(t)}^{\mathrm{T}}(\tau) = G^{KL}\xi^\alpha{}_{,K}\xi^\beta{}_{,L}\boldsymbol{g}_\alpha\boldsymbol{g}_\beta \tag{2.47d}$$

式中，$\boldsymbol{g}_\alpha$、$\boldsymbol{g}^\alpha$、$g^{\alpha\beta}$、$g_{\alpha\beta}$ 是坐标系 $\{\xi^\alpha\}$ 的基向量和度量张量；$\boldsymbol{c}(t)$ 和 $\boldsymbol{b}(t)$ 是 t 时刻 Cauchy 变形张量和左 Cauchy-Green 变形张量，并引入定义

$$\boldsymbol{C}_{(t)}(\tau) = g_{\alpha\beta}\xi^\alpha_{,k}\xi^\beta_{,l}\boldsymbol{g}^k\boldsymbol{g}^l = \boldsymbol{F}^{\mathrm{T}}_{(t)}(\tau) \cdot \boldsymbol{F}_{(t)}(\tau) \tag{2.48a}$$

$$\boldsymbol{B}_{(t)}(\tau) = g^{\alpha\beta}x^k_{,\alpha}x^l_{,\beta}\boldsymbol{g}_k\boldsymbol{g}_l = \boldsymbol{F}^{-1}_{(t)}(\tau) \cdot \boldsymbol{F}^{-\mathrm{T}}_{(t)}(\tau) = \boldsymbol{C}^{-1}_{(t)}(\tau) \tag{2.48b}$$

$$\boldsymbol{c}_{(t)}(\tau) = g_{kl}x^k_{,\alpha}x^l_{,\beta}\boldsymbol{g}^\alpha\boldsymbol{g}^\beta = \boldsymbol{F}^{-\mathrm{T}}_{(t)}(\tau) \cdot \boldsymbol{F}^{-1}_{(t)}(\tau) \tag{2.48c}$$

$$\boldsymbol{b}_{(t)}(\tau) = g^{kl}\xi^\alpha_{,k}\xi^\beta_{,l}\boldsymbol{g}_\alpha\boldsymbol{g}_\beta = \boldsymbol{F}_{(t)}(\tau) \cdot \boldsymbol{F}^{\mathrm{T}}_{(t)}(\tau) = \boldsymbol{c}^{-1}_{(t)}(\tau) \tag{2.48d}$$

式中，$\boldsymbol{C}_{(t)}$ 和 $\boldsymbol{b}_{(t)}$ 称为右和左 Cauchy-Green 相对变形张量；$\boldsymbol{c}_{(t)}$ 和 $\boldsymbol{B}_{(t)}$ 称为 Cauchy 和 Piola 相对变形张量。

t 时刻线元 $\mathrm{d}\boldsymbol{x}$ 在 τ 时刻的长度为

$$(\mathrm{d}s(\tau))^2 = \mathrm{d}\boldsymbol{\xi} \cdot \mathrm{d}\boldsymbol{\xi} = \mathrm{d}\boldsymbol{x} \cdot \boldsymbol{F}^{\mathrm{T}}_{(t)}(\tau) \cdot \boldsymbol{F}_{(t)}(\tau) \cdot \mathrm{d}\boldsymbol{x} = \mathrm{d}\boldsymbol{x} \cdot \boldsymbol{C}_{(t)}(\tau) \cdot \mathrm{d}\boldsymbol{x}$$

可见相对变形张量是 τ 时刻相对于 t 时刻的变形度量。

[例 2.1]　求 t 时刻的相对变形张量。

由式 (2.46a)，$\boldsymbol{F}_{(t)}(t) = \boldsymbol{I}$，代入式 (2.48a)~式 (2.48d)，得

$$\boldsymbol{C}_{(t)}(t) = \boldsymbol{B}_{(t)}(t) = \boldsymbol{c}_{(t)}(t) = \boldsymbol{b}_{(t)}(t) = \boldsymbol{I}$$

这说明参考构形 $\mathfrak{r}(t)$ 相对于自己没有变形。

[例 2.2]　求 $\tau = t_0 = 0$ 时刻的右和左 Cauchy-Green 相对变形张量 $\boldsymbol{C}_{(t)}(0)$ $\boldsymbol{b}_{(t)}(0)$。$\tau = 0$ 时的构形即 $\mathscr{R}(t_0)$，所以 $\mathrm{d}\boldsymbol{x} = \mathrm{d}\boldsymbol{X}$，$\boldsymbol{F}(0) = \boldsymbol{I}$，代入式 (2.46a)，得 $\boldsymbol{F}_{(t)}(0) = \boldsymbol{F}^{-1}(t)$。可见从 t 时刻线元 $\mathrm{d}\boldsymbol{x}$ 到初始构形线元 $\mathrm{d}\boldsymbol{X}$ 的变换 ($\boldsymbol{F}_{(t)}(0)$) 是从 $\mathrm{d}\boldsymbol{X}$ 到 $\mathrm{d}\boldsymbol{x}$(变换 $\boldsymbol{F}(t)$) 的逆变换。上式代入式 (2.48a)~式 (2.48d)，得

$$\boldsymbol{C}_{(t)}(0) = \boldsymbol{F}^{-\mathrm{T}}(t) \cdot \boldsymbol{F}^{-1}(t) = \boldsymbol{c}(t) = \boldsymbol{b}^{-1}(t)$$

$$\boldsymbol{b}_{(t)}(0) = \boldsymbol{F}^{-1}(t) \cdot \boldsymbol{F}^{-\mathrm{T}}(t) = \boldsymbol{B}(t) = \boldsymbol{C}^{-1}(t)$$

上式说明，t_0 构形相对于 t 构形的变形可以用 t 构形相对于 t_0 构形的变形表示。

本节给出了多种定义表示一点邻域的变形，这些定义的共同点是基于变形梯度张量 (或逆张量) 与其转置的点积，或相对变形梯度张量 (或逆张量) 与其转置的点积，将变形张量在主坐标系中推广可以定义广义应变。在 2.6 节将会看到，变形梯度与其转置的点积可消除局部转动，从而使纯变形分离出来，得到一点张量 (Lagrange 描述或 Euler 描述)。

2.4 长度、夹角、面积和体积变化

各种变形张量和应变张量作为物体内任一点处变形状态的度量，必须能够表示该点处任一线元长度的变化，表示任意两个线元之间夹角的改变，表示任一面元、体元的面积、体积的变化。本节讨论这些纯变形量与变形张量或应变张量的关系。

➤ 2.4.1 伸长率

考虑构形 $\mathscr{R}$ 中的任一线元 $\mathrm{d}\boldsymbol{X} = \mathrm{d}X^K \boldsymbol{G}_K$（图 2.2），该线元在变形后变为构形 $\mathfrak{r}$ 中的线元 $\mathrm{d}\boldsymbol{x} = \mathrm{d}x^k \boldsymbol{g}_k$。若 $\boldsymbol{N}$ 和 $\boldsymbol{n}$ 分别为 $\mathrm{d}\boldsymbol{X}$ 和 $\mathrm{d}\boldsymbol{x}$ 方向的单位向量，$\mathrm{d}S$ 和 $\mathrm{d}s$ 分别为 $\mathrm{d}\boldsymbol{X}$ 和 $\mathrm{d}\boldsymbol{x}$ 的长度，则

$$\mathrm{d}\boldsymbol{X} = \mathrm{d}X^K \boldsymbol{G}_K = \mathrm{d}S \boldsymbol{N}, \quad \mathrm{d}\boldsymbol{x} = \mathrm{d}x^k \boldsymbol{g}_k = \mathrm{d}s \boldsymbol{n} \tag{2.49}$$

将 $\boldsymbol{N}$ 和 $\boldsymbol{n}$ 沿坐标基向量分解，令 $\boldsymbol{N} = N^K \boldsymbol{G}_K$，$\boldsymbol{n} = n^k \boldsymbol{g}_k$，代入式 (2.49) 得到

$$N^K = \frac{\mathrm{d}X^K}{\mathrm{d}S}; \quad n^k = \frac{\mathrm{d}x^k}{\mathrm{d}s}$$

将 $\Lambda_{(N)} \equiv \lambda_{(n)} = \dfrac{\mathrm{d}s}{\mathrm{d}S}$ 称为 $\boldsymbol{n}$ 和 $\boldsymbol{N}$ 方向线元的长度比，由式 (2.18) 和式 (2.20) 得到

$$\Lambda_{(N)} \equiv \lambda_{(n)} = \sqrt{C_{KL} N^K N^L} = \frac{1}{\sqrt{c_{kl} n^k n^l}} \tag{2.50}$$

令：

$$E_{(N)} = e_{(n)} = \frac{(\mathrm{d}s - \mathrm{d}S)}{\mathrm{d}S} \tag{2.50a}$$

称为伸长率，由上式得到

$$E_{(N)} = e_{(n)} = \Lambda_{(N)} - 1 = \lambda_{(n)} - 1 = \sqrt{C_{KL} N^K N^L} - 1 = \frac{1}{\sqrt{c_{kl} n^k n^l}} - 1 \tag{2.51}$$

在文献和著作中通常将长度比 λ（即 Λ）称为伸长率 (Stretch)，而且 $\Lambda = \lambda$ 两者无需区分。本节以后称 λ 为伸长率，由于 $E_{(N)}, e_{(n)}$ 应用较少，不会引起混淆。

利用式 (2.28) 和式 (2.29)，长度比和伸长率也可以用 Green 应变张量和 Almansi 应变张量表示，注意到 $\boldsymbol{N} \cdot \boldsymbol{N} = \boldsymbol{n} \cdot \boldsymbol{n} = 1$ 即 $G_{KL} N^K N^L = g_{kl} n^k n^l = 1$，有

$$\Lambda_{(N)} = \lambda_{(n)} = \sqrt{1 + 2E_{KL} N^K N^L} = \frac{1}{\sqrt{1 - 2e_{kl} n^k n^l}} \tag{2.52}$$

$$E_{(N)} = e_{(n)} = \sqrt{1 + 2E_{KL} N^K N^L} - 1 = \frac{1}{\sqrt{1 - 2e_{kl} n^k n^l}} - 1 \tag{2.53}$$

若 $\boldsymbol{N}$ 沿 $\boldsymbol{G}_1$ 方向, 即 $\mathrm{d}X^2 = \mathrm{d}X^3 = 0$, 则 $\mathrm{d}\boldsymbol{X} = \mathrm{d}X^1\boldsymbol{G}_1, \mathrm{d}S = \pm\sqrt{G_{11}}\mathrm{d}X^1$。所以 $N^1 = \pm\dfrac{1}{\sqrt{G_{11}}}$, $N^2 = N^3 = 0$, 代入式 (2.50)~式 (2.53) 得到

$$\Lambda_{(1)} = \sqrt{\frac{C_{11}}{G_{11}}} = \sqrt{1 + 2\frac{E_{11}}{G_{11}}}; \quad E_{(1)} = \sqrt{\frac{C_{11}}{G_{11}}} - 1 = \sqrt{1 + 2\frac{E_{11}}{G_{11}}} - 1$$

若 $\{X^k\}$ 为直角坐标系, $G_{11} = 1$, 有

$$\Lambda_{(1)} = \sqrt{C_{11}}, \quad E_{(1)} = \sqrt{1 + 2E_{11}} - 1, \quad C_{11} = \Lambda_{(1)}^2, \quad E_{11} = \frac{\Lambda_{(1)}^2 - 1}{2}$$

可见在直角坐标系下, 右 Cauchy-Green 变形张量的对角分量 $C_{KK}(\underline{K}$ 表示非求和指标) 等于沿坐标轴 X^K 方向的长度比的平方, 而 Green 应变张量的对角分量 $E_{\underline{KK}}$ 等于长度比平方减 1 的一半。$E_{(1)}$ 与 2.3 节中由几何分析 (图 2.3) 得到的结果相同。

➤ 2.4.2 夹角的改变

在构形 $\mathscr{R}$ 中考虑任意两个线元, 分别沿单位向量 $\boldsymbol{N}_1$, $\boldsymbol{N}_2$ 方向:

$$\mathrm{d}\boldsymbol{X}_{(1)} = \mathrm{d}S_1\boldsymbol{N}_1 = \mathrm{d}X_{(1)}^K\boldsymbol{G}_K; \quad \mathrm{d}\boldsymbol{X}_{(2)} = \mathrm{d}S_2\boldsymbol{N}_2 = \mathrm{d}X_{(2)}^K\boldsymbol{G}_K$$

它们的夹角为 $\Theta(\boldsymbol{N}_1, \boldsymbol{N}_2)$, 则

$$\cos\Theta(\boldsymbol{N}_1, \boldsymbol{N}_2) = \boldsymbol{N}_1 \cdot \boldsymbol{N}_2 = (N_1^K\boldsymbol{G}_K) \cdot (N_2^L\boldsymbol{G}_L) = G_{KL}N_1^K N_2^L \tag{2.54}$$

变形后, 线元 $\mathrm{d}\boldsymbol{X}_{(1)}$、$\mathrm{d}\boldsymbol{X}_{(2)}$ 变为 $\mathrm{d}\boldsymbol{x}_{(1)}$、$\mathrm{d}\boldsymbol{x}_{(2)}$, 方向 $\boldsymbol{N}_1$、$\boldsymbol{N}_2$ 变为 $\boldsymbol{n}_1$、$\boldsymbol{n}_2$, 若 $\boldsymbol{n}_1$、$\boldsymbol{n}_2$ 的夹角为 $\theta(\boldsymbol{n}_1, \boldsymbol{n}_2)$, 利用式 (2.5) 和式 (2.11), 有

$$\begin{aligned}
&\cos\theta(\boldsymbol{n}_1, \boldsymbol{n}_2) \\
=&\boldsymbol{n}_1 \cdot \boldsymbol{n}_2 = (n_1^k\boldsymbol{g}_k) \cdot (n_2^l\boldsymbol{g}_l) = g_{kl}\frac{\mathrm{d}x_{(1)}^k}{\mathrm{d}s_1}\frac{\mathrm{d}x_{(2)}^l}{\mathrm{d}s_2} = g_{kl}x^k{}_{,K}\frac{\mathrm{d}X_{(1)}^K}{\mathrm{d}s_1}x^l{}_{,L}\frac{\mathrm{d}X_{(2)}^L}{\mathrm{d}s_2} \\
=&C_{KL}\frac{\mathrm{d}X_{(1)}^K}{\mathrm{d}S_1}\frac{\mathrm{d}X_{(2)}^L}{\mathrm{d}S_2} \Big/ \left(\frac{\mathrm{d}s_1}{\mathrm{d}S_1}\frac{\mathrm{d}s_2}{\mathrm{d}S_2}\right) = \frac{C_{KL}N_1^K N_2^L}{\Lambda(\boldsymbol{N}_1)\Lambda(\boldsymbol{N}_2)} = \frac{G_{KL}N_1^K N_2^L + 2E_{KL}N_1^K N_2^L}{\Lambda(\boldsymbol{N}_1)\Lambda(\boldsymbol{N}_2)}
\end{aligned} \tag{2.55}$$

变形前后夹角的改变称为剪切, 所以

$$\Gamma(\boldsymbol{N}_1, \boldsymbol{N}_2) \equiv \gamma(\boldsymbol{n}_1, \boldsymbol{n}_2) = \Theta(\boldsymbol{N}_1, \boldsymbol{N}_2) - \theta(\boldsymbol{n}_1, \boldsymbol{n}_2) \tag{2.56}$$

$$\begin{aligned}
\sin\Gamma(\boldsymbol{N}_1, \boldsymbol{N}_2) =&\sin\left(\Theta(\boldsymbol{N}_1, \boldsymbol{N}_2) - \theta(\boldsymbol{n}_1, \boldsymbol{n}_2)\right) \\
=&\cos\theta(\boldsymbol{n}_1, \boldsymbol{n}_2)\sin\Theta(\boldsymbol{N}_1, \boldsymbol{N}_2) - \sqrt{1 - \cos\theta(\boldsymbol{n}_1, \boldsymbol{n}_2)}\cos\Theta(\boldsymbol{N}_1, \boldsymbol{N}_2)
\end{aligned} \tag{2.57}$$

可见任意两个线元的夹角的变化可由变形张量或应变张量确定。若 $\{X^k\}$ 为直角坐标系，且 $\boldsymbol{N}_1, \boldsymbol{N}_2$ 分别沿 X^1 和 X^2 方向，即 $\Theta(\boldsymbol{N}_1, \boldsymbol{N}_2) = \pi/2$、$N_1^1 = N_2^2 = 1$（其余为 0），则 $\sin \Gamma(\boldsymbol{N}_1, \boldsymbol{N}_2) = \sin \gamma(\boldsymbol{n}_1, \boldsymbol{n}_2) = \dfrac{2E_{12}}{\Lambda_1 \Lambda_2}$，即 2.3 节中通过几何分析 (图 2.4) 得到的结果。

▶ 2.4.3　面积和体积的变化

2.4.3.1　面积的变化

在构形 $\mathscr{R}$ 中考虑两个线元 $\mathrm{d}\boldsymbol{X}_{(1)}$ 和 $\mathrm{d}\boldsymbol{X}_{(2)}$，由它们决定的三角形面积元，可以用一个向量表示 (参见式 (1.104)，取三角形)

$$\mathrm{d}\boldsymbol{A} = \frac{1}{2}\mathrm{d}\boldsymbol{X}_{(1)} \times \mathrm{d}\boldsymbol{X}_{(2)} \equiv \mathrm{d}A_M \boldsymbol{G}^M \tag{2.58}$$

$$\mathrm{d}A_M = \frac{1}{2}\varepsilon_{KLM}\mathrm{d}X_{(1)}^K \mathrm{d}X_{(2)}^L \tag{2.58a}$$

变形后 $\mathrm{d}\boldsymbol{X}_1, \mathrm{d}\boldsymbol{X}_2$ 变为构形 $\mathfrak{r}$ 中的线元 $\mathrm{d}\boldsymbol{x}_1, \mathrm{d}\boldsymbol{x}_2$，面积元 $\mathrm{d}\boldsymbol{A}$ 变为 $\mathrm{d}\boldsymbol{a}$

$$\mathrm{d}\boldsymbol{a} = \frac{1}{2}\mathrm{d}\boldsymbol{x}_{(1)} \times \mathrm{d}\boldsymbol{x}_{(2)} \equiv \mathrm{d}a_m \boldsymbol{g}^m \tag{2.59}$$

为了得到 $\mathrm{d}\boldsymbol{a}$ 和 $\mathrm{d}\boldsymbol{A}$ 的关系，将式 $(2.5a)_1$ 和式 $(2.6)_1$ 代入下式，注意式 (1.20)、式 (1.3a)，有

$$\begin{aligned}
\boldsymbol{F}^{\mathrm{T}} \cdot \mathrm{d}\boldsymbol{a} &= \frac{1}{2}\boldsymbol{F}^{\mathrm{T}} \cdot \left(\boldsymbol{F} \cdot \mathrm{d}\boldsymbol{X}_{(1)}\right) \times \left(\boldsymbol{F} \cdot \mathrm{d}\boldsymbol{X}_{(2)}\right) \\
&= \frac{1}{2}\left(x^k{}_{,K}\boldsymbol{G}^K \boldsymbol{g}_k\right) \cdot \left(x^l{}_{,L}\boldsymbol{g}_l \mathrm{d}X_{(1)}^L\right) \times \left(x^m{}_{,M}\boldsymbol{g}_m \mathrm{d}X_{(2)}^M\right) \\
&= \frac{1}{2}x^k{}_{,K}x^l{}_{,L}x^m{}_{,M}\varepsilon_{klm}\mathrm{d}X_{(1)}^L \mathrm{d}X_{(2)}^M \boldsymbol{G}^K \\
&= \frac{1}{2}\det(\boldsymbol{F})\sqrt{g}e_{KLM}\mathrm{d}X_{(1)}^L \mathrm{d}X_{(2)}^M \boldsymbol{G}^K = \frac{1}{2}\det(\boldsymbol{F})\frac{\sqrt{g}}{\sqrt{G}}\mathrm{d}\boldsymbol{X}_{(1)} \times \mathrm{d}\boldsymbol{X}_{(2)}
\end{aligned}$$

两端前乘以 $\boldsymbol{F}^{-\mathrm{T}}$，利用 J 的定义式 (2.9)，得到

$$\mathrm{d}\boldsymbol{a} = J\boldsymbol{F}^{-\mathrm{T}} \cdot \mathrm{d}\boldsymbol{A} \quad \text{或} \quad \mathrm{d}a_m = JX^M{}_{,m}\mathrm{d}A_M \tag{2.60}$$

上式给出变形前后面元之间的重要关系。由上式可以得到变形后的面积，

$$\begin{aligned}
\mathrm{d}a^2 = \mathrm{d}\boldsymbol{a} \cdot \mathrm{d}\boldsymbol{a} &= (\mathrm{d}a_k \boldsymbol{g}^k) \cdot (\mathrm{d}a_l \boldsymbol{g}^l) = J^2 g^{kl} X^K{}_{,k} X^L{}_{,l} \mathrm{d}A_K \mathrm{d}A_L \\
&= J^2 C^{-1KL} \mathrm{d}A_K \mathrm{d}A_L
\end{aligned}$$

$$\frac{\mathrm{d}a}{\mathrm{d}A} = J\left(C^{-1KL}\boldsymbol{N}_K \boldsymbol{N}_L\right)^{1/2} \quad \text{（面积比）} \tag{2.60a}$$

其中，$N_K = \dfrac{\mathrm{d}A_K}{\mathrm{d}A}$。

可以证明 J^2 等于右 Cauchy-Green 变形张量的第三不变量 III_C。利用式 (2.8a)，得

$$\begin{aligned} \mathrm{III}_C = \det C_L^K &= \det\left(G^{KM}g_{ml}x^m{}_{,M}x^l{}_{,L}\right) \\ &= (\det G^{KM})(\det g_{ml})(\det x^m{}_{,M})^2 = \frac{g}{G}j^2 = J^2 \quad \text{或} \quad J = \sqrt{\mathrm{III}_C} \end{aligned} \tag{2.61}$$

式 (2.61) 给出了式 (2.9) 定义的 J 与变形张量的关系，此外 J 还表示变形的体积比 (见式 (2.62))。因此，式 (2.60a) 表明变形后的面元面积可由变形前面积和变形张量完全确定。

2.4.3.2　体积的改变

考虑变形前构形 $\mathscr{R}$ 中以非共面线元 $\mathrm{d}\boldsymbol{X}_{(1)}, \mathrm{d}\boldsymbol{X}_{(2)}, \mathrm{d}\boldsymbol{X}_{(3)}$ 为边构成的平行六面体的体积 $\mathrm{d}V$，利用式 (2.58)：

$$\mathrm{d}V = \mathrm{d}\boldsymbol{X}_{(1)} \times \mathrm{d}\boldsymbol{X}_{(2)} \cdot \mathrm{d}\boldsymbol{X}_{(3)} = 2\mathrm{d}A_K\boldsymbol{G}^K \cdot (\mathrm{d}X_{(3)}^L\boldsymbol{G}_L) = 2\mathrm{d}A_K\mathrm{d}X_{(3)}^K$$

变形后 $\mathrm{d}\boldsymbol{X}_{(1)}, \mathrm{d}\boldsymbol{X}_{(2)}, \mathrm{d}\boldsymbol{X}_{(3)}$ 变为 $\mathrm{d}\boldsymbol{x}_{(1)}, \mathrm{d}\boldsymbol{x}_{(2)}, \mathrm{d}\boldsymbol{x}_{(3)}$，$\mathrm{d}V$ 变为体积 $\mathrm{d}v$，利用式 (2.60)，

$$\mathrm{d}v = 2\mathrm{d}a_k\mathrm{d}x_{(3)}^k = 2JX^K{}_{,k}\mathrm{d}A_K\mathrm{d}x_{(3)}^k = 2J\mathrm{d}A_K\mathrm{d}X_{(3)}^K = J\mathrm{d}V \quad \text{或} \quad \frac{\mathrm{d}v}{\mathrm{d}V} = J \tag{2.62}$$

式 (2.62) 给出了变形前后的体元体积之间的关系，可见变形后与变形前体积比等于 J，即右 Cauchy-Green 变形张量的第三不变量 III_C 的平方根。

2.5　主应变、主方向、应变不变量、应变椭球

2.3 节中给出的变形张量和应变张量都是对称二阶张量。在 1.9 节中已经证明，任何实对称二阶张量一般情况下有三个主值、三个互相垂直的主方向和三个不变量，将一般理论用于变形张量和应变张量，则得到主应变、主方向和应变不变量。

右 Cauchy-Green 变形张量 $\boldsymbol{C}$ 是实对称二阶张量，主方向单位向量 $\boldsymbol{N}_{(i)}$ 满足方程

$$(C_L^K - C_{(i)}\delta_L^K)N_{(i)}^L = 0; \quad (\boldsymbol{C} - C_{(i)}\boldsymbol{I}) \cdot \boldsymbol{N}_{(i)} = 0 \quad (i = 1, 2, 3) \tag{2.63}$$

$C_{(i)}$ 为主值，可由特征方程

$$\det(C_L^K - C_{(i)}\delta_L^K) = \begin{vmatrix} C_1^1 - C_{(i)} & C_2^1 & C_3^1 \\ C_1^2 & C_2^2 - C_{(i)} & C_3^2 \\ C_1^3 & C_2^3 & C_3^3 - C_{(i)} \end{vmatrix} = 0 \tag{2.63a}$$

求得。将 $C_{(i)}$ 代入式 (2.63)，若三个主值互不相等，可解得到三个互相垂直的主方向。在主坐标系中，变形张量变为标准型：

$$\boldsymbol{C} = \begin{bmatrix} C_{(1)} & 0 & 0 \\ 0 & C_{(2)} & 0 \\ 0 & 0 & C_{(3)} \end{bmatrix} = C_{(1)}\boldsymbol{N}_{(1)}\boldsymbol{N}_{(1)} + C_{(2)}\boldsymbol{N}_{(2)}\boldsymbol{N}_{(2)} + C_{(3)}\boldsymbol{N}_{(3)}\boldsymbol{N}_{(3)}$$

$\boldsymbol{N}_{(i)}, C_{(i)}$ 称为 $\boldsymbol{C}$ 的主方向和主应变，适当地选择主坐标系，可以使 $C_{(1)} \geqslant C_{(2)} \geqslant C_{(3)}$。若 $\boldsymbol{N} = \boldsymbol{N}_{(i)}$ 代入式 (2.50)，得到

$$\lambda_{(i)} = \sqrt{C_{(i)}} \tag{2.64}$$

所以 $C_{(i)}$ 等于主方向伸长率的平方。$\lambda_{(i)}$ $(i = 1, 2, 3)$ 称为主伸长率。

若 $\boldsymbol{N}$ 为变形前构形 $\mathscr{R}$ 中某点处的任意单位向量，由式 (2.50)，$\lambda_{(N)}^2 = C_{KL}N^K N^L$，由于 $\boldsymbol{N} \cdot \boldsymbol{N} = G_{KL}N^K N^L = 1$，所以 $\lambda_{(N)}$ 的条件极值问题为

$$\frac{\partial}{\partial N^M}\left[C_{KL}N^K N^L - C G_{KL}N^K N^L\right] = 2\left(C_{ML} - C G_{ML}\right)N^L = 0$$

C 是 Lagrange 乘子。上式即 $(\boldsymbol{C} - C\boldsymbol{I}) \cdot \boldsymbol{N} = 0$，与式 (2.63) 相同，所以 $\boldsymbol{C}$ 的主方向也是伸长率的极值方向，有

$$C_{(1)} \geqslant C_{(N)} \geqslant C_{(3)}, \quad \lambda_{(1)} \geqslant \lambda_{(N)} \geqslant \lambda_{(3)}$$

由式 (1.71) 和式 (1.74)，$\boldsymbol{C}$ 的不变量为

$$\left.\begin{aligned} \mathrm{I}_C &= C_K^K = C_{(1)} + C_{(2)} + C_{(3)} = \lambda_{(1)}^2 + \lambda_{(2)}^2 + \lambda_{(3)}^2 \\ \mathrm{II}_C &= \frac{1}{2}(C_K^K C_L^L - C_L^K C_K^L) = C_{(1)}C_{(2)} + C_{(2)}C_{(3)} + C_{(3)}C_{(1)} \\ &= \lambda_{(1)}^2\lambda_{(2)}^2 + \lambda_{(2)}^2\lambda_{(3)}^2 + \lambda_{(3)}^2\lambda_{(1)}^2 \\ \mathrm{III}_C &= \frac{1}{3!}\varepsilon^{KRM}\varepsilon_{LSN}C_K^L C_R^S C_M^N = \det C_L^K = C_{(1)}C_{(2)}C_{(3)} = \lambda_{(1)}^2\lambda_{(2)}^2\lambda_{(3)}^2 \end{aligned}\right\} \tag{2.65}$$

式中，$C_L^K = C_{\cdot L}^K = C_L^{\cdot K}$ 为混合分量。

利用上述结果，可以讨论 Green 应变张量 $\boldsymbol{E}$ 的主方向和主值。注意到 $2E_L^K = C_L^K - \delta_L^K$，由特征方程

$$\left| 2E_L^K - 2E\delta_L^K \right| = \left| C_L^K - (2E+1)\delta_L^K \right| = 0$$

可见 $\boldsymbol{E}$ 的主方向与 $\boldsymbol{C}$ 相同，主应变为

$$E_{(i)} = \frac{1}{2}\left(C_{(i)} - 1\right) \tag{2.66}$$

$E_{(i)}$ 可以小于零。不变量为

$$
\left.\begin{aligned}
\mathrm{I}_E &= E_K^K = E_{(1)} + E_{(2)} + E_{(3)} \\
\mathrm{II}_E &= \frac{1}{2}(E_K^K E_L^L - E_L^K E_K^L) = E_{(1)}E_{(2)} + E_{(2)}E_{(3)} + E_{(3)}E_{(1)} \\
\mathrm{III}_E &= \frac{1}{3!}\varepsilon^{KRM}\varepsilon_{LSN}E_K^L E_R^S E_M^N = \det E_L^K
\end{aligned}\right\}
\tag{2.67}
$$

Piola 变形张量 C^{-1} 是 C 的逆张量，所以两者主方向相同，主值互为倒数。

类似地，可以证明用空间描述法的变形张量和应变张量 c、c^{-1} 和 e 的主方向相同（记作 $n_{(i)}$）。$n_{(i)}$ 为即时构形 $\mathfrak{r}$ 中长度比 $\dfrac{\mathrm{d}s}{\mathrm{d}S}$ 取得极值的方向。C、C^{-1}、E 的主方向和 c、c^{-1}、e 的主方向都对应 $\dfrac{\mathrm{d}s}{\mathrm{d}S}$ 的极值方向，所以两组张量的主方向是相对应的，即 C、C^{-1}、E 在构形 $\mathscr{R}$ 中的主方向变形后变为 c、c^{-1}、e 的主方向。由式 (2.50) 和式 (2.29)，c 和 e 的主值为

$$
c_{(i)} = \frac{1}{C_{(i)}} = \frac{1}{\lambda_{(i)}^2}; \quad e_{(i)} = \frac{1}{2}\left(1 - c_{(i)}\right)
\tag{2.68}
$$

主方向的单位向量也称为主向量，$N_{(i)}$ 是 C、C^{-1}、E 的主向量，$n_{(i)}$ 是 c、c^{-1}、e 的主向量。在主坐标系中，c 的矩阵形式和并矢形式为

$$
c = \begin{bmatrix} c_{(1)} & 0 & 0 \\ 0 & c_{(2)} & 0 \\ 0 & 0 & c_{(3)} \end{bmatrix} = c_{(1)}\boldsymbol{n}_{(1)}\boldsymbol{n}_{(1)} + c_{(2)}\boldsymbol{n}_{(2)}\boldsymbol{n}_{(2)} + c_{(3)}\boldsymbol{n}_{(3)}\boldsymbol{n}_{(3)}
$$

为了用几何图形描绘一点邻域的变形情况，可以引入应变椭球概念。若取 $\{X^K\}$ 为 C 的主坐标系，取 $\{x^k\}$ 为 c 的主坐标系，由式 (2.18) 和式 (2.21)，有

$$
(\mathrm{d}S)^2 = G_{KL}\mathrm{d}X^K\mathrm{d}X^L = (\mathrm{d}X^1)^2 + (\mathrm{d}X^2)^2 + (\mathrm{d}X^3)^2
\tag{2.69}
$$

$$
(\mathrm{d}S)^2 = c_{kl}\mathrm{d}x^k\mathrm{d}x^l = c_{(1)}(\mathrm{d}x^1)^2 + c_{(2)}(\mathrm{d}x^2)^2 + c_{(3)}(\mathrm{d}x^3)^2
\tag{2.70}
$$

令：$\mathrm{d}S = \mathrm{const}$，式 (2.69) 表明线元 $\mathrm{d}X$ 的矢端在变形前构形中是以 X^K 为中心 $\mathrm{d}S$ 为半径的球面，而式 (2.70) 是 $\mathrm{d}X$ 变形后对应的 $\mathrm{d}x$ 线元分量 $\mathrm{d}x^k$ 满足的方程，由于 c_{kl} 是正定二阶张量，所以主值 $c_{(k)} > 0$，因而式 (2.70) 给出构形 $\mathfrak{r}$ 中以 x^k 点为中心的椭球面。这表明在任一点邻域中，变形前位于无限小球面上的点，变形后位于一个椭球面上，这一椭球称为物质应变椭球，如图 2.6(a) 所示。物质应变椭球的对称轴是 Cauchy 变形张量 c 的主方向，与 Green 应变张量 C 的主方向相对应。椭球半轴与球半径之比为主伸长率。

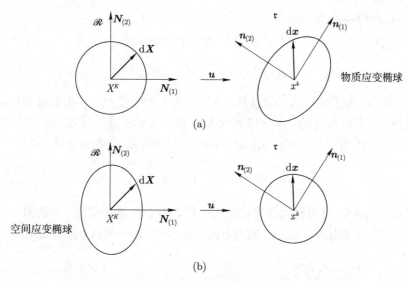

(a)

(b)

图 2.6 用二维示意图表示物质应变椭球和空间应变椭球

(a) 物质应变椭球；(b) 空间应变椭球

同样地，如果在主坐标系中考察式 (2.19) 和式 (2.20)，令 $\mathrm{d}s = \mathrm{const}$，所得结果表明，若在构形 $\mathfrak{r}$ 中取一无限小球面，则变形前与之对应的是构形 $\mathscr{R}$ 中的椭球面，这一椭球称为空间应变椭球，如图 2.6(b) 所示，其对称轴是右 Cauchy-Green 变形张量的主方向。

在 $\{X^K\}$ 和 $\{x^k\}$ 为主坐标系时，沿主方向的伸长率为

$$\lambda_{(i)} = \sqrt{C_{(i)}} = \frac{1}{\sqrt{c_{(i)}}} \tag{2.68a}$$

由式 (2.68a) 可见，$C_{(i)}$ 的最大 (或最小) 值对应 $c_{(i)}$ 的最小 (或最大) 值，所以物质应变椭球的长轴 (或短轴) 方向对应空间应变椭球短轴 (或长轴) 方向。

2.6 转动张量、变形基本定理、变形状态总结

物体中任一点邻域的几何变化，不仅包括纯变形，还有平移和转动。这里所说的平移和转动，既有整体的也有局部的。在 2.3 节中我们已经进行了纯变形的描述，引入了变形张量和应变张量，任一点的平移由式 (2.3) 定义的位移向量 u 确定。1.10 节曾指出，正交张量能使变换前后任一向量的长度保持不变、任何两个向量的夹角保持不变，这样的变换特性恰恰是刚体转动的性质，所以有限刚性转动应该由正交张量而不能用向量描述。

变形梯度张量 F 是正则张量 ($\det(F) \neq 0$)，根据极分解定理 (式 (1.89)，式

(1.90)），$\boldsymbol{F}$ 可以分解为

$$\boldsymbol{F} = \boldsymbol{R} \cdot \boldsymbol{U} \quad \text{和} \quad \boldsymbol{F} = \boldsymbol{V} \cdot \boldsymbol{R} \tag{2.71}$$

$$\boldsymbol{U} = (\boldsymbol{F}^{\mathrm{T}} \cdot \boldsymbol{F})^{\frac{1}{2}}; \quad \boldsymbol{V} = (\boldsymbol{F} \cdot \boldsymbol{F}^{\mathrm{T}})^{\frac{1}{2}} \tag{2.72}$$

式中，$\boldsymbol{U}$ 和 $\boldsymbol{V}$ 为正定对称二阶张量，分别称为右伸长张量和左伸长张量；$\boldsymbol{R}$ 为正常正交张量 (只包含转动，不含镜面反射)，称为转动张量。注意到式 (2.22) 和式 (2.26)，$\boldsymbol{U}$ 和 $\boldsymbol{V}$ 可以用右和左 Cauchy-Green 变形张量 $\boldsymbol{C}$ 和 $\boldsymbol{c}^{-1}$ 表示：

$$\boldsymbol{U} = \boldsymbol{C}^{\frac{1}{2}}; \quad \boldsymbol{V} = \boldsymbol{c}^{-\frac{1}{2}} \tag{2.73}$$

上式表明 $\boldsymbol{U}$ 和 $\boldsymbol{V}$ 可以作为变形张量的一种，用于度量纯变形，分别为 Lagrange 描述法和 Euler 描述法。$\boldsymbol{U}$、$\boldsymbol{V}$ 的主方向分别与 $\boldsymbol{C}$ 和 $\boldsymbol{c}$ 相同，主值为主伸长率：

$$U_{(i)} = \sqrt{C_{(i)}} = \lambda_{(i)}; \quad V_{(i)} = \frac{1}{\sqrt{C_{(i)}}} = \lambda_{(i)} \quad (i = 1, 2, 3) \tag{2.74}$$

式 (2.71) 也可以写成：

$$\boldsymbol{F} = \boldsymbol{R} \cdot \boldsymbol{C}^{\frac{1}{2}}; \quad \boldsymbol{F} = \boldsymbol{c}^{-\frac{1}{2}} \cdot \boldsymbol{R} \quad \text{或} \quad x^k_{,K} = R^k_{L} C^{\frac{1}{2}L}{}_K; \quad x^k_{,K} = c^{-\frac{1}{2}k}{}_l R^l{}_K \tag{2.75}$$

转动张量 $\boldsymbol{R}$ 是两点张量，由式 (2.75) 得到

$$\boldsymbol{R} = \boldsymbol{F} \cdot \boldsymbol{C}^{-\frac{1}{2}}; \quad \boldsymbol{R} = \boldsymbol{c}^{\frac{1}{2}} \cdot \boldsymbol{F} \quad \text{或} \quad R^k{}_L = x^k{}_{,K} C^{-\frac{1}{2}K}{}_L = c^{\frac{1}{2}k}{}_l x^l{}_{,L} \tag{2.76}$$

$\boldsymbol{R}$ 的并矢记法为

$$\boldsymbol{R} = R^k{}_K \boldsymbol{g}_k \boldsymbol{G}^K \tag{2.76a}$$

变形张量只取决于变形梯度，所以式 (2.76) 表明转动张量 $\boldsymbol{R}$ 同样完全由变形梯度确定。由于转动张量的计算比较复杂，因此在使用中通常不用转动张量，而直接用变形梯度张量。

下面证明转动张量 $\boldsymbol{R}$ 是变形前、后应变主方向之间的正交变换。若 $\boldsymbol{N}_{(i)}$ 是 $\boldsymbol{C}, \boldsymbol{C}^{-1}, \boldsymbol{E}$ 的主方向，$\boldsymbol{n}_{(i)}$ 是 $\boldsymbol{c}, \boldsymbol{c}^{-1}, \boldsymbol{e}$ 的主方向，则

$$\boldsymbol{n}_{(i)} = \boldsymbol{R} \cdot \boldsymbol{N}_{(i)}; \quad \boldsymbol{N}_{(i)} = \boldsymbol{R}^{\mathrm{T}} \cdot \boldsymbol{n}_{(i)} \quad (i = 1, 2, 3) \tag{2.77}$$

证：由式 (2.75)

$$\boldsymbol{c}^{-\frac{1}{2}} \cdot \boldsymbol{R} = \boldsymbol{R} \cdot \boldsymbol{C}^{\frac{1}{2}}$$

两端点乘 $\boldsymbol{C}^{\frac{1}{2}}$ 的主向量 $\boldsymbol{N}_{(i)}$，由于 $\boldsymbol{C}^{\frac{1}{2}} \cdot \boldsymbol{N}_{(i)} = \sqrt{C_{(i)}} \boldsymbol{N}_{(i)}$(不对 i 求和)，得

$$\boldsymbol{c}^{-\frac{1}{2}} \cdot \boldsymbol{R} \cdot \boldsymbol{N}_{(i)} = \sqrt{C_{(i)}} \boldsymbol{R} \cdot \boldsymbol{N}_{(i)}$$

表 2.1 主要变形状态变量

质点位置变化

运动变换: $x = x(X, t)$; $X = X(x, t)$ (式中，X, x 为同一物质点变形前后的位置向量);

物质点 X 的位移: $u = x - X + b$ (式中，b 是 x, X 参考点间的向量)

质点邻域位置变化

变形梯度张量及逆张量: $F = x\nabla_X = x^k_{,K} g_k G^K$; $F^{-1} = X\nabla_x = X^K_{,k} G_K g^k$ (线元变化描述: $dx = F \cdot dX$; $dX = F^{-1} \cdot dx$);

位移梯度张量: $\nabla_X u = \nabla_K U_L G^K G^L$; $\nabla_x u = \nabla_k u_l g^k g^l$ (用于位移表示的纯变形描述，分别为物质描述法和空间描述法)

名称	抽象记法，定义	分量（或标准型）	主方向[3]	主值[3]（$\lambda_{(i)}$ 为主伸长率）
右 Cauchy-Green 或 Green 变形张量	$C = F^T \cdot F$	$C_{KL} = g_{kl}x^k_{,K}x^l_{,L}$	$N_{(i)}$	$\lambda^2_{(i)}$
Piola 变形张量	$B = C^{-1} = F^{-1} \cdot F^{-T}$[1]	$B^{KL} = g^{kl}X^K_{,k}X^L_{,l}$	$N_{(i)}$	$\lambda^{-2}_{(i)}$
右伸长张量	$U = C^{1/2}$	$U_{KL} = \lambda_{(K)}\delta_{KL}$	$N_{(i)}$	$\lambda_{(i)}$
Green 或 Lagrange 应变张量	$E = \dfrac{1}{2}(C - I)$	$E_{KL} = \dfrac{1}{2}(\nabla_K U_L + \nabla_L U_K + \nabla_K U M \nabla_L U M)$	$N_{(i)}$	$(\lambda^2_{(i)} - 1)/2$
Cauchy 变形张量	$c = F^{-T} \cdot F^{-1}$	$c_{kl} = G_{KL}X^K_{,k}X^L_{,l}$	$n_{(i)} = R \cdot N_{(i)}$	$\lambda^{-2}_{(i)}$
左 Cauchy-Green 或 Finger 变形张量	$b = c^{-1} = F \cdot F^T$[1]	$b^{kl} = G^{KL}x^k_{,K}x^l_{,L}$	$n_{(i)}$	$\lambda^2_{(i)}$
左伸长张量	$V = c^{-1/2}$	$V_{kl} = \lambda_{(k)}\delta_{kl}$	$n_{(i)}$	$\lambda_{(i)}$
Almansi 或 Euler 应变张量	$e = \dfrac{1}{2}(i - c)$	$e_{kl} = \dfrac{1}{2}(\nabla_k u_l + \nabla_l u_k - \nabla_k u^m \nabla_l u_m)$	$n_{(i)}$	$(1 - \lambda^{-2}_{(i)})/2$
Seth 应变张量	$E^{(n)} = \dfrac{1}{2n}(C^n - I)$ $(n \neq 0)$[2]	$E^{(n)}_{KL} = \dfrac{1}{2n}(\lambda^{2n}_{(K)} - 1)\delta_{KL}$	$N_{(i)}$	$(\lambda^{2n}_{(i)} - 1)/(2n)$
对数应变张量	$E^{(0)} = \ln C^{1/2} = \lim\limits_{n\to 0} \dfrac{1}{2n}(C^n - I)$	$E^{(0)}_{KL} = (\ln\lambda_{(K)})\delta_{KL}$	$N_{(i)}$	$\ln\lambda_{(i)}$
相对变形张量	$C_{(t)}(\tau) = F^T_{(t)}(\tau) \cdot F_{(t)}(\tau); B_{(t)} = C^{-1}_{(t)}(\tau); b_{(t)} = c^{-1}_{(t)}(\tau); F_{(t)}(\tau)$: 相对变形梯度			
转动张量	$R = F \cdot U^{-1} = V^{-1} \cdot F = F \cdot C^{-1/2} = c^{1/2} \cdot F$	并矢形式: $R = R^k_K g_k G^K$	主方向转动: $n_{(i)} = R \cdot N_{(i)}$	

纯变形: 变形张量 或 应变张量

刚性转动

① 通常 B 用 C^{-1} 表示，而 b 用 B 表示；② $n = 1/2$ 时为工程应变张量；③ $i = 1, 2, 3$。

上式表明向量 $\boldsymbol{R} \cdot \boldsymbol{N}_{(i)}$ 是 $\boldsymbol{c}^{-\frac{1}{2}}$ 的特征向量，即主方向，而且是单位向量 (因为正交张量 $\boldsymbol{R}$ 不改变 $\boldsymbol{N}_{(i)}$ 的大小)，$\sqrt{C_{(i)}}$ 是 $\boldsymbol{c}^{-\frac{1}{2}}$ 的主值，所以式 (2.77)$_1$ 成立。式 (2.77)$_1$ 两端前乘 $\boldsymbol{R}^{\mathrm{T}}$，便得到式 (2.77)$_2$。当变形张量 $\boldsymbol{C}$、$\boldsymbol{c}$ 的特征方程有重根时，即两个主值相等，例如 $C_{(1)} = C_{(2)}$，$c_{(1)} = c_{(2)}$，1.9 节证明，$\boldsymbol{N}_{(1)}$、$\boldsymbol{N}_{(2)}$、$\boldsymbol{n}_{(1)}$、$\boldsymbol{n}_{(2)}$ 不唯一，与 $\boldsymbol{N}_{(3)}$、$\boldsymbol{n}_{(3)}$ 垂直的方向均为主方向，此时式 (2.77) 仍然成立，但 $\boldsymbol{N}_{(i)}$ 与 $\boldsymbol{n}_{(i)}$$(i = 1, 2, 3)$ 必须是变形前后互相对应的方向。

在引入转动张量之后，变形前后线元的关系可表示为

$$\mathrm{d}\boldsymbol{x} = \boldsymbol{F} \cdot \mathrm{d}\boldsymbol{X} = \boldsymbol{R} \cdot \boldsymbol{C}^{\frac{1}{2}} \cdot \mathrm{d}\boldsymbol{X} = \boldsymbol{c}^{-\frac{1}{2}} \cdot \boldsymbol{R} \cdot \mathrm{d}\boldsymbol{X}$$

可见，物体中任一点邻域的几何变化由平移、纯变形和刚性转动组成。这一结论称为变形基本定理。该定理将一点附近的变形过程进行了分解，若考虑变形前 X^K 处任一线元 $\mathrm{d}\boldsymbol{X}$，其几何变化是：从 X^K 点平移到 x^k 点 (用位移 $\boldsymbol{u}$ 表示)，产生纯变形 (包括长度变化 λ 倍和剪切引起的方向改变，可用变形张量或应变张量表示)，以及随变形主坐标系一起作局部刚性转动 (用转动张量 $\boldsymbol{R}$ 表示)；若考虑变形前的一个球形微元，则几何变化为：从 X^K 点平移 x^k 点，圆球变为椭球，椭球作刚性转动 $\boldsymbol{R}$，变为物质应变椭球。

在 2.1~2.6 节中，我们基于连续性公理和运动变换式 (2.1)，定义了一系列张量变量，用于任意连续介质一般变形状态的几何描述，同时建立了变量之间的关系。为了清楚，现在将主要的变形几何变量汇总于表 2.1 中，以便相互比较。

2.7　变形协调方程

上述变形张量和应变张量都是对称二阶张量，每个张量有六个位移分量表达式，即位移场中六个位移微分方程，例如式 (2.37)~式 (2.40)，如果已知三个连续可微的位移分量函数 (U^K 或 u^k)，便可唯一地用微分求得六个应变分量函数。反过来，若给定六个应变分量函数确定三个位移分量函数，则六个微分方程是超定的，不一定能解出三个单值连续位移函数。为了保证给定的应变张量场，存在单值连续的位移场与之对应，应变张量的六个分量函数不应该是完全独立和可以任意选择的，而是必须满足一定的可积性条件，这就是变形协调方程。

建立变形协调方程的一个方法是从应变 - 位移方程组中，消去位移 U^K(或 u^k)，像弹性力学中对于线性应变 - 位移关系所做的那样。但是在非线性有限变形情况下，这将是非常繁琐和困难的，所以通常采用下述方法。

在 1.18 节中曾指出，三维欧氏空间中曲率张量等于零。我们研究的初始构形属于三维欧氏空间，可以用卡氏坐标系或借助卡氏坐标系定义的任何曲线坐标系描述。2.2 节指出，运动变换式 (2.1) 将构形 $\mathscr{R}$ 中的曲线坐标系 $\{X^K, t_0\}$ 变为构形 $\mathfrak{r}$ 中的另一曲线坐标系 $\{X^K, t\}$，即 Lagrange 随体坐标系，它的度量张量为 C_{KL}，

所以随体坐标系 $\{X^K, t\}$ 属于欧氏空间。因此，随体坐标系的度量张量 C_{KL}(即右 Cauchy-Green 变形张量) 对应的 Riemann—Christoffel 张量 $\boldsymbol{R}$ 必须等于零。由式 (1.137a) 得到

$$R_{IJKL}^{(C)} = \frac{1}{2}(C_{IL,JK} + C_{JK,IL} - C_{IK,JL} - C_{JL,IK}) +$$
$$C^{-1RS}(\Gamma_{JKS}^{(C)}\Gamma_{ILR}^{(C)} - \Gamma_{JLS}^{(C)}\Gamma_{IKR}^{(C)}) = 0 \tag{2.78}$$

其中

$$\Gamma_{IJK}^{(C)} = \frac{1}{2}(C_{JK,I} + C_{KI,J} - C_{IJ,K})$$

由于 Riemann 张量只有 6 个非零分量，所以上式给出了右 Cauchy-Green 变形张量 C_{KL} 必须满足的六个条件，即变形协调方程。

应该指出，方程 (2.78) 只是式 (2.37) 可积 (即存在单值连续的位移函数 U^K) 的充分条件，因为 Riemann 张量的 6 个分量还应满足另外三个条件，即 Bianchi 恒等式

$$R_{IJKL;M}^{(C)} + R_{IJLM;K}^{(C)} + R_{IJMK;L}^{(C)} = 0 \tag{2.78a}$$

所以式 (2.78) 的 6 个方程不是独立的。

同样地，另一随体坐标系 $\{x^k, t_0\}$ 的曲率张量等于 0 给出 Cauchy 变形张量的协调方程

$$R_{ijkl}^{(c)} = \frac{1}{2}(c_{il,jk} + c_{jk,il} - c_{ik,jl} - c_{jl,ik}) + c^{-1rs}(\Gamma_{jks}^{(c)}\Gamma_{ilr}^{(c)} - \Gamma_{jls}^{(c)}\Gamma_{ikr}^{(c)}) = 0 \tag{2.79}$$

其中

$$\Gamma_{ijk}^{(c)} = \frac{1}{2}(c_{jk,i} + c_{ki,j} - c_{ij,k})$$

将 $c_{kl} = g_{kl} - 2e_{kl}$ 代入式 (2.79)，注意到 Euler 坐标系的曲率张量为

$$R_{ijkl}^{(g)} = \frac{1}{2}(g_{il,jk} + g_{jk,il} - g_{ik,jl} - g_{jl,ik}) + g^{rs}(\Gamma_{jks}^{(g)}\Gamma_{ilr}^{(g)} - \Gamma_{jls}^{(g)}\Gamma_{ikr}^{(g)}) = 0$$

可得

$$e_{il,jk} + e_{jk,il} - e_{ik,jl} - e_{jl,ik} -$$
$$c^{-1rs}(\Gamma_{jks}^{(g)}\Gamma_{ilr}^{(g)} - \Gamma_{jls}^{(g)}\Gamma_{ikr}^{(g)} - 2\Gamma_{jks}^{(g)}\Gamma_{ilr}^{(g)} - 2\Gamma_{jks}^{(e)}\Gamma_{ilr}^{(g)} +$$
$$2\Gamma_{jls}^{(g)}\Gamma_{ikr}^{(e)} + 2\Gamma_{jls}^{(e)}\Gamma_{ikr}^{(g)} + 4\Gamma_{jks}^{(e)}\Gamma_{ilr}^{(e)} - 4\Gamma_{jls}^{(e)}\Gamma_{ikr}^{(e)}) -$$
$$g^{ls}(\Gamma_{jks}^{(g)}\Gamma_{ilr}^{(g)} - \Gamma_{jls}^{(g)}\Gamma_{ikr}^{(g)}) = 0 \tag{2.80}$$

其中

$$\Gamma_{ijk}^{(g)} = \frac{1}{2}(g_{jk,i} + g_{ki,j} - g_{ij,k}); \quad \Gamma_{ijk}^{(e)} = \frac{1}{2}(e_{jk,i} + e_{ki,j} - e_{ij,k})$$

若 x^k 为直角坐标系，$\Gamma_{ijk}^{(g)} = 0$，式 (2.80) 变为

$$e_{il,jk} + e_{jk,il} - e_{ik,jl} - e_{jl,ik} - c^{-1rs}(4\Gamma_{jks}^{(e)}\Gamma_{ilr}^{(e)} - 4\Gamma_{jls}^{(e)}\Gamma_{ikr}^{(e)}) = 0$$

或

$$e_{il,jk} + e_{jk,il} - e_{ik,jl} - e_{jl,ik} - c^{-1rs}[(e_{ks,j} + e_{sj,k} - e_{jk,s})(e_{lr,i} + e_{ri,l} - e_{il,r}) -$$
$$(e_{ls,j} + e_{sj,l} - e_{jl,s})(e_{kr,i} + e_{ri,k} - e_{ik,r})] = 0$$

$$(2.81)$$

在 2.9 节将讨论小变形情况下变形协调方程的简化。

2.8　一些简单的有限变形

本节讨论几种简单常见的有限变形，通过这些实例可以进一步了解基本变形状态变量的几何意义及计算方法。如果物质点的变形和刚性转动处处相同，则称为均匀变形，例如均匀伸长和简单剪切。

▶ 2.8.1　均匀伸长 (或缩短)

考虑一长方体 $\mathscr{R}$(图 2.7)，取物质坐标系 X^K 和空间坐标系 x^k 为同一直角坐标系。长方体 $\mathscr{R}$ 在 X^K $(K = 1, 2, 3)$ 方向均匀伸长 (或缩短) 变为长方体 $\mathfrak{r}$，运动变换为

$$x^1 = \lambda_1 X^1, x^2 = \lambda_2 X^2, x^3 = \lambda_3 X^3$$

或　$X^1 = x^1/\lambda_1, X^2 = x^2/\lambda_2, X^3 = x^3/\lambda_3$　(2.82)

式中，λ_1、λ_2、λ_3 是常数。这样的变形称为均匀伸长 (或缩短)。x^k 和 X^K 坐标系的度量张量为

图 2.7　均匀拉伸

$$g^{kl} = g_{kl} = \delta_{kl}; \quad G^{KL} = G_{KL} = \delta_{KL}$$

利用有限变形理论，可以得到变形梯度张量

$$[x_{,K}^k] = \begin{bmatrix} \lambda_1 & 0 & 0 \\ 0 & \lambda_2 & 0 \\ 0 & 0 & \lambda_3 \end{bmatrix}; \quad [X_{,k}^K] = \begin{bmatrix} 1/\lambda_1 & 0 & 0 \\ 0 & 1/\lambda_2 & 0 \\ 0 & 0 & 1/\lambda_3 \end{bmatrix} \quad (2.82a)$$

变形张量和应变张量

$$[C_{KL}] = [x_{,K}^k]^{\mathrm{T}} [g_{kl}] [x_{,L}^l] = \begin{bmatrix} \lambda_1^2 & 0 & 0 \\ 0 & \lambda_2^2 & 0 \\ 0 & 0 & \lambda_3^2 \end{bmatrix} \quad (2.82b)$$

$$[c_{kl}] = \left[X^K_{,k}\right]^T \left[G^{KL}\right] \left[X^L_{,l}\right] = \begin{bmatrix} 1/\lambda_1^2 & 0 & 0 \\ 0 & 1/\lambda_2^2 & 0 \\ 0 & 0 & 1/\lambda_3^2 \end{bmatrix} \tag{2.82c}$$

$$[E_{KL}] = \begin{bmatrix} (\lambda_1^2 - 1)/2 & 0 & 0 \\ 0 & (\lambda_2^2 - 1)/2 & 0 \\ 0 & 0 & (\lambda_3^2 - 1)/2 \end{bmatrix} \tag{2.82d}$$

$$[e_{kl}] = \begin{bmatrix} (1 - 1/\lambda_1^2)/2 & 0 & 0 \\ 0 & (1 - 1/\lambda_2^2)/2 & 0 \\ 0 & 0 & (1 - 1/\lambda_3^2)/2 \end{bmatrix} \tag{2.82e}$$

以上各式也是张量的基本型，直角坐标系 x^k 和 X^K 是主坐标系，对角元素为主值。由式 (2.65)，C 和 c^{-1} 的三个不变量为

$$\mathrm{I} = \lambda_1^2 + \lambda_2^2 + \lambda_3^2$$
$$\mathrm{II} = \lambda_1^2\lambda_2^2 + \lambda_2^2\lambda_3^2 + \lambda_3^2\lambda_1^2$$
$$\mathrm{III} = \lambda_1^2\lambda_2^2\lambda_3^2 \tag{2.82f}$$

主伸长率为 $\Lambda_{(i)} = \sqrt{C_{(i)}} = \lambda_{(i)}$ $(i = 1, 2, 3)$；
转动张量

$$[R^k_{\ L}] = [c^{\frac{1}{2}k}_{\ l}][x^l_{,L}] = \begin{bmatrix} 1 & 0 & 0 \\ 0 & 1 & 0 \\ 0 & 0 & 1 \end{bmatrix} = [\delta^k_l] \tag{2.82g}$$

式 (2.82g) 表明，式 (2.82) 给出的均匀拉伸是纯变形，没有转动。

▶2.8.2 简单剪切

考虑一长方体 $\mathscr{R}$，如图 2.8 左图所示，X^K 和 x^k 坐标系为相同的直角坐标系。若长方体下表面不动，垂直于 X^1 轴的两个侧面向同一方向转动同一角度 γ，其他侧面的运动保持在原平面内，构形 $\mathscr{R}$ 变为构形 $\mathfrak{r}$，运动变换可以表示为

$$x^1 = X^1 + SX^2; \quad x^2 = X^2; \quad x^3 = X^3$$
$$X^1 = x^1 - Sx^2; \quad X^2 = x^2; \quad X^3 = x^3 \tag{2.83}$$

式中，$S = \tan\gamma$，γ 是剪切角。上式描述的变形称为简单剪切。

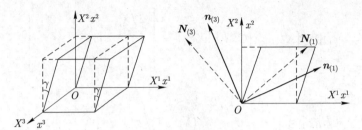

图 2.8 简单剪切

x^k 和 X^K 坐标系的度量张量为 $g^{kl} = g_{kl} = \delta_{kl}; G^{KL} = G_{KL} = \delta_{KL}$，变形梯度张量为

$$\boldsymbol{F} = [x^k{}_{,K}] = \begin{bmatrix} 1 & S & 0 \\ 0 & 1 & 0 \\ 0 & 0 & 1 \end{bmatrix}; \quad \boldsymbol{F}^{-1} = [X^K{}_{,k}] = \begin{bmatrix} 1 & -S & 0 \\ 0 & 1 & 0 \\ 0 & 0 & 1 \end{bmatrix} \tag{2.83a}$$

规定第 1 个指标为行数，第 2 个指标为列数。利用定义，可以求得变形张量和应变张量

$$[C_{KL}] = \begin{bmatrix} 1 & 0 & 0 \\ S & 1 & 0 \\ 0 & 0 & 1 \end{bmatrix} \begin{bmatrix} 1 & 0 & 0 \\ 0 & 1 & 0 \\ 0 & 0 & 1 \end{bmatrix} \begin{bmatrix} 1 & S & 0 \\ 0 & 1 & 0 \\ 0 & 0 & 1 \end{bmatrix} = \begin{bmatrix} 1 & S & 0 \\ S & 1+S^2 & 0 \\ 0 & 0 & 1 \end{bmatrix} \tag{2.83b}$$

$$[c_{kl}] = \begin{bmatrix} 1 & 0 & 0 \\ -S & 1 & 0 \\ 0 & 0 & 1 \end{bmatrix} \begin{bmatrix} 1 & 0 & 0 \\ 0 & 1 & 0 \\ 0 & 0 & 1 \end{bmatrix} \begin{bmatrix} 1 & -S & 0 \\ 0 & 1 & 0 \\ 0 & 0 & 1 \end{bmatrix} = \begin{bmatrix} 1 & -S & 0 \\ -S & 1+S^2 & 0 \\ 0 & 0 & 1 \end{bmatrix} \tag{2.83c}$$

$$[C^{-1KL}] = \begin{bmatrix} 1 & -S & 0 \\ 0 & 1 & 0 \\ 0 & 0 & 1 \end{bmatrix} \begin{bmatrix} 1 & 0 & 0 \\ 0 & 1 & 0 \\ 0 & 0 & 1 \end{bmatrix} \begin{bmatrix} 1 & 0 & 0 \\ -S & 1 & 0 \\ 0 & 0 & 1 \end{bmatrix} = \begin{bmatrix} 1+S^2 & -S & 0 \\ -S & 1 & 0 \\ 0 & 0 & 1 \end{bmatrix} \tag{2.83d}$$

$$[c^{-1kl}] = \begin{bmatrix} 1 & S & 0 \\ 0 & 1 & 0 \\ 0 & 0 & 1 \end{bmatrix} \begin{bmatrix} 1 & 0 & 0 \\ 0 & 1 & 0 \\ 0 & 0 & 1 \end{bmatrix} \begin{bmatrix} 1 & 0 & 0 \\ S & 1 & 0 \\ 0 & 0 & 1 \end{bmatrix} = \begin{bmatrix} 1+S^2 & S & 0 \\ S & 1 & 0 \\ 0 & 0 & 1 \end{bmatrix} \tag{2.83e}$$

$$[E_{KL}] = \frac{1}{2} \begin{bmatrix} 0 & S & 0 \\ S & S^2 & 0 \\ 0 & 0 & 0 \end{bmatrix}; \quad [e_{kl}] = \frac{1}{2} \begin{bmatrix} 0 & -S & 0 \\ -S & S^2 & 0 \\ 0 & 0 & 0 \end{bmatrix} \tag{2.83f}$$

由于采用直角坐标系, 所以协变、逆变及混合分量相同。在上述运算中, 二阶张量点积采用矩阵乘法很方便, 需要注意指标前后与行列的对应关系和矩阵的适当转置, 以使得点积的哑指标对应前面矩阵的列数和后面矩阵的行数。

C 的不变量是

$$\mathrm{I} = \mathrm{II} = 3 + S^2, \quad \mathrm{III} = 1 \tag{2.83g}$$

C 的特征方程为 $C^3 - \mathrm{I}\,C^2 + \mathrm{II}\,C - \mathrm{III} = 0$, 该方程有三个实根, 即主值 (伸长率的平方) 分别为

$$C_{(1)} = \lambda_{(1)}^2 = 1 + \frac{S^2}{2} + S\sqrt{1 + \frac{S^2}{4}}; \quad C_{(2)} = \lambda_{(2)}^2 = 1; \quad C_{(3)} = \lambda_{(3)}^2 = 1 + \frac{S^2}{2} - S\sqrt{1 + \frac{S^2}{4}} \tag{2.83h}$$

可见, 当 $S > 0$ 时 $C_{(1)} > 1$(伸长), $C_{(3)} < 1$(缩短)。

由式 (2.63), 有

$$\begin{bmatrix} 1 - C_{(i)} & S & 0 \\ S & 1 + S^2 - C_{(i)} & 0 \\ 0 & 0 & 1 - C_{(i)} \end{bmatrix} \begin{Bmatrix} N_{(i)1} \\ N_{(i)2} \\ N_{(i)3} \end{Bmatrix} = 0$$

利用上式和条件 $\boldsymbol{N}_i \cdot \boldsymbol{N}_i = 1$, 可得到三组非零解, 即在变形前物体中表示的三个主向量:

$$\begin{aligned} \boldsymbol{N}_{(1)} \\ \boldsymbol{N}_{(3)} \end{aligned} = \left(2 + \frac{1}{2}S^2 \pm S\sqrt{1 + \frac{1}{4}S^2}\right)^{-1/2} \left[\pm \boldsymbol{I}_1 + \left(\pm \frac{1}{2}S + \sqrt{1 + \frac{1}{4}S^2}\right) \boldsymbol{I}_2\right] \tag{2.83i}$$

$$\boldsymbol{N}_{(2)} = \boldsymbol{I}_3$$

式中, $\boldsymbol{I}_1, \boldsymbol{I}_2, \boldsymbol{I}_3$ 为 $\{X^K\}$ 坐标系的基向量。

类似地, 由 $\boldsymbol{c}^{-1}$ 的特征方程, 可以得到变形后物体中表示的三个主向量:

$$\begin{aligned} \boldsymbol{n}_{(1)} \\ \boldsymbol{n}_{(3)} \end{aligned} = \left(2 + \frac{1}{2}S^2 \mp S\sqrt{1 + \frac{1}{4}S^2}\right)^{-1/2} \left[\boldsymbol{i}_1 + \left(\frac{1}{2}S \mp \sqrt{1 + \frac{1}{4}S^2}\right) \boldsymbol{i}_2\right]$$

$$\boldsymbol{n}_{(2)} = \boldsymbol{i}_3 \tag{2.83j}$$

式中, $\boldsymbol{i}_1, \boldsymbol{i}_2, \boldsymbol{i}_3$ 为 $\{x^k\}$ 坐标系的基向量 (分别与 $\boldsymbol{I}_1, \boldsymbol{I}_2, \boldsymbol{I}_3$ 相同)。

图 2.8 给出 $\boldsymbol{N}_{(i)}$ 和 $\boldsymbol{n}_{(i)}(S > 0)$。由于体积比 $J = \sqrt{\mathrm{III}_C} = 1$, 所以简单剪切是等容变形。当 $S \to 0$(无限小变形) 时, $\boldsymbol{N}_{(i)}$ 和 $\boldsymbol{n}_{(i)}$ 重合, 1、3 主方向与 X^1 轴夹角为 $\pm 45°$。

➤ 2.8.3 圆柱体的纯扭转

考虑一半径为 a 的圆柱体 (图 2.9)，横截面作刚体转动，转角沿轴线线性变化，横截面之间的距离保持不变。变形前后构形 $\mathscr{R}$ 和构形 $\mathfrak{r}$ 采用相同的圆柱坐标系 $\{X^K\} = \{R, \Theta, Z\}$; $\{x^k\} = \{r, \theta, z\}$，这一变形可以表示为运动变换:

$$r = R; \quad \theta = \Theta + KZ; \quad z = Z$$

式中，K 为常数，是单位长度扭转角。上式可改用指标形式

$$x^1 = X^1; \quad x^2 = X^2 + KX^3; \quad x^3 = X^3$$
$$X^1 = x^1; \quad X^2 = x^2 - Kx^3; \quad X^3 = x^3 \tag{2.84}$$

图 2.9 圆柱体扭转

由 1.20 节，圆柱坐标系的度量张量是位置的函数:

$$[G_{KL}] = \begin{bmatrix} 1 & 0 & 0 \\ 0 & R^2 & 0 \\ 0 & 0 & 1 \end{bmatrix}; \quad [G^{KL}] = \begin{bmatrix} 1 & 0 & 0 \\ 0 & R^{-2} & 0 \\ 0 & 0 & 1 \end{bmatrix}$$

$$[g_{kl}] = \begin{bmatrix} 1 & 0 & 0 \\ 0 & r^2 & 0 \\ 0 & 0 & 1 \end{bmatrix}; \quad [g^{kl}] = \begin{bmatrix} 1 & 0 & 0 \\ 0 & r^{-2} & 0 \\ 0 & 0 & 1 \end{bmatrix}$$

由运动变换的导数，可得变形梯度张量 (规定第 1 个指标为行数):

$$[x^k{}_{,K}] = \begin{bmatrix} 1 & 0 & 0 \\ 0 & 1 & K \\ 0 & 0 & 1 \end{bmatrix}; \quad [X^K{}_{,k}] = \begin{bmatrix} 1 & 0 & 0 \\ 0 & 1 & -K \\ 0 & 0 & 1 \end{bmatrix} \tag{2.84a}$$

尽管本例的变形梯度张量分量为常数，但基向量随位置改变，所以张量本身不是常张量，变形也非均匀变形。由定义得到变形张量和应变张量:

$$[C_{KL}] = \begin{bmatrix} 1 & 0 & 0 \\ 0 & R^2 & KR^2 \\ 0 & KR^2 & 1+K^2R^2 \end{bmatrix}; \quad [c_{kl}] = \begin{bmatrix} 1 & 0 & 0 \\ 0 & r^2 & -Kr^2 \\ 0 & -Kr^2 & 1+K^2r^2 \end{bmatrix} \tag{2.84b}$$

$$[C^{-1KL}] = \begin{bmatrix} 1 & 0 & 0 \\ 0 & R^{-2} + K^2 & -K \\ 0 & -K & 1 \end{bmatrix}; \quad [c^{-1kl}] = \begin{bmatrix} 1 & 0 & 0 \\ 0 & r^{-2} + K^2 & K \\ 0 & K & 1 \end{bmatrix} \tag{2.84c}$$

$$[E_{KL}] = \begin{bmatrix} 1 & 0 & 0 \\ 0 & 0 & KR^2/2 \\ 0 & KR^2/2 & K^2R^2/2 \end{bmatrix}; \quad [e_{kl}] = \begin{bmatrix} 1 & 0 & 0 \\ 0 & 0 & Kr^2/2 \\ 0 & Kr^2/2 & -K^2r^2/2 \end{bmatrix} \tag{2.84d}$$

由于 Lagrange 坐标系和 Euler 坐标系均为曲线坐标系, 所以上述张量的协变、逆变及混合分量不同, 需要用度量张量升降指标。不变量、主值、主方向是用混合分量计算的 (见式 (1.69)), C 的混合分量为

$$C_L^K = [C_{KM}][G^{ML}] = \begin{bmatrix} 1 & 0 & 0 \\ 0 & 1 & K \\ 0 & KR^2 & 1 + K^2R^2 \end{bmatrix}$$

由式 (1.71), C 的不变量为

$$\mathrm{I} = \mathrm{II} = 3 + R^2K^2; \quad \mathrm{III} = 1 \tag{2.84e}$$

利用特征方程可以求出各点变形的主值和主方向。

▶ 2.8.4 立方体的纯弯曲

考虑一个长方体, 边长为 $2a \times 2b \times 2c$, 变形后成为轴线为圆弧的曲杆 (图 2.10)。根据边界形状, 变形前构形 $\mathscr{R}$ 适于用直角坐标 X, Y, Z 表示, 而变形后构形 $\mathfrak{r}$ 适于采用圆柱坐标 r, θ, z。这一变形的运动变换可以表示为

$$r = r(X); \quad \theta = \theta(Y); \quad z = z(Z) \tag{2.85}$$

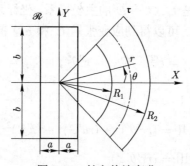

图 2.10　长方体纯弯曲

该变换使构形 $\mathscr{R}$ 中的平面 X =const、Y =const 及 Z =const 分别变为构形 $\mathfrak{r}$ 中的圆柱面 r =const、横截面 θ=const 和垂直于 Z 轴的纵截面 z =const。根据连续性公理要求，函数式 (2.85) 单值连续可微，而且有单值连续可微的反函数，$X = X(r)$；$Y = Y(\theta)$；$Z = Z(z)$，运动是几何可能的。式 (2.85) 的具体形式需由材料和加载条件确定 (见 6.4.4 节)，这里只关注几何方面。

变形前后坐标系的度量张量分别同 2.8.2 节和 2.8.3 节。

由运动变换得到变形梯度张量：

$$[x^k{}_{,K}] = \begin{bmatrix} r' & 0 & 0 \\ 0 & \theta' & 0 \\ 0 & 0 & z' \end{bmatrix}; \quad [X^K{}_{,k}] = \begin{bmatrix} X' & 0 & 0 \\ 0 & Y' & 0 \\ 0 & 0 & Z' \end{bmatrix} \tag{2.85a}$$

其中，$r' = \dfrac{\mathrm{d}r}{\mathrm{d}X}$；$\theta' = \dfrac{\mathrm{d}\theta}{\mathrm{d}Y}$；$z' = \dfrac{\mathrm{d}z}{\mathrm{d}Z}$；$X' = \dfrac{\mathrm{d}X}{\mathrm{d}r} = \dfrac{1}{r'}$；$Y' = \dfrac{\mathrm{d}Y}{\mathrm{d}\theta} = \dfrac{1}{\theta'}$；$Z' = \dfrac{\mathrm{d}Z}{\mathrm{d}z} = \dfrac{1}{z'}$。

由定义可以得到变形张量和应变张量：

$$[C_{KL}] = \begin{bmatrix} r'^2 & 0 & 0 \\ 0 & r^2\theta'^2 & 0 \\ 0 & 0 & z'^2 \end{bmatrix}; \quad [c_{kl}] = \begin{bmatrix} X'^2 & 0 & 0 \\ 0 & Y'^2 & 0 \\ 0 & 0 & Z'^2 \end{bmatrix} \tag{2.85b}$$

$$[C^{-1KL}] = \begin{bmatrix} X'^2 & 0 & 0 \\ 0 & Y'^2/r^2 & 0 \\ 0 & 0 & Z'^2 \end{bmatrix}; \quad [c^{-1kl}] = \begin{bmatrix} r'^2 & 0 & 0 \\ 0 & \theta'^2 & 0 \\ 0 & 0 & z'^2 \end{bmatrix} \tag{2.85c}$$

$$[E_{KL}] = \begin{bmatrix} (r'^2-1)/2 & 0 & 0 \\ 0 & (r^2\theta'^2-1)/2 & 0 \\ 0 & 0 & (z'^2-1)/2 \end{bmatrix} \tag{2.85d}$$

$$[e_{kl}] = \begin{bmatrix} (1-X'^2)/2 & 0 & 0 \\ 0 & (1-Y'^2)/2 & 0 \\ 0 & 0 & (1-Z'^2)/2 \end{bmatrix} \tag{2.85e}$$

可见，坐标系 $\{X,Y,Z\}$ 是 C, C^{-1}, E 的主坐标系，坐标系 $\{r,\theta,z\}$ 是 c, c^{-1}, e 的主坐标系，利用混合分量，可以得到应变张量 C 和 c^{-1} 的主值和不变量：

$$C_{(1)} = r'^2; \quad C_{(2)} = r^2\theta'^2; \quad C_{(3)} = z'^2 \tag{2.85f}$$

$$\mathrm{I} = r'^2 + r^2\theta'^2 + z'^2$$

$$\mathrm{II} = (rr'\theta')^2 + (r\theta'z')^2 + (r'z')^2$$

$$\mathrm{III} = (rr'\theta'z')^2 \tag{2.85g}$$

2.9 有限变形的简化

有限变形理论可以精确描述连续介质许可运动所引起的任何变形,只与系统的变形和运动相关的非线性常称为几何非线性。由于几何非线性带来的数学困难,在实际应用中,目前只有极少数问题能够应用有限变形理论得到精确的解析解,即使采用数值解法,常常也需要对有限变形理论做进一步简化,从而使问题的求解既能保证足够精度又比较简单。

有限变形理论的简化,与物体变形特点有关。根据物体中各点处的变形和转动大小,可以分为下列几种情况:

(1) 大应变,大转动;

(2) 大应变,小转动;

(3) 小应变,大转动;

(4) 小应变,小转动。

固体在大变形下常常伴随着物理非线性,因此,(1)、(2) 两种情况一般不仅仅是几何非线性问题,还伴有材料非线性;情况 (3),例如细长杆的弯曲 (见图 2.11),常常可以不考虑材料非线性,简化为单纯几何非线性;情况 (4) 包括了实际结构中最常见、最重要的几何非线性问题 (例如板壳力学),也是下面讨论的重点。

图 2.11 悬臂梁

首先需要对 "小应变" 和 "小转动" 给出更确切的定义:

(1) 若任一点处各方向线元的伸长与原长的比值 $E_{(N)}$ 很小,即伸长率 $E_{(N)} \ll 1$,称为小应变。

(2) 若变形前构形中任一线元与变形后该线元之间的夹角 φ 很小,即 $\varphi \ll 1$,称为小转动。

小量 φ 与 $E_{(N)}$ 相比较,可分为两种情况:

$$(1) \qquad \varphi \sim E_{(N)} \ll 1 \qquad (2.86)$$

$$(2) \qquad \varphi^2 \sim E_{(N)} \ll 1 \qquad (2.87)$$

式中,$\sim$ 表示同量级。情况 (1) 称为经典线性,情况 (2) 称为中等非线性或小有限变形。

为了进行应变张量的简化,下面讨论位移梯度与 $E_{(N)}$ 和 φ 的数量级关系。为此,利用加法分解将位移梯度分解为对称和反对称两部分

$$U_{K;L} = \hat{E}_{KL} + \hat{W}_{KL} \qquad (2.88)$$

其中

$$\hat{E}_{KL} = \frac{1}{2}(U_{K;L} + U_{L;K}); \quad \hat{W}_{KL} = \frac{1}{2}(U_{K;L} - U_{L;K}) \tag{2.89}$$

式中，$\hat{E}_{KL}$ 称为无限小应变张量；$\hat{W}_{KL}$ 称为无限小转动张量。因为 $E_{(N)}$ 很小，由式 (2.39) 和式 (2.53) 可知位移梯度，因而 $\hat{E}_{KL}$ 和 $\hat{W}_{KL}$ 也是小量。

若变形前任一线元 $\mathrm{d}\boldsymbol{X} = \mathrm{d}X^K \boldsymbol{G}_K$，变形后变为线元 $\mathrm{d}\boldsymbol{x} = \mathrm{d}x^k \boldsymbol{g}_k$，伸长率为 $E_{(N)}$，两者夹角为 φ。$\mathrm{d}\boldsymbol{x}$ 和 $\cos\varphi$ 可表示为

$$\mathrm{d}\boldsymbol{x} = \mathrm{d}\boldsymbol{X} + \mathrm{d}\boldsymbol{u} = \mathrm{d}\boldsymbol{X} + \frac{\partial u}{\partial X^K}\mathrm{d}X^K = \mathrm{d}X^K \boldsymbol{G}_K + U^M{}_{;K}\mathrm{d}X^K \boldsymbol{G}_M = (\boldsymbol{G}_K + U^M{}_{;K}\boldsymbol{G}_M)\mathrm{d}X^K$$

$$\begin{aligned}
\cos\varphi &= \frac{\mathrm{d}\boldsymbol{x} \cdot \mathrm{d}\boldsymbol{X}}{\mathrm{d}s\,\mathrm{d}S} = \frac{[(\boldsymbol{G}_K + U^M{}_{;K}\boldsymbol{G}_M)\mathrm{d}X^K] \cdot (\mathrm{d}X^L \boldsymbol{G}_L)}{\mathrm{d}S^2(1 + E_{(N)})} \\
&= \frac{(G_{KL} + U_{L;K})\mathrm{d}X^K \mathrm{d}X^L}{\mathrm{d}S^2(1 + E_{(N)})} = \frac{1 + \hat{E}_{KL}N^K N^L}{1 + E_{(N)}}
\end{aligned}$$

式中，$\boldsymbol{N}$ 是 $\mathrm{d}\boldsymbol{X}$ 方向的单位向量。上式分别对 φ 和 $E_{(N)}$ 展成 Taylor 级数，有

$$\cos\varphi = 1 - \frac{\varphi^2}{2!} + \frac{\varphi^4}{4!} - \cdots = \left(1 + \hat{E}_{KL}N^K N^L\right)\left(1 - E_{(N)} + E_{(N)}^2 + \cdots\right)$$

略去式中的高阶小量，则近似得到

$$\hat{E}_{KL}N^K N^L - E_{(N)} \approx -\frac{\varphi^2}{2}$$

所以有下列关系

$$\hat{E}_{KL}N^K N^L \approx E_{(N)}, \quad 若\ \varphi \sim E_{(N)} \ll 1 \tag{2.90}$$

$$\hat{E}_{KL}N^K N^L \sim E_{(N)}, \quad 若\ \varphi^2 \sim E_{(N)} \ll 1 \tag{2.91}$$

上述证明得到的结论是，在经典线性和中等非线性情况下，无限小应变 $\hat{E}_{KL}$ 与伸长率 $E_{(N)}$ 同量级。

为了考察 $\hat{W}_{KL}$ 的数量级，将 $\sin\varphi$ 展成 Taylor 级数

$$\sin\varphi = \varphi - \frac{\varphi^3}{3!} + \frac{\varphi^5}{5!} - \cdots = \left|\frac{\mathrm{d}\boldsymbol{x} \times \mathrm{d}\boldsymbol{X}}{\mathrm{d}s\,\mathrm{d}S}\right| = \left|\frac{[(\boldsymbol{G}_K + U^M{}_{;K}\boldsymbol{G}_M)\mathrm{d}X^K] \times (\mathrm{d}X^L \boldsymbol{G}_L)}{\mathrm{d}S^2(1 + E_{(N)})}\right|$$

$$= \left|\frac{U^M{}_{;K}N^K N^L \boldsymbol{G}_M \times \boldsymbol{G}_L}{1 + E_{(N)}}\right| = \left|U^M{}_{;K}N^K N^L \varepsilon_{MLR}\boldsymbol{G}^R(1 - E_{(N)} + \cdots)\right|$$

略去高阶小量，得到

$$\left|\left(\hat{E}_{PK} + \hat{W}_{PK}\right)N^K N^L \varepsilon_{MLR}G^{MP}\,\boldsymbol{G}^R\right| \approx \varphi$$

若 $\varphi \sim E_{(N)} \ll 1$，则 $\hat{W}_{KL}N^K N^L \sim \hat{E}_{KL}N^K N^L \approx E_{(N)}$，所以

$$\hat{W}_{KL} N^K N^L \sim \varphi \sim E_{(N)} \tag{2.92}$$

若 $\varphi^2 \sim E_{(N)} \ll 1$，则 $\hat{E}_{KL} N^K N^L \sim \varphi^2$，所以

$$\hat{W}_{KL} N^K N^L \sim \varphi \tag{2.93}$$

因此，在经典线性情况下无限小转动 $\hat{W}_{KL}$ 与伸长率 $E_{(N)}$ 及转角 φ 同量级；在中等非线性情况下 $\hat{W}_{KL}$ 与 φ 同量级，而 $E_{(N)}$ 与 φ^2 同量级，换言之 $\hat{W}_{KL}$ 较大、$E_{(N)}$ 更小。

在有限变形情况下，$\hat{W}_{KL}$ 与该点处所有线元的平均转角成正比 (见文献 [13])。在无限小应变时，反对称张量 $\hat{W}_{KL}$ 的对偶向量

$$\hat{\boldsymbol{\Omega}} = -\frac{1}{2} \hat{W}_{KL} \varepsilon^{KLM} \boldsymbol{G}_M \tag{2.94}$$

是无限小应变张量 $\hat{E}_{KL}$ 的主坐标系的转动向量，这是因为沿应变主方向的线元只有刚性转动，无剪切角度变化。若 $\{X^K\}$ 为直角坐标系，则

$$\hat{\Omega}_1 = \hat{W}_{32} = \frac{1}{2}\left(\frac{\partial U_3}{\partial X^2} - \frac{\partial U_2}{\partial X^3}\right)$$

$$\hat{\Omega}_2 = \hat{W}_{13} = \frac{1}{2}\left(\frac{\partial U_1}{\partial X^3} - \frac{\partial U_3}{\partial X^1}\right) \tag{2.94a}$$

$$\hat{\Omega}_3 = \hat{W}_{21} = \frac{1}{2}\left(\frac{\partial U_2}{\partial X^1} - \frac{\partial U_1}{\partial X^2}\right)$$

上述分析结果式 (2.90)~式 (2.93) 可以用于应变张量的简化。将式 (2.88) 代入 Green 应变张量式 (2.39)，得

$$E_{KL} = \hat{E}_{KL} + \frac{1}{2}(\hat{E}_K{}^M + \hat{W}^M{}_K)(\hat{E}_{ML} + \hat{W}_{ML}) \tag{2.95}$$

对于经典线性情况，即 $\varphi \sim E_{(N)} \ll 1$，由式 (2.90) 和式 (2.92)，上式中第二项与第一项相比可以略去，于是有

$$E_{KL} \approx \hat{E}_{KL} \tag{2.96}$$

即 Green 应变张量可以用无限小应变张量 $\hat{E}_{KL}$ 代替。当伸长率 $E_{(N)}$ 和转角 φ 趋于零时，式 (2.96) 精确成立，所以 $\hat{E}_{KL}$ 称为 "无限小应变张量"。

对于中等非线性情况，即 $\varphi^2 \sim E_{(N)} \ll 1$，由式 (2.91) 和式 (2.93)，式 (2.95) 右端非线性项只需保留无限小转动张量的二次项，所以

$$E_{KL} \approx \hat{E}_{KL} + \frac{1}{2}\hat{W}^M{}_K \hat{W}_{ML} \tag{2.97}$$

在直角坐标系中，注意到式 (2.94a)，有

$$E_{11} = \hat{E}_{11} + \frac{1}{2}(\hat{\Omega}_1^2 + \hat{\Omega}_2^2), \cdots, E_{12} = \hat{E}_{12} - \frac{1}{2}\hat{\Omega}_1 \hat{\Omega}_2, \cdots \text{(指标轮换)} \tag{2.98}$$

小应变、小转动情况下, 转动张量可以近似地用无限小转动张量 $\hat{\boldsymbol{W}}$ 表示 (参见习题 2.12)。

将中等非线性假设 (式 (2.87)) 用于 Timoshenko 梁和 Mindlin 板的弯曲, 可知这一条件相当于挠度的数量级为梁的高度或板的厚度 (参见习题 2.11)。

类似的讨论可以用于空间描述法。在经典线性情况下, Almansi 应变张量可简化为

$$e_{kl} = \hat{e}_{kl} \tag{2.99}$$

无限小应变张量和无限小转动张量为

$$\hat{e}_{kl} = \frac{1}{2}(u_{k;l} + u_{l;k}); \quad \hat{w}_{kl} = \frac{1}{2}(u_{k;l} - u_{l;k}) \tag{2.100}$$

在经典线性情况下, 若 $\{X^K\}$ 和 $\{x^k\}$ 取同一坐标系, 则 $u_1 = U_1, u_2 = U_2, u_3 = U_3$, 所以, $\hat{e}_{kl}$ 和 $\hat{E}_{KL}$, $\hat{w}_{kl}$ 和 $\hat{W}_{KL}$, 其实是同一张量。由式 (2.96) 和式 (2.99), Green 应变张量与 Almansi 应变张量相同, 无需区分物质坐标系和空间坐标系。

由式 (2.99), 非线性变形协调方程式 (2.81) 可以略去无限小应变的二次项, 得到线性变形协调方程

$$\hat{e}_{il;jk} + \hat{e}_{jk;il} - \hat{e}_{jl;ik} - \hat{e}_{ik;jl} = 0 \tag{2.101}$$

式 (2.101) 也可以从式 $(2.100)_1$ 中消去位移分量直接得到。无限小变形情况下 $\hat{e} = \hat{E}$, 所以式 (2.101) 中 $\hat{e}$ 可以改为 $\hat{E}$。

若 x^k 为直角坐标系, 式 (2.101) 中协变导数变为普通导数, 有

$$\hat{e}_{il,jk} + \hat{e}_{jk,il} - \hat{e}_{jl,ik} - \hat{e}_{ik,jl} = 0$$

上式就是线弹性力学中熟知的协调方程, 非 $0 = 0$ 的方程为

$$\frac{\partial}{\partial x_2}\left(\frac{\partial \hat{e}_{11}}{\partial x_2}\right) + \frac{\partial}{\partial x_1}\left(\frac{\partial \hat{e}_{22}}{\partial x_1}\right) = 2\frac{\partial^2 \hat{e}_{12}}{\partial x_1 \partial x_2}, \dots (\text{指标轮换})$$

$$\frac{\partial}{\partial x_1}\left(-\frac{\partial \hat{e}_{23}}{\partial x_1} + \frac{\partial \hat{e}_{31}}{\partial x_2} + \frac{\partial \hat{e}_{12}}{\partial x_3}\right) = \frac{\partial^2 \hat{e}_{11}}{\partial x_2 \partial x_3}, \dots (\text{指标轮换}) \tag{2.101a}$$

2.10 物质导数

在本节之前, 运动变换中的时间 t 被看作是参数, 只研究物质点的位置向量、位移等随位置的变化。在许多情况下, 例如流体和变形固体动力学以及依赖于变形过程的塑性体等等, 不仅需要考虑状态变量随位置的改变, 还要考虑随时间的变化 (在塑性体中是广义时间 —— 与过程相关的参数), 这时运动变换中的时间 t 和坐标一样成为自变量。从本节开始, 研究连续介质的状态变量随时间的变化, 即连续介质运动学。

➤ 2.10.1 物质导数定义

连续介质中任一给定物质点的物理量随时间的变化率，称为物质导数。物质导数是跟随同一物质点在运动时观察到的物理量 (标量、向量或张量) 随时间的变化率，记作：

$$\dot{\boldsymbol{f}} = \frac{\mathrm{d}\boldsymbol{f}}{\mathrm{d}t} = \left(\frac{\partial \boldsymbol{f}}{\partial t}\right)_X = \lim_{\Delta t \to 0} \frac{\boldsymbol{f}(\boldsymbol{X}, t + \Delta t) - \boldsymbol{f}(\boldsymbol{X}, t)}{\Delta t} \tag{2.102}$$

式中，$\boldsymbol{f}$ 是任一张量场；下标 X 表示求导时物质点不变；$\dot{\boldsymbol{f}}$ 与 $\boldsymbol{f}$ 是同阶张量。物质导数的表达式与变量的描述法有关。

在用 Lagrange 描述和 $\{X^K, t_0\}$ 标架时，$\boldsymbol{f}$ 的并矢形式为

$$\boldsymbol{f} = \boldsymbol{f}(\boldsymbol{X}, t) = F^{K\cdots L}(\boldsymbol{X}, t)\boldsymbol{G}_K(\boldsymbol{X})\cdots\boldsymbol{G}_L(\boldsymbol{X}) \tag{2.103a}$$

用 Euler 描述和 $\{x^k, t\}$ 标架时，$\boldsymbol{f}$ 的并矢形式为

$$\boldsymbol{f}(\boldsymbol{x}(\boldsymbol{X}, t), t) = f^{k\cdots l}(\boldsymbol{x}(\boldsymbol{X}, t), t)\,\boldsymbol{g}_k(\boldsymbol{x}(\boldsymbol{X}, t))\cdots\boldsymbol{g}_l(\boldsymbol{x}(\boldsymbol{X}, t)) \tag{2.103b}$$

有时也用 Lagrange 描述和随体坐标系 $\{X^K, t\}$，则 $\boldsymbol{f}$ 的并矢形式为

$$\boldsymbol{f}(\boldsymbol{x}(\boldsymbol{X}, t), t) = f^{K\cdots L}(\boldsymbol{X}, t)\,\boldsymbol{C}_K(\boldsymbol{X}, t)\cdots\boldsymbol{C}_L(\boldsymbol{X}, t) \tag{2.103c}$$

位置向量 $\boldsymbol{x}(\boldsymbol{X}, t)$ 的物质导数，即矢端位置的时间变率，称为物质点 $\boldsymbol{X}$ 在 t 时刻的速度，即

$$\boldsymbol{v} = \frac{\mathrm{d}\boldsymbol{x}}{\mathrm{d}t} = \left(\frac{\partial \boldsymbol{x}}{\partial t}\right)_X = \lim_{\Delta t \to 0} \frac{\boldsymbol{x}(\boldsymbol{X}, t + \Delta t) - \boldsymbol{x}(\boldsymbol{X}, t)}{\Delta t} = \lim_{\Delta t \to 0} \frac{\Delta x^k \boldsymbol{g}_k}{\Delta t} = \left(\frac{\partial x^k}{\partial t}\right)_X \boldsymbol{g}_k \tag{2.104}$$

所以 $\boldsymbol{v}$ 在 Euler 坐标系中的分量是

$$v^k = \left(\frac{\partial x^k}{\partial t}\right)_X, \quad \text{简记为 } v^k = \frac{\partial x^k}{\partial t} \tag{2.104a}$$

由式 (2.103a) 可见，时间 t 仅显含在分量中，标架 $\boldsymbol{G}_K, \boldsymbol{G}^K$ 只与时刻 t_0 的 $\boldsymbol{X}$ 有关，与 t 无关，所以物质导数为

$$\frac{\mathrm{d}\boldsymbol{f}}{\mathrm{d}t} = \frac{\partial F^{K\cdots L}(\boldsymbol{X}, t)}{\partial t}\boldsymbol{G}_K\cdots\boldsymbol{G}_L \equiv \frac{\mathrm{D}F^{K\cdots L}}{\mathrm{D}t}\boldsymbol{G}_K\cdots\boldsymbol{G}_L \tag{2.105}$$

可见，用 Lagrange 描述法和 $\{X^K, t_0\}$ 坐标系时物质导数的分量 (逆变形式) 为

$$\frac{\mathrm{D}F^{K\cdots L}}{\mathrm{D}t} = \dot{F}^{K\cdots L} = \frac{\partial F^{K\cdots L}(\boldsymbol{X}, t)}{\partial t} \tag{2.105a}$$

由式 (2.103b) 可见，时间 t 以显含和隐含于 $\boldsymbol{x}$ 两种形式包含在并矢表达式中，因此物质导数由两部分组成：

$$\frac{\mathrm{d}\boldsymbol{f}}{\mathrm{d}t} = \left(\frac{\partial \boldsymbol{f}(\boldsymbol{x}, t)}{\partial t}\right)_x + \frac{\partial \boldsymbol{f}}{\partial x^m}\left(\frac{\partial x^m}{\partial t}\right)_X \equiv \frac{\mathrm{D}f^{k\cdots l}}{\mathrm{D}t}\boldsymbol{g}_k\cdots\boldsymbol{g}_l \tag{2.106}$$

第一部分称为局部导数, 表示物质点 $\boldsymbol{X}$ 在 t 时刻所在的空间点 $\boldsymbol{x}$ 不变时, 张量场在 $\boldsymbol{x}$ 处随时间的变化率, 如果 $\boldsymbol{f}$ 是定常场, 则局部导数为零; 第二项称为迁移导数, 表示 t 时刻物质点 $\boldsymbol{X}$ 的空间位置 $\boldsymbol{x}$ 随时间改变引起的 $\boldsymbol{f}$ 的变化率, 其中 $\dfrac{\partial \boldsymbol{f}}{\partial x^m}$ 是张量场 $\boldsymbol{f}$ 的协变导数 (见式 (1.130)), $\left(\dfrac{\partial x^m}{\partial t}\right)_X$ 是物质点 $\boldsymbol{x}$ 的速度 (见式 (2.104))。如果 $\boldsymbol{f}$ 在 t 时刻是均匀场, 则迁移导数为零。所以, 用 Euler 描述法和 $\{x^k, t\}$ 坐标系, 物质导数的分量 (以逆变分量为例) 为局部导数与迁移导数的和:

$$\frac{\mathrm{D} f^{k \cdots l}}{\mathrm{D} t} = \frac{\partial f^{k \cdots l}}{\partial t} + v^m \nabla_m f^{k \cdots l} \tag{2.106a}$$

由式 (2.103c), 以三阶张量为例, 分量和并矢分别对 t 取偏导数, 得到

$$\frac{\mathrm{d} \boldsymbol{f}}{\mathrm{d} t} = \frac{\partial f^{KL}{}_M}{\partial t} \boldsymbol{C}_K \boldsymbol{C}_L \boldsymbol{C}^M + f^{KL}{}_M \left(\dot{\boldsymbol{C}}_K \boldsymbol{C}_L \boldsymbol{C}^M + \boldsymbol{C}_K \dot{\boldsymbol{C}}_L \boldsymbol{C}^M + \boldsymbol{C}_K \boldsymbol{C}_L \dot{\boldsymbol{C}}^M\right) \tag{2.107}$$

其中

$$\dot{\boldsymbol{C}}_K = \left(\frac{\partial \boldsymbol{C}_K}{\partial t}\right)_X = \left(\frac{\partial}{\partial t}\left(\frac{\partial \boldsymbol{x}}{\partial X^K}\right)\right)_X = \frac{\partial}{\partial X^K}\left(\frac{\partial \boldsymbol{x}}{\partial t}\right)_X = \frac{\partial \boldsymbol{v}}{\partial X^K}$$

若将 $\boldsymbol{v}$ 在 Lagrange 随体标架中分解 $\boldsymbol{v} = v^L \boldsymbol{C}_L$, 代入 $\dot{\boldsymbol{C}}_K$ 中, 得到

$$\dot{\boldsymbol{C}}_K = \frac{\partial}{\partial X^K}\left(v^L \boldsymbol{C}_L\right)_X = \widehat{\nabla}_K v^L \boldsymbol{C}_L \tag{2.108}$$

式中, $\widehat{\nabla}_K (\ )$ 是即时构形中对随体坐标系 $\{X^K, t\}$ 的协变导数。

利用 $\dfrac{\mathrm{d}}{\mathrm{d} t}\left(\delta_L^K\right) = \dfrac{\mathrm{d}}{\mathrm{d} t}\left(\boldsymbol{C}_L \cdot \boldsymbol{C}^K\right) = \dot{\boldsymbol{C}}_L \cdot \boldsymbol{C}^K + \boldsymbol{C}_L \cdot \dot{\boldsymbol{C}}^K = 0$ 和式 (2.108), 可以得到

$$\dot{\boldsymbol{C}}^K = -\widehat{\nabla}_M v^K \boldsymbol{C}^M \tag{2.109}$$

将式 (2.108) 和式 (2.109) 代入式 (2.107), 适当改变哑指标, 得到随体标架中的物质导数

$$\frac{\mathrm{d} \boldsymbol{f}}{\mathrm{d} t} = \left(\frac{\partial f^{KL}{}_M}{\partial t} + f^{RL}{}_M \widehat{\nabla}_R v^K + f^{KR}{}_M \widehat{\nabla}_R v^L - f^{KL}{}_R \widehat{\nabla}_M v^R\right) \boldsymbol{C}_K \boldsymbol{C}_L \boldsymbol{C}^M$$

$$= \frac{\widehat{\mathrm{D}} f^{KL}{}_M}{\widehat{\mathrm{D}} t} \boldsymbol{C}_K \boldsymbol{C}_L \boldsymbol{C}^M \tag{2.110}$$

其中

$$\frac{\widehat{\mathrm{D}} f^{KL}{}_M}{\widehat{\mathrm{D}} t} = \frac{\partial f^{KL}{}_M}{\partial t} + f^{RL}{}_M \widehat{\nabla}_R v^K + f^{KR}{}_M \widehat{\nabla}_R v^L - f^{KL}{}_R \widehat{\nabla}_M v^R \tag{2.110a}$$

➤ 2.10.2 标量、向量、张量的物质导数

若 $\rho_0(\boldsymbol{X}, t)$ 为任一标量场，用物质描述法时，由式 (2.105) 得到物质导数：

$$\dot{\rho}_0 = \frac{\mathrm{d}\rho_0}{\mathrm{d}t} = \frac{\mathrm{D}\rho_0}{\mathrm{D}t} = \frac{\partial \rho_0(\boldsymbol{X}, t)}{\partial t}$$

若 $\rho(\boldsymbol{x}, t)$ 为任一标量场，用空间描述法时，由式 (2.106) 得到物质导数：

$$\dot{\rho} = \frac{\mathrm{d}\rho}{\mathrm{d}t} = \frac{\mathrm{D}\rho}{\mathrm{D}t} = \frac{\partial \rho}{\partial t} + \frac{\partial \rho}{\partial x^k}\frac{\partial x^k}{\partial t} = \frac{\partial \rho}{\partial t} + \frac{\partial \rho}{\partial x^k}v^k$$

式中略去了局部导数的标注 $\boldsymbol{x}$，因为不会引起混淆。

若 $\boldsymbol{f}$ 为一向量场 $\boldsymbol{f} = \boldsymbol{f}(\boldsymbol{x}, t) = f^k(\boldsymbol{x}, t)\boldsymbol{g}_k = F^K(\boldsymbol{X}, t)\boldsymbol{G}_K$，则物质导数为

$$\dot{\boldsymbol{f}} = \frac{\mathrm{d}\boldsymbol{f}}{\mathrm{d}t} = \frac{\mathrm{D}F^K}{\mathrm{D}t}\boldsymbol{G}_K = \frac{\mathrm{D}f^k}{\mathrm{D}t}\boldsymbol{g}_k$$

其中物质描述法和空间描述法的分量为

$$\frac{\mathrm{D}F^K}{\mathrm{D}t} = \frac{\partial F^K}{\partial t}; \quad \frac{\mathrm{D}f^k}{\mathrm{D}t} \equiv \dot{f}^k = \frac{\partial f^k}{\partial t} + f^k_{;l}v^l$$

对于二阶张量场，例如 $\boldsymbol{T} = T_{KL}(\boldsymbol{X}, t)\boldsymbol{G}^K\boldsymbol{G}^L$, $\boldsymbol{t} = t_{kl}(\boldsymbol{x}, t)\boldsymbol{g}^k\boldsymbol{g}^l$，物质导数为

$$\left.\begin{aligned} \dot{\boldsymbol{T}} &= \frac{\mathrm{d}\dot{\boldsymbol{T}}}{\mathrm{d}t} = \frac{\mathrm{D}T_{KL}}{\mathrm{D}t}\boldsymbol{G}^K\boldsymbol{G}^L = \frac{\mathrm{D}T^{KL}}{\mathrm{D}t}\boldsymbol{G}_K\boldsymbol{G}_L = \frac{\mathrm{D}T^K_{\ L}}{\mathrm{D}t}\boldsymbol{G}_K\boldsymbol{G}^L = \cdots \\ \dot{\boldsymbol{t}} &= \frac{\mathrm{D}t_{kl}}{\mathrm{D}t}\boldsymbol{g}^k\boldsymbol{g}^l = \frac{\mathrm{D}t^{kl}}{\mathrm{D}t}\boldsymbol{g}_k\boldsymbol{g}_l = \frac{\mathrm{D}t^k_{\ l}}{\mathrm{D}t}\boldsymbol{g}_k\boldsymbol{g}^l = \cdots \end{aligned}\right\} \tag{2.111}$$

$$\frac{\mathrm{D}T_{KL}}{\mathrm{D}t} = \frac{\partial T_{KL}}{\partial t}; \quad \frac{\mathrm{D}T^{KL}}{\mathrm{D}t} = \frac{\partial T^{KL}}{\partial t}; \quad \frac{\mathrm{D}T^K_{\ L}}{\mathrm{D}t} = \frac{\partial T^K_{\ L}}{\partial t}; \cdots$$

$$\frac{\mathrm{D}t_{kl}}{\mathrm{D}t} = \frac{\partial t_{kl}}{\partial t} + v^m\nabla_m t_{kl}; \quad \frac{\mathrm{D}t^{kl}}{\mathrm{D}t} = \frac{\partial t^{kl}}{\partial t} + v^m\nabla_m t^{kl}; \quad \frac{\mathrm{D}t^k_{\ l}}{\mathrm{D}t} = \frac{\partial t^k_{\ l}}{\partial t} + v^m\nabla_m t^k_{\ l}; \cdots$$

不难证明，物质导数遵守普通导数的运算法则，例如对于向量 $\boldsymbol{f}$, $\boldsymbol{h}$ 和标量 a，有

$$(a\boldsymbol{f})^{\cdot} = \dot{a}\boldsymbol{f} + a\dot{\boldsymbol{f}}; \quad \frac{\mathrm{D}}{\mathrm{D}t}(af^k) = \frac{\mathrm{D}a}{\mathrm{D}t}f^k + a\frac{\mathrm{D}f^k}{\mathrm{D}t}$$

$$(\boldsymbol{f} + \boldsymbol{h})^{\cdot} = \dot{\boldsymbol{f}} + \dot{\boldsymbol{h}}; \quad \frac{\mathrm{D}}{\mathrm{D}t}(f^k + h^k) = \frac{\mathrm{D}f^k}{\mathrm{D}t} + \frac{\mathrm{D}h^k}{\mathrm{D}t}$$

$$(\boldsymbol{f}\boldsymbol{h})^{\cdot} = \dot{\boldsymbol{f}}\boldsymbol{h} + \boldsymbol{f}\dot{\boldsymbol{h}}; \quad \frac{\mathrm{D}}{\mathrm{D}t}(f^k h_l) = \frac{\mathrm{D}f^k}{\mathrm{D}t}h_l + f^k\frac{\mathrm{D}h_l}{\mathrm{D}t}$$

➤ 2.10.3 基向量和度量张量的物质导数

利用物质导数的定义，可以得到基向量和度量张量的物质导数与局部导数。物质坐标系 $\{X^K, t_0\}$ 的标架与 t_0 时刻物质点一一对应，与 t 无关，所以

$$\frac{\mathrm{d}\boldsymbol{G}_K}{\mathrm{d}t} = \frac{\mathrm{d}\boldsymbol{G}^K}{\mathrm{d}t} = \frac{\partial \boldsymbol{G}_K}{\partial t} = \frac{\partial \boldsymbol{G}^K}{\partial t} = 0 \tag{2.112a}$$

$$\frac{\mathrm{D}G_{KL}}{\mathrm{D}t} = \frac{\mathrm{D}G^{KL}}{\mathrm{D}t} = \frac{\partial G_{KL}}{\partial t} = \frac{\partial G^{KL}}{\partial t} = 0 \tag{2.112b}$$

显然，Lagrange 坐标系的单位张量的物质导数等于 $\boldsymbol{0}$：

$$\frac{\mathrm{d}\boldsymbol{I}}{\mathrm{d}t} = \frac{\mathrm{d}}{\mathrm{d}t}\left(G_{KL}\boldsymbol{G}^K\boldsymbol{G}^L\right) = \boldsymbol{0} \tag{2.112c}$$

空间坐标系 $\{x^k, t\}$ 的标架与空间点对应，同一物质点在不同时间对应不同标架，所以空间标架的物质导数一般不为零，但静止空间标架的局部导数为 0，只有迁移导数非 0，可以得到

$$\frac{\partial \boldsymbol{g}_k}{\partial t} = \frac{\partial \boldsymbol{g}^k}{\partial t} = 0 \tag{2.113a}$$

$$\frac{\mathrm{d}\boldsymbol{g}_k}{\mathrm{d}t} = \left(\frac{\partial \boldsymbol{g}_k}{\partial t}\right)_X = \frac{\partial \boldsymbol{g}_k}{\partial x^m}\left(\frac{\partial x^m}{\partial t}\right)_X = \Gamma_{km}^r v^m \boldsymbol{g}_r \tag{2.113b}$$

由 $\dfrac{\mathrm{d}\left(\boldsymbol{g}_l \cdot \boldsymbol{g}^k\right)}{\mathrm{d}t} = \dfrac{\mathrm{d}\boldsymbol{g}_l}{\mathrm{d}t} \cdot \boldsymbol{g}^k + \boldsymbol{g}_l \cdot \dfrac{\mathrm{d}\boldsymbol{g}^k}{\mathrm{d}t} = \Gamma_{lm}^k v^m + \boldsymbol{g}_l \cdot \dfrac{\mathrm{d}\boldsymbol{g}^k}{\mathrm{d}t} = \boldsymbol{g}_l \cdot \left(\boldsymbol{g}^r \Gamma_{rm}^k v^m + \dfrac{\mathrm{d}\boldsymbol{g}^k}{\mathrm{d}t}\right) = 0$，

得

$$\frac{\mathrm{d}\boldsymbol{g}^k}{\mathrm{d}t} = -\Gamma_{rm}^k v^m \boldsymbol{g}^r \tag{2.113c}$$

$$\frac{\mathrm{D}g_{kl}}{\mathrm{D}t} = \frac{\mathrm{d}\left(\boldsymbol{g}_k \cdot \boldsymbol{g}_l\right)}{\mathrm{d}t} = \frac{\mathrm{d}\boldsymbol{g}_k}{\mathrm{d}t} \cdot \boldsymbol{g}_l + \boldsymbol{g}_k \cdot \frac{\mathrm{d}\boldsymbol{g}_l}{\mathrm{d}t} = v^m\left(\Gamma_{mkl} + \Gamma_{mlk}\right) \tag{2.113d}$$

$$\frac{\mathrm{D}g^{kl}}{\mathrm{D}t} = \frac{\mathrm{d}\left(\boldsymbol{g}^k \cdot \boldsymbol{g}^l\right)}{\mathrm{d}t} = -v^m\left(\Gamma_{mr}^k g^{rl} + \Gamma_{mr}^l g^{rk}\right) \tag{2.113e}$$

由上两式可知，g_{kl}, g^{kl} 不能像常数那样简单地移入或移出物质导数。

利用式 (2.113c)、式 (2.113d)，可以得到 Euler 坐标系的单位张量的物质导数等于 $\boldsymbol{0}$：

$$\begin{aligned}
\frac{\mathrm{d}\boldsymbol{i}}{\mathrm{d}t} &= \frac{\mathrm{d}}{\mathrm{d}t}\left(g_{kl}\boldsymbol{g}^k\boldsymbol{g}^l\right) = \frac{\mathrm{D}g_{kl}}{\mathrm{D}t}\boldsymbol{g}^k\boldsymbol{g}^l + g_{kl}\frac{\mathrm{d}\boldsymbol{g}^k}{\mathrm{d}t}\boldsymbol{g}^l + g_{kl}\boldsymbol{g}^k\frac{\mathrm{d}\boldsymbol{g}^l}{\mathrm{d}t} \\
&= v^m\left(\Gamma_{mkl} + \Gamma_{mlk}\right)\boldsymbol{g}^k\boldsymbol{g}^l - g_{kl}\Gamma_{rm}^k v^m \boldsymbol{g}^r\boldsymbol{g}^l - g_{kl}\Gamma_{rm}^l v^m \boldsymbol{g}^k\boldsymbol{g}^r = \boldsymbol{0}
\end{aligned} \tag{2.113f}$$

➤ 2.10.4 两点张量的物质导数

物质导数的定义也可以用于两点张量。如 1.23 节所述，两点张量同时依赖于两个构形 $\mathscr{R}$ 和 $\mathfrak{r}$，例如

$$\boldsymbol{\varphi} = \varphi^{KL}{}_{kl}\left(\boldsymbol{X}, \boldsymbol{x}, t\right) \boldsymbol{G}_K\left(\boldsymbol{X}\right) \boldsymbol{G}_L\left(\boldsymbol{X}\right) \boldsymbol{g}^k\left(\boldsymbol{x}\right) \boldsymbol{g}^l\left(\boldsymbol{x}\right)$$

式中，$\boldsymbol{x} = \boldsymbol{x}\left(\boldsymbol{X}, t\right)$，物质导数为

$$\dot{\boldsymbol{\varphi}} = \frac{\mathrm{d}\boldsymbol{\varphi}}{\mathrm{d}t} = \left(\frac{\partial\boldsymbol{\varphi}}{\partial t}\right)_{X,x} + \left(\frac{\partial\boldsymbol{\varphi}}{\partial x^m}\right)_X \frac{\partial x^m}{\partial t} = \frac{\mathrm{D}\varphi^{KL}{}_{kl}}{\mathrm{D}t}\boldsymbol{G}_K\boldsymbol{G}_L\boldsymbol{g}^k\boldsymbol{g}^l$$

$$\frac{\mathrm{D}\varphi^{KL}{}_{kl}}{\mathrm{D}t} = \frac{\partial\varphi^{KL}{}_{kl}}{\partial t} + v^m\nabla_m\varphi^{KL}{}_{kl} \tag{2.114}$$

式中，$\nabla_m(\ )$ 是 $\boldsymbol{X}$ 不变只 $\boldsymbol{x}$ 改变时的物质导数 (称为偏协变导数)：

$$\nabla_m\left(\varphi^{KL}{}_{kl}\right) = \varphi^{KL}{}_{kl;m} = \varphi^{KL}{}_{kl,m} - \varphi^{KL}{}_{rl}\Gamma^r_{km} - \varphi^{KL}{}_{kr}\Gamma^r_{lm} \tag{2.114a}$$

2.11 速度和加速度、迹线和流线

上节指出，构形 $\mathscr{R}$ 中任一点 $\boldsymbol{X}$ 在 t 时刻的速度向量 $\boldsymbol{v}$ 为该物质点在 Euler 坐标系中的位置向量 $\boldsymbol{x}\left(\boldsymbol{X}, t\right)$ 的时间变率。位置向量在直角坐标系中可表为 $\boldsymbol{x} = x_k\boldsymbol{e}_k$，在曲线坐标系中用矢端坐标表示。用空间描述法时，由式 (2.104) 有

$$\boldsymbol{v}(\boldsymbol{x}, t) = \frac{\mathrm{d}\boldsymbol{x}}{\mathrm{d}t} = \left(\frac{\partial x^i}{\partial t}\right)_X \boldsymbol{g}_i; \quad v^i = \left(\frac{\partial x^i}{\partial t}\right)_X \tag{2.115}$$

由于位移 $\boldsymbol{u} = \boldsymbol{x} - \boldsymbol{X}$，上式也可以用位移表示：

$$\boldsymbol{v}(\boldsymbol{x}, t) = \frac{\mathrm{d}\boldsymbol{u}}{\mathrm{d}t} = \left(\frac{\partial u^i}{\partial t}\right)_X \boldsymbol{g}_i; \quad v^i = \left(\frac{\partial u^i}{\partial t}\right)_X \tag{2.115a}$$

如果 $\boldsymbol{u}$ 用物质描述法，$\boldsymbol{u} = U^K\boldsymbol{G}_K$，则

$$\boldsymbol{v} = \frac{\mathrm{d}\boldsymbol{u}}{\mathrm{d}t} = \frac{\partial U^K}{\partial t}\boldsymbol{G}_K = V^K\boldsymbol{G}_K, \quad V^K = \frac{\partial U^K}{\partial t} \tag{2.116}$$

任一物质点 $\boldsymbol{X}$ 在 t 时刻的加速度向量为速度的物质导数：

$$\boldsymbol{a} = \frac{\mathrm{d}\boldsymbol{v}}{\mathrm{d}t} \tag{2.117}$$

对于物质描述法，$\boldsymbol{v} = V^K\boldsymbol{G}_K$；$\boldsymbol{a} = a^K\boldsymbol{G}_K$，而

$$a^K = \frac{\partial V^K}{\partial t} = \frac{\partial^2 U^K}{\partial t^2} \tag{2.118a}$$

对于空间描述法, $\boldsymbol{v} = v^k \boldsymbol{g}_k$; $\boldsymbol{a} = a^k \boldsymbol{g}_k$, 而

$$a^k = \frac{\mathrm{D} v^k}{\mathrm{D} t} = \frac{\partial v^k}{\partial t} + v^k_{;l} v^l; \quad \boldsymbol{a} = \frac{\partial \boldsymbol{v}}{\partial t} + \boldsymbol{v} \cdot \nabla \boldsymbol{v} \tag{2.118b}$$

式 (2.118b)$_2$ 第一项表示 t 时刻物质点所在的空间点的速度随时间的变化, 第二项是由于物质点以速度 $\boldsymbol{v}$ 运动时由于速度存在梯度所引起的速度变化。

构形 $\mathfrak{r}$ 中的速度场 $\boldsymbol{v}(\boldsymbol{x}, t)$ 给出了 t 时刻 $\boldsymbol{x}$ 点的速度 (即经过空间点 $\boldsymbol{x}$ 的物质点 $\boldsymbol{X}$ 的速度), 是连续介质运动学中最基本的物理量。如果任何空间点处的速度不依赖于时间, 即 $\boldsymbol{v} = \boldsymbol{v}(\boldsymbol{x})$, 这样的运动称为定常运动, 否则将称为非定常运动。许多实际流体运动可以近似认为是定常的。

任一物质点 X^K 在 Euler 坐标系中的位置 $x^k = (X^K, t)$ 随时间变化的轨迹称为该物质点的迹线。迹线描述同一物质点的运动情况, t_0 时在 $\boldsymbol{x}_0$ 点的物质点的迹线方程为

$$\begin{cases} \dfrac{\mathrm{d} \boldsymbol{x}}{\mathrm{d} t} = \boldsymbol{v}(\boldsymbol{x}, t) \\ \boldsymbol{x}(\boldsymbol{X}, t_0) = \boldsymbol{x}_0 \end{cases} \quad \text{或} \quad \begin{cases} \dfrac{\mathrm{d} x^k}{\mathrm{d} t} = v^k(x^k, t) \\ x^k(X^K, t_0) = x_0^k \end{cases} \tag{2.119}$$

在某一给定时刻, 如果空间曲线上任一点的切线方向与该点的速度方向重合, 这样的曲线称为该时刻速度场的流线。流线描述同一时刻流场的运动情况。在 t 时刻, 过 $\boldsymbol{x}_0$ 点的流线 $\boldsymbol{x}(s)$ 的参数方程为

$$\begin{cases} \dfrac{\mathrm{d} \boldsymbol{x}}{\mathrm{d} s} = \boldsymbol{v}(\boldsymbol{x}, t) \\ \boldsymbol{x}(t)|_{s=0} = \boldsymbol{x}_0 \end{cases} \quad \text{或} \quad \begin{cases} \dfrac{\mathrm{d} x^k}{\mathrm{d} s} = v^k(x^k, t) \\ x^k(t)|_{s=0} = x_0^k \end{cases} \tag{2.120}$$

如果速度场 $\boldsymbol{v}(\boldsymbol{x}, t)$ 已知, 对方程式 (2.119) 和式 (2.120) 积分, 利用边界条件或初始条件, 可以得到以 t 为变量的迹线族和以 s 为变量的流线族。

在一般情况下, 流线与迹线不重合, 如果运动是定常的, 则流线与迹线相同。

2.12　速度梯度、一些几何变量的物质导数

在连续介质变形几何学中, 为了描述任一点邻域的变形, 需要考虑两个构形 $\mathscr{R}$ 与 $\mathfrak{r}$, 即考虑变形前 (t_0 时刻) 和变形后 (t 时刻) 两个状态, 引入变量描述物质点及其邻域的几何变化。与变形几何学不同, 连续介质运动学描述任一时刻构形 $\mathfrak{r}$ 的瞬时变化, 为此必须考虑两个邻近时刻 (t 和 $t + \Delta t$, $\Delta t \to 0$) 所对应的状态, 从而给出有关物理量的时间变率, 用来表示连续介质的运动状态。

在变形几何学中, 位移是基本变量, 所有其他量都可以用位移表示。在运动学中, 速度是基本变量, 用速度可以表示其他变量。与变形梯度 $\boldsymbol{F}$ 或位移梯度 $\nabla \boldsymbol{u}$ 在变形分析中非常重要一样, 运动分析需要借助速度梯度 $\boldsymbol{v} \nabla$(定义为右梯度)。

两个物质点 $\boldsymbol{X} + \mathrm{d}\boldsymbol{X}$ 与 $\boldsymbol{X}$ 在 t 时刻构形 $\mathfrak{r}$ 中速度的微分为

$$\mathrm{d}\boldsymbol{v} = \frac{\partial}{\partial x^i}(v^j \boldsymbol{g}_j)\mathrm{d}x^i = \nabla_i v^j \boldsymbol{g}_j \mathrm{d}x^i = \nabla_i v^j \boldsymbol{g}_j (\boldsymbol{g}^i \cdot \boldsymbol{g}_m \mathrm{d}x^m) = \boldsymbol{L} \cdot \mathrm{d}\boldsymbol{x} \tag{2.121}$$

式中

$$\begin{aligned} \mathrm{d}\boldsymbol{x} &= \boldsymbol{F} \cdot \mathrm{d}\boldsymbol{X} \\ \boldsymbol{L} &= \nabla_i v^j \boldsymbol{g}_j \boldsymbol{g}^i = \boldsymbol{v}\boldsymbol{\nabla} \end{aligned} \tag{2.122}$$

其中，$\boldsymbol{L}$ 称为速度梯度张量，即速度场的右梯度，表示速度场随位置的变化。

利用上节给出的物质导数的定义，借助速度梯度，可以得到一些常用几何量的物质导数。

(1) 变形梯度的物质导数：

$$\frac{\mathrm{D}}{\mathrm{D}t}(x^k{}_{,K}) = v^k{}_{;l} x^l{}_{,K} \quad \text{或} \quad \frac{\mathrm{d}\boldsymbol{F}}{\mathrm{d}t} = \boldsymbol{L} \cdot \boldsymbol{F} \tag{2.123a}$$

$$\frac{\mathrm{D}}{\mathrm{D}t}(X^K{}_{,k}) = -v^l{}_{;k} X^K{}_{,l} \quad \text{或} \quad \frac{\mathrm{d}\boldsymbol{F}^{-1}}{\mathrm{d}t} = -\boldsymbol{F}^{-1} \cdot \boldsymbol{L} \tag{2.123b}$$

在上式张量运算中，应注意 $\boldsymbol{L}$ 是 $\boldsymbol{v}$ 的右梯度。

证明：由式 (2.6a)

$$\begin{aligned} \frac{\mathrm{d}\boldsymbol{F}}{\mathrm{d}t} &= \frac{\partial}{\partial t}\left(\frac{\partial \boldsymbol{x}}{\partial X^K}\boldsymbol{G}^K\right)_X = \frac{\partial}{\partial X^K}\left(\frac{\partial \boldsymbol{x}}{\partial t}\right)_X \boldsymbol{G}^K \\ &= \frac{\partial \boldsymbol{v}}{\partial X^K}\boldsymbol{G}^K = \frac{\partial \boldsymbol{v}}{\partial x^l}x^l{}_{,K}\boldsymbol{G}^K = \nabla_l v^k x^l{}_{,K}\boldsymbol{g}_k \boldsymbol{G}^K \end{aligned}$$

所以 $\dfrac{\mathrm{D}x^k{}_{,K}}{\mathrm{D}t} = v^k{}_{;l}x^l{}_{,K}$，即式 (2.123a)。

由于 $X^K{}_{,k}x^k{}_{,L} = \delta^K_L$，所以

$$\frac{\mathrm{D}}{\mathrm{D}t}\left(X^K{}_{,k}x^k{}_{,L}\right) = \frac{\mathrm{D}}{\mathrm{D}t}\left(X^K{}_{,k}\right)x^k{}_{,L} + X^K{}_{,k}\frac{\mathrm{D}}{\mathrm{D}t}\left(x^k{}_{,L}\right) = 0$$

上式乘以 $X^L{}_{,l}$，注意到 $x^k{}_{,L}X^L{}_{,l} = \delta^k_l$，故

$$\frac{\mathrm{D}}{\mathrm{D}t}\left(X^K{}_{,l}\right) = -X^L{}_{,l}X^K{}_{,k}v^k{}_{;m}x^m{}_{,L} = -v^k{}_{;l}X^K{}_{,k}$$

即式 (2.123b)。(证毕)

(2) 线元 $\mathrm{d}x^k$ 的物质导数。

由式 (2.5) 和式 (2.123a)，可得

$$\frac{\mathrm{D}}{\mathrm{D}t}\left(\mathrm{d}x^k\right) = \frac{\mathrm{D}}{\mathrm{D}t}\left(x^k{}_{,K}\mathrm{d}X^K\right) = v^k{}_{;l}x^l{}_{,K}\mathrm{d}X^K = v^k{}_{;l}\mathrm{d}x^l \tag{2.124}$$

或

$$\mathrm{d}\dot{\boldsymbol{x}} = \frac{\mathrm{d}}{\mathrm{d}t}\left(\mathrm{d}\boldsymbol{x}\right) = \mathrm{d}\boldsymbol{x} \cdot \boldsymbol{\nabla}\boldsymbol{v} = \boldsymbol{L} \cdot \mathrm{d}\boldsymbol{x} \tag{2.124a}$$

(3) 弧长平方的物质导数:

$$\frac{\mathrm{D}}{\mathrm{D}t}(\mathrm{d}s^2) = \frac{\partial}{\partial t}(\mathrm{d}\boldsymbol{x} \cdot \mathrm{d}\boldsymbol{x})_X = \mathrm{d}\left(\frac{\partial \boldsymbol{x}}{\partial t}\right)_X \cdot \mathrm{d}\boldsymbol{x} + \mathrm{d}\boldsymbol{x} \cdot \mathrm{d}\left(\frac{\partial \boldsymbol{x}}{\partial t}\right)_X = \mathrm{d}\boldsymbol{v} \cdot \mathrm{d}\boldsymbol{x} + \mathrm{d}\boldsymbol{x} \cdot \mathrm{d}\boldsymbol{v} = 2\mathrm{d}\boldsymbol{x} \cdot \mathrm{d}\boldsymbol{v}$$

将式 (2.121) 代入上式, 得

$$\frac{\mathrm{D}}{\mathrm{D}t}\left(\mathrm{d}s^2\right) = 2\mathrm{d}\boldsymbol{x} \cdot \boldsymbol{L} \cdot \mathrm{d}\boldsymbol{x} = 2v_{k;l}\mathrm{d}x^k\mathrm{d}x^l \tag{2.125}$$

(4) J 的物质导数。

式 (2.9) 给出 $J = \sqrt{\dfrac{g}{G}}j$, 其中, j 为运动变换的 Jacobi 行列式 $\det\left(x^k{}_{,K}\right)$。由式 (1.19) 和式 (1.138), $\dot{g} = 0$, J 的物质导数为

$$\frac{\mathrm{D}J}{\mathrm{D}t} = \frac{\partial J}{\partial x^k{}_{,K}}\frac{\mathrm{D}}{\mathrm{D}t}(x^k{}_{,K})$$

由式 (2.9), 注意到行列式导数公式 (1.4) 和关系式 (2.8b), 有

$$\frac{\partial J}{\partial x^k{}_{,K}} = \frac{1}{2!}\varepsilon^{KMN}\varepsilon_{kmn}x^m{}_{,M}x^n{}_{,N} = JX^K{}_{,k}$$

将上式和式 (2.123a) 代入前式, 故

$$\frac{\mathrm{D}J}{\mathrm{D}t} = JX^K{}_{,k}v^k{}_{;l}x^l{}_{,K} = Jv^k{}_{;k} = J\boldsymbol{\nabla} \cdot \boldsymbol{v} \tag{2.126}$$

(5) 面积元 $\mathrm{d}a_k$ 的物质导数。

由式 (2.60) 和式 (2.126)、式 (2.123b)

$$\begin{aligned}
\frac{\mathrm{D}}{\mathrm{D}t}(\mathrm{d}a_k) &= \frac{\mathrm{D}}{\mathrm{D}t}(JX^K{}_{,k}\mathrm{d}A_K) = \left(\frac{\mathrm{D}J}{\mathrm{D}t}X^K{}_{,k} + J\frac{\mathrm{D}}{\mathrm{D}t}(X^K{}_{,k})\right)\mathrm{d}A_K \\
&= (Jv^l{}_{;l}X^K{}_{,k} - Jv^l{}_{;k}X^K{}_{,l})\mathrm{d}A_K \\
&= v^l{}_{;l}\mathrm{d}a_k - v^l{}_{;k}\mathrm{d}a_l
\end{aligned} \tag{2.127}$$

或

$$\mathrm{d}\dot{\boldsymbol{a}} = \frac{\mathrm{d}}{\mathrm{d}t}(\mathrm{d}\boldsymbol{a}) = \boldsymbol{\nabla} \cdot \boldsymbol{v}\mathrm{d}\boldsymbol{a} - \boldsymbol{\nabla}\boldsymbol{v} \cdot \mathrm{d}\boldsymbol{a} \tag{2.127a}$$

(6) 体积元 $\mathrm{d}v$ 的物质导数。

由式 (2.62) 和式 (2.126)

$$\mathrm{d}\dot{v} = \frac{\mathrm{D}}{\mathrm{D}t}(\mathrm{d}v) = \frac{\mathrm{D}}{\mathrm{D}t}(J\mathrm{d}V) = \frac{\mathrm{D}J}{\mathrm{D}t}\mathrm{d}V = Jv^k{}_{;k}\mathrm{d}V = v^k{}_{;k}\mathrm{d}v \tag{2.128}$$

在推导上述物理量的物质导数时, 利用了变形关系、已知的物质导数和求导规则, 主要采用张量的分量形式, 然后给出抽象记法。

2.13 变形率张量、自旋张量和旋度

在讨论连续介质变形时，将基本变形分为平移、纯变形和局部刚性转动，分别用位移向量、应变张量和转动张量描述。在研究运动时，同样需要将物质点的运动分解，用平移速度、纯变形速率和局部刚性转动速度描述一点附近的运动状态，并定义相应的状态变量。前面定义的速度向量可以表示物质点的移动速度，本节将讨论纯变形速率和刚性转动速度的度量。

▶ 2.13.1 纯变形速率

上节给出了 t 时刻任一线元 $\mathrm{d}\boldsymbol{x} = \mathrm{d}x^k \boldsymbol{g}_k$ 的弧长平方随时间的变化率。将式 (2.125) 写成

$$\frac{\mathrm{D}}{\mathrm{D}t}(\mathrm{d}s^2) = (v_{k;l} + v_{l;k})\,\mathrm{d}x^k \mathrm{d}x^l = 2d_{kl}\mathrm{d}x^k \mathrm{d}x^l \tag{2.129}$$

其中

$$d_{kl} \equiv \frac{1}{2}\left(v_{k;l} + v_{l;k}\right) \quad \text{或} \quad \boldsymbol{d} = \frac{1}{2}(\boldsymbol{L} + \boldsymbol{L}^{\mathrm{T}}) \tag{2.130}$$

式中，$\boldsymbol{d}$ 称为变形率张量，是速度梯度张量 $\boldsymbol{L}$ 加法分解的对称部分。

变形率张量是对称二阶张量，与速度梯度呈线性关系。表达式 (2.130) 的形式与无限小应变张量的位移表达式 $(2.100)_1$ 相似，因此可以得到与式 (2.101) 相似的变形率相容方程

$$d_{il;jk} + d_{jk;il} - d_{ik;jl} - d_{jl;ik} = 0 \tag{2.131}$$

应该指出，无限小应变张量是应变张量的近似表达式，在无限小应变下，即构形 $\mathfrak{r}$ 无限接近构形 $\mathscr{R}$ 时是精确的；变形率张量比较的同样是两个无限邻近的构形，即 t 时刻和 $t + \mathrm{d}t$ 时刻的构形，因而变形率张量是变形速率的精确表达式。

变形率张量可以表示纯变形随时间的变化率，用于度量纯变形速率。下面讨论一些纯变形量的时间变率。

2.13.1.1 伸长变率

由式 (2.125) $2\mathrm{d}s\dfrac{\mathrm{D}}{\mathrm{D}t}(\mathrm{d}s) = 2d_{kl}\mathrm{d}x^k \mathrm{d}x^l$，两端除 $2\mathrm{d}s^2$，注意到单位向量 $\boldsymbol{n} = n^k \boldsymbol{g}_k$，$n^k = \dfrac{\mathrm{d}x^k}{\mathrm{d}s}$，所以

$$d_{(n)} = \frac{\mathrm{D}}{\mathrm{D}t}(\mathrm{d}s)/\mathrm{d}s = d_{kl}n^k n^l \quad \text{或} \quad d_{(n)} = \boldsymbol{n} \cdot \boldsymbol{d} \cdot \boldsymbol{n} \tag{2.132}$$

式中，$d_{(n)}$ 称为 $\boldsymbol{n}$ 方向伸长变率，即线元长度随时间的变化与原长之比。

当 $\boldsymbol{n}$ 为 $\boldsymbol{d}$ 的主方向 $\boldsymbol{n}_i$ 时, $\boldsymbol{d} = d_{(i)}\boldsymbol{n}_i\boldsymbol{n}_i$, 有

$$\boldsymbol{d} \cdot \boldsymbol{n}_i = d_{(i)}\boldsymbol{n}_i \quad (i = 1, 2, 3) \tag{2.132a}$$

当 $\boldsymbol{n}$ 为非主方向时, 一般说来 (非各向同性变形)

$$\boldsymbol{d} \cdot \boldsymbol{n} \neq d_{(n)}\boldsymbol{n} \tag{2.132b}$$

因为变形率张量中不仅包括伸长变率, 还有由于剪切产生的旋率 (不是刚性旋转)。

将式 (2.132a) 用于直角坐标系, 基向量为 $\boldsymbol{e}_k$(单位向量), 若 $\boldsymbol{n} = \boldsymbol{e}_k$, 则 $d_{(k)} = d_{kk}(\underline{k}$ 是非求和指标), 所以变形率张量在直角坐标系中的法向分量 (即采用矩阵表示时的对角线分量) 等于沿坐标轴方向的伸长变率。当 $\{x^k\}$ 取张量 $\boldsymbol{d}$ 的主坐标系时, 变形率张量只有对角线分量, 也是 $\boldsymbol{d}$ 的主值 $d_{(1)}, d_{(2)}, d_{(3)}$(可令: $d_{(1)} \geqslant d_{(2)} \geqslant d_{(3)}$), 根据实对称二阶张量的一般性质式 (1.75), 有

$$d_{(1)} \geqslant d_{(n)} \geqslant d_{(3)} \tag{2.133}$$

即沿变形率张量主方向的伸长变率是伸长变率的极值, 也称为主伸长变率。

2.13.1.2 剪切变率

变形率张量也可以表示即时构形 $\mathfrak{r}$ 中任意两个单位向量 $\boldsymbol{n}_1$, $\boldsymbol{n}_2$ 之间夹角 $\vartheta(\boldsymbol{n}_1, \boldsymbol{n}_2)$ 的时间变率。由于 $\cos\vartheta(\boldsymbol{n}_1, \boldsymbol{n}_2) = \boldsymbol{n}_1 \cdot \boldsymbol{n}_2 = \mathrm{d}\boldsymbol{x}_1 \cdot \mathrm{d}\boldsymbol{x}_2/(\mathrm{d}s_1\mathrm{d}s_2)$, 利用式 (2.124a) 和式 (2.132), 可得

$$\begin{aligned}
\frac{\mathrm{D}}{\mathrm{D}t}\cos\vartheta(\boldsymbol{n}_1, \boldsymbol{n}_2) &= \frac{\mathrm{D}}{\mathrm{D}t}\left(\mathrm{d}\boldsymbol{x}_1 \cdot \mathrm{d}\boldsymbol{x}_2/(\mathrm{d}s_1\mathrm{d}s_2)\right) \\
&= \frac{1}{\mathrm{d}s_1\mathrm{d}s_2}\frac{\mathrm{D}}{\mathrm{D}t}(\mathrm{d}\boldsymbol{x}_1 \cdot \mathrm{d}\boldsymbol{x}_2) + \mathrm{d}\boldsymbol{x}_1 \cdot \mathrm{d}\boldsymbol{x}_2\left(-\frac{\frac{\mathrm{D}}{\mathrm{D}t}(\mathrm{d}s_1)}{(\mathrm{d}s_1)^2\mathrm{d}s_2} - \frac{\frac{\mathrm{D}}{\mathrm{D}t}(\mathrm{d}s_2)}{(\mathrm{d}s_2)^2\mathrm{d}s_1}\right) \\
&= \frac{1}{\mathrm{d}s_1\mathrm{d}s_2}(\mathrm{d}\dot{\boldsymbol{x}}_1 \cdot \mathrm{d}\boldsymbol{x}_2 + \mathrm{d}\boldsymbol{x}_1 \cdot \mathrm{d}\dot{\boldsymbol{x}}_2) - (d_{(n_1)} + d_{(n_2)})\cos\vartheta(\boldsymbol{n}_1, \boldsymbol{n}_2) \\
&= 2d_{kl}n_1^k n_2^l - (d_{(n_1)} + d_{(n_2)})\cos\vartheta(\boldsymbol{n}_1, \boldsymbol{n}_2) \\
&= 2\boldsymbol{n}_1 \cdot \boldsymbol{d} \cdot \boldsymbol{n}_2 - (d_{(n_1)} + d_{(n_2)})\boldsymbol{n}_1 \cdot \boldsymbol{n}_2 \tag{2.134}
\end{aligned}$$

或

$$-\sin\vartheta(\boldsymbol{n}_1, \boldsymbol{n}_2)\frac{\mathrm{D}}{\mathrm{D}t}\vartheta(\boldsymbol{n}_1, \boldsymbol{n}_2) = 2d_{kl}n_1^k n_2^l - (d_{(n_1)} + d_{(n_2)})\cos\vartheta(\boldsymbol{n}_1, \boldsymbol{n}_2) \tag{2.134a}$$

由上式可以得到 $\dfrac{\mathrm{D}}{\mathrm{D}t}\vartheta(\boldsymbol{n}_1, \boldsymbol{n}_2)$, 称为剪切变率, 表示线元间夹角的时间变率。

当 $\vartheta(\boldsymbol{n}_1, \boldsymbol{n}_2) = \dfrac{\pi}{2}$ 时, 即方向 $\boldsymbol{n}_1$ 和 $\boldsymbol{n}_2$ 正交, 由式 (2.134a) 得到

$$\frac{\mathrm{D}}{\mathrm{D}t}\vartheta(\boldsymbol{n}_1, \boldsymbol{n}_2) = -2d_{kl}n_1^k n_2^l = -2\boldsymbol{n}_1 \cdot \boldsymbol{d} \cdot \boldsymbol{n}_2 \tag{2.135}$$

当 $\{x^k\}$ 为直角坐标系时，若 $\boldsymbol{n}_1$，$\boldsymbol{n}_2$ 分别等于单位基向量 $\boldsymbol{e}_1$ 和 $\boldsymbol{e}_2$ 时有

$$d_{12} = -\frac{1}{2}\frac{\mathrm{D}}{\mathrm{D}t}\vartheta(\boldsymbol{e}_1, \boldsymbol{e}_2) \tag{2.136}$$

所以，直角坐标系中变形率张量的非对角分量等于坐标轴之间夹角减小率的一半。

2.13.1.3 面积变率

面积元向量 $\mathrm{d}\boldsymbol{a} = \mathrm{d}a\boldsymbol{n} = \mathrm{d}a^k\boldsymbol{g}_k$，$\boldsymbol{n}$ 为 $\mathrm{d}\boldsymbol{a}$ 的单位法向量，$\boldsymbol{n} = n^k\boldsymbol{g}_k$，$n^k = \mathrm{d}a^k/\mathrm{d}a$。面积元的面积是向量的模 $\mathrm{d}a$，$(\mathrm{d}a)^2 = \mathrm{d}\boldsymbol{a} \cdot \mathrm{d}\boldsymbol{a}$。利用式 (2.127a)，可得

$$\frac{\mathrm{D}}{\mathrm{D}t}(\mathrm{d}a^2) = 2\mathrm{d}\boldsymbol{a} \cdot \mathrm{d}\dot{\boldsymbol{a}} = 2\left(\boldsymbol{\nabla} \cdot \boldsymbol{v}\right)\mathrm{d}\boldsymbol{a} \cdot \mathrm{d}\boldsymbol{a} - 2\mathrm{d}\boldsymbol{a} \cdot \boldsymbol{\nabla}\boldsymbol{v} \cdot \mathrm{d}\boldsymbol{a}$$

两端除以 $2\,(\mathrm{d}a)^2$，得到面积变率

$$\frac{\mathrm{D}}{\mathrm{D}t}(\mathrm{d}a)/\mathrm{d}a = \mathrm{I}_d - d_{kl}n^kn^l = \mathrm{I}_d - d_{(n)} \tag{2.137}$$

式中，$d_{(n)}$ 为面元法线 $\boldsymbol{n}$ 方向的伸长变率；而

$$\mathrm{I}_d = v^m_{;m} = d^m_{\ m} \quad \text{(变形率张量的第一不变量)} \tag{2.137a}$$

2.13.1.4 体积变率

体积比 $J = \mathrm{d}v/\mathrm{d}V$ 和体积元 $\mathrm{d}v$ 的变率由式 (2.126) 和式 (2.128) 给出，两式分别除以 J 和 $\mathrm{d}v$，有

$$\frac{\mathrm{D}J}{\mathrm{D}t}/J = v^k_{;k} = \mathrm{I}_d \tag{2.138}$$

$$\frac{\mathrm{D}\,(\mathrm{d}v)}{\mathrm{D}t}/\mathrm{d}v = v^k_{;k} = \mathrm{I}_d \tag{2.139}$$

上式表明，变形率张量的第一不变量等于即时构形 $\mathfrak{r}$ 中单位体积随时间的变化率。

由式 (2.132)、式 (2.134)、式 (2.137) 和式 (2.139) 可见，在 t 时刻构形 $\mathfrak{r}$ 中任一点的长度、夹角、面积和体积随时间的变化率都只是决定于变形率张量，所以，变形率张量可以描述物质点邻域纯变形的变化率。

➤2.13.2 局部刚性转动的时间变率

引入定义

$$\boldsymbol{w} = w_{kl}\boldsymbol{g}^k\boldsymbol{g}^l = \frac{1}{2}\left(\boldsymbol{v}\boldsymbol{\nabla} - \boldsymbol{\nabla}\boldsymbol{v}\right) = \frac{1}{2}(\boldsymbol{L} - \boldsymbol{L}^{\mathrm{T}}) \tag{2.140}$$

$$w_{kl} = \frac{1}{2}(v_{k;l} - v_{l;k}) \tag{2.140a}$$

称为自旋张量 (也称为涡度张量). 可见自旋张量是二阶反对称张量, 它是速度梯度 L 加法分解中的反对称部分, 即

$$L = v\nabla = d + w; \quad L_{kl} = v_{k;l} = d_{kl} + w_{kl} \tag{2.140b}$$

和变形率张量一样, 自旋张量与速度梯度成线性关系, 表达式 (2.140a) 与无限小转动张量的位移表达式, 即 $(2.100)_2$ 形式相同. 但式 (2.140a) 是刚性转动变率的精确形式, 而无限小转动张量 $\hat{W}$ 只在无限小时精确描述转动.

自旋张量作为反对称二阶张量, 其反偶向量为 (见式 (1.64))

$$\omega = -\frac{1}{2}E : w = \omega^k g_k, \quad \omega^k = -\frac{1}{2}\varepsilon^{klm} w_{lm} \tag{2.141}$$

在描述速度场特性时, 也常常采用向量

$$\Omega = 2\omega, \quad \Omega^k = -\varepsilon^{klm} w_{lm} = -\varepsilon^{klm}\frac{1}{2}(v_{l;m} - v_{m;l}) = \varepsilon^{klm} v_{m;l} \tag{2.142}$$

称为旋度, 在直角坐标系中 $\Omega_1 = 2w_{32} = v_{3,2} - v_{2,3}$(指标 1,2,3 轮换, 可得 Ω_2, Ω_3). 根据向量场左旋度的定义 (式 (1.125a)), Ω 是速度场的左旋度

$$\Omega = \nabla \times v = \text{rot}(v) \tag{2.143}$$

自旋张量或旋度为零的速度场称为无旋场.

为了考察自旋张量的物理意义, 在构形 $\mathfrak{r}$ 中取任一单位向量 $n = n^k g_k = \frac{\mathrm{d}x^k}{\mathrm{d}s}g_k$, n 的物质导数为

$$\dot{n} = \frac{\mathrm{d}n}{\mathrm{d}t} = \frac{\mathrm{D}n^k}{\mathrm{D}t}g_k \tag{2.144}$$

$$\dot{n}^k = \frac{\mathrm{D}n^k}{\mathrm{D}t} = \frac{\mathrm{D}}{\mathrm{D}t}\left(\frac{\mathrm{d}x^k}{\mathrm{d}s}\right) = \frac{1}{\mathrm{d}s}\frac{\mathrm{D}}{\mathrm{D}t}(\mathrm{d}x^k) - \frac{\mathrm{d}x^k}{(\mathrm{d}s)^2}\frac{\mathrm{D}}{\mathrm{D}t}(\mathrm{d}s)$$

利用式 (2.124)、式 (2.132), 可得

$$\dot{n}^k = \frac{1}{\mathrm{d}s}v^k{}_{;l}\mathrm{d}x^l - \frac{1}{(\mathrm{d}s)^2}d_{(n)}\mathrm{d}s\mathrm{d}x^k = (d^k{}_l + w^k{}_l)n^l - d_{(n)}n^k$$

$$\dot{n} = L \cdot n - d_{(n)}n = (d + w) \cdot n - d_{(n)}n \tag{2.145}$$

式 (2.145) 表明, 任意方向 n 随时间的变化率, 包括变形率张量引起的方向变率 $(d \cdot n - d_{(n)}n)$ 和自旋张量引起的方向变率或旋率 $w \cdot n = \omega \times n$(见式 (1.66)). 前者反映剪切旋率, 与方向有关, 沿 d 的主方向时为 0; 后者表示刚性转动速率, 所有方向皆同, 等于 d 的主坐标系旋率.

若取 $\{x^k\}$ 为 $\boldsymbol{d}$ 的主坐标系，基向量 $\boldsymbol{e}_i$ 为主向量 $\boldsymbol{n}_{(i)}$，利用式 (2.132a)，式 (2.145) 变为

$$\dot{\boldsymbol{n}}_{(i)} = \boldsymbol{w} \cdot \boldsymbol{n}_{(i)} = \boldsymbol{\omega} \times \boldsymbol{n}_{(i)} \quad 即 \quad \dot{\boldsymbol{e}}_i = \boldsymbol{\omega} \times \boldsymbol{e}_i \tag{2.146}$$

可见自旋张量表示变形率张量主坐标系的旋率。以 $i=1$ 为例，$\boldsymbol{n}_{(1)} = \boldsymbol{e}_1$，式 (2.146) 为

$$\frac{\mathrm{d}\boldsymbol{e}_1}{\mathrm{d}t} = w_{kl}\boldsymbol{e}_k\boldsymbol{e}_l \cdot \boldsymbol{e}_1 = w_{21}\boldsymbol{e}_2 + w_{31}\boldsymbol{e}_3$$

由式 (2.141)，$\boldsymbol{\omega}$ 的分量为

$$\omega_1 = w_{32} = (v_{3,2} - v_{2,3})/2, \quad \omega_2 = -w_{31} = (v_{1,3} - v_{3,1})/2, \quad \omega_3 = w_{21} = (v_{2,1} - v_{1,2})/2$$

分别表示绕 $\boldsymbol{d}$ 主轴 1, 2, 3 的转动向量，$\boldsymbol{\omega}$ 为转动向量的和。所以，

$$\frac{\mathrm{d}\boldsymbol{e}_1}{\mathrm{d}t} = \dot{\boldsymbol{e}}_1 = \omega_3\boldsymbol{e}_2 - \omega_2\boldsymbol{e}_3 = \boldsymbol{\omega} \times \boldsymbol{e}_1$$

类似地有 $\dfrac{\mathrm{d}\boldsymbol{e}_i}{\mathrm{d}t} = \boldsymbol{\omega} \times \boldsymbol{e}_i$。因此自旋张量 $\boldsymbol{w}$ 的反偶向量 $\boldsymbol{\omega}$ 是 $\boldsymbol{d}$ 的主坐标系的转动速度。

图 2.12 给出了 $\boldsymbol{d}$ 的主坐标系的转动速度 $\boldsymbol{\omega}$ 和分量 $(\omega_1, \omega_2, \omega_3)$、$\boldsymbol{d}$ 的主向量 $\boldsymbol{e}_1$ 的变率 $\dot{\boldsymbol{e}}_1$ 及其分量。

上述分析表明，在 t 时刻构形 $\mathfrak{r}$ 中任一点邻域的运动状态可用速度向量、变形率张量和自旋张量来描述。速度向量表示该点的移动速度，变形率张量反映该点邻域的纯变形速率，自旋张量则反映该点邻域变形率张量主方向的刚性转动速度。上述运动分解依赖速度梯度张量的加法分解。因此，如果考虑两个邻近时刻 t 和 $t + \mathrm{d}t$，从即时构形为 $\mathfrak{r}$ 到 $\mathfrak{r}$ 的一个邻近构形，单位时间内线元 $\mathrm{d}\boldsymbol{x} = \mathrm{d}s\boldsymbol{n}$ 的运动包

图 2.12　变形率主坐标系的转动

括三个部分，(1) 平移：$\boldsymbol{v}$；(2) 转动：$\dot{\boldsymbol{n}}\mathrm{d}s$；(3) 伸长：$(\mathrm{d}s)\dot{}\boldsymbol{n} = d_{(n)}\boldsymbol{n}\mathrm{d}s$，其中 (2)、(3) 是 $\mathrm{d}\boldsymbol{x}$ 的变率

$$(\mathrm{d}\boldsymbol{x})\dot{} = (\boldsymbol{F} \cdot \mathrm{d}\boldsymbol{X})\dot{} = \dot{\boldsymbol{F}} \cdot \mathrm{d}\boldsymbol{X} = \boldsymbol{L} \cdot \mathrm{d}\boldsymbol{x} = \boldsymbol{d} \cdot \mathrm{d}\boldsymbol{x} + \boldsymbol{w} \cdot \mathrm{d}\boldsymbol{x}$$

将 $\mathrm{d}\boldsymbol{x} = \mathrm{d}s\boldsymbol{n}$ 代入上式，利用式 (2.145) 得到任意线元的变率

$$(\mathrm{d}\boldsymbol{x})\dot{} = (\boldsymbol{d} \cdot \mathrm{d}\boldsymbol{x} + \boldsymbol{w} \cdot \mathrm{d}\boldsymbol{x} - d_{(n)}\mathrm{d}\boldsymbol{x}) + d_{(n)}\mathrm{d}\boldsymbol{x} = \dot{\boldsymbol{n}}\mathrm{d}s + d_{(n)}\boldsymbol{n}\mathrm{d}s \tag{2.146a}$$

图 2.13 为线元运动分解示意图。

图 2.13 线元 d$\boldsymbol{x}$ 的运动

2.14 变形张量与应变张量的物质导数、相对物质导数、高阶 相对物质导数

在上面三节中，以初始构形 $\mathscr{R}$ 为参考构形定义了物质导数，利用物质导数的 Euler 描述法，引入了即时构形中的速度、速度梯度、变形率张量和自旋张量等运动学变量。在研究牛顿流体运动时这些量已经可以描述连续介质的运动状态。但在弹塑性体、黏弹塑性体、非牛顿流体运动描述中，常常需要应用 Lagrange 描述法和变形张量、应变张量的物质导数。此外，像变形描述中采用相对变形一样，在有限变形的运动学描述中，有时需要应用以即时构形为参考构形的相对物质导数，以及相对变形张量的高阶物质导数。本节讨论物质导数的上述情况。

▶ 2.14.1 变形张量和应变张量的物质导数

变形张量和应变张量均由变形梯度表示，所以其物质导数可用变形梯度张量的物质导数式 (2.123a,b) 导出。

右 Cauchy-Green 变形张量的物质导数，可由式 (2.22) 得到

$$\dot{\boldsymbol{C}} = \frac{\mathrm{d}\boldsymbol{C}}{\mathrm{d}t} = \frac{\mathrm{d}}{\mathrm{d}t}\left(\boldsymbol{F}^{\mathrm{T}} \cdot \boldsymbol{F}\right) = \frac{\mathrm{d}\boldsymbol{F}^{\mathrm{T}}}{\mathrm{d}t} \cdot \boldsymbol{F} + \boldsymbol{F}^{\mathrm{T}} \cdot \frac{\mathrm{d}\boldsymbol{F}}{\mathrm{d}t}$$

$$= \boldsymbol{F}^{\mathrm{T}} \cdot \boldsymbol{L}^{\mathrm{T}} \cdot \boldsymbol{F} + \boldsymbol{F}^{\mathrm{T}} \cdot \boldsymbol{L} \cdot \boldsymbol{F} = 2\boldsymbol{F}^{\mathrm{T}} \cdot \boldsymbol{d} \cdot \boldsymbol{F} \qquad (2.147)$$

或

$$\dot{C}_{KL} = 2x^{k}_{,K} x^{l}_{,L} d_{kl}$$

由式 (2.25)，Piola 变形张量的物质导数为

$$\dot{\boldsymbol{B}} = \dot{\boldsymbol{C}}^{-1} = \frac{\mathrm{d}\boldsymbol{B}}{\mathrm{d}t} = \frac{\mathrm{d}}{\mathrm{d}t}\left(\boldsymbol{F}^{-1} \cdot \boldsymbol{F}^{-\mathrm{T}}\right) = \frac{\mathrm{d}\boldsymbol{F}^{-1}}{\mathrm{d}t} \cdot \boldsymbol{F}^{-\mathrm{T}} + \boldsymbol{F}^{-1} \cdot \frac{\mathrm{d}\boldsymbol{F}^{-\mathrm{T}}}{\mathrm{d}t}$$

$$= -\boldsymbol{F}^{-1} \cdot \boldsymbol{L} \cdot \boldsymbol{F}^{-\mathrm{T}} - \boldsymbol{F}^{-1} \cdot \boldsymbol{L}^{\mathrm{T}} \cdot \boldsymbol{F}^{-\mathrm{T}} = -2\boldsymbol{F}^{-1} \cdot \boldsymbol{d} \cdot \boldsymbol{F}^{-\mathrm{T}} \tag{2.148}$$

或
$$\dot{B}^{KL} = \dot{C}^{-1KL} = -2X^K{}_{,k}X^L{}_{,l}d^{kl}$$

由式 (2.28)，Green-Lagrange 应变张量的物质导数为

$$\dot{\boldsymbol{E}} = \frac{1}{2}\dot{\boldsymbol{C}} = \boldsymbol{F}^{\mathrm{T}} \cdot \boldsymbol{d} \cdot \boldsymbol{F}; \quad \dot{E}_{KL} = x^k{}_{,K}x^l{}_{,L}d_{kl} \tag{2.149}$$

式 (2.147)~式 (2.149) 表明 $\dot{\boldsymbol{C}}, \dot{\boldsymbol{B}}, \dot{\boldsymbol{E}}$ 只与变形梯度和变形率张量 $\boldsymbol{d}$ 有关，与自旋张量无关，当 $\boldsymbol{d} = \boldsymbol{0}$ 时三者均为 $\boldsymbol{0}$，所以 $\dot{\boldsymbol{C}}, \dot{\boldsymbol{B}}, \dot{\boldsymbol{E}}$ 可以用于以 Lagranre 描述法表示纯变形率。

Cauchy 变形张量的物质导数，由式 (2.23)，为

$$\dot{\boldsymbol{c}} = \frac{\mathrm{d}}{\mathrm{d}t}\left(\boldsymbol{F}^{-\mathrm{T}} \cdot \boldsymbol{F}^{-1}\right) = -\boldsymbol{L}^{\mathrm{T}} \cdot \boldsymbol{F}^{-\mathrm{T}} \cdot \boldsymbol{F}^{-1} - \boldsymbol{F}^{-\mathrm{T}} \cdot \boldsymbol{F}^{-1} \cdot \boldsymbol{L} = -\boldsymbol{L}^{\mathrm{T}} \cdot \boldsymbol{c} - \boldsymbol{c} \cdot \boldsymbol{L} \tag{2.150}$$

或
$$\dot{c}_{kl} = -\nabla_k v^m c_{ml} - \nabla_l v^m c_{km}$$

左 Cauchy-Green 变形张量的物质导数，可由式 (2.26) 得到

$$\dot{\boldsymbol{b}} = \dot{\boldsymbol{c}}^{-1} = \frac{\mathrm{d}}{\mathrm{d}t}\left(\boldsymbol{F} \cdot \boldsymbol{F}^{\mathrm{T}}\right) = \boldsymbol{L} \cdot \boldsymbol{F} \cdot \boldsymbol{F}^{\mathrm{T}} + \boldsymbol{F} \cdot \boldsymbol{F}^{\mathrm{T}} \cdot \boldsymbol{L}^{\mathrm{T}} = \boldsymbol{L} \cdot \boldsymbol{b} + \boldsymbol{b} \cdot \boldsymbol{L}^{\mathrm{T}} \tag{2.151}$$

或
$$\dot{b}_{kl} = \dot{c}_{kl}^{-1} = \nabla^m v_k c_{ml}^{-1} + \nabla^m v_l c_{km}^{-1}$$

由式 (2.29)、式 (2.150) 和式 (2.113f)，Almansi(或 Euler) 应变张量的物质导数为

$$\dot{\boldsymbol{e}} = -\frac{1}{2}\dot{\boldsymbol{c}} = \frac{1}{2}\left(\boldsymbol{L}^{\mathrm{T}} \cdot \boldsymbol{c} + \boldsymbol{c} \cdot \boldsymbol{L}\right) = \boldsymbol{L}^{\mathrm{T}} \cdot \left(\frac{1}{2}\boldsymbol{i} - \boldsymbol{e}\right) + \left(\frac{1}{2}\boldsymbol{i} - \boldsymbol{e}\right) \cdot \boldsymbol{L} = \boldsymbol{d} - \boldsymbol{L}^{\mathrm{T}} \cdot \boldsymbol{e} - \boldsymbol{e} \cdot \boldsymbol{L} \tag{2.152}$$

或
$$\dot{e}_{kl} = d_{kl} - \nabla_k v^m e_{ml} - \nabla_l v^m e_{mk}$$

由式 (2.150)~式 (2.152) 可见，Euler 描述法的变形张量和应变张量的物质导数 $\dot{\boldsymbol{c}}, \dot{\boldsymbol{b}}, \dot{\boldsymbol{e}}$ 中都包含速度梯度，因此不仅依赖于纯变形率而且与刚性转动速率有关，不能用于纯变形率的度量，因而也不适合在本构关系中应用。

为了从 Euler 描述法的应变物质导数中消去刚性转动影响，一种可以选择的方法是从 $\dot{\boldsymbol{c}}, \dot{\boldsymbol{b}}, \dot{\boldsymbol{e}}$ 表达式中减去含有自旋张量 $\boldsymbol{w}$ 的项，并引入新的应变率。以 $\dot{\boldsymbol{e}}$ 为例，将 $\boldsymbol{L} = \boldsymbol{d} + \boldsymbol{w}, \boldsymbol{L}^{\mathrm{T}} = \boldsymbol{d} - \boldsymbol{w}$ 代入式 (2.152)，减去含 $\boldsymbol{w}$ 的项，得到

$$\overset{\triangledown}{\boldsymbol{e}} = \dot{\boldsymbol{e}} - \boldsymbol{w} \cdot \boldsymbol{e} + \boldsymbol{e} \cdot \boldsymbol{w} \tag{2.152a}$$

称为 Euler 应变张量的 Jaumann 导数 (Jaumann 应变率)，该应变率与刚性转动无关。

➤ 2.14.2　相对变形梯度和相对变形张量的物质导数

在 2.3 节中曾利用即时构形 $\mathfrak{r}(t)$ 作为参考构形描述 τ 时构形 $\mathfrak{r}(\tau)$ 的变形，引入了相对变形梯度、相对变形张量和相对应变张量。同样地，可以以 $\mathfrak{r}(t)$ 作为参考构形定义相对变形变量的相对物质导数。$\mathfrak{r}(t)$ 是运动构形，而初始参考构形 $\mathscr{R}(t_0)$ 是静止的，所以前面以 $\mathscr{R}$ 为参考构形的物质导数也称为绝对物质导数，或物质导数的绝对表示。

相对张量 $\boldsymbol{f}_{(t)}$ 的物质导数定义为

$$\dot{\boldsymbol{f}}_{(t)}(\tau) = \frac{\mathrm{d}\boldsymbol{f}_{(t)}}{\mathrm{d}\tau} = \left\{ \frac{\partial \boldsymbol{f}_{(t)}\left[\boldsymbol{\xi}\left(\boldsymbol{x},\tau\right),\tau\right]}{\partial \tau} \right\}_x \tag{2.153}$$

式中，$\boldsymbol{x}$ 是物质点 $\boldsymbol{X}$ 在参考构形 $\mathfrak{r}(t)$ 中的位置向量，即 $\boldsymbol{x}(\boldsymbol{X},t)$；$\boldsymbol{\xi}$ 是 τ 时刻 $\boldsymbol{X}$ 点在即时构形 $\mathfrak{r}(\tau)$ 中的位置向量 (见图 2.5)。

根据相对变形梯度 $\boldsymbol{F}_{(t)}(\tau)$ 的定义，物质导数为

$$\dot{\boldsymbol{F}}_{(t)}(\tau) = \left[\frac{\partial}{\partial \tau}\left(\frac{\partial \boldsymbol{\xi}}{\partial x^k}\boldsymbol{g}^k\right)\right]_x = \frac{\partial}{\partial x^k}\left(\frac{\partial \boldsymbol{\xi}}{\partial \tau}\right)_x \boldsymbol{g}^k = \frac{\partial \boldsymbol{v}(\tau)}{\partial x^k}\boldsymbol{g}^k = \frac{\partial \boldsymbol{v}(\tau)}{\partial \xi^\alpha}\frac{\partial \xi^\alpha}{\partial x^k}\boldsymbol{g}^k$$

$$= \nabla_\alpha v_\beta \boldsymbol{g}^\beta \frac{\partial \xi^\alpha}{\partial x^k}\boldsymbol{g}^k = \left(\nabla_\alpha v_\beta \boldsymbol{g}^\beta \boldsymbol{g}^\alpha\right)\cdot\left(\frac{\partial \xi^\gamma}{\partial x^k}\boldsymbol{g}_\gamma \boldsymbol{g}^k\right) = \boldsymbol{L}(\tau)\cdot\boldsymbol{F}_{(t)}(\tau) \tag{2.154}$$

式 (2.154) 推导中利用了相对物质导数的定义以及构形 $\mathfrak{r}(t),\boldsymbol{g}^k$ 与 τ 无关。式中希腊字母指标表示即时构形 $\mathfrak{r}(\tau)$，$\boldsymbol{L}(\tau) = \boldsymbol{v}\boldsymbol{\nabla}_\xi = \nabla_\alpha v_\beta \boldsymbol{g}^\beta \boldsymbol{g}^\alpha$ 是 $\mathfrak{r}(\tau)$ 中的速度梯度，$\boldsymbol{\nabla}_\xi$ 是构形 $\mathfrak{r}(\tau)$ 中的微分算子。

当 $\tau = t$ 时 $\mathfrak{r}(\tau)$ 与 $\mathfrak{r}(t)$ 相同，无相对变形，所以相对变形梯度退化为 $\mathfrak{r}(t)$ 中单位张量：

$$\boldsymbol{F}_{(t)}(t) = \boldsymbol{i} \tag{2.155}$$

由式 (2.154) 和式 (2.155) 有

$$\dot{\boldsymbol{F}}_{(t)}(t) = \boldsymbol{L}(t) \tag{2.156}$$

即 t 时刻相对变形梯度的物质导数等于构形 $\mathfrak{r}(t)$ 中的速度梯度。这一结果也可以从相对物质导数、速度和速度梯度的定义得出，由式 (2.153)，当 $\tau = t$ 时，

$$\dot{\boldsymbol{F}}_{(t)}(t) = \left[\frac{\partial}{\partial \tau}\left(\frac{\partial \boldsymbol{\xi}}{\partial x^k}\boldsymbol{g}^k\right)\right]_{x,\tau=t} = \left[\frac{\partial}{\partial x^k}\left(\frac{\partial \boldsymbol{\xi}}{\partial \tau}\right)_x \boldsymbol{g}^k\right]_{\tau=t} = \frac{\partial \boldsymbol{v}}{\partial x^k}\boldsymbol{g}^k = \boldsymbol{v}\boldsymbol{\nabla}_x = \boldsymbol{L}(t)$$

相对 Green 变形张量的物质导数，由式 (2.48a) 和式 (2.154) 有

$$\dot{\boldsymbol{C}}_{(t)} = \dot{\boldsymbol{F}}_{(t)}^{\mathrm{T}}(\tau)\cdot\boldsymbol{F}_{(t)}(\tau) + \boldsymbol{F}_{(t)}^{\mathrm{T}}(\tau)\cdot\dot{\boldsymbol{F}}_{(t)}(\tau) = 2\boldsymbol{F}_{(t)}^{\mathrm{T}}(\tau)\cdot\boldsymbol{d}(\tau)\cdot\boldsymbol{F}_{(t)}(\tau) \tag{2.157}$$

式中，$\boldsymbol{d}(\tau)$ 是 $\mathfrak{r}(\tau)$ 中的变形率张量。

➤2.14.3 相对变形张量的高阶物质导数、Rivlin-Ericksen 张量

相对张量 $\boldsymbol{f}_{(t)}$ 的 n 阶物质导数定义为

$$\boldsymbol{f}_{(t)}^{(n)}(\tau) = \frac{\mathrm{d}^n \boldsymbol{f}_{(t)}(\tau)}{\mathrm{d}\tau^n} = \left\{ \frac{\partial^n}{\partial \tau^n} \boldsymbol{f}_{(t)} \left[\boldsymbol{\xi}(\boldsymbol{x}, \tau), \tau \right] \right\}_x \quad (n = 1, 2, \cdots) \tag{2.158}$$

规定 $\boldsymbol{f}_{(t)}^{(0)}(\tau) = \boldsymbol{f}_{(t)}(\tau)$。

相对变形梯度的 n 阶物质导数，可由上述定义得到

$$\begin{aligned}
\boldsymbol{F}_{(t)}^{(n)}(\tau) &= \left[\frac{\partial^n}{\partial \tau^n} \left(\frac{\partial \boldsymbol{\xi}}{\partial x^k} \boldsymbol{g}^k \right) \right]_x = \frac{\partial}{\partial x^k} \left(\frac{\partial^n \boldsymbol{\xi}}{\partial \tau^n} \right)_x \boldsymbol{g}^k = \frac{\partial}{\partial \xi^\alpha} \left(\frac{\partial^n \boldsymbol{\xi}}{\partial \tau^n} \right)_x \frac{\partial \xi^\alpha}{\partial x^k} \boldsymbol{g}^k \\
&= \frac{\partial}{\partial \xi^\alpha} \left(\frac{\partial^n \boldsymbol{\xi}}{\partial \tau^n} \right)_x \left(\boldsymbol{g}^\alpha \cdot \boldsymbol{g}_\beta \frac{\partial \xi^\beta}{\partial x^k} \boldsymbol{g}^k \right) = \boldsymbol{L}^{(n)}(\tau) \cdot \boldsymbol{F}_{(t)}(\tau)
\end{aligned} \tag{2.159}$$

其中

$$\boldsymbol{L}^{(n)}(\tau) = \frac{\partial}{\partial \xi^\alpha} \left(\frac{\partial^n \boldsymbol{\xi}}{\partial \tau^n} \right)_x \boldsymbol{g}^\alpha \tag{2.160}$$

称为 n 阶相对速度梯度。当 $n = 0, 1, 2$ 以及 $\tau = t$ 时，利用梯度的定义，有

$$\left. \begin{aligned}
\boldsymbol{L}^{(0)}(t) &= \boldsymbol{g}_k \boldsymbol{g}^k = \boldsymbol{i} \quad （规定） \\
\boldsymbol{L}^{(1)}(t) &= \left[\frac{\partial \boldsymbol{v}(\tau)}{\partial \xi^\alpha} \boldsymbol{g}^\alpha \right]_{\tau=t} = \boldsymbol{v} \boldsymbol{\nabla}_x = \boldsymbol{L}(t) \\
\boldsymbol{L}^{(2)}(t) &= \left[\frac{\partial \boldsymbol{a}(\tau)}{\partial \xi^\alpha} \boldsymbol{g}^\alpha \right]_{\tau=t} = \boldsymbol{a} \boldsymbol{\nabla}_x
\end{aligned} \right\} \tag{2.161}$$

可见，t 时刻的 0、1、2 阶相对速度梯度分别为构形 $\mathfrak{r}(t)$ 的度量张量，速度梯度和加速度梯度。

Green(右 Cauchy-Green) 相对变形张量的 n 阶相对物质导数，可由式 (2.48a) 对乘积 $\boldsymbol{F}_{(t)}^{\mathrm{T}} \cdot \boldsymbol{F}_{(t)}$ 取 n 阶导数，利用式 (2.159) 求得

$$\begin{aligned}
\boldsymbol{C}_{(t)}^{(n)}(\tau) &= \sum_{k=0}^{n} \binom{n}{k} \boldsymbol{F}_{(t)}^{\mathrm{T}(k)} \cdot \boldsymbol{F}_{(t)}^{(n-k)} \\
&= \boldsymbol{F}_{(t)}^{\mathrm{T}}(\tau) \cdot \left[\sum_{k=0}^{n} \binom{n}{k} \boldsymbol{L}^{\mathrm{T}(k)}(\tau) \cdot \boldsymbol{L}^{(n-k)}(\tau) \right] \cdot \boldsymbol{F}_{(t)}(\tau) \\
&= \boldsymbol{F}_{(t)}^{\mathrm{T}}(\tau) \cdot \boldsymbol{A}^{(n)}(\tau) \cdot \boldsymbol{F}_{(t)}(\tau)
\end{aligned} \tag{2.162}$$

其中，和式是乘积的 n 阶导数的二项式，$\dbinom{n}{k} = \dfrac{n!}{k!\,(n-k)!}$(二项式系数)。

引入定义

$$\boldsymbol{A}^{(n)}(\tau) = \sum_{k=0}^{n} \binom{n}{k} \boldsymbol{L}^{\mathrm{T}(k)}(\tau) \cdot \boldsymbol{L}^{(n-k)}(\tau) \tag{2.163}$$

由上式，当 $\tau = t$ 时，利用式 (2.159)、式 (2.155) 和式 (2.162)，得到

$$\boldsymbol{A}^{(n)}(t) = \sum_{k=0}^{n} \binom{n}{k} \boldsymbol{L}^{\mathrm{T}(k)}(t) \cdot \boldsymbol{L}^{(n-k)}(t) = \sum_{k=0}^{n} \binom{n}{k} \boldsymbol{F}_{(t)}^{\mathrm{T}(k)}(t) \cdot \boldsymbol{F}_{(t)}^{(n-k)}(t) = \boldsymbol{C}_{(t)}^{(n)}(t) \tag{2.164}$$

式中，$\boldsymbol{A}^{(n)}(t)$ 称为 n 阶 Rivlin-Ericksen 张量。上式中，由于二项式系数序列具有前后对称性，因而前面算起第 r 项与后面算起第 r 项互为转置，所以 $\boldsymbol{A}^{(n)}(t) = \boldsymbol{A}^{(n)\mathrm{T}}(t)$，即 n 阶 Rivlin-Ericksen 张量是对称二阶张量，并且等于 Green 相对变形张量 t 时刻的 n 阶相对物质导数。

将式 (2.161) 代入式 (2.164)，得到

$$\boldsymbol{A}^{(0)}(t) = \boldsymbol{i}$$

$$\boldsymbol{A}^{(1)}(t) = \boldsymbol{L}^{(0)T}(t) \cdot \boldsymbol{L}^{(1)}(t) + \boldsymbol{L}^{(1)T}(t) \cdot \boldsymbol{L}^{(0)}(t) = \boldsymbol{L}(t) + \boldsymbol{L}^T(t) = 2\boldsymbol{d} \tag{2.165}$$

对式 (2.162) 再取一次物质导数，利用式 (2.159)$(n=1)$，可得递推公式：

$$\boldsymbol{A}^{(n+1)}(t) = \dot{\boldsymbol{A}}^{(n)}(t) + \boldsymbol{L}^{\mathrm{T}}(t) \cdot \boldsymbol{A}^{(n)}(t) + \boldsymbol{A}^{(n)}(t) \cdot \boldsymbol{L}(t) \tag{2.165a}$$

相对 Green 变形张量 $\boldsymbol{C}_{(t)}(\tau)$ 描述 τ 时刻构形相对于 t 时刻构形的变形，当 τ 改变时描述变形过程或变形历史。在研究 t 时刻物质的力学响应时，有时不仅要考虑当时的变形，还需要考虑 t 时刻之前，特别是接近 t 时 $(\tau \leqslant t)$ 变形历史的影响。为此，可以将 $\boldsymbol{C}_{(t)}(\tau)$ 在 t 时刻展成 Tayloy 级数，用相对变形张量的各阶物质导数表示变形历史：

$$\boldsymbol{C}_{(t)}(\tau) = \sum_{k=0}^{\infty} \frac{1}{k!} \boldsymbol{C}_{(t)}^{(k)}(t)(\tau - t)^k = \sum_{k=0}^{\infty} \frac{1}{k!}(-1)^k \boldsymbol{A}^{(k)}(t)(t - \tau)^k \tag{2.166}$$

式 (2.166) 表明，各阶 Rivlin-Ericksen 张量可用于描述变形历史。

[**例 2.3**] 求平面剪切流动的 Rivlin-Ericksen 张量。

平面剪切流动的运动变换 (用直角坐标系) 为

$$x_1 = X_1 + v_1(x_2)t; \quad x_2 = X_2; \quad x_3 = X_3$$

其中，函数 $v_1(x_2)$ 是速度分量。以 t 时刻位置 x_i 为参考构形的相对运动为

$$\xi_1 = x_1 + v_1(x_2)(\tau - t); \quad \xi_2 = x_2; \quad \xi_3 = x_3$$

所以,相对变形梯度、相对 Cauchy-Green 变形张量和 Rivlin-Ericksen 张量为

$$F_{(t)}(\tau) = \frac{\partial \boldsymbol{\xi}}{\partial \boldsymbol{x}} = \begin{bmatrix} 1 & v_{1,2}(\tau - t) & 0 \\ 0 & 1 & 0 \\ 0 & 0 & 1 \end{bmatrix}$$

$$\begin{aligned} C_{(t)}(\tau) &= F_{(t)}^{\mathrm{T}}(\tau) \cdot F_{(t)}(\tau) = \begin{bmatrix} 1 & v_{1,2}(\tau - t) & 0 \\ v_{1,2}(\tau - t) & 1 + v_{1,2}^2(\tau - t)^2 & 0 \\ 0 & 0 & 1 \end{bmatrix} \\ &= A^{(0)} + A^{(1)}(\tau - t) + \frac{1}{2}A^{(2)}(\tau - t)^2 + \cdots \end{aligned}$$

即

$$A^{(0)} = \boldsymbol{i}; \quad A^{(1)} = 2\boldsymbol{d}; \quad A^{(2)} = \begin{bmatrix} 0 & 0 & 0 \\ 0 & 2v_{1,2}^2 & 0 \\ 0 & 0 & 0 \end{bmatrix}; \quad A^{(k)} = 0 \, (k \geqslant 3)$$

2.15 曲线、曲面和体积积分的物质导数及输运定理

前面讨论了连续介质中任一物质点的物理量随时间的变率,如果考虑一条物质线、一个物质面或物质体中物理量的总和随时间的变化,则需要利用物理量的线积分、面积分和体积分的物质导数。所考虑的物理量可以是任意阶张量,例如,一部分连续介质的总质量是密度的体积积分,总动量是体积单元动量的积分等等,这些积分 (例如质量、动量、动量矩、能量) 所满足的守恒定律将在第 4 章中详细讨论。现在来考察任一张量场在物质曲线、曲面和体积内积分的物质导数。

➤ 2.15.1 线积分的物质导数

一个张量场 φ 沿物质线积分的物质导数,不仅要考虑 φ 的时间变率,还要考虑曲线上的每个线元随时间的变化,线元 $\mathrm{d}\boldsymbol{x}$ 的物质导数由式 (2.124) 给出。

若 L 为 t_0 时刻构形 $\mathscr{R}$ 中的任一物质曲线,随物质点运动,该曲线在 t 时刻变为构形 $\mathfrak{r}$ 中的曲线 l,φ 为物质点对应的向量或张量,下面求 φ 沿曲线 l 的线积分的物质导数。

当 φ 为向量时

$$\frac{\mathrm{d}}{\mathrm{d}t} \int_L \varphi \cdot \mathrm{d}\boldsymbol{x} = \int_l \frac{\mathrm{d}}{\mathrm{d}t} (\varphi \cdot \mathrm{d}\boldsymbol{x}) = \int_l (\dot{\varphi} \cdot \mathrm{d}\boldsymbol{x} + \varphi \cdot \mathrm{d}\dot{\boldsymbol{x}}) = \int_l \left(\frac{\mathrm{D}\varphi_k}{\mathrm{D}t} \mathrm{d}x^k + \varphi_k v^k_{;m} \mathrm{d}x^m \right)$$

$$(2.167)$$

式中，$\mathrm{d}\boldsymbol{x}$ 为曲线 l 上的线元；l 是实际积分路径，在求导之前记作 L 是说明积分路径上的物质点不变。由于在求物质导数时积分域不变，所以可以将导数记号移入积分号内。

当 φ 为任意阶张量时，

$$\frac{\mathrm{d}}{\mathrm{d}t}\int_L \boldsymbol{\varphi}\cdot\mathrm{d}\boldsymbol{x} = \int_l(\dot{\boldsymbol{\varphi}}\cdot\mathrm{d}\boldsymbol{x} + \boldsymbol{\varphi}\cdot\mathrm{d}\dot{\boldsymbol{x}}) = \int_l[\dot{\boldsymbol{\varphi}}\cdot\mathrm{d}\boldsymbol{x} + \boldsymbol{\varphi}\cdot(\mathrm{d}\boldsymbol{x}\cdot\boldsymbol{\nabla}\boldsymbol{v})] \tag{2.168}$$

若 φ 为二阶张量，上式的分量形式为

$$\frac{\mathrm{d}}{\mathrm{d}t}\int_L \boldsymbol{\varphi}\cdot\mathrm{d}\boldsymbol{x} = \int_l\left(\dot{\varphi}_{kl}\mathrm{d}x^l + \varphi_{kl}v^l{}_{;m}\mathrm{d}x^m\right)\boldsymbol{g}^k \tag{2.169}$$

在曲线坐标系中 $\boldsymbol{g}^k$ 一般是变化的，所以不能从积分内移出。

▶ 2.15.2   面积分的物质导数

张量场 φ 在物质面上积分的物质导数，既包含 φ 本身的时间变率，也包含物质面上每个面元随时间的变化，面元的 $\mathrm{d}\boldsymbol{a}$ 的物质导数由式 (2.127) 给出。

若 S 为 t_0 时刻构形 $\mathscr{R}$ 中的任一物质曲面，在 t 时刻变为构形 $\mathfrak{r}$ 中的曲面 s，φ 为任一张量场，可以得到 φ 在物质曲面 S 上的面积积分在 t 时刻的时间变率。当 φ 为标量时，利用式 (2.127)，有

$$\frac{\mathrm{d}}{\mathrm{d}t}\int_S \varphi\mathrm{d}\boldsymbol{a} = \int_s(\dot{\varphi}\mathrm{d}\boldsymbol{a} + \varphi\mathrm{d}\dot{\boldsymbol{a}}) = \int_s[\dot{\varphi}\mathrm{d}\boldsymbol{a} + \varphi(\boldsymbol{\nabla}\cdot\boldsymbol{v}\mathrm{d}\boldsymbol{a} - \boldsymbol{\nabla}\boldsymbol{v}\cdot\mathrm{d}\boldsymbol{a})]$$

$$= \int_s\left[\frac{\mathrm{D}\varphi}{\mathrm{D}t}\mathrm{d}a_k + \varphi(v^m{}_{;m}\mathrm{d}a_k - v^m{}_{;k}\mathrm{d}a_m)\right]\boldsymbol{g}^k \tag{2.170}$$

当 φ 为任意阶张量，例如 $\boldsymbol{\varphi} = \varphi^{k\cdots rl}\boldsymbol{g}_k\cdots\boldsymbol{g}_r\boldsymbol{g}_l$，可以得到

$$\frac{\mathrm{d}}{\mathrm{d}t}\int_S \boldsymbol{\varphi}\cdot\mathrm{d}\boldsymbol{a} = \int_s(\dot{\boldsymbol{\varphi}}\cdot\mathrm{d}\boldsymbol{a} + \boldsymbol{\varphi}\cdot\mathrm{d}\dot{\boldsymbol{a}}) = \int_s[\dot{\boldsymbol{\varphi}}\cdot\mathrm{d}\boldsymbol{a} + \boldsymbol{\varphi}\cdot(\boldsymbol{\nabla}\cdot\boldsymbol{v}\mathrm{d}\boldsymbol{a} - \boldsymbol{\nabla}\boldsymbol{v}\cdot\mathrm{d}\boldsymbol{a})]$$

$$= \int_s\left[\frac{\mathrm{D}\varphi^{k\cdots rl}}{\mathrm{D}t}\mathrm{d}a_l + \varphi^{k\cdots rl}\left(v^m{}_{;m}\mathrm{d}a_l - v^m{}_{;l}\mathrm{d}a_m\right)\right]\boldsymbol{g}_k\cdots\boldsymbol{g}_r \tag{2.171}$$

▶ 2.15.3   体积分的物质导数

若 V 为 t_0 时刻构形 $\mathscr{R}$ 中的任一物质体积，在 t 时刻变为构形 $\mathfrak{r}$ 中的体积 v，φ 为任一张量场，则 φ 在物质体积 V 内的体积积分在 t 时刻的物质导数，由 φ 本身和体积元的时间变率两部分构成，其中体元的物质导数由式 (2.128) 给出。当 φ 为任意阶张量时，例如 $\boldsymbol{\varphi} = \varphi^{k\cdots l}\boldsymbol{g}_k\cdots\boldsymbol{g}_l$，可以得到

$$\frac{\mathrm{d}}{\mathrm{d}t}\int_V \varphi \mathrm{d}v = \int_v (\dot{\varphi}\mathrm{d}v + \varphi\,(\boldsymbol{\nabla}\cdot\boldsymbol{v})\,\mathrm{d}v) = \int_v \left(\frac{\mathrm{D}\varphi^{k\cdots l}}{\mathrm{D}t} + \varphi^{k\cdots l}v^m_{;m}\right)\boldsymbol{g}_k\cdots\boldsymbol{g}_l\mathrm{d}v \qquad (2.172)$$

注意到式 (2.106)，式 (2.172) 可以表示成另一种形式

$$\frac{\mathrm{d}}{\mathrm{d}t}\int_V \varphi \mathrm{d}v = \int_v \left[\frac{\partial \varphi}{\partial t} + \boldsymbol{\nabla}\cdot(\boldsymbol{v}\varphi)\right]\mathrm{d}v = \int_v \left[\frac{\partial \varphi^{k\cdots l}}{\partial t} + \nabla_m\left(v^m\varphi^{k\cdots l}\right)\right]\boldsymbol{g}_k\cdots\boldsymbol{g}_l\mathrm{d}v$$
$$(2.172\mathrm{a})$$

由于 $\boldsymbol{v}$ 是向量，$\boldsymbol{\nabla}\cdot(\boldsymbol{v}\varphi) = (\varphi\boldsymbol{v})\cdot\boldsymbol{\nabla}$，所以上式也可表为

$$\frac{\mathrm{d}}{\mathrm{d}t}\int_V \varphi \mathrm{d}v = \int_v \left[\frac{\partial \varphi}{\partial t} + (\varphi\boldsymbol{v})\cdot\boldsymbol{\nabla}\right]\mathrm{d}v \qquad (2.172\mathrm{b})$$

利用高斯积分定理 (式 (1.140))，式 (2.172a) 右端第二项可以化为面积分，得到

$$\frac{\mathrm{d}}{\mathrm{d}t}\int_V \varphi \mathrm{d}v = \int_v \frac{\partial \varphi}{\partial t}\mathrm{d}v + \oint_s \mathrm{d}\boldsymbol{a}\cdot\boldsymbol{v}\varphi$$
$$= \int_v \frac{\partial \varphi^{k\cdots l}}{\partial t}\boldsymbol{g}_k\cdots\boldsymbol{g}_l\mathrm{d}v + \oint_s \varphi^{k\cdots l}v^m\mathrm{d}a_m\boldsymbol{g}_k\cdots\boldsymbol{g}_l \qquad (2.173)$$

其中 s 为包围体积 v 的曲面。

式 (2.172) 和式 (2.173) 称为输运定理。式 (2.173) 表明，在物质体积 v 内，张量 φ 的积分在 t 时刻的时间变率由两部分组成：右端第一项为在固定的空间 v 内由于 φ 随时间变化所引起的积分变率，当 φ 为定常张量场时，该项为零；第二项是由于体积 v 内物质的位置随时间的变化，在单位时间内经过表面 s 的 φ 的流入与流出量的代数和，即单位时间内由于物质体积位置改变而引起的 φ 的增加量。图 2.14 中给出 t 和 $t+\mathrm{d}t$ 时刻物质体积 V 的构形，以及 $\mathrm{d}t$ 时间内 1 处面元对应的体积减小量 $(\mathrm{d}\boldsymbol{a}\cdot\boldsymbol{v}\mathrm{d}t < 0)$ 和 2 处面元对应的体积的增加量 $(\mathrm{d}\boldsymbol{a}\cdot\boldsymbol{v}\mathrm{d}t > 0)$。因而 $\mathrm{d}\boldsymbol{a}\cdot\boldsymbol{v}\varphi$ 是单位时间内面元 $\mathrm{d}\boldsymbol{a}$ 上 φ 的通量，正值为流入量 (增加)，负值为流出量 (减少)，所以面积积分是单位时间内 φ 的通量之和，如果张量场 φ 和速度场 $\boldsymbol{v}$ 是均匀的，该项为零。

图 2.14　流入流出示意图

输运定理将在第 4 章中用于建立积分形式的连续介质守恒定律。

▶ 2.15.4　速度环量及其物质导数

在流动的连续介质的速度场中取一闭合物质曲线 c，线积分

$$\varGamma = \oint_c \boldsymbol{v} \cdot \mathrm{d}\boldsymbol{x} \tag{2.174}$$

称为速度环量。利用 Stokes 定理式 $(1.144)_1$，速度环量可用面积分表示，得

$$\varGamma = \oint_c \boldsymbol{v} \cdot \mathrm{d}\boldsymbol{x} = \int_A \mathrm{d}\boldsymbol{a} \cdot \boldsymbol{\nabla} \times \boldsymbol{v} \tag{2.175}$$

式中，$\mathrm{d}\boldsymbol{x}$ 是 c 上的线元；A 为以 c 为边界的任一物质曲面，曲线 c 的正方向 $(\boldsymbol{t})$ 与曲面 A 的外法线方向符合右手法则 (图 2.15)。由上式可见，沿一闭合曲线的速度环量等于该曲线所包围的任何曲面上速度旋度在面积元向量上投影的积分。

图 2.15　速度环量积分

将式 (2.175) 用于一点，令 $\mathrm{d}\boldsymbol{a} = \mathrm{d}a\boldsymbol{n}$，曲面的面积 $a \to 0$，可得

$$\lim_{a \to 0} \frac{1}{a} \int_A \mathrm{d}a\boldsymbol{n} \cdot \boldsymbol{\nabla} \times \boldsymbol{v} = \boldsymbol{n} \cdot \boldsymbol{\nabla} \times \boldsymbol{v}$$

或

$$\boldsymbol{n} \cdot \boldsymbol{\nabla} \times \boldsymbol{v} = \lim_{a \to 0} \frac{1}{a} \oint_c \boldsymbol{v} \cdot \mathrm{d}\boldsymbol{x} \tag{2.176}$$

上式给出流场中一点处的旋度与速度环量的关系，当平面回线 $c \to 0$ 时，可以用速度环量近似表示旋度在平面法线方向的投影。

旋度 $\boldsymbol{\nabla} \times \boldsymbol{v} = \boldsymbol{0}$ 的流场称为无旋场，式 (2.175) 表明无旋场中沿任一闭合曲线的速度环量等于 0。由于标量场 φ 满足恒等式 $\boldsymbol{\nabla} \times \boldsymbol{\nabla}\varphi = \boldsymbol{0}$，当速度旋度为 0 时，

表 2.2 运动状态描述及变形描述的比较

描述内容	运动描述（定义、基本关系）	对应的变形描述
数学(张量)基础	1. 物质导数（变率）：$\dot{\boldsymbol{f}} = \dfrac{d\boldsymbol{f}}{dt} = \left(\dfrac{\partial\boldsymbol{f}}{\partial t}\right)_X$ （$\boldsymbol{f}$ 的同阶张量）； Lagrange 描述：$\dfrac{d\boldsymbol{f}}{dt} = \dfrac{DF^{K\cdots L}}{Dt}\boldsymbol{G}_K\cdots\boldsymbol{G}_L$, $\dfrac{DF^{K\cdots L}}{Dt} = \dfrac{\partial F^{K\cdots L}(\boldsymbol{X},t)}{\partial t}$ Euler 描述：$\dfrac{d\boldsymbol{f}}{dt} = \dfrac{Df^{k\cdots l}}{Dt}\boldsymbol{g}_k\cdots\boldsymbol{g}_l$, $\dfrac{Df^{k\cdots l}}{Dt} = \dfrac{\partial f^{k\cdots l}}{\partial t} + v^m\nabla_m f^{k\cdots l}$ 运算规则：同普通偏导数；$\dot{\boldsymbol{I}} = \dot{\boldsymbol{G}}_K = \dot{\boldsymbol{G}}^K = \dot{\boldsymbol{G}}_K\dot{\boldsymbol{G}}^{KL} = 0$, $\dot{\boldsymbol{i}} = 0$ 但 $\dot{g}_k, \dot{g}^k, \dot{g}_{kl}$ 和 $\dot{g}^{kl} \neq 0$ 2. 二阶张量的加法分解	1. 协变导数（梯度）： $\nabla\boldsymbol{f} = \boldsymbol{G}^K\dfrac{\partial\boldsymbol{f}}{\partial X^K} = \boldsymbol{g}^k\dfrac{\partial\boldsymbol{f}}{\partial x^k}$; $\boldsymbol{f}\nabla = \dfrac{\partial\boldsymbol{f}}{\partial X^K}\boldsymbol{G}^K = \dfrac{\partial\boldsymbol{f}}{\partial x^k}\boldsymbol{g}^k$ 2. 二阶张量的极分解
质点	速度：$\boldsymbol{v}(\boldsymbol{x},t) = \dfrac{\partial\boldsymbol{x}}{\partial t}\Big|_X$, $v^i = \dfrac{\partial x^i}{\partial t}\Big|_X$	位移或位置向量：$\boldsymbol{u}, \boldsymbol{x}$（变形基本变量）
质点邻域	速度梯度（右梯度）：$\boldsymbol{L} = \nabla_i v^j\boldsymbol{g}_j\boldsymbol{g}^i = \boldsymbol{v}\nabla$; $\boldsymbol{L}\sim\boldsymbol{F}$ 的关系：$\dot{\boldsymbol{F}} = \boldsymbol{L}\cdot\boldsymbol{F}$, $\dot{\boldsymbol{F}}^{-1} = -\boldsymbol{F}^{-1}\cdot\boldsymbol{L}$ 速度分解：$\boldsymbol{L} = \boldsymbol{d}+\boldsymbol{w}$, $\boldsymbol{d} = (\boldsymbol{L}+\boldsymbol{L}^T)/2$, $\boldsymbol{w} = (\boldsymbol{L}-\boldsymbol{L}^T)/2$; $\boldsymbol{\omega} = -\boldsymbol{E}:\boldsymbol{w}/2 = \boldsymbol{\Omega}/2 = \nabla\times\boldsymbol{v}/2$ 总运动：总运动 = 移动速度 $\boldsymbol{v}$+ 变形率 $\boldsymbol{d}$+ 旋率 $\boldsymbol{w}$（即对 $\boldsymbol{d}$ 的主坐标系的旋率）	变形梯度：$\boldsymbol{F} = x^k{}_{,K}\boldsymbol{g}_k\boldsymbol{G}^K = \boldsymbol{x}\nabla_X$ 变形分解：$\boldsymbol{F} = \boldsymbol{R}\cdot\boldsymbol{U} = \boldsymbol{V}\cdot\boldsymbol{R}$ 变形基本定理：略
线元	$d\boldsymbol{x} = (\boldsymbol{n}ds)^{\cdot} = \boldsymbol{L}\cdot d\boldsymbol{x} = \boldsymbol{n}d\dot{s}+\dot{\boldsymbol{n}}ds$; 长度变率：$d\dot{s}/ds = \boldsymbol{n}\cdot\boldsymbol{d}\cdot\boldsymbol{n} = d_{(n)}$ 剪切变率：$\dfrac{D}{Dt}\cos\vartheta(\boldsymbol{n}_1,\boldsymbol{n}_2) = 2\boldsymbol{n}_1\cdot\boldsymbol{d}\cdot\boldsymbol{n}_2-(d_{(n_1)}+d_{(n_2)})\boldsymbol{n}_1\cdot\boldsymbol{n}_2$; 方向变率：$\dot{\boldsymbol{n}} = (\boldsymbol{d}+\boldsymbol{w})\cdot\boldsymbol{n}-d_{(n)}\boldsymbol{n}$	$d\boldsymbol{x} = \boldsymbol{F}\cdot d\boldsymbol{X}$; 伸长率：$\lambda_{(n)}$; 夹角变化：$\cos\vartheta(\boldsymbol{n}_1,\boldsymbol{n}_2)$
面元	$d\dot{\boldsymbol{a}} = \nabla\cdot\boldsymbol{v}d\boldsymbol{a}-\nabla\boldsymbol{v}\cdot d\boldsymbol{a}$; 面积变率：$d\dot{a}/da = \mathrm{I}_d-d_{(n)}$	$d\boldsymbol{a} = J\boldsymbol{F}^{-T}\cdot d\boldsymbol{A}$; 面积比：略
体元	体积变率：$d\dot{v}/dv = v^k{}_{,k} = \mathrm{I}_d$	$dv/dV = J$
变形张量	Lagrange 描述：$\dot{\boldsymbol{C}} = 2\boldsymbol{F}^T\cdot\boldsymbol{d}\cdot\boldsymbol{F}$, $\dot{\boldsymbol{C}}^{-1} = \dot{\boldsymbol{B}} = -2\boldsymbol{F}^{-1}\cdot\boldsymbol{d}\cdot\boldsymbol{F}^{-T}$, $\dot{\boldsymbol{E}} = \dot{\boldsymbol{C}}/2$ （与 $\boldsymbol{w}$ 无关） Euler 描述：$\dot{\boldsymbol{c}} = -\boldsymbol{L}^T\cdot\boldsymbol{c}-\boldsymbol{c}\cdot\boldsymbol{L}$, $\dot{\boldsymbol{b}} = \dot{\boldsymbol{c}}^{-1} = \boldsymbol{L}\cdot\boldsymbol{b}+\boldsymbol{b}\cdot\boldsymbol{L}^T$, $\dot{\boldsymbol{e}} = \boldsymbol{d}-\boldsymbol{L}^T\cdot\boldsymbol{e}-\boldsymbol{e}\cdot\boldsymbol{L}$ （与 $\boldsymbol{w}$ 有关） 相对变形变率：$\dot{\boldsymbol{C}}^{(n)}_{(t)} = \boldsymbol{F}^T_{(t)}(\tau)\cdot\boldsymbol{A}^{(n)}(\tau)\cdot\boldsymbol{F}_{(t)}(\tau)$; R-E 张量：$\boldsymbol{A}^{(0)}(t) = \boldsymbol{i}, \boldsymbol{A}^{(1)}(t) = 2\boldsymbol{d}$, ... 递推公式 Jaumann 应变率：$\overset{\nabla}{\boldsymbol{e}} = \dot{\boldsymbol{e}}-\boldsymbol{w}\cdot\boldsymbol{e}+\boldsymbol{e}\cdot\boldsymbol{w}$（与 $\boldsymbol{w}$ 无关）	$\boldsymbol{C} = \boldsymbol{F}^T\cdot\boldsymbol{F}, \cdots$ （与 $\boldsymbol{R}$ 无关） $\boldsymbol{c} = \boldsymbol{F}^{-T}\cdot\boldsymbol{F}^{-1}, \cdots$ （与 $\boldsymbol{R}$ 无关） $\boldsymbol{C}_{(t)}(\tau) = \boldsymbol{F}^T_{(t)}(\tau)\cdot\boldsymbol{F}_{(t)}(\tau), \cdots$

可以假设 $v = \nabla\varphi(\varphi$ 是势函数),所以无旋场的速度存在势函数。此外,还可以证明

$$\frac{\mathrm{d}}{\mathrm{d}t}\oint_c v \cdot \mathrm{d}x = \oint_c a \cdot \mathrm{d}x \tag{2.177}$$

即速度环量的物质导数等于加速度环量。

以上 (2.10 节~2.15 节) 讨论了一般连续介质的运动状态描述,表 2.2 汇总了运动描述的基本内容,并与变形描述对应地加以比较,可见两者的描述方法有一定相似性。

习　题

2-1　已知运动变换

$$x^1 = X^1; \quad x^2 = 1.5X^2; \quad x^3 = 2X^3$$

其中 Euler 坐标系 x^k 和 Lagrange 坐标系 X^K 是相同的直角坐标系。

　1. 证明该运动是许可运动;

　2. 画出 Euler 坐标系、Lagrange 坐标系和它们的随体坐标系 (标注刻度),求随体坐标系的基向量和度量张量;

　3. 说明点 $x^k = (0,1,1)$ 和 $X^K = (0,1,1)$ 的区别,以及它们在变形前和变形后的位置。

2-2　已知运动变换 (简单剪切)

$$x^1 = X^1 + SX^2, \quad x^2 = X^2, \quad x^3 = X^3 \quad (S = \sqrt{3}/2)$$

其中 Euler 坐标系 x^k 和 Lagrange 坐标系 X^K 是相同的直角坐标系。

　1. 证明变形是均匀的;

　2. 求 Lagrange 随体坐标系的协变基向量、协变度量张量、协变基向量的长度和夹角;

　3. 证明直线段 $\Delta X^1 = 0, \Delta X^2 = 0, \Delta X^3 = 0.5$ 变形后仍为直线段,求变形后的长度和角度。(提示:用线元积分)

2-3　推导 Euler 描述法的位移梯度与变形梯度的关系

$$\nabla_k u_l = g_{kl} - g_{lL}X^L{}_{,k}; \quad u\nabla_x = i - F^{-1} \quad (即式 (2.35))$$

$$X^K{}_{,k} = g^K_k - \nabla_k u^m g^K_m; \quad F^{-1} = i - u\nabla_x \quad (即式 (2.36))$$

2-4　试证明应变张量 E, e 满足下列关系

$$e = F^{-\mathrm{T}} \cdot E \cdot F^{-1}; \quad e_{kl} = E_{KL}X^K{}_{,k}X^L{}_{,l}$$

$$\boldsymbol{E} = \boldsymbol{F}^{\mathrm{T}} \cdot \boldsymbol{e} \cdot \boldsymbol{F}; \quad E_{KL} = e_{kl} x^k{}_{,K} x^l{}_{,L}$$

2-5　均匀变形的位移函数在直角坐标系中的一般形式为 $u_i = a_{ij} X_j$，系数 a_{ij} 是常数或只是时间的函数。试证明：

1. 变形前的任一直线变形后仍为直线；
2. 变形前的任一平面变形后仍为平面；
3. 变形前两个平行平面变形后仍然平行；
4. 变形前的球面变形后为椭球面。

提示：运动变换 $x_i = (\delta_{ij} + a_{ij}) X_j$ 的逆变换存在并且与位置无关。

2-6　已知运动变换

$$x_1 = X_1; \quad x_2 = X_2 + SX_3; \quad x_3 = X_3 + SX_2 \quad (0 \leqslant S < 1)$$

其中，Euler 坐标系 x^k 和 Lagrange 坐标系 X^K 是相同的直角坐标系，S 是常数。

1. 说明 $0 \leqslant S < 1$ 的原因及 $S = 0$ 的运动形式；
2. 求变形梯度张量及其逆张量 $\boldsymbol{F}, \boldsymbol{F}^{-1}$，右和左 Cauchy-Green 变形张量 $\boldsymbol{C}, \boldsymbol{b}$、Green(或 Lagrange) 应变张量 $\boldsymbol{E}$ 及 Almansi(或 Euler) 应变张量 $\boldsymbol{e}$。

2-7　运动变换同上题。

1. 求方向 $\boldsymbol{N} = \dfrac{\sqrt{3}}{2}\boldsymbol{e}_2 + \dfrac{1}{2}\boldsymbol{e}_3$ 的伸长率；
2. 求变形张量 $\boldsymbol{C}, \boldsymbol{b}$ 的主不变量、最大和最小伸长率 (长度比) 及其方向；
3. 求垂直线元 $\Delta\boldsymbol{X}_{(1)} = (\cos\alpha)\boldsymbol{e}_2 + (\sin\alpha)\boldsymbol{e}_3$ 和 $\Delta\boldsymbol{X}_{(2)} = (-\sin\alpha)\boldsymbol{e}_2 + (\cos\alpha)\boldsymbol{e}_3$ 夹角的变化 (即剪切)；
4. 求沿坐标面的单位立方体变形后的体积及位置 (用图形表示)。

2-8　已知运动变换 (圆柱体扭转)

$$r = R; \quad \theta = \Theta + KZ; \quad z = Z$$

其中，$\{X^K\} = \{R, \Theta, Z\}, \{x^k\} = \{r, \theta, z\}$ 是变形前、后构形中相同的圆柱坐标系。

1. 求变形梯度 $\boldsymbol{F}$，证明变形是非均匀的；
2. 求右伸长张量 $\boldsymbol{U}$ 和转动张量 $\boldsymbol{R}$；
3. 求主伸长率 $\lambda_{(i)}$ 和主方向 $\boldsymbol{N}_{(i)}$。

2-9　已知运动变换 (简单剪切，见图 2.8)

$$x^1 = X^1 + SX^2; \quad x^2 = X^2; \quad x^3 = X^3$$

其中，Euler 坐标系 x^k 和 Lagrange 坐标系 X^K 是相同的直角坐标系，S 是常数。若 X_1, X_3 坐标面内有一单位面积向量 $\boldsymbol{A} = \boldsymbol{e}_3 \times \boldsymbol{e}_1 = \boldsymbol{e}_2$，求变形后的面积向量及面积。

2-10　若 $\boldsymbol{R} = \boldsymbol{I}'$(转移张量)，试证明沿右伸长张量 $\boldsymbol{U}$ 某一主方向的线元 $\mathrm{d}\boldsymbol{X} = \mathrm{d}X^{(K)}\boldsymbol{N}_K$(不对 K 求和) 变形后方向不变。

提示：利用 $\mathrm{d}\boldsymbol{x} = \boldsymbol{F} \cdot \mathrm{d}\boldsymbol{X}$ 和极分解定理。

2-11 试证明 Timoshenko 梁的弯曲可以简化为中等非线性的条件，是挠度与横截面的高度数量级相同。

提示：Timoshenko 梁满足平面假设 (见图 2.16)，$\dfrac{\partial U}{\partial Z} = \dfrac{\partial W}{\partial X} + \gamma_{ZX} \approx \dfrac{\partial W}{\partial X}$(因为 $\gamma_{ZX} = 2\hat{E}_{ZX} \sim \varphi^2 \ll \dfrac{\partial W}{\partial X} \sim \varphi) \to U \sim \dfrac{h}{L}W$；$\hat{E}_X = \dfrac{\partial U}{\partial X} \sim \dfrac{U}{L}$，又有 $\hat{E}_X \sim \varphi^2 \sim \left(\dfrac{\partial W}{\partial X}\right)^2 \sim \dfrac{W^2}{L^2}$(式 (2.87))，可得 $W \sim h$。

图 2.16 Timoshenko 梁的变形

2-12 试证明中等非线性情况下转动张量可以近似表示为

$$\boldsymbol{R} \approx \boldsymbol{I}' \cdot \left(\boldsymbol{I} + \hat{\boldsymbol{W}}\right); \quad R^k{}_K \approx g^k_K + \hat{W}^L{}_K g^k_L$$

其中，$\hat{\boldsymbol{W}} = \dfrac{1}{2}\left(\boldsymbol{u}\boldsymbol{\nabla} - \boldsymbol{\nabla}\boldsymbol{u}\right)$ 是无限小转动张量，$\boldsymbol{I}'$ 为转移张量。

提示：$\boldsymbol{R} = \boldsymbol{F} \cdot \boldsymbol{U}^{-1}$；$\boldsymbol{F} = \boldsymbol{I}' \cdot \left(\boldsymbol{I} + \boldsymbol{u}\boldsymbol{\nabla}\right) = \boldsymbol{I}' \cdot \left(\boldsymbol{I} + \hat{\boldsymbol{E}} + \hat{\boldsymbol{W}}\right)$(式 (2.34) 和式 (2.88))；

$\boldsymbol{U} = \boldsymbol{C}^{\frac{1}{2}} = (\boldsymbol{I} + 2\boldsymbol{E})^{\frac{1}{2}}$，在 $\boldsymbol{U}, \boldsymbol{C}, \boldsymbol{E}$ 的主坐标系中，将 $\boldsymbol{U}^{-1}$ 展开，利用式 (2.97)，可得 $\boldsymbol{U}^{-1} \approx \boldsymbol{I} - \boldsymbol{E} \approx \boldsymbol{I} - \hat{\boldsymbol{E}} - \dfrac{1}{2}\hat{\boldsymbol{W}}^{\mathrm{T}} \cdot \hat{\boldsymbol{W}}$。

2-13 利用极分解定理 $\boldsymbol{F} = \boldsymbol{R} \cdot \boldsymbol{U} = \boldsymbol{V} \cdot \boldsymbol{R}$，证明

1. 右伸长张量与左伸长张量的主值相等；

2. 右伸长张量与左伸长张量的主方向 $(\boldsymbol{N}_i, \boldsymbol{n}_i)$ 满足转动关系 $\boldsymbol{n}_i = \boldsymbol{R} \cdot \boldsymbol{N}_i$。

提示：用主坐标系表示 $\boldsymbol{U}, \boldsymbol{V}$。

2-14 试证明 $\boldsymbol{N} \cdot \hat{\boldsymbol{W}} \cdot \boldsymbol{N} = 0$(即 $\boldsymbol{N}$ 与 $\hat{\boldsymbol{W}} \cdot \boldsymbol{N}$ 垂直)，$\boldsymbol{N}$ 是单位向量，$\hat{\boldsymbol{W}}$ 是无限小转动张量。

2-15 试证明有限转动时 $\boldsymbol{N}_i \cdot \boldsymbol{R} \cdot \boldsymbol{N}_i = \cos\left(\boldsymbol{n}_i, \boldsymbol{N}_i\right)$，$\boldsymbol{N}_i, \boldsymbol{n}_i$ 是变形前后的主方向单位向量。

2-16　用物质导数的定义证明下列运算规则：

$$\frac{\mathrm{d}}{\mathrm{d}t}\left(\boldsymbol{f} * \boldsymbol{g}\right) = \frac{\mathrm{d}\boldsymbol{f}}{\mathrm{d}t} * \boldsymbol{g} + \boldsymbol{f} * \frac{\mathrm{d}\boldsymbol{g}}{\mathrm{d}t}$$

式中，$\boldsymbol{f}, \boldsymbol{g}$ 为 m, n 阶张量；$*$ 为点积、叉积或并积。

2-17　求线弹性应变能 $U = \dfrac{1}{2}\boldsymbol{E} : \boldsymbol{\Sigma} : \boldsymbol{E}$ 的物质导数，$\boldsymbol{E}$ 是 Green (Lagrange) 应变张量，$\boldsymbol{\Sigma}$ 是线性弹性张量。

2-18　证明 $\dfrac{\mathrm{d}\boldsymbol{A}^{\mathrm{T}}}{\mathrm{d}t} = \left(\dfrac{\mathrm{d}\boldsymbol{A}}{\mathrm{d}t}\right)^{\mathrm{T}}$，$\boldsymbol{A}$ 为二阶张量。

2-19　已知直角坐标系中连续介质的运动为

$$x_1 = X_1 \mathrm{e}^{at} + X_3\left(\mathrm{e}^{at} - 1\right), x_2 = X_3\left(\mathrm{e}^{bt} - \mathrm{e}^{-bt}\right) + X_2, x_3 = X_3 \quad (a, b \text{ 为常数})$$

求运动的逆变换和空间坐标系中的速度分量 $v^k\left(x_i, t\right)$。

2-20　运动同上题，求Lagrange坐标系及其随体坐标系中的速度分量：$V^L(X_I, t); v^L\left(X_I, t\right)$

提示：$\boldsymbol{v} = V^L \boldsymbol{G}_L = v^L \boldsymbol{C}_L = v^k \boldsymbol{g}_k$；利用 v^k，转移张量 $g_k^L = \delta_k^L$ 和式 (2.10)。

2-21　已知直角坐标系中的速度场为

$$v_1 = ax_1 /\left(1+t\right); v_2 = bx_2 /\left(1+t\right), v_3 = cx_3 /\left(1+t\right) \quad (a, b, c \text{ 为常数})$$

试求用 Euler 描述法和 Lagrange 描述法时任一点的加速度。

提示：为了求 Lagrange 描述法的加速度，首先需要对速度积分 (可假设初始条件 $\boldsymbol{x}\left(\boldsymbol{X}, 0\right) = \boldsymbol{X}$) 求出运动变换 $\boldsymbol{x} = \boldsymbol{x}\left(\boldsymbol{X}, t\right)$，再求 Lagrange 描述的速度和加速度。

2-22　如果绕直角坐标系 x_3 轴的刚体转动的角速度 $\boldsymbol{\omega} = \omega \boldsymbol{e}_3$，求：

1. 速度场 (即位置向量 $\boldsymbol{x} = x_i \boldsymbol{e}_i$ 矢端的速度)；

2. 加速度场，证明局部加速度为 0，只有迁移加速度 $(\boldsymbol{v} \cdot \boldsymbol{\nabla} \boldsymbol{v})$。

2-23　试证明加速度向量可以表示为 $\boldsymbol{a} = \dfrac{\partial \boldsymbol{v}}{\partial t} + \boldsymbol{\Omega} \times \boldsymbol{v} + \dfrac{1}{2}\boldsymbol{\nabla}\left(\boldsymbol{v} \cdot \boldsymbol{v}\right)$，$\boldsymbol{\Omega} = \boldsymbol{\nabla} \times \boldsymbol{v}$ 是旋度。

2-24　试证明对于任一运动有下列关系：

1. $\boldsymbol{n} \cdot \dot{\boldsymbol{n}} = 0$，即单位向量 $\boldsymbol{n}$ 的方向变率 $\dot{\boldsymbol{n}}$ 与原方向垂直；

2. $\boldsymbol{n} \cdot \mathrm{d}\dot{\boldsymbol{x}} = d_{(n)}\mathrm{d}s\ (\mathrm{d}\boldsymbol{x} = \boldsymbol{n}\mathrm{d}s)$，即线元变率在线元方向上的投影等于其伸长率。

提示：考虑线元变率的分解。

2-25　已知直角坐标系 (x, y, z) 中的速度场为

$$\dot{x} = -\frac{ax^2}{y\left(x^2 + y^2\right)}; \dot{y} = \frac{ay^2}{x\left(x^2 + y^2\right)}; \dot{z} = 0 \quad (a \text{ 为常数})$$

试求：1. 变形率张量 d 分量及不变量；

　　　2. 自旋张量 w 分量及转动向量 ω；

　　　3. x, y 轴夹角的时间变率。

2-26　已知直角坐标系中简单剪切运动

$$x_1 = X_1 + ktX_2; x_2 = X_2; x_3 = X_3(k \text{ 为常数})$$

试求：1. 速度 v^k 和速度梯度 L；

　　　2. 变形率张量 d 的分量及主值、主方向；

　　　3. 自旋张量 w 的分量及转动向量 ω；

　　　4. 单位线元 $n = \cos\alpha e_1 + \sin\alpha e_2$ 的角度变率 $\dot{\alpha}$。

2-27　求变形张量 c, b 的 Jaumann 导数，证明它们与旋率无关。

2-28　推导 Rivlin-Ericksen 张量的递推公式

$$A^{(n+1)}(t) = \dot{A}^{(n)}(t) + L^{\mathrm{T}}(t) \cdot A^{(n)}(t) + A^{(n)}(t) \cdot L(t)$$

2-29　若 v, φ 是向量和任意阶张量，试证明 $\nabla \cdot (v\varphi) = (\varphi v) \cdot \nabla$(参见式 (2.172a,b))，并证明当 v 是二阶张量或标量时等式一般不成立。

提示：利用左、右散度的定义及微分法。

第3章 应　　力

本章提要：

在第 2 章中，我们从几何学和运动学角度描述了连续介质的变形和运动。引起变形和运动的原因是作用在物体上的外力 (包括机械力、热、电磁等)，或者说变形与运动是物体对外力的反应。外力除了引起变形和运动之外，还引起物体内部各部分之间相互作用的变化，即内部受力状态的变化，内力是物体对于外力的另一种反应。本章将讨论外力和内力概念，在任意变形和运动情况下，描述连续介质内任一点处的内力状态，定义应力向量与应力张量，讨论应力张量的性质及简化。

3.1　外力、内力和应力向量

如果所考虑的物体为 B，物体 B 以外的其他物体对 B 的作用力称为 B 所受的外力。作用于物体表面的外力称为表面力，作用于物体内部的每一点的外力称为体积力 (例如重力)。体积力和表面力都是位置有时也是时间的函数，与时间无关的外力称为静力。一般说来，当物体发生大变形和大转动时，作用力的大小和方向会发生改变，即使作用力保持不变，在每一点处由于面积元和体积元的变形，单位面积和单位体积上的力也要发生改变。除体积力和表面力之外，在某些特殊情况下还可能有分布作用的体积力偶和表面力偶，例如电磁介质等极性材料在电磁场作用下，使电偶极子或磁偶极子取向规范化引起电磁偶极矩，形成宏观的分布体积力偶 (参考文献 [14])。本书不讨论微极连续介质。

上述的 "内力" 实质是物体内部各部分之间由于外力引起的原有相互作用力的改变量。像外力一样，内力也有两种形式：(1) 在物体内相距某一距离的两部分间的相互作用，例如物体的一部分与另一部分之间的万有引力，严格地说它们也与变形有关，但一般可以不考虑，必要时可以作为体积力归并到其他体积力中；(2) 在物体内部任何想象的两部分在交界面上的作用力。在连续介质力学中，通过下面给出的 Cauchy 应力原理，后一种内力可以用应力向量表示，从而使内力的分布变为应力场问题。

假设物体在 t 时刻的构形 r 中，某部分 I 与另一部分 II 的交界面为 a(图 3.1)，想象地将部分 I 取出，若 P 为交界面 a 上的任意一点，n 为面 a 在该点处部分 I

的单位外法线向量，并假定 a 是光滑曲面，因而任一点处的外法线向量是唯一的。在 P 点处取一面积元 Δan，部分 II 对部分 I 的作用力在元面积 Δan 上的合力为 $\Delta \boldsymbol{F}$，合力偶为 $\Delta \boldsymbol{M}$，当 Δa 始终包含 P 点并趋于零时，假设极限

$$\boldsymbol{t}_n = \lim_{\Delta a \to 0} \frac{\Delta \boldsymbol{F}}{\Delta a}; \quad \boldsymbol{m}_n = \lim_{\Delta a \to 0} \frac{\Delta \boldsymbol{M}}{\Delta a} \tag{3.1}$$

存在，这一假设称为 Cauchy 应力原理。该原理是连续介质力学的基本公理之一。$\boldsymbol{t}_n$、$\boldsymbol{m}_n$ 与 Δa 的形状无关，是点的位置、面元方向和时间的函数。当面元 Δan 的方向改变时，例如变为 $\Delta a'n'$，当 $\Delta a'$ 趋于零时，式 (3.1) 一般得到另一极限 $\boldsymbol{t}'_n \neq \boldsymbol{t}_n$、$\boldsymbol{m}'_n \neq \boldsymbol{m}_n$，所以 $\boldsymbol{t}_n$、$\boldsymbol{m}_n$ 是法线方向 n 的函数。$\boldsymbol{t}_n$ 和 $\boldsymbol{m}_n$ 表示在 t 时刻物体内任一点处外法线为 n 的面积元上的内力和内力偶的密度，即单位面积上的内力和内力偶，分别称为该点处外法线为 n 的面积元上的应力向量和偶应力向量，也称为应力向量密度和偶应力向量密度。

在图 3.1 中，如果考虑部分 II 在对应点 P 处的面积元，它的外法线与部分 I 面积元的外法线反向，即为 $(-n)$，应力向量和偶应力向量为 $\boldsymbol{t}_{-n}$ 和 $\boldsymbol{m}_{-n}$，根据牛顿第三定律，有

$$\boldsymbol{t}_{(-n)} = -\boldsymbol{t}_n, \quad \boldsymbol{m}_{(-n)} = -\boldsymbol{m}_n \tag{3.2}$$

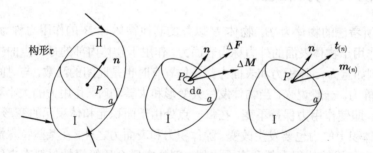

图 3.1　应力向量与偶应力向量

引入应力向量和偶应力向量概念以后，在构形 τ 内任一点处的受力状态，可以用过该点的所有截面上的应力向量和偶应力向量来表示。当点 P 位于物体的表面时，$\boldsymbol{t}_n$、$\boldsymbol{m}_n$ 应该等于单位面积上的表面力和表面力偶。

以后只讨论非极性材料，所以一般不涉及偶应力。

3.2　Cauchy 应力向量与 Cauchy 应力张量

在定义应力向量时，需要利用大小和方向任意、对形状无特殊要求的面积元。第 2 章中曾用面积向量来表示面积元，这里首先对面积向量的几何意义作进一步讨论。

Cauchy 应力原理指出，一点处的应力向量与面积元的形状无关，所以可以取三角形，其面积为 da，是由法线为 $\boldsymbol{n}$ 的平面被 P 点的三个坐标面切割得到的，当面积 $\to 0$ 时，该面积元过点 P(图 3.2)。这样，由坐标面和面积元 da 构成一个四面体元 $PABC$，侧面是 $\triangle PAB$，$\triangle PBC$，$\triangle PCA$，斜截面为 $\triangle ABC$，外法线是 $\boldsymbol{n}$。

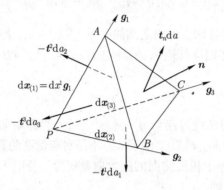

图 3.2 面积元与 Cauchy 应力向量

下面用面积向量表示上述四个面元，并建立它们之间的关系。三角形的面积大小和法线方向可以用叉积表示 (见 1.13.3 节)，利用式 (1.16a)，$\triangle PAB$ 可以表为

$$-\frac{1}{2}\mathrm{d}\boldsymbol{x}_{(1)}\times\mathrm{d}\boldsymbol{x}_{(2)}=-\frac{1}{2}\left(\mathrm{d}x^1_{(1)}\boldsymbol{g}_1\right)\times\left(\mathrm{d}x^2_{(2)}\boldsymbol{g}_2\right)$$

$$=-\frac{1}{2}\mathrm{d}x^1_{(1)}\mathrm{d}x^2_{(2)}\left[\boldsymbol{g}_1\boldsymbol{g}_2\boldsymbol{g}_3\right]\boldsymbol{g}^3=-\frac{1}{2}\varepsilon_{123}\mathrm{d}x^1_{(1)}\mathrm{d}x^2_{(2)}\boldsymbol{g}^3=-da_3\boldsymbol{g}^3$$

式中，$\mathrm{d}x^1_{(1)}\boldsymbol{g}_1$ 为从 P 点到 A 点的向量；$\mathrm{d}x^2_{(2)}\boldsymbol{g}_2$ 为从 P 点到 B 点的向量，负号表示外法线方向。同样，$\triangle PBC$ 和 $\triangle PCA$ 可以分别表示为

$$-\frac{1}{2}\varepsilon_{231}\mathrm{d}x^2_{(2)}\mathrm{d}x^3_{(3)}\boldsymbol{g}^1=-da_1\boldsymbol{g}^1;\quad -\frac{1}{2}\varepsilon_{312}\mathrm{d}x^3_{(3)}\mathrm{d}x^1_{(1)}\boldsymbol{g}^2=-da_2\boldsymbol{g}^2$$

其中 $\quad da_1=\dfrac{1}{2}\varepsilon_{231}\mathrm{d}x^2_{(2)}\mathrm{d}x^3_{(3)};\quad da_2=\dfrac{1}{2}\varepsilon_{312}\mathrm{d}x^3_{(3)}\mathrm{d}x^1_{(1)};\quad da_3=\dfrac{1}{2}\varepsilon_{123}\mathrm{d}x^1_{(1)}\mathrm{d}x^2_{(2)}$

$\triangle ABC$ 的面积和方向可以用边 AB 和 BC 对应的向量叉积得到，即

$$\mathrm{d}a\boldsymbol{n}=\frac{1}{2}\left(\mathrm{d}x^2_{(2)}\boldsymbol{g}_2-\mathrm{d}x^1_{(1)}\boldsymbol{g}_1\right)\times\left(\mathrm{d}x^3_{(3)}\boldsymbol{g}_3-\mathrm{d}x^1_{(1)}\boldsymbol{g}_1\right)$$

$$=\frac{1}{2}\mathrm{d}x^2_{(2)}\mathrm{d}x^3_{(3)}\boldsymbol{g}_2\times\boldsymbol{g}_3+\frac{1}{2}\mathrm{d}x^3_{(3)}\mathrm{d}x^1_{(1)}\boldsymbol{g}_3\times\boldsymbol{g}_1+\frac{1}{2}\mathrm{d}x^1_{(1)}\mathrm{d}x^2_{(2)}\boldsymbol{g}_1\times\boldsymbol{g}_2$$

$$=da_1\boldsymbol{g}^1+da_2\boldsymbol{g}^2+da_3\boldsymbol{g}^3=da_k\boldsymbol{g}^k \tag{3.3}$$

上面的分析表明，面积向量 $\mathrm{d}a\boldsymbol{n}$ 的三个分量分别是四面体的其他三个侧面面积向量，其方向与外法线方向相反，与相应的逆变基向量 $\boldsymbol{g}^k$ 方向相同。这就是面积元向量三个分量的几何意义。应该指出，一般情况下 da_k 并不是侧面的真实面

积, 真实面积应为 $\mathrm{d}a_k\sqrt{g^{kk}}$ (k 为非求和指标, $\sqrt{g^{kk}}$ 为 $\boldsymbol{g}^k$ 的模), 因为 $\boldsymbol{g}^k$ 非单位向量。

由式 (3.3) 两端点乘 $\boldsymbol{n}$ 或 $\boldsymbol{g}_l$, 得到

$$\mathrm{d}a = \mathrm{d}a_k\boldsymbol{g}^k \cdot \boldsymbol{n}; \quad \mathrm{d}a_l = \mathrm{d}a\boldsymbol{n} \cdot \boldsymbol{g}_l \tag{3.4}$$

下面讨论四面体元各面上内力之间的关系 (见图 3.2)。若作用在面积元 $\mathrm{d}a\boldsymbol{n}$ 上的合力为 $\boldsymbol{t}_n\mathrm{d}a$, 作用在四面体侧面 $\triangle PBC, \triangle PCA, \triangle PAB$ 上的合力分别表示为如下形式:

$$-\boldsymbol{t}^1\mathrm{d}a_1; \quad -\boldsymbol{t}^2\mathrm{d}a_2; \quad -\boldsymbol{t}^3\mathrm{d}a_3$$

负号表示各力作用面的法线方向与 $\boldsymbol{g}^1, \boldsymbol{g}^2, \boldsymbol{g}^3$ 相反, 将作用面法线与逆变基向量同向的内力记作 $\boldsymbol{t}^1\mathrm{d}a_1, \boldsymbol{t}^2\mathrm{d}a_2, \boldsymbol{t}^3\mathrm{d}a_3$。由于 $\mathrm{d}a_i$ 不是对应侧面的真实面积, 所以一般说来 $\boldsymbol{t}^i (i=1,2,3)$ 并不等于相应侧面的应力向量密度。若用 $\boldsymbol{t}_{(i)}$ 表示沿内法线方向 $(\boldsymbol{g}^i)$ 的应力向量密度, 则

$$\boldsymbol{t}^1 = \boldsymbol{t}_{(1)}\sqrt{g^{11}}; \quad \boldsymbol{t}^2 = \boldsymbol{t}_{(2)}\sqrt{g^{22}}; \quad \boldsymbol{t}^3 = \boldsymbol{t}_{(3)}\sqrt{g^{33}} \tag{3.5}$$

作用在四面体上的体积力的合力为 $\boldsymbol{f}\rho\mathrm{d}v$, 其中 $\boldsymbol{f}$ 为作用在构形 $\mathfrak{r}$ 中 P 点处单位质量的体积力, ρ 为 P 点处的密度, $\mathrm{d}v$ 是四面体元的体积。

假定对于物体的任何部分动量守恒定律成立 (见 4.2.1 节), 对于无限小的四面体有:

$$\frac{\mathrm{d}}{\mathrm{d}t}(\boldsymbol{v}\rho\mathrm{d}v) = \boldsymbol{f}\rho\mathrm{d}v - \boldsymbol{t}^k\mathrm{d}a_k + \boldsymbol{t}_n\mathrm{d}a \tag{3.6}$$

式 (3.6) 左端为质量 $\rho\mathrm{d}v$ 的动量的时间变率, 右端为体力和面力的合力。注意到 $\mathrm{d}v$ 与 $\mathrm{d}a$ 比较是高阶无限小量, 所以

$$\boldsymbol{t}^k\mathrm{d}a_k = \boldsymbol{t}_n\mathrm{d}a \tag{3.7}$$

利用式 (3.4), 由上式得到

$$\boldsymbol{t}_n = \boldsymbol{t}^k\boldsymbol{g}_k \cdot \boldsymbol{n} = \boldsymbol{n} \cdot \boldsymbol{g}_k\boldsymbol{t}^k \tag{3.8}$$

向量 $\boldsymbol{t}^k (k=1,2,3)$ 称为 Cauchy 应力向量, 由式 (3.5) 可见, 它等于该点处法线沿逆变坐标基 $\boldsymbol{g}^k$ 方向坐标面上的应力向量密度的 $\sqrt{g^{kk}}$ 倍 (k 不求和)。在直角坐标系中, $\boldsymbol{t}^k$ 为一点处三个坐标面上的应力向量密度。

式 (3.8) 表明, 用任一点处的三个 Cauchy 应力向量, 可以表示该点沿任何方向的应力向量密度 $\boldsymbol{t}_n$, 因此 Cauchy 应力向量表征了该点处的受力情况。

现在将三个 Cauchy 应力向量沿协变坐标基分解, 得到九个分量 t^{kl}:

$$\boldsymbol{t}^k = t^{kl}\boldsymbol{g}_l \tag{3.9}$$

式中, t^{kl} 中的第一个指标表示作用面的法线是 g^k (即协变标架坐标面), 第二个指标表示该分量的方向是 g_l。t^{kl} 显然依赖于坐标系的选择, 下面证明 t^{kl} 满足张量转换关系。

考虑另一曲线坐标系 $\left\{ x^{i'} \right\}$, 基向量 $g_{k'}$ 与 g_k 的变换为 $g_{k'} = A_{k'}^k g_k$ 与 $g_k = A_k^{k'} g_{k'}$。在两个坐标系中表示应力向量密度 t_n, 由式 (3.8)

$$t_n = n \cdot g_k t^k = n \cdot g_k \left(t^{kl} g_l \right) = n \cdot g_k g_l t^{kl} = n \cdot g_{k'} g_{l'} A_k^{k'} A_l^{l'} t^{kl}$$

$$t_n = n \cdot g_{k'} t^{k'} = n \cdot g_{k'} \left(t^{k'l'} g_{l'} \right) = n \cdot g_{k'} g_{l'} t^{k'l'}$$

将上两式相减, 得到 $n \cdot g_{k'} g_{l'} \left(t^{k'l'} - A_k^{k'} A_l^{l'} t^{kl} \right) = 0$, 此式对任何单位向量 n 成立, 只有

$$t^{k'l'} = A_k^{k'} A_l^{l'} t^{kl} \tag{3.10}$$

即满足张量转换关系。式 (3.10) 说明 t^{kl} 是张量, 并矢记法为

$$t = t^{kl} g_k g_l = t_{kl} g^k g^l = t^k_{\ l} g_k g^l = t_k^{\ l} g^k g_l \tag{3.11}$$

t 称为 Cauchy 应力张量。在第 4 章中将证明 Cauchy 应力张量是对称的, 即

$$t^{kl} = t^{lk}; \quad t_{kl} = t_{lk} \tag{3.12}$$

利用度量张量将式 (3.12) 两端升降指标, 则得到混合分量的关系:

$$t_k^{\ l} = t^l_{\ k} \equiv t^l_k \tag{3.12a}$$

将式 (3.9) 代入式 (3.8):

$$t_n = \left(t^{kl} g_l \right) g_k \cdot n = t^{kl} g_l g_k \cdot n \quad \text{或} \quad t_n = n \cdot g_k \left(t^{kl} g_l \right) = n \cdot t$$

由于 t^{kl} 是对称二阶张量, $t^{kl} g_k g_l = t^{kl} g_l g_k = t$, 所以

$$t_n = n \cdot t = t \cdot n \tag{3.13}$$

式 (3.13) 表明, 在构形 $\mathfrak{r}$ 中任一点处所有方向的应力向量密度, 可以用该点的应力张量表示。因此, 由应力向量密度表征的任一点处的内力状态, 可以用 Cauchy 应力张量描述。

为了说明 Cauchy 应力张量分量的物理意义, 从 t 时刻构形 $\mathfrak{r}$ 中沿协变标架坐标面切出无限小平行六面体元, 参见图 3.3(a), 6 个侧面的法线方向为 $\pm g^1$、$\pm g^2$、$\pm g^3$。法线为 g^k 的三个面元的 Cauchy 应力向量为 t^k。将 t^k 在协变标架 g_l 中分解, 得到分量 t^{kl}, 在逆变标架 g^l 中分解, 则得到分量 $t^k_{\ l}$。例如:

$$t^3 = t^{31} g_1 + t^{32} g_2 + t^{33} g_3 = t^3_{\ 1} g^1 + t^3_{\ 2} g^2 + t^3_{\ 3} g^3$$

如果沿逆变标架坐标面切出四面体，斜截面面积元等于 $\mathrm{d}a^k \boldsymbol{g}_k$，则平衡条件式 (3.7) 变为

$$\boldsymbol{t}_k \mathrm{d}a^k = \boldsymbol{t}_n \mathrm{d}a \tag{3.14}$$

式中，$\boldsymbol{t}_k$ 是法线为 $\boldsymbol{g}_k$ 的面积元上的应力向量，如图 3.3(b) 所示。将 $\boldsymbol{t}_k$ 在逆变标架中分解即得分量 t_{kl}，在协变标架中分解则得到分量 $t_k{}^l$。

从图 3.3(a) 和图 3.3(b) 可以看到 $t^k{}_l$ 和 $t_k{}^l$ 各自的作用面和作用方向是不同的，尽管它们是同一张量 $\boldsymbol{t}$ 的分量，所以 $t^k_l \neq t_k^l$。在直角坐标系中四种分量的差别不复存在。

图 3.3　Cauchy 应力张量

(a) t^{kl} 和 $t^k{}_l$；(b) t_{kl} 和 $t_k{}^l$

应该指出，应力张量分量一般说来并不等于单位面积上的力，甚至非应力量纲。应力张量的真实应力分量为物理分量，$\boldsymbol{t}$ 的逆变和协变物理分量 (见式 (1.149a)) 是

$$\left.\begin{array}{l} t^{(k)(l)} = t^{kl} \sqrt{g_{kk}} \sqrt{g_{ll}} \ (k, l \text{ 非求和指标}) \\ t_{(k)(l)} = t_{kl} \sqrt{g^{kk}} \sqrt{g^{ll}} \ (k, l \text{ 非求和指标}) \end{array}\right\} \tag{3.15}$$

Cauchy 应力张量 $\boldsymbol{t}$ 采用空间描述法，是即时构形 $\mathfrak{r}$ 中的真实应力。流体运动与初始构形 $\mathscr{R}$ 无关，需要考虑的是构形 $\mathfrak{r}$ 的速度场和应力场，因此便于采用 Euler 描述法和 Cauchy 应力张量。但在研究固体时常常选取变形前的初始构形 $\mathscr{R}$ 作为参考构形，因而常需要采用 Lagrange 描述法和基于 Lagrange 描述的应力张量。

3.3　Piola 应力张量与 Kirchhoff 应力张量

考虑 t_0 时刻构形 $\mathscr{R}$ 中任一点 P，沿协变标架坐标面切出一四面体元 (图 3.4(a))，经过运动变换 $\boldsymbol{x} = \boldsymbol{x}(\boldsymbol{X}, t)$，在 t 时刻变为构形 $\mathfrak{r}$ 中 p 点处的另一四面体

(图 3.4(b))，如 2.2 节所述，该四面体的三个侧面是随体坐标系的三个坐标面，三个边沿随体坐标系的基向量 C_K，其度量张量为 Green 变形张量。应该指出，图 3.4(b) 中的四面体与图 3.2 中所示的四面体在同一点 p 处，有相同的斜截面面积向量 $n\mathrm{d}a$，但两者的相应侧面在不同平面内，斜截面三角形也并不相同，不可混淆。

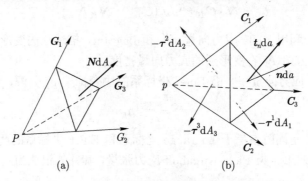

图 3.4 Lagrange 描述的四面体及 Piola 应力向量

变形前 t_0 时刻四面体斜截面 $N\mathrm{d}A$ 在变形后 t 时刻变为 $n\mathrm{d}a$，两个面积元向量可表示为

$$\mathrm{d}A\boldsymbol{N} = \mathrm{d}A_K \boldsymbol{G}^K; \quad \mathrm{d}A_K = \mathrm{d}A\boldsymbol{N} \cdot \boldsymbol{G}_K$$
$$\mathrm{d}a\boldsymbol{n} = \mathrm{d}a_k \boldsymbol{g}^k; \quad \mathrm{d}a_k = \mathrm{d}a\boldsymbol{n} \cdot \boldsymbol{g}_k \tag{3.16}$$

式 (2.60) 给出了 $\mathrm{d}a_k$ 与 $\mathrm{d}A_k$ 间的关系 $\mathrm{d}a_k = JX^K{}_{,k}\mathrm{d}A_K$，所以面积 $n\mathrm{d}a$ 上的合力也可以借助变形前的面积表示

$$\boldsymbol{t}_n\mathrm{d}a = \boldsymbol{t}^k \mathrm{d}a_k = \boldsymbol{t}^k JX^K{}_{,k}\mathrm{d}A_K = \boldsymbol{\tau}^K \mathrm{d}A_K \tag{3.17}$$

式 (3.17) 是应力理论中联系两种描述法及其应力的基本关系，其中的

$$\boldsymbol{\tau}^K = JX^K{}_{,k}\boldsymbol{t}^k \tag{3.18}$$

称为 Piola 应力向量。Piola 应力向量也可以像 Cauchy 应力向量 $\boldsymbol{t}^k$ 那样得到，即在图 3.4(b) 中沿随体坐标系切出的四面体各侧面上引入合力 $-\boldsymbol{\tau}^1\mathrm{d}A_1, -\boldsymbol{\tau}^2\mathrm{d}A_2$，$-\boldsymbol{\tau}^3\mathrm{d}A_3$，对四面体应用动量守恒定律，同样得到式 (3.17)。由图 3.4(b) 可见，$\boldsymbol{\tau}^K$ 是变形前法线为 $\boldsymbol{G}^K$、面积为 $\sqrt{G^{KK}}$（即 $\mathrm{d}A_K = 1$）的面在变形后该面上的应力合力 —— 这就是 $\boldsymbol{\tau}^K$ 的物理意义。

由式 (3.18) 两端乘以 $x^l{}_{,K}$，注意到 $x^l{}_{,K}X^K{}_{,k} = \delta^l_k$，可得

$$\boldsymbol{t}^k = \frac{1}{J}x^k{}_{,K}\boldsymbol{\tau}^K \tag{3.19}$$

若给定构形 $\mathscr{R}$ 中的任一点 P 处的单位向量 $\boldsymbol{N} = N^K \boldsymbol{G}_K$，变形后变为构形 $\mathfrak{r}$ 中点 p 处的 $\boldsymbol{n}$ 方向，利用 $\boldsymbol{\tau}^K$ 可以表示 $\boldsymbol{n}$ 方向的应力向量密度 $\boldsymbol{t}_n$，将式 (3.16) 中 $\mathrm{d}A_K$

代入式 (3.17)，有

$$t_n = \boldsymbol{N} \cdot \boldsymbol{G}_K \tau^K \frac{\mathrm{d}A}{\mathrm{d}a} \tag{3.20}$$

注意到式 (2.60a)，有

$$t_n = \boldsymbol{N} \cdot \boldsymbol{G}_K \tau^K / J \left(C^{-1KL} N_K N_L \right)^{1/2} \tag{3.21}$$

式 (3.21) 说明，利用 Piola 应力向量 τ^K 和 Lagrange 描述法的变形张量可以表示构形 $\mathscr{R}$ 中任一方向 $\boldsymbol{N}$ 在变形后的应力向量密度。

现将 Piola 应力向量 τ^K 沿 Euler 坐标系的协变标架 $\boldsymbol{g}_l$ 分解，有

$$\tau^K = \tau^{Kl} \boldsymbol{g}_l \tag{3.22}$$

其中，系数 τ^{Kl} 是同时参考于 Lagrange 坐标系和 Euler 坐标系的两点张量，称为 Piola 应力张量或第一类 Piola-Kirchhoff 应力张量，其并矢记法为

$$\boldsymbol{\tau} = \tau^{Kl} \boldsymbol{G}_K \boldsymbol{g}_l = \tau_{Kl} \boldsymbol{G}^K \boldsymbol{g}^l \tag{3.23}$$

为了用参考构形 $\mathscr{R}$ 中的面积度量即时构形 $\mathfrak{r}$ 中的应力向量密度，可以引入

$$t_N = \frac{\mathrm{d}a}{\mathrm{d}A} t_n \tag{3.24}$$

式中，t_N 表示变形前法线为 $\boldsymbol{N}$ 的单位面积在变形后所受内力的合力。将式 (3.20) 代入式 (3.24)，利用式 (3.22)，得到

$$t_N = \boldsymbol{N} \cdot \boldsymbol{\tau} \tag{3.25}$$

可见，第一类 Piola-Kirchhoff 应力张量 $\boldsymbol{\tau}$ 可以表示参考构形 $\mathscr{R}$ 法线为 $\boldsymbol{N}$ 的单位面积在变形后受到的内力 t_N。

将 Piola 应力向量 τ^K 沿随体坐标系的协变基向量 $\boldsymbol{C}_L$ 分解，注意到式 (2.10)，得到

$$\tau^K = T^{KL} \boldsymbol{C}_L = T^{KL} x^l{}_{,L} \boldsymbol{g}_l \tag{3.26}$$

上式引入有 9 个分量的一组量 T^{KL}，下面证明当 Lagrange 坐标系变换时它们满足张量分量转换关系。将式 (3.26) 代入式 (3.21)，得

$$t_n = \frac{\mathrm{d}A}{\mathrm{d}a} \boldsymbol{N} \cdot \boldsymbol{G}_K T^{KL} x^l{}_{,L} \boldsymbol{g}_l \tag{3.27}$$

考虑另一 Lagrange 坐标系 $\left\{ X^{K'} \right\}$，将坐标转换关系 $\boldsymbol{G}_K = A_K^{K'} \boldsymbol{G}_{K'}$ 和 $x^l{}_{,L} = A_L^{L'} x^l{}_{,L'}$ 代入上式，得 $t_n = \frac{\mathrm{d}A}{\mathrm{d}a} x^l{}_{,L'} \boldsymbol{N} \cdot \boldsymbol{G}_{K'} \boldsymbol{g}_l A_K^{K'} A_L^{L'} T^{KL}$；在标架 $\boldsymbol{G}_{K'}$ 中式 (3.27) 为

$$t_n = \frac{\mathrm{d}A}{\mathrm{d}a} \boldsymbol{N} \cdot \boldsymbol{G}_{K'} T^{K'L'} x^l{}_{,L'} \boldsymbol{g}_l$$

比较上面两式，可得 $T^{K'L'} = A_K^{K'} A_L^{L'} T^{KL}$，即 T^{KL} 满足 Lagrange 坐标系中的张量转换关系，因而是参考于 Lagrange 坐标系的二阶张量。T^{KL} 称为 Kirchhoff 应力张量或第二类 Piola-Kirchhoff 应力张量，在第 4 章中将证明它是对称张量，其并矢记法为

$$\boldsymbol{T} = T^{KL}\boldsymbol{G}_K\boldsymbol{G}_L = T_{KL}\boldsymbol{G}^K\boldsymbol{G}^L = T_L^K\boldsymbol{G}_K\boldsymbol{G}^L \tag{3.28}$$

将式 (3.26) 与式 (3.22) 比较，可以得到第一类与第二类 Piola-Kirchhoff 应力张量之间的关系

$$\tau^{Kl} = T^{KL}x^l_{,L} \quad \text{或} \quad \boldsymbol{\tau} = \boldsymbol{T} \cdot \boldsymbol{F}^{\mathrm{T}} \tag{3.29}$$

式 (3.29) 两端乘以 $\boldsymbol{F}^{-\mathrm{T}}$，得到

$$T^{KL} = \tau^{Kl}X^L_{,l} \quad \text{或} \quad \boldsymbol{T} = \boldsymbol{\tau} \cdot \boldsymbol{F}^{-\mathrm{T}} \tag{3.30}$$

将式 (3.22) 和式 (3.9) 代入式 (3.19) 和式 (3.18)，可以得到 Cauchy 应力张量与第一类 Piola-Kirchhoff 应力张量的关系：

$$\tau^{Kl} = JX^K_{,k}t^{kl}; \quad t^{kl} = \frac{1}{J}x^k_{,K}\tau^{Kl} \tag{3.31}$$

或

$$\boldsymbol{\tau} = J\boldsymbol{F}^{-1} \cdot \boldsymbol{t}; \quad \boldsymbol{t} = \frac{1}{J}\boldsymbol{F} \cdot \boldsymbol{\tau}$$

将式 (3.31) 分别代入式 (3.29) 和式 (3.30)，则得到 Cauchy 应力张量与第二类 Piola-Kirchhoff 应力张量的关系：

$$T^{KL} = JX^K_{,k}X^L_{,l}t^{kl}; \quad t^{kl} = \frac{1}{J}x^k_{,K}x^l_{,L}T^{KL} \tag{3.32}$$

或

$$\boldsymbol{T} = J\boldsymbol{F}^{-1} \cdot \boldsymbol{t} \cdot \boldsymbol{F}^{-\mathrm{T}}; \quad \boldsymbol{t} = \frac{1}{J}\boldsymbol{F} \cdot \boldsymbol{T} \cdot \boldsymbol{F}^{\mathrm{T}}$$

以上两节基于 Euler 描述法和 Lagrange 描述法，利用四面体平衡条件建立了任意面积元上的应力向量密度 t_n 与应力向量的基本关系，即式 (3.17)：$t_n\mathrm{d}a = t^k\mathrm{d}a_k = \tau^K\mathrm{d}A_K$；然后将 t^k 和 τ^K 在不同的标架中分解，定义了三种应力张量 $\boldsymbol{t}$、$\boldsymbol{\tau}$ 和 $\boldsymbol{T}$。Cauchy 应力向量 t^k 与 Piola 应力向量 τ^K 以及三个应力张量之间均可以相互表示，但需要借助变形梯度张量和体积比 J。这是由于 t^k 和 $\boldsymbol{t}$ 是基于构形 $\mathfrak{r}(t)$ 中面积的实际应力，而 τ^K 和 $\boldsymbol{\tau}$、$\boldsymbol{T}$ 是利用构形 $\mathscr{R}$ 中的面积表示的应力，因而是构形 $\mathfrak{r}$ 中实际应力的间接表示，从构形 $\mathscr{R}$ 到构形 $\mathfrak{r}$ 的面积变化与变形有关，所以应力张量间的关系依赖变形。

图 3.5 以面积元 $\mathrm{d}A_3\boldsymbol{G}^3$ 为例，给出应力张量 $\boldsymbol{\tau}$ 和 $\boldsymbol{T}$ 的几何表示。$\mathrm{d}A_3\boldsymbol{G}^3$ 为构形 $\mathscr{R}$ 中平行于 $\boldsymbol{G}_1 - \boldsymbol{G}_2$ 坐标面的一个面元，变形后为 $\mathrm{d}A_3\boldsymbol{C}^3$，该面元上的 Piola 应力向量为 τ^3，T^{3L} 和 τ^{3l} 为 τ^3 沿随体标架 $\boldsymbol{C}_L$ 和 Euler 标架 $\boldsymbol{g}_l$ 的分量。因此，τ^{Kl}

是变形前法线为 G^K、面积为 $\sqrt{G^{KK}}$ 的面在变形后该面上的应力合力 τ^K 沿标架 $g_m\,(m = 1, 2, 3)$ 分解在 g_l 方向的分量, 而 T^{KL} 是 τ^K 沿标架 $C_M\,(M = 1, 2, 3)$ 分解在 C_L 方向的分量。

图 3.5　Lagrange 描述的应力张量的几何表示

(a) 变形前体积元; (b) 变形后体积元

3.4　主应力、主方向、应力张量不变量、应力二次曲面

如前所述, Cauchy 应力张量和第二类 Piola-Kirchhoff 应力张量是对称二阶张量, 所以一般情况下各有三个主方向和三个主值, 即主应力。下面着重讨论 Cauchy 应力张量。

式 (3.13) 表明, t 是构形 $\mathfrak{r}$ 中单位法线向量 n 与应力向量密度 t_n 的线性变换。若 n 为 t 的主方向 t 为主值, 则式 (3.13) 可以写作:

$$\boldsymbol{t} \cdot \boldsymbol{n} = t\boldsymbol{n} \quad \text{或} \quad \left(t_l^k - t\delta_l^k\right) n^l = 0 \tag{3.33}$$

其中 $t_l^k = t^k{}_l = t_l{}^k$, 因为 t 是对称二阶张量。由特征方程 $\det\left(t_l^k - t\delta_l^k\right) = 0$, 可以得到三个特征值 $t_{(1)}, t_{(2)}, t_{(3)}$, 即主应力。根据 1.9 节, 由方程式 (3.33) 可以求得三个互相垂直的主方向 $n_{ti}\,(i = 1, 2, 3)$, 如果任何两个主应力相等, 则与另一主应力垂直的平面内的任一方向均为主方向; 如果三个主应力皆相等, 则所有方向都是主方向。

Cauchy 应力的主方向 n_{ti} 与 Cauchy 应变 c 的主方向 n_{ci}(即 2.5 节中的 $n_{(i)}$) 一般是不同的, 因为应力与应变的关系依赖物质本身的性质。对于各向异性固体而言, 拉压主应力可以引起剪切变形, 所以 $n_{ti} \neq n_{ci}$; 各向同性固体拉压与剪切不耦合, 在主应力作用下变形时主应力方向线元的夹角不变, 保持正交, 即在应力主坐标系中变形张量只有对角线分量, 所以应力与应变主坐标系重合, $n_{ti} = n_{ci}$。

在主坐标系中, Cauchy 应力张量的矩阵形式为

$$\boldsymbol{t} = \begin{bmatrix} t_{(1)} & 0 & 0 \\ 0 & t_{(2)} & 0 \\ 0 & 0 & t_{(3)} \end{bmatrix} = t_{(i)}\boldsymbol{n}_{ti}\boldsymbol{n}_{ti} \tag{3.34}$$

适当地选取主方向次序, 可以使 $t_{(1)} \geqslant t_{(2)} \geqslant t_{(3)}$。

应力向量密度 $\boldsymbol{t}_n$ 的法向分量, 即面积元 $\mathrm{d}a\boldsymbol{n}$ 上的法向应力为

$$t_{nn} = \boldsymbol{t}_n \cdot \boldsymbol{n} = \boldsymbol{n} \cdot \boldsymbol{t} \cdot \boldsymbol{n} = t_{kl}n^k n^l \tag{3.35}$$

因为 $\boldsymbol{n}$ 是单位向量, 所以

$$\boldsymbol{n} \cdot \boldsymbol{n} = g_{kl}n^k n^l = 1 \tag{3.36}$$

对于给定的应变张量 t_{kl}, t_{nn} 是 $\boldsymbol{n}$ 的函数。t_{nn} 在上式条件下极值问题的 Euler 方程为

$$(t_{kl} - tg_{kl})\,n^l = 0 \tag{3.37}$$

将指标 k 上升, 上式即式 (3.33), Lagrange 乘子 t 即主应力。式 (3.37) 两端乘以 n^k, 注意到式 (3.35) 和式 (3.36), t_{nn} 的极值为

$$t_{nn} = t_{(i)}\,(i = 1, 2, 3) \tag{3.38}$$

所以, Cauchy 应力张量的主应力等于法向应力的极值, $t_{(1)}$ 为最大法向应力, $t_{(3)}$ 为最小法向应力。1.9 节证明了同样的结论 ((1.75) 式)。

Cauchy 应力张量的三个不变量为

$$\begin{aligned} \mathrm{I}_t &= t^k{}_k = t_{(1)} + t_{(2)} + t_{(3)} \\ \mathrm{II}_t &= \frac{1}{2}\left(t^k{}_k t^l{}_l - t^k{}_l t^l{}_k\right) = t_{(1)}t_{(2)} + t_{(2)}t_{(3)} + t_{(3)}t_{(1)} \\ \mathrm{III}_t &= \det t^k{}_l = \frac{1}{3!}\varepsilon^{krm}\varepsilon_{lsn}t^l{}_k t^s{}_r t^n{}_m = t_{(1)}t_{(2)}t_{(3)} \end{aligned} \tag{3.39}$$

类似地, 可以讨论第二类 Piola-Kirchhoff 应力张量 $\boldsymbol{T}$ 的主值、主方向和不变量。如果 Lagrange 坐标系与 $\boldsymbol{T}$ 的主方向重合, 则 $\boldsymbol{T}$ 的非对角线分量等于零:

$$\boldsymbol{T} = \begin{bmatrix} T_{(1)} & 0 & 0 \\ 0 & T_{(2)} & 0 \\ 0 & 0 & T_{(3)} \end{bmatrix} = T_{(i)}\boldsymbol{N}_{Ti}\boldsymbol{N}_{Ti} \tag{3.34a}$$

Piola 应力张量 $\boldsymbol{\tau}$ 是两点张量, 无对称性, 所以没有上述性质。

$\boldsymbol{T}$ 的主方向 $\boldsymbol{N}_{Ti}\,(i = 1, 2, 3)$ 是在构形 $\mathscr{R}$ 中给出的, $\boldsymbol{N}_{Ti}$ 对应的变形后构形 $\mathfrak{r}$ 中的方向 $\boldsymbol{n}_{Ti}$, 一般说来不是互相垂直的, 其夹角与变形以及物质的性质有关。对

于各向同性固体, 若图 3.5(a) 中的标架 G_K 改用局部正交标准基 N_{Ti}, 其中的单元体为长方体, 变形后对应图 3.5(b) 的随体标架中的单元体, 其各边与 n_{Ti} 平行, 各侧面只受主应力 $T_{(i)}$ 作用, 不引起剪切变形, 即 n_{Ti} 互相垂直。此时, 应力张量 T 变形前后主方向 N_{Ti} 和 n_{Ti} 与变形张量 C 的变形前后主方向 N_{Ci} 和 n_{ci} (即 2.5 节中的 $N_{(i)}$ 和 $n_{(i)}$) 分别相同, 而且 $n_{Ti} = R \cdot N_{Ti}$; $n_{ci} = R \cdot N_{Ci}$ (见式 (2.77))。本节前面已经指出, 对于各向同性固体, Cauchy 应力张量主方向与 Cauchy 变形张量主方向相同 ($n_{ti} = n_{ci}$), 因此有

$$n_{Ti} = n_{ci} = n_{ti}; \quad n_{ti} = R \cdot N_{Ti} \tag{3.40}$$

即各向同性固体应力张量 T 与 t 的主方向相差刚性转动 R。各向异性物质不满足上述关系。

2.5 节曾经讨论 Cauchy 变形张量的正定二次型 $c_{kl} dx^k dx^l$ 和应变椭球 $c_{kl} dx^k dx^l = \text{const}$。对于应力张量, 例如 t_{kl}, 同样可以给出应力张量二次型 $t_{kl} n^k n^l$, 称为 Cauchy 应力二次型。由式 (3.35) 可知, 该二次型就是面积元 dan 上的法向应力。但是应力张量 t 一般不是正定的 (主值 $t_{(i)}$ 不一定恒正), 所以应力二次型对应的曲面 $t_{kl} n^k n^l = \text{const}$ 不一定是椭球, 而是一般的二次曲面, 称为 Cauchy 应力二次曲面。由式 (3.35), 上式中的常数也可记作 $\pm r^2 t_{nn} (= \text{const})$, r 是变量, 适当选取 $\pm$ 以保证 n^k 为实数。显然, 球形应力张量的二次曲面是球面。

为了给出一点 p 处应力向量密度 t_n 的几何表示, 建立一个以主应力为坐标轴的坐标系, 也称为主应力空间。p 点处沿任一方向 n 的应力向量密度 t_n 在主应力空间中是一向量, 沿主方向的三个分量为 t_{n1}、t_{n2}、t_{n3}。由式 (3.13), 在主坐标系中有

$$t_{n1} = t_{(1)} n_1; \quad t_{n2} = t_{(2)} n_2; \quad t_{n3} = t_{(3)} n_3 \tag{3.41a}$$

式中, n_1、n_2、n_3 为单位向量 n 在主坐标系中的方向余弦, 所以 $(n_1)^2 + (n_2)^2 + (n_3)^2 = 1$, 将式 (3.41a) 代入, 得到

$$\frac{(t_{n1})^2}{(t_{(1)})^2} + \frac{(t_{n2})^2}{(t_{(2)})^2} + \frac{(t_{n3})^2}{(t_{(3)})^2} = 1 \tag{3.41b}$$

上式表明, 在主应力空间中所有方向应力向量密度 t_n 的矢端在一椭球面上, 称为 Lamé应力椭球, 其对称轴对应的是应力张量 t 的主轴。注意到单位向量 n 的矢端在 Euler 坐标系中为单位球面, 所以可以说变换 $t \cdot n = t_n$ 将 Euler 坐标系中的单位球面变为主应力空间的应力椭球面。

3.5 最大和最小剪应力

将构形 $\mathfrak{r}$ 中的任一点处法线为 n 的面积元上的应力向量密度 t_n 分解为法向

分量 t_{nn} 和切向分量 t_{ns}(即在面元内的分量)，t_{nn} 称为正应力，t_{ns} 称为剪应力。上一节中已经讨论了正应力的最大值和最小值，现在讨论剪应力 t_{ns} 的最大值和最小值。

剪应力 t_{ns} 是 t_n 在面元上的投影，所以

$$t_{ns}^2 = t_n \cdot t_n - t_{nn}^2 \tag{3.42}$$

如果取 t 的主坐标系为局部标架 e_i，由式 (3.41a) 和式 (3.35)，代入上式得到

$$t_{ns}^2 = t_{(1)}^2 n_1^2 + t_{(2)}^2 n_2^2 + t_{(3)}^2 n_3^2 - \left(t_{(1)} n_1^2 + t_{(2)} n_2^2 + t_{(3)} n_3^2 \right)^2 \tag{3.43}$$

t_{ns}^2 在约束条件 $n_1^2 + n_2^2 + n_3^2 = 1$ 下的条件极值问题，归结为 Euler 方程：

$$\left. \begin{array}{l} n_1 \left\{ t_{(1)}^2 - 2t_{(1)} \left(t_{(1)} n_1^2 + t_{(2)} n_2^2 + t_{(3)} n_3^2 \right) + \lambda \right\} = 0 \\ n_2 \left\{ t_{(2)}^2 - 2t_{(2)} \left(t_{(1)} n_1^2 + t_{(2)} n_2^2 + t_{(3)} n_3^2 \right) + \lambda \right\} = 0 \\ n_3 \left\{ t_{(3)}^2 - 2t_{(3)} \left(t_{(1)} n_1^2 + t_{(2)} n_2^2 + t_{(3)} n_3^2 \right) + \lambda \right\} = 0 \end{array} \right\} \tag{3.44}$$

式中，λ 为 Lagrange 乘子。式 (3.44) 与约束条件联立，可以得到两组解。第一组解为

$$\left. \begin{array}{l} n_1 = \pm 1, \; n_2 = n_3 = 0, \; \lambda = t_{(1)}^2 \\ n_2 = \pm 1, \; n_1 = n_3 = 0, \; \lambda = t_{(2)}^2 \\ n_3 = \pm 1, \; n_1 = n_2 = 0, \; \lambda = t_{(3)}^2 \end{array} \right\} \tag{3.45}$$

将上解代入式 (3.43)，得到 t_{ns} 的最小值

$$t_{ns} = 0 \tag{3.46}$$

即在垂直于主方向的面元内剪应力等于零。第二组解和对应的剪应力为

$$\left. \begin{array}{l} n_1 = 0; \; n_2 = \pm \dfrac{1}{\sqrt{2}}; \; n_3 = \pm \dfrac{1}{\sqrt{2}}; \; t_{ns} = \pm \dfrac{1}{2} \left(t_{(2)} - t_{(3)} \right) \\[2mm] n_2 = 0; \; n_3 = \pm \dfrac{1}{\sqrt{2}}; \; n_1 = \pm \dfrac{1}{\sqrt{2}}; \; t_{ns} = \pm \dfrac{1}{2} \left(t_{(3)} - t_{(1)} \right) \\[2mm] n_3 = 0; \; n_1 = \pm \dfrac{1}{\sqrt{2}}; \; n_2 = \pm \dfrac{1}{\sqrt{2}}; \; t_{ns} = \pm \dfrac{1}{2} \left(t_{(1)} - t_{(2)} \right) \end{array} \right\} \tag{3.47}$$

式 (3.47) 表明，在与主坐标面成 45° 角的平面内，剪应力取得极值。当主应力的排列顺序为 $t_{(1)} > t_{(2)} > t_{(3)}$ 时，最大剪应力为 $\dfrac{1}{2} \left(t_{(1)} - t_{(3)} \right)$，作用面与 $t_{(1)}, t_{(3)}$ 作用面成 45° 角 (图 3.6)。

若法线 n 与三个主应力作用线成等角，即 $n_i = \pm 1/\sqrt{3} \, (i = 1, 2, 3)$，则相应的面元组成八面体元。由式 (3.43)，八面体表面上的剪应力为

$$\tau_0 = \frac{1}{3} \sqrt{ \left(t_{(1)} - t_{(2)} \right)^2 + \left(t_{(2)} - t_{(3)} \right)^2 + \left(t_{(3)} - t_{(1)} \right)^2 } \tag{3.48}$$

八面体剪应力与 Mises 等效应力成正比，可用于塑性材料的屈服准则。

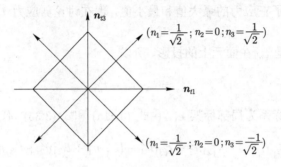

$$(n_1 = \frac{1}{\sqrt{2}} ; n_2 = 0 ; n_3 = \frac{1}{\sqrt{2}})$$

$$(n_1 = \frac{1}{\sqrt{2}} ; n_2 = 0 ; n_3 = \frac{-1}{\sqrt{2}})$$

图 3.6　最大剪应力作用面

3.6　小应变、小转动时的应力张量

Cauchy 应力张量的定义不依赖于变形，而 Piola 应力张量和 Kirchhoff 应力张量的定义与变形有关，当应变很小或应变和转动都很小时，后两个应力张量以及应力张量之间的关系可以得到简化。

首先考察小应变、大转动情况。如果任意方向的伸长率很小，则为小应变状态。此时，变形张量 $\boldsymbol{C}, \boldsymbol{B}$ 的主值 $C_{(i)}, C_{(i)}^{-1} \approx 1$，所以 $\boldsymbol{C} \approx \boldsymbol{B} \approx \boldsymbol{I}$。由式 (2.61) 和式 (2.60a)，有

$$\frac{\mathrm{d}v}{\mathrm{d}V} = J \approx 1; \quad \frac{\mathrm{d}a}{\mathrm{d}A} \approx 1 \tag{3.49}$$

而且由于剪切很小，任何两个面元或两个线元的夹角可以近似地认为不变。因此，变形前在 Lagrange 坐标系中沿坐标面切出的单元体与变形后在随体坐标系中对应的单元体之间，可以近似地认为只有平移和刚性转动，形状和大小的变化很小。

利用式 (2.75)，在小应变下变形梯度张量也可以简化，有

$$\boldsymbol{F} \approx \boldsymbol{R}; \quad \boldsymbol{F}^{-1} \approx \boldsymbol{R}^{-1} = \boldsymbol{R}^{\mathrm{T}} \tag{3.50}$$

实际应用中，$\boldsymbol{F}$ 比 $\boldsymbol{R}$ 更方便。所以，由式 (3.49)，小应变时式 (3.18)、式 (3.19)、式 (3.31) 和式 (3.32) 可以简化为

$$\tau^K = X^K_{,k} t^k; \quad t^k = x^k_{,K} \tau^K \tag{3.51}$$

$$\tau^{Kl} = X^K_{,k} t^{kl}; \quad t^{kl} = x^k_{,K} \tau^{Kl} \tag{3.52}$$

$$T^{KL} = X^K_{,k} X^L_{,l} t^{kl}; \quad t^{kl} = x^k_{,K} x^l_{,L} T^{KL} \tag{3.53}$$

其次考察小应变，小转动 (经典线性) 情况。由式 (2.34) 和式 (2.36)，略去 ∇u，有

$$\left.\begin{array}{l} x^k{}_{,K} = g^k_K + \nabla_K U^M g^k_M = g^k_M \left(\delta^M_K + \nabla_K U^M \right) \approx g^k_K \\ X^K{}_{,k} = g^K_k - \nabla_k u^m g^K_m = g^K_m \left(\delta^m_k - \nabla_k u^m \right) \approx g^K_k \end{array}\right\} \tag{3.54}$$

可见变形梯度张量近似等于转移张量。将式 (3.54) 代入式 (3.52) 和式 (3.53) 得到

$$\left.\begin{array}{l} t^{kl} = g^k_K \tau^{Kl} = \tau^{kl} \\ t^{kl} = g^k_K g^l_L T^{KL} = T^{kl} \end{array}\right\} \tag{3.55}$$

式 (3.55) 说明，Cauchy 应力张量、Piola 应力张量和 Kirchhoff 应力张量是同一二阶张量，只是坐标系 $\{X^K\}$ 和 $\{x^k\}$ 之间的转换，不需要区分。如果取两个相同坐标系，则三个应力张量的差别完全消失，在线弹性力学中通常记做 σ_{ij}，即

$$\boldsymbol{t} = \boldsymbol{\tau} = \boldsymbol{T} = \begin{bmatrix} \sigma_{11} & \sigma_{12} & \sigma_{13} \\ \sigma_{21} & \sigma_{22} & \sigma_{23} \\ \sigma_{31} & \sigma_{32} & \sigma_{33} \end{bmatrix} \tag{3.56}$$

最后考察小应变、小转动 (中等非线性) 情况。2.9 节的分析表明，位移梯度可表示为

$$\nabla_K U^M = \hat{E}^M_K + \hat{W}^M{}_K \approx \hat{W}^M{}_K \tag{3.57a}$$

$$\nabla_k u^m = \hat{e}^m_k + \hat{w}^m{}_k \approx \hat{w}^m{}_k \tag{3.57b}$$

式中，$\hat{W}^M{}_K$，$\hat{w}^m{}_k$ 为无限小转动张量。所以，变形梯度张量可简化为

$$x^k{}_{,K} \approx g^k_M \left(\delta^M_K + \hat{W}^M{}_K \right); \quad X^K{}_{,k} \approx g^K_m \left(\delta^m_k - \hat{w}^m_k \right) \tag{3.58}$$

将式 (3.58) 代入式 (3.52) 和式 (3.53)，可以得到中等非线性情况下应力张量之间的关系。

习　题

3-1　已知直角坐标系中 p 点的 Cauchy 应力张量为

$$\boldsymbol{t} = \begin{bmatrix} 80 & 0 & -50 \\ 0 & 40 & 0 \\ -50 & 0 & 80 \end{bmatrix}$$

求该点处法线为单位向量 $\boldsymbol{n} = \frac{2}{3}\boldsymbol{e}_1 - \frac{2}{3}\boldsymbol{e}_2 + \frac{1}{3}\boldsymbol{e}_3$ 的面上的应力向量密度 $\boldsymbol{t}_n$、法向应力 t_{nn} 和切向应力 t_{ns}。

3-2　应力同上题，用特征方程求主应力 $t_{(i)}$ 和主方向 n_{ti}。

3-3　若 n, n' 是一点处的两个单位向量，t 是 Cauchy 应力张量，试证明应力向量密度满足关系 $t_n \cdot n' = t_{n'} \cdot n$。

3-4　已知一有限变形 (简单剪切，参考习题 2-2)：

$$x^1 = X^1 + SX^2; \quad x^2 = X^2; \quad x^3 = X^3$$

Euler 坐标系 x^k 和 Lagrange 坐标系 X^K 是相同的直角坐标系；Cauchy 应力张量为均匀应力 t^{kl} (平面应力状态 $t^{33} = t^{31} = t^{32} = 0$)，试求第一类和第二类 Piola-Kirchhoff 应力张量分量 τ^{Kl}, T^{KL}，并用图形表示各种应力分量的作用面和方向。

3-5　试证明应力张量 T 与应力偏量 $\bar{T}$ 主方向相同，并求两者主应力的关系。

3-6　已知直角坐标系中应力张量为

$$\boldsymbol{\sigma} = \begin{bmatrix} 10 & -5 & 0 \\ -5 & 20 & 0 \\ 0 & 0 & 6 \end{bmatrix}$$

1. 求球形张量 σ^0 和偏斜张量 $\bar{\sigma}$；

2. 求 σ 和 $\bar{\sigma}$ 的主值。

3-7　塑性材料 Mises 屈服准则由八面体剪应力决定，与平均应力无关，因而也与八面体正应力无关。试证明任一点处八面体表面的法向应力 (正应力) 等于应力第一不变量的三分之一。

3-8　求 3-6 题应力张量的主坐标系，及主坐标系中的 Cauchy 应力曲面，说明曲面类型。

3-9　若一点处的应力张量 σ 在直角坐标系中的分量为

$$\sigma_{11} = \sigma_{22} = \sigma_{33} = \alpha, \quad \sigma_{ij} = \beta \ (i \neq j)$$

求该点的主应力、主方向、最大剪应力、法线为 $n = n_i e_i$ 的平面上的正应力 σ_n 和剪应力，并证明存在 $\sigma_n = 0$ 面的充分必要条件为 $-2 \leqslant \alpha/\beta \leqslant 1$。

提示：注意式 (3.38)。

第4章 守恒定律

本章提要:

在第 2 章和第 3 章中已经引入各种变量描述连续介质的变形状态、运动状态和应力状态。为了确定外载荷作用下物体的反应,即变形、运动、应力等状态的改变,需要建立连续介质状态变量之间的关系。这些关系可以分为两类,一类是本章讨论的守恒定律,包括质量守恒、动量守恒、动量矩守恒、能量守恒和熵不等式,守恒定律是适用于所有连续介质的普遍规律;另一类关系是只与特定物质联系的本构关系,将在下一章讨论。

如同第 2 章和第 3 章中用两种描述法表示变形、运动和应力状态一样,守恒定律也可以采用物质描述法和空间描述法。严格地说,守恒定律是对物体的整体成立且以整个物体的积分形式给出的。例如,动量守恒定律给出了物体的总动量的时间变率与作用在物体上的总外力之间的关系。但在通常情况下,可以假设守恒定律对于物体的任一微小部分成立,即局部化假设。这样,守恒定律又可以以微分形式给出。

4.1 质量守恒定律

质量是反映物体惯性的物理量。参考时刻 t_0 时体积 V 内的物质在 t 时刻的总质量为

$$M = \int_V \rho(\boldsymbol{x}, t) \mathrm{d}v \tag{4.1}$$

式中, $\rho(\boldsymbol{x}, t)$ 是质量密度,与位置和时间有关。任一物质点处质量密度的定义为

$$\rho = \lim_{\Delta v \to 0} \frac{\Delta m}{\Delta v} \tag{4.2}$$

式中, Δm 为体积 Δv 中的物质质量。连续性公理保证了质量密度存在和连续可微,且 $0 < \rho < \infty$。

质量守恒定律要求,在任意体积 V 中物质的总质量保持不变,即 M 的物质导数等于零

$$\frac{\mathrm{d}M}{\mathrm{d}t} = 0 \tag{4.3}$$

将式 (4.1) 代入式 (4.3)，利用体积积分的物质导数公式 (式 (2.172a))，得到空间描述法积分形式的质量守恒定律

$$\frac{\mathrm{d}}{\mathrm{d}t}\int_V \rho(\boldsymbol{x},t)\mathrm{d}v = \int_v \left[\frac{\partial\rho}{\partial t} + (\rho v^m)_{;m}\right]\mathrm{d}v = 0 \tag{4.4}$$

根据局部化假设，式 (4.4) 对任何体积成立，因而只有被积函数处处为零

$$\frac{\partial\rho}{\partial t} + (\rho v^m)_{;m} = 0 \tag{4.5}$$

注意到 $(\rho v^m)_{;m} = \rho_{,m}v^m + \rho v^m{}_{;m}$ 和标量的物质导数定义，或应用式 (2.172)，式 (4.5) 也可表示为

$$\frac{\mathrm{D}\rho}{\mathrm{D}t} + \rho v^m{}_{;m} = 0 \tag{4.5a}$$

式 (4.5) 或式 (4.5a) 是空间描述法微分形式的质量守恒定律，也称为连续性方程，抽象记法为

$$\frac{\partial\rho}{\partial t} + \boldsymbol{\nabla}\cdot(\rho\boldsymbol{v}) = 0 \quad \text{和} \quad \frac{\mathrm{D}\rho}{\mathrm{D}t} + \rho\boldsymbol{\nabla}\cdot\boldsymbol{v} = 0 \tag{4.6}$$

连续性方程的物理意义可以由式 (4.4) 得出。若 v 为物质体积 V 在 t 时刻所占据的空间体积，积分中的第一项 $\int_v \frac{\partial\rho}{\partial t}\mathrm{d}v$ 表示由于密度 ρ 随时间的变化在单位时间内空间 v 中物质质量的增量。利用高斯积分定理，积分中的第二项为

$$\int_v (\rho v^m)_{;m}\mathrm{d}v = \oint_s \rho v^m \mathrm{d}a_m = \oint_s \rho\boldsymbol{v}\cdot\mathrm{d}\boldsymbol{a}$$

可见该项表示单位时间内由于连续介质的运动从 v 的表面 s 流入的质量，如果冠以负号则表示流出的质量，所以式 (4.4) 表示单位时间内流出体积 v 的质量等于该体积内因为密度变化引起的质量增量。

任一点处密度增大表示物质被压缩，反之表示膨胀。有些物质在变形过程中可以近似地认为密度保持不变，这类物质称为不可压缩物质。显然，如果物质是不可压缩的，则

$$\frac{\mathrm{D}\rho}{\mathrm{D}t} = 0 \tag{4.7}$$

由式 (4.5a)，不可压缩条件的另一形式为

$$v^m{}_{;m} = \boldsymbol{\nabla}\cdot\boldsymbol{v} = 0 \tag{4.7a}$$

即不可压缩介质速度场的散度等于零。由式 (2.139)，上式还可以表示为

$$\mathrm{I}_d = d_k^k = \frac{\mathrm{D}}{\mathrm{D}t}(\mathrm{d}v)\Big/\mathrm{d}v = 0 \tag{4.7b}$$

即不可压缩物质的变形率张量 $\boldsymbol{d}$ 的第一不变量 I_d 及体积变形率等于零。

连续性方程也可以采用物质描述法。若 t_0 时刻构形 $\mathscr{R}$ 中任一点 $\boldsymbol{X}$ 处的质量密度为 $\rho_0(\boldsymbol{X}, t)$，在 t 时刻构形 $\mathfrak{r}$ 中该质点运动到 $\boldsymbol{x}$ 处，质量密度变为 $\rho(x(\boldsymbol{X}, t), t)$，根据质量守恒定律，$t_0$ 时刻物质体积 V 中的质量等于 t 时刻与 V 对应的体积 v 中的质量，即

$$\int_V \rho_0 \mathrm{d}V = \int_v \rho \mathrm{d}v$$

由于 $\mathrm{d}v = J\mathrm{d}V$ (式 (2.62))，所以

$$\int_V (\rho_0 - J\rho)\mathrm{d}V = 0 \tag{4.8}$$

上式是用物质描述法时质量守恒定律的积分形式。由局部化假设可以得到式 (4.8) 的微分形式，即物质描述法的连续性方程

$$J\rho = \rho_0 \tag{4.9}$$

4.2 动量守恒定律

➤ 4.2.1 Cauchy 动量方程

若任一构形 $\mathscr{R}$ 在 t 时刻变为构形 $\mathfrak{r}$，物质体积 V 变为体积 v，域 v 中任一质点的速度为 $\boldsymbol{v}$，该质点处体积元 $\mathrm{d}v$ 的动量为 $\rho\boldsymbol{v}\mathrm{d}v$，体积 V 中物质在 t 时刻的总动量为 $\int_V \rho\boldsymbol{v}\mathrm{d}v$。

动量守恒定律指出，任一物体总动量的时间变率等于作用在物体上的合力：

$$\frac{\mathrm{d}}{\mathrm{d}t}\int_V \rho\boldsymbol{v}\mathrm{d}v = \oint_s \boldsymbol{t}_n \mathrm{d}a + \int_v \rho\boldsymbol{f}\mathrm{d}v \tag{4.10}$$

式中，物质导数项的积分域用 V 是表示对于物质体积求导，其余各项的积分域标记与积分变量一致；$\boldsymbol{t}_n$ 为作用于构形 $\mathfrak{r}$ 表面单位面积的面力向量；$\boldsymbol{f}$ 为单位质量的体积力。式 (4.10) 是用空间描述法的动量守恒定律的积分形式。利用体积积分的物质导数公式 (2.172a)，有

$$\frac{\mathrm{d}}{\mathrm{d}t}\int_V \rho\boldsymbol{v}\mathrm{d}v = \int_v \left[\frac{\partial}{\partial t}(\rho v^l) + (\rho v^l v^m)_{;m}\right]\boldsymbol{g}_l \mathrm{d}v$$

$$= \int_v \left[\rho\frac{\partial v^l}{\partial t} + \rho v^m v^l{}_{;m} + v^l\left(\frac{\partial \rho}{\partial t} + (\rho v^m)_{;m}\right)\right]\boldsymbol{g}_l \mathrm{d}v$$

注意到连续性方程式 (4.5) 和加速度 $\boldsymbol{a}$ 的定义，上式变为

$$\frac{\mathrm{d}}{\mathrm{d}t}\int_V \rho\boldsymbol{v}\mathrm{d}v = \int_v \rho\boldsymbol{a}\mathrm{d}v \tag{4.11}$$

在 3.2 节中，对四面体元应用动量守恒定律，得到 $t_n \mathrm{d}a = \boldsymbol{t}^k \mathrm{d}a_k = t^{kl} \boldsymbol{g}_l \mathrm{d}a_k = \mathrm{d}\boldsymbol{a} \cdot \boldsymbol{t}$（见式 (3.7)、式 (3.9)，$\mathrm{d}\boldsymbol{a}$ 为面积元向量，不是加速度的微分）。利用高斯定理，有

$$\oint_s t_n \mathrm{d}a = \oint_s \mathrm{d}\boldsymbol{a} \cdot \boldsymbol{t} = \int_v \boldsymbol{\nabla}_x \cdot \boldsymbol{t} \mathrm{d}v = \int_v t^{kl}{}_{;k} \boldsymbol{g}_l \mathrm{d}v \tag{4.12}$$

式中，$\boldsymbol{\nabla}_x$ 表示 Euler 坐标系中的 Hamilton 算子。

将式 (4.11) 和式 (4.12) 代入式 (4.10)，得到

$$\oint_s \mathrm{d}\boldsymbol{a} \cdot \boldsymbol{t} + \int_v \rho(\boldsymbol{f} - \boldsymbol{a})\mathrm{d}v = 0 \tag{4.10a}$$

$$\int_v [\boldsymbol{\nabla}_x \cdot \boldsymbol{t} + \rho(\boldsymbol{f} - \boldsymbol{a})]\mathrm{d}v = 0 \tag{4.10b}$$

式 (4.10b) 为空间描述法积分形式的动量守恒方程，应用局部化假设得到方程的微分形式

$$\boldsymbol{\nabla}_x \cdot \boldsymbol{t} + \rho(\boldsymbol{f} - \boldsymbol{a}) = 0 \quad \text{或} \quad t^{kl}{}_{;k} + \rho(f^l - a^l) = 0 \tag{4.13}$$

式 (4.13) 称为第一 Cauchy 运动定律或 Cauchy 动量方程，是物体内任一点处 Cauchy 应力应该满足的平衡条件，在给定表面力向量 $\bar{t}_n$ 的表面上还需满足边界条件：

$$\boldsymbol{n} \cdot \boldsymbol{t} = \bar{\boldsymbol{t}}_n \tag{4.14}$$

➤ 4.2.2　Boussinesq 动量方程和 Kirchhoff 动量方程

为了给出物质描述法的动量守恒定律，利用式 (3.17)：$t_n \mathrm{d}a = \boldsymbol{t}^k \mathrm{d}a_k = \boldsymbol{\tau}^K \mathrm{d}A_K$，式 (4.10) 可以改写为

$$\frac{\mathrm{d}}{\mathrm{d}t} \int_V \rho \boldsymbol{v} \mathrm{d}v = \oint_S \boldsymbol{\tau}^K \mathrm{d}A_K + \int_v \rho \boldsymbol{f} \mathrm{d}v \tag{4.15}$$

注意到式 (3.22)：$\boldsymbol{\tau}^K = \tau^{Kl} \boldsymbol{g}_l$ 以及两点张量表示的高斯定理，即式 (1.187)$_1$，有

$$\oint_S \boldsymbol{\tau}^K \mathrm{d}A_K = \oint_S \tau^{Kl} \boldsymbol{g}_l \mathrm{d}A_K = \oint_S \mathrm{d}\boldsymbol{A} \cdot \boldsymbol{\tau} = \int_V \tau^{Kl}{}_{:K} \boldsymbol{g}_l \mathrm{d}V \tag{4.16}$$

将式 (4.16) 代入式 (4.15)，注意到 $\rho \mathrm{d}v = \rho_0 \mathrm{d}V$（质量守恒定律），得到用物质描述法的积分形式的动量守恒方程：

$$\int_V [\tau^{Kl}{}_{:K} + \rho_0(f^l - a^l)] \boldsymbol{g}_l \mathrm{d}V = 0 \tag{4.15a}$$

若式 (4.15a) 对物体的每个部分都成立，只有被积函数处处为零，故

$$\tau^{Kl}{}_{:K} + \rho_0(f^l - a^l) = 0 \quad \text{或} \quad \boldsymbol{\nabla}_X \cdot \boldsymbol{\tau} + \rho_0(\boldsymbol{f} - \boldsymbol{a}) = 0 \tag{4.17}$$

称为 Boussinesq 动量方程。f^l 和 a^l 为体积力 $\boldsymbol{f}(\boldsymbol{X},t)$ 和加速度 $\boldsymbol{a}(\boldsymbol{X},t)$ 在 x^k 坐标系中的分量；∇_X 为 Lagrange 坐标系中的 Hamilton 算子；τ^{Kl} 的全协变导数 (见式 (1.183b)) 为

$$\tau^{Kl}_{:K} = \tau^{Kl}_{;K} + \tau^{Kl}_{;m}x^m_{,K} = \tau^{Kl}_{,K} + \Gamma^K_{LK}\tau^{Ll} + (\tau^{Kl}_{,m} + \Gamma^l_{mn}\tau^{Kn})x^m_{,K}$$

将 $\tau^{Kl} = x^l_{,L}T^{KL}$(式 (3.29)) 代入式 (4.17)，得到用第二类 Piola-Kirchhoff 应力张量 $\boldsymbol{T}$ 表示的动量方程：

$$(x^l_{,L}T^{KL})_{:K} + \rho_0(f^l - a^l) = 0 \quad \text{或} \quad \nabla_X \cdot (\boldsymbol{F} \cdot \boldsymbol{T}) + \rho_0(\boldsymbol{f} - \boldsymbol{a}) = 0 \tag{4.18}$$

式 (4.18) 称为 Kirchhoff 动量方程。

利用变形梯度与位移梯度的关系 $x^l_{,L} = g^l_L + U^M_{;L}g^l_M$(见式 (2.34))，将式 (4.18) 两端乘以转移张量 g^N_l，注意转移张量的全协导数等于零 (式 (1.185))，可以像常数一样移入导数内，得到只依赖构形 $\mathscr{R}$ 的动量方程

$$[(\delta^N_L + U^N_{;L})T^{KL}]_{;K} + \rho_0(f^N - a^N) = 0 \tag{4.19}$$

或

$$\nabla_X \cdot [\boldsymbol{T} \cdot (\boldsymbol{I} + \nabla_X\boldsymbol{u})] + \rho_0(\boldsymbol{f} - \boldsymbol{a}) = \boldsymbol{0} \tag{4.19a}$$

上式也称为 Kirchhoff 动量方程，是式 (4.18) 的另一形式。由于第一项已变成一点张量，所以对 X^K 的全协变导数改为协变导数。式中 U^N、a^N、f^N 分别为物质点 $\boldsymbol{X}$ 在 t 时刻的位移 $\boldsymbol{u}$，加速度 $\boldsymbol{a}$ 和体力 $\boldsymbol{f}$ 沿构形 $\mathscr{R}$ 中点 $\boldsymbol{X}(t_0)$ 处标架 $\boldsymbol{G}_K$ 分解时得到的分量，即

$$\boldsymbol{u} = \boldsymbol{u}(\boldsymbol{X},t) = U^N\boldsymbol{G}_N, \boldsymbol{a} = \boldsymbol{a}(\boldsymbol{X},t) = a^N\boldsymbol{G}_N, \boldsymbol{f} = \boldsymbol{f}(\boldsymbol{X},t) = f^N\boldsymbol{G}_N \tag{4.20}$$

利用 $\boldsymbol{T}$ 的对称性，式 (4.19a) 也可以表示为

$$[(\boldsymbol{I} + \boldsymbol{u}\nabla_X) \cdot \boldsymbol{T}] \cdot \nabla_X + \rho_0(\boldsymbol{f} - \boldsymbol{a}) = 0 \tag{4.19b}$$

➤ 4.2.3 动量方程的物理意义

以上给出的四种微分形式的动量守恒方程式 (4.13)，式 (4.17)，式 (4.18) 和式 (4.19)，都表示 t 时刻构形 $\mathfrak{r}$ 中微元体的动量守恒。各种形式的动量方程可以在不同情况下使用，例如，当外力 $\boldsymbol{f}, \bar{\boldsymbol{t}}_n$ 以及边界只依赖 Euler 坐标系时，即在 t 时刻的构形 $\mathfrak{r}$ 中给出，例如牛顿流体，用式 (4.13) 更方便；当 $\boldsymbol{f}, \bar{\boldsymbol{t}}_n$ 和边界用 Lagrange 坐标系给出时，例如弹性固体，利用方程式 (4.19) 比较方便。

动量守恒定律的微分形式也可以由局部化假设直接考虑构形 $\mathfrak{r}$ 中单元体的动量守恒条件得到，例如式 (4.13) 可以用下面的方法推导。

在构形 $\mathfrak{r}$ 中沿 Euler 坐标系的协变标架坐标面考虑一微小平行六面体 (图 4.1)。各侧面上的内力合力如图所示，例如：前后两个面上的合力分别为

$$\boldsymbol{t}^1\mathrm{d}a_1 + [\partial(\boldsymbol{t}^1\mathrm{d}a_1)/\partial x^1]\,\mathrm{d}x^1 = \boldsymbol{t}^1\mathrm{d}a_1 + (\partial\boldsymbol{t}^1/\partial x^1)\,\mathrm{d}a_1\mathrm{d}x^1 \quad \text{和} \quad -\boldsymbol{t}^1\mathrm{d}a_1$$

式中，$\mathrm{d}a_1 = \varepsilon_{123}\mathrm{d}x^2\mathrm{d}x^3$（见式 $(1.104)_1$，$\mathrm{d}x^i$ 为线元 $\mathrm{d}\boldsymbol{x}_{(i)}$ 的分量）。单元体的表面力合力为

$$\frac{\partial \boldsymbol{t}^1}{\partial x^1}\mathrm{d}a_1\mathrm{d}x^1 + \frac{\partial \boldsymbol{t}^2}{\partial x^2}\mathrm{d}a_2\mathrm{d}x^2 + \frac{\partial \boldsymbol{t}^3}{\partial x^3}\mathrm{d}a_3\mathrm{d}x^3 = \left(\frac{\partial \boldsymbol{t}^1}{\partial x^1} + \frac{\partial \boldsymbol{t}^2}{\partial x^2} + \frac{\partial \boldsymbol{t}^3}{\partial x^3}\right)\varepsilon_{123}\mathrm{d}x^1\mathrm{d}x^2\mathrm{d}x^3$$

$$= \frac{\partial \boldsymbol{t}^k}{\partial x^k}\mathrm{d}v = \frac{\partial}{\partial x^k}(t^{kl}\boldsymbol{g}_l)\mathrm{d}v = t^{kl}{}_{;k}\boldsymbol{g}_l\mathrm{d}v$$

式中，$\mathrm{d}v = (\mathrm{d}x^1\boldsymbol{g}_1) \times (\mathrm{d}x^2\boldsymbol{g}_2) \cdot (\mathrm{d}x^3\boldsymbol{g}_3) = \varepsilon_{123}\mathrm{d}x^1\mathrm{d}x^2\mathrm{d}x^3$。单元体的体积力合力为 $\rho\boldsymbol{f}\mathrm{d}v = \rho f^l\boldsymbol{g}_l\mathrm{d}v$。注意到 $\rho\mathrm{d}v$ 质量守恒，单元体动量的时间变率为

$$\frac{\mathrm{d}}{\mathrm{d}t}(\rho\mathrm{d}v\boldsymbol{v}) = \rho\mathrm{d}v\frac{\mathrm{d}\boldsymbol{v}}{\mathrm{d}t} = \rho\boldsymbol{a}\mathrm{d}v = \rho a^l\boldsymbol{g}_l\mathrm{d}v$$

对单元体应用动量守恒定律，有 $t^{kl}{}_{;k} + \rho\left(f^l - a^l\right) = 0$，即式 (4.13)。

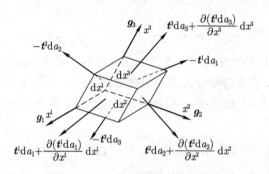

图 4.1　Euler 坐标中单元的平衡

如果在构形 τ 中沿 Lagrange 随体坐标系的坐标面取一平行六面体 (图 4.2)，三个邻边为 $\mathrm{d}X^1\boldsymbol{C}_1$，$\mathrm{d}X^2\boldsymbol{C}_2$，$\mathrm{d}X^3\boldsymbol{C}_3$。根据 Piola 应力向量的定义，该单元体表面上内力的合力如图所示，例如前后两面各为 $\boldsymbol{\tau}^1\mathrm{d}A_1 + (\partial\boldsymbol{\tau}^1/\partial X^1)\,\mathrm{d}X^1\mathrm{d}A_1$ 和 $-\boldsymbol{\tau}^1\mathrm{d}A_1$。

图 4.2　随体坐标系中单元的平衡

与前面的推导类似，可得单元体表面力的合力

$$\frac{\partial \boldsymbol{\tau}^1}{\partial X^1}\mathrm{d}X^1\mathrm{d}A_1 + \frac{\partial \boldsymbol{\tau}^2}{\partial X^2}\mathrm{d}X^2\mathrm{d}A_2 + \frac{\partial \boldsymbol{\tau}^3}{\partial X^3}\mathrm{d}X^3\mathrm{d}A_3 = \frac{\partial \boldsymbol{\tau}^K}{\partial X^K}\mathrm{d}V$$

利用质量守恒定律，体积力的合力为 $\boldsymbol{f}\rho\mathrm{d}v = \boldsymbol{f}\rho_0\mathrm{d}V$，由式 (4.11) 动量的时间变率为 $\boldsymbol{a}\rho\mathrm{d}v = \boldsymbol{a}\rho_0\mathrm{d}V$。所以，图 4.2 单元体的动量守恒方程为 $\dfrac{\partial \boldsymbol{\tau}^K}{\partial X^K} + \rho_0(\boldsymbol{f} - \boldsymbol{a}) = 0$。由式 (3.22) 和式 (3.26)，用 τ^{Kl}, T^{KL} 表示 $\boldsymbol{\tau}^K$，即可得到方程式 (4.17)、式 (4.18) 和式 (4.19)。

➤ 4.2.4 动量方程的变率形式

非线性连续介质力学问题 (例如有限变形、非弹性) 常常需要用增量或变率作为未知量求解，因此需要建立变率形式的动量方程。

对积分形式的动量方程式 (4.10a) 取物质导数，利用质量守恒方程 $\dfrac{\mathrm{d}}{\mathrm{d}t}(\rho\mathrm{d}v) = 0$，有

$$\frac{\mathrm{d}}{\mathrm{d}t}\left[\oint_S \mathrm{d}\boldsymbol{a} \cdot \boldsymbol{t} + \int_V \rho(\boldsymbol{f} - \boldsymbol{a})\mathrm{d}v\right] = \oint_s (\mathrm{d}\dot{\boldsymbol{a}} \cdot \boldsymbol{t} + \mathrm{d}\boldsymbol{a} \cdot \dot{\boldsymbol{t}}) + \int_v \rho(\dot{\boldsymbol{f}} - \dot{\boldsymbol{a}})\mathrm{d}v = 0$$

将式 (2.127a) 代入上式，得到

$$\oint_s \left\{\mathrm{d}\boldsymbol{a} \cdot \left[\dot{\boldsymbol{t}} + (\boldsymbol{\nabla} \cdot \boldsymbol{v})\boldsymbol{t} - (\boldsymbol{v}\boldsymbol{\nabla}) \cdot \boldsymbol{t}\right]\right\} + \int_v \rho(\dot{\boldsymbol{f}} - \dot{\boldsymbol{a}})\mathrm{d}v = 0$$

应用 Gauss 定理，由上式得到 Euler 描述法率形式的动量守恒定律：

$$\int_v \left\{\boldsymbol{\nabla}_x \cdot \left[\dot{\boldsymbol{t}} + (\boldsymbol{\nabla} \cdot \boldsymbol{v})\boldsymbol{t} - (\boldsymbol{v}\boldsymbol{\nabla}) \cdot \boldsymbol{t}\right] + \rho(\dot{\boldsymbol{f}} - \dot{\boldsymbol{a}})\right\}\mathrm{d}v = 0 \tag{4.21}$$

及其微分形式，即率形式的 Cauchy 运动方程：

$$\boldsymbol{\nabla}_x \cdot \left[\dot{\boldsymbol{t}} + (\boldsymbol{\nabla} \cdot \boldsymbol{v})\boldsymbol{t} - (\boldsymbol{v}\boldsymbol{\nabla}) \cdot \boldsymbol{t}\right] + \rho(\dot{\boldsymbol{f}} - \dot{\boldsymbol{a}}) = 0 \tag{4.22}$$

或

$$\left(\frac{\mathrm{D}t^{kl}}{\mathrm{D}t} + v^m_{;m}t^{kl} - v^k_{;m}t^{ml}\right)_{;k} + \rho\left(\frac{\mathrm{D}f^l}{\mathrm{D}t} - \frac{\mathrm{D}a^l}{\mathrm{D}t}\right) = 0 \tag{4.22a}$$

类似地，对 Lagrange 描述法的积分形式动量方程式 (4.15) 取物质导数，注意参考构形 $\mathscr{R}$ 中 $\mathrm{d}\boldsymbol{A}$ 和 $\mathrm{d}V$ 与时间无关，可以得到 Lagrange 描述法变率型动量守恒方程

$$\int_V \left[\boldsymbol{\nabla}_X\dot{\boldsymbol{\tau}} - \rho_0(\dot{\boldsymbol{f}} - \dot{\boldsymbol{a}})\right]\mathrm{d}V = 0 \tag{4.23}$$

和它的微分形式，率形式的 Boussinesq 动量方程

$$\boldsymbol{\nabla}_X\dot{\boldsymbol{\tau}} - \rho_0(\dot{\boldsymbol{f}} - \dot{\boldsymbol{a}}) = 0 \quad \text{或} \quad \left(\frac{\mathrm{D}\tau^{Kl}}{\mathrm{D}t}\right)_{:K} + \rho_0\left(\frac{\mathrm{D}f^l}{\mathrm{D}t} - \frac{\mathrm{D}a^l}{\mathrm{D}t}\right) = 0 \tag{4.24}$$

将 $\tau^{Kl} = x^l_{,L} T^{KL}$ 代入上式，得到率形式的 Kirchhoff 动量方程

$$\left(\frac{\mathrm{D}T^{KL}}{\mathrm{D}t} x^l_{,L} + T^{KL} v^l_{:L}\right)_{:K} + \rho_0 \left(\frac{\mathrm{D}f^l}{\mathrm{D}t} - \frac{\mathrm{D}a^l}{\mathrm{D}t}\right) = 0 \tag{4.25}$$

4.3　动量矩守恒定律

若在 t 时刻构形 $\mathfrak{r}$ 中取任一体积元 $\mathrm{d}v$，其质量为 $\rho\mathrm{d}v$，该质量对任一给定参考点 O 的动量矩为 $\boldsymbol{x} \times \boldsymbol{v}\rho\mathrm{d}v$，整个物体在 t 时刻对参考点 O 的总动量矩为 $\int_V \boldsymbol{x} \times \boldsymbol{v}\rho\mathrm{d}v$，$\boldsymbol{x}$ 为以 O 为参考点体积元 $\mathrm{d}v$ 的位置向量。

动量矩守恒定律指出，任一物体总动量矩的时间变率等于作用在物体上的合力矩：

$$\frac{\mathrm{d}}{\mathrm{d}t}\int_V \rho\boldsymbol{x} \times \boldsymbol{v}\mathrm{d}v = \oint_s \boldsymbol{x} \times \boldsymbol{t}_n \mathrm{d}a + \int_v \rho\boldsymbol{x} \times \boldsymbol{f}\mathrm{d}v + \oint_s \boldsymbol{m}_n \mathrm{d}a + \int_v \boldsymbol{l}\rho\mathrm{d}v \tag{4.26}$$

式中，右端第一项为表面力的合力矩；第二项为体积力的合力矩；第三项为分布表面力偶 $\boldsymbol{m}_n$ 的合力偶矩；第四项为体力偶 $\boldsymbol{l}$ 的合力偶矩。对于非极性物质，体力偶和表面力偶为零，上式变为

$$\frac{\mathrm{d}}{\mathrm{d}t}\int_V \rho\boldsymbol{x} \times \boldsymbol{v}\mathrm{d}v = \oint_s \boldsymbol{x} \times \boldsymbol{t}_n \mathrm{d}a + \int_v \rho\boldsymbol{x} \times \boldsymbol{f}\mathrm{d}v \tag{4.26a}$$

左端为体积积分的时间变率，有

$$\frac{\mathrm{d}}{\mathrm{d}t}\int_V \rho\boldsymbol{x} \times \boldsymbol{v}\mathrm{d}v = \int_v \frac{\mathrm{d}}{\mathrm{d}t}(\rho\boldsymbol{x} \times \boldsymbol{v}\mathrm{d}v) = \int_v \frac{\mathrm{d}\boldsymbol{x}}{\mathrm{d}t} \times \boldsymbol{v}\rho\mathrm{d}v + \int_v \boldsymbol{x} \times \frac{\mathrm{d}\boldsymbol{v}}{\mathrm{d}t}\rho\mathrm{d}v + \int_v \boldsymbol{x} \times \boldsymbol{v}\frac{\mathrm{d}}{\mathrm{d}t}(\rho\mathrm{d}v)$$

注意到 $\frac{\mathrm{d}\boldsymbol{x}}{\mathrm{d}t} = \boldsymbol{v}$，$\frac{\mathrm{d}\boldsymbol{v}}{\mathrm{d}t} = \boldsymbol{a}$，$\frac{\mathrm{d}}{\mathrm{d}t}(\rho\mathrm{d}v) = 0$(质量守恒)，因而

$$\frac{\mathrm{d}}{\mathrm{d}t}\int_V \rho\boldsymbol{x} \times \boldsymbol{v}\mathrm{d}v = \int_v \boldsymbol{x} \times \boldsymbol{a}\rho\mathrm{d}v \tag{4.27}$$

将 $\boldsymbol{t}_n = \boldsymbol{n} \cdot \boldsymbol{t}$(注意：此式和下面的推导中均未用应力张量 $\boldsymbol{t}$ 的对称性，因为待证)代入式 (4.26)，利用 Gauss 定理和散度定义，式 (4.26a) 右端第一项为

$$\oint_s \boldsymbol{x} \times \boldsymbol{t}_n \mathrm{d}a = \oint_s \boldsymbol{x} \times (\boldsymbol{n} \cdot \boldsymbol{t})\mathrm{d}a = -\oint_s \mathrm{d}a(\boldsymbol{n} \cdot \boldsymbol{t}) \times \boldsymbol{x} = -\oint_s \mathrm{d}\boldsymbol{a} \cdot (\boldsymbol{t} \times \boldsymbol{x})$$

$$= -\int_v \boldsymbol{\nabla}_x \cdot (\boldsymbol{t} \times \boldsymbol{x})\mathrm{d}v = -\int_v \boldsymbol{g}^k \cdot \partial_k(\boldsymbol{t} \times \boldsymbol{x})\mathrm{d}v$$

$$= -\int_v [\boldsymbol{g}^k \cdot \partial_k \boldsymbol{t} \times \boldsymbol{x} + \boldsymbol{g}^k \cdot \boldsymbol{t} \times \boldsymbol{g}_k]\mathrm{d}v \tag{4.28}$$

$$= -\int_v [(\boldsymbol{\nabla}_x \cdot \boldsymbol{t}) \times \boldsymbol{x} + \boldsymbol{g}^k \cdot (t^{ml}\boldsymbol{g}_m\boldsymbol{g}_l) \times \boldsymbol{g}_k]\mathrm{d}v$$

$$= -\int_v [\boldsymbol{x} \times (\boldsymbol{\nabla}_x \cdot \boldsymbol{t}) - t^{kl} \boldsymbol{g}_l \times \boldsymbol{g}_k]\mathrm{d}v$$

将式 (4.27)、式 (4.28) 代入式 (4.26a)，注意到动量守恒定律式 (4.13)，得到

$$\int_v t^{kl} \boldsymbol{g}_k \times \boldsymbol{g}_l \mathrm{d}v = 0 \tag{4.29}$$

根据局部化假设，式 (4.29) 对任何体积 v 成立，只有 $t^{kl}\boldsymbol{g}_k \times \boldsymbol{g}_l = \varepsilon_{klm}t^{kl}\boldsymbol{g}^m = 0$，所以

$$t^{kl} = t^{lk} \quad \text{或} \quad \boldsymbol{t}^{\mathrm{T}} = \boldsymbol{t} \tag{4.30}$$

因此，在无体力偶和分布表面力偶作用时，Cauchy 应力张量具有对称性。对于极性物质，由式 (4.26) 可以推导出应力张量、偶应力张量和体力偶之间的平衡关系，此时 Cauchy 应力张量是非对称的。

由式 (3.32)，很容易利用 Cauchy 应力张量的对称性证明第二类 Piola-Kirchhoff 应力张量的对称性，即

$$T^{KL} = T^{LK} \quad \text{或} \quad \boldsymbol{T}^{\mathrm{T}} = \boldsymbol{T} \tag{4.31}$$

Cauchy 应力张量和第二类 Piola-Kirchhoff 应力张量的对称性，也可以考虑构形 τ 中单元体 (图 4.1 和图 4.2) 的动量矩守恒条件直接得到。例如，利用图 4.1 所示单元体，以单元体的中心为参考点应用动量矩守恒定律，注意到由于几何对称性单元体各质点对中心的合动量矩以及体积力对单元中心的合力矩等于零，相互平行的侧面上的内力差对单元中心的力矩是四阶小量，在保留三阶小量情况下，单元体的动量矩守恒定律归结为

$$(\mathrm{d}x^1 \boldsymbol{g}_1) \times (\boldsymbol{t}^1 \mathrm{d}a_1) + (\mathrm{d}x^2 \boldsymbol{g}_2) \times (\boldsymbol{t}^2 \mathrm{d}a_2) + (\mathrm{d}x^3 \boldsymbol{g}_3) \times (\boldsymbol{t}^3 \mathrm{d}a_3) = 0$$

即

$$\boldsymbol{g}_k \times \boldsymbol{t}^k \varepsilon_{123}\mathrm{d}x^1 \mathrm{d}x^2 \mathrm{d}x^3 = 0$$

所以，$\boldsymbol{g}_k \times \boldsymbol{t}^k = \boldsymbol{g}_k \times (t^{kl}\boldsymbol{g}_l) = t^{kl}\boldsymbol{g}_k \times \boldsymbol{g}_l = 0$, $t^{kl} = t^{lk}$，即式 (4.30)。

4.4　能量守恒定律

▶4.4.1　热力学系统

本书所讨论的连续介质是热力学系统，所以应该满足热力学的基本定律。热力学系统的状态用宏观状态变量描述，例如温度、密度、应变、应力、内能、熵等等，这些状态变量一般是随时间变化的。热力学系统状态变量的变化过程称为热力学过程，保持温度不变的过程称为等温过程，没有热量交换的过程称为绝热过程。如果状态变量不随时间改变，则热力学系统处于平衡状态，热力学过程可以使一个平

衡状态变为另一个平衡状态。如果这种变化是无限缓慢的, 这样的过程称为准静态过程。热力学过程可以是可逆的 (无耗散的系统), 也可以是不可逆的 (有耗散的系统)。

经典热力学指出:

(1) 物质所具有的能量, 可以从一种形式转变为另一种形式, 也可以从一个物体传给另一个物体, 在能量转化和传递过程中, 总和保持不变。所以, 系统内能的增加等于外部对系统所做的功与供给系统的热量之和 (如果不考虑电磁能、化学能等其他能量)。这一结论对可逆与不可逆过程均成立, 称为热力学第一定律, 或能量守恒定律。该定律表明, 不需外界提供能量却能对外做功的第一类永动机是不可能的。

(2) 自发进行的热力学过程 (无外部作用) 对应系统的熵增量不小于零。这一规律称为熵不等式或热力学第二定律, 该定律指出了过程自发进行的方向。与该叙述等价的提法还有: 热不能自动地由低温物体传给高温物体, 只能自动由高温物体传向低温物体 (Clausius 提法); 从单一热源取得的热量不可能完全转变为有用功, 而不产生其他影响, 即第二类永动机是不能实现的 (Kelvin 提法), 等等。

连续介质作为热力学系统, 状态变量可以有多个, 其中一些变量是相互独立的, 另一些变量可以通过状态方程用独立的状态变量表示, 这些状态方程就是连续介质力学中的本构方程。热力学第一定律和第二定律是建立本构关系的理论基础。本节讨论连续介质的能量守恒定律, 下节讨论熵不等式。

▶ 4.4.2 机械能守恒定律

首先研究没有热交换 (无热源和热流) 情况, 因而可以不考虑热学量。在构形 τ 中取任一单元体, 若质量为 ρdv、速度为 v, 则动能为 $\frac{1}{2}v \cdot v\rho dv$, 物质体积为 V 的整个物体的宏观运动动能等于所有体积元的动能之和, 即

$$K = \int_V \frac{1}{2}v \cdot v\rho dv \tag{4.32}$$

物体的动能只是物体所包含的总能量的一部分, 除动能之外其余的能量统称为内能, 内能是物体状态的函数, 决定于物体的质量、分子间相互作用势能和分子热运动平均动能等。在构形 τ 中任一点处, 单位质量的内能称为内能密度 e, 整个物体的内能为

$$E = \int_V e\rho dv \tag{4.33}$$

引起物体中能量变化的原因可以是多方面的, 例如体积力和表面力做功、热量的流入或者流出和宏观运动等。如只考虑外力 (体积力和表面力) 做功时, 物体能量的变化只是机械能 (动能和变形能, 此时变形能即内能) 的变化。

机械能守恒定律为, 物体中内能 (变形能) 和动能之和的时间变率等于作用于物体上所有外力的功率, 即

$$\frac{\mathrm{d}}{\mathrm{d}t} \int_V \left(\rho e + \frac{1}{2} \rho \boldsymbol{v} \cdot \boldsymbol{v} \right) \mathrm{d}v = \oint_s \boldsymbol{t}_n \cdot \boldsymbol{v} \mathrm{d}a + \int_v \rho \boldsymbol{f} \cdot \boldsymbol{v} \mathrm{d}v \tag{4.34}$$

式中, 左端为总能量的物质导数; 右端为表面力 $\boldsymbol{t}_n$ 和体积力 $\boldsymbol{f}$ 的功率; v 为参考构形 $\mathscr{R}$ 中物质体积 V 在 t 时刻构形 $\mathfrak{r}$ 中所占据的空间; s 为 v 的表面。式 (4.34) 为机械能守恒定律的积分形式, 根据局部化假设可以给出它的微分形式。

利用体积积分的物质导数公式, 注意到质量守恒定律, 有

$$\frac{\mathrm{d}}{\mathrm{d}t} \int_V \rho e \mathrm{d}v = \int_v \left[\frac{\mathrm{d}e}{\mathrm{d}t} \rho \mathrm{d}v + e \frac{\mathrm{d}}{\mathrm{d}t} (\rho \mathrm{d}v) \right] = \int_v \frac{\mathrm{D}e}{\mathrm{D}t} \rho \mathrm{d}v \tag{4.35}$$

$$\frac{\mathrm{d}}{\mathrm{d}t} \int_V \frac{1}{2} \rho \boldsymbol{v} \cdot \boldsymbol{v} \mathrm{d}v = \int_v \left[\rho \boldsymbol{v} \cdot \frac{\mathrm{d}\boldsymbol{v}}{\mathrm{d}t} \mathrm{d}v + \frac{1}{2} \frac{\mathrm{d}}{\mathrm{d}t} (\rho \mathrm{d}v) \boldsymbol{v} \cdot \boldsymbol{v} \right] = \int_v \rho \boldsymbol{v} \cdot \boldsymbol{a} \mathrm{d}a \tag{4.36}$$

利用高斯定理和 $\boldsymbol{t}_n = \boldsymbol{n} \cdot \boldsymbol{t}$, 有

$$\oint_s \boldsymbol{t}_n \cdot \boldsymbol{v} \mathrm{d}a = \oint_s (\boldsymbol{n} \cdot \boldsymbol{t}) \cdot \boldsymbol{v} \mathrm{d}a = \oint_s \mathrm{d}\boldsymbol{a} \cdot (\boldsymbol{t} \cdot \boldsymbol{v}) = \int_v \boldsymbol{\nabla} \cdot (\boldsymbol{t} \cdot \boldsymbol{v}) \mathrm{d}v = \int_v \boldsymbol{g}^k \cdot \partial_k (\boldsymbol{t} \cdot \boldsymbol{v}) \mathrm{d}v$$

$$= \int_v [\boldsymbol{g}^k \cdot (\partial_k \boldsymbol{t}) \cdot \boldsymbol{v} + \boldsymbol{g}^k \cdot \boldsymbol{t} \cdot \partial_k \boldsymbol{v}] \mathrm{d}v$$

注意 $\partial_k \boldsymbol{v} \equiv \dfrac{\partial \boldsymbol{v}}{\partial x^k} \equiv \boldsymbol{v}_{,k}$; $\boldsymbol{g}^k \cdot \boldsymbol{t} = \boldsymbol{g}^k \cdot (t^{ml} \boldsymbol{g}_m \boldsymbol{g}_l) = t^{kl} \boldsymbol{g}_l = \boldsymbol{t}^k$; $\boldsymbol{g}^k \cdot \partial_k \boldsymbol{t} \equiv \boldsymbol{\nabla} \cdot \boldsymbol{t}$, 所以

$$\oint_s \boldsymbol{t}_n \cdot \boldsymbol{v} \mathrm{d}a = \int_v (\boldsymbol{\nabla} \cdot \boldsymbol{t}) \cdot \boldsymbol{v} \mathrm{d}v + \int_v \boldsymbol{t}^k \cdot \boldsymbol{v}_{,k} \mathrm{d}v \tag{4.37}$$

将式 (4.35)、式 (4.36) 和式 (4.37) 代入式 (4.34), 得到

$$\int_v [\boldsymbol{\nabla} \cdot \boldsymbol{t} + \rho(\boldsymbol{f} - \boldsymbol{a})] \cdot \boldsymbol{v} \mathrm{d}v - \int_v \left[\rho \frac{\mathrm{D}e}{\mathrm{D}t} - \boldsymbol{t}^k \cdot \boldsymbol{v}_{,k} \right] \mathrm{d}v = 0$$

利用动量守恒定律式 (4.13) 和局部化假设, 得到

$$\rho \dot{e} - \boldsymbol{t}^k \cdot \boldsymbol{v}_{,k} = 0 \tag{4.38}$$

应用速度梯度的加法分解、t^{kl} 的对称性和 w_{kl} 的反对称性, 应力的功率可表示为

$$\boldsymbol{t}^k \cdot \boldsymbol{v}_{,k} = (t^{kl} \boldsymbol{g}_l) \cdot (v_{m;k} \boldsymbol{g}^m) = t^{kl} v_{l;k} = t^{kl} v_{k;l} = t^{kl} d_{kl}$$

上式代入式 (4.38), 得到

$$\rho \dot{e} - t^{kl} d_{kl} = 0 \quad \text{或} \quad \rho \dot{e} - \boldsymbol{t} : \boldsymbol{d} = 0 \tag{4.39}$$

式 (4.38) 和式 (4.39) 是 Euler 描述法微分形式的机械能守恒定律, 即变形后单位体积内能的变率等于应力功率。

下面给出 Lagrange 描述法的机械能守恒定律。注意到式 (3.19)、连续性方程式 (4.9) 和 $v_{,k} = v_{,K} X^K{}_{,k}$, 由式 (4.38) 得到

$$\rho_0 \dot{e} - \boldsymbol{\tau}^K \cdot \boldsymbol{v}_{,K} = 0 \tag{4.40}$$

利用 $\boldsymbol{\tau}^K = \tau^{Km} \boldsymbol{g}_m$ (式 (3.22)) 及全协变导数的定义 (参见式 (1.182)):

$$\boldsymbol{v}_{,K} = \left(v_l \boldsymbol{g}^l \right)_{,K} = \partial_K \left\{ v_l \left[\boldsymbol{x}(\boldsymbol{X}), \boldsymbol{X} \right] \boldsymbol{g}^l \left[\boldsymbol{x}(\boldsymbol{X}) \right] \right\}$$

$$= \frac{\partial v_l}{\partial X^K} \boldsymbol{g}^l + \frac{\partial v_l}{\partial x^k} x^k{}_{,K} \boldsymbol{g}^l + v_l \frac{\partial \boldsymbol{g}^l}{\partial x^k} x^k{}_{,K} = \left[v_{l,K} + (v_{l,k} - v_m \Gamma^m_{kl}) x^k{}_{,K} \right] \boldsymbol{g}^l \equiv v_{l:K} \boldsymbol{g}^l$$

所以 $\boldsymbol{\tau}^K \cdot \boldsymbol{v}_{,K} = \tau^{Km} \boldsymbol{g}_m \cdot (v_{l:K} \boldsymbol{g}^l) = \tau^{Kl} v_{l:K}$, 代入式 (4.40), 得到

$$\rho_0 \dot{e} - \tau^{Kl} v_{l:K} = 0 \quad \text{或} \quad \rho_0 \dot{e} - \boldsymbol{\tau} : (\boldsymbol{\nabla}_X \boldsymbol{v}) = 0 \tag{4.41}$$

其中, 两点张量 $v_{l:K}$ 为 $\boldsymbol{v}$ 的全协变导数, 并矢形式为 $\boldsymbol{\nabla}_X \boldsymbol{v} = v_{l:K} \boldsymbol{G}^K \boldsymbol{g}_k$。

注意到 $t^{kl} = \frac{1}{J} x^k{}_{,K} x^l{}_{,L} T^{KL}$ (式 (3.32)) 和 $\dot{E}_{KL} = x^k{}_{,K} x^l{}_{,L} d_{kl}$ (式 (2.149)), 可得

$$t^{kl} d_{kl} = \frac{1}{J} x^k{}_{,K} x^l{}_{,L} T^{KL} d_{kl} = \frac{1}{J} T^{KL} \dot{E}_{KL} \tag{4.42}$$

将式 (4.42) 代入式 (4.39), 得到

$$\rho_0 \dot{e} - T^{KL} \dot{E}_{KL} = 0 \quad \text{或} \quad \rho_0 \dot{e} - \boldsymbol{T} : \dot{\boldsymbol{E}} = 0 \tag{4.43}$$

式 (4.40)、式 (4.41) 和式 (4.43) 即是用 Lagrange 描述法时微分形式的机械能守恒定律, 即变形前单位体积物质的内能变率等于应力功率。

▶ 4.4.3 能量守恒定律

下面讨论外力和热共同作用时的能量守恒定律。

热对连续介质的作用也和外力一样, 可分为两种: 一种是通过物体表面作用的热量交换, 用单位时间内通过单位面积流出的热量表示, 称为热流量; 另一种是供应整个物体热量的分布热源, 例如热辐射引起的热交换, 这种形式的热交换用单位时间内单位质量获得的热量来表示, 称为热供应。

热流量 $\boldsymbol{q}$ 是一个向量 (图 4.3)。单位时间内通过构形 $\mathfrak{r}$ 中任一点 p 处单位法线向量为 $\boldsymbol{n}$ 的面积元 $n \mathrm{d}a$ 的热量为 $\boldsymbol{q} \cdot \boldsymbol{n} \mathrm{d}a = \boldsymbol{q} \cdot \mathrm{d}\boldsymbol{a}$。可以将热流量 $\boldsymbol{q}$ 沿 $\boldsymbol{g}_k$ 分解为 $\boldsymbol{q} = q^k \boldsymbol{g}_k$, 则

$$\boldsymbol{q} \cdot \mathrm{d}\boldsymbol{a} = q^k \mathrm{d}a_k \tag{4.44}$$

单位时间内通过整个表面 s 流入物体的热量为 $-\oint_s \boldsymbol{q} \cdot \boldsymbol{n} \mathrm{d}a$。

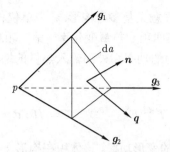

图 4.3　面积元的热流量 $\boldsymbol{q}$

若构形 $\mathfrak{r}$ 中任一点处单位时间内单位质量从外面所获得的热量记作 h(热供应, 标量), 那么整个物体在单位时间内获得的热量为 $\displaystyle\int_v h\rho dv$。

考虑外力和外部加热作用时, 能量守恒定律 (即热力学第一定律) 指出, 物体中内能和动能之和的时间变率等于作用于物体所有外力的功率及热量增加率之和, 即

$$\frac{\mathrm{D}}{\mathrm{D}t}\int_V\left(\rho e+\frac{1}{2}\rho\boldsymbol{v}\cdot\boldsymbol{v}\right)\mathrm{d}v=\oint_s\boldsymbol{t}_n\cdot\boldsymbol{v}\mathrm{d}a+\int_v\rho\boldsymbol{f}\cdot\boldsymbol{v}\mathrm{d}v-\oint_s\boldsymbol{q}\cdot\boldsymbol{n}\mathrm{d}a+\int_v\rho h\mathrm{d}v \quad (4.45)$$

用与 4.4.2 小节类似的推导方法, 并对右端第三项应用 Gauss 定理, 可以得到上式的微分形式 (Euler 描述法):

$$\rho\dot{e}-t^{kl}d_{kl}+q^k_{;k}-\rho h=0\quad\text{或}\quad\rho\dot{e}-\boldsymbol{t}:\boldsymbol{d}+\boldsymbol{\nabla}\cdot\boldsymbol{q}-\rho h=0 \quad (4.46)$$

采用 Lagrange 描述法时, 由式 (2.60) 和 Gauss 定理, 有

$$\int_s\boldsymbol{q}\cdot\boldsymbol{n}\mathrm{d}a=\int_S\boldsymbol{q}\cdot\left(J\boldsymbol{F}^{-\mathrm{T}}\cdot\mathrm{d}\boldsymbol{A}\right)=\int_S\mathrm{d}\boldsymbol{A}\cdot\left(J\boldsymbol{F}^{-1}\cdot\boldsymbol{q}\right)=\int_V\boldsymbol{\nabla}_X\cdot\boldsymbol{q}_0\mathrm{d}V \quad (4.47)$$

其中

$$\boldsymbol{q}_0=J\boldsymbol{F}^{-1}\cdot\boldsymbol{q} \quad (4.48)$$

式 (4.48) 是用参考构形 $\mathscr{R}$ 表示的热流量, $\boldsymbol{q}_0\cdot\mathrm{d}\boldsymbol{A}$ 等于通过构形 $\mathfrak{r}$ 面积 $\mathrm{d}\boldsymbol{a}$(变形前是 $\mathrm{d}\boldsymbol{A}$) 的热量 $\boldsymbol{q}\cdot\mathrm{d}\boldsymbol{a}$。利用质量守恒定律, $\rho\mathrm{d}v=\rho_0\mathrm{d}V$, 得

$$\int_v\rho h\mathrm{d}v=\int_V\rho_0 h\mathrm{d}v \quad (4.49)$$

将式 (4.47) 和式 (4.49) 代入式 (4.45), 可以得到 Lagrange 描述法能量守恒方程的微分形式:

$$\rho_0\dot{e}-\tau^{Kl}v_{l:K}+q^K_{0;K}-\rho_0 h=0\quad\text{或}\quad\rho_0\dot{e}-\boldsymbol{\tau}:\boldsymbol{\nabla}_X\boldsymbol{v}+\boldsymbol{\nabla}_X\cdot\boldsymbol{q}_0-\rho_0 h=0 \quad (4.50)$$

和

$$\rho_0\dot{e}-T^{KL}\dot{E}_{KL}+q^K_{0;K}-\rho_0 h=0\quad\text{或}\quad\rho_0\dot{e}-\boldsymbol{T}:\dot{\boldsymbol{E}}+\boldsymbol{\nabla}_X\cdot\boldsymbol{q}_0-\rho_0 h=0 \quad (4.51)$$

式 (4.50) 和式 (4.51) 的物理意义是参考构形 $\mathscr{R}$ 中单位体积物质的能量守恒。第一项是内能变率，第三项和第四项是热量变化率，第二项表示应力在变形上的功率，所以内能的变化率等于应力的功率和外部输入热量的增加率。由式 (4.42)，并比较式 (4.41) 和式 (4.43)，有

$$w = Jt^{kl}d_{kl} = \tau^{Kl}v_{l:K} = T^{KL}\dot{E}_{KL} \quad \text{或} \quad w = Jt : d = \tau : \nabla_X v = T : \dot{E} \quad (4.52)$$

w 称为构形 $\mathscr{R}$ 中单位体积的变形功率。该体积在构形 $\mathfrak{r}$ 中变为 J，所以 $t^{kl}d_{kl}$ 是构形 $\mathfrak{r}$ 中单位体积的变形功率。式 (4.52) 给出了功率与三种应力–变形速率组合之间的对应关系，所以也称为功共轭对 (但其中速度梯度 $\nabla_X v$ 包含刚性转动，$\tau : \nabla_X v$ 不是纯变形功率)。

4.5　熵不等式 (热力学第二定律)

在热力学中，对于任何一个准静态均匀可逆过程，可以证明当系统从状态 (1) 变为状态 (2) 时，热量增量与绝对温度比值的积分 $\displaystyle\int_{(1)}^{(2)} \frac{dQ}{\theta}$ 只与两个状态有关，与过程的路径无关，因此存在一个状态变量 S，称为熵 (Entropy)，满足

$$S^e_{(2)} - S^e_{(1)} = \int_{(1)}^{(2)} \mathrm{d}S^e = \int_{(1)}^{(2)} \frac{\mathrm{d}Q}{\theta} \tag{4.53}$$

$$\mathrm{d}S^e = \frac{\mathrm{d}Q}{\theta} \tag{4.54}$$

式中，Q 是输入给系统的热量，包括通过表面输入的热量 (热流量) 和分布热源产生的热量；θ 是绝对温度 (> 0)；用上标 e 表示外部输入热量引起的熵。熵的中文意思是热量除以绝对温度，外文含义是热量转换。熵是实际存在和可以测量的变量。

实际过程多为不可逆耗散过程。在不可逆过程中系统热量的变化可以认为由两部分组成：外部输入的热量 Q 和系统内部耗散产生的热量，后者例如塑性变形、黏弹性滞后、损伤演化等引起的耗散生热。所以系统的熵变化也由两部分组成

$$\mathrm{d}S = \mathrm{d}S^e + \mathrm{d}S^i \tag{4.55}$$

式中，$\mathrm{d}S^i$ 是内部耗散生热引起的熵变化。热力学第二定律指出，内部耗散永远使系统热量增加，即

$$\mathrm{d}S^i \geqslant 0 \tag{4.56}$$

等号仅用于可逆过程，即无耗散发生的情况。由式 (4.55) 和式 (4.56) 可知

$$\mathrm{d}S \geqslant \mathrm{d}S^e \tag{4.57}$$

对于均匀系统, 温度和热量不随位置变化, 利用式 (4.54), 有

$$\mathrm{d}S \geqslant \frac{\mathrm{d}Q}{\theta} \tag{4.57a}$$

等号只适用于可逆过程, 大于号适用于不可逆过程。

式 (4.56) 和式 (4.57a) 称为热力学第二定律, 也称为熵不等式或 Clausius-Duhem 不等式。式 (4.56)、式 (4.57) 表明, 耗散产生的熵增量恒正, 系统的总熵增量总是大于 (对于不可逆过程) 或等于 (对于可逆过程) 外部输入的热量与绝对温度的商。

非均匀系统的温度和热量随位置变化, 系统的总熵可以表示为

$$S = \int_V \eta \rho \mathrm{d}v \tag{4.58}$$

式中, η 为物体中任一点处单位质量的熵, 称为熵密度。用热流量 $\boldsymbol{q}$ 和热源 h 表示热量的变化, 热力学第二定律的积分形式为

$$\frac{\mathrm{D}}{\mathrm{D}t} \int_V \rho \eta \mathrm{d}v \geqslant -\oint_s \frac{1}{\theta} \boldsymbol{q} \cdot \mathrm{d}\boldsymbol{a} + \int_v \frac{1}{\theta} h \rho \mathrm{d}v \tag{4.59}$$

利用 Gauss 定理和质量守恒定律 $\dfrac{D}{Dt}(\rho \mathrm{d}v) = 0$, 根据局部化假设, 由上式可得微分形式的热力学第二定律 (Euler 描述法):

$$\rho \dot{\eta} \geqslant \rho \frac{h}{\theta} - \boldsymbol{\nabla} \cdot \left(\frac{\boldsymbol{q}}{\theta}\right) \quad \text{或} \quad \rho \dot{\eta} \geqslant \rho \frac{h}{\theta} - \left(\frac{q^k}{\theta}\right)_{;k} \tag{4.60}$$

式中, $\boldsymbol{q}/\theta$ 和 h/θ 分别称为熵流量和熵源密度。

与式 (4.50) 的推导类似, 可由式 (4.59) 得到 Lagrange 描述法微分形式的热力学第二定律:

$$\rho_0 \dot{\eta} \geqslant \rho_0 \frac{h}{\theta} - \boldsymbol{\nabla}_X \cdot \left(\frac{\boldsymbol{q}_0}{\theta}\right) \quad \text{或} \quad \rho_0 \dot{\eta} \geqslant \rho_0 \frac{h}{\theta} - \left(\frac{q_0^K}{\theta}\right)_{;K} \tag{4.61}$$

为了表示方便, 热力学第二定律常常采用下面的形式。由式 (4.60) 和式 (4.61), 引入

$$r = \dot{\eta} - \frac{h}{\theta} + \frac{1}{\rho} \boldsymbol{\nabla} \cdot \left(\frac{\boldsymbol{q}}{\theta}\right) \quad \text{(空间描述法)} \tag{4.62a}$$

$$r = \dot{\eta} - \frac{h}{\theta} + \frac{1}{\rho_0} \boldsymbol{\nabla}_X \cdot \left(\frac{\boldsymbol{q}_0}{\theta}\right) \quad \text{(物质描述法)} \tag{4.62b}$$

或

$$\dot{\eta} = -\frac{1}{\rho} \boldsymbol{\nabla} \cdot \left(\frac{\boldsymbol{q}}{\theta}\right) + \frac{h}{\theta} + r \quad \text{(空间描述法)} \tag{4.63a}$$

$$\dot{\eta} = -\frac{1}{\rho_0}\boldsymbol{\nabla}_X \cdot \left(\frac{\boldsymbol{q}_0}{\theta}\right) + \frac{h}{\theta} + r \ \text{(物质描述法)} \tag{4.63b}$$

式中，r 称为单位质量熵生成率，表示单位时间内单位质量物质内部耗散产生的熵。热力学第二定律可以表示为

$$r \geqslant 0 \tag{4.64a}$$

等号只用于可逆系统。式 (4.64a) 的积分形式为

$$\Gamma = \int_V r\rho \mathrm{d}v = \int_V r\rho_0 \mathrm{d}V \geqslant 0 \tag{4.64b}$$

式中，Γ 称为体积 V 的总熵生成率。

由热力学第一定律式 (4.46) 或式 (4.51) 可见，内能的变化率来自变形功率和外部输入的热量，保持能量守恒。在物质的热量变化中，除外部输入的热量之外，对于不可逆过程，还有耗散产生的热量。由于耗散是系统内部的能量变换，不增加系统内能，所以内能不包括耗散能，耗散对应的能量 $(r\theta)$ 不出现在热力学第一定律中。但是，研究热力物质的耗散系统本构关系时，需要考虑全部热量，包括输入热量和耗散生热 $r\theta$。因此，常常将内能分为两部分，引入定义：

$$e = \psi + \theta\eta \tag{4.65}$$

式中，$\theta\eta$ 是全部热能；ψ 称为单位质量自由能 (Helmholtz 自由能)，表示内能与全部热能的差值，由于 e, θ, η 是状态变量，所以自由能也是状态变量，是变形和温度的函数，有时也用另一种自由能，是应力和温度的函数，称为 Gibbs 自由能 (见 6.6.8 小节)。对于非耗散系统 (例如超弹性变形)，从自然状态经过可逆热力学过程到另一状态时，耗散能率 $(r\theta)$ 为 0，$\theta\eta$ 为输入的热量，而内能为变形功与输入热量之和，所以 ψ 等于变形功；对于耗散系统，ψ 为内能与全部热能 (输入热能和耗散生热) 的差。

对式 (4.65) 取物质导数，得到

$$\dot{e} = \dot{\psi} + \theta\dot{\eta} + \dot{\theta}\eta \tag{4.66}$$

将式 (4.66) 代入热力学第一定律式 (4.46) 和式 (4.51)，分别与式 (4.62a,b) 联立，消去热源 h，经过整理，可得

$$\theta r = -\dot{\psi} - \dot{\theta}\eta + \frac{1}{\rho}\boldsymbol{t} : \boldsymbol{d} - \frac{1}{\rho\theta}\boldsymbol{q} \cdot \boldsymbol{\nabla}\theta \geqslant 0 \ \text{(空间描述法)} \tag{4.67a}$$

$$\theta r = -\dot{\psi} - \dot{\theta}\eta + \frac{1}{\rho_0}\boldsymbol{T} : \dot{\boldsymbol{E}} - \frac{1}{\rho_0\theta}\boldsymbol{q}_0 \cdot \boldsymbol{\nabla}_X\theta \geqslant 0 \ \text{(物质描述法)} \tag{4.67b}$$

上式是用自由能表示的热力学第二定律，是建立本构关系的热力学基础，对于各种状态变量的变化提出热力学限制。

4.6 小应变和小转动时的动量方程

应用 3.6 节中小应变、小转动时应力张量的简化结果, 本节讨论动量方程的简化。

首先考察小应变、大转动情况。由 3.6 节的分析可知, 在小应变条件下研究应力和平衡时, 可以近似认为, 构形 $\mathscr{R}$ 中沿标架 G_K 切出的平行六面体元与构形 τ 中沿随体标架 C_K 中的平行六面体元 (图 3.5), 大小和形状相同, 只是有移动和刚性转动。如果 X^K 是直角坐标系, T^{KL} 是变形后长方体侧面上的真实应力, 通常记作 σ_{KL}, 则 Kirchhoff 动量方程式 (4.19) 变为

$$[(\delta_{NL} + U_{N,L})\sigma_{KL}]_{,K} + \rho_0(f_N - a_N) = 0 \tag{4.68}$$

写成展开形式, $N = 1$ 时为

$$\frac{\partial}{\partial X_1}\left[\left(1 + \frac{\partial U_1}{\partial X_1}\right)\sigma_{11} + \frac{\partial U_1}{\partial X_2}\sigma_{12} + \frac{\partial U_1}{\partial X_3}\sigma_{13}\right] +$$
$$\frac{\partial}{\partial X_2}\left[\left(1 + \frac{\partial U_1}{\partial X_1}\right)\sigma_{21} + \frac{\partial U_1}{\partial X_2}\sigma_{22} + \frac{\partial U_1}{\partial X_3}\sigma_{23}\right] +$$
$$\frac{\partial}{\partial X_3}\left[\left(1 + \frac{\partial U_1}{\partial X_1}\right)\sigma_{31} + \frac{\partial U_1}{\partial X_2}\sigma_{32} + \frac{\partial U_1}{\partial X_3}\sigma_{33}\right] + \rho_0(f_1 - a_1) = 0$$

对于小应变小转动 (经典线性) 情况, 在研究平衡时变形前后对应的单元体可以认为没有区别, 如果 X^K 和 x^k 取相同的曲线坐标系, 那么三种应力张量 $\boldsymbol{t}$、$\boldsymbol{\tau}$、$\boldsymbol{T}$ 是相同的, 在直角坐标系中可用 σ_{KL} 表示, 则所有动量方程变为同一形式:

$$\sigma_{KN,K} + \rho_0(f_N - a_N) = 0 \tag{4.69}$$

这就是经典弹性理论中的运动方程。

另一种小应变小转动情况 —— 中等非线性, 是最常见的几何非线性情况。由式 (3.57a), $U^N_{;L} \approx \hat{W}^N_{L}$(无限小转动张量), 若 X^K 为直角坐标系, 则式 (4.19) 变为

$$[(\delta_{NL} + \hat{W}_{NL})\sigma_{KL}]_{,K} + \rho_0(f_N - a_N) = 0 \tag{4.70}$$

$N = 1$ 的展开形式为

$$\frac{\partial}{\partial X_1}\left[\sigma_{11} + \hat{W}_{12}\sigma_{12} + \hat{W}_{13}\sigma_{13}\right] + \frac{\partial}{\partial X_2}\left[\sigma_{21} + \hat{W}_{12}\sigma_{22} + \hat{W}_{13}\sigma_{23}\right] +$$
$$\frac{\partial}{\partial X_3}\left[\sigma_{31} + \hat{W}_{12}\sigma_{32} + \hat{W}_{13}\sigma_{33}\right] + \rho_0(f_1 - a_1) = 0$$

可见, 小应变小转动并不是动量方程线性化的充分条件, 只有进一步限制转角和伸长率的关系, 即 $\varphi \sim E_N \ll 1$, 才能线性化。

4.7　间断面处的守恒定律 —— 间断 (跳跃) 条件

➤ 4.7.1　变量的间断面

在以前的讨论中均假设连续介质在所考虑的体积内各种场变量是连续、可微的, 本节研究连续介质的场变量存在有限个间断面的情况。这种间断面可以是两种不同物质的界面, 也可以是同一种物质中物理量发生急剧改变的薄层 (例如激波), 层内物理量的变化十分复杂, 甚至梯度趋于无限大, 难以准确描述, 但在间断面处物理量的跳跃值是有限的。在宏观上, 这样的薄层可以简化为物理量间断的几何曲面。间断面可以是与物质固结的, 因而不相对于物质运动 (例如界面), 也可以是在物质中传播的曲面 (例如激波面), 间断面相对于物质的运动速度称为传播速度。一般来说间断面的几何形状是随时间变化的。

在间断面处物质的密度、动量和能量的变化, 不应该违背守恒定律, 因而必须满足一定关系, 这些关系称为间断条件, 或跳跃条件。为了推导间断条件, 我们考虑图 4.4 所示 t 时刻构形 $\mathfrak{r}$ 中的一个含有间断面的物质体积, 记作:

$$v = v^+ + v^- + \sigma; \quad s = s^+ + s^- + \sigma \tag{4.71}$$

式中, σ 是间断面; v^+ 和 v^- 是 σ 两侧的物质体积, σ^+ 和 σ^- 是 v^+ 和 v^- 与 σ 相邻的表面, 它们的外法线单位向量是 $\boldsymbol{n}^+$ 和 $\boldsymbol{n}^-$; s^+ 和 s^- 是 v^+ 和 v^- 除 σ^+ 和 σ^- 之外的表面, 单位外法线向量为 $\boldsymbol{n}$。间断面本身的单位法线向量也记作 $\boldsymbol{n}$, 并规定其正方向是从 v^- 指向 v^+。间断面的移动 (传播) 速度是 $\boldsymbol{c}(\boldsymbol{x}, t)$, 连续介质中任一物质点的速度是 $\boldsymbol{v}(\boldsymbol{X}, t)$。

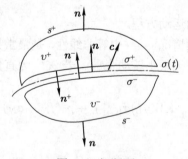

图 4.4　间断面

➤ 4.7.2　含间断面的输运定理

首先将无间断面时体积分的物质导数式 (2.173) $\dfrac{\mathrm{d}}{\mathrm{d}t}\displaystyle\int_V \varphi \mathrm{d}v = \int_v \dfrac{\partial \varphi}{\partial t}\mathrm{d}v + \oint_s \mathrm{d}\boldsymbol{a} \cdot \boldsymbol{v}\varphi$ 推广。

当存在间断面并以速度 c 运动时，物质体积 V^+ 中 φ 的输运定理为

$$\frac{\mathrm{d}}{\mathrm{d}t}\int_{V^+}\varphi\mathrm{d}v=\int_{v^+}\frac{\partial\varphi}{\partial t}\mathrm{d}v+\int_{s^+}\mathrm{d}a\boldsymbol{n}\cdot\boldsymbol{v}\varphi+\int_{\sigma^+}\mathrm{d}a\boldsymbol{n}^+\cdot\boldsymbol{c}\varphi^+ \qquad(4.72\mathrm{a})$$

右端第一项是空间 v^+ 中 φ 的时间变率，第二项是表面 s^+ 以速度 $\boldsymbol{v}$ 运动时引起的 φ 的增量，第三项时间断面 σ^+ 以速度 $\boldsymbol{c}$ 运动时引起的 φ 的增量。同样地，对于物质体积 V^-，有

$$\frac{\mathrm{d}}{\mathrm{d}t}\int_{V^-}\varphi\mathrm{d}v=\int_{v^-}\frac{\partial\varphi}{\partial t}\mathrm{d}v+\int_{s^-}\mathrm{d}a\boldsymbol{n}\cdot\boldsymbol{v}\varphi+\int_{\sigma^-}\mathrm{d}a\boldsymbol{n}^-\cdot\boldsymbol{c}\varphi^- \qquad(4.72\mathrm{b})$$

对体积 v^+ 和 v^- 分别应用 Gauss 定理，得

$$\int_{v^+}\boldsymbol{\nabla}\cdot(\boldsymbol{v}\varphi)\,\mathrm{d}v=\int_{s^++\sigma^+}\mathrm{d}a\boldsymbol{n}\cdot\boldsymbol{v}\varphi=\int_{s^+}\mathrm{d}a\boldsymbol{n}\cdot\boldsymbol{v}\varphi+\int_{\sigma^+}\mathrm{d}a\boldsymbol{n}^+\cdot\boldsymbol{v}^+\varphi^+ \qquad(4.73\mathrm{a})$$

$$\int_{v^-}\boldsymbol{\nabla}\cdot(\boldsymbol{v}\varphi)\,\mathrm{d}v=\int_{s^-+\sigma^-}\mathrm{d}a\boldsymbol{n}\cdot\boldsymbol{v}\varphi=\int_{s^-}\mathrm{d}a\boldsymbol{n}\cdot\boldsymbol{v}\varphi+\int_{\sigma^-}\mathrm{d}a\boldsymbol{n}^-\cdot\boldsymbol{v}^-\varphi^- \qquad(4.73\mathrm{b})$$

式中，$\boldsymbol{v}^+,\boldsymbol{v}^-$ 是间断面两侧物质点的速度。所以

$$\int_{s^+}\mathrm{d}a\boldsymbol{n}\cdot\boldsymbol{v}\varphi=\int_{v^+}\boldsymbol{\nabla}\cdot(\boldsymbol{v}\varphi)\,\mathrm{d}v-\int_{\sigma^+}\mathrm{d}a\boldsymbol{n}^+\cdot\boldsymbol{v}^+\varphi^+ \qquad(4.74\mathrm{a})$$

$$\int_{s^-}\mathrm{d}a\boldsymbol{n}\cdot\boldsymbol{v}\varphi=\int_{v^-}\boldsymbol{\nabla}\cdot(\boldsymbol{v}\varphi)\,\mathrm{d}v-\int_{\sigma^-}\mathrm{d}a\boldsymbol{n}^-\cdot\boldsymbol{v}^-\varphi^- \qquad(4.74\mathrm{b})$$

将式 (4.74a,b) 分别代入式 (4.72a,b)，然后相加，得到

$$\frac{\mathrm{d}}{\mathrm{d}t}\int_{V-\sigma}\varphi\mathrm{d}v=\int_{v-\sigma}\left(\frac{\partial\varphi}{\partial t}+\boldsymbol{\nabla}\cdot(\boldsymbol{v}\varphi)\right)\mathrm{d}v+\int_{\sigma}\mathrm{d}a\boldsymbol{n}\cdot[\![(\boldsymbol{v}-\boldsymbol{c})\,\varphi]\!] \qquad(4.75)$$

上式为域内含有间断面时的输运定理。其中 $v-\sigma=v^++v^-$ 表示除间断面邻域之外的体积，间断面处变量跳跃记号 $[\![\,]\!]$ 的定义是

$$[\![\boldsymbol{A}]\!]=\boldsymbol{A}^+-\boldsymbol{A}^-$$

式中，$\boldsymbol{A}^+$ 是间断面单位法线向量 $\boldsymbol{n}$ 的正方向指向的一侧变量值；$\boldsymbol{A}^-$ 是另一侧的变量值。即

$$[\![(\boldsymbol{v}-\boldsymbol{c})\,\varphi]\!]=(\boldsymbol{v}^+-\boldsymbol{c})\,\varphi^+-(\boldsymbol{v}^--\boldsymbol{c})\,\varphi^-$$

➤ 4.7.3 含间断面的体积分和面积分 —— 推广形式

为了便于在守恒律中应用，将式 (4.75) 推广。假设无间断面的积分域内满足下列关系：

$$\frac{\mathrm{d}}{\mathrm{d}t}\int_{V}\varphi\mathrm{d}v=\oint_{s}\mathrm{d}a\boldsymbol{n}\cdot\boldsymbol{b}+\int_{v}\boldsymbol{g}\mathrm{d}v \qquad(4.76)$$

式中，φ, g 是向量，b 是二阶张量。如果在积分域内 φ 和 b 有以速度 c 运动的间断面 σ，g 是连续的，则关系式 (4.76) 变为

$$\int_{v-\sigma}\left(\frac{\partial \varphi}{\partial t}+\nabla\cdot(v\varphi)-\nabla\cdot b-g\right)\mathrm{d}v+\int_{\sigma}\mathrm{d}a\,n\cdot[\![(v-c)\varphi-b]\!]=0 \qquad (4.77)$$

上式的证明过程与式 (4.75) 的证明类似。对于积分 $\displaystyle\int_{v}\nabla\cdot b\mathrm{d}v$，将积分域沿间断面分为两部分，由 Gauss 定理，有

$$\int_{v^+}\nabla\cdot b\mathrm{d}v=\int_{s^+}\mathrm{d}a\,n\cdot b+\int_{\sigma^+}\mathrm{d}a\,n^+\cdot b^+ \qquad (4.78a)$$

$$\int_{v^-}\nabla\cdot b\mathrm{d}v=\int_{s^-}\mathrm{d}a\,n\cdot b+\int_{\sigma^-}\mathrm{d}a\,n^-\cdot b^- \qquad (4.78b)$$

上两式相加，得

$$\int_{v-\sigma}\nabla\cdot b\mathrm{d}v=\oint_{s-\sigma}\mathrm{d}a\,n\cdot b+\int_{\sigma}\mathrm{d}a\,n\cdot(b^+-b^-) \qquad (4.79)$$

将式 (4.76) 用于积分域 $v^+ + v^-$，得

$$\frac{\mathrm{d}}{\mathrm{d}t}\int_{V-\sigma}\varphi\mathrm{d}v=\oint_{s-\sigma}\mathrm{d}a\,n\cdot b+\int_{v}g\mathrm{d}v \qquad (4.80)$$

将式 (4.75) 代入上式，与式 (4.79) 相减，即可得到式 (4.77)。

▶ 4.7.4　间断面处的守恒定律

4.7.1 节已经指出，守恒定律在间断面处也应该适用。下面利用含间断面时的积分关系式 (4.75) 和式 (4.77)，根据守恒定律建立间断面处变量的跳跃变化必须满足的间断条件。

4.7.4.1　密度间断条件

没有间断面时的质量守恒定律为 (式 (4.4))

$$\frac{\mathrm{d}}{\mathrm{d}t}\int_{V}\rho(\boldsymbol{x},t)\mathrm{d}v=\int_{v}\left[\frac{\partial \rho}{\partial t}+\nabla\cdot(\rho v)\right]\mathrm{d}v=0$$

如果连续介质含有以速度 c 运动的密度间断面 σ，由式 (4.75)，令 φ 为质量密度 ρ，则有

$$\int_{v-\sigma}\left[\frac{\partial \rho}{\partial t}+\nabla\cdot(v\rho)\right]\mathrm{d}v+\int_{\sigma}\mathrm{d}a\,n\cdot[\![(v-c)\rho]\!]=0 \qquad (4.81)$$

由式 (4.6)，式 (4.81) 第 1 项为 0，所以密度间断面的密度跳跃条件为

$$n\cdot[\![(v-c)\rho]\!]=0 \quad 或 \quad n\cdot(v^+-c)\rho^+=n\cdot(v^--c)\rho^- \qquad (4.82)$$

其中，$v-c$ 是间断面相对于物质的速度，上式表示流过间断面的质量通量不变。

4.7.4.2　动量间断条件

将式 (3.13) 代入式 (4.10)，没有间断面时的动量守恒定律为

$$\frac{\mathrm{d}}{\mathrm{d}t}\int_V \rho\boldsymbol{v}\mathrm{d}v = \oint_s \mathrm{d}a\boldsymbol{n}\cdot\boldsymbol{t} + \int_v \rho\boldsymbol{f}\mathrm{d}v$$

如果连续介质含有以速度 $\boldsymbol{c}$ 运动的动量间断面 σ，由式 (4.77)，取 $\boldsymbol{\varphi}=\rho\boldsymbol{v}$、$\boldsymbol{b}=\boldsymbol{t}$、$\boldsymbol{g}=\rho\boldsymbol{f}$，则有

$$\int_{v-\sigma}\left[\frac{\partial\rho\boldsymbol{v}}{\partial t}+\boldsymbol{\nabla}\cdot(\rho\boldsymbol{v}\boldsymbol{v})-\boldsymbol{\nabla}\cdot\boldsymbol{t}-\rho\boldsymbol{f}\right]\mathrm{d}v + \int_\sigma \mathrm{d}a\boldsymbol{n}\cdot[\![(\boldsymbol{v}-\boldsymbol{c})\boldsymbol{v}\rho-\boldsymbol{t}]\!] = 0 \quad (4.83)$$

由式 (2.172a)，$\displaystyle\int_{v-\sigma}\left[\frac{\partial\rho\boldsymbol{v}}{\partial t}+\boldsymbol{\nabla}\cdot(\rho\boldsymbol{v}\boldsymbol{v})\right]\mathrm{d}v = \frac{\mathrm{d}}{\mathrm{d}t}\int_{V-\sigma}\rho\boldsymbol{v}\mathrm{d}v = \int_{v-\sigma}\rho\boldsymbol{a}\mathrm{d}v$，利用动量守恒定律，可知式 (4.83) 中第一项为 0，所以动量间断面的动量跳跃条件为

$$\boldsymbol{n}\cdot[\![(\boldsymbol{v}-\boldsymbol{c})\boldsymbol{v}\rho-\boldsymbol{t}]\!] = 0 \quad (4.84)$$

或

$$\boldsymbol{n}\cdot(\boldsymbol{v}^+-\boldsymbol{c})\boldsymbol{v}^+\rho^+ - \boldsymbol{n}\cdot(\boldsymbol{v}^--\boldsymbol{c})\boldsymbol{v}^-\rho^- = \boldsymbol{t}_n^+ - \boldsymbol{t}_n^- \quad (4.84\mathrm{a})$$

上式左端为单位时间内间断面上单位面积动量通量的差，右端为间断面两侧单位面积表面力的差，体积力是高阶小量可以略去，所以上式实质是间断面邻域的动量守恒条件，也可以通过考虑包含间断面的单元体动量守恒得到。图 4.5 给出向量方程式 (4.84a) 的二维示意图，图 4.5(a) 表示式 (4.84a) 左端的物理量的几何意义，图 4.5(b) 表示该向量等式。

图 4.5　间断面的动量守恒示意图

(a) 物理量的几何意义；(b) 物理量的向量等式

4.7.4.3　能量间断条件

能量间断面涉及内能、应力功率和热能的不连续变化，为了简单，下面假设内能是连续的。在没有间断面时，能量守恒定律为 (式 (4.45))

$$\frac{\mathrm{d}}{\mathrm{d}t}\int_V\left(\rho e+\frac{1}{2}\rho\boldsymbol{v}\cdot\boldsymbol{v}\right)\mathrm{d}v = \oint_s \boldsymbol{t}_n\cdot\boldsymbol{v}\mathrm{d}a + \int_v \rho\boldsymbol{f}\cdot\boldsymbol{v}\mathrm{d}v - \oint_s \boldsymbol{q}\cdot\boldsymbol{n}\mathrm{d}a + \int_v \rho h\mathrm{d}v$$

利用式 (4.36)，上式可改写为

$$\frac{\mathrm{d}}{\mathrm{d}t}\int_V \rho e\mathrm{d}v = \oint_s \boldsymbol{t}_n \cdot \boldsymbol{v}\mathrm{d}a - \oint_s \boldsymbol{q} \cdot \boldsymbol{n}\mathrm{d}a + \int_v \rho(\boldsymbol{f}-\boldsymbol{a})\cdot\boldsymbol{v}\mathrm{d}v + \int_v \rho h\mathrm{d}v \qquad (4.85)$$

如果只有表面力的功率和热流量有间断，其他变量连续变化，用分域积分方法可以由式 (4.85) 得到

$$\frac{\mathrm{d}}{\mathrm{d}t}\int_V \rho e\mathrm{d}v = \oint_{s-\sigma} \boldsymbol{t}_n \cdot \boldsymbol{v}\mathrm{d}a - \oint_{s-\sigma} \boldsymbol{q} \cdot \boldsymbol{n}\mathrm{d}a +$$
$$\int_v \rho(\boldsymbol{f}-\boldsymbol{a})\cdot\boldsymbol{v}\mathrm{d}v + \int_v \rho h\mathrm{d}v + \int_\sigma \boldsymbol{n}\cdot[\![\boldsymbol{t}\cdot\boldsymbol{v}+\boldsymbol{q}]\!]\mathrm{d}a$$

根据能量守恒定律，上式中除间断面积分之外的项等于 0，所以间断面处表面力功率和热流量的跳跃条件为

$$\boldsymbol{n}\cdot[\![\boldsymbol{t}\cdot\boldsymbol{v}+\boldsymbol{q}]\!] = 0 \qquad (4.86)$$

或

$$\boldsymbol{n}\cdot(\boldsymbol{t}^+\cdot\boldsymbol{v}^+ - \boldsymbol{t}^-\cdot\boldsymbol{v}^-) = \boldsymbol{n}\cdot(\boldsymbol{q}^+ - \boldsymbol{q}^-) \qquad (4.86\mathrm{a})$$

即应力功率跳跃的法向分量等于流出热量跳跃的法向分量，从而保持能量守恒。

习　　题

4-1　列举 4 种不同的不可压缩条件表示形式，并说明物理意义。

4-2　利用式 (4.19a) 推导该式的另一种形式式 (4.19b)。

4-3　试用 Lagrange 随体坐标系中沿坐标面切出的平行六面体，证明应力张量 $\boldsymbol{T}$ 的对称性，$T^{KL}=T^{LK}$。

提示：参考图 3.5(b)，对坐标轴 C_K 取矩。

4-4　利用动量守恒定律，证明刚体质心 $\boldsymbol{x}_c$ 的运动方程为

$$m\frac{\mathrm{d}\boldsymbol{v}_c}{\mathrm{d}t} = \boldsymbol{F}$$

式中，$m = \int_V \rho\mathrm{d}v$(刚体质量)；$\boldsymbol{x}_c = \dfrac{1}{m}\int_V \rho\boldsymbol{x}\mathrm{d}v$(质心位置)；$\boldsymbol{v}_c$ 是质心速度；$\boldsymbol{F}$ 为外力合力。

4-5　利用动量矩守恒定律，证明刚体转动方程为

$$\boldsymbol{J}_c \cdot \frac{\mathrm{d}\boldsymbol{\omega}}{\mathrm{d}t} = \boldsymbol{M}_c$$

式中，$\boldsymbol{\omega}$ 是刚体的转动速度；$\boldsymbol{M}_c$ 是体力和面力对于质心的合力矩；$\boldsymbol{J}_c$ 是刚体对

于质心的惯性矩张量，定义为 $\boldsymbol{J}_c = \displaystyle\int_V \rho\left[(\boldsymbol{x}' \cdot \boldsymbol{x}')\,\boldsymbol{I} - \boldsymbol{x}'\boldsymbol{x}'\right]\mathrm{d}v$, $\boldsymbol{x}' = \boldsymbol{x} - \boldsymbol{x}_c$ 是以质心为参考点的位置向量。

4-6　试证明刚体的动能可以表示为

$$K = \frac{1}{2}m\boldsymbol{v}_c \cdot \boldsymbol{v}_c + \frac{1}{2}\boldsymbol{\omega} \cdot \boldsymbol{J}_c \cdot \boldsymbol{\omega}$$

符号定义同 4-4 题和 4-5 题。

提示：利用的动能的积分表达式及向量恒等式 $(\boldsymbol{a} \times \boldsymbol{b}) \times \boldsymbol{c} = (\boldsymbol{a} \cdot \boldsymbol{c})\,\boldsymbol{b} - (\boldsymbol{b} \cdot \boldsymbol{c})\,\boldsymbol{a}$。

4-7　用积分形式能量守恒定律式 (4.45) 推导 Euler 描述法微分形式能量守恒定律式 (4.46)。

4-8　根据热力学第一定律说明内能概念及其与自由能的区别。

第5章 本构理论基础

本章提要：

第 4 章给出了连续介质状态变量之间的一部分关系，即守恒定律。这些关系对一切连续介质都成立，与具体物质的力学特性无关。物体在各种外力 (机械和热载荷等) 作用下的反应，除满足普遍适用的守恒定律之外，还应该与特定物质本身的性质相联系，即必须满足反映物质性质的方程 —— 本构方程。不同物质有不同的本构方程，对于所有物质在一切可能的状态下建立共同的本构方程几乎是不可能的，因而需要对实际物质进行抽象化和分类，再与实验相结合，给出各类物质在一定条件下适用的本构方程。

本章概括介绍本构方程应该遵循的一般理论 (本构公理)，根据本构公理提出简单物质概念及其本构关系，应用客观性和对称性原理讨论简单物质本构方程的各种形式及理想物质类型，简单介绍本构方程的一些研究方法。

5.1 本构方程的提出

从物理上看，在同样外力作用下，不同物质当然有不同的反应，这说明只用守恒定律不可能确定给定外力作用下物体的变形、运动和受力状态。从数学上看也是如此，假如不考虑热载荷作用，守恒定律给出了四组方程：

Euler 描述法：

$$\left.\begin{array}{l} \dfrac{\partial \rho}{\partial t} + (\rho v^k)_{;k} = 0; \quad t^{kl} = t^{lk} \\[2mm] t^{kl}_{;l} + \rho\left(f^k - \dot{v}^k\right) = 0; \quad \rho\dot{e} - t^{kl}v_{l;k} = 0 \end{array}\right\} \tag{5.1}$$

Lagrange 描述法：

$$\left.\begin{array}{l} \rho J = \rho_0; \quad T^{KL} = T^{LK} \\[2mm] \left(x^k_{,L}T^{KL}\right)_{;K} + \rho_0\left(f^k - \dot{v}^k\right) = 0; \quad \rho_0\dot{e} - T^{KL}x^l_{,L}v_{l:K} = 0 \end{array}\right\} \tag{5.2}$$

方程组 (5.1) 有 8 个独立方程，却包含 14 个未知的场变量或其分量：ρ, v^k, t^{kl}, e，因此，问题是欠定的，还必须补充 6 个独立方程。方程组 (5.2) 也有 8 个独立方程，所包含的未知场变量为 ρ, J, x^k, T^{KL}, v^k, e，但 J 和 v^k 是 x^k 的已知函数 (式

(2.9) 和式 (2.115)),不是独立变量,所以独立的未知量也是 14 个,也需要补充 6 个方程问题才是适定的。必须补充的 6 个方程就是本构方程。

在只考虑机械载荷作用时,本构方程应该给出该物质内任一点处的应力状态与变形状态、运动状态之间的关系,即应力张量与变形张量、变形率张量及其历史的依赖关系。如果除机械载荷之外还有热载荷作用,则温度及其他热力学变量不再是给定的参数而是变量,所以需要补充新的本构方程,使方程数与未知量个数相等。如果除机械载荷之外还有电磁力作用,例如对于电磁场敏感的固体材料 (铁磁材料等),在受到机械力和电磁场共同作用时,场变量中包括力学场变量和电磁场变量,一般情况下两者是非线性耦合的,此时同样需要补充新的本构方程及新的场方程,问题才是适定的。本书将不涉及电磁连续介质力学,读者可以参阅有关著作 (例如参考文献 [14])。

有些材料 (如新型聚合物、电解质溶液等) 在受力变形和运动过程中伴有化学反应,发生机械能、化学能、热能之间的转换,所以在更一般的情况下,可以存在热、电磁、化学场与力学场的耦合,称为多场耦合问题。多场耦合连续介质力学近年来受到关注。

为了简单,本章主要考虑机械载荷作用,部分地涉及热载荷,但所介绍的一般理论和基本研究方法也适用于多场耦合情况。

建立连续介质的本构方程,从本质上说需要在给定条件下对具体物质进行实验研究。但由于力学性能的复杂性和物质的多样性,对于无限多种加载条件只依靠实验建立本构关系实际上是很难实现的。其实各种物质的本构关系满足一些共同的普遍适用的规律,即本构公理、热力学基本定律等,所以建立一种物质的本构关系不是单纯的实验结果的数理统计。另一方面,在满足本构公理前提下,需要进一步将多种多样的实际物质加以抽象,建立各种理想物质模型,根据特点将物质分类,对不同类型物质用不同形式的本构方程描述。本构方程是状态变量的一种张量函数关系,因而研究张量函数构造规律的不变量理论成为建立本构方程的重要数学工具,例如应用 1.21 节介绍的各向同性张量函数的表示定理,可以给出各向同性材料本构方程的一般形式。

实验一直是研究本构关系的基础,一些经典理想物质 (例如虎克弹性固体、牛顿黏性流体等) 的本构方程就是在许多实验基础上建立起来的,为了在各种不同条件下建立合适的本构关系,必须进行大量的实验研究。由于新材料的不断涌现以及现有材料在新的环境下应用,对于本构关系的研究越来越受到重视。

5.2 本构理论公理

为了保证本构关系合理,在建立本构方程时必须遵守一些基本要求或基本原则。这些原则是对于所有物质普遍适用的,通常称为本构公理。Eringen [3] 将本构

公理归纳为

 (1) 因果关系公理;

 (2) 确定性公理;

 (3) 等存在公理;

 (4) 客观性公理 (标架无差异原理);

 (5) 物质对称性公理 (物质不变性公理);

 (6) 邻域公理 (局部作用公理);

 (7) 记忆公理;

 (8) 相容性公理。

此外, 本构关系应该与坐标变换无关, 即具有坐标不变性, 这一要求也称为坐标不变性原理。当本构关系中的物理量均为张量时, 坐标不变性自动满足。

  本节将对上述公理作简要叙述, 只考虑机械载荷和热载荷作用。在 5.4 节和 5.5 节中, 将对客观性公理和物质对称性公理给出进一步说明和应用。

➤ 5.2.1　因果关系公理

  在只考虑机械载荷作用时, 可以认为外力和外力引起的内力是 "因", 而运动是 "果"。运动通过可测变量 $x = x(X, t)$ 表示, 并作为独立变量。利用 x 可以导出其他描述变形状态和运动状态的量, 例如应变张量、变形率张量等。外力引起物体中的内力及描述内力的应力张量可以作为因变量, 或者称为相关变量。所以独立的本构变量是 $x(X, t)$, 而速度 $v = \dot{x}$、加速度 $a = \ddot{x}$、速度梯度 $v_{k;l}$、变形梯度 $x^k{}_{,K}$、质量密度 $\rho = J\rho_0$、应变张量、变形率张量等都是运动 x 的导出量; 相关本构变量只有 T^{KL}(Lagrange 描述法) 或 t^{kl}(Euler 描述法)。内能密度 e 与应力和运动的关系是已知的, 可以不作为新的变量。因此在只考虑机械载荷时, 本构关系应该是以 x 为自变量而以应力 T 或 t 为因变量的泛函或函数关系。

  如果考虑机械和热载荷共同作用, 并且取温度 θ 和运动 x 作为独立变量, 则热流量 q、内能密度 e(或自由能密度 $\psi = e - \theta\eta$) 和熵密度 η 等热力学变量与 T 或 t 一起是因变量。

  因果关系公理的目的是为本构关系选取一组可测独立变量, 描述外载荷对物体作用的结果, 称为独立本构变量 (不包括可用独立变量得到的导出量); 选定独立本构变量之后, 守恒定律中除独立本构变量及其导出量之外的变量均为相关变量, 去掉其中可以互相表示的变量, 即是本构方程的因变量, 称为本构泛函。独立本构变量的选择有时不是唯一的, 例如热力连续介质, 可以用温度也可以用熵密度作为独立本构变量。

➤ 5.2.2　确定性公理

  物体中任一物质点 X 处在 t 时刻的本构泛函值, 由物体内所有物质点在 t 时刻以前的全部运动及其他独立本构变量的历史所确定。这一假设称为确定性公理。

根据确定性公理，$\boldsymbol{X}$ 处 t 时刻的应力张量 $\boldsymbol{t}(\boldsymbol{X},t)$，可以用一个张量值函数 $\hat{\boldsymbol{t}}$ 表示

$$\boldsymbol{t}(\boldsymbol{X},t) = \hat{\boldsymbol{t}}[\boldsymbol{x}(\boldsymbol{X}',t'),\boldsymbol{X},t] \tag{5.3}$$

式中，$\boldsymbol{X}'$ 是物体中所有物质点，时间 $t' \leqslant t$。上式表示 $\boldsymbol{t}(\boldsymbol{X},t)$ 与将来的运动无关。

在考虑热载荷时，除运动 $\boldsymbol{x}$ 外本构变量还包括温度，本构关系可以表示为 (空间描述法)：

$$\left. \begin{array}{ll} \text{应力张量：} & \boldsymbol{t}(\boldsymbol{X},t) = \hat{\boldsymbol{t}}[\boldsymbol{x}(\boldsymbol{X}',t'),\theta(\boldsymbol{X}',t'),\boldsymbol{X},t] \\ \text{热流量：} & \boldsymbol{q}(\boldsymbol{X},t) = \hat{\boldsymbol{q}}[\boldsymbol{x}(\boldsymbol{X}',t'),\theta(\boldsymbol{X}',t'),\boldsymbol{X},t] \\ \text{内能密度：} & e(\boldsymbol{X},t) = \hat{e}[\boldsymbol{x}(\boldsymbol{X}',t'),\theta(\boldsymbol{X}',t'),\boldsymbol{X},t] \\ \text{熵密度：} & \eta(\boldsymbol{X},t) = \hat{\eta}[\boldsymbol{x}(\boldsymbol{X}',t'),\theta(\boldsymbol{X}',t'),\boldsymbol{X},t] \end{array} \right\} \tag{5.4}$$

式中，$\hat{\boldsymbol{t}}$ 是张量值泛函；$\hat{\boldsymbol{q}}$ 是向量值泛函；$\hat{e}$ 和 $\hat{\eta}$ 是标量值泛函，称为本构泛函或反应泛函，为了简化可采用与张量本身相同的记号表示。

➤ 5.2.3 等存在公理

在建立本构方程时，每个本构泛函都应该包括全部独立的本构变量，直到能证明与某一变量无关方可消去，这称为等存在公理。该公理实际上是预防随意去掉某个本构变量。

根据等存在公理，在考虑机械和热作用时，式 (5.4) 的 4 个本构方程中，每一泛函都应该保留本构变量 $\boldsymbol{x}$ 和 θ。

➤ 5.2.4 客观性公理

描述物体在 t 时刻的运动和各种反应，需要选择一定的空间坐标系 (Euler 坐标系) 和时间坐标系 (时钟)，两者一起组成描述物理量和力学过程的参考系，称为时空系或 '标架'。这种参考系是独立于被描述过程的客观系统，也就是观察者所在的系统。

假设观察者在一个作刚性运动 (平移和转动) 的参考系中观测一个物理量或者一个变化过程 (事件)，也就是说观察者与被观测对象的相对位置和方位随时间改变，但观测用的几何尺度不变，即度量张量不随时间改变；时间起点可以改变，但时间尺度 (单位时间间隔，或时钟的快慢) 不变。这样的时空系可以用下列变换表示

$$\overline{\boldsymbol{x}}(\boldsymbol{X},t) = \boldsymbol{Q}(t) \cdot \boldsymbol{x}(\boldsymbol{X},t) + \boldsymbol{b}(t) \tag{5.5}$$

$$\bar{t} = t + t^{\circ} \tag{5.6}$$

式中，$\{\boldsymbol{x},t\}$ (或记作 $\mathfrak{r}$) 是一个给定的参考时空系；$\{\overline{\boldsymbol{x}},\bar{t}\}$ (或记作 $\overline{\mathfrak{r}}$) 是观察者所在的作刚性运动的时空系；$\boldsymbol{x},\overline{\boldsymbol{x}}$ 分别是时空系 $\mathfrak{r},\overline{\mathfrak{r}}$ 的位置向量；$\boldsymbol{Q} \cdot \boldsymbol{x}$ 是 $\overline{\mathfrak{r}}$ 中看到的

x; $Q(t) = \dfrac{\mathrm{d}\overline{x}}{\mathrm{d}x}$ 是随时间变化的正交张量，表示刚性转动 $(\det Q = 1)$ 或刚性转动加反射 $(\det Q = -1)$；$b(t)$ 表示平移运动；t° 是 $\overline{t}$ 的时间起点。关于时空变换中的正交张量 Q 是否必须包括反射的问题至今还有不同看法 (见参考文献 [3])。

不同时空系的变换不同于一个时空系中的不同空间坐标系的变换，如图 5.1 所示。为了清楚，图中采用直角标架 e_k 和 $\overline{e}_k$ 表示静止的时空系 $\{x\}$ 和刚性运动时空系 $\{\overline{x}\}$，用 $e_{k'}$ 表示 $\{x\}$ 中的另一个坐标系，x 和 $\overline{x}$ 是同一物质点 X 在 $\{x\}$ 和 $\{\overline{x}\}$ 中的位置向量；时空变换为式 (5.5)，而 $\{x\}$ 中的坐标变换是 $x(x^k) = x(x^{k'})$；$x^k = x^k(x^{k'})$，即式 (1.97)。

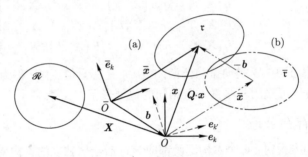

图 5.1　时空变换、Euler 坐标变换 (虚线) 和即时构形的刚性运动 (双点划线)

在做刚性运动的不同时空系中观察物理量和力学过程或者现象，可能出现以下两种情况 (假设观察者的速度远小于光速):

(1) 观察到的同一物理量保持不变，例如质量、物质线的伸长、Cauchy 应力等；描述同一过程的物理方程形式保持不变，例如质量守恒方程、能量守恒方程等；这种不随观察者 (即参考系) 的刚性运动改变的物理量和关系式称为客观量和客观关系；

(2) 同一物理量或同一关系式因为观察者时空系的刚性运动而改变，这样的物理量和关系式被称为是不客观的，例如，物质点的速度、加速度、动量和动量守恒方程都是不客观的，因为它们在惯性系中与相对惯性系作加速运动的非惯性系中是不同的。

客观性的另一种提法是观察者不动，t 时刻物体做刚性运动 (见图 5.1 中双点划线)，如果物理量或物理关系不变则是客观的，否则是不客观的。

客观性公理认为，连续介质的本构关系是客观的，即在不同的作相对刚性运动的时空系中，本构方程的形式不变。客观性公理也称为标架无差异原理。例如，若在时空间系 $\{x, t\}$ 中本构关系为

$$t(X, t) = f(x(X', t'), X, t) \tag{5.7}$$

根据客观性要求，在满足式 (5.5) 和式 (5.6) 的参考系 $\{\bar{x}, \bar{t}\}$ 中，本构关系应为

$$\bar{t}(\boldsymbol{X}, \bar{t}) = \boldsymbol{f}\left(\overline{\boldsymbol{x}}\left(\boldsymbol{X}', \bar{t}'\right), \boldsymbol{X}, \bar{t}\right) \tag{5.8}$$

客观性是本构关系应该满足的要求，在研究本构关系时也可以采用适当选取时空系刚性运动的方法，改变或简化本构泛函。

在 5.4 节中将进一步讨论如何判断物理量和物理关系的客观性以及本构关系的客观性。

➤ 5.2.5 物质对称性公理

客观性公理给出观察者的时空系作刚性运动时本构方程的形式不变性，现在考察当物质参考构形进行某种变换时本构方程的形式不变性问题。

一般来说，一点处物质的性质随方向变化，这样的物质称为各向异性物质，例如木材、单晶体、纤维增强复合材料等等，材料性质有强烈的方向性。还有许多物质，其性质具有某种程度的对称性，即在某些方向材料性质相同；其中一些物质所有方向的性质相同 (或者在宏观意义上相同)，称为各向同性物质，例如空气、水、多晶金属、混凝土等等。

物质对称性公理指出，如果物质性质具有某种对称性，那么在具有物质对称性的参考构形的变换中，本构方程的形式保持不变。能够使本构方程保持形式不变的参考构形可能有多个，这些构形之间变换的集合，称为物质关于该对称性的对称群。同一物质的力学、热学、电磁学性质可以有不同的对称性和对称群。

考虑两个参考构形 $\mathscr{R}$ 和 $\overline{\mathscr{R}}$，从构形 $\overline{\mathscr{R}}$ 到 $\mathscr{R}$ 的变换为 $\boldsymbol{H}$，同一线元在 $\mathscr{R}$ 和 $\overline{\mathscr{R}}$ 中分别为 $\mathrm{d}\boldsymbol{X}$ 和 $\mathrm{d}\overline{\boldsymbol{X}}$(见图 5.2(a))。两个参考构形中线元的变换及变形梯度变换为

$$\mathrm{d}\boldsymbol{X} = \boldsymbol{H} \cdot \mathrm{d}\overline{\boldsymbol{X}}; \quad \boldsymbol{H} = \frac{\mathrm{d}\boldsymbol{X}}{\mathrm{d}\overline{\boldsymbol{X}}} \tag{5.9}$$

$$\overline{\boldsymbol{F}} = \frac{\mathrm{d}\boldsymbol{x}}{\mathrm{d}\overline{\boldsymbol{X}}} = \frac{\mathrm{d}\boldsymbol{x}}{\mathrm{d}\boldsymbol{X}} \cdot \frac{\mathrm{d}\boldsymbol{X}}{\mathrm{d}\overline{\boldsymbol{X}}} = \boldsymbol{F} \cdot \boldsymbol{H}; \quad \boldsymbol{F} = \frac{\mathrm{d}\boldsymbol{x}}{\mathrm{d}\boldsymbol{X}} \tag{5.10}$$

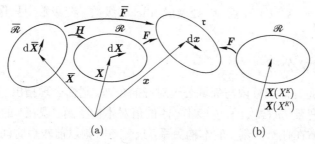

图 5.2　参考构形变换 (a) 和物质坐标变换 (b)

构形变换不同于坐标变换 (见图 5.2(b))。后者是给定坐标变换函数 $X^K = X^K(X^{K'})$，在同一构形中用不同坐标 $(X^K, X^{K'})$ 表示同一物质点，$\boldsymbol{F}$ 满足坐标转换关系 $x^k_{,K'} = x^k_{,K} \dfrac{\partial X^K}{\partial X^{K'}}$。

为了在等应力条件下考察参考构形变换对本构关系形式的影响，要求 $\boldsymbol{H}$ 不改变 Cauchy 应力 $\boldsymbol{t}$。所以，在一般情况下 $\boldsymbol{H}$ 应为等体积变换 (即 $\det \boldsymbol{H} = \pm 1$)，从而 $\mathscr{R}$ 与 $\overline{\mathscr{R}}$ 的变换不产生体积变形和密度变化。对于流体而言，等体积变换已经可以满足应力 $\boldsymbol{t}$ 不变的要求；对于非流体，应力与变形有关，因而 $\boldsymbol{H}$ 应为正交变换 $\boldsymbol{Q}$。

根据物质对称性公理，如果在构形 $\mathscr{R}$ 和 $\overline{\mathscr{R}}$ 中材料性质相同，则本构方程的形式相同

$$t(\boldsymbol{X}, t) = f\left(x\left(\boldsymbol{X}', t'\right), \boldsymbol{X}\right) \tag{5.11}$$

$$t(\overline{\boldsymbol{X}}, t) = f\left(x\left(\overline{\boldsymbol{X}'}, t'\right), \overline{\boldsymbol{X}}\right) \tag{5.12}$$

构形 $\overline{\mathscr{R}}$ 到 $\mathscr{R}$ 的变换 $\boldsymbol{H}$ 称为对称变换。否则，若 $\boldsymbol{H}$ 不是对称变换不属于对称群，本构方程形式不同

$$t(\overline{\boldsymbol{X}}, t) = \overline{f}\left(x\left(\overline{\boldsymbol{X}'}, t'\right), \overline{\boldsymbol{X}}\right) \tag{5.13}$$

以横观各向同性固体为例，构形 $\mathscr{R}$ 有一个材料对称轴，$\overline{\mathscr{R}}$ 为 $\mathscr{R}$ 绕对称轴旋转任意角度 θ，对称变换 $\boldsymbol{H}$ 是从 $\overline{\mathscr{R}}$ 到 $\mathscr{R}$ 的正交变换 $\boldsymbol{Q}_\theta^{\mathrm{T}}$ ($\boldsymbol{Q}_\theta$ 为从 $\mathscr{R}$ 到 $\overline{\mathscr{R}}$ 的正交变换)，对于所有的 $\boldsymbol{Q}_\theta^{\mathrm{T}}$ 本构方程形式不变。

在 5.5 节中将进一步讨论物质对称性概念及其对本构方程的要求。

▶5.2.6　邻域公理

确定性公理表明，任一物质点 $\boldsymbol{X}$ 处的本构泛函的值，例如应力 $\boldsymbol{T}(\boldsymbol{X}, t)$，与物体中所有点 $\boldsymbol{X}'$ 的运动、温度等独立本构变量的历史有关。邻域公理进一步指出，对 $\boldsymbol{X}$ 处的本构泛函数值产生显著影响的仅限于该点附近邻域内的物质点，较远处物质点的影响可以忽略。因此，邻域公理也称为局部作用原理。

根据邻域公理，可以只考虑 $\boldsymbol{X}$ 点附近区域内物质点 $\boldsymbol{X}'$ 运动 $x(\boldsymbol{X}', t')$ 的影响，所以可以将 $x(\boldsymbol{X}', t')$ 在点 $\boldsymbol{X}$ 处展成 Tatlor 级数，在级数中只保留 $(\boldsymbol{X}' - \boldsymbol{X})$ 低阶项。

▶5.2.7　记忆公理

记忆公理是在时间域内与邻域公理对应的公理。记忆公理指出，在相隔较远的"过去"，本构变量 $(x(\boldsymbol{X}', t'), \theta(\boldsymbol{X}', t'))$ 的值对本构泛函"现在"的值不产生明显影响。所以物质在任一时刻 t 的本构关系，只受该时刻以前较短时间内的独立本构变量的影响。

如果函数足够光滑，运动 $x(X',t')$ 在所考虑的时刻 t 可以展成 Taylor 级数，根据记忆公理，较远时刻 t' 对 t 时刻本构关系的影响可以略去，所以在级数中可只保留 $(t'-t)$ 的低幂次项 (例如流体)；函数不光滑时，可采用影响函数的积分考虑记忆效应 (例如黏弹性体)。

➤ 5.2.8 相容性公理

所有本构泛函应该与守恒定律相容，不能相互矛盾，因此本构关系必须满足质量守恒、动量守恒、动量矩守恒、能量守恒原理及熵不等式的要求，这就是相容性公理。该公理对本构方程提出了进一步限制，特别是能量守恒定律和熵不等式 (热力学第一和第二定律) 对本构关系提出的热力学限制，是建立本构关系的重要基础。

5.3 本构关系的一般形式和简单物质

本构公理提出了连续介质本构方程应该普遍遵循的原则，根据这些原则可以给出本构方程的一般形式。

假设连续介质受机械载荷和热载荷作用，由因果关系公理，可以取运动 $x = x(X,t)$ 和温度 $\theta = \theta(X,t)$ 作为独立本构变量，将 Cauchy 应力张量 t，热流量 q，内能密度 e 和熵密度 η 作为相关本构变量。然后，根据确定性公理，确定任一物质点 X 处 t 时刻本构泛函中独立本构变量的时间范围为 $t' \leqslant t$，并给出本构关系的一种形式上的表示，即式 (5.4)，其中 $x(X',t')$ 和 $\theta(X',t')$ 是所有物质点和 t 之前全部时刻的运动和温度。

根据邻域公理，式 (5.4) 中 $(X'-X)$ 是小量，假如 $x(X',t')$ 的各阶梯度存在，因而可以在 X 处展成 Taylor 级数，并保留到 p 阶项，则

$$x(X',t') \approx x(X,t') + x_{,X}^{(1)}(X,t') \cdot (X'-X) + \cdots + \frac{1}{p!}x_{,X}^{(p)}(x,t') \circ (X'-X)^p$$

(5.14)

式中，$x_{,X}^{(p)}$ 是 $x(X',t')$ 的 p 阶导数，即 p 阶变形梯度；$\circ$ 表示并联 p 重点积。上式的分量形式为

$$x^k(X',t') \approx x^k(X,t') + x^k_{,K_1}(X,t')(X'^{K_1}-X^{K_1}) + \cdots +$$
$$\frac{1}{p!}x^k_{,K_1K_2\cdots K_p}(X,t')(X'^{K_1}-X^{K_1})(X'^{K_2}-X^{K_2})\cdots(X'^{K_p}-X^{K_p})$$

(5.14a)

式中，各阶变形梯度分量只是 X 的函数，p 阶变形梯度分量为

$$x^k_{,K_1K_2\cdots K_p} = \frac{\partial^p x^k}{\partial X^{K_1}\partial X^{K_2}\dots\partial X^{K_p}}$$

(5.15)

根据客观性公理，观察者所在时空系的刚性运动不改变本构关系，因而可以采用 t' 时刻物质点 X 在 Euler 坐标系中的位置 $x(X,t')$ 作为时空系的坐标原点，即

观察者跟随 $\boldsymbol{X}$ 点运动, 所以式 (5.14) 中 0 阶项可以取为 0

$$\boldsymbol{x}\left(\boldsymbol{X}, t'\right) = 0 \tag{5.16}$$

将式 (5.16) 代入式 (5.14), 则 $\boldsymbol{x}$ 点邻域中物质点 $\boldsymbol{X}'$ 的运动历史为

$$\boldsymbol{x}\left(\boldsymbol{X}', t'\right) = x_{,X}^{(1)}\left(\boldsymbol{X}, t'\right) \cdot \left(\boldsymbol{X}' - \boldsymbol{X}\right) + \cdots + \frac{1}{p!} x_{,X}^{(p)}\left(x, t'\right) \circ \left(\boldsymbol{X}' - \boldsymbol{X}\right)^p \tag{5.17}$$

如果考虑热载荷作用, 同样将温度在 $\boldsymbol{X}$ 点展成 Taylor 级数, 可保留到 q 阶项:

$$\theta\left(\boldsymbol{X}', t'\right) \approx \theta\left(\boldsymbol{X}, t'\right) + \theta_{,X}^{(1)}\left(\boldsymbol{X}, t'\right) \cdot \left(\boldsymbol{X}' - \boldsymbol{X}\right) + \cdots + \frac{1}{q!} \theta_{,X}^{(q)}\left(\boldsymbol{X}, t'\right) \circ \left(\boldsymbol{X}' - \boldsymbol{X}\right)^q \tag{5.18}$$

$$\theta\left(\boldsymbol{X}', t'\right) \approx \theta\left(\boldsymbol{X}, t'\right) + \theta_{,K_1}\left(\boldsymbol{X}, t'\right)\left(X'^{K_1} - X^{K_1}\right) + \cdots + $$
$$\frac{1}{q!} \theta_{,K_1 K_2 \cdots K_q}\left(\boldsymbol{X}, t'\right)\left(X'^{K_1} - X^{K_1}\right)\left(X'^{K_2} - X^{K_2}\right) \cdots \left(X'^{K_q} - X^{K_q}\right) \tag{5.18a}$$

式中, 各阶温度梯度分量只是 $\boldsymbol{X}$ 的函数, q 阶梯度的分量为

$$\theta_{,K_1 K_2 \cdots K_q} = \frac{\partial^q \theta}{\partial X^{K_1} \partial X^{K_2} \cdots \partial X^{K_q}} \tag{5.19}$$

将式 (5.17) 和式 (5.18) 代入式 (5.4), 根据邻域公理, 本构泛函 $\hat{t}, \hat{q}, \hat{e}, \hat{\eta}$ 简化为在 $\boldsymbol{X}$ 点邻域对 $\boldsymbol{X}'$ 的积分, 经过积分之后变量 $\boldsymbol{X}'$ 不再出现, 因此本构泛函退化为由各阶梯度和材料常数表示的 $\boldsymbol{X}$ 的函数:

$$\begin{aligned} \boldsymbol{t}\left(\boldsymbol{X}, t\right) = \hat{\boldsymbol{t}}[&\boldsymbol{x}_{,X}\left(\boldsymbol{X}, t'\right), x_{,X}^{(2)}\left(\boldsymbol{X}, t'\right), \cdots, x_{,X}^{(p)}\left(\boldsymbol{X}, t'\right), \\ &\theta\left(\boldsymbol{X}, t'\right), \theta_{,X}\left(\boldsymbol{X}, t'\right), \theta_{,X}^{(2)}\left(\boldsymbol{X}, t'\right), \cdots, \theta_{,X}^{(q)}\left(\boldsymbol{X}, t'\right), \boldsymbol{X}, t] \end{aligned} \tag{5.20a}$$

$$\begin{aligned} \boldsymbol{q}\left(\boldsymbol{X}, t\right) = \hat{\boldsymbol{q}}[&\boldsymbol{x}_{,X}\left(\boldsymbol{X}, t'\right), x_{,X}^{(2)}\left(\boldsymbol{X}, t'\right), \cdots, x_{,X}^{(p)}\left(\boldsymbol{X}, t'\right), \\ &\theta\left(\boldsymbol{X}, t'\right), \theta_{,X}\left(\boldsymbol{X}, t'\right), \theta_{,X}^{(2)}\left(\boldsymbol{X}, t'\right), \cdots, \theta_{,X}^{(q)}\left(\boldsymbol{X}, t'\right), \boldsymbol{X}, t] \end{aligned} \tag{5.20b}$$

$$\begin{aligned} e\left(\boldsymbol{X}, t\right) = \hat{e}[&\boldsymbol{x}_{,X}\left(\boldsymbol{X}, t'\right), x_{,X}^{(2)}\left(\boldsymbol{X}, t'\right), \cdots, x_{,X}^{(p)}\left(\boldsymbol{X}, t'\right), \\ &\theta\left(\boldsymbol{X}, t'\right), \theta_{,X}\left(\boldsymbol{X}, t'\right), \theta_{,X}^{(2)}\left(\boldsymbol{X}, t'\right), \cdots, \theta_{,X}^{(q)}\left(\boldsymbol{X}, t'\right), \boldsymbol{X}, t] \end{aligned} \tag{5.20c}$$

$$\begin{aligned} \eta\left(\boldsymbol{X}, t\right) = \hat{\eta}[&\boldsymbol{x}_{,X}\left(\boldsymbol{X}, t'\right), x_{,X}^{(2)}\left(\boldsymbol{X}, t'\right), \cdots, x_{,X}^{(p)}\left(\boldsymbol{X}, t'\right), \\ &\theta\left(\boldsymbol{X}, t'\right), \theta_{,X}\left(\boldsymbol{X}, t'\right), \theta_{,X}^{(2)}\left(\boldsymbol{X}, t'\right), \cdots, \theta_{,X}^{(q)}\left(\boldsymbol{X}, t'\right), \boldsymbol{X}, t] \end{aligned} \tag{5.20d}$$

式中, $\boldsymbol{x}_{,X} = \boldsymbol{x}_{,X}^{(1)} = \boldsymbol{F}$。具有上述本构关系的物质称为力学 p 阶、热学 q 阶梯度型物质。

$p = 0$ 的物质为应力与变形无关的刚性物质, 是可以导热和有温度变形的刚体。

$p = 1, q = 1$ 的物质称为简单物质 (或 1 阶物质), 式 (5.20) 简化为

$$t(\boldsymbol{X}, t) = \hat{t}[\boldsymbol{x}_{,X}(\boldsymbol{X}, t'), \theta(\boldsymbol{X}, t'), \theta_{,X}(\boldsymbol{X}, t'), \boldsymbol{X}, t] \tag{5.21a}$$

$$\boldsymbol{q}(\boldsymbol{X}, t) = \hat{\boldsymbol{q}}[\boldsymbol{x}_{,X}(\boldsymbol{X}, t'), \theta(\boldsymbol{X}, t'), \theta_{,X}(\boldsymbol{X}, t'), \boldsymbol{X}, t] \tag{5.21b}$$

$$e(\boldsymbol{X}, t) = \hat{e}[\boldsymbol{x}_{,X}(\boldsymbol{X}, t'), \theta(\boldsymbol{X}, t'), \theta_{,X}(\boldsymbol{X}, t'), \boldsymbol{X}, t] \tag{5.21c}$$

$$\eta(\boldsymbol{X}, t) = \hat{\eta}[\boldsymbol{x}_{,X}(\boldsymbol{X}, t'), \theta(\boldsymbol{X}, t'), \theta_{,X}(\boldsymbol{X}, t'), \boldsymbol{X}, t] \tag{5.21d}$$

上式为简单热力物质的一般本构关系, 但还需要进一步考虑记忆公理、客观性和物质对称性公理的要求。式中显含的 $\boldsymbol{X}$ 表示材料性质的不均匀性, 客观性要求本构关系与时间起点选择无关, 所以式中必然不显含时间 (否则与时间起点有关), t 应该隐含在本构变量或老化材料常数之中。

在等温情况下, 简单物质的 Cauchy 应力满足关系

$$t(\boldsymbol{X}, t) = \boldsymbol{f}[\boldsymbol{F}(\boldsymbol{X}, t'), \boldsymbol{X}]$$

式 (5.21) 本构泛函的时间 t 隐含在本构变量中, 所以不再写出, 将 t' 改用 $\tau (\leqslant t)$ 表示, 则为

$$t(\boldsymbol{X}, t) = \boldsymbol{f}[\boldsymbol{F}(\boldsymbol{X}, \tau), \boldsymbol{X}] \tag{5.22}$$

应该指出, 所谓简单物质其实是一大类物质, 包含了大多数常见物质。近年来试验表明, 当非均匀塑性变形的特征长度小到微米量级时, 或者应变高度局部化 (应变梯度极大) 的情况下, 一点处的应力不仅与该点应变 (因而与一阶变形梯度) 及其历史有关, 而且与该点应变梯度 (因而与二阶变形梯度) 及其历史有关, 也就是说材料的本构行为已超出一阶梯度物质范围, 表现为二阶梯度型物质, 或二阶简单物质。本书不涉及这方面的内容 (可参见参考文献 [8])。

下面讨论运动历史 (在本构关系中用时间 t' 表示) 的影响。

根据记忆公理, 在任一时刻 t 的本构泛函中只需要考虑独立本构变量在 t 之前短期内的历史, 即 $(t' - t)$ 是小量。因此, 如果函数 $\boldsymbol{x}(\boldsymbol{X}', t')$ 和 $\theta(\boldsymbol{X}', t')$ 在时域内足够光滑 (例如, 非线性流体), 可以在时域 t 时刻展成 Taylor 级数, 并保留低阶项以考虑运动和温度历史对 t 时刻本构泛函的影响, 从而 $\boldsymbol{x}(\boldsymbol{X}', t')$ 和 $\theta(\boldsymbol{X}', t')$ 可以表示为 $(t' - t)$ 的幂函数, 其中包括 t 时刻各阶物质导数

$$\left. \frac{\partial^i \boldsymbol{x}}{\partial t^i} \right|_X = \frac{\mathrm{D}^i x^k}{\mathrm{D} t^i} \boldsymbol{g}_k; \quad \left. \frac{\partial^i \theta}{\partial t^i} \right|_X = \frac{\partial^i \theta}{\partial t^i} \quad (i = 1, \cdots, s)$$

因此, 本构泛函变为当前时刻 (t) 的各阶物质导数的函数, 这样的物质称为变率型物质。

但是，在许多情况下 (例如，黏弹性体) 本构变量函数不光滑，用影响函数表示运动历史的短期作用更加方便。关于记忆公理的应用将在后面具体物质的本构关系中进一步讨论 (见第 7 章)。

至此，我们已经基于因果公理和确定性公理，确定了本构关系中的自变量和因变量，及自变量中时间的变化范围；根据局部作用原理，在物质构形中将一点处的本构泛函简化为只依赖该点各阶梯度的本构函数，给出了本构方程的一般形式；考虑运动历史影响的短期性，简要讨论了本构泛函在时域空间的简化方法。但是，尚未考察各种变量和定律的客观性，也未涉及物质对称性对本构关系的限制，相关内容将在下面两节进一步讨论。

5.4　状态变量、守恒定律和本构关系的客观性分析

根据张量定义，在两个静止坐标系的坐标变换中张量保持不变，即具有坐标不变性；而张量的客观性指的是，观察者在静止系统与式 (5.6) 表示的刚性运动时空系统中观察同一事件时，物理量 (张量) 和物理关系 (张量函数或泛函) 是否具有不变性。例如速度虽然有坐标不变性，但没有客观性，可见张量的坐标不变性与客观性是两个不同的概念，后者反映时空系的刚性运动对张量的影响。

为了方便并且不失一般性，在下面所用的参考时空系均选用直角坐标系。

本节将进一步说明客观性概念，给出物理量及物理关系的客观性条件，具体分析连续介质状态变量、守恒定律的客观性和客观性对本构方程的要求。

➤ 5.4.1　标架的刚性运动及客观性的两种定义

5.4.1.1　标架的刚性运动及位置向量变换

考虑两个时空系标架 $\{x, t\}$ 和 $\{\overline{x}, \overline{t}\}$ 作为例子，后者是观察者的标架。假设 $\{\overline{x}, \overline{t}\}$ 绕 $\{x, t\}$ 的 x_3 坐标轴逆时针转动，转角为 $\alpha(t)$，见图 5.3。t 和 $\overline{t}$ 是同一时刻，只是计时起点不同。两个标架的基向量 e_k 和 $\overline{e}_{k'}$ $(k, k' = 1, 2, 3)$ 的关系为

$$\begin{aligned} \overline{e}_1 &= \cos\alpha\, e_1 + \sin\alpha\, e_2 \\ \overline{e}_2 &= -\sin\alpha\, e_1 + \cos\alpha\, e_2 \quad \text{或} \quad \overline{e}_{k'} = Q_{k'k}(t)\, e_k \\ \overline{e}_3 &= e_3 \end{aligned} \tag{a}$$

$$[Q_{k'k}(t)] = \begin{bmatrix} \cos\alpha & \sin\alpha & 0 \\ -\sin\alpha & \cos\alpha & 0 \\ 0 & 0 & 1 \end{bmatrix} \equiv \boldsymbol{Q}(t) \tag{b}$$

式中，$\boldsymbol{Q}$ 是正交张量，$\boldsymbol{Q}^{\mathrm{T}} \cdot \boldsymbol{Q} = \boldsymbol{Q} \cdot \boldsymbol{Q}^{\mathrm{T}} = \boldsymbol{I}$ 且 $\det \boldsymbol{Q} = 1$，表示标架绕 x_3 轴的刚体转动。

图 5.3 标架绕 x_3 轴的转动

若 P 为 $x_1 - x_2$ 坐标面内任一点, 位置向量 OP 在 $\{\boldsymbol{x}, t\}$ 和 $\{\overline{\boldsymbol{x}}, \overline{t}\}$ 中记作 $\boldsymbol{x}$ 和 $\overline{\boldsymbol{x}}$, 分量为 x_k 和 $\overline{x}_k$。由图 5.3, 该点的运动为

$$\left.\begin{aligned}
&x_1 = a\cos\theta, \ x_2 = a\sin\theta, \ x_3 = 0 \\
&\overline{x}_{1'} = a\cos(\theta - \alpha) = a(\cos\theta\cos\alpha + \sin\theta\sin\alpha) \\
&\overline{x}_{2'} = a\sin(\theta - \alpha) = a(\sin\theta\cos\alpha - \cos\theta\sin\alpha) \\
&\overline{x}_{3'} = x_3 = 0
\end{aligned}\right\} \tag{c}$$

将 x_1, x_2 代入 $\overline{x}_1, \overline{x}_2$, 利用式 (b), 得到

$$\overline{x}_{k'} = Q_{k'k}(t)\,x_k \quad \text{或} \quad \overline{\boldsymbol{x}} = \boldsymbol{Q}(t) \cdot \boldsymbol{x} \tag{d}$$

即式 (c)。以上表明, 观察者在转动坐标系中看的位置向量是 $\boldsymbol{Q} \cdot \boldsymbol{x}$。

如果除转动之外, 观察者的坐标系 $\{\overline{\boldsymbol{x}}, \overline{t}\}$ 还有平面 $x_1 - x_2$ 内的平移 $\boldsymbol{b}$, 如图 5.4 所示, 则观察者在刚性运动坐标系看到的位置向量是 $\overline{x}_{k'} = Q_{k'k}(t)\,x_k + b_{k'}$ 或 $\overline{\boldsymbol{x}} = \boldsymbol{Q}(t) \cdot \boldsymbol{x} + \boldsymbol{b}$。

图 5.4 坐标系在 $x_1 - x_2$ 平面内的转动和平移

上式即式 (5.5) 定义的坐标变换。两个标架基向量的关系为

$$\overline{\boldsymbol{e}}_{k'} = Q_{k'k}(t)\,\boldsymbol{e}_k \tag{5.23}$$

5.4.1.2 空间坐标系中 Euler 型张量的客观性

若物质点 P 和 M 的位置在 $\{\boldsymbol{x}, t\}$ 和 $\{\overline{\boldsymbol{x}}, \overline{t}\}$ 中分别用位置向量表示 (图 5.5), 则两点间的向量在两个标架中分别为 $\boldsymbol{r} = \boldsymbol{x}_M - \boldsymbol{x}_P$ 或 $\overline{\boldsymbol{r}} = \overline{\boldsymbol{x}}_M - \overline{\boldsymbol{x}}_P$, 将式 (5.5) 代

入后者, 得到

$$\bar{r} = Q(t) \cdot r \quad \text{或} \quad \bar{r}_{k'} = Q_{k'k}(t)r_k \tag{e}$$

$\bar{r}$ 和 r 在客观上是同一向量, 因而具有客观性, 式 (e) 也是向量 r 的时空系转换关系。

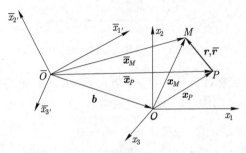

图 5.5　向量的客观性

将转换关系式 (e) 推广到任意标量、向量和张量, 客观性定义如下: 当时空系作刚体运动转换时, 如果物质点处的任一标量 a、向量 v 或二阶张量 t, 满足关系:

$$\left.\begin{array}{l} \bar{a} = a \\ \bar{v} = Q(t) \cdot v \quad \text{或} \quad \bar{v}_{k'} = Q_{k'k}v_k \\ \bar{t} = Q(t) \cdot t \cdot Q(t)^{\mathrm{T}} \quad \text{或} \quad \bar{t}_{k'l'} = Q_{k'k}Q_{l'l}t_{kl} \end{array}\right\} \tag{5.24}$$

则称为客观量。上述定义由 C. Truesdell 和 W. Noll 给出。上式在形式上与张量坐标转换关系相同, 可见上述时空系变换相当于观察者不动、物体做刚性运动时, 物理量的不变性。

在时空系的刚性运动变换中, 如果张量函数或泛函 f 保持形式不变, 则称 f 是客观的。例如, 若客观张量 t, c, v 在 $\{x, t\}$ 中的关系 $t = f(c, v)$ 是客观的, 则在刚性运动时空系 $\{\bar{x}, \bar{t}\}$ 中函数关系保持形式不变, 即

$$\bar{t} = f(\bar{c}, \bar{v}) \tag{5.25}$$

5.4.1.3　物质坐标系中 Lagrange 型张量的客观性

在物质坐标系中定义的张量 (Lagrange 型张量), 它们与 t 时刻观察者时空系的刚性运动无关, 在此意义上具有客观性。例如 Green 变形张量, 第二类 Piola-Kirchhoff 应力张量及其物质导数等, 这种 Lagrange 型张量在时空系的刚性变换中当然保持不变, 即

$$\bar{A} = A; \quad \bar{V} = V; \quad \bar{T} = T \tag{5.26}$$

式中, A 为标量, V 和 T 为 Lagrange 型向量和张量。R. Hill 将上式作为客观性定义。

满足客观性条件式 (5.24) 的张量适于在本构方程中用作变量, 当然也可以用 Lagrange 型变量, 而且常常比较方便, 因为其物质导数也是客观的。

▶ 5.4.2 物理量的客观性

本小节和后续的 5.4.3 小节及 5.4.4 小节将根据客观性定义, 分析第 2 章和第 3 章给出的描述连续介质几何、运动、受力状态的各种变量的客观性, 在相关的张量运算中主要应用抽象记法。读者可以将这些内容作为前三章的复习和应用, 也可看作是第 1 章张量理论的练习。

5.4.2.1 标量

线元长度:

$$(\mathrm{d}\bar{s})^2 = \mathrm{d}\bar{\boldsymbol{x}} \cdot \mathrm{d}\bar{\boldsymbol{x}} = (\boldsymbol{Q} \cdot \mathrm{d}\boldsymbol{x}) \cdot (\boldsymbol{Q} \cdot \mathrm{d}\boldsymbol{x}) = \mathrm{d}\boldsymbol{x} \cdot \boldsymbol{Q}^{\mathrm{T}} \cdot \boldsymbol{Q} \cdot \mathrm{d}\boldsymbol{x} = (\mathrm{d}s)^2$$

所以

$$\mathrm{d}\bar{s} = \mathrm{d}s$$

面元面积:

$$\begin{aligned}
(\mathrm{d}\bar{a})^2 &= (\mathrm{d}\bar{\boldsymbol{x}}_{1'} \times \mathrm{d}\bar{\boldsymbol{x}}_{2'}) \cdot (\mathrm{d}\bar{\boldsymbol{x}}_{1'} \times \mathrm{d}\bar{\boldsymbol{x}}_{2'}) = \mathrm{d}\bar{\boldsymbol{x}}_{1'} \times \mathrm{d}\bar{\boldsymbol{x}}_{2'} \cdot \boldsymbol{Q}^{\mathrm{T}} \cdot \boldsymbol{Q} \cdot \mathrm{d}\bar{\boldsymbol{x}}_{1'} \times \mathrm{d}\bar{\boldsymbol{x}}_{2'} \\
&= (\mathrm{d}\bar{\boldsymbol{x}}_{1'} \times \mathrm{d}\boldsymbol{x}_2) \cdot (\mathrm{d}\boldsymbol{x}_1 \times \mathrm{d}\bar{\boldsymbol{x}}_{2'}) = (\mathrm{d}\boldsymbol{x}_2 \times \mathrm{d}\bar{\boldsymbol{x}}_{1'}) \cdot (\mathrm{d}\bar{\boldsymbol{x}}_{2'} \times \mathrm{d}\boldsymbol{x}_1) \\
&= (\mathrm{d}\boldsymbol{x}_2 \times \mathrm{d}\boldsymbol{x}_1) \cdot (\mathrm{d}\boldsymbol{x}_2 \times \mathrm{d}\boldsymbol{x}_1) = (\mathrm{d}a)^2
\end{aligned}$$

故

$$\mathrm{d}\bar{a} = \mathrm{d}a$$

体元体积:

$$\begin{aligned}
(\mathrm{d}\bar{v})^2 &= (\mathrm{d}\bar{\boldsymbol{x}}_{1'} \times \mathrm{d}\bar{\boldsymbol{x}}_{2'}) \cdot \mathrm{d}\bar{\boldsymbol{x}}_{3'} = \mathrm{d}\bar{x}_{k'}^{(1)} \mathrm{d}\bar{x}_{l'}^{(2)} \mathrm{d}\bar{x}_{r'}^{(3)} e_{k'l'r'} \\
&= Q_{k'k} Q_{l'l} Q_{r'r} e_{k'l'r'} \mathrm{d}\bar{x}_k^{(1)} \mathrm{d}\bar{x}_l^{(2)} \mathrm{d}\bar{x}_r^{(3)}
\end{aligned}$$

由式 (1.3a) 和 $\det \boldsymbol{Q} = 1$, 所以 $Q_{k'k} Q_{l'l} Q_{r'r} e_{k'l'r'} = e_{klr}$, 代入上式得到

$$\mathrm{d}\bar{v} = \mathrm{d}v$$

可见, $\mathrm{d}s, \mathrm{d}a, \mathrm{d}v$ 是客观的, 它们的积分所得到的长度、面积、体积也是客观的。

体积比 $\bar{J} = \mathrm{d}\bar{v}/\mathrm{d}V = \mathrm{d}v/\mathrm{d}V = J$, 所以 J 是客观量。

此外密度 ρ、温度 θ、单位质量的内能 e 等标量均为客观量, 与标架的刚体运动无关。

5.4.2.2　线元、面元、力

线元向量是客观的，因为 $\mathrm{d}\overline{x} = Q \cdot \mathrm{d}x$。面元向量也是客观的，因为 $\mathrm{d}\overline{a} = \overline{n}\mathrm{d}a = Q \cdot n\mathrm{d}a = Q \cdot \mathrm{d}a$，$n$ 和 $\overline{n}$ 是面元在两个标架中的单位法线向量。

外力应该不依赖于标架的刚体运动，所以假设物质所受的力 f 是客观的。根据向量客观性定义，有

$$\overline{f} = Q \cdot f \tag{5.27}$$

类似地，在 Euler 标架中，由式 (3.1) 定义的应力向量密度是客观向量

$$\overline{t}_{\overline{n}} = Q \cdot t_n \tag{5.28}$$

5.4.2.3　变形梯度、应变张量、转动张量

$$\overline{F} = \frac{\partial \overline{x}}{\partial X} = \frac{\partial (Q \cdot x)}{\partial X} = Q \cdot F \tag{5.29a}$$

$$\overline{F}^{-1} = F^{-1} \cdot Q^{-1} = F^{-1} \cdot Q^{\mathrm{T}} \tag{5.29b}$$

不满足张量客观性定义式 (5.24)，所以变形梯度 F 和 F^{-1} 不是客观张量。从物理上看，变形梯度中包含线元转动，而观察者自身的转动自然会影响所看到的线元转动，即变形梯度与观察者的转动有关。

根据 Green 变形张量、Piola 变形张量、Lagrange 变形张量和右伸长张量的定义式 (2.22)、式 (2.25)、式 (2.28)、式 (2.73)，有

$$\overline{C} = \overline{F}^{\mathrm{T}} \cdot \overline{F} = F^{\mathrm{T}} \cdot Q^{\mathrm{T}} \cdot Q \cdot F = F^{\mathrm{T}} \cdot F = C$$
$$\overline{C}^{-1} = C^{-1}$$
$$\overline{E} = \frac{1}{2}\left(\overline{C} - \overline{I}\right) = \frac{1}{2}\left(C - I\right) = E$$
$$\overline{U} = \overline{C}^{\frac{1}{2}} = C^{\frac{1}{2}} = U$$

根据客观性定义式 (5.24)，C, C^{-1}, E, U 不是客观张量，但满足 Hill 客观性定义式 (5.26)。

应该指出，张量 C, C^{-1}, E 和 U 都是 Lagrange 型张量，虽然不具有式 (5.24) 意义下的客观性，但不意味上述张量随式 (5.5)、式 (5.6) 给出的标架时空变换而改变，所以同样具有客观性，其表现形式是与时空标架的刚性运动无关。换言之，可以将张量不受时空标架刚性运动的影响称为客观性，即 Hill 定义的客观性。类似的张量还有第二类 Piola-Kirchhoff 应力张量，Lagrange 描述法的热流向量等。Hill 定义下的客观性张量同样可以在本构关系中应用，但在分析本构关系客观性时必须与式 (5.24) 的定义相区别。

Cauchy 变形张量、Finger 变形张量、Almansi 变形张量和左伸长张量由式 (2.23)、式 (2.26)、式 (2.29)、式 (2.73) 定义，可以得到

$$\overline{c} = \overline{F}^{-T} \cdot \overline{F}^{-1} = Q \cdot F^{-T} \cdot F^{-1} \cdot Q^{-1} = Q \cdot c \cdot Q^T \tag{5.30a}$$

$$\overline{c}^{-1} = (Q \cdot c \cdot Q^T)^{-1} = Q^{-T} \cdot (Q \cdot c)^{-1} = Q \cdot c^{-1} \cdot Q^T \tag{5.30b}$$

$$\overline{e} = \frac{1}{2}(\overline{i} - \overline{c}) = \frac{1}{2}\left(Q \cdot Q^T - Q \cdot c \cdot Q^T\right) = \frac{1}{2}Q \cdot (i - c) \cdot Q^T = Q \cdot e \cdot Q^T \tag{5.30c}$$

$$\overline{V}^2 = \overline{c}^{-1} = Q \cdot c^{-1} \cdot Q^T = Q \cdot V \cdot Q^T \cdot Q \cdot V \cdot Q^T = \left(Q \cdot V \cdot Q^T\right)^2, \quad \overline{V} = Q \cdot V \cdot Q^T \tag{5.30d}$$

所以 c, c^{-1}, e, V 是客观张量。

根据有限转动的合成法则 (1.10 节)，转动张量的变换关系为

$$\overline{R} = Q \cdot R \tag{5.31}$$

所以转动张量是不客观的。上式也可以利用 F 的极分解证明。

5.4.2.4 应力张量

由 Cauchy 应力张量 t 与应力向量密度的关系 (式 (3.13)) $\overline{t}_{\overline{n}} = \overline{t} \cdot \overline{n}$ 和 $t_n = t \cdot n$，第 2 式两边前乘 Q，注意到 $Q \cdot t_n = \overline{t}_{\overline{n}}$, $n = Q^T \cdot \overline{n}$，得 $\overline{t}_{\overline{n}} = Q \cdot t \cdot Q^T \cdot \overline{n}$ 与第 1 式比较，有

$$\overline{t} = Q \cdot t \cdot Q^T \tag{5.32}$$

所以 Cauchy 应力张量是客观的。

由式 (3.31)，$\overline{\tau} = \overline{J}\overline{F}^{-1} \cdot \overline{t}$, $\tau = JF^{-1} \cdot t$，将 $\overline{J} = J$ 和式 (5.29b)、式 (5.32) 代入第 1 式，得

$$\overline{\tau} = \tau \cdot Q^T \tag{5.33}$$

所以第一类 Piola-Kirchhoff 应力张量是不客观的。

第二类 Piola-Kirchhoff 应力张量是 Lagrange 型张量，与标架刚性运动无关，所以 $\overline{T} = T$，满足 Hill 定义式 (5.26)。

以上讨论了变形、力、应力等变量的客观性，未涉及它们的时间变率，有些变率也是本构关系中需要的变量。下面分析运动学变量及应力率的客观性。

5.4.2.5 速度、加速度、速度梯度、变形率张量、自旋张量

速度和加速度：

$$\overline{v} = \frac{\partial \overline{x}}{\partial \overline{t}} = \frac{\partial \overline{x}}{\partial t} = Q \cdot v + \dot{Q} \cdot x + \dot{b} \neq Q \cdot v \tag{5.34a}$$

$$\overline{a} = \frac{\partial \overline{v}}{\partial t} = Q \cdot a + 2\dot{Q} \cdot v + \ddot{Q} \cdot x + \ddot{b} \neq Q \cdot a \tag{5.34b}$$

式中，变量的上加点 "·" 表示 $\mathrm{d}(\ )/\mathrm{d}t$；"··" 表示 $\mathrm{d}^2(\ )/\mathrm{d}t^2$。所以速度和加速度是不客观的。

速度梯度：

由式 (2.122)，$\overline{\boldsymbol{L}} = \overline{\boldsymbol{v}} \boldsymbol{\nabla}_{\bar{x}} = \dfrac{\mathrm{d}\overline{\boldsymbol{v}}}{\mathrm{d}\overline{\boldsymbol{x}}}$；$\boldsymbol{L} = \boldsymbol{v} \boldsymbol{\nabla}_x = \dfrac{\mathrm{d}\boldsymbol{v}}{\mathrm{d}\boldsymbol{x}}$，将式 (5.34a) 代入 $\overline{\boldsymbol{L}}$，注意到 $\dfrac{\mathrm{d}\boldsymbol{x}}{\mathrm{d}\overline{\boldsymbol{x}}} = \boldsymbol{Q}^{\mathrm{T}}$，$\dfrac{\mathrm{d}\boldsymbol{x}}{\mathrm{d}\boldsymbol{x}} = \boldsymbol{I}$，得

$$\overline{\boldsymbol{L}} = \frac{\mathrm{d}\overline{\boldsymbol{v}}}{\mathrm{d}\boldsymbol{x}} \cdot \frac{\mathrm{d}\boldsymbol{x}}{\mathrm{d}\overline{\boldsymbol{x}}} = \boldsymbol{Q} \cdot \boldsymbol{L} \cdot \boldsymbol{Q}^{\mathrm{T}} + \dot{\boldsymbol{Q}} \cdot \boldsymbol{Q}^{\mathrm{T}} \tag{5.35}$$

所以 $\boldsymbol{L}$ 是不客观的。

下面讨论上式中 $\dot{\boldsymbol{Q}} \cdot \boldsymbol{Q}^{\mathrm{T}}$ 项的物理意义。由 $\left(\boldsymbol{Q} \cdot \boldsymbol{Q}^{\mathrm{T}}\right)^{\boldsymbol{\cdot}} = \boldsymbol{0}$，得到

$$\boldsymbol{A} \equiv \dot{\boldsymbol{Q}} \cdot \boldsymbol{Q}^{\mathrm{T}} = -\boldsymbol{Q} \cdot \dot{\boldsymbol{Q}}^{\mathrm{T}} = -\left(\dot{\boldsymbol{Q}} \cdot \boldsymbol{Q}^{\mathrm{T}}\right)^{\mathrm{T}} \tag{5.36}$$

式中，记 $\dot{\boldsymbol{Q}} \cdot \boldsymbol{Q}^{\mathrm{T}}$ 为 $\boldsymbol{A}$，可见 $\boldsymbol{A}$ 是反对称二阶张量，由式 (1.64)，$\boldsymbol{A}$ 可以用反偶向量表示：

$$\boldsymbol{\omega}^* = -\frac{1}{2}\boldsymbol{E} : \boldsymbol{A} \quad \text{或} \quad \omega_k^* = -\frac{1}{2}e_{ijk}A_{ij}$$

式中，$\boldsymbol{\omega}^*$ 是标架的相对旋率；$\boldsymbol{E}$ 是置换张量。例如，若 $\boldsymbol{Q}$ 为绕 x_3 轴的转动，由 5.4.1 节式 (b)，$\boldsymbol{A}$ 的矩阵形式为

$$\boldsymbol{A} = \dot{\alpha} \begin{bmatrix} -\sin\alpha & \cos\alpha & 0 \\ -\cos\alpha & -\sin\alpha & 0 \\ 0 & 0 & 0 \end{bmatrix} \begin{bmatrix} \cos\alpha & -\sin\alpha & 0 \\ \sin\alpha & \cos\alpha & 0 \\ 0 & 0 & 1 \end{bmatrix} = \dot{\alpha} \begin{bmatrix} 0 & 1 & 0 \\ -1 & 0 & 0 \\ 0 & 0 & 0 \end{bmatrix}$$

所以 $\boldsymbol{\omega}^* = -\dot{\alpha}\boldsymbol{e}_3$。这表明 $\boldsymbol{\omega}^*$ 是在标架 $\{\overline{\boldsymbol{x}}, \overline{t}\}$ 中看到的、标架 $\{\boldsymbol{x}, t\}$ 绕 $\boldsymbol{e}_3$ 轴的转动速度 (顺时针方向)，即 $\{\boldsymbol{x}, t\}$ 相对于 $\{\overline{\boldsymbol{x}}, \overline{t}\}$ 的转动速度。在一般情况下，任意正交张量可以在其轴向单位向量构成的标准正交基中表示为式 (1.87) 的形式，所以上述结论具有普遍意义。

变形率张量：

$$\overline{\boldsymbol{d}} = \frac{1}{2}\left(\overline{\boldsymbol{L}} + \overline{\boldsymbol{L}}^{\mathrm{T}}\right) = \boldsymbol{Q} \cdot \boldsymbol{d} \cdot \boldsymbol{Q}^{\mathrm{T}} + \frac{1}{2}\left(\dot{\boldsymbol{Q}} \cdot \boldsymbol{Q}^{\mathrm{T}} + \boldsymbol{Q} \cdot \dot{\boldsymbol{Q}}^{\mathrm{T}}\right) = \boldsymbol{Q} \cdot \mathrm{d} \cdot \boldsymbol{Q}^{\mathrm{T}} \tag{5.37}$$

所以 $\boldsymbol{d}$ 是客观的。

自旋张量：

$$\overline{\boldsymbol{w}} = \frac{1}{2}\left(\overline{\boldsymbol{L}} - \overline{\boldsymbol{L}}^{\mathrm{T}}\right); \quad \boldsymbol{w} = \frac{1}{2}\left(\boldsymbol{L} - \boldsymbol{L}^{\mathrm{T}}\right)$$

将式 (5.35) 代入 $\overline{\boldsymbol{w}}$，得到

$$\overline{\boldsymbol{w}} = \boldsymbol{Q} \cdot \boldsymbol{w} \cdot \boldsymbol{Q}^{\mathrm{T}} + \frac{1}{2}\left(\dot{\boldsymbol{Q}} \cdot \boldsymbol{Q}^{\mathrm{T}} - \boldsymbol{Q} \cdot \dot{\boldsymbol{Q}}^{\mathrm{T}}\right) = \boldsymbol{Q} \cdot \boldsymbol{w} \cdot \boldsymbol{Q}^{\mathrm{T}} + \dot{\boldsymbol{Q}} \cdot \boldsymbol{Q}^{\mathrm{T}} \tag{5.38}$$

式 (5.38) 说明标架 $\{\overline{\boldsymbol{x}}, \overline{t}\}$ 中任一物质点处的自旋张量等于 $\{\boldsymbol{x}, t\}$ 中的自旋张量 (在标架 $\{\overline{\boldsymbol{x}}, \overline{t}\}$ 中表示为 $\boldsymbol{Q} \cdot \boldsymbol{w} \cdot \boldsymbol{Q}^{\mathrm{T}}$) 与标架 $\{\boldsymbol{x}, t\}$ 相对旋率之和，所以 $\boldsymbol{w}$ 是不客观的。

➤ 5.4.3 应力率、应变率及其客观性和 Jaumann 导数

5.4.3.1 应力率及其客观性

应力张量的物质导数称为应力率，表示任一物质点的应力张量随时间的变化，可用于黏弹性等介质的本构关系。

Cauchy 应力张量的应力率为

$$\dot{\boldsymbol{t}} = \frac{\mathrm{d}\boldsymbol{t}}{\mathrm{d}t} = \left.\frac{\partial\boldsymbol{t}}{\partial t}\right|_X = \left.\frac{\partial\boldsymbol{t}}{\partial t}\right|_x + \frac{\partial\boldsymbol{t}}{\partial x^m}\frac{\partial x^m}{\partial t} = \left.\frac{\partial\boldsymbol{t}}{\partial t}\right|_x + \boldsymbol{v}\cdot\boldsymbol{\nabla}\boldsymbol{t}; \quad \frac{\mathrm{D}t^{kl}}{\mathrm{D}t} = \frac{\partial t^{kl}}{\partial t} + v^m\boldsymbol{\nabla}_m t^{kl}$$

$$(5.39)$$

利用 $\boldsymbol{t}$ 的客观性，在 $\{\overline{\boldsymbol{x}},\overline{t}\}$ 中 Cauchy 应力率为

$$\dot{\overline{\boldsymbol{t}}} = \boldsymbol{Q}\cdot\dot{\boldsymbol{t}}\cdot\boldsymbol{Q}^{\mathrm{T}} + \dot{\boldsymbol{Q}}\cdot\boldsymbol{t}\cdot\boldsymbol{Q}^{\mathrm{T}} + \boldsymbol{Q}\cdot\boldsymbol{t}\cdot\dot{\boldsymbol{Q}}^{\mathrm{T}} \tag{5.40}$$

可见 $\dot{\boldsymbol{t}}$ 是不客观的。式 (5.40) 的推导适用于任何客观二阶张量，所以客观 Euler 型二阶张量的物质导数是不客观的。

式 (5.38) 两端后乘 $\boldsymbol{Q}$，得到

$$\dot{\boldsymbol{Q}} = \overline{\boldsymbol{w}}\cdot\boldsymbol{Q} - \boldsymbol{Q}\cdot\boldsymbol{w} \tag{5.41}$$

将式 (5.41) 代入式 (5.40)，注意 $\boldsymbol{w} = -\boldsymbol{w}^{\mathrm{T}}, \overline{\boldsymbol{w}} = -\overline{\boldsymbol{w}}^{\mathrm{T}}$，得

$$\begin{aligned}\dot{\overline{\boldsymbol{t}}} &= \boldsymbol{Q}\cdot\dot{\boldsymbol{t}}\cdot\boldsymbol{Q}^{\mathrm{T}} + (\overline{\boldsymbol{w}}\cdot\boldsymbol{Q} - \boldsymbol{Q}\cdot\boldsymbol{w})\cdot\boldsymbol{t}\cdot\boldsymbol{Q}^{\mathrm{T}} + \boldsymbol{Q}\cdot\boldsymbol{t}\cdot\left(-\boldsymbol{Q}^{\mathrm{T}}\cdot\overline{\boldsymbol{w}} + \boldsymbol{w}\cdot\boldsymbol{Q}^{\mathrm{T}}\right)\\ &= \boldsymbol{Q}\cdot\overset{\triangledown}{\boldsymbol{t}}\cdot\boldsymbol{Q}^{\mathrm{T}} + \overline{\boldsymbol{w}}\cdot\overline{\boldsymbol{t}} - \overline{\boldsymbol{t}}\cdot\overline{\boldsymbol{w}}\end{aligned} \tag{5.42}$$

其中

$$\overset{\triangledown}{\boldsymbol{t}} = \dot{\boldsymbol{t}} - \boldsymbol{w}\cdot\boldsymbol{t} + \boldsymbol{t}\cdot\boldsymbol{w} \tag{5.43}$$

称为 Jaumann 应力率。在标架 $\{\overline{\boldsymbol{x}},\overline{t}\}$ 中，Jaumann 应力率为

$$\overset{\triangledown}{\overline{\boldsymbol{t}}} = \dot{\overline{\boldsymbol{t}}} - \overline{\boldsymbol{w}}\cdot\overline{\boldsymbol{t}} + \overline{\boldsymbol{t}}\cdot\overline{\boldsymbol{w}} \tag{5.43a}$$

将式 (5.42) 代入上式，得到 $\overset{\triangledown}{\overline{\boldsymbol{t}}} = \boldsymbol{Q}\cdot\overset{\triangledown}{\boldsymbol{t}}\cdot\boldsymbol{Q}^{\mathrm{T}}$。可见，$\boldsymbol{t}$ 的 Jaumann 应力率是客观张量。

[例 5.1]　以单向拉伸杆件为例说明 $\dot{\boldsymbol{t}}$ 和 $\overset{\triangledown}{\boldsymbol{t}}$ 的区别 (见参考文献 [2])。

假设杆件绕 x_3 轴逆时针转动，转动张量 $\boldsymbol{Q}(t)$ 为 5.4.1 节式 (b)，转角 $\alpha = \omega t$，$\{x_k\}$ 为静止参考系，刚性运动参考系 $\{\bar{x}_k\}$ 与杆件一起转动，所以 $\{x_k\}$ 和 $\{\bar{x}_k\}$ 的坐标变换同样是 $\boldsymbol{Q}(t)$。t 时刻杆件位置如图 5.6(a) 所示。在 $\{\bar{x}_k\}$ 中 t 时刻

观测的 Cauchy 应力 $\bar{t}$ 为

$$[\bar{t}_{ij}] = \sigma \begin{bmatrix} 1 & 0 & 0 \\ 0 & 0 & 0 \\ 0 & 0 & 0 \end{bmatrix} \text{（如图 5.6(b) 所示）}$$

若 t 是 $\{x^k\}$ 中观测的 Cauchy 应力，由客观性条件 $\bar{t} = \boldsymbol{Q} \cdot t \cdot \boldsymbol{Q}^{\mathrm{T}}$，前乘 $\boldsymbol{Q}^{\mathrm{T}}$ 后乘 $\boldsymbol{Q}$，得 $t = \boldsymbol{Q}^{\mathrm{T}} \cdot \bar{t} \cdot \boldsymbol{Q}$，将 $\boldsymbol{Q}$ 代入，得到

$$[t_{ij}] = \sigma \begin{bmatrix} \cos^2 \omega t & \cos \omega t \sin \omega t & 0 \\ \cos \omega t \sin \omega t & \sin^2 \omega t & 0 \\ 0 & 0 & 0 \end{bmatrix} \text{（如图 5.6(c) 所示）}$$

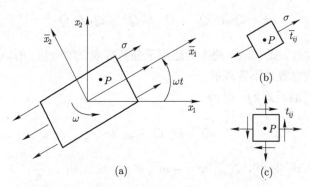

图 5.6　转动杆件的拉伸应力 (Euler 描述)

在两个时空系中观测到的应力 t_{ij} 和 $\bar{t}_{ij}$ 其实是同一应力张量，只是在不同坐标系中的分量形式不同，即 t 是客观的。但它们的应力率则是另外一种情况。

$\bar{t}$ 的应力率为 $\dot{\bar{t}} = \boldsymbol{0}$，而 t 的应力率为 (上式对 t 的偏导数)

$$[\dot{t}_{ij}] = \sigma \omega \begin{bmatrix} -\sin 2\omega t & \cos 2\omega t & 0 \\ \cos 2\omega t & \sin 2\omega t & 0 \\ 0 & 0 & 0 \end{bmatrix} \neq 0$$

可见 t 受标架刚性转动的影响，是不客观的。

在标架 $\{x_k\}$ 中任一点 P 的位置向量和速度为

$$\boldsymbol{x} = x_k \boldsymbol{e}_k = |\boldsymbol{x}| \cos \omega t \boldsymbol{e}_1 + |\boldsymbol{x}| \sin \omega t \boldsymbol{e}_2$$

$$\boldsymbol{v} = \dot{\boldsymbol{x}} = -|\boldsymbol{x}| \omega \sin \omega t \boldsymbol{e}_1 + |\boldsymbol{x}| \omega \cos \omega t \boldsymbol{e}_2 = \omega(-x_2 \boldsymbol{e}_1 + x_1 \boldsymbol{e}_2)$$

速度梯度和自旋张量为

$$\boldsymbol{v} \cdot \boldsymbol{\nabla} = \frac{\partial \boldsymbol{v}}{\partial x^k} \boldsymbol{e}_k = \omega \boldsymbol{e}_2 \boldsymbol{e}_1 - \omega \boldsymbol{e}_1 \boldsymbol{e}_2; \quad \boldsymbol{\nabla} \boldsymbol{v} = \boldsymbol{e}_k \frac{\partial \boldsymbol{v}}{\partial x^k} = \omega \boldsymbol{e}_1 \boldsymbol{e}_2 - \omega \boldsymbol{e}_2 \boldsymbol{e}_1$$

$$w = \frac{1}{2}\left(v\nabla - \nabla v\right) = \omega\left(e_2 e_1 - e_1 e_2\right), \text{即 } w_{21} = -w_{12} = \omega, \text{其余为零。}$$

将 $t, w, \dot{t}$ 代入式 (5.43)，经过矩阵运算，可以得到 $\overset{\triangledown}{t}_{ij} = 0$，即在标架 $\{x_k\}$ 中 $\overset{\triangledown}{t} = 0$。

在跟随杆件转动的标架 $\{\bar{x}_k\}$ 中，$\bar{w} = 0$，$\dot{\bar{t}} = 0$，由式 (5.43a) 同样有 $\overset{\triangledown}{t} = 0$。可见，$t$ 的 Jaumann 应力率不受标架转动的影响，具有客观性，适于在本构关系中应用；而普通应力率中包含与刚性转动相关的项 (式 (5.43) 右端第二和第三项)，不能客观地反映应力状态随时间的变化，例如本例中转动时应力状态并未改变，但 $\dot{t}$ 却是时间的函数，显然在本构方程中用这样的应力率确定物质内的应力是不合适的。

上面的算例讨论了整个物体做刚性转动时的应力率。上述关于应力率的结论同样适用于一点邻域的刚性转动，即变形物质的运动状态。

在导出 Jaumann 应力率的定义式 (5.43) 时，我们只用到张量 t 的客观性，所以该定义也可以用于其他客观 Euler 型二阶张量，例如可以定义

$$\overset{\triangledown}{s} = \dot{s} - w \cdot s + s \cdot w \tag{5.44}$$

为客观二阶张量 s 的 Jaumann 导数，也称为 Zaremba-Jaumann 导数。与 $\overset{\triangledown}{t}$ 同样，可以证明 $\overset{\triangledown}{s}$ 具有客观性。Jaumann 导数也是一种物质导数，因为它和普通物质导数一样，是描述物质点不变情况下物理量随时间的变化，不同的是从普通物质导数中去掉了物质点邻域的刚性旋率 (w) 所引起的物理量随时间的非客观变化，因而是一种客观的物质导数，如果根据式 (5.43a) 选择一个适当的参考时空系，使标架随物质点邻域一起转动，则随转标架中 $\bar{w} = 0$，观察者由式 (5.43a) 观测到的时间变率即是 Jaumann 导数，所以 Jaumann 导数也称为共旋导数或随转导数。

除 Jaumann 导数之外，还可以定义其他具有客观性的物质导数，例如 Oldroyd 导数、Cotter-Rivlin 导数等，读者可以参阅其他文献 (例如参考文献 [1] 和 [5])。

第一类 Piola-Kirchhoff 应力张量 τ 的应力率定义是

$$\dot{\tau} = \frac{d\tau}{dt} = \left.\frac{\partial\tau}{\partial t}\right|_X = \left.\frac{\partial\tau}{\partial t}\right|_x + \frac{\partial\tau}{\partial x^k}\frac{\partial x^k}{\partial t} = \left.\frac{\partial\tau}{\partial t}\right|_x + v \cdot \nabla_x\tau \tag{5.45}$$

或

$$\frac{D\tau^{Kl}}{Dt} = \frac{\partial\tau^{Kl}}{\partial t} + v^m\nabla_m\tau^{Kl}$$

式中，$\nabla_x\tau = g^k\dfrac{\partial\tau}{\partial x^k} = \nabla_k\tau^{Kl}g^k G_K g_l$ 是两点张量在 $\{x^k\}$ 中的梯度。在 $\{\bar{x}^k\}$ 的应力率为

$$\dot{\bar{\tau}} = \left(\tau \cdot Q^{\mathrm{T}}\right)^{\cdot} = \dot{\tau} \cdot Q^{\mathrm{T}} + \tau \cdot \dot{Q}^{\mathrm{T}} \tag{5.46}$$

可见 $\dot{\tau}$ 是不客观的。将式 (5.41) 代入上式，注意 $\overline{\tau} = \tau \cdot Q^T$；$w^T = -w$；$\overline{w}^T = -\overline{w}$，得到

$$\dot{\overline{\tau}} = \dot{\tau} \cdot Q^T + \tau \cdot (\overline{w} \cdot Q - Q \cdot w)^T = \dot{\tau} \cdot Q^T + \tau \cdot Q^T \cdot \overline{w}^T - \tau \cdot w^T \cdot Q^T$$
$$= (\dot{\tau} + \tau \cdot w) \cdot Q^T - \overline{\tau} \cdot \overline{w} = \overset{\nabla}{\tau} \cdot Q^T - \overline{\tau} \cdot \overline{w} \tag{5.47}$$

其中

$$\overset{\nabla}{\tau} = \dot{\tau} + \tau \cdot w \tag{5.48}$$

是 τ 的 Jaumann 导数，由于 τ 的并矢 $(G_K g_l)$ 中只有一个 Euler 标架基向量，所以上式中只有一项因局部刚性旋率引起的应力变化。将定义式 (5.48) 用于 $\overline{\tau}$，利用式 (5.47)，得到

$$\overset{\nabla}{\overline{\tau}} = \overset{\nabla}{\tau} \cdot Q^T \tag{5.49}$$

上式说明 $\overset{\nabla}{\tau}$ 在时空标架的刚性运动中保持不变，因而具有客观性 (尽管不符合定义式 (5.24))。

[例 5.2]　下面仍以转动的单向拉伸杆件为例说明 $\dot{\tau}$ 和 $\overset{\nabla}{\tau}$ 的区别。图 5.7(a) 为 t 时刻杆件位置，$\{x_k\}$ 和 $\{X_K\}$ 是重合的 Euler 坐标系和 Lagrange 坐标系，$\{\overline{x}_{k'}\}$ 是随杆件转动的标架 (与图 5.6(a) 相同)。假设 $\{\overline{x}_{k'}\}$ 中的运动变换为线弹性单向拉伸，即

$$\overline{x}_{1'} = \lambda X_1; \quad \overline{x}_{2'} = -\nu \lambda X_2; \quad \overline{x}_{3'} = -\nu \lambda X_3$$

式中，λ, ν 是长度比和泊松比。将 $\overline{x} = Q \cdot x$ 代入上式，得到 $\{x_k\}$ 中的逆运动变换：

$$X_1 = \lambda^{-1} (x_1 \cos \omega t + x_2 \sin \omega t)$$
$$X_2 = (\lambda \nu)^{-1} (x_1 \sin \omega t - x_2 \cos \omega t); \quad X_3 = -(\lambda \nu)^{-1} x_3$$

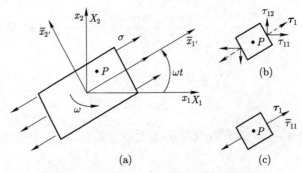

图 5.7　转动杆件的拉伸应力 (Lagrange 描述)

变形梯度的逆张量为

$$\overline{\boldsymbol{F}}^{-1} = \left[\frac{\partial X_K}{\partial \bar{x}_{l'}}\right] = \frac{1}{\lambda}\begin{bmatrix} 1 & 0 & 0 \\ 0 & -\nu^{-1} & 0 \\ 0 & 0 & -\nu^{-1} \end{bmatrix}$$

$$\boldsymbol{F}^{-1} = \left[\frac{\partial X_K}{\partial x_l}\right] = \frac{1}{\lambda}\begin{bmatrix} \cos\omega t & \sin\omega t & 0 \\ \nu^{-1}\sin\omega t & -\nu^{-1}\cos\omega t & 0 \\ 0 & 0 & -\nu^{-1} \end{bmatrix}$$

由式 $(3.52)_1$ 和例 5.1 给出的 Cauchy 应力 $\bar{t}_{ij}, t_{ij}$, 得 (见图 5.7(b), (c))

$$\overline{\tau}_{Kk'} = \overline{F}_{Kl'}^{-1}\bar{t}_{l'k'} = \frac{\sigma}{\lambda}\begin{bmatrix} 1 & 0 & 0 \\ 0 & 0 & 0 \\ 0 & 0 & 0 \end{bmatrix}; \quad \tau_{Kk} = F_{Kl}^{-1}t_{lk} = \frac{\sigma}{\lambda}\begin{bmatrix} \cos\omega t & \sin\omega t & 0 \\ 0 & 0 & 0 \\ 0 & 0 & 0 \end{bmatrix}$$

所以

$$\dot{\tau}_{Kk} = \frac{\partial\tau_{Kk}}{\partial t} = \frac{\sigma\omega}{\lambda}\begin{bmatrix} -\sin\omega t & \cos\omega t & 0 \\ 0 & 0 & 0 \\ 0 & 0 & 0 \end{bmatrix}; \quad \dot{\overline{\tau}}_{Kk'} = 0$$

将定义式 (5.48) 分别用于 $\{x_k\}$ 和 $\{\bar{x}_{k'}\}$, 利用例 5.1 中给出的 $\boldsymbol{w}, \overline{\boldsymbol{w}}$, 得到

$$\overset{\triangledown}{\tau}_{Kk} = \dot{\tau}_{Kk} + \tau_{Kl}w_{lk} = 0; \quad \overset{\triangledown}{\overline{\tau}}_{Kk'} = \dot{\overline{\tau}}_{Kk'} + \overline{\tau}_{Kl'}\overline{w}_{l'k'} = 0$$

可见 $\boldsymbol{\tau}$ 的 Jaumann 率与标架转动无关, 是客观的, 而普通应力率是不客观的 (本例完)。

第二类 Piola-Kirchhoff 应力张量应力率的定义是

$$\dot{\boldsymbol{T}} = \left.\frac{\partial\boldsymbol{T}}{\partial t}\right|_X \quad \text{或} \quad \frac{DT^{KL}}{Dt} = \frac{\partial T^{KL}}{\partial t} \tag{5.50}$$

$\dot{\boldsymbol{T}}$ 仍为 Lagrange 型张量, 具有 Hill 定义的客观性。

5.4.3.2 应变率的客观性

Lagrange 型变形张量和应变张量的时间变率 $\dot{\boldsymbol{C}}, \dot{\boldsymbol{E}}$ 与时空标架无关, 所以不受时空标架刚性运动的影响, 具有客观性。式 (2.147) 和式 (2.149) 给出用变形梯度和变形率张量表示的 $\dot{\boldsymbol{C}}$ 和 $\dot{\boldsymbol{E}}$, 也可以用 Lagrange 坐标系中的位移梯度和速度梯度表示。由应变–位移关系式 (2.39) 取物质导数, 得

$$\dot{\boldsymbol{E}} = \frac{1}{2}\dot{\boldsymbol{C}} = \frac{1}{2}\left(\boldsymbol{\nabla}_X\boldsymbol{v} + \boldsymbol{v}\boldsymbol{\nabla}_X + \boldsymbol{\nabla}_X\boldsymbol{u}\cdot\boldsymbol{v}\boldsymbol{\nabla}_X + \boldsymbol{\nabla}_X\boldsymbol{v}\cdot\boldsymbol{u}\boldsymbol{\nabla}_X\right)$$

或

$$\dot{E}_{KL} = \frac{1}{2}\dot{C}_{KL} = \frac{1}{2}\left(V_{L;K} + V_{K;L} + U_{M;K}V^M{}_{;L} + V_{M;K}U^M{}_{;L}\right) \tag{5.51}$$

其中，$V_K = \dfrac{\partial U_K}{\partial t}$ 是速度 $\boldsymbol{v}$ 在 Lagrange 坐标系中的分量。

Euler 型应变张量 $\boldsymbol{e}$ 的物质导数由式 (2.152) 给出，即

$$\dot{\boldsymbol{e}} = \boldsymbol{d} - \nabla \boldsymbol{v} \cdot \boldsymbol{e} - \boldsymbol{e} \cdot \boldsymbol{v}\nabla \tag{5.52}$$

或

$$\dot{e}_{kl} = d_{kl} - e_{lm}v^m{}_{;k} - e_{km}v^m{}_{;l}$$

与 Cauchy 应力类似，客观的 Euler 型二阶张量 $\boldsymbol{e}$ 的物质导数 $\dot{\boldsymbol{e}}$ 是不客观的，可以引入客观的 Jaumann 应变率

$$\overset{\triangledown}{\boldsymbol{e}} = \dot{\boldsymbol{e}} - \boldsymbol{w} \cdot \boldsymbol{e} + \boldsymbol{e} \cdot \boldsymbol{w} \tag{5.53}$$

➤ 5.4.4   守恒定律的客观性

根据物理关系客观性定义，当时空标架作刚性运动时，如果守恒定律保持形式不变，则该定律是客观的，否则是不客观的。

由式 (4.9) 和式 (4.5a)，质量守恒定律 (连续性方程) 为

$$J\rho = \rho_0; \quad \dot{\rho} + \rho\nabla \cdot \boldsymbol{v} = 0$$

因为 J, ρ 是客观的 (见 5.4.2 节)，$\overline{J} = J, \overline{\rho} = \rho$，$\rho_0$ 与时空标架无关，所以

$$\overline{J}\overline{\rho} = \rho_0$$

即式 (4.9) 形式不变，Lagrange 型质量守恒定律是客观的。

由式 (2.130) 和 $\boldsymbol{d}$ 的客观性，有

$$\overline{\nabla} \cdot \overline{\boldsymbol{v}} = \overline{\nabla}_{m'}\overline{v}^{m'} = \overline{d}_{m'}^{m'} = Q_{m'}^k d_k^l Q_l^{m'} = \delta_l^k d_k^l = d_k^k = \nabla \cdot \boldsymbol{v}$$

以及 $\overline{\rho} = \rho$，$\dot{\overline{\rho}} = \dot{\rho}$，所以在标架 $\left\{\overline{x}^{k'}\right\}$ 中式 (4.5a) 与 $\left\{x^k\right\}$ 中形式相同

$$\dot{\overline{\rho}} + \overline{\rho}\,\overline{\nabla} \cdot \overline{\boldsymbol{v}} = 0$$

可见 Euler 型质量守恒定律也是客观的。

Cauchy 动量方程、Boussinesq 动量方程和 Kirchhoff 动量方程分别为式 (4.13)、式 (4.17) 和 (4.19a)，即

$$\nabla_x \cdot \boldsymbol{t} + \rho\left(\boldsymbol{f} - \boldsymbol{a}\right) = \boldsymbol{0}$$

$$\nabla_X \cdot \boldsymbol{\tau} + \rho_0 \left(\boldsymbol{f} - \boldsymbol{a}\right) = \boldsymbol{0}$$

$$\nabla_X \cdot [\boldsymbol{T} \cdot (\boldsymbol{I} + \nabla_X \boldsymbol{u})] + \rho_0(\boldsymbol{f} - \boldsymbol{a}) = \boldsymbol{0}$$

由于 $\bar{\boldsymbol{t}} = \boldsymbol{Q} \cdot \boldsymbol{t} \cdot \boldsymbol{Q}^{\mathrm{T}}$, $\overline{\nabla}_{\bar{x}}(\ ) = \dfrac{\partial}{\partial \overline{\boldsymbol{x}}}(\ ) = \dfrac{\partial}{\partial \boldsymbol{x}}(\ ) \cdot \dfrac{\partial \boldsymbol{x}}{\partial \overline{\boldsymbol{x}}} = \nabla_x(\ ) \cdot \boldsymbol{Q}^{\mathrm{T}}$, 代入 $\overline{\nabla}_{\bar{x}} \cdot \bar{\boldsymbol{t}}$ 得到

$$\overline{\nabla}_{\bar{x}} \cdot \bar{\boldsymbol{t}} = \nabla_x \cdot \boldsymbol{t} \cdot \boldsymbol{Q}^{\mathrm{T}} = \boldsymbol{Q} \cdot \nabla_x \cdot \boldsymbol{t}$$

上式说明向量 $\nabla_x \cdot \boldsymbol{t}$ 是客观的, 可见客观二阶张量的散度是客观的。式 (4.13) 前乘 $\boldsymbol{Q}$, 有

$$\overline{\nabla}_{\bar{x}} \cdot \bar{\boldsymbol{t}} + \overline{\rho}\left(\overline{\boldsymbol{f}} - \boldsymbol{Q} \cdot \boldsymbol{a}\right) = \boldsymbol{0} \tag{5.54}$$

但式 (5.34b) 表明 $\boldsymbol{Q} \cdot \boldsymbol{a} \neq \overline{\boldsymbol{a}}$, 所以式 (5.54) 与式 (4.13) 形式不同, Cauchy 动量方程是不客观的。

在式 (5.34b) 中, 令 $\boldsymbol{Q} \cdot \boldsymbol{a} = \overline{\boldsymbol{a}} - \boldsymbol{a}^*$, 其中

$$\boldsymbol{a}^* = \ddot{\boldsymbol{Q}} \cdot \boldsymbol{x} + 2\dot{\boldsymbol{Q}} \cdot \boldsymbol{v} + \ddot{\boldsymbol{b}} \tag{5.55}$$

表示由于标架的移动和转动引起的 '非客观' 的加速度, 包括牵连加速度 $\ddot{\boldsymbol{Q}} \cdot \boldsymbol{x} + \ddot{\boldsymbol{b}}$ 和哥氏 (Coriolis) 加速度 $2\dot{\boldsymbol{Q}} \cdot \boldsymbol{v}$。若 $\{x, t\}$ 是相对惯性系统静止或做匀速直线运动的标架, 则 $\boldsymbol{a}^* = \boldsymbol{0}$。可见动量方程只适用于惯性坐标系。

类似地, 可以证明 Boussinesq 和 Kirchhoff 动量方程不具有客观性。

动量矩守恒定律为式 (4.30) 及式 (4.31), 即

$$\boldsymbol{t}^{\mathrm{T}} = \boldsymbol{t}, \quad \boldsymbol{T}^{\mathrm{T}} = \boldsymbol{T}$$

由于 $\boldsymbol{t}$ 是客观张量, $\boldsymbol{T}$ 与时空系的运动无关, 所以 $\bar{\boldsymbol{t}}^{\mathrm{T}} = \bar{\boldsymbol{t}}$, $\overline{\boldsymbol{T}}^{\mathrm{T}} = \overline{\boldsymbol{T}}$, 即动量矩守恒定律是客观的, 在刚性运动标架中 $\boldsymbol{t}$ 和 $\boldsymbol{T}$ 的对称性不变。

能量守恒定律 (热力学第一定律) 为式 (4.46) 及式 (4.51), 即

$$\rho \dot{e} - \boldsymbol{t} : \boldsymbol{d} + \nabla \cdot \boldsymbol{q} - \rho h = 0$$

$$\rho_0 \dot{e} - \boldsymbol{T} : \dot{\boldsymbol{E}} + \nabla_X \cdot \boldsymbol{q}_0 - \rho_0 h = 0$$

式中, 密度 ρ、内能密度变率 $\dot{e}$、热源密度 h 是客观标量; t, d 是客观张量。与力类似, 热流向量 $\boldsymbol{q}$ 是客观向量。在标架 $\{\overline{x}^k\}$ 中,

$$\overline{\nabla} \cdot \overline{\boldsymbol{q}} = \overline{\nabla}_{k'} \overline{q}^{k'} = Q_k{}^k \nabla_k (Q^{k'}{}_m q^m) = \delta_m^k \nabla_k q^m = \nabla \cdot \boldsymbol{q}$$

$$\bar{\boldsymbol{t}} : \overline{\boldsymbol{d}} = \bar{t}^{k'l'} \overline{d}_{k'l'} = (Q^{k'}{}_k Q^{l'}{}_l t^{kl})(Q_{k'}{}^m Q_{l'}{}^n d_{mn}) = \delta_k^m \delta_l^n t^{kl} d_{mn} = \boldsymbol{t} : \boldsymbol{d}$$

所以式 (4.46) 是客观的。方程 (4.51) 中各量与时空变换无关, 因而具有客观性 (Hill 定义)。

热力学第二定律 (熵不等式) 为式 (4.64a)、式 (4.66a) 及式 (4.66b)，即

$$r \geqslant 0$$

$$\theta r = -\dot{\psi} - \dot{\theta}\eta + \frac{1}{\rho}\boldsymbol{t} : \boldsymbol{d} - \frac{1}{\rho\theta}\boldsymbol{q} \cdot \boldsymbol{\nabla}\theta$$

$$\theta r = -\dot{\psi} - \dot{\theta}\eta + \frac{1}{\rho_0}\boldsymbol{T} : \dot{\boldsymbol{E}} - \frac{1}{\rho_0\theta}\boldsymbol{q}_0 \cdot \boldsymbol{\nabla}_X\theta$$

式中，温度 θ、熵生成率 r、自由能 ψ、熵 η 均为客观标量，与能量守恒定律客观性分析类似，可以得到热力学第二定律是客观的。

本节关于物理量和物理规律的客观性分析表明，时空系的刚性运动对于状态变量 (及其代数和微分运算) 及守恒定律有不同的影响，或者是客观的，或者是非客观的。

从上述客观性分析中，可以发现和不难证明下列结论：

(1) 客观二阶张量的点积和双点积是客观的；

(2) 客观二阶张量的散度是客观的；

(3) Euler 型客观二阶张量的普通物质导数是不客观的，Jaumann 导数是客观的。

➤ 5.4.5　简单物质本构方程的客观性要求

根据客观性公理，本构方程是客观的，所以本构变量和本构泛函应满足客观性要求。

在等温情况下，简单物质的本构方程为式 (5.22)，即

$$\boldsymbol{t}(\boldsymbol{X}, t) = \boldsymbol{f}[\boldsymbol{F}(\boldsymbol{X}, \tau), \boldsymbol{X}]$$

式中，$\boldsymbol{t}$ 是当前的 Cauchy 应力；$\boldsymbol{F}(\boldsymbol{X}, \tau)$ 是变形梯度历史 $(\tau \leqslant t)$，此式尚未考虑客观性要求。下面讨论本构方程的客观性要求对于上式提出的限制。若观察者的标架有刚性转动及转动历史 $\boldsymbol{Q}(t)$ 和 $\boldsymbol{Q}(\tau)$，在转动标架中变形梯度为

$$\overline{\boldsymbol{F}}(t) = \boldsymbol{Q}(t) \cdot \boldsymbol{F}(t); \quad \overline{\boldsymbol{F}}(\tau) = \boldsymbol{Q}(\tau) \cdot \boldsymbol{F}(\tau) \tag{a}$$

根据客观性要求，本构关系的形式不变，$\bar{\boldsymbol{t}}(\boldsymbol{X}, t) = \boldsymbol{f}\left(\overline{\boldsymbol{F}}(\boldsymbol{X}, \tau), \boldsymbol{X}\right)$，将式 $(5.24)_3$ 和式 $(a)_2$ 代入，得

$$\boldsymbol{Q}(t) \cdot \boldsymbol{t}(\boldsymbol{X}, t) \cdot \boldsymbol{Q}^{\mathrm{T}}(t) = \boldsymbol{f}(\boldsymbol{Q}(\tau) \cdot \boldsymbol{F}(\tau), \boldsymbol{X}) \tag{5.56}$$

或

$$\boldsymbol{Q}(t) \cdot \boldsymbol{f}(\boldsymbol{F}(\boldsymbol{X}, \tau), \boldsymbol{X}) \cdot \boldsymbol{Q}^{\mathrm{T}}(t) = \boldsymbol{f}(\boldsymbol{Q}(\tau) \cdot \boldsymbol{F}(\boldsymbol{X}, \tau), \boldsymbol{X}) \tag{b}$$

上式右端由应力 t 的客观性定义式 (5.24) 得到。变形梯度和变形梯度历史的极分解为

$$F(t) = R(t) \cdot U(t); \quad F(\tau) = R(\tau) \cdot U(\tau) \tag{c}$$

式中，$R(t) = R(\tau)|_{\tau=t}$。正交变换可以任意选取，令 $Q(\tau) = R^{\mathrm{T}}(\tau)$，$Q(t) = R^{\mathrm{T}}(t)$，将式 (c) 代入式 (b)，得

$$f(U(X,\tau),X) = R^{\mathrm{T}}(t) \cdot f(F(X,\tau),X) \cdot R(t)$$

上式前乘 $R(t)$ 后乘 $R^{\mathrm{T}}(t)$，并利用式 (5.22)，得到

$$t(X,t) = R(t) \cdot f(U(X,\tau),X) \cdot R^{\mathrm{T}}(t) \tag{5.57}$$

可见，客观性要求使 Cauchy 应力只与右伸长张量的历史和当前的转动有关，与转动的历史无关，即转动没有记忆性。这是客观性公理给出的重要结论。

5.5 物质对称性分析

5.2 节初步介绍了物质对称性和物质对称性公理，本节进一步讨论物质对称性概念、定义及其对本构方程的要求。

➤ 5.5.1 参考构形变换和对称群概念

首先，以线弹性固体为例考察两种常见的材料对称性：反射对称性和旋转对称性。

若材料性质有一个对称面 $X_3 = 0$(图 5.8(a))，$\mathscr{R}$ 是物体的一个参考构形，$\{X\}$ 为 $\mathscr{R}$ 中的直角坐标系；$\overline{\mathscr{R}}$ 是另一参考构形，Q_r 是从 $\mathscr{R}$ 到 $\overline{\mathscr{R}}$ 相对于对称面的反射变换，$\{\overline{X}\}$ 是 $\overline{\mathscr{R}}$ 中 $\{X\}$ 的反射坐标系。$X, \mathrm{d}X$ 和 $\overline{X}, \mathrm{d}\overline{X}$ 是构形 $\mathscr{R}$ 和 $\overline{\mathscr{R}}$ 中的同一位置向量及线元，位置向量的变换为

$$\overline{X} = Q_r \cdot X \tag{a}$$

$$Q_r = \frac{\mathrm{d}\overline{X}}{\mathrm{d}X} = \begin{bmatrix} 1 & 0 & 0 \\ 0 & 1 & 0 \\ 0 & 0 & -1 \end{bmatrix} \tag{b}$$

对于同一个运动变换 $x = x(X) = x(X(\overline{X}))$，$\mathscr{R}$ 和 $\overline{\mathscr{R}}$ 中的变形梯度及 Lagrange 应变为

$$F = \frac{\mathrm{d}x}{\mathrm{d}X}, \quad \overline{F} = \frac{\mathrm{d}x}{\mathrm{d}\overline{X}} = \frac{\mathrm{d}x}{\mathrm{d}X} \cdot \frac{\mathrm{d}X}{\mathrm{d}\overline{X}} = F \cdot Q_r^{\mathrm{T}} \tag{c}$$

$$E = \frac{1}{2}\left(F^{\mathrm{T}} \cdot F - I\right), \quad \overline{E} = \frac{1}{2}\left(\overline{F}^{\mathrm{T}} \cdot \overline{F} - \overline{I}\right) = Q_r \cdot E \cdot Q_r^{\mathrm{T}} \tag{d}$$

第二类 Piola-Kirchhoff 应力为 $\boldsymbol{T}$ 和 $\overline{\boldsymbol{T}}$，由于对应同一运动变换，所以两者相同，但参考标架不同，因而 $\boldsymbol{T}$ 和 $\overline{\boldsymbol{T}}$ 的转换关系为

$$\overline{\boldsymbol{T}} = \boldsymbol{Q}_r \cdot \boldsymbol{T} \cdot \boldsymbol{Q}_r^{\mathrm{T}} \tag{e}$$

由于物质性质具有反射对称性，在 $\mathscr{R}$ 和 $\overline{\mathscr{R}}$ 中本构方程形式相同，分别为

$$\boldsymbol{T} = \boldsymbol{\Sigma} : \boldsymbol{E}; \quad \overline{\boldsymbol{T}} = \boldsymbol{\Sigma} : \overline{\boldsymbol{E}} \tag{f}$$

式中，$\boldsymbol{\Sigma}$ 为弹性系数张量 (见 6.1 节)。将式 (e) 和式 (d)$_2$ 代入式 (f)$_2$，与式 (f)$_1$ 比较，可以得到

$$\boldsymbol{\Sigma} = \boldsymbol{\Sigma} \circ (\boldsymbol{Q}_r\boldsymbol{Q}_r\boldsymbol{Q}_r\boldsymbol{Q}_r) \quad \text{或} \quad \Sigma_{IJKL} = Q_{rMI}Q_{rNJ}Q_{rRK}Q_{rSL}\Sigma_{MNRS} \tag{g}$$

式中，$\circ$ 表示四重点积 ($\boldsymbol{\Sigma}$ 依次与每个 $\boldsymbol{Q}_r$ 点积)。

若材料有一个对称轴 (横观各向同性材料)，例如 X_3 轴，参考构形 $\mathscr{R}$ 和绕 X_3 轴逆时针旋转 θ 角的另一构形 $\overline{\mathscr{R}}$ 的直角坐标系为 $\{\boldsymbol{X}\}$ 和 $\{\overline{\boldsymbol{X}}\}$ (见图 5.8(b))。位置向量的变换为

$$\overline{\boldsymbol{X}} = \boldsymbol{Q}_\theta \cdot \boldsymbol{X} \tag{h}$$

$$\boldsymbol{Q}_\theta = \begin{bmatrix} \cos\theta & -\sin\theta & 0 \\ \sin\theta & \cos\theta & 0 \\ 0 & 0 & 1 \end{bmatrix} \quad (0 \leqslant \theta < 2\pi) \tag{i}$$

通过类似分析可得

$$\boldsymbol{\Sigma} = \boldsymbol{\Sigma} \circ (\boldsymbol{Q}_\theta\boldsymbol{Q}_\theta\boldsymbol{Q}_\theta\boldsymbol{Q}_\theta) \tag{j}$$

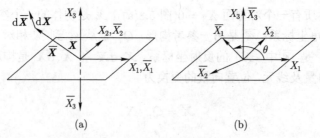

图 5.8   反射坐标系 (a) 和旋转坐标系 (b)

一般情况下，一种材料可能有多个参考构形具有物质对称性，这些构形之间相互变换的集合，称为该材料的物质对称群 (或同格群)。若 $\boldsymbol{H}$ 是从参考构形 $\overline{\mathscr{R}}$ 到 $\mathscr{R}$ 的变换 (即上面例子中的逆变换 $\boldsymbol{Q}_r^{\mathrm{T}}$，$\boldsymbol{Q}_\theta^{\mathrm{T}}$)，与时间无关，同一物质点的位置向量在构形 $\overline{\mathscr{R}}$ 和 $\mathscr{R}$ 中为 $\overline{\boldsymbol{X}}$ 和 $\boldsymbol{X}$，则构形变换为 $\boldsymbol{H} = \dfrac{\mathrm{d}\boldsymbol{X}}{\mathrm{d}\overline{\boldsymbol{X}}}$。对称群的元素必须是等体积变换，即变换的行列式满足

$$\det \boldsymbol{H} = \pm 1 \tag{5.58}$$

因为非等体积变换必然导致参考构形发生体积变形、物质密度和应力改变，所以不适于讨论本构方程的形式不变性。满足条件式 (5.58) 的对称群，称为等体积变换群 (或么模群)。

除式 (5.58) 之外，对称群还必须满足群的一般条件：

若 $\boldsymbol{H}_i, \boldsymbol{H}_j, \boldsymbol{H}_k$ 是群 $\mathscr{H}$ 中的任意元素，则

(1) $\boldsymbol{H}_i \cdot \boldsymbol{H}_j$ 仍然是该群的元素；

(2) $\boldsymbol{H}_i \cdot (\boldsymbol{H}_j \cdot \boldsymbol{H}_k) = (\boldsymbol{H}_i \cdot \boldsymbol{H}_j) \cdot \boldsymbol{H}_k$(结合律)；

(3) 任一元素 $\boldsymbol{H}_i$ 与单位元素 $\boldsymbol{I}$ 的点积不变，$\boldsymbol{H}_i \cdot \boldsymbol{I} = \boldsymbol{I} \cdot \boldsymbol{H}_i = \boldsymbol{H}_i$；

(4) 任一元素 $\boldsymbol{H}_i$ 存在逆元素 $\boldsymbol{H}_i^{-1}$，且 $\boldsymbol{H}_i^{-1}$ 也属于该群。

性质 (1) 说明物质对称标架转换可以互相组合，性质 (2) 表明进行多次转换时可以适当结合。恒等变换 $\boldsymbol{I}$(单位张量) 和负的恒等变换 $-\boldsymbol{I}$($\boldsymbol{I}$ 的反演张量) 是特殊变换，前者使标架向自己"转换"，后者使标架只改变方向。显然 $\boldsymbol{I}$ 和 $-\boldsymbol{I}$ 是等体积变换，并且满足群的全部条件，因此可以作为对称群的特殊元素。

容易验证，变换群 $\left\{\boldsymbol{I}, -\boldsymbol{I}, \boldsymbol{Q}_r^{\mathrm{T}}\right\}$ 和 $\left\{\boldsymbol{I}, -\boldsymbol{I}, \boldsymbol{Q}_\theta^{\mathrm{T}}\right\}$ 均为等体积变换，且满足条件 (1)~(4)，所以分别是具有一个对称面和一个对称轴的线弹性材料的对称群，并且为正交对称群。

物质对称性的 '程度' 可能有很大差别，对称性程度最低的是对称群仅为 $\{\boldsymbol{I}, -\boldsymbol{I}\}$，称为三斜群，这样的物质具有最强的各向异性；对称性程度最大的是在任何等体积变换下保持对称性，即对称群为等体积变换群 (么模群)，此时材料的本构关系在任何等体积变换时保持相同形式。三斜群和等体积变换群是对称性的两种极端情况，一般材料的对称群介于两者之间，其元素包括三斜群之外的元素，但不是等体变换群的全部，其中最常见的是正交变换群或它的一部分。对称性和对称群可能与材料的变形有关，例如轧制过的钢材、已损伤的岩石等材料性质变得具有方向性。

➤ 5.5.2 物质对称性要求

下面讨论物质对称性对简单物质本构方程的要求。在两个参考构形 $\mathscr{R}$ 和 $\overline{\mathscr{R}}$ 中，如果材料性质相同或者说具有物质对称性，则本构泛函式 (5.22) 形式不变，即

$$\boldsymbol{t}\,(\boldsymbol{x}, t) = \boldsymbol{f}\,(\boldsymbol{F}\,(\boldsymbol{X}, \tau)) = \boldsymbol{f}\,\big(\overline{\boldsymbol{F}}\,(\overline{\boldsymbol{X}}, \tau)\big) \quad (\tau \leqslant t) \tag{5.59}$$

式中，两个 $\boldsymbol{f}$ 相同表示泛函形式相同；$\boldsymbol{F}\,(\boldsymbol{X}, \tau)$ 是物质点在构形 $\mathscr{R}$ 中的变形梯度历史；$\overline{\boldsymbol{F}}\,(\overline{\boldsymbol{X}}, \tau)$ 是同一物质点和同一运动变换在 $\overline{\mathscr{R}}$ 中的变形梯度历史；$\boldsymbol{t}\,(\boldsymbol{x}, t)$ 是 t 时刻该物质点的 Cauchy 应力，由于运动变换相同，所以两个参考构形对应的 $\boldsymbol{t}$ 相同。若 $\boldsymbol{H}$ 是从 $\overline{\mathscr{R}}$ 到 $\mathscr{R}$ 的构形变换，$\boldsymbol{H} = \dfrac{\mathrm{d}\boldsymbol{X}}{\mathrm{d}\overline{\boldsymbol{X}}}$，则变形梯度历史的变换为

$$\overline{\boldsymbol{F}} = \frac{\partial \boldsymbol{x}}{\partial \overline{\boldsymbol{X}}} = \frac{\partial \boldsymbol{x}}{\partial \boldsymbol{X}} \cdot \frac{\mathrm{d}\boldsymbol{X}}{\mathrm{d}\overline{\boldsymbol{X}}} = \boldsymbol{F} \cdot \boldsymbol{H} \quad \text{或} \quad \overline{F}_{kK'} = F_{kK} H^K_{K'} \tag{5.60}$$

将上式代入式 (5.59)，对于对称群中的任何变换 $\boldsymbol{H}$，物质对称性对本构泛函 $\boldsymbol{f}$ 的要求为

$$\boldsymbol{f}(\boldsymbol{F}) = \boldsymbol{f}(\boldsymbol{F} \cdot \boldsymbol{H}) \tag{5.61}$$

当简单物质的本构关系满足式 (5.61) 时，在 $\overline{\mathscr{R}}$ 和 $\mathscr{R}$ 的变换 $\boldsymbol{H}$ 中 Euler 型本构泛函形式不变，材料在两个构形中的力学性质相同。若 $\boldsymbol{H}$ 不属于对称群，则上式为 $\boldsymbol{f}(\boldsymbol{F}) = \overline{\boldsymbol{f}}(\boldsymbol{F} \cdot \boldsymbol{H})$，即应力相同，而泛函形式不同。

如果采用 Lagrange 型本构泛函，对于参考构形 $\mathscr{R}$ 和 $\overline{\mathscr{R}}$，本构方程的形式相同，即

$$\boldsymbol{T}(\boldsymbol{X}, t) = \boldsymbol{f}^0(\boldsymbol{F}(\boldsymbol{X}, \tau)); \quad \overline{\boldsymbol{T}}(\boldsymbol{X}, t) = \boldsymbol{f}^0(\overline{\boldsymbol{F}}(\boldsymbol{X}, \tau)) \tag{5.62}$$

利用 t 与 $\boldsymbol{T}$ 的关系式 $(3.32)_1$，可以得到泛函 $\boldsymbol{f}^0$ 与 $\boldsymbol{f}$ 的关系：

$$\boldsymbol{f}^0 = J(t)\boldsymbol{F}^{-1}(t) \cdot \boldsymbol{f}(\boldsymbol{F}(\tau)) \cdot \boldsymbol{F}^{-\mathrm{T}}(t)$$

由式 $(3.32)_2$ 和式 (5.60)，$t = J^{-1}\boldsymbol{F} \cdot \boldsymbol{T} \cdot \boldsymbol{F}^{\mathrm{T}} = \overline{J}^{-1}\overline{\boldsymbol{F}} \cdot \overline{\boldsymbol{T}} \cdot \overline{\boldsymbol{F}}^{\mathrm{T}} = J^{-1}\boldsymbol{F} \cdot \boldsymbol{H} \cdot \overline{\boldsymbol{T}} \cdot \boldsymbol{H}^{\mathrm{T}} \cdot \boldsymbol{F}^{\mathrm{T}}$，所以

$$\boldsymbol{T} = \boldsymbol{H} \cdot \overline{\boldsymbol{T}} \cdot \boldsymbol{H}^{\mathrm{T}}; \quad \overline{\boldsymbol{T}} = \boldsymbol{H}^{-1} \cdot \boldsymbol{T} \cdot \boldsymbol{H}^{-\mathrm{T}} \tag{5.63}$$

将式 $(5.63)_2$ 和式 (5.60) 代入式 $(5.62)_2$，得到物质对称性对 Lagrange 型本构泛函 $\boldsymbol{f}^0$ 的要求：

$$\boldsymbol{f}^0(\boldsymbol{F}(\tau) \cdot \boldsymbol{H}) = \boldsymbol{H}^{-1} \cdot \boldsymbol{f}^0(\boldsymbol{F}(\tau)) \cdot \boldsymbol{H}^{-\mathrm{T}} \tag{5.64}$$

对于其他的本构响应泛函也可以类似地建立相应的对称性条件，不同的本构响应的对称群可以是不同的。

对称群是以给定的参考构形为基础和与之对应的，利用对称群的变换可以形成其他的物质对称性构形；如果以该对称群外的构形作为给定的参考构形，则对称群将随之改变。例如，5.5.1 节列举的有一个对称面的弹性体，与对称群 $\left\{\boldsymbol{I}, -\boldsymbol{I}, \boldsymbol{Q}_r^{\mathrm{T}}\right\}$ 对应的参考构形是以材料对称面为一个坐标面的任一直角坐标系；否则，对称群将会改变 (见后面的例 5.3)。

一般情况下，若参考构形 $\mathscr{R}_{\mathrm{I}}$ 对应的对称群为 $\mathscr{G}_{\mathrm{I}} = \{\boldsymbol{I}, -\boldsymbol{I}, \boldsymbol{H}\}$，另一参考构形 $\mathscr{R}_{\mathrm{II}}$ 由构形 $\mathscr{R}_{\mathrm{I}}$ 通过变换 $\boldsymbol{P}\left(\boldsymbol{P} = \dfrac{\mathrm{d}\boldsymbol{X}^{\mathrm{II}}}{\mathrm{d}\boldsymbol{X}^{\mathrm{I}}}\right)$ 得到，下面给出构形 $\mathscr{R}_{\mathrm{II}}$ 对应的对称群 $\mathscr{G}_{\mathrm{II}}$ 与 $\mathscr{G}_{\mathrm{I}}$ 之间的关系。

若构形 $\mathscr{R}_{\mathrm{I}}$ 和 $\mathscr{R}_{\mathrm{II}}$ 与即时构形 $\mathfrak{r}$ 的运动变换为 $\boldsymbol{x} = \boldsymbol{x}(\boldsymbol{X}^{\mathrm{I}}) = \boldsymbol{x}(\boldsymbol{X}^{\mathrm{I}}(\boldsymbol{X}^{\mathrm{II}}))$，则变形梯度历史的变换为

$$\boldsymbol{F}^{\mathrm{I}}(\tau) = \boldsymbol{F}^{\mathrm{II}}(\tau) \cdot \boldsymbol{P}; \quad \boldsymbol{F}^{\mathrm{II}}(\tau) = \boldsymbol{F}^{\mathrm{I}}(\tau) \cdot \boldsymbol{P}^{-1} \tag{k}$$

构形 $\mathscr{R}_{\mathrm{I}}$ 和 $\mathscr{R}_{\mathrm{II}}$ 的运动变换相同,所以 Cauchy 应力相同,由两个参考构形的本构关系得到

$$\boldsymbol{f}^{\mathrm{I}}\left(\boldsymbol{F}^{\mathrm{I}}\right) = \boldsymbol{f}^{\mathrm{II}}\left(\boldsymbol{F}^{\mathrm{II}}\right) \tag{1}$$

构形 $\mathscr{R}_{\mathrm{I}}$ 和 $\mathscr{R}_{\mathrm{II}}$ 无对称性,所以泛函 $\boldsymbol{f}^{\mathrm{I}}, \boldsymbol{f}^{\mathrm{II}}$ 形式不同。利用构形 $\mathscr{R}_{\mathrm{I}}$ 的对称性条件式 (5.59),有

$$\begin{aligned}
\boldsymbol{f}^{\mathrm{I}}\left(\boldsymbol{F}^{\mathrm{I}}\right) &= \boldsymbol{f}^{\mathrm{I}}\left(\boldsymbol{F}^{\mathrm{I}} \cdot \boldsymbol{H}\right) = \boldsymbol{f}^{\mathrm{I}}\left(\boldsymbol{F}^{\mathrm{II}} \cdot \boldsymbol{P} \cdot \boldsymbol{H}\right) \\
&= \boldsymbol{f}^{\mathrm{I}}\left(\boldsymbol{F}^{\mathrm{II}} \cdot \boldsymbol{P} \cdot \boldsymbol{H} \cdot \boldsymbol{P}^{-1} \cdot \boldsymbol{P}\right)
\end{aligned} \tag{m}$$

式 (1) 中 $\boldsymbol{F}^{\mathrm{I}}$ 是任意的,可以取非奇异两点张量 $\tilde{\boldsymbol{F}}^{\mathrm{I}} = \boldsymbol{F}^{\mathrm{II}} \cdot \boldsymbol{P} \cdot \boldsymbol{H} \cdot \boldsymbol{P}^{-1} \cdot \boldsymbol{P}$ 作为构形 $\mathscr{R}_{\mathrm{I}}$ 新的变形梯度历史。由式 $(\mathrm{k})_2$,构形 $\mathscr{R}_{\mathrm{II}}$ 新的变形梯度历史为 $\tilde{\boldsymbol{F}}^{\mathrm{II}} = \boldsymbol{F}^{\mathrm{II}} \cdot \boldsymbol{P} \cdot \boldsymbol{H} \cdot \boldsymbol{P}^{-1}$。

对于 $\tilde{\boldsymbol{F}}^{\mathrm{I}}$ 和 $\tilde{\boldsymbol{F}}^{\mathrm{II}}$ 应用式 (1),得

$$\boldsymbol{f}^{\mathrm{I}}\left(\boldsymbol{F}^{\mathrm{II}} \cdot \boldsymbol{P} \cdot \boldsymbol{H} \cdot \boldsymbol{P}^{-1} \cdot \boldsymbol{P}\right) = \boldsymbol{f}^{\mathrm{II}}\left(\boldsymbol{F}^{\mathrm{II}} \cdot \boldsymbol{P} \cdot \boldsymbol{H} \cdot \boldsymbol{P}^{-1}\right)$$

将上式代入式 (m),有

$$\boldsymbol{f}^{\mathrm{I}}\left(\boldsymbol{F}^{\mathrm{I}}\right) = \boldsymbol{f}^{\mathrm{II}}\left(\boldsymbol{F}^{\mathrm{II}} \cdot \boldsymbol{P} \cdot \boldsymbol{H} \cdot \boldsymbol{P}^{-1}\right) \tag{n}$$

比较式 (1) 和式 (n),得到

$$\boldsymbol{f}^{\mathrm{II}}\left(\boldsymbol{F}^{\mathrm{II}}\right) = \boldsymbol{f}^{\mathrm{II}}\left(\boldsymbol{F}^{\mathrm{II}} \cdot \overline{\boldsymbol{H}}\right) \tag{5.65}$$

其中

$$\overline{\boldsymbol{H}} = \boldsymbol{P} \cdot \boldsymbol{H} \cdot \boldsymbol{P}^{-1} \tag{5.66}$$

$\boldsymbol{P}$ 是非奇异的,所以 $\det\overline{\boldsymbol{H}} = \det\boldsymbol{H} = \pm 1$,即 $\overline{\boldsymbol{H}}$ 属于等体积变换群。不难验证,当 $\boldsymbol{H}$ 满足群的条件 (1) ~ (4) 时,$\overline{\boldsymbol{H}}$ 同样满足。因此式 (5.65) 表明 $\overline{\boldsymbol{H}}$ 是构形 $\mathscr{R}_{\mathrm{II}}$ 的对称群元素,且与 $\boldsymbol{H}$ 一一对应。由此得到,构形 $\mathscr{R}_{\mathrm{II}}$ 的对称群为 $\mathscr{G}_{\mathrm{II}} = \left\{\boldsymbol{I}, -\boldsymbol{I}, \boldsymbol{P} \cdot \boldsymbol{H} \cdot \boldsymbol{P}^{-1}\right\}$,或写成群的转换关系

$$\mathscr{G}_{\mathrm{II}} = \boldsymbol{P} \cdot \mathscr{G}_{\mathrm{I}} \cdot \boldsymbol{P}^{-1} \tag{5.67}$$

上式给出当参考构形从 $\mathscr{R}_{\mathrm{I}}$ 到 $\mathscr{R}_{\mathrm{II}}$ 的变换为 $\boldsymbol{P}$ 时,相应的对称群的变换关系。

[例 5.3] 如图 5.9 所示,参考构形 $\mathscr{R}_{\mathrm{II}}$ 的标架 $\boldsymbol{G}_K^{\mathrm{II}}$ 为斜角坐标系,求构形 $\mathscr{R}_{\mathrm{II}}$ 的反射对称群 $\left\{\boldsymbol{I}, -\boldsymbol{I}, \overline{\boldsymbol{H}}\right\}_{\mathrm{II}}$ 及反射标架,构形 $\mathscr{R}_{\mathrm{I}}$ 的标架 $\boldsymbol{G}_K^{\mathrm{I}}$ 及对称群 $\left\{\boldsymbol{I}, -\boldsymbol{I}, \boldsymbol{Q}_r^{\mathrm{T}}\right\}$ 见 5.5.1 节。

若构形变换为 $\mathrm{d}\boldsymbol{X}^{\mathrm{II}} = \boldsymbol{P} \cdot \mathrm{d}\boldsymbol{X}^{\mathrm{I}}$，可令 $\left\{\boldsymbol{G}_K^{\mathrm{II}}\right\}^{\mathrm{T}} = \boldsymbol{P}\left\{\boldsymbol{G}_K^{\mathrm{I}}\right\}$（矩阵形式），由图 5.9 得到

$$
\boldsymbol{P} = \begin{bmatrix} 1 & 0 & 0 \\ 0 & 1 & 0 \\ 0 & 1 & 1 \end{bmatrix}; \quad \boldsymbol{P}^{-1} = \begin{bmatrix} 1 & 0 & 0 \\ 0 & 1 & 0 \\ 0 & -1 & 1 \end{bmatrix}
$$

代入式 (5.66)，得到与构形 $\mathscr{R}_{\mathrm{II}}$ 相应的对称群的元素 $\overline{\boldsymbol{H}}_{\mathrm{II}}$

$$
\overline{\boldsymbol{H}}_{\mathrm{II}} = \boldsymbol{P} \cdot \boldsymbol{Q}_r^{\mathrm{T}} \cdot \boldsymbol{P}^{-1} = \begin{bmatrix} 1 & 0 & 0 \\ 0 & 1 & 0 \\ 0 & 2 & -1 \end{bmatrix}
$$

图 5.9　斜角坐标系下的反射对称性

利用 $\overline{\boldsymbol{H}}_{\mathrm{II}}$ 可以由 $\boldsymbol{G}_K^{\mathrm{II}}$ 得到具有物质对称性的反射标架 $\overline{\boldsymbol{G}}_K^{\mathrm{II}}$（用矩阵表示，见图 5.9）：

$$
\left\{\overline{\boldsymbol{G}}_K^{\mathrm{II}}\right\} = \overline{\boldsymbol{H}}_{\mathrm{II}}\left\{\boldsymbol{G}_K^{\mathrm{II}}\right\} = \begin{bmatrix} \boldsymbol{G}_1^{\mathrm{II}}, & \boldsymbol{G}_2^{\mathrm{II}}, & 2\boldsymbol{G}_2^{\mathrm{II}} - \boldsymbol{G}_3^{\mathrm{II}} \end{bmatrix}^{\mathrm{T}}
$$

可见材料对称面也是标架 $\overline{\boldsymbol{G}}_K^{\mathrm{II}}$ 和 $\boldsymbol{G}_K^{\mathrm{II}}$ 的对称面，$\overline{\boldsymbol{H}}_{\mathrm{II}}$ 与 $\boldsymbol{Q}_r^{\mathrm{T}}$ 属于不同的对称群。

▶ 5.5.3　正交对称群和各向同性物质

参考构形的正交变换 $\boldsymbol{Q}$ 是等体积变换，表示构形的刚性转动 $(\det\boldsymbol{Q} = 1$，正常正交张量)，或刚性转动加反射 $(\det\boldsymbol{Q} = -1$，反常正交张量)。可以证明判断一个正交张量 $\boldsymbol{Q}$ 是否为材料对称群元素的充分必要条件是本构泛函 $\boldsymbol{f}$ 满足下列关系

$$
\boldsymbol{f}\left(\boldsymbol{Q} \cdot \boldsymbol{F} \cdot \boldsymbol{Q}^{\mathrm{T}}\right) = \boldsymbol{Q} \cdot \boldsymbol{f}(\boldsymbol{F}) \cdot \boldsymbol{Q}^{\mathrm{T}} \tag{5.68}
$$

式中，$\boldsymbol{F} = \boldsymbol{F}(\tau)$ 是变形梯度历史；$\boldsymbol{Q}$ 是参考构形的正交变换，与时间无关。

证明: 对称性条件式 (5.61) 对任何变形梯度都成立,将 $\boldsymbol{F}$ 前乘 $\boldsymbol{Q}$,即对 Euler 标架作正交变换 $\boldsymbol{Q}$,得 $\boldsymbol{f}(\boldsymbol{Q}\cdot\boldsymbol{F}) = \boldsymbol{f}(\boldsymbol{Q}\cdot\boldsymbol{F}\cdot\boldsymbol{H})$;由本构关系的客观性,$\boldsymbol{f}(\boldsymbol{Q}\cdot\boldsymbol{F}) = \boldsymbol{Q}\cdot\boldsymbol{f}(\boldsymbol{F})\cdot\boldsymbol{Q}^{\mathrm{T}}$,所以 $\boldsymbol{f}(\boldsymbol{Q}\cdot\boldsymbol{F}\cdot\boldsymbol{H}) = \boldsymbol{Q}\cdot\boldsymbol{f}(\boldsymbol{F})\cdot\boldsymbol{Q}^{\mathrm{T}}$。如果 $\boldsymbol{Q}$(因而 $\boldsymbol{Q}^{-1}$ 或 $\boldsymbol{Q}^{\mathrm{T}}$) 是对称群的元素,取 $\boldsymbol{H} = \boldsymbol{Q}^{\mathrm{T}}$,即得到式 (5.68)。因此根据客观性要求,$\boldsymbol{Q}$ 为对称群元素的必要条件是满足式 (5.68)。

反之,假如式 (5.68) 成立,对 Lagrange 标架作正交变换 $\boldsymbol{Q}$,即式 (5.68) 中 $\boldsymbol{F}$ 后乘 $\boldsymbol{Q}$,则得到 $\boldsymbol{f}(\boldsymbol{Q}\cdot\boldsymbol{F}) = \boldsymbol{Q}\cdot\boldsymbol{f}(\boldsymbol{F}\cdot\boldsymbol{Q})\cdot\boldsymbol{Q}^{\mathrm{T}}$,由客观性条件 $\boldsymbol{f}(\boldsymbol{Q}\cdot\boldsymbol{F}) = \boldsymbol{Q}\cdot\boldsymbol{f}(\boldsymbol{F})\cdot\boldsymbol{Q}^{\mathrm{T}}$,所以有 $\boldsymbol{Q}\cdot\boldsymbol{f}(\boldsymbol{F})\cdot\boldsymbol{Q}^{\mathrm{T}} = \boldsymbol{Q}\cdot\boldsymbol{f}(\boldsymbol{F}\cdot\boldsymbol{Q})\cdot\boldsymbol{Q}^{\mathrm{T}}$,或 $\boldsymbol{f}(\boldsymbol{F}) = \boldsymbol{f}(\boldsymbol{F}\cdot\boldsymbol{Q})$,即对称性条件成立,因此式 (5.68) 是 $\boldsymbol{Q}$ 为对称群元素的充分条件。

以上证明说明,式 (5.68) 能够使 $\boldsymbol{Q}$ 在满足物质对称性条件 $\boldsymbol{f}(\boldsymbol{F}) = \boldsymbol{f}(\boldsymbol{F}\cdot\boldsymbol{Q})$ 的同时,也能满足客观性要求。

需要指出,$\boldsymbol{F}$ 是两点张量 ($\boldsymbol{F} = x^k{}_{,K}\boldsymbol{g}_k\boldsymbol{G}^K$),所以式 (5.68) 中的 $\boldsymbol{Q}\cdot\boldsymbol{F}\cdot\boldsymbol{Q}^{\mathrm{T}}$ 项分别对变形梯度作即时构形变换 (左乘 $\boldsymbol{Q}$) 和参考构形变换 (右乘 $\boldsymbol{Q}^{\mathrm{T}}$),两者不应混淆。

如果材料对于某一参考构形的对称群包括全部正交变换,则该物质在参考构形的任意正交变换中,本构方程的形式不变,即材料性质相同,这样的物质称为各向同性物质。该对称群的参考构形称为材料的无扭曲状态 (或非畸变状态,undistorted state)。等密度流体的无扭曲状态可以任意选取,因为流体在即时构形中质点邻域 (微团) 的运动与初始参考状态无关;固体的无扭曲状态通常为材料的自然状态,即无初始应力的状态,否则当初始应力有方向性时,可能使各向同性材料的本构方程也具有方向性。

5.6 简单物质一般本构方程的各种形式、理想物质

5.3 节给出了简单物质的定义,并指出简单物质包括了大部分现有物质。我们知道,从形态上物质可以分为固体和流体 (液体和气体),固体能保持自己的形状、依靠变形承受应力。许多固体在无应力状态下拥有自然构形,若施加应力然后再去掉,则会恢复到原来的构形 (弹性固体) 或者有一定残余变形 (塑性固体)。采用自然构形作为参考构形往往比较方便,虽然这并不是必须的。流体的特征是一般情况下 (非静止流体) 承受应力不是依靠变形,而是依靠运动和密度变化。流体没有特定的自然构形,把它们放在任何容器里,只要给予充分时间,就会适应容器的形状。

从本构关系看,在外力作用下固体中的应力只与变形有关,与变形速率无关 (如果不考虑某些固体的材料常数受变形速率的影响),而流体的应力只与变形速率和密度有关,与变形大小无关 (体积变形的影响包含在密度中)。除固体和流体外,还有一类物质既有固体特性也有流体特性,也可以说既非固体也非流体,其应力既

与变形也与变形率有关，有时将这类物质称为液晶或流晶 (liquid crystal)，例如黏弹性体、黏塑性体。

本节讨论简单物质一般本构方程的各种表示形式，根据本构关系的特殊情况定义各种理想物质。理想物质的本构方程是物质力学性质的数学模型，可以近似地描述真实物质特性。在选择本构模型时，不仅依据物质本身的性质，还要考虑它的实际工作状态，包括温度、变形速率、变形大小及应力状态等。例如，不可压缩非黏性流体模型可以较好地描述水在管道中的流动，但却不能用于声波在水中的传播，因为后者必须考虑水的可压缩性；当应力小于弹性极限时金属是弹性物质，超过弹性极限时则呈现弹塑性；在不同温度下，聚合物可以表现为弹性、黏弹性和黏流性；通常是弹脆性的岩石，在高围压下具有黏弹塑性性质，等等。可见一种理想物质的本构模型是在一定条件下适用的。

为了简单，下面不考虑热载荷及相关的变量温度 θ 和熵 η，即讨论等温情况。如果考虑热学相关变量，可以进行类似的分析。

➤ 5.6.1 一般本构方程的各种形式

由简单物质的一般本构方程式 (5.22)，$t(X,t) = f[F(X,\tau), X]$，考虑客观性和物质对称性要求，可以进一步得到本构方程的各种其他形式。为了将当前 (t 时刻) 变形的影响与变形历史 ($\tau < t$) 的影响分开，可以利用 2.3 节给出的相对变形张量概念，引入流动参考构形。

形式 1

根据客观性公理，在刚性运动标架中本构方程为式 (5.56)，省略 X，即

$$Q(t) \cdot t(t) \cdot Q^{\mathrm{T}}(t) = f(Q(\tau) \cdot F(\tau)) \tag{a}$$

利用流动参考构形、式 (2.45a) 和极分解定理，变形梯度历史可表为

$$
\begin{aligned}
F(\tau) &= F_{(t)}(\tau) \cdot F(t) = R_{(t)}(\tau) \cdot U_{(t)}(\tau) \cdot R(t) \cdot U(t) \\
&= R_{(t)}(\tau) \cdot R(t) \cdot R^{\mathrm{T}}(t) \cdot U_{(t)}(\tau) \cdot R(t) \cdot U(t) \\
&= R_{(t)}(\tau) \cdot R(t) \cdot \overline{U}_{(t)}(\tau) \cdot U(t)
\end{aligned} \tag{b}
$$

其中

$$\overline{U}_{(t)}(\tau) = R^{\mathrm{T}}(t) \cdot U_{(t)}(\tau) \cdot R(t) \quad \text{(Lagrange 型二阶张量)} \tag{c}$$

将式 (b) 代入式 (a)，由于时空系的刚性运动是任意的，可取 $Q(\tau) = (R_{(t)}(\tau) \cdot R(t))^{\mathrm{T}}$ 及 $Q(t) = (R_{(t)}(t) \cdot R(t))^{\mathrm{T}} = R^{\mathrm{T}}(t)$，则得到本构方程：

$$t(t) = R(t) \cdot f_1(\overline{U}_{(t)}(\tau), U(t)) \cdot R^{\mathrm{T}}(t) \tag{5.69}$$

原式中 $\overline{U}_{(t)}(\tau) \cdot U(t)$ 改用 $\overline{U}_{(t)}(\tau), U(t)$，所以函数记号改为 f_1。上式给出 Cauchy 应力与右相对伸长张量历史、当前右相对伸长张量及当前转动张量的关系。

形式 2

5.4.5 节已经证明, 简单物质的 Cauchy 应力只与右相对伸长张量历史及当前转动张量有关, 即式 (5.57), 将 $\boldsymbol{U} = \boldsymbol{C}^{1/2}$ 代入该式, 不考虑显含的 $\boldsymbol{X}$(均匀材料), 得

$$\boldsymbol{t}\,(t) = \boldsymbol{R}\,(t) \cdot \tilde{\boldsymbol{f}}\,(\boldsymbol{C}\,(\tau)) \cdot \boldsymbol{R}^{\mathrm{T}}\,(t) \tag{5.70}$$

由式 (2.47a), 用相对 Green 变形张量历史表示 Green 变形张量, 有

$$\boldsymbol{C}\,(\tau) = \boldsymbol{F}^{\mathrm{T}}\,(t) \cdot \boldsymbol{C}_{(t)}\,(\tau) \cdot \boldsymbol{F}\,(t) \tag{5.71}$$

由极分解定理, 将 t 时刻变形梯度表为

$$\boldsymbol{F}\,(t) = \boldsymbol{R}\,(t) \cdot \boldsymbol{C}^{1/2}\,(t) \tag{5.72}$$

将式 (5.72) 和式 (5.71) 代入式 (5.70), 得到

$$\boldsymbol{t}\,(t) = \boldsymbol{R}\,(t) \cdot \tilde{\boldsymbol{f}}\left(\boldsymbol{C}^{1/2}\,(t) \cdot \boldsymbol{R}^{\mathrm{T}}\,(t) \cdot \boldsymbol{C}_{(t)}\,(\tau) \cdot \boldsymbol{R}\,(t) \cdot \boldsymbol{C}^{1/2}\,(t)\right) \cdot \boldsymbol{R}^{\mathrm{T}}\,(t) \tag{d}$$

令

$$\overline{\boldsymbol{C}}_{(t)}\,(\tau) = \boldsymbol{R}^{\mathrm{T}}\,(t) \cdot \boldsymbol{C}_{(t)}\,(\tau) \cdot \boldsymbol{R}\,(t) \quad (\text{Lagrange 型二阶张量}) \tag{5.73}$$

则式 (d) 可以写作:

$$\boldsymbol{t}\,(t) = \boldsymbol{R}\,(t) \cdot \boldsymbol{f}_2\left(\overline{\boldsymbol{C}}_{(t)}\,(\tau), \boldsymbol{C}\,(t)\right) \cdot \boldsymbol{R}^{\mathrm{T}}\,(t) \tag{5.74}$$

上式给出 Cauchy 应力与相对 Green 变形张量历史、当前 Green 变形张量及当前转动张量的关系。

形式 3

如果简单物质是各向同性的, $\mathscr{R}$ 为非畸变构形, 则本构方程式 (5.74) 对于任何正交变换保持形式不变。若取正交变换 $\boldsymbol{Q}\,(t) = \boldsymbol{R}^{\mathrm{T}}\,(t)$, 参考构形 $\mathscr{R}$ 变为 $\overline{\mathscr{R}}$, 则有

$$\overline{\boldsymbol{t}}\,(t) = \overline{\boldsymbol{R}}\,(t) \cdot \boldsymbol{f}_2\left(\overline{\overline{\boldsymbol{C}}}_{(t)}\,(\tau), \overline{\boldsymbol{C}}\,(t)\right) \cdot \overline{\boldsymbol{R}}^{\mathrm{T}}\,(t) \tag{e}$$

式中, $\overline{\overline{\boldsymbol{C}}}_{(t)}(\tau) = \overline{\boldsymbol{R}}^{\mathrm{T}} \cdot \overline{\boldsymbol{C}}_{(t)}(\tau) \cdot \overline{\boldsymbol{R}}$。在两个参考构形中, 有关变量的变换关系为

$$\overline{\boldsymbol{F}} = \boldsymbol{F} \cdot \boldsymbol{Q} = \boldsymbol{F} \cdot \boldsymbol{R}^{\mathrm{T}} = \boldsymbol{V} \cdot \boldsymbol{R} \cdot \boldsymbol{R}^{\mathrm{T}} = \boldsymbol{V}$$

$$\overline{\boldsymbol{C}} = \overline{\boldsymbol{F}}^{\mathrm{T}} \cdot \overline{\boldsymbol{F}} = \boldsymbol{V} \cdot \boldsymbol{V} = \boldsymbol{V}^2 = \boldsymbol{b}$$

$$\overline{\boldsymbol{R}} = \overline{\boldsymbol{F}} \cdot \overline{\boldsymbol{C}}^{-1/2} = \boldsymbol{V} \cdot \boldsymbol{V}^{-1} = \boldsymbol{I}$$

$$\overline{\boldsymbol{C}}_{(t)}(\tau) = \boldsymbol{C}_{(t)}(\tau); \quad \overline{\boldsymbol{t}} = \boldsymbol{t} \quad (\text{与参考构形} \mathscr{R} \text{的变换无关})$$

$$\overline{\overline{C}}_{(t)}(\tau) = \overline{R}^{\mathrm{T}} \cdot \overline{C}_{(t)}(\tau) \cdot \overline{R} = C_{(t)}(\tau) \tag{5.75}$$

将上述各式代入式 (e)，得到各向同性简单物质的本构方程：

$$t(t) = f_3\left(C_{(t)}(\tau), b(t)\right) \tag{5.76}$$

式 (5.76) 给出 Cauchy 应力与相对 Green 变形张量历史及当前的左 Cauchy-Green 变形张量的关系，由于 $C_{(t)}(\tau)$ 与 $R(t)$ 相关，所以 Cauchy 应力也与当前转动有关。

形式 4

利用不同应力张量间的转换关系式 (3.31)、式 (3.32) 和本构方程式 (5.57)，可以得到用第一类和第二类 Piola-Kirchhoff 应力张量表示的本构方程

$$\begin{aligned}
\boldsymbol{\tau}(t) &= JF^{-1} \cdot t = J(t)U^{-1}(t) \cdot R^{-1}(t) \cdot R(t) \cdot f(U(\tau)) \cdot R^{\mathrm{T}}(t) \\
&= J(t)U^{-1}(t) \cdot f(U(\tau)) \cdot R^{\mathrm{T}}(t)
\end{aligned} \tag{5.77}$$

$$T(t) = JF^{-1} \cdot t \cdot F^{-\mathrm{T}} = \boldsymbol{\tau}(t) \cdot R(t) \cdot U^{-1}(t) = J(t)U^{-1}(t) \cdot f(U(\tau)) \cdot U^{-1}(t) \tag{5.78}$$

从上面给出的简单物质一般本构方程的各种形式，可以看到应力与变形、转动及其历史的关系有下列特点：

(1) t 和 $\boldsymbol{\tau}$ 与变形历史和当前转动有关，与转动历史无关 (见式 (5.57)、式 (5.69)、式 (5.70)、式 (5.74)、式 (5.77))；

(2) T 与变形历史有关，与转动无关 (见式 (5.78))。

▶5.6.2 简单流体

流体的特点是易流动性。通常流体是各向同性物质，其力学性质与方向无关，并且具有最大程度的物质对称性，对称群为等体积变换群 (幺模群)。换言之，只要保持体积不变 (因而物质密度不变)，初始参考构形可以任意变换或任意选取，而不影响流体中的应力，这是流体的特有性质。因此，可以将物质对称群为等体积变换群的简单物质称为简单流体，并作为简单流体的定义。

各向同性简单物质的一般本构方程式 (5.76) 表明，Cauchy 应力决定于相对变形历史 $C_{(t)}(\tau)$ 和当前变形 $b(t)$，前者与初始构形无关，后者依赖初始构形。既然流体的初始参考构形变换可以产生变形 (但体积不变) 并不改变应力，那么流体的应力与基于初始参考构形的变形 $b(t)$ 之间的关系，只能表现为与体积变形或者与密度有关。因此，对于流体而言，本构方程式 (5.76) 中，表示当前变形影响的变量 $b(t)$ 可以用当前密度 $\rho(t)$ 代替，从而得到简单流体的一般本构方程

$$t(t) = f\left(C_{(t)}(\tau), \rho(t)\right) \tag{5.79}$$

为了应用记忆公理，可以将 $C_{(t)}(\tau)$ 在 t 时刻展成时间 τ 的 Taylor 级数 (见式 (2.166))

$$C_{(t)}(\tau) = \sum_{k=0}^{\infty} \frac{1}{k!} C_{(t)}^{(k)}(t) (\tau - t)^k = \sum_{k=0}^{\infty} \frac{1}{k!} (-1)^k A^{(k)}(t) (t-\tau)^k \qquad (5.80)$$

其中

$$A^{(k)}(t) = \left. \frac{\mathrm{d}^k C_{(t)}}{\mathrm{d}\tau^k} \right|_{\tau=t} \equiv C_{(t)}^{(k)}(t) \quad \text{(Rivlin-Ericksen 张量)} \qquad (5.81)$$

可见，式 (5.79) 中的函数变量 $C_{(t)}(\tau)$ 在实质上表示流体应力与当前的各阶变形速率有关，变形的影响只通过密度 (或体积变形 $\det b(t)$) 表示。将式 (5.80) 代入式 (5.79)，对 τ 积分可以得到以 $A^{(k)}(t)$ 和 $\rho(t)$ 为变量的函数形式的流体本构方程。

$$t(x,t) = f\left(A^{(1)}(t), A^{(2)}(t), \cdots, A^{(n)}(t), \rho(t)\right) \qquad (5.79a)$$

关于流体的进一步讨论在第 8 章中给出。

➤ 5.6.3 简单固体

固体的特点是有固定形状，受力时形状改变，力一定时形状不变。固体的性质可能有方向性 (各向异性)，也可能是各向同性的。具有最强烈各向异性的固体，一个参考构形中的材料性质只与本构形或反向构形 (构形变换为 I 或 $-I$) 的性质相同，即对称群为三斜群；一般的固体有某种程度的物质对称性，对称群为三斜群加上部分正交变换，构成正交变换子群 (因为 I 和 $-I$ 也是一种正交变换)，各向同性固体的对称群包括全部正交变换。因此，可以将材料对称群为正交变换子群的简单物质称为简单固体，并作为简单固体的定义。

上述特性和定义说明，简单固体的本构方程依赖一定的参考构形，与流体不同，非畸变构形不是任意的，所以在简单物质一般本构关系式 (5.74) 中必然包含当前变形变量 $C(t)$；另一方面，既然外力一定时固体形状保持不变，即变形率为 0，可见 Cauchy 应力应该与变形率无关。由式 (5.74)，弹性体的本构方程可以表示为

$$t(t) = R(t) \cdot f(C(t)) \cdot R^{\mathrm{T}}(t) \qquad (5.82)$$

利用应力张量间的转换关系式 $(3.31)_1$、式 $(3.32)_1$，可以得到

$$\tau(t) = JF^{-1} \cdot t = J(t) U^{-1}(t) \cdot f(C(t)) \cdot R^{\mathrm{T}}(t) \qquad (5.83)$$

$$T(t) = JF^{-1} \cdot t \cdot F^{-\mathrm{T}} = \tau(t) \cdot R(t) \cdot U^{-1}(t) = J(t) U^{-1}(t) \cdot f(C(t)) \cdot U^{-1}(t) \qquad (5.84)$$

式 (5.84) 也可以用 Green 变形张量或 Lagrange 应变张量的函数表示：

$$T(t) = f(C(t)) \quad \text{或} \quad T(t) = f(E(t)) \qquad (5.85)$$

为了简单，上式中未采用新的函数记号。可见弹性体的应力 $\boldsymbol{T}$ 只与当前应变有关，可能成线性关系，称为线弹性体，也可能成非线性关系，例如超弹性体等。在考虑力和热载荷共同作用时，连续介质的热、力响应相耦合，称为热弹性体。

若参考构形 $\overline{\mathscr{R}}$ 到 $\mathscr{R}$ 的变换为对称群内的正交变换 $\boldsymbol{Q}(t)$，则有变换关系 $\overline{\boldsymbol{T}} = \boldsymbol{Q}^{\mathrm{T}} \cdot \boldsymbol{T} \cdot \boldsymbol{Q}$（由式 $(5.63)_2$），$\overline{\boldsymbol{C}} = \overline{\boldsymbol{F}}^{\mathrm{T}} \cdot \overline{\boldsymbol{F}} = \boldsymbol{Q}^{\mathrm{T}} \cdot \boldsymbol{F}^{\mathrm{T}} \cdot \boldsymbol{F} \cdot \boldsymbol{Q} = \boldsymbol{Q}^{\mathrm{T}} \cdot \boldsymbol{C} \cdot \boldsymbol{Q}$，$\overline{\boldsymbol{E}} = \boldsymbol{Q}^{\mathrm{T}} \cdot \boldsymbol{E} \cdot \boldsymbol{Q}$。由物质对称性，对于构形 $\overline{\mathscr{R}}$ 有 $\overline{\boldsymbol{T}}(t) = \boldsymbol{f}\left(\overline{C}(t)\right)$，$\overline{\boldsymbol{T}}(t) = \boldsymbol{f}\left(\overline{\boldsymbol{E}}(t)\right)$，将上述变换关系代入，可得式 (5.85) 的物质对称性条件：

$$\boldsymbol{Q}^{\mathrm{T}} \cdot \boldsymbol{f}(\boldsymbol{C}) \cdot \boldsymbol{Q} = \boldsymbol{f}\left(\boldsymbol{Q}^{\mathrm{T}} \cdot \boldsymbol{C} \cdot \boldsymbol{Q}\right) \quad \text{和} \quad \boldsymbol{Q}^{\mathrm{T}} \cdot \boldsymbol{f}(\boldsymbol{E}) \cdot \boldsymbol{Q} = \boldsymbol{f}\left(\boldsymbol{Q}^{\mathrm{T}} \cdot \boldsymbol{E} \cdot \boldsymbol{Q}\right) \quad (5.85\text{a})$$

塑性固体的应力与变形过程有关，不能简单地表示为当前应变的函数。

在第 6 章中将更详细地讨论固体本构关系及其应用。

▶ 5.6.4 简单流晶

黏弹性和黏弹塑性材料同时具有固体和流体的某些力学特性，其应力既依赖基于初始参考构形的变形，也依赖相对变形历史即变形速率，这类材料称为简单流晶。许多工程材料在一定条件下呈现固体和流体的双重性质，例如塑料、橡胶、树脂、岩石、土壤、混凝土、金属、石油、沥青等等，常常需要考虑材料的黏弹性或黏弹塑性力学行为，虽然这些材料具有固体或流体形态，但力学性质既不同于固体也不同于流体。

简单流晶的一般本构方程为式 (5.74)，任一时刻 t 的应力响应由两部分组成，一部分是对于 t 时刻的变形 $\boldsymbol{C}(t)$ 产生的抗力，另一部分决定于变形历史，是 t 时刻之前变形率的影响对时间的积分，随着与当前时间间距的增加被积函数衰减，反映材料的衰减记忆特性。

如果本构方程中只含应力与应力率和变形与变形率的线性项，则材料具有线弹性固体和线性黏性流体特点，称为线性黏弹性物质；如果固体特性是非线性弹性的或流体特性是非线性黏性的，或者两者皆呈现非线性，则为非线性黏弹性物质；如果变形中出现塑性并存在黏性效应，则为粘塑性物质。

在第 7 章中将进一步讨论黏弹性物质的本构关系及材料特性。

5.7 本构关系的研究方法简介

本章前面各节介绍了本构理论的基本内容，包括本构公理、基于本构公理建立的本构方程的一般形式和某些不同形式、简单物质和各种理想物质模型等等，但尚未涉及如何得到本构泛函 (或本构函数) 的具体形式。本节简要介绍确定理想物质本构方程具体形式的一些主要方法。

➤ 5.7.1 本构方程的热力学基础及应用

本构方程是连续介质在热力学过程中状态变量间的一种关系, 因而必须与热力学基本定律相容。热力学第一定律和第二定律是本构关系的重要热力学基础和应该满足的要求, 可为建立本构关系提供热力学框架 (或限制), 从而给出本构方程的更加具体的形式。

4.4.1 节指出, 连续介质可以认为是热力学系统, 系统的状态用各种状态变量描述, 如果所有状态变量不随时间改变, 则称为平衡状态; 从一个平衡状态到另一个平衡状态称为热力学过程, 如果过程无限缓慢地经过平衡状态进行, 称为准静态过程。经典热力学研究平衡状态和准静态过程。热力学第一定律和第二定律是经典热力学的两个基本原理 (见 4.4 节和 4.5 节)。

热力学第一定律给出外力引起的变形功和输入的热能与内能之间的平衡关系, 与系统内部耗散能的变化无关; 热力学第二定律通过熵不等式确定系统中能量耗散的变化方向, 即内耗散产生的熵只能增加, 不能减少。在利用热力学第一定律消去外部输入的热源强度 h, 并引入自由能表示内能之后, 热力学第二定律可以用 Clausius-Duhem 不等式表示 (式 (4.67a) 和式 (4.67b)):

$$\theta r = -\dot{\psi} - \dot{\theta}\eta + \frac{1}{\rho}\boldsymbol{t}:\boldsymbol{d} - \frac{1}{\rho\theta}\boldsymbol{q}\cdot\boldsymbol{\nabla}\theta \geqslant 0 \quad (\text{空间描述法})$$

$$\theta r = -\dot{\psi} - \dot{\theta}\eta + \frac{1}{\rho_0}\boldsymbol{T}:\dot{\boldsymbol{E}} - \frac{1}{\rho_0\theta}\boldsymbol{q}_0\cdot\boldsymbol{\nabla}_X\theta \geqslant 0 \quad (\text{物质描述法})$$

其中, 单位质量自由能 $\psi = e - \theta\eta$ 包括变形功及耗散能, 在一般本构关系式 (5.4) 及其简化方程中, 可以代替内能作为一个本构泛函。

对于不同的物质模型, 自由能 ψ 依赖不同的状态变量。假设 ψ 是连续可微的标量势函数, 将自由能的变率 $\dot{\psi}$ 代入 Claisius-Duhem 不等式, 便可得到该物质的热力学相容条件, 即状态变量的本构关系。下面列举两个典型例子。

[例 5.4] 热弹性固体的本构关系[3]。

参考式 (5.85) 和自由能定义, 考虑温度影响, 可假设热弹性固体的自由能函数为

$$\psi = \psi\left(\boldsymbol{E}, \theta_{,X}, \theta\,;\boldsymbol{X}\right) \tag{5.86}$$

对上式取物质导数, 有

$$\dot{\psi} = \frac{\partial\psi}{\partial\boldsymbol{E}}:\dot{\boldsymbol{E}} + \frac{\partial\psi}{\partial\theta_{,X}}\cdot\dot{\theta}_{,X} + \frac{\partial\psi}{\partial\theta}\dot{\theta} \tag{5.87}$$

代入式 (4.67b), 得到

$$\left(\boldsymbol{T} - \rho_0\frac{\partial\psi}{\partial\boldsymbol{E}}\right):\dot{\boldsymbol{E}} - \rho_0\frac{\partial\psi}{\partial\theta_{,X}}\cdot\dot{\theta}_{,X} - \rho_0\left(\eta + \frac{\partial\psi}{\partial\theta}\right)\dot{\theta} - \frac{1}{\theta}\boldsymbol{q}_0\cdot\boldsymbol{\nabla}_X\theta \geqslant 0 \tag{5.88}$$

上式对任意的 $\dot{\boldsymbol{E}}$、$\dot{\theta}_{,X}$、$\dot{\theta}$ 成立, 所以热力学相容条件为

$$\boldsymbol{T} = \rho_0 \frac{\partial \psi}{\partial \boldsymbol{E}} \quad \text{或} \quad T^{KL} = \rho_0 \frac{\partial \psi}{\partial E_{KL}} \tag{5.89a}$$

$$\frac{\partial \psi}{\partial \theta_{,X}} = 0 \tag{5.89b}$$

$$\eta = -\frac{\partial \psi}{\partial \theta} \tag{5.89c}$$

$$-\frac{1}{\theta} \boldsymbol{q}_0 \cdot \boldsymbol{\nabla}_X \theta \geqslant 0 \tag{5.89d}$$

当势函数 ψ 给定时, 由式 (5.89a,c) 可得到热弹性固体本构方程的具体形式, 式 (5.89b) 表明 ψ 不显含 $\boldsymbol{\nabla}_X \theta$。由于绝对温度 $\theta > 0$, 式 (5.89d) 说明热流量与温度梯度方向相反, 热弹性固体中热量只能从高温部位流向低温部位。

如果用空间描述法, 利用式 (2.149), 即

$$\dot{\boldsymbol{E}} = \frac{1}{2}\dot{\boldsymbol{C}} = \frac{1}{2}\left(\dot{\boldsymbol{F}}^{\mathrm{T}} \cdot \boldsymbol{F} + \boldsymbol{F}^{\mathrm{T}} \cdot \dot{\boldsymbol{F}}\right) = \boldsymbol{F}^{\mathrm{T}} \cdot \boldsymbol{d} \cdot \boldsymbol{F} \tag{5.90}$$

代入式 (5.88), 得到

$$\left[\boldsymbol{F} \cdot \left(\boldsymbol{T} - 2\rho_0 \frac{\partial \psi}{\partial \boldsymbol{C}}\right) \cdot \boldsymbol{F}^{\mathrm{T}}\right] : \boldsymbol{d} - \rho_0 \frac{\partial \psi}{\partial \theta_{,X}} \cdot \dot{\theta}_{,X} - \rho_0 \left(\eta + \frac{\partial \psi}{\partial \theta}\right)\dot{\theta} - \frac{1}{\theta} \boldsymbol{q}_0 \cdot \boldsymbol{\nabla}_X \theta \geqslant 0$$

由于 $\boldsymbol{d}$ 的任意性, 注意到 $\boldsymbol{t} = \dfrac{1}{J}\boldsymbol{F} \cdot \boldsymbol{T} \cdot \boldsymbol{F}^{\mathrm{T}}$, $\rho_0 = J\rho$, 得

$$\boldsymbol{t} = 2\rho \boldsymbol{F} \cdot \frac{\partial \psi}{\partial \boldsymbol{C}} \cdot \boldsymbol{F}^{\mathrm{T}} \quad \text{或} \quad t^{kl} = 2\rho x^k_{,K} x^l_{,L} \frac{\partial \psi}{\partial C_{KL}} \tag{5.91}$$

利用式 (4.48)、式 (5.89d), 注意 $\boldsymbol{\nabla}_X \theta = \boldsymbol{\nabla}_x \theta \cdot \dfrac{\partial \boldsymbol{x}}{\partial \boldsymbol{X}} = \boldsymbol{\nabla}_x \theta \cdot \boldsymbol{F}$, 可得

$$-\boldsymbol{q} \cdot \boldsymbol{\nabla}_x \theta \geqslant 0 \tag{5.92}$$

[例 5.5]　热黏性流体的本构关系[3]。

由式 (5.79a)$(n=1)$、考虑温度影响, 可以假设自由能函数为

$$\psi = \psi\left(\boldsymbol{A}^{(1)}, \rho, \theta_{,X}, \theta; \boldsymbol{X}\right) \tag{5.93}$$

由式 (5.71), 可得

$$\boldsymbol{C}_{(t)}(\tau) = \boldsymbol{F}^{-\mathrm{T}}(t) \cdot \boldsymbol{C}(\boldsymbol{X}, \tau) \cdot \boldsymbol{F}^{-1}(t) \tag{5.94}$$

代入式 (5.81), 注意到式 (5.90), 有

$$\boldsymbol{A}^{(1)} = \left.\frac{\mathrm{d}\boldsymbol{C}_t}{\mathrm{d}\tau}\right|_{\tau=t} = \boldsymbol{F}^{-\mathrm{T}}(t) \cdot \dot{\boldsymbol{C}}(\boldsymbol{X}, t) \cdot \boldsymbol{F}^{-1}(t) = 2\boldsymbol{d} \tag{5.95}$$

所以自由能及其物质导数可表示为

$$\psi = \psi\left(\boldsymbol{d}, \rho^{-1}, \theta_{,X}, \theta\,; \boldsymbol{X}\right) \tag{5.96}$$

$$\dot{\psi} = \frac{\partial \psi}{\partial \boldsymbol{d}} : \dot{\boldsymbol{d}} + \frac{\partial \psi}{\partial \rho^{-1}}\left(\rho^{-1}\right)^{\cdot} + \frac{\partial \psi}{\partial \theta_{,X}} \cdot \dot{\theta}_{,X} + \frac{\partial \psi}{\partial \theta} \dot{\theta}$$

由式 (2.138) 和质量守恒定律式 (4.9),

$$\left(\rho^{-1}\right)^{\cdot} = \frac{\dot{J}}{\rho_0} = \frac{\mathrm{tr}\boldsymbol{d}}{\rho} = \frac{1}{\rho}\boldsymbol{I} : \boldsymbol{d} \tag{5.97}$$

将 $\dot{\psi}$ 和式 (5.97) 代入 Clausius-Duhem 不等式 (4.67a), 得到

$$-\rho\frac{\partial \psi}{\partial \boldsymbol{d}} : \dot{\boldsymbol{d}} - \rho\frac{\partial \psi}{\partial \theta_{,X}} \cdot \dot{\theta}_{,X} - \rho\left(\eta + \frac{\partial \psi}{\partial \theta}\right)\dot{\theta} + \left(\boldsymbol{t} - \frac{\partial \psi}{\partial \rho^{-1}}\boldsymbol{I}\right) : \boldsymbol{d} - \frac{1}{\theta}\boldsymbol{q} \cdot \boldsymbol{\nabla}\theta \geqslant 0 \tag{5.98}$$

上式对于任意的 $\dot{\boldsymbol{d}}, \dot{\theta}_{,X}, \dot{\theta}$ 成立, 必有

$$\frac{\partial \psi}{\partial \boldsymbol{d}} = 0; \quad \frac{\partial \psi}{\partial \theta_{,X}} = 0; \quad \eta = -\frac{\partial \psi}{\partial \theta} \tag{5.99a}$$

$$\left(\boldsymbol{t} - \frac{\partial \psi}{\partial \rho^{-1}}\boldsymbol{I}\right) : \boldsymbol{d} - \frac{1}{\theta}\boldsymbol{q} \cdot \boldsymbol{\nabla}\theta \geqslant 0 \tag{5.99b}$$

注意到 $\dfrac{\partial \psi}{\partial \rho} = \dfrac{\partial \psi}{\partial \rho^{-1}}\dfrac{\partial \rho^{-1}}{\partial \rho} = -\rho^{-2}\dfrac{\partial \psi}{\partial \rho^{-1}}$, 令:

$$\boldsymbol{t}_{\mathrm{d}} = \boldsymbol{t} - \frac{\partial \psi}{\partial \rho^{-1}}\boldsymbol{I} = \boldsymbol{t} + \rho^2\frac{\partial \psi}{\partial \rho}\boldsymbol{I} = \boldsymbol{t} + p\boldsymbol{I} \tag{5.100}$$

式中, $p = -\dfrac{\partial \psi}{\partial \rho^{-1}} = \rho^2\dfrac{\partial \psi}{\partial \rho}$ 称为热力学压力; $\boldsymbol{t}_{\mathrm{d}}$ 等于 Cauchy 应力 $\boldsymbol{t}$ 与引起体积变形的热力学力 $\dfrac{\partial \psi}{\partial \rho^{-1}}\boldsymbol{I}$ (即 $-p\boldsymbol{I}$) 之差。式 (5.99b) 可改写为

$$\boldsymbol{t}_{\mathrm{d}} : \boldsymbol{d} - \frac{1}{\theta}\boldsymbol{q} \cdot \boldsymbol{\nabla}\theta \geqslant 0 \tag{5.99c}$$

式 (5.99a) 的前两式说明 ψ 与 $\boldsymbol{d}$, $\theta_{,X}$ 无关, 只是 θ, ρ 的函数。不等式 (5.99b) 或式 (5.99c) 表示耗散能量非负。式 (5.99b) 和式 (5.99c) 第 1 项表明流体中应力 $\boldsymbol{t}_{\mathrm{d}}$ 做的功是不可逆的, 所以也称为不可逆应力, 该项为单位体积不可逆应力的功率。

式 (5.89) 和式 (5.99) 分别给出热弹性固体和热黏性流体的热力学相容条件, 其中包括相关变量 $\boldsymbol{t}$、$\boldsymbol{T}$、η 与状态变量 ρ、$\boldsymbol{E}$、θ 的本构关系。在建立固体本构方程时, 常常利用假设函数 ψ 的方法得到方程的具体形式。通过以上两例可以看到, 在研究本构关系时热力学第一、第二定律给出的热力学框架的应用及其重要意义。

➤ 5.7.2 内变量理论及其应用

对于耗散介质, 例如塑性体、黏弹性体、黏塑性体、损伤介质等, 变形过程中伴有内部能量耗散。这种内耗散可能与变形特性有关 (例如黏弹性材料的黏性滞后效应), 也可能与材料结构改变有关 (例如塑性材料的位错、滑移, 损伤材料的微孔洞、微裂纹等), 内耗散过程消耗的能量是不可逆的, 或转化为热量耗散, 或引起材料内部结构的永久性改变。

5.7.2.1 内变量及其应用

可以引入内变量描述内耗散对本构关系的影响。内变量作为内耗散过程的一种度量, 成为可观测的状态变量。根据描述对象不同, 内变量可以是标量、向量或张量, 含有或隐含有不同的物理意义。内变量的选择常常根据应用需要和经验, 没有固定模式, 例如在塑性力学中可以选择累积塑性变形和塑性应变作为内变量, 在黏弹性本构关系中用内变量作为描述变形历史影响的参数, 在损伤介质中引入内变量表示连续损伤程度等等。

下面考虑一种热弹塑性固体, 假设单位质量自由能为 (参见参考文献 [15])

$$\psi = \psi(\boldsymbol{E}^{\mathrm{e}}, \ \theta_{,X}, \ \theta, \ \boldsymbol{V}_K; \ \boldsymbol{X}) \tag{5.101}$$

式中, 弹性应变 $\boldsymbol{E}^{\mathrm{e}} = \boldsymbol{E} - \boldsymbol{E}^{\mathrm{p}} (\boldsymbol{E}^{\mathrm{p}}$ 为塑性应变); $\boldsymbol{V}_K$ 是内变量 (K 是内变量序号)。将 $\dot\psi$ 代入 Clausius-Duhem 不等式 (4.67b), 得到

$$\left(\boldsymbol{T} - \rho_0 \frac{\partial \psi}{\partial \boldsymbol{E}^{\mathrm{e}}}\right) : \dot{\boldsymbol{E}}^{\mathrm{e}} + \boldsymbol{T} : \dot{\boldsymbol{E}}^p - \rho_0 \frac{\partial \psi}{\partial \theta_{,X}} \cdot \dot{\theta}_{,X} - \rho_0 \left(\eta + \frac{\partial \psi}{\partial \theta}\right) \dot\theta$$
$$-\rho_0 \frac{\partial \psi}{\partial \boldsymbol{V}_K} \circ \dot{\boldsymbol{V}}_K - \frac{1}{\theta} \boldsymbol{q}_0 \cdot \boldsymbol{\nabla}_X \theta \geqslant 0$$

当 $\boldsymbol{V}_K$ 为标量、向量或二阶张量时, 记号 ∘ 表示标量乘积、点积或双点积。上式对任意的 $\dot{\boldsymbol{E}}^{\mathrm{e}}, \dot\theta_{,X}, \dot\theta$ 成立, 所以

$$\boldsymbol{T} = \rho_0 \frac{\partial \psi}{\partial \boldsymbol{E}^{\mathrm{e}}}; \quad \frac{\partial \psi}{\partial \theta_{,X}} = 0; \quad \eta = -\frac{\partial \psi}{\partial \theta} \tag{5.102a,b,c}$$

$$\boldsymbol{T} : \dot{\boldsymbol{E}}^{\mathrm{p}} - \frac{\partial \psi}{\partial \boldsymbol{V}_K} \circ \dot{\boldsymbol{V}}_K - \frac{1}{\theta} \boldsymbol{q}_0 \cdot \boldsymbol{\nabla}_X \theta \geqslant 0 \tag{5.102d}$$

式 (5.102d) 前 2 项是内耗散, 第 3 项是热耗散, 如果两者不耦合, 则有

$$\boldsymbol{T} : \dot{\boldsymbol{E}}^{\mathrm{p}} - \frac{\partial \psi}{\partial \boldsymbol{V}_K} \circ \dot{\boldsymbol{V}}_K \geqslant 0; \quad -\frac{1}{\theta} \boldsymbol{q}_0 \cdot \boldsymbol{\nabla}_X \theta \geqslant 0 \tag{5.102e,f}$$

式 (5.102b) 说明 ψ 不显含 $\theta_{,X}$; 因此,

$$\psi = \psi(\boldsymbol{E}^{\mathrm{e}}, \ \theta, \ \boldsymbol{V}_K; \ \boldsymbol{X}) \tag{5.103}$$

$$\dot{\psi} = \frac{\partial \psi}{\partial \boldsymbol{E}^{\mathrm{e}}} : \dot{\boldsymbol{E}}^{\mathrm{e}} + \frac{\partial \psi}{\partial \theta} \dot{\theta} + \frac{\partial \psi}{\partial \boldsymbol{V}_K} \circ \dot{\boldsymbol{V}}_K \tag{5.104}$$

由式 (5.104) 可见,内变量的引入使单位质量物质单位时间内自由能的变化分为三部分:右端第一项表示弹性能的变化率,第二项为总热能变化率,第三项是内耗散率。第一部分属于可逆热力学过程,第二部分是不可逆的,热量只能从高温传向低温,内耗散也是不可逆热力学过程。如果引用 4.5 节中熵的概念 ($\theta\eta$ 是单位体积全部热能),将式 (5.102c) 代入式 (5.104) 右端第二项,得到 $\frac{\partial \psi}{\partial \theta}\dot{\theta} = -\eta\dot{\theta}$,因此第二项是热交换过程中单位质量介质单位时间内流出的热量。同样可以引入

$$\boldsymbol{A}_K = -\rho_0 \frac{\partial \psi}{\partial \boldsymbol{V}_K} \tag{5.105}$$

式中,$\boldsymbol{A}_K$ 是 $\boldsymbol{V}_K$ 的相伴变量,表示单位体积内单位内变量的变化引起的自由能 ψ 的减少量 (释放率),可作为与 $\boldsymbol{V}_K$ 相伴的广义力。若 $\boldsymbol{V}_K$ 是损伤变量,则 $\boldsymbol{A}_K$ 为损伤力学中的损伤热力学力或损伤能量释放率 (参见参考文献 [16],[17])。类似地,$\boldsymbol{T}$ 是 $\boldsymbol{E}^{\mathrm{p}}$ 的相伴变量或广义力。

式 (4.52) 曾给出变形功率和功共轭概念,用 Lagrange 描述法表示,有

$$w = \boldsymbol{T} : \dot{\boldsymbol{E}}$$

称 w 为变形功率,其中的可逆部分 $\boldsymbol{T} : \dot{\boldsymbol{E}}^{\mathrm{e}}$ 为弹性功率,不可逆部分 $\boldsymbol{T} : \dot{\boldsymbol{E}}^{\mathrm{p}}$ 是塑性功率,$\boldsymbol{T}$ 和 $\boldsymbol{E}$ 是对应的功共轭变量或功共轭变量对。在应用内变量理论时,在 ψ 的状态变量中引入内变量,因而形成新的功共轭变量对。式 (5.104) 中,$\boldsymbol{T}$,η 和 $\boldsymbol{A}_K$ 分别是状态变量 $\boldsymbol{E}^{\mathrm{e}}$,$\theta$ 和 $\boldsymbol{V}_K$ 的相关变量,$\boldsymbol{T}$ 与 $\boldsymbol{E}^{\mathrm{e}}$,$\boldsymbol{A}_K$ 与 $\boldsymbol{V}_K$ 分别是两对功共轭变量,$\boldsymbol{A}_K \circ \dot{\boldsymbol{V}}_K$ 表示内耗散功率。

前面通过热力学势能函数自由能 ψ 引入了内变量 $\boldsymbol{V}_K$,并利用势函数的变率定义了内变量的相伴变量 $\boldsymbol{A}_K$。但是,作为本构关系的补充,内变量与相伴变量的演化关系 (演化方程或流动定律) 尚未给出,而且不能再用热力学势来确定。为此,一种常用的方法是引入耗散势。

首先在耗散中区分内耗散和热耗散。将式 (5.105) 代入式 (5.102d),得到

$$\rho_0 \theta r = \boldsymbol{T} : \dot{\boldsymbol{E}}^{\mathrm{p}} + \boldsymbol{A}_K \circ \dot{\boldsymbol{V}}_K - \frac{1}{\theta} \boldsymbol{q}_0 \cdot \boldsymbol{\nabla}_X \theta \geqslant 0 \tag{5.106}$$

根据傅里叶 (Fourier) 热传导定律,如果材料的热传导是各向同性的,则有

$$\boldsymbol{q}_0 = -k \boldsymbol{\nabla}_X \theta \tag{5.107}$$

式中,k 是热传导系数 (正值,标量)。在一般的非各向同性情况下热传导系数是正定二阶张量,记作 $\boldsymbol{k}$,有

$$\boldsymbol{q}_0 = -\boldsymbol{k} \cdot \boldsymbol{\nabla}_X \theta \tag{5.108}$$

故式 (5.106) 等号右端第 3 项非负, 所以得到

$$\Phi \equiv \boldsymbol{T} : \dot{\boldsymbol{E}}^{\mathrm{p}} + \boldsymbol{A}_K \circ \dot{\boldsymbol{V}}_K \geqslant 0; \quad -\frac{1}{\theta} \boldsymbol{q}_0 \cdot \boldsymbol{\nabla}_X \theta = \boldsymbol{\nabla}_X \theta \cdot \boldsymbol{k} \cdot \boldsymbol{\nabla}_X \theta \geqslant 0 \qquad (5.109)$$

式 $(5.109)_1$ 中第一项是塑性变形率引起的耗散率, 第二项是内变量变率引起的耗散率, 两者之和 Φ 称为内耗散率, 也称为单位体积耗散势, 是 $\dot{\boldsymbol{E}}^{\mathrm{p}}$ 和 $\dot{\boldsymbol{V}}_K$ 的恒正凸标量函数; 式 $(5.109)_2$ 是热流量引起的热传导耗散, 即热耗散率。

为了确定内耗散变量的演化方程, 可以根据耗散势的凸函数特性, 得到方程 $\boldsymbol{T} = \dfrac{\partial \Phi}{\partial \dot{\boldsymbol{E}}^{\mathrm{p}}}, \boldsymbol{A}_K = \dfrac{\partial \Phi}{\partial \dot{\boldsymbol{V}}_K}$。但在实际应用中, 常常需要用流动变量 $\dot{\boldsymbol{E}}^{\mathrm{p}}$ 和 $\dot{\boldsymbol{V}}_K$ 的对偶变量 (相伴变量) 表示流动变量, 即用 $\boldsymbol{T}, \boldsymbol{A}_K$ 表示 $\dot{\boldsymbol{E}}^{\mathrm{p}}, \dot{\boldsymbol{V}}_K$, 因此应用以相伴变量为自变量的另一种耗散势函数更为方便, 称为余耗散势, 记作 φ^*。考虑等温情况,

$$\varphi^* = \varphi^* (\boldsymbol{T}, \boldsymbol{A}_K) \qquad (5.110)$$

余耗散势也是恒正的凸函数, 其梯度为

$$\left(\frac{\partial \varphi^*}{\partial \boldsymbol{T}}, \frac{\partial \varphi^*}{\partial \boldsymbol{A}_K} \right) \qquad (5.111)$$

根据正交性假设, 耗散变量的演化沿耗散势的梯度方向, 在空间 $\varphi^* \sim \boldsymbol{A}_K$ 中与等势面垂直, 因而得到内变量的演化方程:

$$\dot{\boldsymbol{V}}_K = -\frac{\partial \varphi^*}{\partial \boldsymbol{A}_K} \dot{\lambda} \qquad (5.112)$$

其中恒正因子 $\dot{\lambda}$ 表示增量的幅值, 由一致性条件 $\varphi^* = 0, \dot{\varphi}^* = 0$ 确定。类似地可以建立耗散变量 $\boldsymbol{E}^{\mathrm{p}}$ 的演化方程, 即塑性理论的增量本构关系 (见 6.6 节)。

基于热力学和内变量理论, 本构方程及演化方程的具体形式决定于自由能函数 ψ 表达式和余耗散势函数 φ^* 表达式的选择, 给出这些表达式通常需要根据实验研究结果。上述方法为本构关系的建立提供了一种热力学框架, 在塑性理论、黏弹性、黏塑性、连续损伤等研究中得到了广泛应用。

在热力学框架的实际应用中, 应力和变形有时根据各自特点进行适当分解, 因而自由能和耗散势可能依赖更多变量, 与前面给出的例子不尽相同。本节的讨论是在 Lagrange 描述下进行的, 同样地可以应用 Euler 描述法给出类似结果。

此外, 为了使复杂本构关系得到简化, 让本质特性更加突出, 往往需要对于自由能和耗散势的函数形式做某些简化假设。下面列举耗散势的两种简化方法。

5.7.2.2 正定二次型假设

假设恒正凸函数 φ^* 为正定二次型

$$\varphi^* = \frac{1}{2} a_{KL} \boldsymbol{A}_K \circ \boldsymbol{A}_L \qquad (5.113)$$

系数 a_{KL} 可以是温度、弹性变形、内变量等状态变量的函数, 并且具有对称性:

$$a_{KL} = a_{LK} \tag{5.114}$$

上式称为 Onsager 倒易关系。由式 (5.112) 可得

$$\dot{\boldsymbol{V}}_K = -a_{KL}\boldsymbol{A}_L\dot{\lambda} \tag{5.115}$$

上式表示内变量变率与广义力成线性关系, 可见式 $(5.109)_1$ 中内耗散项 $-\boldsymbol{A}_K \circ \dot{\boldsymbol{V}}_K$ 是正值。

5.7.2.3 解耦假设

在构造耗散势函数表达式时, 常常可以假设内变量与其他耗散不耦合。例如, 若内耗散与热耗散不耦合, 则有

$$\varphi^* = \varphi_1^*\left(\boldsymbol{T}, \boldsymbol{A}_K\right) + \varphi_2^*\left(\boldsymbol{q}_0\right) \tag{5.116}$$

在损伤力学中可以假设塑性与损伤是不耦合的, 将耗散势表示为塑性耗散势与损伤耗散势的和 (见参考文献 [17]):

$$\varphi^* = f\left(\boldsymbol{T}\right) + F_{\mathrm{D}}\left(\boldsymbol{A}_K\right) \tag{5.117}$$

式中, f 是塑性势函数, 不包括损伤广义力; $F_{\mathrm{D}}\left(\boldsymbol{A}_K\right)$ 是损伤耗散势, 不含应力, 因而损伤与塑性两者演化方程是解耦的。

本构方程表达式本质上依赖试验结果, 但自由能和耗散势很难用试验直接测量, 所以在选择自由能和耗散势表达式、建立本构关系和演化方程之后, 还应该根据可观测变量的实验结果确定材料参数和进一步验证函数关系。

▶5.7.3 张量函数的表示定理及其应用

张量函数是以张量为自变量的函数, 函数本身可以是标量、向量和张量。一般情况下, 自由能和耗散势是对称二阶张量和向量的标量值函数, 应力响应泛函是对称二阶张量和向量的二阶张量值函数。不变量理论研究表明, 张量函数的结构 (函数表达式形式) 依赖于自变量的某些组合 (基元)。研究张量函数中自变量构造规则的理论称为张量函数表示理论。

材料可能有不同程度的对称性, 所以描述材料本构关系的张量函数可以有不同的对称群。当对称群包括全部正交变换时, 材料是各向同性的, 其本构泛函为各向同性张量函数 (见 1.21 节的定义); 否则如果材料是具有某种对称性的各向异性材料, 其本构泛函只对部分正交变换保持形式不变, 这种张量函数不同于各向同性函数表示定理的形式。本节只涉及各向同性材料和各向同性函数。

许多材料是各向同性的。1.21 节中讨论的各向同性张量函数的表示定理, 给出了一些各向同性函数的一般结构形式, 可为建立各向同性材料本构方程提供有用的数学工具。

1.21 节中定理 1~4 给出一部分各向同性标量值张量函数的表示定理, 其自变量分别为多个向量, 一个对称二阶张量, 两个对称二阶张量及一个对称二阶张量与一个向量的组合, 并给出各自基元的集合。

需要说明的是集合中的每个基元均不能由集合内的其他基元表示, 即集合不可约, 如果集合之外的自变量都可以由基元的组合来表示, 则称为集合是完备的。表示定理要求基元的集合必须是完备不可约的。

标量值各向同性张量函数的表示定理可以用于构造各向同性材料自由能和耗散势的表达式。例如, 不考虑热载荷时, 橡胶等超弹性材料的自由能 (应变能) 是 Green 变形张量的各向同性函数, 由 1.21 节定理 2 得到

$$\psi = \psi(\,\mathrm{I}_C, \mathrm{II}_C, \mathrm{III}_C) \tag{5.118}$$

式中, $\mathrm{I}_C, \mathrm{II}_C, \mathrm{III}_C$ 是 Green 变形张量的第 1、2、3 不变量。

1.21 节定理 5~7 给出一部分各向同性对称二阶张量值张量函数的表示定理, 自变量为一个或两个对称二阶张量。

定理 5(式 (1.162)) 中 $\boldsymbol{I}, \boldsymbol{B}, \boldsymbol{B}^2$ 是各向同性对称二阶张量值函数 $\boldsymbol{T}(\boldsymbol{B})$ 的基元集合, 利用 Calay-Hamilton 定理, $\boldsymbol{B}$ 的高次幂可以用上述三个元素表示, 所以该集合是完备不可约的, Cauchy 弹性体和 Stokes 流体的应力张量函数只依赖一个对称二阶张量, 即变形张量或变形率张量, 所以本构方程的一般形式为式 (1.162)(或式 (1.163))。

定理 7(式 (1.164)) 中的完备不可约二阶张量基元集合是

$$\boldsymbol{I}, \ \boldsymbol{B}, \ \boldsymbol{C}, \ \boldsymbol{B}^2, \ \boldsymbol{C}^2, \ \boldsymbol{B} \cdot \boldsymbol{C} + \boldsymbol{C} \cdot \boldsymbol{B}, \ \boldsymbol{B}^2 \cdot \boldsymbol{C} + \boldsymbol{C} \cdot \boldsymbol{B}^2,$$
$$\boldsymbol{B} \cdot \boldsymbol{C}^2 + \boldsymbol{C}^2 \cdot \boldsymbol{B}, \ \boldsymbol{B}^2 \cdot \boldsymbol{C}^2 + \boldsymbol{C}^2 \cdot \boldsymbol{B}^2$$

该定理可以用于表示二阶 Rivlin-Ericksen 流体 (见式 (5.79a), $n = 2$)。

关于完备不可约基元集合的理论和更多例子可参阅参考文献 [4], [12]。

➤ 5.7.4　内部约束条件的应用

有些材料的变形受到来自材料本身的限制, 例如在一定条件下的流体和橡胶等材料的体积变形很小, 可以认为是不可压缩的, 软基体、强纤维增强材料在纤维方向有时可以近似认为是不可伸长的, 等等。这种约束称为内部约束, 可以用一个或几个方程表示, 即内部约束条件, 例如:

$$\boldsymbol{C} - \boldsymbol{I} = 0 \tag{5.119}$$

表示物体不可变形，是刚体的内部约束条件；而

$$\det \boldsymbol{C} - 1 = 0 \tag{5.120}$$

表示体积变形为零，是物质不可压缩条件，等等。

下面假设内部约束为一个标量方程：

$$g(\boldsymbol{F}) = 0 \tag{5.121}$$

式中，$\boldsymbol{F}$ 是变形梯度历史 $\boldsymbol{F} = \boldsymbol{F}(\tau)$, $\tau \leqslant t$。根据客观性条件，有

$$g(\boldsymbol{F}) = g(\boldsymbol{Q} \cdot \boldsymbol{F})$$

$\boldsymbol{Q}$ 为任意正交张量，取 $\boldsymbol{Q} = \boldsymbol{R}^{-1}$，由极分解定理 $\boldsymbol{R}^{-1}\boldsymbol{F} = \boldsymbol{U} = \boldsymbol{C}^{\frac{1}{2}}$，所以式 (5.121) 可表示为

$$g_0(\boldsymbol{C}) = 0 \tag{5.122}$$

式中，$\boldsymbol{C} = \boldsymbol{C}(\tau)$ 是 Green 变形张量的历史。对式 (5.121)、式 (5.122) 取物质导数，得到

$$\dot{g}(\boldsymbol{F}) = \frac{\partial g}{\partial \boldsymbol{F}} : \dot{\boldsymbol{F}} = \frac{\partial g}{\partial \boldsymbol{F}} : (\boldsymbol{L} \cdot \boldsymbol{F}) = \left(\frac{\partial g}{\partial \boldsymbol{F}} \cdot \boldsymbol{F}^{\mathrm{T}}\right) : \boldsymbol{L} = 0 \tag{5.123a}$$

或

$$\dot{g}(\boldsymbol{F}) = \frac{\partial g}{\partial \boldsymbol{F}} : \dot{\boldsymbol{F}} = \left(\frac{\partial g}{\partial \boldsymbol{F}}\right)^{\mathrm{T}} : \boldsymbol{\nabla}_X \boldsymbol{v} = 0 \tag{5.123b}$$

和

$$\dot{g}_0(\boldsymbol{C}) = \frac{\partial g_0}{\partial \boldsymbol{C}} : \dot{\boldsymbol{C}} = 2\frac{\partial g_0}{\partial \boldsymbol{C}} : \dot{\boldsymbol{E}} = 0 \tag{5.123c}$$

将内部约束条件式 (5.123a,b,c) 通过 Lagrange 乘子 λ 分别引入能量守恒方程式 (4.39)、式 (4.41)、式 (4.43)，注意到 $\boldsymbol{t} : \boldsymbol{d} = \boldsymbol{t} : \boldsymbol{L}$，得

$$\rho\dot{e} + \lambda\dot{g}(\boldsymbol{F}) - \boldsymbol{t} : \boldsymbol{L} = 0 \tag{5.124a}$$

$$\rho_0\dot{e} + \lambda\dot{g}(\boldsymbol{F}) - \boldsymbol{\tau} : (\boldsymbol{\nabla}_X \boldsymbol{v}) = 0 \tag{5.124b}$$

$$\rho_0\dot{e} - \lambda\dot{g}_0(\boldsymbol{C}) - \boldsymbol{T} : \dot{\boldsymbol{E}} = 0 \tag{5.124c}$$

利用式 (5.123a,b,c)，得到

$$\boldsymbol{t} = \boldsymbol{t}_0 + \lambda\frac{\partial g}{\partial \boldsymbol{F}} \cdot \boldsymbol{F}^{\mathrm{T}}; \quad \boldsymbol{\tau} = \boldsymbol{\tau}_0 + \lambda\left(\frac{\partial g}{\partial \boldsymbol{F}}\right)^{\mathrm{T}}; \quad \boldsymbol{T} = \boldsymbol{T}_0 + \lambda\frac{\partial g_0}{\partial \boldsymbol{C}} \tag{5.125}$$

式中，$\boldsymbol{t}_0, \boldsymbol{\tau}_0, \boldsymbol{T}_0$ 是无内部约束时的 Cauchy 应力张量、第一和二类 Poila-Kirchhoff 应力张量；λ 是待定系数。

[例 5.6]   不可压缩物质的本构关系。

由式 (2.62) 和式 (2.61)，不可压缩条件可表为 $J = 1$，$I_{3C} = \det \boldsymbol{C} = 1$ 或 $\det \boldsymbol{F} = \sqrt{\det(G_{KL})/\det(g_{kl})}$，所以

$$g(\boldsymbol{F}) = \det \boldsymbol{F} - \sqrt{\det(G_{KL})/\det(g_{kl})} = 0 \tag{5.126}$$

$$g_0(\boldsymbol{C}) = \det \boldsymbol{C} - 1 = 0 \tag{5.127}$$

利用式 (1.173d)，有

$$\frac{\partial g}{\partial \boldsymbol{F}} = (\det \boldsymbol{F}) \boldsymbol{F}^{-\mathrm{T}} = \sqrt{\det(G_{KL})/\det(g_{kl})} \boldsymbol{F}^{-\mathrm{T}} \tag{5.128}$$

$$\frac{\partial g_0}{\partial \boldsymbol{C}} = (\det \boldsymbol{C}) \boldsymbol{C}^{-\mathrm{T}} = \boldsymbol{C}^{-\mathrm{T}} = \boldsymbol{C}^{-1} \tag{5.129}$$

将式 (5.128)、式 (5.129) 分别代入式 (5.125)，得到

$$\boldsymbol{t} = -p\boldsymbol{I} + \boldsymbol{t}_0 \tag{5.130a}$$

$$\tau = -p\boldsymbol{F}^{-1} + \tau_0 \tag{5.130b}$$

$$\boldsymbol{T} = -p\boldsymbol{C}^{-1} + \boldsymbol{T}_0 = -p\boldsymbol{F}^{-1} \cdot \boldsymbol{F}^{-\mathrm{T}} + \boldsymbol{T}_0 \tag{5.130c}$$

式中，p 是静水压力。利用应力张量间的转换关系式 (3.31) 和式 (3.32)，由上式中的任何一式不难推导出另外两式。

〜〜〜〜〜〜〜〜〜〜〜〜〜〜〜〜〜〜〜〜〜〜〜〜〜〜〜〜〜

习   题

5-1   试说明本构公理的含义及其在建立本构方程中的应用，简述如何根据本构公理导出等温情况下简单物质的一般本构方程中应力响应泛函的形式

$$\boldsymbol{t}(\boldsymbol{X}, t) = \boldsymbol{f}(\boldsymbol{F}(\boldsymbol{X}, \tau), \boldsymbol{X}) \quad \text{(即式 (5.22))}$$

5-2   说明物理量及物理关系的客观性定义，试由本构方程 $\boldsymbol{t}(\boldsymbol{X}, t) = \boldsymbol{f}(\boldsymbol{F}(\boldsymbol{X}, \tau), \boldsymbol{X})$，利用客观性要求，证明 Cauchy 应力张量与当前的转动有关，与转动历史无关。

5-3   试证明 Euler 描述法的单位体积的质量 (质量密度)ρ 和单位质量的内能 (内能密度)e 与 Euler 标架的刚性运动无关，即具有客观性。

5-4   若 $\boldsymbol{a}$ 为任意客观二阶张量，$\{\overline{x}\}$ 是相对 $\{x\}$ 作刚性转动的 Euler 标架，$\overline{\boldsymbol{x}} = \boldsymbol{Q}(t) \cdot \boldsymbol{x}$，在 x 和 $\overline{x}$ 坐标系中张量 $\boldsymbol{a}$ 的散度为 $\nabla_x \cdot \boldsymbol{a}$ 和 $\nabla_{\overline{x}} \cdot \overline{\boldsymbol{a}}$。试证明 $\nabla_{\overline{x}} \cdot \overline{\boldsymbol{a}} = \boldsymbol{Q} \cdot (\nabla_x \cdot \boldsymbol{a})$，即客观二阶张量的散度是客观的。

5-5　若一种物质具有弹性和黏性特性，本构关系为 $t = f\left(F(t), \dot{F}(t)\right)$，$t$ 为 Cauchy 应力，F 是当前的变形梯度。试利用客观性条件证明，上式可以表为 $t = R \cdot f\left(U(t), \dot{U}(t)\right) \cdot R^{\mathrm{T}}$，$U, R$ 是右伸长张量和转动张量。

提示：在以 $Q = R^{\mathrm{T}}$ 刚性转动标架中，本构方程形式不变。

5-6　线弹性体的本构关系为 $T = \Sigma : E$，Σ 为四阶弹性张量。若 Q 是材料对称群中的元素，参考标架 $\{X'\}$ 与 $\{X\}$ 的变换为 $X' = Q \cdot X$，证明在两个参考标架中本构关系保持相同形式 (即 $T' = \Sigma : E'$) 的条件 (对称性条件) 是 $\Sigma^{i'j'k'l'} = Q_i^{i'} Q_j^{j'} Q_k^{k'} Q_l^{l'} \Sigma^{ijkl}$。

5-7　T, F, d 是第二类 P-K 应力、变形梯度和变形率张量，试用并矢记法证明下列关系

$$T : (F^{\mathrm{T}} \cdot d \cdot F) = (F \cdot T \cdot F^{\mathrm{T}}) : d$$

并利用上式证明变形功率等式：$Jt : d = T : \dot{E}$。其中 J、t、E 分别为体积比、Cauchy 应力张量和 Green 应变张量。

第6章　弹性和塑性

- -

本章提要:

　　前面我们介绍了数学工具张量分析 (第 1 章) 和连续介质力学的一般理论 (第 2 章 ∼ 第 5 章)。从本章起转向一般理论在实际物质模型中的应用,主要包括弹塑性力学 (第 6 章),黏弹性力学 (第 7 章) 和流体力学概述 (第 8 章)。讨论的重点是基本假设、基本方程、部分求解方法和典型结果,目的是从连续介质力学一般理论出发,简要了解各应用力学分支的理论系统、概念和若干基本内容,更详细更全面的阐述可参阅相关的专著或教材。

　　本章介绍材料和结构在不同变形简化假设下的弹性理论和小变形下的塑性理论,这些内容作为固体力学的主要部分,在工程中均得到了广泛应用。

- -

6.1　线弹性、几何线性 (经典线性)

➤ 6.1.1　线性弹性体

　　实验表明,在足够小的变形下,弹性固体的应力张量与应变张量满足线性关系,这样的弹性固体称为线性弹性体。如果不考虑热载荷,在等温情况下,假设存在单位体积应变能

$$\Sigma = \rho_0 W = \rho_0 e \tag{6.1}$$

式中,W, e 是单位质量的应变能和内能。由热力学第二定律,可以得到 (参阅 6.4.2 小节)

$$T = \frac{\partial \Sigma}{\partial E} \tag{6.2}$$

单位体积变形能 Σ 是 Lagrange 应变张量 E 的函数。将 Σ 展成 E 的 Taylor 级数:

$$\Sigma = \Sigma_0 + \Sigma^{KL} E_{KL} + \frac{1}{2} \Sigma^{KLMN} E_{KL} E_{MN} + \cdots \tag{6.3}$$

式中,Σ_0 是标量;系数 Σ^{KL} 是二阶张量;Σ^{KLMN} 是四阶张量。

　　若 E_{KL} 足够小,式 (6.3) 可以只保留到 E_{KL} 的二次项:

$$\Sigma \approx \Sigma_0 + \Sigma^{KL} E_{KL} + \frac{1}{2} \Sigma^{KLMN} E_{KL} E_{MN} \tag{6.4}$$

式 (6.4) 代入式 (6.2)，得到

$$T^{KL} = \Sigma^{KL} + \frac{1}{2}\left(\Sigma^{KLMN} + \Sigma^{MNKL}\right) E_{MN} \tag{6.5}$$

在式 (6.3) 中，利用 E_{KL} 的对称性和第二项关于 E_{KL}, E_{MN} 是对称的，所以有下列对称性：

$$\Sigma^{KL} = \Sigma^{LK}$$

$$\Sigma^{KLMN} = \Sigma^{MNKL} = \Sigma^{LKMN} = \Sigma^{KLNM} \quad \text{(Voigt对称性)} \tag{6.6}$$

如果 $E_{KL} = 0$ 时，$T^{KL} = \Sigma^{KL} = 0$(无初始应力)，注意到式 (6.6)，得到

$$T^{KL} = \Sigma^{KLMN} E_{MN} \quad \text{或} \quad \boldsymbol{T} = \boldsymbol{\Sigma} : \boldsymbol{E} \tag{6.7}$$

式 (6.7) 就是线性弹性体的本构方程 (Lagrange 描述法)，$\boldsymbol{\Sigma}$ 称为弹性张量，或弹性刚度张量。

Σ^{KLMN} 是四阶张量 $\boldsymbol{\Sigma}$ 的逆变分量，有 81 个分量，将指标组合 KL 和 MN 按 (11、22、33、23、32、31、13、12、21) 排列，可用 9×9 矩阵表示。由于 Σ^{KLMN} 关于 K 和 L 及 M 和 N 对称，其独立分量的指标 KL 和 MN 可按 (11、22、33、23、31、12) 排列，即 Σ^{KLMN} 可以用 6×6 矩阵表示，又由于 Σ^{KLMN} 关于 KL 和 MN 对称，所以该矩阵是对称的，因此 Σ^{KLMN} 只有 21 个独立分量。在应用中式 (6.7) 常使用矩阵形式表示：

$$\{T^{KL}\} = [\Sigma^{KLMN}] \{E_{MN}\} \tag{6.8}$$

$$\{T^{KL}\} = [T^{11}, T^{22}, T^{33}, T^{23}, T^{13}, T^{12}]^{\mathrm{T}}$$
$$\{E_{MN}\} = [E_{11}, E_{22}, E_{33}, 2E_{23}, 2E_{13}, 2E_{12}]^{\mathrm{T}}$$

$$[\Sigma^{KLMN}] = \begin{bmatrix} \Sigma^{1111} & \Sigma^{1122} & \Sigma^{1133} & \Sigma^{1123} & \Sigma^{1113} & \Sigma^{1112} \\ & \Sigma^{2222} & \Sigma^{2233} & \Sigma^{2223} & \Sigma^{2213} & \Sigma^{2212} \\ & & \Sigma^{3333} & \Sigma^{3323} & \Sigma^{3313} & \Sigma^{3312} \\ & & & \Sigma^{2323} & \Sigma^{2313} & \Sigma^{2312} \\ & \text{Sym} & & & \Sigma^{1313} & \Sigma^{1312} \\ & & & & & \Sigma^{1212} \end{bmatrix} \tag{6.8a}$$

应变能 (或称为弹性势) 的表达式为：

$$\Sigma = \frac{1}{2}\Sigma^{KLMN} E_{KL} E_{MN} = \frac{1}{2}T^{MN} E_{MN} \quad \text{或} \quad \Sigma = \frac{1}{2}\boldsymbol{E} : \boldsymbol{\Sigma} : \boldsymbol{E} = \frac{1}{2}\boldsymbol{T} : \boldsymbol{E} \tag{6.9}$$

下面基于式 (6.8a) 讨论线弹性体的物质对称性。考虑以下几种特殊情况，均采用直角坐标系表示。

6.1.1.1 有一个对称面

假设直角标架 $\{X_K\}$ 和 $\{X'_K\}$ 以平面 $X_3 = 0$ 为反射面, 且为物质对称面, 变换为

$$X'_K = Q^L_K X_L; \quad [Q^L_K] = \begin{bmatrix} 1 & 0 & 0 \\ 0 & 1 & 0 \\ 0 & 0 & -1 \end{bmatrix} \tag{6.10}$$

张量 Σ 的变换关系为

$$\Sigma'^{KLMN} = Q^K_P Q^L_Q Q^M_R Q^P_S \Sigma^{PQRS}$$

由于对称性, 在 X_K 和 X'_K 中弹性常数相同, 即 $\Sigma'^{KLMN} = \Sigma^{KLMN}$, 所以有

$$\Sigma^{KLMN} = Q^K_P Q^L_Q Q^M_R Q^N_S \Sigma^{PQRS} \tag{6.11}$$

式 (6.11) 为 81 个等式, 将式 (6.10) 代入可知, 当指标 K、L、M、N 中有奇数个 3 时的等式为 $\Sigma^{KLMN} = -\Sigma^{KLMN}$, 所以该分量为 0, 故

$$[\Sigma^{KLMN}] = \begin{bmatrix} \Sigma^{1111} & \Sigma^{1122} & \Sigma^{1133} & 0 & 0 & \Sigma^{1112} \\ & \Sigma^{2222} & \Sigma^{2233} & 0 & 0 & \Sigma^{2212} \\ & & \Sigma^{3333} & 0 & 0 & \Sigma^{3312} \\ & & & \Sigma^{2323} & \Sigma^{2313} & 0 \\ & \text{Sym} & & & \Sigma^{1313} & 0 \\ & & & & & \Sigma^{1212} \end{bmatrix} \tag{6.12}$$

独立的弹性常数为 13 个。

6.1.1.2 有两个正交对称面 (正交各向异性物质)

若 $X_3 = 0, X_1 = 0$ 为两个正交的物质对称平面, 在下列变换中, 式 (6.11) 成立

$$X'_1 = X_1; \quad X'_2 = X_2; \quad X'_3 = -X_3$$

$$X'_1 = -X_1; \quad X'_2 = X_2; \quad X'_3 = X_3$$

那么式 (6.12) 中含有奇数个指标 1 或 3 的分量应为零, 所以

$$[\Sigma^{KLMN}] = \begin{bmatrix} \Sigma^{1111} & \Sigma^{1122} & \Sigma^{1133} & 0 & 0 & 0 \\ & \Sigma^{2222} & \Sigma^{2233} & 0 & 0 & 0 \\ & & \Sigma^{3333} & 0 & 0 & 0 \\ & & & \Sigma^{2323} & 0 & 0 \\ & \text{Sym} & & & \Sigma^{1313} & 0 \\ & & & & & \Sigma^{1212} \end{bmatrix} \tag{6.13}$$

由上式可见，$X_2 = 0$ 也是物质对称面，即如果物质关于两个正交平面对称，必然有三个正交对称面，这时独立的弹性常数有 9 个，称为正交各向异性。

6.1.1.3 有一个对称轴 (横观各向同性物质)

如果物质关于一个旋转轴对称，那么过该轴的所有平面都是对称面，所以它是更特殊的正交各向异性物质。若取 X_3 轴为物质的对称轴，X'_K 为绕 X_3 轴沿逆时针旋转 α 角的任一直角坐标系，与 X_K 的转换关系为

$$X'_K = Q^L_K X_L; \quad [Q^L_K] = \begin{bmatrix} \cos\alpha & -\sin\alpha & 0 \\ \sin\alpha & \cos\alpha & 0 \\ 0 & 0 & 1 \end{bmatrix} (K\text{为行号}, L\text{为列号}) \tag{6.14}$$

将式 (6.14) 代入式 (6.11)，利用式 (6.13)，得到

$$\left. \begin{aligned} \Sigma^{1111} &= \Sigma^{1111}\cos^4\alpha + \Sigma^{2222}\sin^4\alpha + 4\Sigma^{1212}\cos^2\alpha\sin^2\alpha + 2\Sigma^{1122}\cos^2\alpha\sin^2\alpha \\ \Sigma^{2222} &= \Sigma^{1111}\sin^4\alpha + \Sigma^{2222}\cos^4\alpha + 4\Sigma^{1212}\cos^2\alpha\sin^2\alpha + 2\Sigma^{1122}\cos^2\alpha\sin^2\alpha \\ \Sigma^{1212} &= \Sigma^{1111}\sin^2\alpha\cos^2\alpha + \Sigma^{2222}\cos^2\alpha\sin^2\alpha + \Sigma^{1212}\left(\cos^2\alpha - \sin^2\alpha\right)^2 - \\ &\quad 2\Sigma^{1122}\cos^2\alpha\sin^2\alpha \\ \Sigma^{1122} &= \Sigma^{1111}\sin^2\alpha\cos^2\alpha + \Sigma^{2222}\cos^2\alpha\sin^2\alpha - \\ &\quad 4\Sigma^{1212}\cos^2\alpha\sin^2\alpha + \Sigma^{1122}(\cos^4\alpha + \sin^4\alpha) \\ \Sigma^{1133} &= \Sigma^{1133}\cos^2\alpha + \Sigma^{2233}\sin^2\alpha \\ \Sigma^{2233} &= \Sigma^{1133}\sin^2\alpha + \Sigma^{2233}\cos^2\alpha \\ \Sigma^{1313} &= \Sigma^{1313}\cos^2\alpha + \Sigma^{2323}\sin^2\alpha \\ \Sigma^{2323} &= \Sigma^{1313}\sin^2\alpha + \Sigma^{2323}\cos^2\alpha \end{aligned} \right\} \tag{6.14a}$$

以上各式对任何 α 均成立，不难验证下列等式

$$\Sigma^{1111} = \Sigma^{2222}; \quad \Sigma^{1133} = \Sigma^{2233}; \quad \Sigma^{1313} = \Sigma^{2323}; \quad \Sigma^{1212} = \frac{1}{2}(\Sigma^{1111} - \Sigma^{1122}) \tag{6.15}$$

将上式代入式 (6.13)，得到

$$[\Sigma^{KLMN}] = \begin{bmatrix} \Sigma^{1111} & \Sigma^{1122} & \Sigma^{1133} & 0 & 0 & 0 \\ & \Sigma^{1111} & \Sigma^{1133} & 0 & 0 & 0 \\ & & \Sigma^{3333} & 0 & 0 & 0 \\ & & & \Sigma^{1313} & 0 & 0 \\ & \text{Sym} & & & \Sigma^{1313} & 0 \\ & & & & & \frac{1}{2}(\Sigma^{1111} - \Sigma^{1122}) \end{bmatrix} \tag{6.16}$$

所以，具有一个对称轴的线弹性物质，有 5 个独立的弹性常数。

6.1.1.4　各向同性弹性物质

如果弹性张量 Σ 在一切正交变换中保持形式不变，即式 (6.11) 对于任何正交变换均成立，则线弹性物质是各向同性的。

首先考虑线弹性体有两个垂直对称轴的情况，例如 X_2 和 X_3 轴，将前面对 X_3 轴的分析方法再用于 X_2 轴，可以得到与式 (6.15) 类似的等式，只需将指标 2、3 互换。所以有

$$\left.\begin{array}{l} \Sigma^{1111} = \Sigma^{2222} = \Sigma^{3333}; \quad \Sigma^{1122} = \Sigma^{1133} \equiv \lambda \\ \Sigma^{1313} = \dfrac{1}{2}\left(\Sigma^{1111} - \Sigma^{1133}\right) = \Sigma^{1212} \equiv \mu \end{array}\right\} \tag{6.17}$$

式中，λ 和 μ 即是弹性力学中的 Lamé参数。弹性常数矩阵为

$$\left[\Sigma^{KLMN}\right] = \begin{bmatrix} \lambda + 2\mu & \lambda & \lambda & 0 & 0 & 0 \\ & \lambda + 2\mu & \lambda & 0 & 0 & 0 \\ & & \lambda + 2\mu & 0 & 0 & 0 \\ & & & \mu & 0 & 0 \\ & \text{Sym} & & & \mu & 0 \\ & & & & & \mu \end{bmatrix} \tag{6.18}$$

容易验证，矩阵式 (6.18) 给出的张量分量可以写成如下表达式

$$\Sigma^{KLMN} = \lambda\delta^{KL}\delta^{MN} + \mu\left(\delta^{KM}\delta^{LN} + \delta^{KN}\delta^{LM}\right) \tag{6.19}$$

式中，δ^{KL} 是 Kronecker 符号。在一般曲线坐标中，弹性常数表达式可以直接从上式得到

$$\Sigma^{KLMN} = \lambda G^{KL}G^{MN} + \mu\left(G^{KM}G^{LN} + G^{KN}G^{LM}\right) \tag{6.20}$$

式中只有两个独立的弹性常数。除 λ 和 μ 之外，也常常用另外两个弹性常数：杨氏模量 E 和泊松比 ν，两组参数的关系为

$$\lambda = \frac{E\nu}{(1+\nu)(1-2\nu)}, \quad \mu = \frac{E}{2(1+\nu)}, \quad E = \frac{\mu(3\lambda + 2\mu)}{\lambda + \mu}, \quad \nu = \frac{\lambda}{2(\lambda + \mu)} \tag{6.21}$$

μ 也称为剪切弹性模量 (常用记号 G 表示)。

将式 (6.20) 中指标 K, L, M, N 分别改为 P, Q, R, S，代入式 (6.11)，注意到正交张量满足 $\boldsymbol{Q} \cdot \boldsymbol{Q}^{\mathrm{T}} = \boldsymbol{I}$，容易验证式 (6.11) 对任何正交变换成立，即式 (6.20) 表示的弹性张量在一切正交变换中保持不变，所以有两个垂直对称轴的线弹性体是各向同性物质，任意平面和轴线均为材料的对称面和对称轴。

将式 (6.20) 代入式 (6.7)，有

$$T^{KL} = \mu\left(G^{KM}G^{LN} + G^{KN}G^{LM} + \frac{2\nu}{1-2\nu}G^{KL}G^{MN}\right)E_{MN} \tag{6.22}$$

或

$$T^{KL} = \lambda G^{KL} E_M^M + 2\mu E^{KL} \quad 或 \quad \boldsymbol{T} = \lambda \left(\mathrm{tr} \boldsymbol{E} \right) \boldsymbol{I} + 2\mu \boldsymbol{E} \tag{6.22a}$$

上式就是广义虎克定律。对上式两端取迹，得 $\mathrm{tr} \boldsymbol{T} = 3\lambda \mathrm{tr} \boldsymbol{E} + 2\mu \mathrm{tr} \boldsymbol{E}$，所以

$$\mathrm{tr} \boldsymbol{E} = \mathrm{tr} \boldsymbol{T} / \left(3\lambda + 2\mu \right) \quad 或 \quad \sigma = 3ke \tag{6.23}$$

式中，σ 为平均应力，$\sigma = T_K^K / 3$；e 在小变形时为体积变形，$e = E_K^K$；k 称为体积模量，$k = \dfrac{1}{3} \left(3\lambda + 2\mu \right) = \dfrac{E}{3 \left(1 - 2\nu \right)}$。故式 (6.22a) 也可写成：

$$\boldsymbol{T} = k \left(\mathrm{tr} \boldsymbol{E} \right) \boldsymbol{I} + 2\mu \boldsymbol{E}' \tag{6.22b}$$

式中，$\boldsymbol{E}'$ 为偏应变。将式 (6.23) 代入式 (6.22a)，得到用应力表示应变的本构关系：

$$\boldsymbol{E} = \frac{1}{E} \left[\left(1 + \nu \right) \boldsymbol{T} - \nu \left(\mathrm{tr} \boldsymbol{T} \right) \boldsymbol{I} \right] \tag{6.24}$$

或

$$\boldsymbol{E} = \boldsymbol{\Sigma}^{-1} : \boldsymbol{T} \tag{6.24a}$$

式中，$\boldsymbol{\Sigma}^{-1}$ 称为弹性柔度张量，分量为

$$\Sigma_{KLMN}^{-1} = \frac{1}{E} \left[\frac{1 + \nu}{2} \left(G_{KM} G_{LN} + G_{KN} G_{LM} \right) - \nu G_{KL} G_{MN} \right] \tag{6.24b}$$

➤ 6.1.2　线弹性力学基本方程和解法

6.1.2.1　基本关系

许多工程问题符合经典线性条件，即小应变、小转动，且转角与应变同量级（见 2.9 节），此时应变位移关系和动量方程可以线性化，变形对动量方程的影响可以略去，Cauchy 应力张量和第一、第二类 Piola-Kirchhoff 应力张量退化为同一张量，即 $\boldsymbol{T} = \boldsymbol{\tau} = \boldsymbol{\sigma}$（见 3.6 节），物质描述法与空间描述已没有区别。这种情况称为线弹性力学问题，基本方程为

$$E_{KL} = \frac{1}{2} \left(U_{L;K} + U_{K;L} \right) \quad 或 \quad \boldsymbol{E} = \frac{1}{2} \left(\boldsymbol{\nabla} \boldsymbol{u} + \boldsymbol{u} \boldsymbol{\nabla} \right) \tag{6.25a}$$

$$T^{KL}_{;K} + \rho_0 \left(f^L - a^L \right) = 0 \quad 或 \quad \boldsymbol{\nabla} \cdot \boldsymbol{T} + \rho_0 \left(\boldsymbol{f} - \boldsymbol{a} \right) = 0 \tag{6.25b}$$

$$T^{KL} = \Sigma^{KLMN} E_{MN} \quad 或 \quad \boldsymbol{T} = \boldsymbol{\Sigma} : \boldsymbol{E} \tag{6.25c}$$

坐标系 $\{X^K\}$ 是惯性参考系。$\boldsymbol{a} = \dfrac{\partial^2 \boldsymbol{u}}{\partial t^2}$ 是加速度，$\boldsymbol{a} = 0$ 和 $\neq 0$ 为线弹性静力学和动力学。

边界条件为

$$U^K \left(\boldsymbol{X}, t \right) = \bar{U}^K \left(\boldsymbol{X}, t \right) \quad 或 \quad \boldsymbol{u} = \bar{\boldsymbol{u}} \quad \boldsymbol{X} \in S_u \tag{6.26a}$$

$$T^{KL}(\boldsymbol{X}, t) N_L(\boldsymbol{X}) = \bar{t}^K_{(N)}(\boldsymbol{X}) \quad \text{或} \quad \boldsymbol{T} \cdot \boldsymbol{N} = \bar{\boldsymbol{t}}_{(N)} \quad \boldsymbol{X} \in S_\sigma \tag{6.26b}$$

式中，S_u 和 S_σ 为已知位移和已知表面力的边界；$\bar{\boldsymbol{u}}$ 和 $\bar{\boldsymbol{t}}_{(N)}$ 是给定的位移和单位面积上的表面力；$\boldsymbol{N}$ 是表面单位外法线向量。

初始条件为

$$\boldsymbol{u}(\boldsymbol{X}, 0) = \boldsymbol{u}_0(\boldsymbol{X}) \,(\text{初始位移}), \frac{\partial \boldsymbol{u}(\boldsymbol{X}, 0)}{\partial t} = v_0(\boldsymbol{X}) \,(\text{初始速度}) \tag{6.27}$$

可以证明线弹性静力学问题的解存在而且唯一，正比于外载荷。在接触问题中，由于接触边界依赖于变形，随载荷变化，所以尽管方程式 (6.25) 是线性的，但接触边界条件可引起解的非线性。线弹性力学问题的经典解法，分为位移法和力法两类。

6.1.2.2 位移法

将 $\boldsymbol{E}$ 代入本构方程，有

$$T^{KL} = \frac{1}{2} \Sigma^{KLMN} (U_{N;M} + U_{M;N}) = \Sigma^{KLMN} U_{M;N}$$

上式代入平衡方程，若材料是均匀的，得到位移表示的平衡方程：

$$\Sigma^{KLMN} U_{M;NK} + \rho_0 \left(f^L - \frac{\partial^2 U^L}{\partial t^2} \right) = 0 \tag{6.28}$$

若材料是各向同性的，将式 (6.20) 代入上式，可得

$$(\lambda + \mu) U^M{}_{;M}{}^L + \mu U^L{}_{;M}{}^M + \rho_0 \left(f^L - \frac{\partial^2 U^L}{\partial t^2} \right) = 0 \tag{6.29}$$

或

$$(\lambda + \mu) \boldsymbol{\nabla} \boldsymbol{\nabla} \cdot \boldsymbol{u} + \mu \boldsymbol{\nabla} \cdot \boldsymbol{\nabla} \boldsymbol{u} + \rho_0 \left(\boldsymbol{f} - \frac{\partial^2 \boldsymbol{u}}{\partial t^2} \right) = \boldsymbol{0} \tag{6.29a}$$

式 (6.29) 称为 Navier-Cauchy 方程。

将式 (6.22a) 和式 (6.25a) 代入式 (6.26b)，用位移表示的力边界条件为

$$\lambda N^K U^M{}_{;M} + \mu \left(U^K{}_{;L} + U_{L;}{}^K \right) N^L = \bar{t}^K_{(N)} \tag{6.30}$$

以位移为未知量求解方程式 (6.29) 和边界条件式 (6.26a)、式 (6.30) 的方法，称为位移解法。

6.1.2.3 力法

由应变 $\boldsymbol{E}$ 求位移 U 时，要求应变 - 位移关系可积，所以 $\boldsymbol{E}$ 应该满足变形协调方程，在小应变条件下，略去 $\boldsymbol{E}$ 的高次项，得到 (见式 (2.101))

$$E_{IL;JK} + E_{JK;IL} - E_{IK;JL} - E_{JL;IK} = 0 \tag{6.31}$$

式 (6.31) 中大部分方程是自动满足的, 有效方程只有 6 个, 对 JK 缩并, 不减少有效方程数, 所以式 (6.31) 可以替代为

$$E_{IL;K}{}^{K} + E_{K;IL}^{K} - E_{IK;}{}^{K}{}_{L} - E_{L;IK}^{K} = 0 \tag{6.32}$$

将式 (6.24) 代入上式, 经过整理, 可得 (见参考文献 [18])

$$(1+\nu)T_{IL;K}{}^{K} - \nu T_{M;K}^{M}{}^{K}G_{IL} + T_{K;IL}^{K} - (1+\nu)T_{IK;L}{}^{K} - (1+\nu)T_{L;IK}^{K} = 0$$

假如 $\boldsymbol{a} = \boldsymbol{0}$, 利用平衡方程表示后两项, 有

$$T_{IL;K}{}^{K} - \frac{\nu}{1+\nu}T_{M;K}^{M}{}^{K}G_{IL} + \frac{1}{1+\nu}T_{K;IL}^{K} + \rho_0\left(f_{I;L} + f_{L;I}\right) = 0 \tag{6.33}$$

将式 (6.33) 指标 I 上升, 再对 I, L 缩并, 可得

$$T_{I;K}^{I}{}^{K} = -\frac{1+\nu}{1-\nu}\rho_0 f^{I}_{;I}$$

将上式代入式 (6.33), 得到

$$T_{IL;K}{}^{K} + \frac{1}{1+\nu}T_{K;IL}^{K} + \frac{\nu}{1-\nu}\rho_0 f^{K}{}_{;K}G_{IL} + \rho_0\left(f_{I;L} + f_{L;I}\right) = 0 \tag{6.34}$$

或

$$\boldsymbol{\nabla}\cdot\boldsymbol{\nabla}\boldsymbol{T} + \frac{1}{1+\nu}\boldsymbol{\nabla}\boldsymbol{\nabla}\left(\mathrm{tr}\boldsymbol{T}\right) + \frac{\nu}{1-\nu}\rho_0\boldsymbol{\nabla}\cdot\boldsymbol{f}\boldsymbol{I} + \rho_0\left(\boldsymbol{\nabla}\boldsymbol{f} + \boldsymbol{f}\boldsymbol{\nabla}\right) = \boldsymbol{0} \tag{6.34a}$$

上式是应力张量表示的各向同性线弹性体变形协调方程, 也称为 Beltrami-Michell 方程。

满足方程式 (6.34) 的应力, 可以保证变形协调, 即利用虎克定律式 (6.25c) 求出应变张量之后, 可以通过变形 - 位移关系式 (6.25a) 的积分求出位移场。因此, 式 (6.34) 与平衡方程 (6.25b) 联立, 在只有力边界条件时, 可以求得线弹性静力问题的解, 这种方法称为力法。

需要指出, 由于位移边界条件不能用应力表示, 所以力法不能用于有位移边界条件的问题。在没有体力作用时, 力法便于引入应力函数求解, 不再赘述。

➤ 6.1.3 变分原理和近似解法

变分原理为线弹性力学基本方程提供了各种积分形式。本节只考虑线弹性静力学。

6.1.3.1 最小位能原理和虚功原理

引入弹性体的位能泛函:

$$P\left(\boldsymbol{u}\right) = \int_V \Sigma\left(\boldsymbol{u}\right)\mathrm{d}V - \int_V \rho_0\boldsymbol{f}\cdot\boldsymbol{u}\mathrm{d}V - \int_{S_\sigma}\bar{\boldsymbol{t}}_{(N)}\cdot\boldsymbol{u}\mathrm{d}A \tag{6.35}$$

式中，V 是弹性体的体积；$\boldsymbol{u}$ 满足位移边界条件并且足够光滑，称为几何可能位移；变形能 Σ 是 $\boldsymbol{E}$ 的恒正二次型 (式 (6.9))，$\boldsymbol{E} = \dfrac{1}{2}(\nabla \boldsymbol{u} + \boldsymbol{u}\nabla)$。假设体力和面力不随位移改变，均为有势力，上式等号右端第二项和第三项分别是体力和面力的势能。

最小位能原理指出，在一切几何可能位移 $\boldsymbol{u}^*$ 中，真实位移 $\boldsymbol{u}$ 使位能取得极小值，即

$$P(\boldsymbol{u}) \leqslant P(\boldsymbol{u}^*) \quad \text{或} \quad \Delta P = P(\boldsymbol{u}^*) - P(\boldsymbol{u}) \geqslant 0 \tag{6.36}$$

式中的等号仅当 $\boldsymbol{u}^* = \boldsymbol{u}$ 时成立。令

$$\boldsymbol{u}^* = \boldsymbol{u} + \delta\boldsymbol{u} \tag{6.37}$$

$\delta\boldsymbol{u}$ 是足够小的附加位移，$\delta\boldsymbol{u}|_{X \in S_u} = 0$。将式 (6.37) 代入式 (6.35)，对 $\delta\boldsymbol{u}$ 展开，可得

$$\Delta P = P(\boldsymbol{u}^*) - P(\boldsymbol{u}) = P_1(\boldsymbol{u}, \delta\boldsymbol{u}) + P_2(\delta\boldsymbol{u}) \tag{6.38}$$

其中，

$$P_1 = \delta P = \int_V \Sigma^{KLMN} E_{MN} \delta E_{KL} dV - \int_V \rho_0 f^L \delta U_L dV - \int_{S_\sigma} \bar{t}^L_{(N)} \delta U_L dA \tag{6.39}$$

$$P_2 = \delta^2 P = \int_V \frac{1}{2} \Sigma^{KLMN} \delta E_{KL} \delta E_{MN} dV \tag{6.40}$$

分别为泛函 P 的一次变分和二次变分。与函数的极小值问题类似，$P(\boldsymbol{u}) = \min$ 相当于

$$\delta P = 0 \tag{6.41a}$$

$$\delta^2 P \geqslant 0 \tag{6.41b}$$

式 (6.41b) 的等号仅当 $\delta\boldsymbol{u} = 0$ 时成立。最小位能原理可以证明如下：

将式 (6.25a) 和式 (6.25c) 代入式 (6.39)，利用分部积分和散度定理，有

$$
\begin{aligned}
P_1 &= \int_V T^{KL} \delta U_{L;K} dV - \int_V \rho_0 f^L \delta U_L dV - \int_{S_\sigma} \bar{t}^L_{(N)} \delta U_L dA \\
&= \int_{S_U + S_\sigma} T^{KL} N_K \delta U_L dA - \int_V \left(T^{KL}_{;K} + \rho_0 f^L\right) \delta U_L dV - \int_{S_\sigma} \bar{t}^L_{(N)} \delta U_L dA \\
&= -\int_V \left(T^{KL}_{;K} + \rho_0 f^L\right) \delta U_L dV + \int_{S_\sigma} \left(T^{KL} N_K - \bar{t}^L_{(N)}\right) \delta U_L dA
\end{aligned}
\tag{6.42}
$$

将平衡方程及力边界条件代入上式，故式 (6.41a) 对任何可能的 $\delta\boldsymbol{u}$ 成立。由于 Σ 是正定二次型，所以式 (6.41b) 成立。(证毕)

下面引入虚功原理。

将式 (6.25c) 代入式 (6.39)，式 (6.41a) 变为

$$
\left.
\begin{aligned}
\int_V \boldsymbol{T} : \delta\boldsymbol{E} dV - \int_V \rho_0 \boldsymbol{f} \cdot \delta\boldsymbol{u} dV - \int_{S_\sigma} \bar{\boldsymbol{t}}_{(N)} \delta\boldsymbol{u} dA = 0 \quad (\boldsymbol{a} = \boldsymbol{0}) \\
\int_V \boldsymbol{T} : \delta\boldsymbol{E} dV - \int_V \rho_0 (\boldsymbol{f} - \boldsymbol{a}) \cdot \delta\boldsymbol{u} dV - \int_{S_\sigma} \bar{\boldsymbol{t}}_{(N)} \delta\boldsymbol{u} dA = 0 \quad (\boldsymbol{a} \neq \boldsymbol{0})
\end{aligned}
\right\}
\tag{6.43}
$$

或

$$\int_V T^{KL}\delta E_{KL}dV - \int_V \rho_0(f^L - a^L)\delta U_L dV - \int_{S_\sigma} \bar{t}^L_{(N)}\delta U_L dA = 0 \qquad (6.43a)$$

式中，微小变化 δU_L，$\delta E_{KL} = (\delta U_{K;L} + \delta U_{L;K})/2$ 可以认为是虚位移和对应的虚应变，则第一项为应力的虚功，第二、三项为负的外力虚功，上式表明外力（包括惯性力）虚功等于与外力平衡的内力的虚功。式 (6.43) 称为虚功原理，或虚位移原理。

应该指出，式 (6.43) 虽然是在线弹性几何线性情况下引入的，但不仅适用于线弹性几何线性，也适用于线弹性几何非线性、非线性弹性几何非线性以及弹塑性几何非线性，原因是根据相应的（线性或非线性）几何关系可以推导出以上各种情况下的平衡方程，并不涉及本构关系（参见式 (6.67) 及其证明）。虚功原理等价于几何可能位移上构形的平衡条件，如果另外要求满足本构关系，则可满足全部控制方程，因此作为平衡方程的弱形式广泛用于各种近似方法。

用类似式 (6.42) 的推导，虚功原理亦可用不平衡力形式表示，即不平衡力的虚功等于 0，例如在静力、几何线性情况下，有

$$\int_V \left(T^{KL}_{;K} + \rho_0 f^L\right)\delta U_L dV - \int_{S_\sigma}\left(T^{KL}N_K - \bar{t}^L_{(N)}\right)\delta U_L dA = 0 \qquad (6.43b)$$

由于虚功原理不要求存在位能，因而比位能原理适用性更广。

6.1.3.2 最小余能原理

引入线弹性体的余能

$$P_C = \int_V \Sigma_C\left(\boldsymbol{T}\right)dV - \int_{S_u} \bar{\boldsymbol{u}}\cdot\boldsymbol{t}_{(N)}dA \qquad (6.44)$$

式中，$\Sigma_C = \boldsymbol{T}:\boldsymbol{E} - \Sigma$ 是余变形能；$\bar{\boldsymbol{u}}$ 是已知的边界位移；$\boldsymbol{t}_{(N)}$ 是法线为 $\boldsymbol{N}$ 的表面应力向量：

$$\boldsymbol{t}_{(N)} = \boldsymbol{T}\cdot\boldsymbol{N} \qquad (6.45)$$

线弹性体的余变形能是应力的恒正二次型：

$$\Sigma_C = \boldsymbol{T}:\boldsymbol{E} - \Sigma = \frac{1}{2}\Sigma^{-1}_{KLMN}T^{KL}T^{MN} \qquad (6.46)$$

式中，Σ^{-1}_{KLMN} 是弹性柔度张量，用于线弹性本构方程 (6.7) 的逆形式：

$$E_{KL} = \Sigma^{-1}_{KLMN}T^{MN} \quad 或 \quad \boldsymbol{E} = \boldsymbol{\Sigma}^{-1}:\boldsymbol{T} \qquad (6.47a)$$

对于各向同性材料，在直角坐标系中，由式 (6.24b) 有

$$\Sigma^{-1}_{KLMN} = \frac{1}{E}\left[\frac{1}{2}(1+\nu)(\delta_{KM}\delta_{LN} + \delta_{KN}\delta_{LM}) - \nu\delta_{KL}\delta_{MN}\right] \qquad (6.47b)$$

满足平衡方程和力边界条件的应力张量称为静力可能应力。最小余能原理指出，在一切静力可能应力 T^* 中，真实应力 T 使余能取得极小值，即

$$P_C(T) \leqslant P_C(T^*) \quad \text{或} \quad \Delta P_C = P_C(T^*) - P_C(T) \geqslant 0 \tag{6.48}$$

其中等号仅对 $T^* = T$ 成立。令 $T^* = T + \delta T$，变分 δT 是足够小的可能应力，$\delta T|_{X \in S_\sigma} = 0$。与最小位能原理的证明类似，将 T^* 代入式 (6.44)，对 δT 展开，则

$$\Delta P_C = P_{C1}(T^*, \delta T) + P_{C2}(\delta T) \tag{6.49}$$

其中，P_C 的一次和二次变分为

$$P_{C1} = \delta P_C = \int_V \Sigma^{-1}_{KLMN} T^{MN} \delta T^{KL} dV - \int_{S_u} \bar{U}_K \delta t^K_{(N)} dA \tag{6.50}$$

$$P_{C2} = \delta^2 P_C = \frac{1}{2} \int_V \Sigma^{-1}_{KLMN} \delta T^{KL} \delta T^{MN} dV \tag{6.51}$$

最小值条件式 (6.48) 相当于

$$\delta P_C(T) = 0 \tag{6.52}$$

$$\delta^2 P_C \geqslant 0 \quad (\text{等号仅对} \delta T = 0 \text{成立}) \tag{6.53}$$

Σ_C 为正定二次型条件自然保证式 (6.53) 成立。由式 (6.50) 和虎克定律，有

$$\delta P_C = \int_V \delta T^{KL} U_{L;K} dV - \int_{S_u} \bar{U}_K \delta t^K_{(N)} dA$$

对上式利用分部积分和散度定理，注意 T 和 T^* 满足平衡条件，因而 $\nabla \cdot \delta T = 0$，$\delta T \cdot N|_{x \in S_\sigma} = 0$，可以得到 $\delta P_C = 0$，故最小余能原理成立。

6.1.3.3 多场变量变分原理 (广义变分原理)[19]

最小位能原理以位移场为自变量，最小余能原理以应力场为自变量，都属于单场变量变分原理。此外，还有含多个独立场变量的变分原理，即 Hellinger-Reissner 变分原理和胡海昌 - 鹫津久一郎 (Hu-Washizu) 变分原理。下面给出它们在小变形下的表达式，原理的证明与前面类似，不再列出。

(1) Hellinger-Reissner 变分原理：

$$\delta \Pi_R = \delta \left\{ \int_V [T : (\nabla u + u \nabla)/2 - \Sigma_C(T) - \rho_0 f \cdot u] dV - \right.$$
$$\left. \int_{S_\sigma} \bar{t}_{(N)} \cdot u dA - \int_{S_u} t_{(N)} \cdot (u - \bar{u}) dA \right\} = 0 \tag{6.54}$$

式中，T 和 u 是独立场变量，不要求是静力可能或几何可能的；$t_{(N)}$ 也是独立变量，不要求满足式 (6.45)。H-R 变分原理指出，在一切应力场、位移场和未知面力中真实的应力 T、位移 u 和未知面力 $t_{(N)}$ 使泛函 Π_R 取得驻值 (不一定是极小值)。

利用变分方程式 (6.54) 可以导出平衡方程式 (6.25b)(假设 $a = 0$)、用位移和应力表示的虎克定律式 (6.25c)(其中 $E = (\nabla u + u\nabla)/2$) 及边界条件式 (6.26a,b)。

(2) Hu-Washizu(胡海昌－鹫津久一郎) 变分原理:

$$\delta\Pi_{\mathrm{HW}} = \delta\left\{\int_V [\Sigma(E) + T : ((\nabla u + u\nabla)/2 - E) - \rho_0 f \cdot u]\,\mathrm{d}V - \right.$$
$$\left. \int_{S_\sigma} \bar{t}_{(N)} \cdot u\,\mathrm{d}A - \int_{S_u} t_{(N)} \cdot (u - \bar{u})\,\mathrm{d}A\right\} = 0 \tag{6.55}$$

式中, T、E、u 和 $t_{(N)}$ 均为独立场变量, 不要求是静力可能或几何可能的。

H-W 变分原理指出, 在一切应力场、应变场、位移场和未知面力中真实的应力 T、应变 E、位移 u 和未知面力 $t_{(N)}$ 使泛函 Π_{HW} 取得驻值, 即式 (6.55) 成立。真实解的 Π_{HW} 不一定是极小值。显然, 这一多场变分原理在更加广泛的可变变量场范围内, 提供了真实解的变分方程。如果对某些场变量加以限制, 使之预先满足相应的控制方程, 则 H-W 变分原理可以退化为 H-R 变分原理, 最小余能原理和最小位能原理。

如果 T 和 E 满足虎克定律式 (6.25c), 利用式 (6.46) 消去 E, 可得 $\Pi_{\mathrm{HW}} = \Pi_{\mathrm{R}}$, 则 H-W 变分原理退化为 H-R 变分原理。

如果 T 和 E 满足虎克定律, 且应力是静力可能的, 注意到:

$$\int_V T^{KL}{}_{;K}\delta U_L\,\mathrm{d}V = \int_{S_\sigma + S_u} T^{KL} N_K \delta U_L\,\mathrm{d}A - \int_V T^{KL}\delta U_{L;K}\,\mathrm{d}V$$
$$= \int_{S_\sigma} \bar{t}_{(N)} \cdot \delta u\,\mathrm{d}A + \int_{S_u} t_{(N)} \cdot \delta u\,\mathrm{d}A - \int_V T : (\nabla\delta u + \delta u\nabla)/2\,\mathrm{d}V$$

代入虚功原理式 (6.43b), 令 $\delta u = u$, 得

$$\int_V T : (\nabla u + u\nabla)/2\,\mathrm{d}V = \int_{S_\sigma} \bar{t}_{(N)} \cdot u\,\mathrm{d}A + \int_{S_U} t_{(N)} \cdot u\,\mathrm{d}A$$

将上式代入式 (6.55), 利用式 (6.46) 消去 E, 即得最小余能原理式 (6.44)。

如果位移是几何可能的, 则 $\Pi_{\mathrm{HW}} = P(u)$, 式 (6.55) 退化为式 (6.41a), 即最小位能原理。

6.1.3.4 近似解法 ——Rayleigh-Ritz(瑞雷－里兹) 法和 Galerkin(伽辽金) 法

线弹性力学微分形式的基本方程, 只在某些简单问题中可以求得精确解, 一般情况下需要采用近似解法。以上述变分原理和虚功原理为基础的积分形式的基本方程, 更便于用近似方法求解。积分方程将微分方程表示的逐点满足的条件转化为结构整体对于一切许可解满足的条件。例如用最小位能原理时, 如果近似解函数包括全部几何可能位移场时, 或者并非全部但包含精确解在内时, 则可求得精确解。这种情况常常难以实现, 但可以缩小范围, 选取较小的可能函数族以求得近似解,

因而比较简单、相对容易。这种方法在变分法中称为直接解法 (direct solution)，其中比较常用的是 Rayleigh-Ritz(瑞雷–里兹) 法和 Galerkin(伽辽金) 法。直接解法可以用于任何变分问题，近似解的精度依赖于可能函数族的选取，在有些情况下虽然不能证明解的收敛性，但在实际问题分析中常常是有效的。

A Rayleigh-Ritz(瑞雷–里兹) 法

为了用最小位能原理求位移的近似解，令

$$U_L = \tilde{U}_{L0} + \sum_{i=1}^{m} a_{Li}\tilde{U}_{Li}(\boldsymbol{X}) \quad (L=1,2,3;\text{不对}L\text{求和}) \tag{6.56}$$

式中，$\tilde{U}_{Li}$ 是已知函数序列；a_{Li} 是待定系数；U_L 是几何可能位移，可取

$$\tilde{U}_{L0}\Big|_{X\in S_u} = \bar{U}_L; \quad \tilde{U}_{Li}\Big|_{X\in S_u} = 0 \quad (i\neq 0) \tag{6.57}$$

将式 (6.56) 代入位能式 (6.35)，经过积分，位能变为待定系数的二次函数

$$P = P(a_{Li}) \tag{6.58}$$

这样，位能泛函的极小值问题近似地转化为位能函数式 (6.58) 的极小值问题，所以有

$$\frac{\partial P}{\partial a_{Li}} = 0 \quad (L=1,2,3; \quad i=1,\cdots,m) \tag{6.59}$$

求解线性代数方程式 (6.59)，即可得到待定系数和位移函数。上述方法称为 Rayleigh-Ritz(瑞雷–里兹) 法，也称为里兹法。

[**例 6.1**]　对称截面悬臂梁受均布载荷 q 作用 (图 6.1)，试用 Rayleigh-Ritz(瑞雷–里兹) 法求挠度函数。

图 6.1　悬臂梁

梁的位能为

$$P = \frac{1}{2}\int_0^l EI\left(\frac{\mathrm{d}^2 w}{\mathrm{d}x^2}\right)^2 \mathrm{d}x + \int_0^l qw\mathrm{d}x$$

式中，EI、l、w 分别为梁的弯曲刚度、长度和挠度。为了比较，下面用三种近似函数求解。

首先，取三角函数 $w = a\left(1-\cos\dfrac{\pi x}{2l}\right)$，由于 $w(0)=w_{,x}(0)=0$，所以是几何可能的。将 w 代入位能，由方程式 (6.59)，可得

$$w = -0.1194\frac{ql^4}{EI}\left(1-\cos\frac{\pi x}{2l}\right) \tag{a}$$

其次，取几何可能的幂函数作为近似位移函数 $w = a_1 x^2 + a_2 x^3$(含 2 个待定系数)，将 w 代入位能，求解方程式 (6.59)，得到

$$w = -\frac{ql}{24EI}\left(5lx^2 - 2x^3\right) \tag{b}$$

进一步增加项数，令 $w = a_1 x^2 + a_2 x^3 + a_3 x^4$，已包含本问题的精确解。可以求得

$$a_1 = -\frac{ql^2}{4EI}; \quad a_2 = -\frac{ql}{6EI}; \quad a_3 = -\frac{q}{24EI}$$

$$w = -\frac{qx^2}{24EI}\left(x^2 - 4lx + 6l^2\right) \tag{c}$$

式 (c) 即悬臂梁受均布载荷作用时的精确解。利用式 (a)、式 (b)、式 (c) 可以计算弯矩 $M = EIw''$、最大挠度和最大弯矩，与精确解的误差列于表 6.1。可见，随近似解的改进误差减小，当近似函数包含精确解时，里兹法可求得精确解。由于近似位移场求导数损失精度，弯矩 (以及应力) 的精度低于位移。

表 6.1 近似解的误差比较

近 似 解	式 (a)	式 (b)	式 (c)
最大挠度误差/%	-4.5	0	0
最大弯矩误差/%	-41.1	-16.7	0

B Galerkin(伽辽金法)

伽辽金法是基于虚功原理求近似解的方法。假设近似位移函数不仅满足位移边界条件，而且由位移求出的边界应力满足力边界条件，即

$$T^{KL}N_K = \bar{t}^L_{(N)} \quad \text{或} \quad \Sigma^{KLMN}U_{M;N}N_K = \bar{t}^L_{(N)} \tag{6.60}$$

则虚功原理式 (6.43b) 变为

$$\int_V \left(T^{KL}_{;K} + \rho_0 f^L\right)\delta U_L \mathrm{d}V = 0 \tag{6.61a}$$

或

$$\int_V \left(\Sigma^{KLMN}U_{M;NK} + \rho_0 f^L\right)\delta U_L \mathrm{d}V = 0 \tag{6.61b}$$

为了求位移近似解，式 (6.56) 中的函数序列不仅应满足几何边界条件还需满足力边界条件

$$\Sigma^{KLMN}\tilde{U}_{M0;N}N_K = \bar{t}^L_{(N)}; \quad \Sigma^{KLMN}\tilde{U}_{Mi;N}N_K = 0 \quad (i = 1, \cdots, m) \tag{6.62}$$

将式 (6.56) 代入式 (6.61b)，令 $\delta U_L = \tilde{U}_{Li}$，得到

$$\int_V \left(\Sigma^{KLMN}U_{M;NK} + \rho_0 f^L\right)\tilde{U}_{Li}\mathrm{d}V = 0 \quad (i = 1, \cdots, m) \tag{6.63}$$

式 (6.63) 积分后得到待定系数 a_{Li} 的线性代数方程组，求解可以给出近似位移和应力。上述方法称为伽辽金法。与里兹法一样，伽辽金法近似解的精度，依赖于近似解的选取，而且近似函数必须满足全部边界条件，但不需要给出位能表达式。

6.2 线弹性、几何非线性

几何非线性是由于几何方面的原因引起的基本方程及边界条件的非线性，表现为线弹性结构的变形、应力等与外载荷成非线性关系。在杆系和板壳结构中，构件的应力水平常常并不很高，材料可以认为是线弹性的，但材料内部各点局部转动比较大，因而在应变 - 位移关系中需要保留非线性项。在动量方程 (物质描述法) 中需要考虑变形的影响。在 2.9 节和 4.6 节中讨论了非线性应变位移关系和动量方程的简化，指出在一般几何非线性问题中，实际结构经常发生的是小应变小转动情况，即中等非线性 (或小有限变形)。

杆、板、壳几何非线性分析中的重要问题是大挠度和结构稳定性，包括屈曲和后屈曲。

另一种几何非线性问题是由边界条件引起的，最典型的是接触问题。当两个弹性体在外力作用下相互接触时，接触面本身随载荷改变，在接触面上两个物体的变形应该是相容的，接触力必须满足牛顿第三定律及摩擦定律，从而使接触物体的反应与外载荷成非线性关系，尽管物体内部遵循线性基本方程。接触问题广泛存在于包括多个物体的弹性系统。

本节介绍线弹性、几何非线性问题的基本方程、虚功原理、增量迭代方法、有限变形变分原理等，进一步了解线弹性几何非线性基本理论、特点和解法。

➤ 6.2.1 基本关系及虚功原理

用 Lagrange 描述法时，线弹性几何非线性问题的基本关系为：

$$E_{KL} = \frac{1}{2}\left(U_{K;L} + U_{L;K} + U^M{}_{;K}U_{M;L}\right) \quad \text{(几何方程)} \tag{6.64a}$$

小转动情况下，上式简化为

$$E_{KL} = \hat{E}_{KL} + \frac{1}{2}\hat{W}_{KM}\hat{W}^M{}_L \tag{6.64b}$$

式中，$\hat{E}_{KL}$，$\hat{W}_{KM}$ 为无限小应变张量和无限小转动张量。

$$\left[\left(\delta_L^N + U^N{}_{;L}\right)T^{KL}\right]_{;K} + \rho_0\left(f^N - a^N\right) = 0 \quad \text{(动量方程)} \tag{6.65a}$$

在小转动情况下可简化为

$$\left[\left(\delta^N{}_L + \hat{W}^N{}_L\right)T^{KL}\right]_{;K} + \rho_0\left(f^N - a^N\right) = 0 \tag{6.65b}$$

本构方程和初始条件与线弹性、几何线性情况相同。

由式 (3.25)，表面力与应力的关系为

$$\boldsymbol{N} \cdot \boldsymbol{\tau} = \bar{\boldsymbol{t}}_{(N)} \quad \text{或} \quad N_K \tau^{Kl} = \bar{t}^l_{(N)}$$

式中，$\bar{\boldsymbol{t}}_{(N)}$ 是作用在变形后表面的表面力，其面积在变形前为单位值；$\bar{t}^l_{(N)}$ 是 $\bar{\boldsymbol{t}}_{(N)}$ 在 Euler 坐标系中的分量。利用式 (3.29) 和式 (2.34)，乘以转移张量 g_l^M，得到

$$\left(\delta_L^M + U^M_{;L}\right) T^{KL} N_K = \bar{t}^M_{(N)} \tag{6.66a}$$

式中，$\bar{t}^M_{(N)}$ 是 $\bar{\boldsymbol{t}}_{(N)}$ 在 Lagrange 坐标系中的分量。小转动情况下上式可简化为

$$\left(\delta_L^M + \hat{W}^M_L\right) T^{KL} N_K = \bar{t}^M_{(N)} \tag{6.66b}$$

由于方程式 (6.64)~ 式 (6.66) 中存在非线性项，在一般情况下很难直接求解上述方程，通常需要利用方程的弱形式 (积分方程) 求近似解。此外，与线性问题不同，不能证明解的存在和唯一性，在同一载荷下可能存在不同的平衡状态，它们可能是稳定的，也可能是不稳定的。在保守系情况下平衡状态与路径无关，但由于直接求解某一平衡状态很困难，常常需要沿加载路径采用增量解法。

利用虚功原理，可以得到动量方程的积分形式 (Lagrange 描述法)：

$$\int_V \boldsymbol{T} : \delta\boldsymbol{E}\mathrm{d}V - \int_V \rho_0 \left(\boldsymbol{f} - \boldsymbol{a}\right) \cdot \delta\boldsymbol{u}\mathrm{d}V - \int_{S_\sigma} \bar{\boldsymbol{t}}_{(N)} \cdot \delta\boldsymbol{u}\mathrm{d}A = 0 \tag{6.67}$$

或

$$\int_V T^{KL}\delta E_{KL}\mathrm{d}V - \int_V \rho_0 \left(f^M - a^M\right) \delta U_M\mathrm{d}V - \int_{S_\sigma} \bar{t}^M_{(N)}\delta U_M\mathrm{d}A = 0$$

式中，假定体积力 $\boldsymbol{f}$ 和表面力 $\bar{\boldsymbol{t}}$ 均为保守力，与位移无关。

将式 (6.64a) 代入上式第一项，利用分部积分和散度定理及 T^{KL} 的对称性，得

$$\int_V T^{KL}\delta E_{KL}\mathrm{d}V = \int_V \frac{1}{2}T^{KL}\left(\delta U_{K;L} + \delta U_{L;K} + U^M_{;K}\delta U_{M;L} + \delta U_{M;K}U^M_{;L}\right)\mathrm{d}V$$

$$= \int_A T^{KL}N_L\delta U_K\mathrm{d}A - \int_V T^{KL}_{;L}\delta U_K\mathrm{d}V +$$

$$\int_A T^{KL}U^M_{;K}N_L\delta U_M\mathrm{d}A - \int_V \left(T^{KL}U^M_{;K}\right)_{;L}\delta U_M\mathrm{d}V$$

$$= \int_A T^{KL}\left(\delta_K^M + U^M_{;K}\right)N_L\delta U_M\mathrm{d}A - \int_V \left[\left(\delta_K^M + U^M_{;K}\right)T^{KL}\right]_{;L}\delta U_M\mathrm{d}V$$

上式代入式 (6.67)，得

$$\int_V \left\{\left[\left(\delta_K^M + U^M_{;K}\right)T^{KL}\right]_{;L} + \rho_0\left(f^M - a^M\right)\right\}\delta U_M\mathrm{d}V -$$
$$\int_{S_\sigma} \left[T^{KL}\left(\delta_K^M + U^M_{;K}\right)N_L - \bar{t}^M_{(N)}\right]\delta U_M\mathrm{d}A = 0 \tag{6.67a}$$

由于 δU_M 在 V 和 S_σ 中的任意性，可以得到式 (6.65a) 和式 (6.66a)，上式是不平衡力形式的虚功原理。可见，若被积函数足够光滑，可以由积分形式推导出微分式。因此，积分方程式 (6.67) 与动量方程和力边界条件等价。作为微分方程的弱形式，虚功原理式 (6.67) 可以用于求近似解。

如 6.1.3 小节所指出的，在上述推导中并未用到线弹性本构关系，所以式 (6.67) 在非线性弹性 (超弹性) 及弹塑性情况下依然成立。

式 (6.67) 中采用了第二类 Piola-Kirchhoff 应力 $\boldsymbol{T}$ 及其功共轭变量应变 $\boldsymbol{E}$，也可用另一对功共轭变量第一类 P-K 应力 $\boldsymbol{\tau}$ 及变形梯度张量表示，即

$$\int_V \boldsymbol{\tau} : \delta \boldsymbol{F}^{\mathrm{T}} \mathrm{d}V - \int_V \rho_0 \left(\boldsymbol{f} - \boldsymbol{a}\right) \cdot \delta \boldsymbol{u} \mathrm{d}V - \int_{S_\sigma} \bar{\boldsymbol{t}}_{(N)} \cdot \delta \boldsymbol{u} \mathrm{d}A = 0 \qquad (6.68)$$

或

$$\int_V \tau^K{}_l \delta x^l{}_{,K}^{\,\cdot} \mathrm{d}V - \int_V \rho_0 \left(f^l - a^l\right) \delta u_l \mathrm{d}V - \int_{S_\sigma} \bar{t}^l_{(N)} \delta u_l \mathrm{d}A = 0$$

由式 (2.34)，有

$$\delta x^l{}_{,K} = \delta \left(g^l_K + u^l{}_{:K}\right) = \delta u^l{}_{:K} \qquad (6.69)$$

式中，$u^l{}_{:K}$ 是位移$\boldsymbol{u}$的全协变导数。将式 (6.69) 代入式 (6.68) 第一项，利用分部积分和散度定理，得

$$\int_V \tau^K{}_l \delta x^l{}_{,K} \mathrm{d}V = \int_V \tau^K{}_l \delta u^l{}_{:K} \mathrm{d}V = \int_V \tau^{Kl} \delta u_{l:K} \mathrm{d}V = \int_{S_\sigma} \tau^{Kl} N_K \delta u_l \mathrm{d}A - \int_V \tau^{Kl}{}_{:K} \delta u_l \mathrm{d}V$$

将上式代入式 (6.68)，即可得到

$$\tau^{Kl}{}_{:K} + \rho_0 \left(f^l - a^l\right) = 0 \qquad (6.70)$$

$$\tau^{Kl} N_K = \bar{t}^l_{(N)} \qquad (6.71)$$

可见虚功原理式 (6.68) 与 Boussinesq 动量方程及用 τ 表示的力边界条件等价。

当式 (6.67) 和式 (6.68) 位移的变分 $\delta \boldsymbol{u}$ 改为速度变分 $\delta \boldsymbol{v}$，相应地 $\delta \boldsymbol{E}$、$\delta \boldsymbol{F}$ 改为 $\delta \dot{\boldsymbol{E}}$、$\delta \dot{\boldsymbol{F}}$ 时，同样可以证明下列等式成立，即

$$\int_V \boldsymbol{T} : \delta \dot{\boldsymbol{E}} \mathrm{d}V - \int_V \rho_0 \left(\boldsymbol{f} - \boldsymbol{a}\right) \cdot \delta \boldsymbol{v} \mathrm{d}V - \int_{S_\sigma} \bar{\boldsymbol{t}}_{(N)} \cdot \delta \boldsymbol{v} \mathrm{d}A = 0 \qquad (6.72)$$

$$\int_V \boldsymbol{\tau} : \delta \dot{\boldsymbol{F}}^{\mathrm{T}} \mathrm{d}V - \int_V \rho_0 \left(\boldsymbol{f} - \boldsymbol{a}\right) \cdot \delta \boldsymbol{v} \mathrm{d}V - \int_{S_\sigma} \bar{\boldsymbol{t}}_{(N)} \cdot \delta \boldsymbol{v} \mathrm{d}A = 0 \qquad (6.73)$$

式 (6.72) 和式 (6.73) 称为虚功率原理 (Lagrange 描述)。

➤ 6.2.2 增量形式虚功原理 —— 完全 Lagrange(T.L.) 格式

在利用弱形式近似求解非线性问题时，由于很难选取精度比较好的试函数，通常需要采用增量解法。在足够小的载荷下，可以用线性解作为近似解 (初值)，通过迭代求问题的初始非线性解，然后逐渐增加载荷，用前一载荷步的解 (或经过适当修正) 作为初值，用迭代法求下一步解，依此类推。因此需要建立虚功原理的增量方程。

Lagrange 描述法可以采用不同的参考构形。研究变形固体的力学行为时，如果以变形前 (t_0 时刻) 的物体作为参考构形，称为完全 Lagrange 格式 (Total Lagrange Formulation，简称 T.L. 格式)；另一种方法是如 2.3.7 节所述，以变形过程中 t 时刻物体作为参考构形，用相对变形张量描述 $\tau = t + \Delta t$ 时刻物体的变形，称为更新的 Lagrange 格式 (Updated Lagrange Formulation，简称 U.L. 格式)。本节讨论 T.L. 格式。

取 t_0 时刻构形为参考构形，将 $\tau = t + \Delta t$ 时刻位移用 t 时刻位移及位移增量表示：

$$u\left(t + \Delta t\right) = u\left(t\right) + \Delta u \tag{6.74}$$

对于静力问题，上式变为第 $i+1$ 载荷步的位移等于 i 步位移及两步之间的位移增量之和：

$$u_{(i+1)} = u_{(i)} + \Delta u_{(i)} \tag{6.75}$$

Green 应变张量的增量形式为

$$E_{(i+1)} = E_{(i)} + \Delta E_{(i)} \tag{6.76}$$

将式 (6.75) 代入式 (2.39)，得到

$$\begin{aligned}\Delta E_{(i)} =& \frac{1}{2}\left(\nabla\left(\Delta u_{(i)}\right) + \left(\Delta u_{(i)}\right)\nabla + \nabla u_{(i)} \cdot \left(\Delta u_{(i)}\right)\nabla + \right.\\ &\left.\nabla\left(\Delta u_{(i)}\right) \cdot u_{(i)}\nabla + \nabla\left(\Delta u_{(i)}\right) \cdot \left(\Delta u_{(i)}\right)\nabla\right)\end{aligned} \tag{6.77}$$

第二类 P-K 应力的增量形式为

$$T_{(i+1)} = T_{(i)} + \Delta T_{(i)} \tag{6.78}$$

由线弹性本构关系，可得

$$\Delta T_{(i)} = \Sigma : \Delta E_{(i)} \tag{6.79}$$

将式 (6.75)～式 (6.78) 代入虚功原理式 (6.67)(假设 $a = 0$)，注意到 i 步为已知量，因而

$$\delta u_{(i+1)} = \delta\left(\Delta u_{(i)}\right); \quad \delta E_{(i+1)} = \delta\left(\Delta E_{(i)}\right)$$

可以得到

$$\int_V \Delta \boldsymbol{T}_{(i)} : \left[\left(\boldsymbol{I} + \boldsymbol{\nabla} \boldsymbol{u}_{(i)} + \boldsymbol{\nabla}\left(\Delta \boldsymbol{u}_{(i)}\right)\right) \cdot \delta\left(\Delta \boldsymbol{u}_{(i)}\right) \boldsymbol{\nabla}\right] \mathrm{d}V +$$

$$\int_V \boldsymbol{T}_{(i)} : \left[\boldsymbol{\nabla}\left(\Delta \boldsymbol{u}_{(i)}\right) \cdot \delta\left(\Delta \boldsymbol{u}_{(i)}\right) \boldsymbol{\nabla}\right] \mathrm{d}V$$

$$= \int_V \rho_0 \Delta \boldsymbol{f}_{(i)} \cdot \delta\left(\Delta \boldsymbol{u}_{(i)}\right) \mathrm{d}V + \int_{S_\sigma} \Delta \bar{\boldsymbol{t}}_{(N)(i)} \cdot \delta\left(\Delta \boldsymbol{u}_{(i)}\right) \mathrm{d}A + \left\{\int_V \rho_0 \boldsymbol{f}_{(i)} \cdot \delta\left(\Delta \boldsymbol{u}_{(i)}\right) \mathrm{d}V + \right.$$

$$\left. \int_{S_\sigma} \bar{\boldsymbol{t}}_{(N)(i)} \cdot \delta\left(\Delta \boldsymbol{u}_{(i)}\right) \mathrm{d}A - \int_V \boldsymbol{T}_{(i)} : \left[\left(\boldsymbol{I} + \boldsymbol{\nabla} \boldsymbol{u}_{(i)}\right) \cdot \delta\left(\Delta \boldsymbol{u}_{(i)}\right) \boldsymbol{\nabla}\right] \mathrm{d}V \right\} \tag{6.80}$$

式中，$\Delta \boldsymbol{f}_{(i)} = \boldsymbol{f}_{(i+1)} - \boldsymbol{f}_{(i)}$；$\Delta \bar{\boldsymbol{t}}_{(N)(i)} = \bar{\boldsymbol{t}}_{(N)(i+1)} - \bar{\boldsymbol{t}}_{(N)(i)}$；$\delta\left(\Delta \boldsymbol{u}_{(i)}\right) = \delta \boldsymbol{u}$。式 (6.80) 推导中利用了应力张量 $\boldsymbol{T}$ 的对称性。式 (6.80) 的分量形式为

$$\int_V \Delta T_{(i)}^{KL} \left(\delta_K^R + U_{(i);K}^R + \Delta U_{(i);K}^R\right) \delta\left(\Delta U_{(i)R;L}\right) \mathrm{d}V +$$

$$\int_V T_{(i)}^{KL} \Delta U_{(i);K}^R \delta\left(\Delta U_{(i)R;L}\right) \mathrm{d}V$$

$$= \int_V \rho_0 \Delta f_{(i)}^L \delta\left(\Delta U_{(i)L}\right) \mathrm{d}V + \int_{S_\sigma} \Delta \bar{t}_{(N)(i)}^L \delta\left(\Delta U_{(i)L}\right) \mathrm{d}A +$$

$$\left\{\int_V \rho_0 f_{(i)}^L \delta\left(\Delta U_{(i)L}\right) \mathrm{d}V + \int_{S_\sigma} \bar{t}_{(N)(i)}^L \delta\left(\Delta U_{(i)L}\right) \mathrm{d}A - \right.$$

$$\left. \int_V T_{(i)}^{KL} \left(\delta_K^R + U_{(i);K}^R\right) \delta\left(\Delta U_{(i)R;L}\right) \mathrm{d}V \right\}$$

式中，等号右端的 { } 项为第 i 载荷步的虚功，如果 i 步解是平衡的，则该项为 0，如果是近似的，该项为不平衡力的虚功。

式 (6.80) 是位移增量 $\Delta \boldsymbol{u}_{(i)}$ 的非线性方程，为了近似求解还需要进一步线性化。将式 (6.75) 改写成迭代形式

$$\boldsymbol{u}_{(i+1)}^{(r)} = \boldsymbol{u}_{(i)} + \Delta \boldsymbol{u}_{(i)}^{(r)} = \boldsymbol{u}_{(i+1)}^{(r-1)} + \boldsymbol{\eta}^{(r)} \tag{6.81}$$

$$\boldsymbol{u}_{(i+1)}^{(r-1)} = \boldsymbol{u}_{(i)} + \Delta \boldsymbol{u}_{(i)}^{(r-1)} \tag{6.81a}$$

将式 (6.81a) 代入式 (6.81)，有

$$\Delta \boldsymbol{u}_{(i)}^{(r)} = \Delta \boldsymbol{u}_{(i)}^{(r-1)} + \boldsymbol{\eta}^{(r)} = \Delta \boldsymbol{u}_{(i)}^{(0)} + \sum_{s=1}^r \boldsymbol{\eta}^{(s)} \tag{6.81b}$$

$$\boldsymbol{u}_{(i+1)}^{(r)} = \boldsymbol{u}_{(i)} + \Delta \boldsymbol{u}_{(i)}^{(r-1)} + \boldsymbol{\eta}^{(r)} \tag{6.81c}$$

式中，r 是迭代次数；$\boldsymbol{u}_{(i+1)}^{(r)}$ 和 $\Delta \boldsymbol{u}_{(i)}^{(r)}$ 是 $(i+1)$ 步位移的第 r 次迭代解和增量；$\boldsymbol{u}_{(i)}^{(r-1)}$ 和 $\Delta \boldsymbol{u}_{(i)}^{(r-1)}$ 是已经求得的上次迭代解和增量；$\Delta \boldsymbol{u}_{(i)}^{(0)}$ 是迭代初值；$\boldsymbol{\eta}^{(r)}$

是待求的本次迭代增量，随 r 的增加，如果位移收敛为精确解，则 $\boldsymbol{\eta}^{(r)}$ 趋于 $\mathbf{0}$。将式 (6.81) 代入应变，有

$$E_{(i+1)}^{(r)} = E_{(i+1)}^{(r-1)} + \frac{1}{2}\left(\boldsymbol{\nabla}\boldsymbol{\eta}^{(r)} + \boldsymbol{\eta}^{(r)}\boldsymbol{\nabla} + \boldsymbol{\nabla}\boldsymbol{u}_{(i+1)}^{(r-1)} \cdot \boldsymbol{\eta}^{(r)}\boldsymbol{\nabla} + \right.$$
$$\left. \boldsymbol{\nabla}\boldsymbol{\eta}^{(r)} \cdot \boldsymbol{u}_{(i+1)}^{(r-1)}\boldsymbol{\nabla} + \boldsymbol{\nabla}\boldsymbol{\eta}^{(r)} \cdot \boldsymbol{\eta}^{(r)}\boldsymbol{\nabla}\right) \tag{6.82}$$

$$\delta E_{(i+1)}^{(r)} = \frac{1}{2}(\boldsymbol{\nabla}(\delta\boldsymbol{\eta}^{(r)}) + (\delta\boldsymbol{\eta}^{(r)})\boldsymbol{\nabla} + \boldsymbol{\nabla}\boldsymbol{u}_{(i+1)}^{(r-1)} \cdot (\delta\boldsymbol{\eta}^{(r)})\boldsymbol{\nabla} + \boldsymbol{\nabla}(\delta\boldsymbol{\eta}^{(r)}) \cdot \boldsymbol{u}_{(i+1)}^{(r-1)}\boldsymbol{\nabla} +$$
$$\boldsymbol{\nabla}(\delta\boldsymbol{\eta}^{(r)}) \cdot \boldsymbol{\eta}^{(r)}\boldsymbol{\nabla} + \boldsymbol{\nabla}\boldsymbol{\eta}^{(r)} \cdot (\delta\boldsymbol{\eta}^{(r)})\boldsymbol{\nabla}) \tag{6.82a}$$

由式 (6.82) 和本构关系，利用 $\boldsymbol{T}$ 的对称性，得

$$\boldsymbol{T}_{(i+1)}^{(r)} = \boldsymbol{T}_{(i+1)}^{(r-1)} + \boldsymbol{\Sigma} : \left[\left(\boldsymbol{I} + \boldsymbol{\nabla}\boldsymbol{u}_{(i+1)}^{(r-1)} + \frac{1}{2}\boldsymbol{\nabla}\boldsymbol{\eta}^{(r)}\right) \cdot \boldsymbol{\eta}^{(r)}\boldsymbol{\nabla}\right] \tag{6.83}$$

将式 (6.81)、式 (6.82) 和式 (6.83) 代入式 (6.67)，略去 $\boldsymbol{\eta}^{(r)}$ 的高次项，得到

$$\int_V \left[\boldsymbol{\nabla}\boldsymbol{\eta}^{(r)} \cdot \left(\boldsymbol{I} + \boldsymbol{u}_{(i+1)}^{(r-1)}\boldsymbol{\nabla}\right)\right] : \boldsymbol{\Sigma} : \left[\left(\boldsymbol{I} + \boldsymbol{\nabla}\boldsymbol{u}_{(i+1)}^{(r-1)}\right) \cdot \delta\boldsymbol{\eta}^{(r)}\boldsymbol{\nabla}\right]\mathrm{d}V +$$
$$\int_V \boldsymbol{T}_{(i+1)}^{(r-1)} : \left(\boldsymbol{\nabla}\boldsymbol{\eta}^{(r)} \cdot \delta\boldsymbol{\eta}^{(r)}\boldsymbol{\nabla}\right)\mathrm{d}V$$
$$= \int_V \rho_0\hat{\boldsymbol{f}}^{(r)} \cdot \delta\boldsymbol{\eta}^{(r)}\mathrm{d}V + \int_{S_\sigma} \rho_0\hat{\bar{\boldsymbol{t}}}_{(N)}^{(r)} \cdot \delta\boldsymbol{\eta}^{(r)}\mathrm{d}A + \left\{\int_V \rho_0\boldsymbol{f}_{(i+1)}^{(r-1)} \cdot \delta\boldsymbol{\eta}^{(r)}\mathrm{d}V + \right.$$
$$\left. \int_{S_\sigma} \rho_0\bar{\boldsymbol{t}}_{(N)(i+1)}^{(r-1)} \cdot \delta\boldsymbol{\eta}^{(r)}\mathrm{d}A - \int_V \boldsymbol{T}_{(i+1)}^{(r-1)} : \left[\left(\boldsymbol{I} + \boldsymbol{\nabla}\boldsymbol{u}_{(i+1)}^{(r-1)}\right) \cdot \delta\boldsymbol{\eta}^{(r)}\boldsymbol{\nabla}\right]\mathrm{d}V\right\} \tag{6.84}$$

式 (6.84) 为线弹性几何非线性固体 T.L. 格式增量迭代方程，分量形式为

$$\int_V \Sigma^{KLMN}\eta_{M;N}^{(r)}\delta\eta_{L;K}^{(r)}\mathrm{d}V + \int_V T_{(i+1)}^{(r-1)KL}\eta^{(r)R}{}_{;L}\delta\eta_{R;K}^{(r)}\mathrm{d}V +$$
$$\int_V \Sigma^{KLMN}\left(\delta_L^R U_{(i+1)}^{(r-1)S}{}_{;M} + \delta_M^S U_{(i+1)}^{(r-1)R}{}_{;L} + U_{(i+1)}^{(r-1)R}{}_{;L}U_{(i+1)}^{(r-1)S}{}_{;M}\right)\eta_{S;N}^{(r)}\delta\eta_{R;K}^{(r)}\mathrm{d}V$$
$$= \int_V \rho_0\hat{f}^{(r)L}\delta\eta_L^{(r)}\mathrm{d}V + \int_{S_\sigma} \hat{\bar{t}}_{(N)}^{(r)L}\delta\eta_L^{(r)}\mathrm{d}A +$$
$$\left\{\int_V \rho_0 f_{(i+1)}^{(r-1)L}\delta\eta_L^{(r)}\mathrm{d}V + \int_{S_\sigma} \bar{t}_{(N)(i+1)}^{(r-1)L} \cdot \delta\eta_L^{(r)}\mathrm{d}A - \right.$$
$$\left. \int_V T_{(i+1)}^{(r-1)KL}\left(\delta_K^R + U_{(i+1)}^{(r-1)R}{}_{;K}\right)\delta\eta_{R;L}^{(r)}\mathrm{d}V\right\} \tag{6.84a}$$

式中，$\hat{\boldsymbol{f}}^{(r)} = \boldsymbol{f}_{(i+1)}^{(r)} - \boldsymbol{f}_{(i+1)}^{(r-1)}$ 和 $\hat{\bar{\boldsymbol{t}}}_{(N)}^{(r)} = \bar{\boldsymbol{t}}_{(i+1)}^{(r)} - \bar{\boldsymbol{t}}_{(i+1)}^{(r-1)}$ 是两次迭代的载荷增量，在用载荷增量法时 $\hat{\boldsymbol{f}} = \hat{\bar{\boldsymbol{t}}} = \mathbf{0}$；用弧长增量法时，$\hat{\boldsymbol{f}}^{(r)}$ 和 $\hat{\bar{\boldsymbol{t}}}_{(N)}^{(r)}$ 是未知的，需要给定载荷

增量与位移增量的函数关系, 即载荷增量因子 (载荷增量与参考载荷的比值) 与位移增量之间的补充方程。

$\eta^{(r)}$ 的线性化方程式 (6.84) 是线弹性几何非线性问题增量迭代法的 T.L. 格式基本方程。如果将位移函数分片离散, 即将连续体离散为若干个有限单元, 每个单元内的位移用节点广义位移和插值函数表示, 代入式 (6.84), 可以得到如下有限元方程 (矩阵形式):

$$\left[\boldsymbol{K}_0 + \boldsymbol{K}_1\left(\boldsymbol{u}_{(i+1)}^{(r-1)}\right) + \boldsymbol{K}_2\left(\boldsymbol{T}_{(i+1)}^{(r-1)}\right)\right]\Delta\Delta\boldsymbol{q}^{(r)} = \Delta\Delta\boldsymbol{F}^{(r)} + \boldsymbol{Q}\left(\boldsymbol{u}_{(i+1)}^{(r-1)}\right) \quad (6.85)$$

式中, $\boldsymbol{K}_0$、$\boldsymbol{K}_1$、$\boldsymbol{K}_2$ 分别为线性刚度矩阵、初位移矩阵和初应力矩阵; $\Delta\Delta\boldsymbol{q}^{(r)}$ 和 $\Delta\Delta\boldsymbol{F}^{(r)}$ 是两次迭代的广义位移增量 (对应 $\eta^{(r)}$) 和载荷增量向量 (为了区别式 (6.75) 中 $\Delta(\ )$ 表示的两个载荷步之间的增量, 这里用 $\Delta\Delta(\ )$ 表示两次迭代的增量); $\boldsymbol{Q}$ 是上次迭代的不平衡力向量。以上各量的定义是:

$$\delta\Delta\Delta\boldsymbol{q}^{(r)\mathrm{T}}\boldsymbol{K}_0\Delta\Delta\boldsymbol{q}^{(r)} = \sum_{(m)}\int_{V_m}\varSigma^{KLMN}\eta_{M;N}^{(r)}\delta\eta_{L;K}^{(r)}\mathrm{d}V_m \quad (6.86a)$$

$$\delta\Delta\Delta\boldsymbol{q}^{(r)\mathrm{T}}\boldsymbol{K}_1\Delta\Delta\boldsymbol{q}^{(r)} = \sum_{(m)}\int_{V_m}\varSigma^{KLMN}\left(\delta_L^R U_{(i+1)}^{(r-1)S}{}_{;M} + \delta_M^S U_{(i+1)}^{(r-1)R}{}_{;L} + \right.$$
$$\left. U_{(i+1)}^{(r-1)R}{}_{;L} U_{(i+1)}^{(r-1)S}{}_{;M}\right)\eta_{S;N}^{(r)}\delta\eta_{R;K}^{(r)}\mathrm{d}V_m \quad (6.86b)$$

$$\delta\Delta\Delta\boldsymbol{q}^{(r)\mathrm{T}}\boldsymbol{K}_2\Delta\Delta\boldsymbol{q}^{(r)} = \sum_{(m)}\int_{V_m}T_{(i+1)}^{(r-1)KL}\eta^{(r)R}{}_{;L}\delta\eta_{R;K}^{(r)}\mathrm{d}V_m \quad (6.86c)$$

$$\delta\Delta\Delta\boldsymbol{q}^{(r)\mathrm{T}}\Delta\Delta\boldsymbol{F}^{(r)} = \sum_{(m)}\left[\int_{V_m}\rho_0\hat{f}^{(r)L}\delta\eta_L^{(r)}\mathrm{d}V_m + \int_{S_{\sigma m}}\hat{\bar{t}}_{(N)}^{(r)L}\delta\eta_L^{(r)}\mathrm{d}A_m\right] \quad (6.86d)$$

$$\delta\Delta\Delta\boldsymbol{q}^{(r)\mathrm{T}}\boldsymbol{Q} = \sum_{(m)}\left[\int_{V_m}\rho_0 f_{(i+1)}^{(r-1)L}\delta\eta_L^{(r)}\mathrm{d}V_m + \int_{S_{\sigma m}}\bar{t}_{(N)(i+1)}^{(r-1)L}\delta\eta_L^{(r)}\mathrm{d}A_m - \right.$$
$$\left. \int_{V_m}T_{(i+1)}^{(r-1)KL}\left(\delta_K^R + U_{(i+1)}^{(r-1)R}{}_{;K}\right)\delta\eta_{R;L}^{(r)}\mathrm{d}V_m\right] \quad (6.86e)$$

式中, m 是单元号; V_m 是单元占有的体积; $S_{\sigma m}$ 是包含外表面的单元中给定应力的表面。

令: $\boldsymbol{K}_{\mathrm{T}} = \boldsymbol{K}_0 + \boldsymbol{K}_1 + \boldsymbol{K}_2$ 称为切线刚度矩阵, 是对于位移的微小增量的刚度。如果已经求得 $(i-1)$ 步的解, 首先用该解形成 $\boldsymbol{K}_{\mathrm{T}}^{(i-1)}$, 然后求解线性方程:

$$\boldsymbol{K}_{\mathrm{T}}^{(i-1)}\Delta\boldsymbol{q}^{(0)} = \Delta\boldsymbol{F}^{(0)} \quad (6.87)$$

式中, $\Delta\boldsymbol{F}^{(0)}$ 是给定的 i 步载荷增量 (如果用载荷增量法); $\Delta\boldsymbol{q}^{(0)}$ 是对应的 i 步位移增量初值, 在用弧长法求解时, 需要利用给定的弧长增量求解 $\Delta\boldsymbol{q}^{(0)}$。利用位移

初值 $q_{(i)}^{(0)} = q_{(i-1)} + \Delta q^{(0)}$，计算应力初值和不平衡力 $Q\left(U_{(i)}^{(0)}\right)$。将 $Q\left(U_{(i)}^{(0)}\right)$ 代入方程式 (6.85)，利用某种增量解法 (例如载荷增量法、位移增量法、弧长增量法等)，便可求出第一次迭代解 $\Delta\Delta q^{(1)}$，依此类推。随迭代次数的增加，如果迭代过程收敛，则 Q 不断减小并趋于 0，同时 $\Delta\Delta q$ 和 $\Delta\Delta F$ 也将趋于 0；当 Q 和 $\Delta\Delta q$ 足够小，满足给定误差要求时，则转向下一增量步。这一方法即是熟知的牛顿 - 拉夫森 (Newton-Raphson) 法。在某些情况下，例如强烈非线性或解路径接近奇异点时，迭代过程收敛困难、甚至发散是可能的，这时需要适当改变步长或用某种搜索方法改进初值，重新迭代。在遇到路径分支点时需要进行路径转换处理 (参阅 6.3.3.2 小节)。

由上述求解过程可见，解的精度和收敛性决定于不平衡力，每次迭代后 Q 必须重新准确计算，而切线刚度 K_{T} 可以每次迭代均重新计算，也可以保持本迭代步初始切线刚度不变 (或者经过几次迭代修正后保持不变)，这种方法称为修正的牛顿 - 拉夫森法 (modified Newton-Raphson 或 mN-R 法)。K_{T} 的近似计算通常不改变解的收敛值和精度，但影响求解过程，对于大型结构分析，mN-R 法常常能够节省计算时间。

▶ 6.2.3 增量形式虚功原理 —— 更新 Lagrange(U.L.) 格式

若取 t 时刻构形作为参考构形 (即 2.1 节构形 $\mathfrak{r}(t)$，下面称为 t 构形) 则 $\tau = t + \Delta t$ 时刻的运动变换为

$$\boldsymbol{\xi}\left(\boldsymbol{X}, \tau\right) = \boldsymbol{x}\left(\boldsymbol{X}, \tau\right) + \Delta\boldsymbol{u}\left(\boldsymbol{x}, \tau\right) \tag{6.88}$$

式中，$\boldsymbol{\xi}, \boldsymbol{x}, \boldsymbol{X}$ 是当前构形、t 构形和初始 t_0 构形的位置向量；$\Delta\boldsymbol{u}$ 是相对位移。由 $\dfrac{\partial\boldsymbol{\xi}}{\partial\boldsymbol{X}} = \dfrac{\partial\boldsymbol{\xi}}{\partial\boldsymbol{x}} \cdot \dfrac{\partial\boldsymbol{x}}{\partial\boldsymbol{X}}$ 得到两种参考构形中变形梯度关系 (式 (2.45a))：

$$\boldsymbol{F}\left(\tau\right) = \boldsymbol{F}_{(t)}\left(\tau\right) \cdot \boldsymbol{F}\left(t\right)$$

式中，$\boldsymbol{F}_{(t)}\left(\tau\right)$ 是 τ 时刻参考于构形 t 的变形梯度；$\boldsymbol{F}\left(\tau\right)$ 和 $\boldsymbol{F}\left(t\right)$ 是 τ 时刻和 t 时刻参考于初始构形 t_0 的变形梯度。利用上式可以给出采用两种参考构形时变形和应力的转换关系。

右 Cauchy-Green 变形张量 $\boldsymbol{C}$(式 (2.47a)) 和 Green 应变张量 $\boldsymbol{E}$ 及其增量：

$$\boldsymbol{C}\left(\tau\right) = \boldsymbol{F}^{\mathrm{T}}(t) \cdot \boldsymbol{C}_{(t)}(\tau) \cdot \boldsymbol{F}(t)$$

$$\begin{aligned}
\boldsymbol{E}(\tau) &= \frac{1}{2}(\boldsymbol{C}(\tau) - \boldsymbol{I}) = \frac{1}{2}\left(\boldsymbol{F}^{\mathrm{T}}(t) \cdot \boldsymbol{C}_{(t)}(\tau) \cdot \boldsymbol{F}(t) - \boldsymbol{I}\right) \\
&= \frac{1}{2}\left(\boldsymbol{F}^{\mathrm{T}}(t) \cdot (2\boldsymbol{E}_{(t)}(\tau) + \boldsymbol{I}) \cdot \boldsymbol{F}(t) - \boldsymbol{I}\right) = \boldsymbol{E}(t) + \boldsymbol{F}^{\mathrm{T}}(t) \cdot \boldsymbol{E}_{(t)}(\tau) \cdot \boldsymbol{F}(t) \quad (6.89)
\end{aligned}$$

式中，$C_{(t)}$ 是相对变形张量；$E_{(t)} = \dfrac{1}{2}\left(C_{(t)} - I\right)$ 是相对应变张量，与相对位移的关系为

$$E_{(t)}(\tau) = \frac{1}{2}\left(\boldsymbol{\nabla}(\Delta \boldsymbol{u}) + (\Delta \boldsymbol{u})\boldsymbol{\nabla} + \boldsymbol{\nabla}(\Delta \boldsymbol{u})\cdot(\Delta \boldsymbol{u})\boldsymbol{\nabla}\right) \tag{6.89a}$$

显然，$E_{(t)}(t) = \boldsymbol{0}$。由式 (6.89) 得到 t 时刻到 τ 时刻的应变增量

$$\Delta \boldsymbol{E}(\tau) = \boldsymbol{E}(\tau) - \boldsymbol{E}(t) = \boldsymbol{F}^{\mathrm{T}}(t)\cdot\boldsymbol{E}_{(t)}(\tau)\cdot\boldsymbol{F}(t) \tag{6.90}$$

参考状态构形 t 是给定的，所以

$$\delta \boldsymbol{E}(\tau) = \boldsymbol{F}^{\mathrm{T}}(t)\cdot\delta \boldsymbol{E}_{(t)}(\tau)\cdot\boldsymbol{F}(t) \tag{6.91}$$

应力张量及其增量：

将应力张量表示成增量形式：

$$\boldsymbol{T}(\tau) = \boldsymbol{T}(t) + \Delta \boldsymbol{T} \tag{6.92}$$

$$\boldsymbol{T}_{(t)}(\tau) = \boldsymbol{T}_{(t)}(t) + \Delta \boldsymbol{T}_{(t)} \tag{6.93}$$

$$\boldsymbol{t}(\tau) = \boldsymbol{t}(t) + \Delta \boldsymbol{t} \tag{6.94}$$

式中，$\boldsymbol{T}$ 和 $\boldsymbol{T}_{(t)}$ 是第二类 P-K 应力张量，分别以 t_0 和 t 时刻构形为参考构形；$\boldsymbol{t}$ 是 Cauchy 应力张量。图 6.2 是上述应力作用的单元体的示意图。在 t_0 构形中沿 $\{X^K\}$ 坐标面选取的单元体 1，在 t 和 τ 时刻变为相应的 $\{X^K\}$ 的随体坐标系中的单元体 $1'$ 和 $1''$，则 $\boldsymbol{T}(\tau)$ 和 $\boldsymbol{T}(t)$ 分别作用于单元体 $1''$ 和 $1'$ 各侧面，沿各自随体标架分解，$\Delta \boldsymbol{T}$ 是两者的差。类似地，在 t 构形中沿坐标系 $\{x^k\}$ 取单元体 2(此时 $\{x^k\}$ 应视为物质坐标系)，在 τ 时刻变为 $\{x^k\}$ 的随体坐标系中单元体 $2'$，则 $\boldsymbol{T}_{(t)}(\tau)$ 作用于单元体 $2'$ 各侧面，沿 $\{x^k\}$ 的随体标架分解，$\boldsymbol{T}_{(t)}(t)$ 作用于单元体 2 各侧面，$\Delta \boldsymbol{T}_{(t)}$ 是两者的差。假设取空间坐标系与 t 时刻物质坐标系 $\{x^k\}$ 相同，在 τ 时刻沿空间坐标系 $\{x^k\}$ 取单元体 3，该单元体在空间固定，不随变形改变，则 $\boldsymbol{t}(\tau)$ 和 $\boldsymbol{t}(t)$ 是同一单元体 3 在不同时刻 τ 和 t 各侧面的应力，$\Delta \boldsymbol{t}$ 是两者的差。

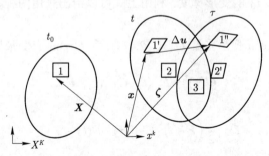

图 6.2　t 和 τ 构形中应力作用的单元体

如果考虑某一点的三种应力，则图 6.2 中单元体 $1''$，$2'$ 和 3 在同一点，但大小和方位不同；三种应力的关系满足式 (3.32)，即

$$\boldsymbol{T}(\tau) = J_{(\tau)}\boldsymbol{F}^{-1}(\tau) \cdot \boldsymbol{t}(\tau) \cdot \boldsymbol{F}^{-T}(\tau) \tag{6.95}$$

$$\boldsymbol{t}(\tau) = \frac{1}{J_{(\Delta t)}}\boldsymbol{F}_{(t)}(\tau) \cdot \boldsymbol{T}_{(t)}(\tau) \cdot \boldsymbol{F}_{(t)}^{\mathrm{T}}(\tau) \tag{6.96}$$

式中，$J_{(\tau)}$ 和 $J_{(\Delta t)}$ 分别是构形 τ 与构形 t_0 的体积比和构形 τ 与构形 t 的体积比，若 τ 时体积 $\mathrm{d}v_{(\tau)}$ 在 t_0 和 t 时刻分别为 $\mathrm{d}V_{(0)}$ 和 $\mathrm{d}V_{(t)}$，则

$$J_{(\tau)} = \frac{\mathrm{d}v_{(\tau)}}{\mathrm{d}V_{(0)}}; J_{(\Delta t)} = \frac{\mathrm{d}v_{(\tau)}}{\mathrm{d}V_{(t)}} \tag{6.97}$$

将式 (6.96) 代入式 (6.95)，利用式 (2.46a)，得

$$\boldsymbol{T}(\tau) = J_{(t)}\boldsymbol{F}^{-1}(t) \cdot \boldsymbol{T}_{(t)}(\tau) \cdot \boldsymbol{F}^{-T}(t) \tag{6.98}$$

式中，$J_{(t)} = \dfrac{\mathrm{d}V_{(t)}}{\mathrm{d}V_{(0)}}$ 是构形 t 与构形 t_0 的体积比。由式 (6.96)，当 $\tau = t$ 时得到

$$\boldsymbol{T}_{(t)}(t) = \boldsymbol{t}(t) \tag{6.99}$$

所以，t 时刻的相对 P-K 应力张量即是 t 时刻的 Cauchy 应力张量，在图 6.2 中为同一点处相同单元体 2 和 3 的同一应力；若选取的空间坐标系 $\{x^{k'}\}$ 与坐标系 $\{x^k\}$ 不同，则 $\boldsymbol{t}(t)$ 与 $\boldsymbol{T}_{(t)}(t)$ 仍然是同一张量，只是应满足坐标转换关系而已。

将式 (6.92) 和式 (6.93) 代入式 (6.98)，注意到式 (6.99)，有

$$\boldsymbol{T}(t) + \Delta\boldsymbol{T}(\tau) = J_{(t)}\boldsymbol{F}^{-1}(t) \cdot \boldsymbol{t}(t) \cdot \boldsymbol{F}^{-\mathrm{T}}(t) + J_{(t)}\boldsymbol{F}^{-1}(t) \cdot \Delta\boldsymbol{T}_{(t)}(\tau) \cdot \boldsymbol{F}^{-\mathrm{T}}(t)$$

上式两端第一项相等，所以应力增量与相对应力张量满足关系：

$$\Delta\boldsymbol{T}(\tau) = J_{(t)}\boldsymbol{F}^{-1}(t) \cdot \Delta\boldsymbol{T}_{(t)}(\tau) \cdot \boldsymbol{F}^{-\mathrm{T}}(t) \tag{6.100}$$

将式 (6.98) 和式 (6.91) 代入内力的虚功，可以得到

$$\int_V \boldsymbol{T}(\tau) : \delta\boldsymbol{E}\mathrm{d}V = \int_v \left[J_{(t)}\boldsymbol{F}^{-1}(t) \cdot \boldsymbol{T}_{(t)}(\tau) \cdot \boldsymbol{F}^{-\mathrm{T}}(t)\right] : \left[\boldsymbol{F}^{\mathrm{T}}(t) \cdot \delta\boldsymbol{E}_{(t)} \cdot \boldsymbol{F}(t)\right]\frac{\mathrm{d}v}{J_{(t)}}$$

$$= \int_v \left[\boldsymbol{F}(t) \cdot \boldsymbol{F}^{-1}(t) \cdot \boldsymbol{T}_{(t)}(\tau) \cdot \boldsymbol{F}^{-\mathrm{T}}(t) \cdot \boldsymbol{F}^{\mathrm{T}}(t)\right] : \delta\boldsymbol{E}_{(t)}\mathrm{d}v = \int_v \boldsymbol{T}_{(t)}(\tau) : \delta\boldsymbol{E}_{(t)}\mathrm{d}v \tag{6.101}$$

式中，v 和 V 是 t 构形和 t_0 构形中的物质积分域。上式给出两个构形中内力虚功的关系。将上述关系代入式 (6.67)$(\boldsymbol{a} = \boldsymbol{0})$，得到 t 时刻参考构形的虚功原理 (U.L. 格式)：

$$\int_v \boldsymbol{T}_{(t)}(\tau) : \delta\boldsymbol{E}_{(t)}\mathrm{d}v = \int_v \rho\boldsymbol{f} \cdot \delta\boldsymbol{u}\mathrm{d}v + \int_{S_\sigma} \bar{\boldsymbol{t}}_{(n)} \cdot \delta\boldsymbol{u}\mathrm{d}a \tag{6.102}$$

其中

$$\rho = \rho_0 / J_{(t)} (即式(4.9)); \quad \bar{t}_{(n)} = \bar{t}_{(N)} \Big/ \frac{\mathrm{d}a}{\mathrm{d}A} (即式(3.24)) \tag{6.103}$$

由式 (6.93) 和式 (6.99), 式 (6.102) 的增量形式为

$$\int_v \left(\boldsymbol{t}(t) + \Delta \boldsymbol{T}_{(t)}(\tau) \right) : \delta \boldsymbol{E}_{(t)} \mathrm{d}v$$

$$= \int_v \rho \left(\boldsymbol{f}(t) + \Delta \boldsymbol{f}(\tau) \right) \cdot \delta \boldsymbol{u} \mathrm{d}v + \int_{S_\sigma} \left(\bar{\boldsymbol{t}}_{(n)}(t) + \Delta \bar{\boldsymbol{t}}_{(n)}(\tau) \right) \cdot \delta \boldsymbol{u} \mathrm{d}a \tag{6.104}$$

由式 (6.89a), 有

$$\delta \boldsymbol{E}_{(t)} = \frac{1}{2} \left(\boldsymbol{\nabla} \delta (\Delta \boldsymbol{u}) + \delta (\Delta \boldsymbol{u}) \boldsymbol{\nabla} + \boldsymbol{\nabla} \delta (\Delta \boldsymbol{u}) \cdot (\Delta \boldsymbol{u}) \boldsymbol{\nabla} + \boldsymbol{\nabla} (\Delta \boldsymbol{u}) \cdot \delta (\Delta \boldsymbol{u}) \boldsymbol{\nabla} \right) \tag{6.104a}$$

现在考查 t 参考构形下的线弹性本构关系。假设在 t_0 和 t 参考构形下, 有

$$\Delta T^{KL} = \Sigma^{KLMN} \Delta E_{MN} \tag{6.105a}$$

$$\Delta T^{kl}_{(t)}(\tau) = \Sigma^{klmn}_{(t)} E_{(t)mn}(\tau) \tag{6.105b}$$

式中, $\Sigma^{klmn}_{(t)}$ 是 t 参考构形 $\{x^k\}$ 坐标系中的线弹性张量。将式 (6.90) 和式 (6.100) 代入式 (6.105a), 与式 (6.105b) 比较, 可以得到

$$\Sigma^{klmn}_{(t)} = \frac{1}{J_{(t)}} \Sigma^{KLMN} x^k_{,K} x^l_{,L} x^m_{,M} x^n_{,N} \tag{6.106a}$$

或

$$\Sigma^{KLMN} = J_{(t)} \Sigma^{klmn}_{(t)} X^K_{,k} X^L_{,l} X^M_{,m} X^N_{,n} \tag{6.106b}$$

应该指出, 由于这里的 $\{x^k, t\}$ 坐标系实质是以 t 构形为参考构形的物质坐标系, 上式与空间标架的刚性转动无关, 所以具有客观性。$\Sigma^{klmn}_{(t)}$ 与 Σ^{KLMN} 同样具有 Voigt 对称性。将式 (6.89a) 代入式 (6.105b), 有

$$\Delta \boldsymbol{T}_{(t)}(\tau) = \frac{1}{2} \boldsymbol{\Sigma}_{(t)} : \left(\boldsymbol{\nabla} (\Delta \boldsymbol{u}) + (\Delta \boldsymbol{u}) \boldsymbol{\nabla} + \boldsymbol{\nabla} (\Delta \boldsymbol{u}) \cdot (\Delta \boldsymbol{u}) \boldsymbol{\nabla} \right) \tag{6.107}$$

$$\Delta T^{kl}_{(t)} = \frac{1}{2} \Sigma^{klmn}_{(t)} \left(\Delta u_{n;m} + \Delta u_{m;n} + \Delta u_{p;m} \Delta u^p_{;n} \right) \tag{6.107a}$$

将式 (6.104a) 及式 (6.107) 代入式 (6.104), 有

$$\int_v \left[\boldsymbol{t}(t) + \frac{1}{2} \boldsymbol{\Sigma}_{(t)} : \left(\boldsymbol{\nabla} (\Delta \boldsymbol{u}) + (\Delta \boldsymbol{u}) \boldsymbol{\nabla} + \boldsymbol{\nabla} (\Delta \boldsymbol{u}) \cdot (\Delta \boldsymbol{u}) \boldsymbol{\nabla} \right) \right] :$$

$$\frac{1}{2} \left(\boldsymbol{\nabla} \delta (\Delta \boldsymbol{u}) + \delta (\Delta \boldsymbol{u}) \boldsymbol{\nabla} + \boldsymbol{\nabla} \delta (\Delta \boldsymbol{u}) \cdot (\Delta \boldsymbol{u}) \boldsymbol{\nabla} + \boldsymbol{\nabla} (\Delta \boldsymbol{u}) \cdot \delta (\Delta \boldsymbol{u}) \boldsymbol{\nabla} \right) \mathrm{d}v$$

$$= \int_v \rho \left(\boldsymbol{f}(t) + \Delta \boldsymbol{f} \right) \cdot \delta \boldsymbol{u} \mathrm{d}v + \int_{S_\sigma} \rho \left(\bar{\boldsymbol{t}}_{(n)}(t) + \Delta \bar{\boldsymbol{t}}_{(n)} \right) \cdot \delta \boldsymbol{u} \mathrm{d}a \tag{6.108}$$

上式是 Δu 的非线性方程, 当载荷步足够小时, 可以略去 Δu 的高次项将方程线性化, 得到 U.L. 格式虚功方程:

$$\int_v \boldsymbol{\nabla}\left(\Delta \boldsymbol{u}\right) : \boldsymbol{\Sigma}_{(t)} : \delta \boldsymbol{\nabla}\left(\Delta \boldsymbol{u}\right) \mathrm{d}v + \int_v \boldsymbol{t}\left(t\right) : \left[\boldsymbol{\nabla}\left(\Delta \boldsymbol{u}\right) \cdot \delta\left(\Delta \boldsymbol{u}\right)\boldsymbol{\nabla}\right] \mathrm{d}v$$

$$= \int_v \rho \Delta \boldsymbol{f} \cdot \delta(\Delta \boldsymbol{u})\mathrm{d}v + \int_{S_\sigma} \Delta \bar{\boldsymbol{t}}_{(n)} \cdot \delta(\Delta \boldsymbol{u})\mathrm{d}a +$$

$$\left\{ \int_v \rho \boldsymbol{f}\left(t\right) \cdot \delta(\Delta \boldsymbol{u})\mathrm{d}v + \int_{S_\sigma} \bar{\boldsymbol{t}}_{(n)}\left(t\right) \cdot \delta(\Delta \boldsymbol{u})\mathrm{d}a - \int_v \boldsymbol{t}\left(t\right) : \delta \boldsymbol{\nabla}\left(\Delta \boldsymbol{u}\right) \mathrm{d}v \right\} \quad (6.109)$$

分量形式为

$$\int_v \Sigma_{(t)}^{klmn} \Delta u_{n;m} \delta \Delta u_{l;k} \mathrm{d}v + \int_v t^{kl}\left(t\right) \Delta u^p{}_{;k} \delta \Delta u_{p;l} \mathrm{d}v$$

$$= \int_v \rho \Delta f^k \delta \Delta \boldsymbol{u}_k \mathrm{d}v + \int_{S_\sigma} \Delta \bar{t}_{(n)}^k \delta \Delta \boldsymbol{u}_k \mathrm{d}a +$$

$$\left\{ \int_v \rho f^k\left(t\right) \delta \Delta u_k \mathrm{d}v + \int_{S_\sigma} \bar{t}_{(n)}^k\left(t\right) \delta \Delta u_k \mathrm{d}a - \int_v t^{kl}\left(t\right) \delta \Delta u_{l;k} \mathrm{d}v \right\} \quad (6.109\mathrm{a})$$

需要指出, T.L. 格式虚功方程式 (6.84) 与这里的 U.L. 格式方程式 (6.109) 采用了不同的线性化方法, 前者将非线性项作为不平衡力使方程线性化用迭代法满足精度要求, 只要迭代次数足够多, 解的精度原则上不依赖增量步长; 后者用减小增量步长的方法略去非线性项, 使求解过程更为简单, 但必须采用足够小的步长, 才能得到需要的精度。

类似于 T.L. 法, 将位移增量 Δu 进行有限元离散, 由式 (6.109) 可以得到 U.L. 格式增量有限元方程 (用矩阵表示):

$$\left[\boldsymbol{K}_0 + \boldsymbol{K}_2\left(\boldsymbol{t}_{(i)}\right)\right] \Delta \boldsymbol{q} = \Delta \boldsymbol{F} + \boldsymbol{Q}\left(\boldsymbol{t}_{(i)}\right) \quad (6.110)$$

式中, $\boldsymbol{K}_0$, $\boldsymbol{K}_2$ 是线性刚度矩阵和初应力矩阵, 后者依赖上一步 (i) 的应力 (即 $\boldsymbol{t}_{(i)}\left(t\right)$); $\Delta \boldsymbol{q}$ 是 $(i+1)$ 步与 i 步广义位移增量 (与 $\Delta \boldsymbol{u}$ 对应); $\Delta \boldsymbol{F}$ 和 $\boldsymbol{Q}$ 是两步的载荷增量和上一步的不平衡力。$\boldsymbol{K}_0$, $\boldsymbol{K}_2$, $\Delta \boldsymbol{F}$ 和 $\boldsymbol{Q}$ 的定义为

$$\delta \Delta \boldsymbol{q}^{\mathrm{T}} \boldsymbol{K}_0 \Delta \boldsymbol{q} = \sum_{(M)} \int_{v_M} \Sigma_{(t)}^{klmn} \Delta u_{n;m} \delta \Delta u_{l;k} \mathrm{d}v_M \quad (6.111\mathrm{a})$$

$$\delta \Delta \boldsymbol{q}^{\mathrm{T}} \boldsymbol{K}_2 \Delta \boldsymbol{q} = \sum_{(M)} \int_{v_M} t_{(t)}^{kl} \Delta u^p{}_{;k} \delta \Delta u_{p;l} \mathrm{d}v_M \quad (6.111\mathrm{b})$$

$$\delta \Delta \boldsymbol{q}^{\mathrm{T}} \Delta \boldsymbol{F} = \sum_{(M)} \left[\int_{v_M} \rho \Delta f^k \delta \Delta \boldsymbol{u}_k \mathrm{d}v_M + \int_{S_{\sigma M}} \Delta \bar{t}_{(n)}^k \delta \Delta \boldsymbol{u}_k \mathrm{d}a_M \right] \quad (6.111\mathrm{c})$$

$$\delta \Delta \boldsymbol{q}^{\mathrm{T}} \boldsymbol{Q} = \sum_{(M)} \left[\int_{v_M} \rho f_{(i)}^k \delta \Delta u_k \mathrm{d}v_M + \int_{S_{\sigma M}} \bar{t}_{(n)(i)}^k \delta \Delta u_k \mathrm{d}a_M - \int_{v_M} t_{(i)}^{kl} \delta \Delta u_{l;k} \mathrm{d}v_M \right]$$

$$(6.111\mathrm{d})$$

式中，M 是单元号；ρ、$\boldsymbol{f}_{(i)}$、$\bar{\boldsymbol{t}}_{(n)(i)}$、$\boldsymbol{t}_{(i)}$ 是第 i 步的密度、体力、面力和 Cauchy 应力。

➤ 6.2.4 有限变形下的变分原理

与几何线性情况类似，可以建立几何非线性情况的变分原理，但不是最小值原理而是驻值原理，其中应变位移关系是非线性的。此外，本节讨论的变分原理不仅适用于线弹性材料，也适用于非线性弹性 (超弹性) 材料，所以本节取消了线弹性限制。

6.2.4.1 位能驻值原理

假设弹性体存在应变能函数 Σ，单位体积中内力在位移 $\delta\boldsymbol{u}$ 上的功为

$$\boldsymbol{T} : \delta\boldsymbol{E} = \frac{\partial \Sigma}{\partial \boldsymbol{E}} : \delta\boldsymbol{E} = \delta\Sigma \tag{6.112}$$

将上式代入虚功原理式 (6.67)，若 $\boldsymbol{a} = \boldsymbol{0}$(静力情况)，外力是保守的而且与位移无关，得到

$$\delta P\left(\boldsymbol{u}\right) = 0 \tag{6.113}$$

$$P = \int_V \Sigma\left(\boldsymbol{u}\right) \mathrm{d}V - \int_V \rho_0 \boldsymbol{f} \cdot \boldsymbol{u} \mathrm{d}V - \int_{S_\sigma} \bar{\boldsymbol{t}}_{(N)} \cdot \boldsymbol{u} \mathrm{d}A \tag{6.113a}$$

式中，P 是系统的位能；$\boldsymbol{u}$ 是几何可能位移。式 (6.113) 和式 (6.113a) 与式 (6.41a) 和式 (6.35) 形式相同，但应变位移关系是非线性的 (式 (6.64a))。用与经典线性情况类似的方法，可以由式 (6.113) 推导几何非线性平衡方程和力边界条件。

但与线性情况不同，单位体积变形能 $\Sigma\left(\boldsymbol{u}\right)$ 不再是位移函数的正定二次型，而是还包含位移的三次项和四次项，所以平衡状态的位能并不一定是极小值，极小值条件只在稳定平衡时成立 (参阅 6.3 节)。

6.2.4.2 多变量变分原理

A Reissner 变分原理

引入余变形能 (参见图 6.3)

$$\Sigma_C = \boldsymbol{T} : \boldsymbol{E} - \Sigma \tag{6.114}$$

图 6.3 变形能和余变形能

在线弹性情况时，Σ_C 是第二类 P-K 应力的正定二次型 (即式 (6.46))。在非线性弹性时，若 Σ 存在 (超弹性) 且 Green 应变张量 $\boldsymbol{E}$ 可以完全用应力表示：

$$\boldsymbol{E} = \boldsymbol{E}\,(\boldsymbol{T}) \tag{6.115}$$

则余变形能是应力的函数：

$$\Sigma_C = \Sigma_C\,(\boldsymbol{T}) \tag{6.116}$$

由式 (6.114)，有

$$\mathrm{d}\Sigma_C = \mathrm{d}\boldsymbol{T} : \boldsymbol{E} + \boldsymbol{T} : \mathrm{d}\boldsymbol{E} - \mathrm{d}\Sigma \tag{6.117}$$

注意 $\mathrm{d}\Sigma = \boldsymbol{T} : \mathrm{d}\boldsymbol{E}$，所以

$$\mathrm{d}\Sigma_C = \boldsymbol{dT} : \boldsymbol{E} \quad \text{或} \quad \boldsymbol{E} = \frac{\partial \Sigma_C}{\partial \boldsymbol{T}} \tag{6.118}$$

假设外力是保守的，并且存在势函数：

$$\delta\varphi\,(\boldsymbol{u}) = -\rho_0\boldsymbol{f} \cdot \delta\boldsymbol{u}; \quad \delta\psi\,(\boldsymbol{u}) = -\bar{\boldsymbol{t}}_{(N)} \cdot \delta\boldsymbol{u} \tag{6.119}$$

因为 $\boldsymbol{f}$ 和 $\bar{\boldsymbol{t}}_{(N)}$ 与位移无关，所以

$$\varphi = -\rho_0\boldsymbol{f} \cdot \boldsymbol{u}; \quad \psi = -\bar{\boldsymbol{t}}_{(N)} \cdot \boldsymbol{u} \tag{6.119a}$$

引入系统的余能

$$\Pi_{\mathrm{R}} = \int_V \left[\boldsymbol{T} : \frac{1}{2}\,(\boldsymbol{\nabla}\boldsymbol{u} + \boldsymbol{u}\boldsymbol{\nabla} + \boldsymbol{\nabla}\boldsymbol{u} \cdot \boldsymbol{u}\boldsymbol{\nabla}) - \Sigma_C\,(\boldsymbol{T}) \right] \mathrm{d}V +$$
$$\int_V \varphi\,(\boldsymbol{u})\,\mathrm{d}V + \int_V \psi\,\mathrm{d}V - \int_{S_u} \boldsymbol{t}_{(N)} \cdot (\boldsymbol{u} - \bar{\boldsymbol{u}})\,\mathrm{d}A \tag{6.120}$$

将式 (6.119a) 代入上式，则

$$\Pi_{\mathrm{R}} = \int_V \left[\boldsymbol{T} : \frac{1}{2}\,(\boldsymbol{\nabla}\boldsymbol{u} + \boldsymbol{u}\boldsymbol{\nabla} + \boldsymbol{\nabla}\boldsymbol{u} \cdot \boldsymbol{u}\boldsymbol{\nabla}) - \Sigma_C\,(\boldsymbol{T}) - \rho_0\boldsymbol{f} \cdot \boldsymbol{u} \right] \mathrm{d}V -$$
$$\int_{S_\sigma} \bar{\boldsymbol{t}}_{(N)} \cdot \boldsymbol{u}\,\mathrm{d}A - \int_{S_u} \boldsymbol{t}_{(N)} \cdot (\boldsymbol{u} - \bar{\boldsymbol{u}})\,\mathrm{d}A \tag{6.120a}$$

式中，$\boldsymbol{T}$, $\boldsymbol{u}$ 和表面应力向量 $\boldsymbol{t}_{(N)}$ 是独立变量；Σ_C 由本构关系式 (6.118) 定义。可以证明，真实的 $\boldsymbol{T}$, $\boldsymbol{u}$, $\boldsymbol{t}_{(N)}$ 满足变分方程

$$\delta\Pi_{\mathrm{R}} = 0 \tag{6.121}$$

式 (6.121) 称为 Reissner 变分原理，可以认为是线弹性无限小变形 (经典线性) 的 Hellinger-Reissner 变分原理 (式 (6.54)) 在超弹性有限变形情况下的推广，有时也

称为广义余能原理。应该指出，无限小变形下的最小余能原理 (式 (6.52)) 只包括应力 $\boldsymbol{T}$ 一个独立变量，并且满足平衡条件；但在几何非线性情况下，平衡方程和力边界条件依赖位移，因而不能独立于位移找到平衡的应力，所以没有相应的单变量余能原理。

证：利用余能的分量形式、分部积分和散度定理，有

$$\delta\Pi_{\mathrm{R}} = \int_V \left\{ \frac{1}{2}\delta T^{KL}\left(U_{K;L}+U_{L;K}+U_{M;K}U^M_{;L}\right) + \frac{1}{2}T^{KL}\delta\left(U_{K;L}+U_{L;K}+U_{M;K}U^M_{;L}\right) - \frac{\partial \Sigma_C}{\partial T^{KL}}\delta T^{KL} \right\}\mathrm{d}V - \int_V \rho_0 f^L \delta U_L \mathrm{d}V - \int_{S_\sigma} \bar{t}^L_{(N)}\delta U_L \mathrm{d}A -$$

$$\int_{S_u}\left[\delta t^L_{(N)}\left(U_L - \bar{U}_L\right) + t^L_{(N)}\delta U_L\right]\mathrm{d}A$$

$$= \int_V \left[\frac{1}{2}\left(U_{K;L}+U_{L;K}+U_{M;K}U^M_{;L}\right) - E_{KL}\right]\delta T^{KL}\mathrm{d}V +$$

$$\int_V \left\{\left[\left(\delta^M_L + U^M_{;L}\right)T^{KL}\right]_{;K} - \rho_0 f^M\right\}\delta U_M \mathrm{d}V +$$

$$\int_{S_\sigma}\left[\left(\delta^M_L + U^M_{;L}\right)T^{KL}N_K - \bar{t}^M_{(N)}\right]\delta U_M \mathrm{d}A -$$

$$\int_{S_u}\left[\left(U_L - \bar{U}_L\right)\delta t^L_{(N)} + t^L_{(N)}\delta U_L\right]\mathrm{d}A = 0$$

由于 $\delta T_{KL}\left(\boldsymbol{X}\right)\left(\boldsymbol{X}\in V\right), \delta t^L_{(N)}\left(\boldsymbol{X}\right)\left(\boldsymbol{X}\in S_u\right), \delta U_M\left(\boldsymbol{X}\right)\left(\boldsymbol{X}\in V, S_\sigma\right)$ 是任意的，所以有

$$E_{KL} = \frac{1}{2}\left(U_{K;L}+U_{L;K}+U_{M;K}U^M_{;L}\right) \quad (\boldsymbol{X}\in V)$$

$$\left[\left(\delta^M_L + U^M_{;L}\right)T^{KL}\right]^{\cdot}_{;K} - \rho_0 f^M = 0 \quad (\boldsymbol{X}\in V)$$

$$\left(\delta^M_L + U^M_{;L}\right)T^{KL}N_K = \bar{t}^M_{(N)} \quad (\boldsymbol{X}\in S_\sigma)$$

$$\delta U_L = 0, U_L = \bar{U}_L \quad (\boldsymbol{X}\in S_u)$$

式中，$E_{KL} = \dfrac{\partial \Sigma_C}{\partial T^{KL}}$；利用式 (6.117) 得 $T^{KL} = \dfrac{\partial \Sigma}{\partial E_{KL}}$，可见本构关系已经满足。上述推导证明，如果 $\boldsymbol{u}$，$\boldsymbol{T}$ 满足几何方程 (6.64a)、平衡方程 (6.65a)、力边界条件 (6.66a) 和位移边界条件，则式 (6.121) 成立。反之，如果 $\boldsymbol{T}$ 和 $\boldsymbol{u}$ 足够光滑且 Π_{R} 对于所有的 $\boldsymbol{T}$，$\boldsymbol{u}$ 和 $\boldsymbol{t}_{(N)}$ 取得驻值，则得到上述微分方程的精确解；否则若在一定范围内取得驻值，则给出问题的近似解。可见 $\delta\Pi_{\mathrm{R}} = 0$ 是应变位移关系、平衡方程、力边界条件和位移边界条件的一种弱形式。

如果在式 (6.120a) 中，令 $\boldsymbol{u}$ 满足应变位移关系和位移边界条件，利用式 (6.114) 消去 $\boldsymbol{T}$，则 Reissner 变分原理退化为位能驻值原理 (式 (6.113))。

B 胡-鹫 (Hu-Washizu) 变分原理

位能驻值原理式 (6.113) 要求位移是几何可能的, 即满足非线性应变位移关系和几何边界条件, 假如将这两个约束条件放松, 按条件变分问题中常用的 Lagrange 乘子法, 在位能表达式 (6.113a) 中引入 Lagrange 乘子, 得到

$$\Pi_{HW} = \int_V \left[\varSigma(\boldsymbol{E}) + \boldsymbol{T} : \left(\frac{1}{2}(\boldsymbol{\nabla}\boldsymbol{u} + \boldsymbol{u}\boldsymbol{\nabla} + \boldsymbol{\nabla}\boldsymbol{u} \cdot \boldsymbol{\nabla}\boldsymbol{u}) - \boldsymbol{E} \right) \right] \mathrm{d}V - \int_V \rho_0 \boldsymbol{f} \cdot \boldsymbol{u}\mathrm{d}V -$$
$$\int_{S_\sigma} \bar{\boldsymbol{t}}_{(N)} \cdot \boldsymbol{u}\mathrm{d}A - \int_{S_u} \boldsymbol{t}_{(N)} \cdot (\boldsymbol{u} - \bar{\boldsymbol{u}})\mathrm{d}A \tag{6.122}$$

式中, 变形能 $\varSigma$ 是 $\boldsymbol{E}$ 的函数, 与位移无关; $\boldsymbol{u}$ 是无边界约束位移; $\boldsymbol{T}$ 和 $\boldsymbol{t}_{(N)}$ 是 Lagrange 乘子 (能够证明它们分别是第二类 P-K 应力张量和表面应力向量, 所以采用原来的符号表示)。由于 $\boldsymbol{T}$ 是作为 Lagrange 乘子和独立变量引入的, 所以不要求满足本构关系。

可以证明, 真实的变量 $\boldsymbol{u}$、$\boldsymbol{E}$、$\boldsymbol{T}$、$\boldsymbol{t}_{(N)}$ 使 Π_{HW} 取得驻值, 即

$$\delta\Pi_{HW} = 0 \tag{6.123}$$

式 (6.123) 为几何非线性、非线性弹性 (超弹性) 情况下的胡 - 鹫变分原理。对于式 (6.123) 中每个独立变量取变分, 利用分部积分法和独立变量变分的任意性, 可以推导出全部微分形式的控制方程, 包括式 (6.64a)、式 (6.65a)、式 (6.66a)、位移边界条件及本构关系式 (6.2)。这一推导过程给出了 Lagrange 乘子 $\boldsymbol{T}$ 和 $\boldsymbol{t}_{(N)}$ 的物理意义。

与线弹性情况一样, 作为微分方程的弱形式, 各种变分原理可以用于近似解法, 特别是非线性有限元法, 例如常见的位移模式有限单元。为了获得较高的计算精度和效率, 基于多场变分原理, 发展了各种二维多场有限元法, 例如同时将位移场和应力场离散, 提出了杂交元法和混合元法[20,21], 将位移和应变作为独立变量建立了拟协调元[22~24]。拟协调元法在式 (6.122) 中令 $\boldsymbol{u}$ 满足几何边界条件 $(\boldsymbol{u} = \bar{\boldsymbol{u}})$, 取 $\boldsymbol{T}$ 作为 Lagrange 乘子, 以弱形式满足几何方程, 则式 (6.122) 退化为两变量 $(\boldsymbol{E}, \boldsymbol{u})$ 的条件变分方程[25]

$$\delta \sum_{(M)} \left\{ \int_{V_M} [\varSigma(\boldsymbol{E}) - \rho_0 \boldsymbol{f} \cdot \boldsymbol{u}]\mathrm{d}V - \int_{S_{\sigma M}} \bar{\boldsymbol{t}}_{(N)} \cdot \boldsymbol{u}\mathrm{d}V \right\} = 0 \tag{6.124a}$$

$$\sum_{(M)} \left\{ \int_{V_M} \boldsymbol{E}^* : \left[\frac{1}{2}(\boldsymbol{\nabla}\boldsymbol{u} + \boldsymbol{u}\boldsymbol{\nabla} + \boldsymbol{\nabla}\boldsymbol{u} \cdot \boldsymbol{u}\boldsymbol{\nabla}) - \boldsymbol{E} \right] \mathrm{d}V \right\} = 0 \tag{6.124b}$$

式中, M 是单元号; $\boldsymbol{E}^*$ 是 Lagrange 乘子, 作为试验函数可以取 $\boldsymbol{E}^*$ 与 $\boldsymbol{E}$ 相同, 从而由式 (6.124b) 得到 $\boldsymbol{E}$ 的离散变量与广义位移 $\boldsymbol{q}$ 的关系, 再代入式 (6.124a) 求解 $\boldsymbol{q}$。拟协调元可能获得较高的应变及应力精度。

6.3 弹性稳定性、屈曲和后屈曲

在足够小的载荷作用下,可以不考虑几何非线性,弹性结构的平衡总是稳定的,即在各种干扰去掉之后结构仍然回到原来的平衡位置。但是,杆及杆系、板与壳及其组合结构,在某些载荷作用下,随载荷增加平衡可以从稳定转向不稳定,这种稳定性的转变称为屈曲 (buckling),屈曲之后的平衡状态称为后屈曲 (postbuckling)。

图 6.4 滚球稳定性模型

屈曲和后屈曲常常是这类结构设计中需要考虑的主要问题,也是几何非线性对结构平衡及承载能力的一种重要影响。

本节讨论的稳定性是通常研究的小范围稳定性,即考察稳定性的干扰及其引起的平衡位置偏离足够小。如果干扰大到一定程度,小范围内稳定的平衡状态可能发生大范围不稳定。如果用滚球模型表示 (图 6.4),状态 A 和 C 是小范围稳定、大范围不稳定的,B 是小范围不稳定的。

▶ 6.3.1 稳定性概念和稳定准则

6.3.1.1 两类失稳

结构从稳定平衡转变为不稳定平衡称为失稳 (或屈曲),发生稳定性改变的平衡状态称为临界状态。结构失稳有分支屈曲和极值点屈曲两种类型,见图 6.5,图中实线为稳定平衡,虚线为不稳定平衡。分支屈曲的解路径 (载荷 - 位移曲线) 在临界点 (分支点)A 处存在稳定或者不稳定分支 (图 6.5(a) 中路径 1 或 1′);极值点屈曲的临界点 (图 6.5(b) 中 A 点) 是载荷的极值,在临界点前后为同一路径,平衡状态常常发生大范围改变,跳向另一个稳定平衡,所以也称为 "跳跃" 失稳。临界点之后的平衡称为后屈曲状态,在后屈曲路径上可能发生新的屈曲称为二次屈

(a)

(b)

图 6.5 分支屈曲 (a) 和极值点屈曲 (b)

曲 (例如图 6.5(a) 中的 A' 点)，二次屈曲也有两种类型。轴压直杆和平板的屈曲是分支屈曲，小曲率浅拱和扁球盖受外压作用时可发生极值点屈曲。轴压平板在屈曲之后可能发生二次分支屈曲，表现为后屈曲形态的突然变化，压杆屈曲之后由于塑性变形可以出现载荷的极值点。

6.3.1.2 稳定性定义, 动力准则

弹性系统平衡稳定性是根据受到小扰动之后系统运动是否有界定义的。假设一个系统有 n 个自由度 $q_k (k = 1, \cdots, n)$，在给定载荷作用下系统的平衡位置为 q_k°，若系统受到小干扰作用，在干扰去掉之后的自由运动位置为 $q_k(t) = q_k^\circ + \Delta q_k(t)$，速度为 $\dot{q}_k(t) = \Delta \dot{q}_k(t)$。如果总是能够选择足够小的初始干扰 $\Delta q_k(0)$ 和 $\Delta \dot{q}_k(0)$，使得以后的运动限制在任意小的范围内，即 $|\Delta q(t)| \leqslant \varepsilon$, $|\Delta \dot{q}(t)| \leqslant \varepsilon$ (ε 是给定的任意小正数)，则系统的平衡状态 q_k° 是稳定的，否则是不稳定的。

上述稳定性定义也称为 Lyapunov 动力准则。实际结构一般是连续系统，有无限多个自由度。严格地讲，不能将有限自由度的结果简单地推广用于无限自由度情况，能否将动力准则推广到连续体的问题仍在讨论。但是，在多数情况下，这种推广是可靠的[26]。

应用动力准则确定临界点和判断平衡稳定性，需要用动力学方法研究系统的动力特性，在大多数实际问题中这一方法并不方便。更为简便的是静力 (平衡) 法和能量法，相应的稳定准则是静力准则和能量准则。

6.3.1.3 静力准则

在分支点附近，除原来的平衡状态外还存在其他平衡状态。因此，当完善 (无缺陷) 系统有一个微小的附加位移时 (严格说来是无限小可能位移)，在同样载荷作用下，系统将可能在新的邻近状态处于平衡，则该点必为分支点，这一准则称为静力准则。

对于非完善 (有微小缺陷) 系统，当载荷趋近完善系统的分支点时，在线性稳定理论范围内，系统的变形趋于无限大，此时静力准则也称为微扰动准则[27]。

应用静力准则求临界载荷时，只需建立无限邻近状态的平衡方程和边界条件，由于原始状态 (或基本状态) 是平衡的，所以附加位移满足齐次方程和边界条件，构成特征值问题，特征函数称为屈曲形态，特征值即为临界载荷。静力准则给出了分支点条件，应用比较简单，对于保守系统可以得到与动力准则相同的结果，但不能判断平衡本身的稳定性。

6.3.1.4 能量准则

判断保守系的临界状态和稳定性可以应用能量准则。若弹性保守系统失稳前平衡状态 I (基本状态) 的位能为 P_{I}，考虑任一个可能的邻近状态 II，位能为 P_{II}，

平衡状态 I 稳定的充分必要条件是 P_{I} 为最小值, 即对于所有的邻近状态

$$\Delta P = P_{\mathrm{II}} - P_{\mathrm{I}} > 0 \tag{6.125}$$

反之, 若至少有一个邻近状态, 使

$$\Delta P < 0 \tag{6.125a}$$

则平衡状态 I 是不稳定的。上述稳定性准则称为能量准则。若运动许可的微小附加位移 (即位移的变分) 记作:

$$\boldsymbol{\eta} = \boldsymbol{u} - \boldsymbol{u}_0 \tag{6.126}$$

式中, $\boldsymbol{u}, \boldsymbol{u}_0$ 是状态 II 和 I 的位移, 则位能增量泛函 ΔP 可以展成 $\boldsymbol{\eta}$ 的 Taylor 级数:

$$\Delta P = P_1 + P_2 + P_3 + \cdots \tag{6.127}$$

式中, $P_i(\boldsymbol{\eta})$ 是 $\boldsymbol{\eta}$ 的 i 次泛函 (或记作 $\delta^i P, \ i = 1, 2, \cdots$), 即 $\boldsymbol{\eta}$ (及其导数) 的 i 次项, 或 i 次变分。由于 I 是平衡状态, 位能驻值原理给出 $\delta P = P_1 = 0$, 所以

$$\Delta P = P_2 + P_3 + \cdots \tag{6.127a}$$

因为 $\boldsymbol{\eta}$ 是无限小量, 一般情况下 ΔP 的符号决定于 P_2 (或 $\delta^2 P$), 式 (6.125) 可表为: 对于所有几何可能的 $\boldsymbol{\eta}$,

$$P_2 > 0 \tag{6.128}$$

所以, 位能的二次变分恒正是稳定的充分条件; 而

$$P_2 \geqslant 0 \tag{6.129}$$

即位能的二次变分非负是稳定的必要条件; 如果 $P_2 = 0$ 仅对 $\boldsymbol{\eta} = \boldsymbol{0}$ 成立, 上式也是充分条件。由于略去了高次项, 用二次变分表示的能量准则比式 (6.125) 更方便。

如果 P_2 是半正定的, 即一般情况下 $P_2 > 0$, 但存在一个或几个 $\boldsymbol{\eta}$ 使

$$P_2 = 0, \ \text{即} \min(P_2) = 0 \tag{6.130}$$

则基本平衡状态 I 是临界状态 (也称为中性平衡状态)。临界状态可能稳定也可能不稳定, 需要考虑式 (6.127) 中的高阶变分才能确定。式 (6.130) 是泛函 P_2 的极小值问题, 所以有

$$\delta P_2(\boldsymbol{\eta}) = 0 \tag{6.131}$$

式 (6.131) 为求临界状态的变分方程, 也称为中性平衡方程。由于 P_2 是 $\boldsymbol{\eta}$ (及其导数) 的二次齐次泛函, 所以其欧拉方程是齐次的, 归结为特征值问题。求解特征方

程式 (6.131)，可以得到特征值 (临界载荷) 及对应的特征函数 (屈曲形态，也称为屈曲模态)。同一临界载荷只有一个屈曲模态时称为单模态问题，有多个屈曲模态时称为多模态问题。式 (6.131) 的欧拉方程与根据静力准则建立的微扰动平衡方程相同。

对于保守系而言，上述三个稳定准则给出相同的结果，是等价的；研究非保守系统的稳定性应该采用动力准则。下面以压杆稳定问题为例说明三个稳定准则的应用。

6.3.1.5 例题

[**例 6.2**] 两端简支压杆 (如图 6.6 所示) 的屈曲。

图 6.6 简支压杆

材料力学中已经给出微扰动平衡方程、临界载荷和屈曲形态：

$$EIw_{,xxxx} + Nw_{,xx} = 0; \quad N_{cr} = \frac{\pi^2 EI}{l^2}; \quad w_1 = a\sin\frac{\pi x}{l} \tag{a}$$

式中，EI、l、N 分别为梁的弯曲刚度、长度和轴向压力；a 是任意常数。

首先用能量准则求解。基本状态 I 为均匀压缩：

$$EAu_{0,x} = -N; \quad u_0(l) = -\frac{Nl}{EA} \tag{b}$$

式中，u_0 是轴向位移；EA 是拉伸刚度。考虑任一许可状态 II：$(u_0 + u,\ w)$，u 和 w 是附加轴向位移和挠度 (即 $\boldsymbol{\eta}$)，则位能增量 (不考虑剪切影响) 为

$$\Delta P = P_{II} - P_I = \int_0^l \frac{EA}{2}\left(\varepsilon_x^2 - \varepsilon_{x0}^2\right)\mathrm{d}x + \int_0^l \frac{EI}{2}w_{,xx}^2\mathrm{d}x + Nu(l) \tag{c}$$

$$\varepsilon_x = (u_0 + u)_{,x} + \frac{1}{2}w_{,x}^2; \quad \varepsilon_{x0} = u_{0,x} \tag{d}$$

将式 (d) 代入式 (c)，得到一次和二次变分：

$$P_1 = \int_0^l EAu_{0,x}u_{,x}\mathrm{d}x + Nu(l) = EAu_{0,x}u\big|_0^l + Nu(l) = 0$$

$$P_2 = \int_0^l \frac{1}{2}EA\left(u_{,x}^2 + u_{0,x}w_{,x}^2\right)\mathrm{d}x + \int_0^l \frac{EI}{2}w_{,xx}^2\mathrm{d}x$$

由式 (6.131)，P_2 对 u，w 取变分，可以得到

$$\delta\int_0^l \frac{1}{2}EAu_{,x}^2\mathrm{d}x = 0 \tag{e}$$

$$\delta \int_0^l \frac{1}{2} \left(EIw_{,xx}^2 - Nw_{,x}^2 \right) \mathrm{d}x = 0 \tag{f}$$

方程 (e) 的解为 $u = 0$; 式 (f) 变分后得到 Euler 方程及边界条件:

$$EIw_{,xxxx} + Nw_{,xx} = 0; \quad w(0) = w(l) = w_{,xx}(0) = w_{,xx}(l) = 0$$

上式与微扰动平衡条件相同 (见式 (a)), 因此能量准则得到的临界状态与静力准则相同。

再用动力准则求解。

利用压杆任一微段在 z 向的平衡条件, 可以建立压杆扰动后的自由运动方程:

$$\rho A\ddot{w} + Nw_{,xx} + EIw_{,xxxx} = 0 \tag{g}$$

式中, 各项依次为惯性力、轴力和剪力引起的横向力; ρ 是密度。边界条件和初始条件 $(t = 0)$ 为

$$w(0, t) = w(l, t) = w_{,xx}(0, t) = w_{,xx}(l, t) = 0 \tag{h}$$

由方程式 (g) 和式 (h), 可以给出一般解:

$$w = a \sin \frac{m\pi x}{l} \mathrm{e}^{\varphi t}$$

代入式 (g), 由非平凡解 w 非零条件, 得到特征方程:

$$\rho A\varphi^2 = \frac{m^2\pi^2}{l^2} \left(N - \frac{m^2\pi^2 EI}{l^2} \right) \tag{i}$$

只考虑最低阶邻近状态 $(m = 1)$。若 $N > \dfrac{\pi^2 EI}{l^2}$, 则存在 $\varphi > 0$ 的实数解, 随 t 的增加, w 无限增大, 运动发散, 平衡不稳定; 若 $N < \dfrac{\pi^2 EI}{l^2}$, 则 φ 为虚数, 系统发生简谐振动, 振幅与初始扰动有关, 运动是有界的, 所以原平衡状态稳定。因而 $N = \dfrac{\pi^2 EI}{l^2}$, $\varphi = 0$ 是从稳定平衡转向不稳定平衡的临界状态, $N = \dfrac{\pi^2 EI}{l^2}$, $w = a \sin \dfrac{\pi x}{l}$ 是系统的临界载荷和屈曲形态。确定临界状态本身的运动特性是否有界, 需要在线性化的运动方程式 (g) 中考虑高次项。

在一般情况下, 对于保守或非保守系统, 线性化的齐次运动方程有非零解 (非平凡解) 的条件归结为高次特征方程, 方程的解为复根 $\varphi_j = r_j \pm iw_j (j = 1, \cdots, n)$, 实部 r_j 描述单调运动, 虚部 w_j 表示振动。当方程的解中至少有一个为正实部时, 则系统平衡不稳定; 如果全部解为负实部, 则平衡稳定; 如果至少有一对虚根, 其他根均为负实部时, 则平衡为临界状态 (见参考文献 [26], [28])。

由上例可见三个稳定准则在保守系情况下，得到相同结果。下面举一个非保守系的例子，考察三个准则的适用情况。

[例 6.3] 一端固定另一端自由杆件，确定自由端受跟随压力时的稳定性。

图 6.7(a) 所示压杆的垂直状态为基本平衡状态，如果发生弯曲时轴力 N 大小不变并始终与杆的轴线相切，这种载荷称为跟随力，是一种非保守力，所以该系统是非保守系，能量准则不再适用。

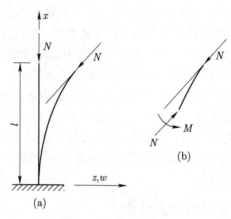

图 6.7 受跟随力的压杆

考虑一个微弯状态，截面法给出的受力状态如图 6.7(b) 所示，可见 N 保持切线方向时，弯曲状态不可能平衡，因此根据静力准则，该杆件不可能发生屈曲。

下面用动力准则分析稳定性 (见参考文献 [26])。受初始干扰后系统的运动方程与例 6.2 相同，但边界条件不同：

$$\rho A\ddot{w} + Nw_{,xx} + EIw_{,xxxx} = 0 \tag{j}$$

$$w\left(0, t\right) = w_{,x}\left(0, t\right) = 0 \tag{k}$$

$$w_{,xx}\left(l, t\right) = w_{,xxx}\left(l, t\right) = 0 \tag{l}$$

用分离变量法求解上述特征值问题，令 $w = f(x)\mathrm{e}^{\omega t}$，得到常微分方程特征值问题：

$$EIf'''' + Nf'' + \rho A\omega^2 f = 0 \tag{m}$$

$$f\left(0\right) = f'\left(0\right) = f''\left(l\right) = f'''\left(l\right) = 0 \tag{n}$$

其中，f'、f''、f'''、f'''' 分别为 f 的 1、2、3、4 阶导数。不难求出方程 (m) 的一般解，然后代入式 (n)，由 f 的非零条件可以得到一个特征方程 (这里略去具体形式)：

$$g\left(\omega^2, N\right) = 0 \tag{o}$$

式 (o) 是复杂的超越方程, 可用数值方法求解, 当 ω 有一对虚根时, 得到临界载荷

$$N_{\mathrm{cr}} = 2.031 \frac{\pi^2 EI}{l^2} \tag{6.132}$$

可见动力准则能够用于分析非保守系统, 可以正确地确定临界状态, 讨论平衡稳定性, 而静力准则给出错误结果, 能量准则无法建立和应用。因此动力准则具有普遍适用性。

以上两例中屈曲前的平衡状态是线弹性的; 如果结构屈曲之前必须考虑几何或材料非线性, 则需要用增量解法逐步求解平衡状态, 然后用能量准则或动力准则判断已经求得的平衡状态的稳定性, 根据稳定向不稳定转变确定临界点 (分支点或极值点), 此时进行结构平衡状态的非线性分析是必要的。

本节简要讨论了如何确定临界平衡状态, 即屈曲分析。屈曲现象无疑是结构设计和使用中关注的重要问题, 但是结构屈曲并不等同破坏或失效, 例如平板能够承受的载荷比临界载荷高得多, 而薄壳常常在低于临界载荷下发生失稳和破坏。出现这种差别的原因与结构的后屈曲特性有关。因此, 为了确定结构的真实承载能力, 常常需要进行后屈曲分析。

▶ 6.3.2　Koiter 初始后屈曲理论

1945 年荷兰学者 W. T. Koiter 在博士论文[29] 中用渐近法研究了弹性保守系统在分支点及其附近的后屈曲行为。后来, 特别是在 20 世纪 60~70 年代, 这一理论得到重视和发展, 但基本理论并未改变。下面着重介绍 Koiter 弹性稳定一般理论的概念和主要结论, 详细内容可阅读参考文献 [30]。

若基本平衡状态 I 的位移为 $u_0(\lambda)$, 假设载荷成比例变化, 用载荷因子 λ 表示大小。η 为分支点 (λ_C, u_0) 附近任一许可状态 II 的附加位移, 弹性系统的位能增量展开式 (参见式 (6.127a)) 为

$$\Delta P = P_2(\lambda; \eta) + P_3(\lambda; \eta) + P_4(\lambda; \eta) + \cdots$$

若分支点对应的载荷因子和屈曲形态为 λ_C 和 u_1, 那么临近分支点的初始后屈曲状态的附加位移, 在形态上应该接近 u_1, 大小待定。因此可以假设:

$$\eta = a u_1 + v \tag{6.133}$$

式中, a 是待定系数; v 是 η 与屈曲形态的差异。将一个函数分解为待定的两部分, 可以要求它们满足一个给定的附加条件:

$$T_{11}(u_1, v) = 0 \tag{6.134}$$

T_{11} 是 u_1 和 v 的内积, 即满足内积要求的双线性泛函, 由 u_1 与 v(或其各阶导数) 的乘积之和在整个物体中的积分组成, 若取两个函数相同则 T_{11} 变为二次齐次泛

函 T_2，要求 T_2 是正定的，例如可以取线弹性应变能泛函作为 T_2。式 (6.134) 称为函数 u_1 和 v 的正交条件。在初始后屈曲状态下，显然 a 和 $(\lambda - \lambda_C)$ 都是小量，可以证明，v 是更小的量，量级为 a^2，将式 (6.133) 代入式 (6.127a)，对 v 和 λ 在 λ_C 点处展开成幂级数形式，可以得到

$$
\begin{aligned}
\Delta P(a, \boldsymbol{v}) = &(\lambda - \lambda_C) a^2 P_2'(\lambda_C; \boldsymbol{u}_1) + a^3 P_3(\lambda_C; \boldsymbol{u}_1) + a^4 P_4(\lambda_C; \boldsymbol{u}_1) + \\
&[P_2(\lambda_C; \boldsymbol{v}) + a^2 P_{21}(\lambda_C; \boldsymbol{u}_1, \boldsymbol{v})] + \mathrm{O}[a^5, a^3(\lambda - \lambda_C)]
\end{aligned} \tag{6.135}
$$

在推导上式时应用了分支点条件 $P_2(\lambda_C; \eta) = 0$ 和正交条件式 (6.134)，式中 $P_2' = \dfrac{\partial P_2}{\partial \lambda}$，$P_{21}(\lambda_C; \boldsymbol{u}_1, \boldsymbol{v})$ 是 $\boldsymbol{u}_1$ 及其各阶导数的二次幂、$\boldsymbol{v}$ 及其各阶导数的一次幂乘积构成的泛函。

由位能驻值原理，后屈曲状态 II 的平衡条件是

$$
\delta P_{\mathrm{II}} = \delta[\Delta P(\lambda; a, \boldsymbol{v})] = 0 \tag{6.136}
$$

为了求解变分方程式 (6.136)，首先取 a 作为参数，略去高次项，可令 $\boldsymbol{v} = a^2 \boldsymbol{v}_1$，则上式归结为条件变分问题：

$$
\delta[P_2(\lambda_C; \boldsymbol{v}_1) + P_{21}(\lambda_C; \boldsymbol{u}_1, \boldsymbol{v}_1)] = 0; \quad T_{11}(\boldsymbol{u}_1, \boldsymbol{v}_1) = 0
$$

求解上述线性问题，可以得到解 $\boldsymbol{v}_1$ 和 $\boldsymbol{v} = a^2 \boldsymbol{v}_1$。对上面第 1 式取变分，令 $\delta \boldsymbol{v}_1 = \boldsymbol{v}_1$，可得

$$
P_{21}(\lambda_C; \boldsymbol{u}_1, \boldsymbol{v}_1) = -2 P_2(\lambda_C; \boldsymbol{v}_1)
$$

将 $\boldsymbol{v}$ 和上式代入式 (6.135)，ΔP 变为 a 的函数：

$$
\Delta P(a) = (\lambda - \lambda_C) a^2 P_2'(\lambda_C; \boldsymbol{u}_1) + a^3 P_3(\lambda_C; \boldsymbol{u}_1) + a^4[P_4(\lambda_C; \boldsymbol{u}_1) - P_2(\lambda_C; \boldsymbol{v}_1)]
$$

由于 $\lambda < \lambda_C$ 时基本平衡状态 I 是稳定的，所以 $P_2(\lambda; \boldsymbol{u}_1) > 0$，而 λ_C 为分支点，即 $P_2(\lambda_C; \boldsymbol{u}_1) = 0$，$P_2(\lambda; \boldsymbol{u}_1)$ 对于 λ 应该是连续的，因而在 λ_C 点为减函数，故 $P_2'(\lambda_C; \boldsymbol{u}_1) < 0$。所以上式可简化为

$$
\Delta P(a) = (\lambda - \lambda_C) A_2' a^2 + A_3 a^3 + A_4 a^4 \tag{6.137}
$$

$$
A_2' = P_2'(\lambda_C; \boldsymbol{u}_1) (<0), A_3 = P_3(\lambda_C; \boldsymbol{u}_1), A_4 = P_4(\lambda_C; \boldsymbol{u}_1) - P_2(\lambda_C; \boldsymbol{v}_1) \tag{6.137a}
$$

由平衡条件 $\dfrac{\partial(\Delta P)}{\partial a} = 0$，得到载荷与附加位移幅度的关系 $\lambda - \lambda_C = -\dfrac{3A_3}{2A_2'} a - \dfrac{2A_4}{A_2'} a^2$。

当位能增量泛函 ΔP 中存在 P_3 时，即 $A_3 \neq 0$，称为三次结构，则上式可以简化为

$$
\lambda - \lambda_C = \lambda_1 a; \quad \lambda_1 = -\frac{3A_3}{2A_2'} \tag{6.138}
$$

当 ΔP 中不存在 P_3 时 $(P_3 \equiv 0,\ A_3 = 0)$，称为四次结构，则有

$$\lambda - \lambda_C = \lambda_2 a^2; \quad \lambda_2 = -\frac{2A_4}{A_2'} \tag{6.139}$$

式 (6.138)、式 (6.139)、式 (6.133) 和 v_1 给出了初始后屈曲状态的近似解，当 λ 趋于 λ_C 时该近似解趋近精确解。由式 (6.137)，ΔP 的二阶导数为

$$\frac{\partial^2}{\partial a^2}\left(\Delta P\left(a\right)\right) = 2\left(\lambda - \lambda_C\right)A_2' + 6A_3 a + 12A_4 a^2 \tag{6.140}$$

利用式 (6.140)、式 (6.137) 和能量准则，可以判断基本状态、分支点和初始后屈曲状态的平衡稳定性。

(1) 基本状态 $(a = 0)$：$\dfrac{\partial^2}{\partial a^2}\left(\Delta P\right) = 2\left(\lambda - \lambda_C\right)A_2'$，因为 $A_2' < 0$，所以 $\lambda < \lambda_C$ 时 $\dfrac{\partial^2}{\partial a^2}\left(\Delta P\right) > 0$，平衡稳定；$\lambda > \lambda_C$ 时不稳定。

(2) 分支点 $(\lambda = \lambda_C,\ a = 0)$：此时式 (6.140) 已不能用于判断稳定性，可直接利用式 (6.137) 考查 $\Delta P = \min$ 条件。$\lambda = \lambda_C$ 时微小扰动引起位能的变化为 $\Delta P = A_3 a^3 + A_4 a^4$。显然，如果 $A_3 \neq 0$，无论符号如何，一定存在 a 使 $\Delta P < 0$，所以三次结构的分支点不稳定。若 $A_3 = 0$，稳定性决定于 A_4 的符号，$A_4 > 0$ 时四次结构的分支点稳定，$A_4 < 0$ 时不稳定。

(3) 初始后屈曲状态：初始后屈曲状态由式 (6.138) 或式 (6.139) 表示。

对于三次结构，将式 (6.138) 给出的 a 代入式 (6.140)(略去 A_4 项)，得到 $\dfrac{\partial^2}{\partial a^2}\left(\Delta P\right) = -2\left(\lambda - \lambda_C\right)A_2'$。因为 $A_2' < 0$，所以无论 A_3 的符号如何，当 $\lambda > \lambda_C$ 时三次结构的初始后屈曲状态总是稳定的，$\lambda < \lambda_C$ 时总是不稳定的。

对于四次结构，将式 (6.139) 代入式 (6.140)$(A_3 = 0)$，得到 $\dfrac{\partial^2}{\partial a^2}\left(\Delta P\right) = 8A_4 a^2$。可见 $A_4 > 0$ 时初始后屈曲是稳定的，$A_4 < 0$ 时不稳定。

式 (6.138) 和式 (6.139) 给出的初始后屈曲路径及其稳定性可以用图 6.8 表示，其中虚线和空心点为不稳定平衡，实线和实心点表示稳定平衡；图 (a) 和图 (b) 为三次结构，图 (c) 和图 (d) 为四次结构。可见，高于分支点的初始后屈曲路径为稳定平衡，低于分支点的路径为不稳定平衡；三次结构的分支点及有下降路径的四次结构的分支点为不稳定平衡，有上升路径的四次结构的分支点为稳定平衡，所以初始后屈曲路径的稳定性与分支点的稳定性相关。

在上面的讨论中，认为结构和载荷是 "理想" 的，例如杆件是理想直杆，压力精确地沿杆件轴线作用，没有丝毫偏差，这样的结构常称为完善 (perfect) 结构。但这只是一种理想化，实际结构总是有缺陷的，无论是几何还是载荷方面，将这样的结构称为不完善 (imperfect) 结构或缺陷结构。在不考虑稳定性影响的结构分析中，缺陷通常并不重要；但在稳定性分析中，某些情况下缺陷影响却是极其重要的因素。Koiter 研究了小缺陷对初始后屈曲的影响。

图 6.8 初始后屈曲路径

$(a) A_3 > 0; \ (b) A_3 < 0; \ (c) A_3 = 0, A_4 > 0; \ (d) A_3 = 0, A_4 < 0$

若结构有几何缺陷 u^0(假设是与位移类似的光滑函数), 以未受力的完善结构为参考构形时, Green 应变张量可表为

$$\bar{\varepsilon} = \varepsilon \left(u + u^0 \right) - \varepsilon \left(u^0 \right) \tag{6.141}$$

考虑完善结构的一个基本平衡状态 $u_0 (\lambda)$, 载荷成比例变化, 用因子 λ 表示, 取 u_0 附近的任一许可状态 $u = u_0 (\lambda) + \eta$, 将应变 $\bar{\varepsilon}$ 代入位能, 则位能增量展开式为

$$\Delta P^* = P_2 (\lambda; \eta) + P_3 (\lambda; \eta) + P_4 (\lambda; \eta) + \cdots + Q_{11} (\lambda; \eta, u^0) + \cdots \tag{6.142}$$

式 (6.142) 与式 (6.127a) 类似, 只是增加与缺陷有关的项, 将缺陷项对于 η 和 u^0 展开, 其中主要项 Q_{11} 是 η 和 u^0 的双线性泛函。

如果 u 是平衡的, 利用 η 的正交分解式 (6.133), 与完善结构的分析类似, 可得

$$\delta \left[\Delta P^* \left(\lambda; a, v, a^0 \right) \right] = 0 \tag{6.143}$$

式中, a^0 表示缺陷的大小, 为了简单, 假设几何缺陷的形状与完善结构的屈曲形态相同 $u^0 = a^0 u_1$, 幅度 a^0 是小量。

需要指出, 缺陷结构的平衡状态不是 u_0, 一般情况下也没有分支点, 所以式 (6.143) 给出的是与完善结构平衡路径接近的新的平衡路径。

用与完善结构初始后屈曲分析相类似的方法, 可以得到与式 (6.137) 类似的位能增量函数 $\Delta P^* (a, a^0)$。假设完善结构基本状态是线性的, 即 u_0 正比于 λ (即 $u_0 = \lambda \tilde{u}_0$), 可得

$$\Delta P^* = (\lambda - \lambda_C) A_2' a^2 + A_3 a^3 + A_4 a^4 + 2\lambda A_2' a a^0 \tag{6.144}$$

由 $\dfrac{\partial}{\partial a} (\Delta P^*) = 0$, 缺陷结构的平衡方程为

$$2 (\lambda - \lambda_C) A_2' a + 3 A_3 a^2 + 2\lambda A_2' a^0 = 0 \quad \text{当} A_3 \neq 0 \tag{6.145a}$$

$$2 (\lambda - \lambda_C) A_2' a + 4 A_4 a^3 + 2\lambda A_2' a^0 = 0 \quad \text{当} A_3 = 0 \tag{6.145b}$$

式 (6.145a) 和式 (6.145b) 给出有缺陷的三次和四次结构的平衡路径，利用 ΔP^* 的二阶导数可以讨论平衡稳定性。由式 (6.145a) 和式 (6.145b) 可以近似求出路径上的极值点 λ_S：

$$\frac{\lambda_S}{\lambda_C} \approx 1 - 2\left(-\frac{\lambda_1 a^0}{\lambda_C}\right)^{\frac{1}{2}}, \quad 若 A_3 a^0 < 0 \tag{6.146a}$$

$$\frac{\lambda_S}{\lambda_C} \approx 1 - 3\left(-\frac{\lambda_2}{\lambda_C}\right)^{\frac{1}{3}}\left(\frac{a^0}{2}\right)^{\frac{2}{3}}, \quad 若 A_4 < 0 \tag{6.146b}$$

式中，λ_1, λ_2 见式 (6.138) 和式 (6.139)。式 (6.146a) 和式 (6.146b) 表明，如果 $A_3 \neq 0$ 或 $A_3 = 0$、$A_4 < 0$，即分支点不稳定的完善结构，缺陷可以使结构发生极值点失稳，当因子 $(-\lambda_1/\lambda_C)$ 或 $(-\lambda_2/\lambda_C)$ 较大时，小缺陷可以明显地降低临界载荷，因而结构失稳对于缺陷敏感，这两个因子表征了敏感程度，所以也称为缺陷敏感度。如果系统有载荷缺陷，用 a^0 表示实际载荷与理想载荷偏离程度，可以得到与式 (6.145)、式 (6.146) 类似的结果。图 6.8 给出有小缺陷的弹性结构受保守载荷时的平衡路径，假设对应的完善结构具有线性基本状态。

实际结构的几何缺陷，无论大小和形状一般是随机的，所以对于缺陷敏感结构很难准确地分析屈曲特性，必要时需要进行稳定性试验确定实际结构的屈曲载荷及缺陷影响。

初始后屈曲理论用渐近分析方法，简单清晰地描述了弹性保守系统在分支点附近的行为，包括平衡路径、稳定性和缺陷影响。这些概念和结论对于认识结构弹性稳定性的一般特点具有重要意义，并给出了在渐近意义上精确的近似解。需要注意的是初始后屈曲分析结果只在小范围内适用，为了研究结构在更大范围内的后屈曲行为，必须进行有限变形下大范围后屈曲分析。

[例 6.4]　一端为弹性铰链支撑、另一端受轴向压力的刚性杆的初始后屈曲。

假设刚性杆件支撑端有非线性扭转弹簧，另一端受轴向压力 λ(图 6.9(a))，弹簧扭矩 m 与转角 a 的关系为

$$m = K_1 a + K_2 a^2 + K_3 a^3 + \cdots \equiv f(a)$$

式中，K_1, K_2, K_3 是刚度系数。试求系统的初始后屈曲解及其稳定性，并讨论初始偏转角 a^0(图 6.9(b)) 的影响。这是一个经常引用的典型例题。

解：该系统为弹性保守系，基本状态为 $a_0 = 0$，任一邻近状态 a 的位能增量为

$$\Delta P = \int_0^a f(a)\,\mathrm{d}a - \lambda L(1 - \cos a)$$

上式对 a 展开，得到 a 的各阶 "变分" $P_m (m = 1, 2, 3, 4, \cdots)$，由于问题只有一个自由度所以 P_m 是 m 次幂函数，而变分问题退化为求函数极值。可以得到

$$\lambda_C = \frac{K_1}{L}; \quad A_2' = -\frac{K_1}{2\lambda_C} = -\frac{L}{2}; \quad A_3 = \frac{K_2}{3}; \quad A_4 = \frac{1}{4}\left(K_3 + \frac{K_1}{6}\right)$$

图 6.9 简单初始后屈曲模型

(a) 完善结构；(b) 缺陷结构

如果有小几何缺陷 a^0，则

$$\Delta P^* = \int_0^a f(a)\,\mathrm{d}a - \lambda L\left[\cos\left(a + a^0\right) - \cos a^0\right]$$

对 a 展开，式 (6.142) 中缺陷的主要项为 $Q_{11} = -\lambda L a a^0$。利用上述参数可以给出图 6.8 表示的初始后屈曲行为及缺陷影响。读者可自行推导以上各式。

➤ 6.3.3 板壳结构的后屈曲

在结构稳定问题中，除压杆之外，最常见、最重要的是板壳结构的弹性屈曲及后屈曲。

6.3.3.1 基体关系 (一阶剪切理论)

板壳的厚度远小于另外两个尺寸，因而可以对变形沿厚度的分布及厚度方向的应力作适当假设，从而使三维问题降为二维，建立板壳理论。常用的假设有 Kirchhoff-Love 假设 (经典理论)、Reissner-Mindlin 假设[31](一阶剪切变形理论) 和 Reddy 高阶剪切变形理论假设[32]，分别适用于薄板壳、中厚板壳和厚板壳，其中经典理论和一阶理论比较简单，而且可以满足大多数工程结构对计算精度的要求，因而应用较广。这里所谓的 "薄、厚" 是指板壳的变形、应力变化的特征长度 (简称为 "变化长度"[33]，例如屈曲波形的半波长等) 与厚度之比 (长厚比) 的大小。上述各种理论的适用范围与长厚比及横向剪切刚度有关，长厚比小、横向剪切刚度低的复合材料板壳容易出现较大的横向剪切变形，因而常常需要考虑横向剪切的影响。下面只涉及一阶剪切理论，若忽略剪切变形则退化为经典理论。

A 几何关系

以变形前壳体中面为参考构形 (图 6.10)，任一点的 Green 应变 ε(以前用记号 $\boldsymbol{E}, E_{KL}$) 为

$$\varepsilon_{\alpha\beta}\left(X^1, X^2, X^3\right) = \varepsilon_{\alpha\beta}^0\left(X^1, X^2\right) + X^3\kappa_{\alpha\beta} \tag{6.147a}$$

$$\varepsilon_{\alpha 3}\left(X^1, X^2, X^3\right) = \frac{1}{2}\gamma_{\alpha 3}\left(X^1, X^2\right) \tag{6.147b}$$

式中，$(\alpha, \beta) = (1, 2)$，表示二维曲线坐标系 $\{X^1, X^2\}$；$\varepsilon_{\alpha\beta}^0$，$\kappa_{\alpha\beta}$ 是中面面内应变分量和曲率变形分量；$\varepsilon_{\alpha 3}$ 是厚度方向剪应变分量；$\gamma_{\alpha 3}$ 是等效剪应变。以后，曲面的二维张量分量指标用希腊字母表示，厚度方向指标用 3 表示。

图 6.10 壳体的坐标系和位移

$$\varepsilon_{\alpha\beta}^0 = \frac{1}{2}\left(u_{\alpha;\beta} + u_{\beta;\alpha}\right) - b_{\alpha\beta}w + \frac{1}{2}\phi_\alpha\phi_\beta \tag{6.148a}$$

$$\kappa_{\alpha\beta} = -\frac{1}{2}\left(\theta_{\alpha;\beta} + \theta_{\beta;\alpha}\right) = -\frac{1}{2}\left(\phi_{\alpha;\beta} + \phi_{\beta;\alpha} - \gamma_{\alpha 3;\beta} - \gamma_{\beta 3;\alpha}\right) \tag{6.148b}$$

是二维中面应变和曲率变形张量。式中，u_α、w 是位移 $\boldsymbol{u}$ 的面内分量和法向分量；$b_{\alpha\beta}$ 是壳体中面的曲率张量分量；ϕ_α 是变形前后中面法线之间的转角；θ_α 是沿变形前法线方向的物质线的转角 (见图 6.11)，两者的关系是

$$\gamma_{\alpha 3} = \phi_\alpha - \theta_\alpha \tag{6.149}$$

其中

$$\phi_\alpha = w_{,\alpha} + b_\alpha^\mu u_\mu \tag{6.150}$$

图 6.11 一阶理论变形假设

式 (6.150) 右端第二项是法线沿曲面平移产生的转角，平板无此项。如果在几何关系中略去 $\gamma_{\alpha 3}$ 则一阶理论退化为经典理论。

需要指出，式 (6.148a) 利用了中等非线性假设，而且忽略了法线的自转角 (即面内转动)；式 (6.148b) 略去了曲面曲率定义中的非线性项。

B 应力和内力

第二类 Piola-Kirchhoff 应力 $\boldsymbol{\sigma}$(以前用记号 $\boldsymbol{T}, T^{KL}$) 满足非线性平衡方程 (6.65a)，用现在的记号表示 (若 $\boldsymbol{f} = \boldsymbol{a} = 0$)，有

$$\left(\sigma^{ik} + u^i_{;l}\sigma^{kl}\right)_{;k} = 0 \quad (i, k, l = 1, 2, 3) \tag{6.151}$$

在中等非线性假设下，应变 ε^0 与线元转角的平方 ϕ^2 同量级。由式 (6.148a) 和 $\gamma_{\alpha 3} \sim u^\alpha_{;3}$(记号 $\sim$ 表示数量级相同) 以及式 (6.149) 可知，$u^\alpha_{;\beta}$，$u^\alpha_{;3}$ 分别与面内应变 ε^0 和转角 ϕ 同量级。考虑实际壳体中常见的浅壳应力状态[33]，即应力和变形的 "变化长度" 数量级为 $a \sim \sqrt{Rh}$(R, h 分别是壳体的主曲率半径和厚度)，$u_\alpha \sim w\sqrt{h/R}$。由于 $(\ )_{;\alpha} \sim (\ )/a$，$(\ )_{;3} \sim (\ )/h$，利用方程 (6.151)，与线性情况类似，可以得到应力的数量级关系：

$$\sigma^{\alpha\beta} : \sigma^{\alpha 3} : \sigma^{33} \sim 1 : h/a : h^2/a^2 \tag{6.152}$$

上述量级关系也适用于平板。由于 σ^{33} 很小，可在平衡方程中略去。注意到 $u^\alpha_{;\beta} \sim \varepsilon^0(\varepsilon^0$ 的模)，$u^\alpha_{;3} \sim \varphi(\phi$ 的模)，所以有近似关系：

$$\sigma^{\alpha k} + u^\alpha_{;l}\sigma^{kl} = \sigma^{\alpha k}\left[1 + O\left(\varepsilon^0, \frac{h}{a}\varphi\right)\right] \quad (\alpha = 1, 2; k, l = 1, 2, 3) \tag{6.153}$$

因此，式 (6.151) 中前两个平衡方程可以线性化：

$$\sigma^{\alpha\beta}_{;\beta} + \sigma^{\alpha 3}_{;3} = 0 \tag{6.154}$$

上式对 X^3 积分，得到横向剪应力与面内应力的关系：

$$\sigma^{\alpha 3} = -\int_{-h/2}^{X^3} \sigma^{\alpha\beta}_{;\beta}\mathrm{d}X^3 \tag{6.155}$$

引入单位长度壳体的应力沿厚度的合力 $\boldsymbol{N}$、$\boldsymbol{Q}$ 及合力矩 $\boldsymbol{M}$：

$$N^{\alpha\beta} = \int_{-h/2}^{h/2} \sigma^{\alpha\beta}\mathrm{d}X^3; \quad Q^\alpha = \int_{-h/2}^{h/2} \sigma^{\alpha 3}\mathrm{d}X^3; \quad M^{\alpha\beta} = \int_{-h/2}^{h/2} \sigma^{\alpha\beta}X^3\mathrm{d}X^3 \tag{6.156}$$

C 本构关系

假设线弹性复合材料层合板壳由 n 个正交各向异性单层按不同材料主方向 (纤维方向) 叠合而成。若 $Q_{ij(k)}$ $(i, j = 1, 2, 6$ 或 $4, 5)$ 是参考系$\{X^\alpha, X^3\}$中 k 层的材

料常数，单层 $k\,(k = 1, 2, \cdots, n)$ 的本构关系为

$$
\left\{\begin{array}{c} \sigma^{11} \\ \sigma^{22} \\ \sigma^{33} \end{array}\right\}_k = \left[\begin{array}{ccc} Q_{11} & Q_{12} & Q_{16} \\ Q_{12} & Q_{22} & Q_{26} \\ Q_{16} & Q_{26} & Q_{66} \end{array}\right]_k \left\{\begin{array}{c} \varepsilon_{11} \\ \varepsilon_{22} \\ \gamma_{12} \end{array}\right\}_k ; \quad \left\{\begin{array}{c} \sigma^{13} \\ \sigma^{23} \end{array}\right\}_k = \left[\begin{array}{cc} Q_{44} & Q_{45} \\ Q_{45} & Q_{55} \end{array}\right]_k \left\{\begin{array}{c} \gamma^*_{13} \\ \gamma^*_{23} \end{array}\right\}_k
$$

$$(6.157)$$

式中，$\gamma_{12} = 2\varepsilon_{12}$；$\gamma^*_{\alpha 3(k)}$ 是真实的横向剪应变，为 X^3 的函数。将上式代入式 (6.156)，得到本构关系 (用矩阵表示)：

$$
\left\{\begin{array}{c} \boldsymbol{N} \\ \boldsymbol{M} \end{array}\right\} = \left[\begin{array}{cc} \boldsymbol{A} & \boldsymbol{B} \\ \boldsymbol{B} & \boldsymbol{D} \end{array}\right] \left\{\begin{array}{c} \boldsymbol{\varepsilon}^0 \\ \boldsymbol{\kappa} \end{array}\right\} ; \quad \boldsymbol{Q} = \boldsymbol{H}\boldsymbol{\gamma} \tag{6.158}
$$

$$
\boldsymbol{N} = [N^{11}, N^{22}, N^{12}], \quad \boldsymbol{M} = [M^{11}, M^{22}, M^{12}], \quad \boldsymbol{Q} = [Q^1, Q^2]^{\mathrm{T}}
$$

$$
\boldsymbol{\varepsilon}^0 = [\varepsilon^0_{11}, \varepsilon^0_{12}, 2\varepsilon^0_{12}]^{\mathrm{T}}, \quad \boldsymbol{\kappa} = [\kappa_{11}, \kappa_{12}, 2\kappa_{12}]^{\mathrm{T}}, \quad \boldsymbol{\gamma} = [\gamma_{13}, \gamma_{23}]^{\mathrm{T}}
$$

式中，$\boldsymbol{A}$、$\boldsymbol{B}$、$\boldsymbol{D}$ 为 3×3 矩阵，分量为 $(i, j = 1, 2, 6)$：

$$
\left.\begin{array}{l} A_{ij} = \sum_k Q_{ij}^{(k)} (X^3_{(k)} - X^3_{(k-1)}) \\[2mm] B_{ij} = \sum_k Q_{ij}^{(k)} \dfrac{1}{2}[(X^3_{(k)})^2 - (X^3_{(k-1)})^2] \\[2mm] D_{ij} = \sum_k Q_{ij}^{(k)} \dfrac{1}{3}[(X^3_{(k)})^3 - (X^3_{(k-1)})^3] \end{array}\right\} \tag{6.159a}
$$

$$
\boldsymbol{H} = \left[\begin{array}{cc} k_1^2 H_{44} & k_1 k_2 H_{45} \\ k_1 k_2 H_{45} & k_2^2 H_{55} \end{array}\right]; \quad H_{ij} = \sum_k Q_{ij}^{(k)} \left(X^3_{(k)} - X^3_{(k-1)}\right) \ (i, j = 4, 5) \tag{6.159b}
$$

式中，k_1、k_2 是剪切修正系数[34]，该系数使单方向剪切时横向剪切变形能满足等效条件：

$$
\frac{1}{2} \int_{-h/2}^{h/2} \sigma^{\alpha 3} \gamma^*_{\alpha 3} \mathrm{d}X^3 = \frac{1}{2} Q^\alpha \gamma_{\alpha 3} (\alpha = 1 \text{或} 2, \text{不求和}) \tag{6.160}
$$

Pagano 的精确解[35] 表明，对于中厚板可假设 $\sigma^{\alpha 3}$ 沿厚度抛物线分布，因此由式 $(6.156)_2$ 可以得到 $\sigma^{\alpha 3} = 1.5 \dfrac{Q^\alpha}{h} \left[1 - (2X^3/h)^2\right]$，再利用本构关系式 $(6.157)_2$，假设 $\gamma^*_{\beta 3} = 0 (\beta \neq \alpha)$，用 Q^α 表示 $\gamma^*_{\alpha 3}$；由式 $(6.158)_2$，当 $\gamma_{\beta 3} = 0 (\beta \neq \alpha)$ 时，$\gamma_{\alpha 3} = Q^\alpha / (k_\alpha^2 H_{ii})$ (式中，$H_{ii} = H_{44}$ 或 H_{55})；将 $\sigma^{\alpha 3}$、$\gamma^*_{\alpha 3}$ 和 $\gamma_{\alpha 3}$ 代入式 (6.160)，得到关于 Q^α 的等式，该式对任意的 Q^α 成立，从而可以近似得到剪切修正系数 k_α。在各向同性情况下，用上述方法可得 $k_1^2 = k_2^2 = \dfrac{5}{6}$，在层板情况下，$k_1, k_2$ 与单层板的材料常数和铺层方式有关。

对于各向同性板壳，刚度系数为

$$\boldsymbol{A} = \frac{Eh}{1-\nu^2} \begin{bmatrix} 1 & \nu & 0 \\ \nu & 1 & 0 \\ 0 & 0 & (1-\nu)/2 \end{bmatrix}; \quad \boldsymbol{B} = 0; \quad \boldsymbol{D} = \frac{Eh^3}{12(1-\nu^2)} \begin{bmatrix} 1 & \nu & 0 \\ \nu & 1 & 0 \\ 0 & 0 & (1-\nu)/2 \end{bmatrix}$$

$$\boldsymbol{H} = \frac{5}{6}Gh \begin{bmatrix} 1 & 0 \\ 0 & 1 \end{bmatrix} \quad (G是剪切模量)$$

D 位能

将式 (6.147) 代入位能 (应力和应变用本节记号表示)

$$P = \int_V \frac{1}{2}\boldsymbol{\sigma} : \boldsymbol{\varepsilon}\,\mathrm{d}V - \int_V \rho_0 \boldsymbol{f} \cdot \boldsymbol{u}\,\mathrm{d}V - \int_{S_\sigma} \bar{\boldsymbol{t}}_{(N)} \cdot \boldsymbol{u}\,\mathrm{d}A$$

沿厚度积分, 得到

$$P(u,\gamma) = \int_A \frac{1}{2}\left[N^{\alpha\beta}\varepsilon_{\alpha\beta}^0 + M^{\alpha\beta}\kappa_{\alpha\beta} + Q^\alpha \gamma_{\alpha3}\right]\mathrm{d}A - \int_A qw\,\mathrm{d}A - \int_{C_\sigma}\left(\bar{P}^\alpha u_\alpha + \bar{P}^3 w\right)\mathrm{d}S \tag{6.161}$$

式中, A 是中面面积域; C_σ 是已知外力的边界; q 是单位面积的法向载荷 (假设切向载荷为 0); $\overline{P}$ 是 C_σ 单位长度边界的外力向量; 中面位移 $\boldsymbol{u}$ 和横向剪应变 $\boldsymbol{\gamma}$ 是独立变量。

如果令 $\gamma_{\alpha3} = 0$, 一阶理论退化为经典理论。

将式 (6.158)、式 (6.148)、式 (6.150) 代入式 (6.161), 由位能原理

$$\delta P(\boldsymbol{u}, \boldsymbol{\gamma}) = 0 \tag{6.161a}$$

的欧拉方程可以得到中等非线性、一阶剪切变形理论复合材料层合壳体的平衡方程。如果 X^α 坐标线沿壳体中面主曲率方向, 式 (6.148a) 中的曲率张量可用主曲率 $(1/R_\alpha)$ 表示, 由变分方程式 (6.161a) 可以得到圆柱壳 ($R_1 = R$, $R_2 = \infty$)、球壳 ($R_1 = R_2 = R$) 和双曲浅壳及旋转壳 (R_1, R_2) 的平衡方程。

6.3.3.2 后屈曲有限元分析

后屈曲分析需要求解含有奇异点 (分支点或极值点) 的非线性路径, 由于数学上的困难, 至今弹性后屈曲只有极少数解析精确解, 其中一个是 1744 年 Euler 用梁的非线性弯曲方程求出的直杆轴压屈曲和完整的后屈曲解。自从 1939 年 Kármán 和钱学森[36] 将非线性分析引入壳体屈曲问题, 开创了壳体后屈曲分析以来, 许多研究用近似的解析表达式将问题简化为有限个自由度求解, 直到 20 世纪 70 年代以后, 随着有限元和计算技术的发展, 非线性有限元分析逐渐成为板壳后屈曲研究的主要途径。

A 有限元方程

由式 (6.161a) 可以建立壳体的增量平衡方程。为了清楚和方便, 将应变和内力

分解成线性和非线性两部分:

$$\left\{ \begin{matrix} N \\ M \end{matrix} \right\} = \left\{ \begin{matrix} N^{(1)} \\ M^{(1)} \end{matrix} \right\} + \left\{ \begin{matrix} N^{(2)} \\ M^{(2)} \end{matrix} \right\} = \begin{bmatrix} A & B \\ B & D \end{bmatrix} \left(\left\{ \begin{matrix} \varepsilon^{(1)} \\ \kappa \end{matrix} \right\} + \left\{ \begin{matrix} \varepsilon^{(2)} \\ 0 \end{matrix} \right\} \right) \tag{6.162}$$

其中

$$\varepsilon_{\alpha\beta}^{(1)} = \frac{1}{2} \left(u_{\alpha;\beta} + u_{\beta;\alpha} \right) - b_{\alpha\beta} w; \quad \varepsilon_{\alpha\beta}^{(2)} = \frac{1}{2} \phi_\alpha \phi_\beta; \quad \varepsilon_{\alpha\beta}^{(1)} + \varepsilon_{\alpha\beta}^{(2)} = \varepsilon_{\alpha\beta}^0 \tag{6.162a}$$

令:

$$u_{(i+1)}^{(r)} = u_{(i+1)}^{(r-1)} + \eta^{(r)}; \quad \phi_{(i+1)}^{(r)} = \phi_{(i+1)}^{(r-1)} + \varsigma^{(r)}; \quad \theta_{(i+1)}^{(r)} = \theta_{(i+1)}^{(r-1)} + \xi^{(r)} \tag{6.163}$$

式中, i、r 为载荷步和迭代步; $\eta^{(r)}$、$\varsigma^{(r)}$、$\xi^{(r)}$ 是待求的 u、ϕ、θ 的迭代增量, 由式 (6.150), $\varsigma_\alpha^{(r)} = \eta_{3,\alpha}^{(r)} - b_\alpha^\beta \eta_\beta^{(r)}$, 所以 $\varsigma^{(r)}$ 可不作为独立变量。利用上式得到变形的迭代形式:

$$\left. \begin{aligned} &\varepsilon_{(i+1)}^{(1)(r)} = \varepsilon_{(i+1)}^{(1)(r-1)} + e^{(r)} \\ &\varepsilon_{(i+1)}^{(2)(r)} \left(\phi_{(i+1)}^{(r)} \right) = \varepsilon_{(i+1)}^{(2)(r-1)} \left(\phi_{(i+1)}^{(r-1)} \right) + 2\varepsilon_{(i+1)}^{(11)(r-1)} \left(\phi_{(i+1)}^{(r-1)}, \varsigma^{(r)} \right) + \varepsilon_{(i+1)}^{(2)(r-1)} \left(\varsigma^{(r)} \right) \\ &\kappa_{(i+1)}^{(r)} = \kappa_{(i+1)}^{(r-1)} + c^{(r)} \\ &\gamma_{(i+1)}^{(r)} = \gamma_{(i+1)}^{(r-1)} + \gamma^{(r)} \end{aligned} \right\} \tag{6.163a}$$

式中, $e_{\alpha\beta}^{(r)} = \frac{1}{2} \left(\eta_{\alpha;\beta}^{(r)} + \eta_{\beta;\alpha}^{(r)} \right)$; $c_{\alpha\beta}^{(r)} = \frac{1}{2} \left(\xi_{\alpha;\beta}^{(r)} + \xi_{\beta;\alpha}^{(r)} \right)$; $\gamma_\alpha^{(r)} = \varsigma_\alpha^{(r)} - \xi_\alpha^{(r)}$; $\varepsilon^{(11)}$ 是 $\varepsilon^{(2)}$ 的双线性形式。变形的变分为

$$\left. \begin{aligned} &\delta\varepsilon_{(i+1)}^{(1)(r)} = \delta e^{(r)} = \frac{1}{2} \left(\nabla(\delta\eta^{(r)}) + (\delta\eta^{(r)})\nabla \right) \\ &\delta\varepsilon_{(i+1)}^{(2)(r)} \left(\phi_{(i+1)}^{(r)} \right) = 2\varepsilon_{(i+1)}^{(11)(r-1)} \left(\phi_{(i+1)}^{(r-1)}, \delta\varsigma^{(r)} \right) + 2\varepsilon_{(i+1)}^{(11)(r-1)} \left(\varsigma^{(r)}, \delta\varsigma^{(r)} \right) \\ &\delta\kappa_{(i+1)}^{(r)} = \delta c^{(r)} = \frac{1}{2} \left(\nabla(\delta\xi^{(r)}) + (\delta\xi^{(r)})\nabla \right) \\ &\delta\gamma^{(r)} = \delta\varsigma^{(r)} - \delta\xi^{(r)} \end{aligned} \right\} \tag{6.163b}$$

通常取广义位移 $q = [u_1, u_2, w, \theta_1, \theta_2]^{\mathrm{T}}$ (由式 (6.150), ϕ 用 u 表示), 则

$$q_{(i+1)}^{(r)} = q_{(i+1)}^{(r-1)} + \Delta\Delta q^{(r)}; \quad \Delta\Delta q^{(r)} = [\eta_1, \eta_2, \eta_3, \xi_1, \xi_2]^{\mathrm{T}} \tag{6.164}$$

将式 (6.162)、式 (6.162a)、式 (6.163a)、式 (6.163b)、式 (6.163), 代入式 (6.161a), 略去 $\Delta\Delta q^{(r)}$ 的非线性项, 经过整理, 可以得到 T.L. 格式增量迭代有限元方程 (矩阵形式):

$$K_{\mathrm{T}} \Delta\Delta q^{(r)} = \Delta\Delta\lambda_{(i+1)}^{(r)} \tilde{F} + Q_{(i+1)}^{(r-1)} \tag{6.165}$$

上式用于根据 $r-1$ 次迭代结果计算 r 次迭代增量, 其中 $\Delta\Delta\lambda^{(r)}_{(i+1)}$ 是载荷因子的迭代增量 (用载荷增量法求解时等于 0), K_T, Q, $\tilde{F}$ 的定义是:

$$K_T = K_0 + K_{1T}\left(q^{(r-1)}_{(i+1)}\right) + K_{2T}\left(q^{(r-1)}_{(i+1)}\right) \tag{6.166}$$

$$Q^{(r-1)}_{(i+1)} = \lambda^{(r-1)}_{(i+1)}\tilde{F} - \left[K_0 + K_1\left(q^{(r-1)}_{(i+1)}\right) + K_2\left(q^{(r-1)}_{(i+1)}\right)\right]q^{(r-1)}_{(i+1)} \tag{6.167}$$

$$\delta q^T K_0 q = \sum_m \int_{A_m}\left(\delta\varepsilon^{(1)T}A\varepsilon^{(1)} + \delta\varepsilon^{(1)T}\overline{B}\kappa + \delta\kappa^T\overline{B}\varepsilon^{(1)} + \delta\kappa^T D\kappa + \delta\gamma^T H\gamma\right)\mathrm{d}A \tag{6.168a}$$

$$\delta q^{(r)T}K_{1T}\Delta\Delta q^{(r)} = \sum_m \int_{A_m} 2\left\{\delta e^{(r)T}A\varepsilon^{(11)}_{(i+1)}\left(\phi^{(r-1)}_{(i+1)}, \varsigma^{(r)}\right) + \varepsilon^{(11)T}_{(i+1)}\left(\phi^{(r-1)}_{(i+1)}, \delta\varsigma^{(r)}\right)\right.$$
$$Ae^{(r)} + \delta c^{(r)T}\overline{B}\varepsilon^{(11)}_{(i+1)}\left(\phi^{(r-1)}_{(i+1)}, \varsigma^{(r)}\right) + \varepsilon^{(11)T}_{(i+1)}\left(\phi^{(r-1)}_{(i+1)}, \delta\varsigma^{(r)}\right)$$
$$\overline{B}c^{(r)} + 4\varepsilon^{(11)T}_{(i+1)}\left(\phi^{(r-1)}_{(i+1)}, \delta\varsigma^{(r)}\right)$$
$$\left.A\varepsilon^{(11)}_{(i+1)}\left(\phi^{(r-1)}_{(i+1)}, \varsigma^{(r)}\right)\right\}\mathrm{d}A \tag{6.168b}$$

$$\delta q^{(r)T}K_{2T}\Delta\Delta q^{(r)} = \sum_m \int_{A_m}\left\{2\varepsilon^{(11)T}_{(i+1)}\left(\varsigma^{(r)}, \delta\varsigma^{(r)}\right)N^{(r-1)}_{(i+1)}\right\}\mathrm{d}A \tag{6.168c}$$

$$\delta q^{(r)T}K_1 q^{(r-1)} = \sum_m \int_{A_m}\left\{\delta e^{(r)T}A\varepsilon^{(2)}_{(i+1)}\left(\phi^{(r-1)}_{(i+1)}\right) + \delta c^{(r)T}\overline{B}\varepsilon^{(2)}_{(i+1)}\left(\phi^{(r-1)}_{(i+1)}\right)\right\}\mathrm{d}A \tag{6.168d}$$

$$\delta q^{(r)T}K_2 q^{(r-1)} = \sum_m \int_{A_m}\left\{2\varepsilon^{(11)T}_{(i+1)}\left(\phi^{(r-1)}_{(i+1)}, \delta\varsigma^{(r)}\right)N^{(r-1)}_{(i+1)}\right\}\mathrm{d}A \tag{6.168e}$$

$$\delta q^{(r)T}\tilde{F} = \sum_m\left\{\int_{A_m}\tilde{q}\delta w^{(r)}\mathrm{d}A + \int_{C_{\sigma m}}\tilde{P}^T\delta u^{(r)}\mathrm{d}s\right\} \tag{6.168f}$$

其中 $\varsigma^{(r)}_\alpha = \eta^{(r)}_{3,\alpha} - b^\beta_\alpha\eta^{(r)}_\beta$, $\delta\varsigma^{(r)}_\alpha = \delta\eta^{(r)}_{3,\alpha} - b^\beta_\alpha\delta\eta^{(r)}_\beta$, $\overline{B} = \dfrac{1}{2}\left(B + B^T\right)$, $\tilde{q}$, $\tilde{P}$ 是参考载荷 (对应载荷因子 $\lambda = 1$)。

由式 (6.165) 的推导可见, 对于位移增量 $\Delta\Delta q$ 位能 P 的一次和二次变分为

$$P_1 = -Q^T\Delta\Delta q \tag{6.169a}$$

$$P_2 = \frac{1}{2}\Delta\Delta q^T K_T\Delta\Delta q \tag{6.169b}$$

所以 $Q = 0$ 是 q_{i+1} 的平衡条件, 而且当 P_2 恒正即 K_T 正定时为稳定平衡。

B 　奇异点的识别和路径转换 (见参考文献 [37])

6.2.2 节简单介绍了几何非线性增量方程的迭代解法, 后屈曲分析的特点在于解路径上存在奇异点。如果奇异点是极值点, 在用弧长法或位移增量法求解时, 一

般不需要特殊处理，便可以越过极值点，继续跟踪后屈曲路径。在数值计算中，计算点与奇异点完全重合的可能性极其微小，但有可能很接近或越来越接近极值点，从而引起求解困难，此时需要适当减小或增大步长。如果奇异点是分支点，则必须进行路径转换，才能跟踪需要的解路径。因此，在非线性路径计算中应该在每个计算点监视奇异点的存在，判断其类型。

若前屈曲状态是线性的，可以求解特征值问题，准确地得到分支点和屈曲形态。若屈曲前是非线性的，则需要在路径跟踪过程中确定奇异点。为了准确给出奇异点，判别它的类型，Wriggers 等[38] 曾提出将奇异点作为约束条件求解非线性控制方程，从而直接计算和识别奇异点；但是，更简便的途径是利用切线刚度矩阵的奇异性和结构当前刚度的变化，确定奇异点的近似值及其类型。由式 (6.169b) 和奇异点条件式 (6.131)，得到

$$K_{\mathrm{T}}\Delta\Delta\boldsymbol{\eta} = 0 \quad \text{或} \quad \det K_{\mathrm{T}} = 0 \tag{6.170}$$

所以奇异点的切线刚度矩阵是奇异的。若第 i 计算点不是奇异点，$\det K_{\mathrm{T}} \neq 0$，则 K_{T} 可以进行三角分解 (LU 分解)：

$$K_{\mathrm{T}} = LU = U^{\mathrm{T}}\overline{L}U \tag{6.171}$$

式中，U 是上三角阵；$\overline{L}$ 是 L 的对角元素 l_{jj} 组成的对角阵，将上式代入式 (6.169b)，有

$$P_2 = \frac{1}{2}Y^{\mathrm{T}}\overline{L}Y = \frac{1}{2}\sum_{j=1}^{N} l_{jj}y_j^2 \tag{6.172}$$

式中，任意向量 $Y = U\Delta\Delta q$，N 为自由度数。上式表明稳定性判据可以简单地用 l_{jj} 表示：若 l_{jj} 皆为正值，则计算点 i 的平衡状态稳定；若至少有一个负值，则不稳定；若至少有一个零值其余为正值，则 i 点为奇异点。在路径计算中，如果 i 点稳定，邻近的 $i+1$ 点不稳定，则两点间存在奇异点。

为了判断保守系的奇异点类型，可根据临界点条件

$$\mathrm{d}\lambda F^{\mathrm{T}}q_1 = 0 \tag{6.173}$$

得到

$$F^{\mathrm{T}}q_1 = 0 \quad (\text{分支点}) \tag{6.174}$$

$$F^{\mathrm{T}}q_1 \neq 0 \quad (\text{极值点}) \tag{6.175}$$

式中，F、q_1 分别是载荷向量和屈曲形态 (广义力和广义位移)。但是，由于非线性路径的 q_1 不易精确得到，上式不便于应用，因而通常是引入某种 "刚度" 描述解路径的变化情况，根据奇异点附近的刚度变化判断其类型。例如可以用 "刚度"

$$S_i = \frac{\lambda_{i+1} - \lambda_i}{B_{i+1} - B_i} \tag{6.176}$$

表示 i 点与 $i+1$ 点之间的路径变化,其中 $B = F^{\mathrm{T}} q$ 称为广义挠度[39]。如果 i 和 $i+1$ 点间存在奇异点,比较 S_{i-1}, S_i,必要时在 i 与 $i+1$ 点之间接近 $i+1$ 点增加一个计算点 i',比较 S_i, $S_{i'}$,一般情况下可以确定奇异点是极值点还是分支点。

如果 i 和 $i+1$ 点之间存在分支点,可以用下面的方法从前屈曲路径的计算点转到后屈曲路径的计算点。首先取 i 和 $i+1$ 点之间线性化的近似路径:

$$u_0(\lambda) = u_i + \tilde{\lambda}(u_{i+1} - u_i); \quad \tilde{\lambda} = (\lambda - \lambda_i) / (\lambda_{i+1} - \lambda_i) \qquad (6.177)$$

作为基本状态,由式 (6.131) 求近似的分支点 $\tilde{\lambda}_C$ 和屈曲形态 η_1。然后给出分支路径上第 1 个计算点的初值 (λ_b, u_b):

$$u_b = u_i + \frac{\lambda_b - \lambda_i}{\lambda_{i+1} - \lambda_i}(u_{i+1} - u_i) + a\eta_1 \qquad (6.178)$$

式中,λ_b 是给定的载荷因子 $(\lambda_i \leqslant \lambda_b \leqslant \lambda_{i+1})$;$a$ 是适当选取的系数,可以通过试算或初始后屈曲分析给出。利用 u_b 形成近似的分支路径切线刚度矩阵,再通过迭代求出分支路径上的第 1 点。这一过程称为路径转换 (switching),转换以后用常规方法跟踪计算分支路径。

若屈曲之前的平衡状态是线性的或可以忽略非线性,在实际计算中常常假设一个与屈曲形态相同的小几何缺陷,从未受力状态开始计算缺陷结构的平衡路径,作为后屈曲的近似,从而避免计算分支点和进行路径转换。

6.3.3.3 板壳稳定问题的一些特点

板壳稳定性分析的主要目的是确定屈曲载荷及结构屈曲之后的承载能力,稳定性计算结果与试验的差别以及试验本身的分散性,常常比强度分析大,这种情况与稳定问题的一些特点有关。

A 缺陷影响

实际板壳结构在制造和使用中总是有缺陷的,无论是形状、尺寸等几何缺陷还是载荷偏差。缺陷的随机性和某些结构屈曲的缺陷敏感性,是引起试验结果分散和理论结果与试验值差别大的主要原因。目前,准确地预测缺陷对实际结构屈曲的影响仍然很困难,因此在重要结构设计时,除理论分析和数值模拟之外,进行屈曲试验是必要的,特别是缺陷敏感结构。缺陷敏感度概念以及考虑典型缺陷的非线性分析,可以为预测板壳结构屈曲和后屈曲行为提供依据或参考。

B 边界影响

板壳屈曲通常是在面内应力作用下突然发生弯曲,屈曲边界条件包括面内和面外两种。以圆柱曲板 (参见图 6.12) 为例,每个边界的典型情况包括:简支、固支、面外位移 (挠度) 自由、面内位移 (u, v) 为 0 或者自由 (给定外力) 等。这些条件的不同组合构成各种典型边界。典型边界只包含无约束和刚性约束两种极端情况,实际边界支撑往往介于两者之间,一般是弹性的,可以沿边界引入弹性梁,用梁的无量纲刚度系数表示边界弹性。

图 6.12　圆柱曲板

像弹性压杆一样, 具有不同面外边界条件 (简支、固支、自由) 的板壳, 临界载荷有很大差别; 而面内位移边界条件有时也对临界载荷有显著影响[40]。例如中等曲率矩形圆柱曲板的屈曲, 以面内法向约束 (面内垂直于边界) 为例, 图 6.13 给出四边面内法向固定与法向自由两种情况下 ($f = \infty, 0$) 临界载荷因子的比值随曲率参数的变化, 图 6.14 为该比值随弹性参数 f 的变化。图中 k 是临界载荷因子, f、r、s 是边界处面内法向位移约束、面内切向位移约束和转角约束的弹性参数, 用无量纲化的边梁面内弯曲刚度 EJ'、拉伸刚度 EA 和扭转刚度 GJ_K 表示, 有关定义为:

$$k = N_{\alpha\beta}^{(cr)}b^2 / \left(\pi^2 D\right); f = EJ' / \left(Etb^3/12\right); r = EA / (Ebt); s = GJ_K / (bD);$$

$$z = \sqrt{1 - \nu^2}b^2 / (Rt); \beta = a/b$$

式中, D、t、a、b、z 是板的弯曲刚度、厚度、长度、宽度和 Batdorf 曲率参数。

在实际结构中, 边界约束弹性参数难以准确确定, 常常采用偏于保守的假设。

图 6.13　面内边界条件和曲率对圆柱曲板屈曲载荷因子的影响

1—轴压 ($r = \infty$); 2—剪切 ($r = \infty$); 3—侧压 ($r = \infty$); 4—轴压 ($r = 0$); 5—侧压 ($r = 0$)

C　周围结构的影响

对于大型复杂板壳结构系统, 为了简化整体结构屈曲计算或者给局部结构的稳定性设计提供参数, 通常需要进行结构局部 (特别是危险部位) 的屈曲和后屈曲分析。因此在总体结构应力计算之后需要将部分构件分离出来, 适当设置边界条件以反映周围结构的影响, 然后进行分离构件的屈曲计算。

图 6.14　面内弹性边界条件对圆柱曲板屈曲载荷因子的影响

1—轴压 $(r = \infty)$；2—剪切 $(r = \infty)$；3—侧压 $(r = \infty)$；4—轴压 $(r = 0)$

　　假如屈曲前的平衡状态是线弹性的，基于线弹性应力分析，一般情况下可以判断发生屈曲的主要部位。将主要屈曲部位从整体结构中分离之后，在分支屈曲分析中，可以假设两种典型边界，一种是略去周围结构约束，简化为受力的自由边界；另一种是认为周围结构提供刚性约束，简化为刚性边界。文献 [41] 证明前者得到真实临界载荷的下限，后者给出上限。如果加大局部分析的范围，可以提高计算结果的准确性。

　　D　多模态影响

　　几何非线性结构分析的特点是解不唯一，在分支屈曲问题中一个分支点处可能同时存在多个屈曲形态和多个后屈曲路径，虽然这是一种特殊情况，但最低分支点与更高的分支点十分接近的情况，在复杂薄壁结构中并不罕见，此时在一个平衡位置附近同样有多个平衡状态。为了得到最低的后屈曲承载能力，应该跟踪适当的路径。这种情况可能给路径转换带来困难，有时需要多次改变式 (6.178) 给出的初值，才能求得合理的后屈曲解。多模态相互作用可以使缺陷敏感度增大。

　　E　塑性和损伤对承载能力的影响

　　在前面的讨论中假设材料是线弹性的，实际上后屈曲变形一般比较大，结构局部可能已进入塑性或者发生损伤。为了确定结构后屈曲承载能力，常常应该考虑非弹性引起的材料非线性，在路径跟踪有限元计算中，需要根据非线性变形、塑性、损伤及局部破坏，不断修正刚度矩阵进行后屈曲路径计算和逐渐破坏分析，预测结构承载能力。

6.4　Cauchy 弹性体和超弹性体

➤6.4.1　Cauchy 弹性体本构关系的一般形式

　　在 5.6.3 小节中给出了简单固体的定义。固体的特点是应力与相对变形的历史无关，本质上是与变形率无关；如果固体中的应力与变形过程无关，则称为 Cauchy

弹性体。

在不考虑热的作用时 (等温情况)，由式 (5.82)，t 时刻的 Cauchy 应力为

$$t(t) = R(t) \cdot f(C(t)) \cdot R^{\mathrm{T}}(t) \tag{6.179}$$

式中，C 和 R 是 t 时刻的右 Cauchy-Green 变形张量和转动张量。由客观性原理，对于标架的任何刚性转动 Q，本构方程形式相同，上式可以写成：

$$\bar{t}(t) = \overline{R}(t) \cdot f(C(t)) \cdot \overline{R}^{\mathrm{T}}(t) \tag{6.180}$$

式中

$$\bar{t} = Q \cdot t \cdot Q^{\mathrm{T}}; \quad \overline{R} = Q \cdot R \tag{6.181}$$

将式 (6.181) 代入式 (6.180)，得式 (6.179)，可见该式满足客观性要求。

由式 (5.83) 和式 (5.85)，利用物质描述法的弹性体本构方程可以表示为：

$$\tau(t) = JF^{-1} \cdot t = J(t)U^{-1}(t) \cdot f(C(t)) \cdot R^{\mathrm{T}}(t) \tag{6.182}$$

$$T = \hat{T}(C(t)) \quad \text{或} \quad T = \bar{T}(E(t)) \tag{6.183}$$

弹性体的应力与变形历史 $C_{(t)}(\tau)$ 无关，由简单物质的本构方程式 (5.76)，还可以得到

$$t = \hat{t}(B(t)) \tag{6.184}$$

式中，B 是左 Cauchy-Green 变形张量 (注：在第 2 章 ～ 第 5 章用 b 表示，从本章起改用更常用的符号 B)。

对于各向同性弹性体，本构函数 $\hat{t}$ 和 $\hat{T}$ 分别是对称二阶张量 B 和 C 或 E 的各向同性二阶张量值函数。利用 1.21 节的定理 5(即第一表示定理)，式 (6.183) 和式 (6.184) 的形式为

$$T = \alpha_0 I + \alpha_1 C + \alpha_2 C^2 \tag{6.185a}$$

或

$$T = \bar{\alpha}_0 I + \bar{\alpha}_1 E + \bar{\alpha}_2 E^2 \tag{6.185b}$$

$$t = \beta_0 I + \beta_1 B + \beta_2 B^2 \tag{6.186}$$

式中，系数分别是张量 C, E, B 的不变量 (I_C, II_C, III_C, I_E, II_E, III_E 或 I_B, II_B, III_B) 的函数。式 (6.185) 和式 (6.186) 是 Cauchy 弹性体的一般本构方程 (物质描述法和空间描述法)。

利用 Cayley-Hamilton 定理

$$C^3 - \mathrm{I}_C C^2 + \mathrm{II}_C C - \mathrm{III}_C I = 0$$

乘 C^{-1}，得 $C^2 = \mathrm{I}_C C - \mathrm{II}_C I + \mathrm{III}_C C^{-1}$，代入式 (6.185a)，得到本构方程的另一种形式

$$T = \phi_{-1} C^{-1} + \phi_0 I + \phi_1 C \tag{6.187}$$

类似地，有

$$t = \psi_{-1}B^{-1} + \psi_0 I + \psi_1 B \tag{6.188}$$

式中，ϕ_{-1}、ϕ_0、ϕ_1 和 ψ_{-1}、ψ_0、ψ_1 分别是 C 和 B 三个不变量的函数。

对于不可压缩弹性体，利用式 (5.130c) 和式 (5.130a)，得

$$T = -pC^{-1} + \alpha_0 I + \alpha_1 C + \alpha_2 C^2 \tag{6.189}$$

$$t = -pI + \beta_1 B + \beta_2 B^2 \tag{6.190}$$

或应用 Cayley-Hamilton 定理，用另外一种形式表示

$$T = -pC^{-1} + \phi_0 I + \phi_1 C \tag{6.191}$$

$$t = -pI + \psi_1 B + \psi_{-1}B^{-1} \tag{6.192}$$

式中，p 是静水压力，不依赖变形，由平衡条件确定；因为$\mathrm{III}_C = \mathrm{III}_B = 1$，系数 ϕ_0、ϕ_1 和 ψ_0、ψ_1 只与第 1、2 不变量有关。

在 6.1.1 节中讨论的线弹性体的本构关系式 (6.25c)，适用于各向同性和各向异性材料，只是弹性张量不同。但对于非线性 Cauchy 弹性体，各向异性材料的本构关系比各向同性情况复杂得多，两者形式不同。为了建立具有部分对称性的各向异性非线性弹性体的本构方程，需要利用由坐标基向量构成的常张量，称为 "结构张量"，将结构张量与变形张量一起作为新的元变量，再应用各向同性张量函数的表示定理，从而可以得到正交各向异性及横观各向同性等 Cauchy 弹性体的本构关系。更详细的介绍可参阅文献 [4]。

上面讨论的 Cauchy 弹性体一般本构方程只给出了本构方程中变形张量的函数形式，而系数与不变量的关系仍然未知，还需要借助实验结果确定。

➤ 6.4.2 超弹性体的本构关系

6.4.2.1 超弹性体

弹性体的变形是可逆过程，无能量耗散发生，因而可以假设弹性体存在单位质量应变能函数 W，下面将证明在绝热或者等温条件下，弹性体应变能的变率等于单位体积变形功率。所以，应变能是弹性体的弹性势能，或应力的势函数。由式 (4.52)，有

$$\dot{\Sigma} = \rho_0 \dot{W} = w = T : \dot{E} = \tau : \dot{F} = \frac{\rho_0}{\rho} t : d \tag{6.193}$$

式中，Σ、W 分别是单位体积和单位质量的应变能；w 是单位体积变形功率。存在应变能的弹性体称为超弹性体。

若采用 Lagrange 描述法，令：$W = W(E)$；$\dot{W} = \dfrac{\partial W}{\partial E} : \dot{E}$，由式 (6.193) 得到本构方程：

$$T = \rho_0 \frac{\partial W}{\partial E} \tag{6.194}$$

由于 $C = I + 2E$；$\dfrac{\partial W}{\partial E} = 2\dfrac{\partial W}{\partial C}$，所以

$$T = 2\rho_0 \frac{\partial W}{\partial C} \tag{6.194a}$$

令 $W = W(F)$；$\dot{W} = \dfrac{\partial W}{\partial F} : \dot{F}$，代入式 (6.193)，则有

$$\tau = \rho_0 \frac{\partial W}{\partial F} \tag{6.195}$$

如果采用 Euler 描述法，令 $W = W(F)$，代入式 (6.193)，得

$$t : d = \rho \frac{\partial W}{\partial F} : \dot{F} \tag{6.196}$$

注意到 $\dot{F} = \dfrac{\partial v}{\partial X} = \dfrac{\partial v}{\partial x} \cdot \dfrac{\partial x}{\partial X} = (v\nabla) \cdot F$；$d = \dfrac{1}{2}(v\nabla + \nabla v)$，代入式 (6.196)，有

$$t : v\nabla = \rho \frac{\partial W}{\partial F} : [(v\nabla) \cdot F] = \left(\rho \frac{\partial W}{\partial F} \cdot F^T\right) : (v\nabla) \tag{6.196a}$$

上式对任意的 $v\nabla$ 成立，故

$$t = \rho \frac{\partial W}{\partial F} \cdot F^{\mathrm{T}} = \rho F \cdot \left(\frac{\partial W}{\partial F}\right)^{\mathrm{T}} \tag{6.197}$$

式 (6.194)、式 (6.195)、式 (6.197) 为超弹性体的本构方程。以上从式 (6.193) 出发的推导是可逆的，因而也可以将上述本构关系作为超弹性体的定义。

下面证明式 (6.193)，并说明在绝热和等温情况下应变能 W 的物理意义。

A   绝热情况

系统在绝热状态下既无热源 $(h = 0)$ 也无外面的热量输入 $(q = 0)$，因此能量守恒定律式 (4.46)、式 (4.50)、式 (4.51) 变为

$$\rho \dot{e} = t : d; \quad \rho_0 \dot{e} = \tau : (\nabla_X v) = \tau : \dot{F}; \quad \rho_0 \dot{e} = T : \dot{E} \tag{6.198}$$

可见在绝热条件下，弹性体的应变能应该等于内能：

$$W = e \tag{6.199}$$

所以式 (6.193) 成立。弹性体的变形是可逆过程，无内部耗散生热，系统的热量全部来自系统外的热量输入，所以在绝热条件下，由热力学第二定律式 (4.60)(取等号) 得到

$$\dot{\eta} = 0$$

因此弹性体的绝热过程也是等熵过程。

B 等温情况

等温状态是系统温度不随位置改变, 即 $\boldsymbol{\nabla}_X \theta = \boldsymbol{0}$, 因而 $\boldsymbol{\nabla}_x \theta = \boldsymbol{\nabla}_X \theta \cdot \boldsymbol{F}^{-1} = \boldsymbol{0}$, 若温度也不随时间改变, $\dot\theta = 0$, 则为恒温等温情况。由式 (4.67a,b), 当 $r = 0$; $\boldsymbol{\nabla}_x \theta = \dot\theta = 0$ 时,

$$\rho \dot\psi = \boldsymbol{t} : \boldsymbol{d}; \quad \rho_0 \dot\psi = \boldsymbol{T} : \dot{\boldsymbol{E}} \tag{6.200}$$

可见在等温条件下, 弹性体的应变能应该等于 Helmholtz 自由能:

$$W = \psi \tag{6.201}$$

所以式 (6.193) 成立。

对于一般热力学过程, 热弹性体的本构方程需用 Helmholtz 自由能表示, 见 6.5.2 节。

超弹性体的本构方程表明, 只要给定应变能函数, 方程的形式便可完全确定。

6.4.2.2 各向同性超弹性体

A Lagrange 描述法

应变能 W 是对称二阶张量 $\boldsymbol{E}$ 的标量值各向同性函数, 由表示定理可得

$$W(\boldsymbol{E}) = W(\mathrm{I}_E, \mathrm{II}_E, \mathrm{III}_E)$$

将上式代入式 (6.194), 得到

$$\boldsymbol{T} = \rho_0 \left(\frac{\partial W}{\partial \mathrm{I}_E} \frac{\partial \mathrm{I}_E}{\partial \boldsymbol{E}} + \frac{\partial W}{\partial \mathrm{II}_E} \frac{\partial \mathrm{II}_E}{\partial \boldsymbol{E}} + \frac{\partial W}{\partial \mathrm{III}_E} \frac{\partial \mathrm{III}_E}{\partial \boldsymbol{E}} \right) \tag{6.202}$$

利用式 (1.173a)~ 式 (1.173c), 有

$$\frac{\partial \mathrm{I}_E}{\partial \boldsymbol{E}} = \boldsymbol{I}, \quad \frac{\partial \mathrm{II}_E}{\partial \boldsymbol{E}} = \mathrm{I}_E \boldsymbol{I} - \boldsymbol{E}, \quad \frac{\partial \mathrm{III}_E}{\partial \boldsymbol{E}} = \mathrm{II}_E \boldsymbol{I} - \mathrm{I}_E \boldsymbol{E} + \boldsymbol{E}^2 \tag{6.203}$$

将上式代入式 (6.202), 得

$$\boldsymbol{T} = \bar\alpha_0 \boldsymbol{I} + \bar\alpha_1 \boldsymbol{E} + \bar\alpha_2 \boldsymbol{E}^2 \tag{6.204}$$

$$\bar\alpha_0 = \rho_0 \left(\frac{\partial W}{\partial \mathrm{I}_E} + \mathrm{I}_E \frac{\partial W}{\partial \mathrm{II}_E} + \mathrm{II}_E \frac{\partial W}{\partial \mathrm{III}_E} \right)$$

$$\bar\alpha_1 = -\rho_0 \left(\frac{\partial W}{\partial \mathrm{II}_E} + \mathrm{I}_E \frac{\partial W}{\partial \mathrm{III}_E} \right)$$

$$\bar\alpha_3 = \rho_0 \frac{\partial W}{\partial \mathrm{III}_E}$$

类似地, 可以用右 Cauchy-Green 变形张量表示:

$$\boldsymbol{T} = \alpha_0 \boldsymbol{I} + \alpha_1 \boldsymbol{C} + \alpha_2 \boldsymbol{C}^2 \tag{6.205}$$

$$\alpha_0 = 2\rho_0 \left(\frac{\partial W}{\partial \mathrm{I}_C} + \mathrm{I}_C \frac{\partial W}{\partial \mathrm{II}_C} + \mathrm{II}_C \frac{\partial W}{\partial \mathrm{III}_C} \right)$$

$$\alpha_1 = -2\rho_0 \left(\frac{\partial W}{\partial \mathrm{II}_C} + \mathrm{I}_C \frac{\partial W}{\partial \mathrm{III}_C} \right)$$

$$\alpha_2 = 2\rho_0 \frac{\partial W}{\partial \mathrm{III}_C}$$

类似式 (6.187)，消去 $\boldsymbol{C}^2$，可以得到式 (6.205) 的另一形式：

$$\boldsymbol{T} = \phi_{-1}\boldsymbol{C}^{-1} + \phi_0\boldsymbol{I} + \phi_1\boldsymbol{C} \tag{6.206}$$

$$\phi_0 = 2\rho_0 \left(\frac{\partial W}{\partial \mathrm{I}_C} + \mathrm{I}_C \frac{\partial W}{\partial \mathrm{II}_C} \right); \quad \phi_1 = -2\rho_0 \frac{\partial W}{\partial \mathrm{II}_C}; \quad \phi_{-1} = 2\rho_0 \mathrm{III}_C \frac{\partial W}{\partial \mathrm{III}_C}$$

B Euler 描述法

应变能为 $W(\boldsymbol{B}) = W(\mathrm{I}_B, \mathrm{II}_B, \mathrm{III}_B)$，则

$$\begin{aligned}
\frac{\partial W}{\partial \boldsymbol{F}} &= \frac{\partial W}{\partial \mathrm{I}_B} \frac{\partial \mathrm{I}_B}{\partial \boldsymbol{F}} + \frac{\partial W}{\partial \mathrm{II}_B} \frac{\partial \mathrm{II}_B}{\partial \boldsymbol{F}} + \frac{\partial W}{\partial \mathrm{III}_B} \frac{\partial \mathrm{III}_B}{\partial \boldsymbol{F}} \\
&= \left(\frac{\partial W}{\partial \mathrm{I}_B} \frac{\partial \mathrm{I}_B}{\partial \boldsymbol{B}} + \frac{\partial W}{\partial \mathrm{II}_B} \frac{\partial \mathrm{II}_B}{\partial \boldsymbol{B}} + \frac{\partial W}{\partial \mathrm{III}_B} \frac{\partial \mathrm{III}_B}{\partial \boldsymbol{B}} \right) : \frac{\partial \boldsymbol{B}}{\partial \boldsymbol{F}}
\end{aligned} \tag{6.207}$$

$$\frac{\partial \boldsymbol{B}}{\partial \boldsymbol{F}} = \frac{\partial}{\partial \boldsymbol{F}} \left(\boldsymbol{F} \cdot \boldsymbol{F}^{\mathrm{T}} \right) = i\boldsymbol{I} \cdot \boldsymbol{F}^{\mathrm{T}} + \boldsymbol{F} \cdot \boldsymbol{I}i = i\boldsymbol{F} \cdot \boldsymbol{I} + \boldsymbol{F}i = i\boldsymbol{F} + \boldsymbol{F}i \tag{6.208}$$

式中，i、$\boldsymbol{I}$ 是 Euler 坐标系和 Lagrange 坐标系的单位张量。利用式 (6.207) 和式 (6.208)，得

$$\begin{aligned}
\boldsymbol{t} &= \rho \frac{\partial W}{\partial \boldsymbol{F}} \cdot \boldsymbol{F}^{\mathrm{T}} = \rho \left(\frac{\partial W}{\partial \mathrm{I}_B} \frac{\partial \mathrm{I}_B}{\partial \boldsymbol{B}} + \frac{\partial W}{\partial \mathrm{II}_B} \frac{\partial \mathrm{II}_B}{\partial \boldsymbol{B}} + \frac{\partial W}{\partial \mathrm{III}_B} \frac{\partial \mathrm{III}_B}{\partial \boldsymbol{B}} \right) : \left(\overleftarrow{i} \, \boldsymbol{F} + \boldsymbol{F} \, \overleftarrow{i} \right) \cdot \boldsymbol{F}^{\mathrm{T}} \\
&= \rho \left(\frac{\partial W}{\partial \mathrm{I}_B} \frac{\partial \mathrm{I}_B}{\partial \boldsymbol{B}} + \frac{\partial W}{\partial \mathrm{II}_B} \frac{\partial \mathrm{II}_B}{\partial \boldsymbol{B}} + \frac{\partial W}{\partial \mathrm{III}_B} \frac{\partial \mathrm{III}_B}{\partial \boldsymbol{B}} \right) \cdot (2\boldsymbol{F}) \cdot \boldsymbol{F}^{\mathrm{T}}
\end{aligned}$$

式中，记号 "←" 表示双点积对象之一，双点积运算中利用了 $\boldsymbol{B}$ 的对称性。所以

$$\boldsymbol{t} = 2\rho \frac{\partial W}{\partial \boldsymbol{B}} \overset{\cdot}{:} \boldsymbol{B} \tag{6.209}$$

与式 (6.204) 的推导类似，可得

$$\boldsymbol{t} = \left(\bar{\beta}_0\boldsymbol{I} + \bar{\beta}_1\boldsymbol{B} + \bar{\beta}_2\boldsymbol{B}^2 \right) \cdot \boldsymbol{B} \tag{6.210}$$

$$\bar{\beta}_0 = 2\rho \left(\frac{\partial W}{\partial \mathrm{I}_B} + \mathrm{I}_B \frac{\partial W}{\partial \mathrm{II}_B} + \mathrm{II}_B \frac{\partial W}{\partial \mathrm{III}_B} \right)$$

$$\bar{\beta}_1 = -2\rho \left(\frac{\partial W}{\partial \mathrm{II}_B} + \mathrm{I}_B \frac{\partial W}{\partial \mathrm{III}_B} \right)$$

$$\bar{\beta}_2 = 2\rho \frac{\partial W}{\partial \mathrm{III}_B}$$

应用 Cayley-Hamilton 定理消去式 (6.210) 中的 $\boldsymbol{B}^3$ 项, 有

$$\boldsymbol{t} = \beta_0 \boldsymbol{I} + \beta_1 \boldsymbol{B} + \beta_2 \boldsymbol{B}^2 \tag{6.211}$$

$$\beta_0 = 2\rho \mathrm{III}_B \frac{\partial W}{\partial \mathrm{III}_B}; \quad \beta_1 = 2\rho \left(\frac{\partial W}{\partial \mathrm{I}_B} + \mathrm{I}_B \frac{\partial W}{\partial \mathrm{II}_B} \right); \quad \beta_2 = -2\rho \frac{\partial W}{\partial \mathrm{II}_B}$$

类似式 (6.205), 消去 $\boldsymbol{B}^2$ 项, 得到超弹性体 Euler 型本构方程的另一种形式

$$\boldsymbol{t} = \psi_{-1} \boldsymbol{B}^{-1} + \psi_0 \boldsymbol{I} + \psi_1 \boldsymbol{B} \tag{6.212}$$

$$\psi_0 = 2\rho \left(\mathrm{III}_B \frac{\partial W}{\partial \mathrm{III}_B} + \mathrm{II}_B \frac{\partial W}{\partial \mathrm{II}_B} \right); \quad \psi_1 = 2\rho \frac{\partial W}{\partial \mathrm{I}_B}; \quad \psi_{-1} = -2\rho \mathrm{III}_B \frac{\partial W}{\partial \mathrm{II}_B}$$

如果各向同性弹性体不可压缩, 即 $\mathrm{III}_C = \mathrm{III}_B = 1$, 则应变能对 III_C、III_B 的导数为 0, 由式 (5.130c)、式 (6.206) 和式 (5.130a)、式 (6.212), 有

$$\boldsymbol{T} = -p\boldsymbol{C}^{-1} + 2\rho_0 \left(\frac{\partial W}{\partial \mathrm{I}_C} + \mathrm{I}_C \frac{\partial W}{\partial \mathrm{II}_C} \right) \boldsymbol{I} - 2\rho_0 \frac{\partial W}{\partial \mathrm{II}_C} \boldsymbol{C} \tag{6.213}$$

$$\boldsymbol{t} = -p\boldsymbol{I} + 2\rho_0 \frac{\partial W}{\partial \mathrm{I}_B} \boldsymbol{B} - 2\rho_0 \frac{\partial W}{\partial \mathrm{II}_B} \boldsymbol{B}^{-1} \tag{6.214}$$

式 (6.212) 与 Cauchy 弹性体的式 (6.188) 虽然形式相同, 但超弹性体本构方程中的系数只依赖应变能函数, 如果应变能函数给定, 本构关系便可确定。为了给出合理的本构关系, 需要依据试验结果, 此外还应该满足一些限制条件。例如, 若假设无应力时 ($\boldsymbol{T} = \boldsymbol{0}$) 没有变形 ($\boldsymbol{C} = \boldsymbol{I}$), 因此由式 (6.205) 有

$$\alpha_1 + \alpha_2 + \alpha_3 = 0 \tag{6.215}$$

将式 (6.205) 的系数表达式代入上式, 即得到 W 应该满足的一个限制条件。我们知道, 在线弹性情况下应变能恒正, 且为应变 $\boldsymbol{E}$ 的正定二次型, 因此二阶导数 $\dfrac{\partial^2 W}{\partial \boldsymbol{E} \partial \boldsymbol{E}} > 0$; 在非线性的超弹性情况下, 相应地要求应变能是 $\boldsymbol{E}$ 的凸函数, 即

$$\rho_0 \Delta W(\boldsymbol{E}) \geqslant \rho_0 \frac{\partial W}{\partial \boldsymbol{E}} : \Delta \boldsymbol{E} = \boldsymbol{T} : \Delta \boldsymbol{E} \tag{6.216}$$

$W(\boldsymbol{E})$ 的下凸性质同样要求 $\dfrac{\partial^2 W}{\partial \boldsymbol{E} \partial \boldsymbol{E}}$ 正定, 即

$$\Delta \boldsymbol{E} : \frac{\partial^2 W}{\partial \boldsymbol{E} \partial \boldsymbol{E}} : \Delta \boldsymbol{E} > 0 \tag{6.217}$$

在 6.2.1 小节中列出了几何非线性线弹性体的基本方程和边界条件 (Lagrange 描述法), 其中本构方程为线性关系式 (6.25c), 如果换成本节给出的本构关系, 则得到超弹性、大变形问题的控制方程。

➤ 6.4.3　橡胶材料的超弹性本构关系

常温、短期静载作用下，橡胶可以认为是一种典型的超弹性材料。天然橡胶及合成橡胶是长链高分子聚合物，分子链由数千节 C_5H_8 等串联组成。在自然状态 (不受力) 时，分子链呈现无定形随机卷曲形态 (见示意图 6.15(a))，链的首尾距离可能很近；在受拉状态下，卷曲的分子链在一定程度上被拉直，沿拉伸方向有序排列，首尾距离大大增加 (图 6.15(b))，所以能够产生很大变形，橡胶条甚至可以拉伸到原长的 5~10 倍，分子链不断裂并且仍然保持弹性。工业用的橡胶通常要经过硫化处理，变为硫化橡胶。硫化橡胶是在普通纯橡胶 (胶料) 中填充了碳黑和硫元素，碳黑等填料可以大大改善橡胶的强度、硬度和加工性能，硫原子夹杂在卷曲的长分子链交叉点处，将分子链联结起来 (称为交联)，形成不规则的网状结构 (图 6.15(c))，交联使硫化橡胶抵抗变形的能力大大提高。

(a)　　　　　　(b)　　　　　　(c)

图 6.15　橡胶分子结构

特殊的物质结构使橡胶材料具有许多独特的物理力学性质，例如易变形、高弹性、大变形、对变形率和温度敏感等等。作为一种非晶态高聚合物，随温度的升高，橡胶可表现出不同的材料性质。在低于一定温度 (玻璃化转变温度) 时，橡胶可以认为是超弹性固体；在玻璃化转变温度附近，开始出现黏弹性特征，应力不仅与当前变形有关，还与变形历史和变形率有关，在动载荷及长期作用时需要考虑黏弹性效应；温度更高时，橡胶发生裂解，模量大幅度下降，直到丧失承载能力；当温度高于黏流温度时，材料液化成为非牛顿流体。非晶态聚合物的状态可以根据其温度、时间特性分为玻璃态、黏弹态、橡胶态和黏流态，呈现固体、黏弹性体和流体性态。

橡胶类材料的体积变形远远小于形状改变，因此通常认为橡胶是不可压缩材料。在应用左 Cauchy-Green 变形张量 $\boldsymbol{B}$ 表示变形时，三个主值为 $B_i = \lambda_i^2$ $(i = 1, 2, 3)$，λ_i 是长度比 (通常称为伸长率)，不变量为

$$\mathrm{I}_B = \lambda_1^2 + \lambda_2^2 + \lambda_3^2; \quad \mathrm{II}_B = \lambda_1^2\lambda_2^2 + \lambda_2^2\lambda_3^2 + \lambda_3^2\lambda_1^2; \quad \mathrm{III}_B = \lambda_1^2\lambda_2^2\lambda_3^2 = 1 \quad (6.218)$$

无变形时，$\lambda_i = 1$；$\mathrm{I}_B = \mathrm{II}_B = 3$；有变形时，不变的变化量为 $(\mathrm{I}_B - 3)$ 和 $(\mathrm{II}_B - 3)$。在 $\boldsymbol{B}$ 的主坐标系 e_i 中，

$$\boldsymbol{B} = \lambda_1^2 e_1 e_1 + \lambda_2^2 e_2 e_2 + \lambda_3^2 e_3 e_3; \quad \boldsymbol{B}^{-1} = \lambda_1^{-2} e_1 e_1 + \lambda_2^{-2} e_2 e_2 + \lambda_3^{-2} e_3 e_3$$

橡胶是各向同性材料，应力与应变主方向相同，由式 (6.214)，Cauchy 主应力为

$$t_i = -p + 2\rho_0 \left(\lambda_i^2 \frac{\partial W}{\partial \mathrm{I}_B} - \lambda_i^{-2} \frac{\partial W}{\partial \mathrm{II}_B} \right) \quad (i = 1, 2, 3) \quad (6.219)$$

橡胶材料的许多实验表明, $\dfrac{\partial W}{\partial \mathrm{I}_B} > 0,\ \dfrac{\partial W}{\partial \mathrm{II}_B} > 0$。根据不同的应变能函数假设, 现已建立了多种超弹性橡胶本构关系, 下面介绍几种常见形式。

6.4.3.1 neo-Hookean 模型

Treloar(1943) 提出一个简单的应变能函数和本构方程:

$$W = C_{10}\,(\,\mathrm{I}_B - 3) \tag{6.220}$$

$$\boldsymbol{t} = -p\boldsymbol{I} + 2\rho_0 C_{10}\boldsymbol{B} \tag{6.220a}$$

式 (6.220) 称为新 Hooke 公式。式中, C_{10} 是材料常数。该模型只适用于小变形, 大变形时与实验结果偏差较大。

6.4.3.2 Mooney-Rivlin 模型

Mooney(1940) 提出:

$$W = C_{10}\,(\,\mathrm{I}_B - 3) + C_{01}\,(\mathrm{II}_B - 3) \tag{6.221}$$

$$\boldsymbol{t} = -p\boldsymbol{I} + 2\rho_0 C_{10}\boldsymbol{B} - 2\rho_0 C_{01}\boldsymbol{B}^{-1} \tag{6.221a}$$

式 (6.221) 称为 Mooney-Rivlin 方程, 应用较多。式中, C_{10}、C_{01} 是材料常数。该模型在单向拉伸时与实验符合较好, 但用于双向拉伸时应力远高于实验值。

6.4.3.3 Rivlin 级数模型

Rivlin(1949) 建议用不变量的级数形式表示应变能:

$$W = \sum_{m=0}^{\infty}\sum_{n=0}^{\infty} C_{mn}\,(\,\mathrm{I}_B - 3)^m\,(\mathrm{II}_B - 3)^n \tag{6.222}$$

式中, C_{mn} 是材料常数。当级数中保留不同项数时可以得到相应的本构方程, 包括 neo-Hookean 方程 $(m = 1,\ n = 0)$, Mooney-Rivlin 方程 $(m = 1,\ n = 1)$ 等。

6.4.3.4 Ogden 模型

Ogden(1972) 直接采用主伸长率 λ_i 表示应变能函数 (λ_i 也是一种应变不变量)

$$W = \sum_{n=1}^{\infty} \frac{\mu_n}{\alpha_n}\,(\lambda_1^{\alpha_n} + \lambda_2^{\alpha_n} + \lambda_3^{\alpha_n} - 3) \tag{6.223}$$

式中, α_n 是实常数; μ_n 是材料常数。可以适当选择项数拟合试验结果。将式 (6.209) 用于主坐标系, 考虑静水压力, 可以得到以主值表示的本构方程 (Euler 描述):

$$t_i = -p + \rho_0 \lambda_i \frac{\partial W}{\partial \lambda_i} \quad (\text{不对 } i \text{ 求和}) \tag{6.224}$$

将式 (6.223) 代入式 (6.224), 得到 Ogden 本构方程:

$$t_i = -p + \rho_0 \sum_{n=1}^{\infty} \mu_n \lambda_i^{\alpha_n} \tag{6.225}$$

6.4.3.5   Yeoh 模型

Yeoh(1990) 在应变能函数中考虑 ($I_B - 3$) 的高次项，略去 II_B 的影响，相当于式 (6.222) 中保留 ($I_B - 3$) 的 1~3 次项，提出：

$$W = C_{10} (I_B - 3) + C_{20} (I_B - 3)^2 + C_{30} (I_B - 3)^3 \tag{6.226}$$

$$t = -pI + 2\rho_0 \left[C_{10} + C_{20} (I_B - 3) + C_{30} (I_B - 3)^2 \right] B \tag{6.226a}$$

Yeoh 模型可以在较大变形范围内较好地描述橡胶的各种变形状态。

6.4.3.6   高玉臣模型

高玉臣 (1990，1997) 提出两个橡胶类材料应变能模型，其中 1997 年的模型更简单、常用，能较好地描述大变形本构关系。该模型假设单位体积应变能函数为[42]

$$\rho_0 W = a (I_1^n + I_{-1}^n) \tag{6.227}$$

式中，a、n 是材料常数；I_1 和 I_{-1} 是 C、B 和 C^{-1}、B^{-1} 的第一不变量

$$I_1 = C : I = I_C = I_B = \lambda_1^2 + \lambda_2^2 + \lambda_3^2;$$

$$I_{-1} = C^{-1} : I = I_{C^{-1}} = I_{B^{-1}} = \lambda_1^{-2} + \lambda_2^{-2} + \lambda_3^{-2}$$

由式 (6.194a) 和式 (3.32)$_2$，对于可压缩材料，得

$$T = 2an \left(I_1^{n-1} \frac{\partial I_1}{\partial C} + I_{-1}^{n-1} \frac{\partial I_{-1}}{\partial C} \right) = 2an (I_1^{n-1} I - I_{-1}^{n-1} C^{-2}) \tag{6.227a}$$

$$t = \frac{1}{J} F \cdot T \cdot F^T = \frac{2an}{J} (I_1^{n-1} B - I_{-1}^{n-1} B^{-1}) \tag{6.227b}$$

对于不可压缩材料，有

$$T = -pC^{-1} + 2an (I_1^{n-1} I - I_{-1}^{n-1} C^{-2}) \tag{6.227c}$$

$$t = -pI + 2an (I_1^{n-1} B - I_{-1}^{n-1} B^{-1}) \tag{6.227d}$$

上述模型都是通过假设应变能与应变不变量的函数关系，建立橡胶类材料的超弹性本构方程。另一种方法是根据长分子链的随机分布，考虑交联影响，基于分子链结构代表性胞元分析和试验结果，建立应变能的网络模型。关于网络模型可参阅相关论著 (如文献 [5])。

最后应该指出，上述模型中未反映橡胶类超弹性材料在加卸载时存在的特殊应力软化现象，称为 Mullins 效应[43]，在单向拉伸时的表现是卸载应力明显低于相同应变下的初始加载应力，残余变形很小，而再加载路径与本次卸载路径相同，如图 6.16 所示。通常认为 Mullins 效应与材料损伤有关，可以用损伤或伪弹性模型描述，即初始加载时满足前面给出的本构关系，卸载和再加载时考虑损伤影响或采用不同的应力应变关系[44]。

图 6.16 Mullins 效应

➤ 6.4.4 超弹性材料简单有限变形的应力分析

第 2.8 节讨论了长方体的均匀拉伸、简单剪切、纯弯曲和圆柱体的纯扭转等简单有限变形。下面利用各向同性超弹性本构关系，给出以上各种基本变形情况的应力分布，讨论超弹性、大变形下的应力与线弹性情况的差别。

6.4.4.1 均匀伸长 (缩短)

均匀变形的运动变换为式 (2.82)。式 (2.82f) 给出左 Cauchy-Green 变形张量 B (即 c^{-1}) 的三个不变量，由本构方程式 (6.212) 得到

$$t_{ii} = \psi_{-1}\lambda_i^{-2} + \psi_0 + \psi_1\lambda_i^2 \quad (\text{不对 } i \text{ 求和}); \quad t_{ij} = 0 \ (i \neq j) \tag{6.228}$$

$$\left.\begin{array}{c} \psi_0 = 2\rho\left[\lambda_1^2\lambda_2^2\lambda_3^2\dfrac{\partial W}{\partial \mathrm{III}_B} + \left(\lambda_1^2\lambda_2^2 + \lambda_2^2\lambda_3^2 + \lambda_3^2\lambda_1^2\right)\dfrac{\partial W}{\partial \mathrm{II}_B}\right]; \quad \psi_1 = 2\rho\dfrac{\partial W}{\partial \mathrm{I}_B} \\[2mm] \psi_{-1} = -2\rho\lambda_1^2\lambda_2^2\lambda_3^2\dfrac{\partial W}{\partial \mathrm{II}_B} \end{array}\right\} \tag{6.229}$$

对于简单拉伸，$t_{11} = \sigma; t_{ij} = 0\,(i \neq 1, j \neq 1)$，代入式 (6.228)，得到轴向应力 σ 与伸长率 λ_i 的非线性方程 $(\lambda_2 = \lambda_3)$。一般情况下，如果给定 λ_i，由式 (6.228) 可以唯一地计算出应力 t_{ii}，反之则需要求解非线性方程组。

6.4.4.2 简单剪切

简单剪切的运动变换为式 (2.83)。式 (2.83g) 给出变形张量 B 的三个不变量 (即 C 的不变量)，式 (2.83e) 和式 (2.83c) 给出变形张量 B (即 c^{-1}) 和 B^{-1} (即 c)。该变形为不可压缩变形，由本构方程式 (6.214)，得到如下均匀应力场，满足无体力平衡方程

$$\left.\begin{array}{c} t_{11} = -p + \left(1 + S^2\right)\psi_1 + \psi_{-1}; \quad t_{22} = -p + \psi_1 + \left(1 + S^2\right)\psi_{-1} \\[2mm] t_{33} = -p + \psi_1 + \psi_{-1}; \quad t_{12} = S\left(\psi_1 - \psi_{-1}\right); \quad t_{23} = t_{13} = 0 \end{array}\right\} \tag{6.230}$$

$$\psi_1 = 2\rho_0 \frac{\partial W}{\partial \, \mathrm{I}_B}; \quad \psi_{-1} = -2\rho_0 \frac{\partial W}{\partial \, \mathrm{II}_B} \tag{6.230a}$$

如果假设垂直于剪切面方向无表面力作用，即 $t_{33} = -p + \psi_1 + \psi_{-1} = 0$，则 $t_{11} = S^2\psi_1$, $t_{22} = S^2\psi_{-1}$。可见，超弹性体的简单剪切变形不仅要施加面内剪应力 t_{12}，并且需要加互不相等的正应力 t_{11}、t_{22}，以保持体积变形为 0，这一结论称为 Poynting 效应；而在小变形情况下 (S^2 可以忽略)，$t_{33} = 0$ 时正应力 t_{11}、t_{22} 为 0。

6.4.4.3　圆柱体纯扭转

圆柱体纯扭转变形的运动变换为式 (2.84)。在圆柱坐标系中需要区别张量的协变分量和逆变分量，由式 (2.84c)B 的逆变分量为

$$B^{11} = 1; \quad B^{22} = \frac{1}{r^2} + K^2; \quad B^{33} = 1; \quad B^{23} = K; \quad B^{12} = B^{13} = 0$$

由于 $B^{-1} = c$, $c^{ij} = g^{ik}g^{jl}c_{kl}$，可以求得 B^{-1} 的逆变分量为

$$\left[B^{-1ij} \right] = \left[c^{ij} \right] = \begin{bmatrix} 1 & 0 & 0 \\ 0 & 1/r^2 & -K \\ 0 & -K & 1 + r^2K^2 \end{bmatrix}$$

B 的不变量为 $\mathrm{I}_B = \mathrm{II}_B = 3 + r^2K^2, \mathrm{III}_B = 1$。上面各式中 K 是单位长度扭转角；r 是径向坐标。由式 (6.214) 可以得到不可压缩超弹性材料圆柱体扭转应力

$$\left. \begin{array}{l} t^{11} = -p + \psi_1 + \psi_{-1}; \quad t^{22} = -pr^{-2} + \left(r^{-2} + K^2\right)\psi_1 + r^{-2}\psi_{-1} \\ t^{33} = -p + \psi_1 + \left(1 + r^2K^2\right)\psi_{-1}; \quad t^{23} = K\left(\psi_1 - \psi_{-1}\right); \quad t^{12} = t^{13} = 0 \end{array} \right\} \tag{6.231}$$

式中，$\psi_1 = 2\rho_0 \dfrac{\partial W}{\partial \, \mathrm{I}_B}$; $\psi_{-1} = -2\rho_0 \dfrac{\partial W}{\partial \, \mathrm{II}_B}$。由式 (1.149a)，$t$ 的物理分量 (真实应力) 为

$$\left. \begin{array}{l} \sigma_r = -p + \psi_1 + \psi_{-1}; \quad \sigma_\theta = -p + \left(1 + r^2K^2\right)\psi_1 + \psi_{-1} \\ \sigma_z = -p + \psi_1 + \psi_{-1}\left(1 + r^2K^2\right); \quad \tau_{\theta z} = rK\left(\psi_1 - \psi_{-1}\right); \quad \tau_{r\theta} = \tau_{rz} = 0 \end{array} \right\} \tag{6.231a}$$

上式为非均匀应力场，静水压力 p 由平衡条件确定。由于 I_B、II_B 只含 r，$\mathrm{III}_B = 1$，所以应变能函数 W 和 ψ_1、ψ_{-1} 也是 r 的函数。由式 (1.151e)，平衡方程 $\nabla \cdot t = 0$ 的物理分量形式为

$$\left. \begin{array}{l} \dfrac{\partial \sigma_r}{\partial r} + \dfrac{1}{r}\dfrac{\partial \tau_{r\theta}}{\partial \theta} + \dfrac{\partial \tau_{rz}}{\partial z} + \dfrac{\sigma_r - \sigma_\theta}{r} = \dfrac{\partial \sigma_r}{\partial r} - K^2 r \psi_1 = 0 \\ \dfrac{\partial \tau_{\theta r}}{\partial r} + \dfrac{1}{r}\dfrac{\partial \sigma_\theta}{\partial \theta} + \dfrac{\partial \tau_{\theta z}}{\partial z} + \dfrac{2\tau_{\theta r}}{r} = -\dfrac{1}{r}\dfrac{\partial p}{\partial \theta} = 0 \\ \dfrac{\partial \tau_{zr}}{\partial r} + \dfrac{1}{r}\dfrac{\partial \tau_{z\theta}}{\partial \theta} + \dfrac{\partial \sigma_z}{\partial z} + \dfrac{\tau_{zr}}{r} = -\dfrac{\partial p}{\partial z} = 0 \end{array} \right\} \tag{6.231b}$$

式 (6.231b) 表明 p 只是 r 的函数, 利用径向平衡方程式 (6.231b)$_1$ 和圆柱表面正应力等于 0 的条件, 可以求出 $\sigma_r(r)$, 再由式 (6.231a)$_1$ 求 $p(r)$, 进而得到全部应力 (均为 r 的函数)。由式 (6.231a)$_1$ 和式 (6.231a)$_3$, $\sigma_z = \sigma_r + \psi_{-1}r^2K^2$。可见, 不可压缩超弹性圆柱体在有限纯扭转变形情况下, 除横截面内的剪应力 $\tau_{\theta z}$ 之外, 圆柱侧面不受表面力时, 还必须在两端横截面施加非均匀分布的轴向正应力, 这就是扭转 Poynting 效应。所以式 (2.84) 定义的圆柱体扭转是轴向约束扭转, 应力和应变中含 K^2 的项来自轴向应变中位移导数的二次项 (见式 (2.84b) 和式 (2.84d)), 该项产生伸长变形, 为了保持轴向位移为 0, 必须施加轴向压应力。截面内的剪应力沿圆周方向作用 ($\tau_{zr} = 0$), 但 ψ_1、ψ_{-1} 是 r 的函数, 所以材料非线性使 $\tau_{z\theta}$ 非直线分布。如果略去几何非线性 (忽略 K^2 项), 而且不考虑材料非线性 (ψ_1、ψ_{-1} 为常数), 则问题退化为经典的圆柱体自由扭转, 此时式 (6.231b)$_1$ 简化为 $\dfrac{\partial p}{\partial r} = 0$, 全部正应力为 0。

6.4.4.4 矩形截面梁 (长方体) 的纯弯曲

长方体纯弯曲变形的运动变换为式 (2.85)。分别用直角坐标系 X, Y, Z 和圆柱坐标系 r, θ, z 描述变形前后的构形。与前面几种变形不同, 运动变换式 (2.85) 是三个未知函数 $r(X)$, $\theta(Y)$, $z(Z)$, 因此式 (2.85b)~ 式 (2.85e) 给出的变形张量是未知的, 需要求解。假设材料是不可压缩超弹性体, 三个未知函数可以利用不可压缩条件和分离变量法求得。下面简要介绍解法和主要结果。

由式 (2.85g), 不可压缩条件为 $\text{III}_C = \text{III}_B = (rr'\theta'z')^2 = 1$, 即

$$r\frac{\mathrm{d}r(X)}{\mathrm{d}X}\frac{\mathrm{d}\theta(Y)}{\mathrm{d}Y}\frac{\mathrm{d}z(Z)}{\mathrm{d}Z} = 1$$

上式可以分离变量, 令

$$r\frac{\mathrm{d}r}{\mathrm{d}X} = A; \quad \frac{\mathrm{d}\theta}{\mathrm{d}Y} = B; \quad \frac{\mathrm{d}z}{\mathrm{d}Z} = \frac{1}{AB} \tag{6.232}$$

式中, A、B 是待定常数。积分上式, 得

$$r = (2AX + C)^{1/2}; \quad \theta = BY + C_1; \quad z = \frac{Z}{AB} + C_2 \tag{6.233}$$

取中截面位移 $\theta(0) = 0, z(0) = 0$, 则积分常数 $C_1 = C_2 = 0$。将式 (6.233) 代入变形张量 $\boldsymbol{B}$、$\boldsymbol{B}^{-1}$ (即 $\boldsymbol{c}$) 和不变量式 (2.85g), 有

$$\boldsymbol{B} = \begin{bmatrix} A^2/r^2 & 0 & 0 \\ 0 & B^2 & 0 \\ 0 & 0 & 1/A^2B^2 \end{bmatrix}; \quad \boldsymbol{B}^{-1} = \begin{bmatrix} r^2/A^2 & 0 & 0 \\ 0 & B^2/r^4 & 0 \\ 0 & 0 & A^2B^2 \end{bmatrix} \text{(逆变分量)}$$

$$\text{I}_B = \frac{A^2}{r^2} + r^2B^2 + \frac{1}{A^2B^2}; \quad \text{II}_B = A^2B^2 + \frac{r^2}{A^2} + \frac{1}{r^2B^2}$$

将上式代入式 (6.214)，则 Cauchy 应力的逆变分量为

$$
\left.
\begin{aligned}
t^{11} &= \sigma_r = -p + \frac{A^2}{r^2}\psi_1 + \frac{r^2}{A^2}\psi_{-1}; \\
t^{22} &= \frac{\sigma_\theta}{r^2} = -p/r^2 + B^2\psi_1 + \frac{1}{r^4 B^2}\psi_{-1} \\
t^{33} &= \sigma_z = -p + \frac{1}{A^2 B^2}\psi_1 + A^2 B^2\psi_{-1}; \\
t^{ij} &= 0 \ (i \neq j)
\end{aligned}
\right\}
\tag{6.234}
$$

式中，$\psi_1 = 2\rho_0 \dfrac{\partial W}{\partial \, \mathrm{I}_B}$；$\psi_{-1} = -2\rho_0 \dfrac{\partial W}{\partial \, \mathrm{II}_B}$；$\sigma_r$、$\sigma_\theta$、$\sigma_z$ 分别是应力张量 t 的物理分量。假设：

$$
\sigma_r\left(r_1\right) = \sigma_r\left(r_2\right) = 0; \qquad \int_s \sigma_\theta\left(0\right)\mathrm{d}a = 0 \tag{6.235}
$$

式中，r_1、r_2 是变形后内外圆柱表面的半径；s 是变形后截面面积。与圆柱体扭转情况类似，可由力边界条件和平衡方程确定待定系数 A、B 和静水压力 p 及应力分量 (不再详细讨论)。式 (6.234) 给出的应力表明，在纯弯曲状态下，矩形截面梁的两个侧面需要施加正应力 (σ_z)，与线弹性情况不同。

➤ 6.4.5　有限变形超弹性变分原理

在 6.2.4 小节中已经指出，有限变形情况下的位能驻值原理式 (6.113)、Reissner 变分原理式 (6.121)、胡 - 鹫变分原理式 (6.123)，不仅适用于线弹性固体，也适用于超弹性体，因为在证明过程中并未限定线弹性，实际上是应用了超弹性本构关系，其中单位体积应变能与单位质量应变能的关系为 $\varSigma = \rho_0 W$(Lagrange 描述)。

6.5　热弹性

➤ 6.5.1　热弹性概念

在许多情况下，弹性体不仅承受机械载荷，还承受热载荷，这种在机械和热载荷共同作用下的弹性固体称为热弹性体，当弹性固体有温度变化时，则应该采用热弹性理论描述。热弹性体的状态变量除应变外还有温度，相关变量则包括应力和熵，因此热弹性体比前面讨论的弹性体涉及更多变量。弹性体是无耗散的可逆过程，既无内耗散也没有热耗散；热弹性体仍然假设没有内耗散，但存在传导和辐射引起的热耗散。

第 5.2 节因果关系公理指出，在只受机械力作用时，连续介质的本构变量 (自变量) 是物质的运动 $x(X,t)$ 或位移 u，并与速度、变形等导出量一起作为基本状态变量，而应力张量为相关变量 (响应)。在考虑热载荷时，需要引入热学状态变量：绝对温度 θ 和熵密度 η，两者中的每一个都可以取作本构变量，另一个则作为相关变量。在取 x 和 θ 为本构变量时，相关变量为应力 t、熵密度 η、内能密度 e(或自

由能 $\psi = e - \eta\theta$)、热流向量 $\boldsymbol{q}$,本构泛函的一般形式由式 (5.4) 给出。简单固体的本构响应只与当前变形有关,不受变形历史的影响。在机械载荷与热载荷共同作用时,由式 (5.21),可以给出简单固体的一般形式本构关系:

$$\left.\begin{aligned}
\boldsymbol{t} &= \hat{\boldsymbol{t}}\left(\boldsymbol{F}\left(t\right), \theta\left(t\right), \boldsymbol{\nabla}\theta, \boldsymbol{X}\right) \\
\eta &= \hat{\eta}\left(\boldsymbol{F}\left(t\right), \theta\left(t\right), \boldsymbol{\nabla}\theta, \boldsymbol{X}\right) \\
\psi &= \hat{\psi}\left(\boldsymbol{F}\left(t\right), \theta\left(t\right), \boldsymbol{\nabla}\theta, \boldsymbol{X}\right) \\
\boldsymbol{q} &= \hat{\boldsymbol{q}}\left(\boldsymbol{F}\left(t\right), \theta\left(t\right), \boldsymbol{\nabla}\theta, \boldsymbol{X}\right)
\end{aligned}\right\}
\tag{6.236}$$

式中,$\boldsymbol{X}$ 表示材料的非均匀性。若取熵密度 η 作为本构变量 θ 作为响应时,则本构关系为

$$\left.\begin{aligned}
\boldsymbol{t} &= \hat{\boldsymbol{t}}\left(\boldsymbol{F}\left(t\right), \eta\left(t\right), \boldsymbol{\nabla}\theta, \boldsymbol{X}\right) \\
\theta &= \hat{\theta}\left(\boldsymbol{F}\left(t\right), \eta\left(t\right), \boldsymbol{\nabla}\theta, \boldsymbol{X}\right) \\
\psi &= \hat{\psi}\left(\boldsymbol{F}\left(t\right), \eta\left(t\right), \boldsymbol{\nabla}\theta, \boldsymbol{X}\right) \\
\boldsymbol{q} &= \hat{\boldsymbol{q}}\left(\boldsymbol{F}\left(t\right), \eta\left(t\right), \boldsymbol{\nabla}\theta, \boldsymbol{X}\right)
\end{aligned}\right\}
\tag{6.237}$$

基于本构公理得到的式 (6.236) 或式 (6.237),只给出了热弹性体的响应变量与本构变量之间的依赖关系,为了确定本构方程的具体形式,需要考虑热力学第二定律给出的限制条件。

➤ 6.5.2 热弹性本构关系

6.5.2.1 热弹性本构关系的一般形式

A Euler 描述法

热力学第二定律 (式 (4.67a)) 给出:

$$\theta r = -\dot{\psi} - \dot{\theta}\eta + \frac{1}{\rho}\boldsymbol{t} : \boldsymbol{d} - \frac{1}{\rho\theta}\boldsymbol{q} \cdot \boldsymbol{\nabla}\theta \geqslant 0$$

式中,r 是熵生成率;ψ 是单位质量自由能。由式 $(6.236)_3$,有

$$\dot{\psi} = \frac{\partial \psi}{\partial \boldsymbol{F}} : \dot{\boldsymbol{F}} + \frac{\partial \psi}{\partial \theta}\dot{\theta} + \frac{\partial \psi}{\partial \boldsymbol{\nabla}\theta} \cdot \boldsymbol{\nabla}\dot{\theta}
\tag{6.238}$$

其中

$$\dot{\boldsymbol{F}} = \dot{\boldsymbol{x}}_{,X} = \boldsymbol{v}_{,X} = \boldsymbol{v}_{,x}\boldsymbol{x}_{,X} = (\boldsymbol{v}\boldsymbol{\nabla}) \cdot \boldsymbol{F}
\tag{6.238a}$$

所以

$$\frac{\partial \psi}{\partial \boldsymbol{F}} : \dot{\boldsymbol{F}} = \frac{\partial \psi}{\partial \boldsymbol{F}} : (\boldsymbol{v}\boldsymbol{\nabla} \cdot \boldsymbol{F}) = \left(\frac{\partial \psi}{\partial \boldsymbol{F}} \cdot \boldsymbol{F}^{\mathrm{T}}\right) : \boldsymbol{v}\boldsymbol{\nabla}
\tag{6.238b}$$

将式 (6.238) 和式 (6.238b) 代入式 (4.67a),注意 $\boldsymbol{t} : \boldsymbol{d} = \boldsymbol{t} : \boldsymbol{v}\boldsymbol{\nabla}$,得到

$$\frac{1}{\rho}\left(\boldsymbol{t} - \rho\frac{\partial \psi}{\partial \boldsymbol{F}} \cdot \boldsymbol{F}^{\mathrm{T}}\right) : \boldsymbol{v}\boldsymbol{\nabla} - \left(\eta + \frac{\partial \psi}{\partial \theta}\right)\dot{\theta} - \frac{\partial \psi}{\partial \boldsymbol{\nabla}\theta} \cdot \boldsymbol{\nabla}\dot{\theta} - \frac{1}{\rho\theta}\boldsymbol{q} \cdot \boldsymbol{\nabla}\theta \geqslant 0$$

上式对任意的 $\boldsymbol{v}\boldsymbol{\nabla},\dot{\theta},\boldsymbol{\nabla}\dot{\theta}$ 成立，必有

$$\boldsymbol{t} = \rho\frac{\partial\psi}{\partial\boldsymbol{F}}\cdot\boldsymbol{F}^{\mathrm{T}};\quad \eta = -\frac{\partial\psi}{\partial\theta};\quad \frac{\partial\psi}{\partial\boldsymbol{\nabla}\theta} = \boldsymbol{0};\quad -\boldsymbol{q}\cdot\boldsymbol{\nabla}\theta \geqslant 0 \tag{6.239}$$

其中第 3 式说明 ψ 与温度梯度无关。所以，热弹性材料的本构关系为

$$\left.\begin{array}{l} \boldsymbol{t} = \rho\dfrac{\partial\psi}{\partial\boldsymbol{F}}\cdot\boldsymbol{F}^{\mathrm{T}} \\[2mm] \eta = -\dfrac{\partial\psi}{\partial\theta} \\[2mm] \psi = \hat{\psi}\left(\boldsymbol{F},\theta,\boldsymbol{X}\right) \\[2mm] \boldsymbol{q} = \hat{\boldsymbol{q}}\left(\boldsymbol{F},\theta,\boldsymbol{\nabla}\theta,\boldsymbol{X}\right) \text{且} -\boldsymbol{q}\cdot\boldsymbol{\nabla}\theta \geqslant 0 \end{array}\right\} \tag{6.240}$$

第 4 式的不等式表示热量从高温流向低温。由上式可见，只要给定自由能函数 $\hat{\psi}$ 和热流向量函数 $\hat{\boldsymbol{q}}$ 表达式，便可以确定本构方程的具体形式。

　　B　Lagrange 描述法

　　热力学第二定律 (式 (4.67b)) 为

$$\theta r = -\dot{\psi} - \dot{\theta}\eta + \frac{1}{\rho_0}\boldsymbol{T}:\dot{\boldsymbol{E}} - \frac{1}{\rho_0\theta}\boldsymbol{q}_0\cdot\boldsymbol{\nabla}_X\theta \geqslant 0$$

式中，$\boldsymbol{q}_0$ 是 Lagrange 描述的热流向量，与 $\boldsymbol{q}$ 的关系为式 (4.48)。利用客观性原理，本构关系式 (6.236)$_3$ 及其物质导数可表示为

$$\psi = \psi\left(\boldsymbol{C}\left(t\right),\theta\left(t\right),\boldsymbol{\nabla}\theta,\boldsymbol{X}\right) \tag{6.241}$$

$$\dot{\psi} = \frac{\partial\psi}{\partial\boldsymbol{C}}:\dot{\boldsymbol{C}} + \frac{\partial\psi}{\partial\theta}\dot{\theta} + \frac{\partial\psi}{\partial\boldsymbol{\nabla}\theta}\cdot\boldsymbol{\nabla}\dot{\theta} \tag{6.242}$$

式中，$\boldsymbol{\nabla} = \boldsymbol{\nabla}_X$(下同)。将上式代入式 (4.67b)，有

$$\frac{1}{\rho_0}\left(\boldsymbol{T} - 2\rho_0\frac{\partial\psi}{\partial\boldsymbol{C}}\right):\dot{\boldsymbol{E}} - \left(\eta + \frac{\partial\psi}{\partial\theta}\right)\dot{\theta} - \frac{\partial\psi}{\partial\boldsymbol{\nabla}\theta}\cdot\boldsymbol{\nabla}\dot{\theta} - \frac{1}{\rho_0\theta}\boldsymbol{q}_0\cdot\boldsymbol{\nabla}\theta \geqslant 0$$

利用 $\dot{\boldsymbol{E}},\boldsymbol{\nabla}\dot{\theta},\dot{\theta}$ 的任意性，由上式得到 Lagrange 形式的热弹性本构方程：

$$\boldsymbol{T} = 2\rho_0\frac{\partial\psi}{\partial\boldsymbol{C}} = \rho_0\frac{\partial\psi}{\partial\boldsymbol{E}} \tag{6.243a}$$

$$\eta = -\frac{\partial\psi}{\partial\theta} \tag{6.243b}$$

$$\psi = \bar{\psi}\left(\boldsymbol{C},\theta,\boldsymbol{X}\right) \tag{6.243c}$$

$$\boldsymbol{q}_0 = \bar{\boldsymbol{q}}_0\left(\boldsymbol{C},\theta,\boldsymbol{\nabla}\theta,\boldsymbol{X}\right)\quad \text{且}\quad -\boldsymbol{q}_0\cdot\boldsymbol{\nabla}\theta \geqslant 0 \tag{6.243d}$$

　　利用式 (3.32) 和式 (3.48)，由 $\boldsymbol{T}$、$\boldsymbol{q}_0$ 也可以得到 Euler 描述法的应力和热流量 $\boldsymbol{t}$、$\boldsymbol{q}$。

6.5.2.2 线性热弹性

将单位体积自由能 $\Psi = \rho_0 \psi (\boldsymbol{E}, \theta)$ 在 $\boldsymbol{E} = \boldsymbol{0}$ 和参考绝对温度 θ_0 处展成 Taylor 级数

$$
\begin{aligned}
\Psi &= \Psi_0\,(0, \theta) + \frac{\partial \Psi\,(0, \theta)}{\partial E_{IJ}} E_{IJ} + \frac{\partial^2 \Psi\,(0, \theta)}{2\partial E_{IJ}\partial E_{KL}} E_{IJ} E_{KL} + \cdots \\
&= \Psi_0\,(0, \theta_0) + \frac{\partial \Psi\,(0, \theta_0)}{\partial \theta} \Delta\theta + \frac{\partial \Psi^2\,(0, \theta_0)}{2\partial \theta^2} \Delta\theta^2 + \cdots + \\
&\quad \frac{\partial \Psi\,(0, \theta_0)}{\partial E_{IJ}} E_{IJ} + \frac{\partial^2 \Psi\,(0, \theta_0)}{\partial E_{IJ}\partial \theta} E_{IJ} \Delta\theta + \cdots + \frac{\partial^2 \Psi\,(0, \theta_0)}{2\partial E_{IJ}\partial E_{KL}} E_{IJ} E_{KL} + \cdots
\end{aligned}
\tag{6.244}
$$

其中，$\Delta\theta = \theta - \theta_0$。取 $\boldsymbol{E} = \boldsymbol{0}, \theta = \theta_0$ 时 $\Psi\,(0, \theta_0) = 0$ 和 $\boldsymbol{T} = \dfrac{\partial \Psi}{\partial \boldsymbol{E}} = \boldsymbol{0}$，即 $\dfrac{\partial \Psi\,(0, \theta_0)}{\partial E_{IJ}} = 0$。假设应变 $\boldsymbol{E}$ 和温度变化 $(\theta - \theta_0)/\theta_0$ 很小，式 (6.244) 可略去高次小量，得

$$
\Psi \approx \frac{\partial \Psi\,(0, \theta_0)}{\partial \theta} \Delta\theta + \frac{\partial^2 \Psi\,(0, \theta_0)}{\partial E_{IJ}\partial \theta} E_{IJ} \Delta\theta + \frac{\partial^2 \Psi\,(0, \theta_0)}{2\partial E_{IJ}\partial E_{KL}} E_{IJ} E_{KL}
\tag{6.245}
$$

将上式代入式 (6.243a)，得到线性热弹性本构关系：

$$
T^{IJ} = \Sigma^{IJKL} E_{KL} - \beta^{IJ}\,(\theta - \theta_0) \quad \text{或} \quad \boldsymbol{T} = \boldsymbol{\Sigma} : \boldsymbol{E} - \boldsymbol{\beta}\,(\theta - \theta_0)
\tag{6.246}
$$

其中

$$
\Sigma^{IJKL} = \frac{\partial^2 \Psi}{\partial E_{IJ}\partial E_{KL}}; \quad \beta^{IJ} = -\frac{\partial^2 \Psi}{\partial E_{IJ}\partial \theta} = -\frac{\partial T^{IJ}}{\partial \theta}
\tag{6.246a}
$$

式中，$\boldsymbol{\Sigma}$ 是弹性张量；$\boldsymbol{\beta}$ 称为热力系数张量，表示单位温度降引起的应力。一般情况下 $\boldsymbol{\Sigma}$ 和 $\boldsymbol{\beta}$ 与温度有关。由式 (6.246)，得到线性热弹性本构关系的逆形式：

$$
\boldsymbol{E} = \boldsymbol{\Sigma}^{-1} : \boldsymbol{T} + \boldsymbol{\alpha}\,(\theta - \theta_0); \quad \boldsymbol{\alpha} = \boldsymbol{\Sigma}^{-1} : \boldsymbol{\beta}
\tag{6.247}
$$

式中，$\boldsymbol{\alpha}$ 称为热膨胀系数张量，式 $(6.247)_1$ 右端第 1 项为机械力引起的应变，第 2 项为温度变化产生的热应变。将式 $(6.247)_2$ 代入式 (6.246)，有

$$
\boldsymbol{T} = \boldsymbol{\Sigma} : (\boldsymbol{E} - \boldsymbol{\alpha}\,(\theta - \theta_0))
\tag{6.246b}
$$

将式 (6.244) 代入式 (6.243b)，得到

$$
\rho_0 \eta = -\frac{\partial \Psi\,(0, \theta_0)}{\partial \theta} - \frac{\partial^2 \Psi\,(0, \theta_0)}{\partial \theta^2} \Delta\theta + \beta^{IJ} E_{IJ} + \cdots
\tag{6.248}
$$

在小变形和小温度变化情况下 $(\Delta\theta/\theta_0 \ll 1)$，取 $\boldsymbol{E} = \boldsymbol{0}, \theta = \theta_0$ 时 $\eta = 0$，上式可以线性化为

$$
\rho_0 \eta = \rho_0 \frac{C}{\theta}\,(\theta - \theta_0) + \beta^{IJ} E_{IJ}
\tag{6.249}
$$

其中

$$C = -\theta \frac{\partial^2 \psi}{\partial \theta^2}\bigg|_E = \theta \frac{\partial \eta}{\partial \theta}\bigg|_E \tag{6.250}$$

是应变为常数情况下的比热 (等容比热), 即单位质量温度升高 1 度需要的热量。

类似地, 热流向量函数在 $\boldsymbol{E} = 0, \nabla \theta = \boldsymbol{0}$ 处对 $\boldsymbol{E}$ 和 $\nabla \theta$ 展成 Taylor 级数, 有

$$q_0^K = q_0^K(0, \theta, 0) + \frac{\partial q_0^K(0, \theta, 0)}{\partial \theta_{,M}} \theta_{,M} + \cdots + \frac{\partial q_0^K(0, \theta, 0)}{\partial E_{MN}} E_{MN} + \cdots \tag{6.251}$$

由热力学第二定律式 (6.243d),

$$-q_0^K(\boldsymbol{E}, \theta, \nabla \theta)\, \theta_{,K} \geqslant 0$$

假设 $\boldsymbol{q}_0$ 随 $\nabla \theta$ 连续变化, 当 $\theta_{,K}$ 连续地从负值变为正值时, 为了满足上式, 必有

$$q_0^k(\boldsymbol{E}, \theta, 0) = 0 \tag{6.252}$$

即在任何温度和应变下, 如果没有温度梯度, 则热流量为 0。小变形和小温度梯度时式 (6.251) 可以简化为

$$q_0^K \approx q_0^K(0, \theta, 0) + \frac{\partial q_0^K(0, \theta, 0)}{\partial \theta_{,M}} \theta_{,M} + \frac{\partial q_0^K(0, \theta, 0)}{\partial E_{MN}} E_{MN} \tag{6.253}$$

由式 (6.252) 可知, 式 (6.253) 右端的第 1 项和第 3 项为 0, 故

$$q_0^K = -K^{KM} \theta_{,M} \quad \text{或} \quad \boldsymbol{q}_0 = -\boldsymbol{K} \cdot \nabla \theta \tag{6.254}$$

上式称为傅里叶 (Fourier) 热传导定律, 其中 $\boldsymbol{K} = -\partial \boldsymbol{q}_0 / \partial \nabla \theta$ 是热传导系数张量, 将上式代入不等式 (6.243d), 可知 $\boldsymbol{K}$ 是正定张量。

在各向同性、线性热弹性情况下, 有

$$\Sigma^{IJKL} = \lambda G^{IJ} G^{KL} + \mu \left(G^{IK} G^{JL} + G^{IL} G^{JK} \right) \tag{6.255a}$$

$$\beta^{IJ} = \beta G^{IJ}, \quad \alpha^{IJ} = \alpha G^{IJ}, \quad K^{IJ} = K G^{IJ} \tag{6.255b}$$

式中, λ、μ 是 Lamé常数; β、α、K 为热力系数、热膨胀系数和热传导系数, 由式 $(6.247)_2$ 可得

$$\beta = (3\lambda + 2\mu)\, \alpha \tag{6.256}$$

上式代入本构方程式 (6.246) 和热传导定律式 (6.254), 得

$$T^{IJ} = \lambda G^{IJ} E_K^K + 2\mu E^{IJ} - \alpha(3\lambda + 2\mu)(\theta - \theta_0) G^{IJ}$$

或

$$\boldsymbol{T} = \lambda(\mathrm{tr}\boldsymbol{E})\, \boldsymbol{I} + 2\mu \boldsymbol{E} - \alpha(3\lambda + 2\mu)(\theta - \theta_0)\, \boldsymbol{I} \tag{6.257}$$

$$q_{0K} = -K\theta_{,K} \quad \text{或} \quad \boldsymbol{q}_0 = -K\boldsymbol{\nabla}\theta \tag{6.258}$$

将式 (6.255) 和式 (6.256) 代入式 (6.249)，有

$$\rho_0\eta = \rho_0\frac{C}{\theta}\left(\theta - \theta_0\right) + (3\lambda + 2\mu)\,\alpha\mathrm{tr}\boldsymbol{E} \tag{6.259}$$

右端第 1、2 项分别为单位体积温度升高吸收的热量和体积膨胀吸收的热量所产生的熵。

6.5.2.3 各向同性非线性热弹性

在大变形热弹性情况下，需要考虑本构关系的非线性，展开式 (6.244) 和式 (6.251) 中应该保留更多的项。对于各向同性材料，应用各向同性函数的表示定理，自由能函数可以表为

$$\psi = \hat{\psi}\left(\,\mathrm{I}_C, \mathrm{II}_C, \mathrm{III}_C, \theta\right) \tag{6.260}$$

将上式代入式 (6.243a)，得

$$\boldsymbol{T} = 2\rho_0\left(\frac{\partial\psi}{\partial\,\mathrm{I}_C}\frac{\partial\,\mathrm{I}_C}{\partial\boldsymbol{C}} + \frac{\partial\psi}{\partial\,\mathrm{II}_C}\frac{\partial\,\mathrm{II}_C}{\partial\boldsymbol{C}} + \frac{\partial\psi}{\partial\,\mathrm{III}_C}\frac{\partial\mathrm{III}_C}{\partial\boldsymbol{C}}\right)$$

与式 (6.205) 的推导相同，可得

$$\boldsymbol{T} = \alpha_0\boldsymbol{I} + \alpha_1\boldsymbol{C} + \alpha_2\boldsymbol{C}^2 \tag{6.261}$$

式中, α_0、α_1、α_2 与式 (6.205) 的系数函数形式相同，不同的是这里不仅与应变不变量有关，还是温度的函数。

类似地，可以用 Euler 描述法表示 Helmholtz 自由能和应力，得

$$\psi = \hat{\psi}\left(\,\mathrm{I}_B, \mathrm{II}_B, \mathrm{III}_B, \theta\right) \tag{6.260a}$$

$$\boldsymbol{t} = \beta_0\boldsymbol{I} + \beta_1\boldsymbol{B} + \beta_2\boldsymbol{B}^2 \tag{6.261a}$$

系数 β_0、β_1、β_2 是 $\boldsymbol{B}$ 的不变量和温度的函数，与式 (6.211) 中的系数函数形式相同。

与超弹性情况类似，可以给出不可压缩各向同性热弹性本构方程。

➤ 6.5.3 热弹性基本方程

热弹性体的基本方程包括几何和运动学方程、平衡 (守恒) 方程和热弹性本构方程。与弹性体一样，一般情况下这些方程是非线性的；与弹性体不同的是在变量中增加了温度及相关的响应变量 (热流向量和熵密度)，因而必须补充能量守恒方程作为控制方程。

由式 (4.65) 和式 (6.243b)，有

$$\dot{e} = \dot{\psi} + \dot{\theta}\eta + \theta\dot{\eta} = \frac{\partial\psi}{\partial E} : \dot{E} + \theta\dot{\eta}$$

将上式代入能量守恒方程式 (4.51)，利用式 (6.243a)，得到

$$\rho_0 \theta \dot{\eta} = -\boldsymbol{\nabla}_X \cdot \boldsymbol{q}_0 + \rho_0 h \quad \text{(Lagrange 描述)} \tag{6.262a}$$

类似地有

$$\rho \theta \dot{\eta} = -\boldsymbol{\nabla} \cdot \boldsymbol{q} + \rho h \quad \text{(Euler 描述)} \tag{6.262b}$$

式 (6.262) 是以热相关变量表示的无内耗散的能量守恒方程，左端是单位体积内的热量变率，右端为流入的热量和热源提供的热量。

由式 (6.243b)、式 (6.245)、式 (6.246a) 和式 (6.250)，有

$$\dot{\eta} = -\frac{\partial^2 \psi}{\partial \theta^2} \dot{\theta} - \frac{\partial^2 \psi}{\partial \theta \partial \boldsymbol{E}} : \dot{\boldsymbol{E}} = \frac{C}{\theta} \dot{\theta} + \frac{1}{\rho_0} \boldsymbol{\beta} : \dot{\boldsymbol{E}} \tag{6.263}$$

将上式代入式 (6.262a)，消去 η，则得到热传导方程的另一种形式：

$$-\rho_0 \theta \left(\frac{\partial^2 \psi}{\partial \theta^2} \dot{\theta} + \frac{\partial^2 \psi}{\partial \theta \partial \boldsymbol{E}} : \dot{\boldsymbol{E}} \right) + \boldsymbol{\nabla} \cdot \boldsymbol{q}_0 - \rho_0 h = 0 \tag{6.264}$$

或

$$\rho_0 C \dot{\theta} + \theta \boldsymbol{\beta} : \dot{\boldsymbol{E}} + \boldsymbol{\nabla} \cdot \boldsymbol{q}_0 - \rho_0 h = 0 \tag{6.265}$$

如果忽略比热、热力系数、热传导系数随温度的变化，温度变化不大时上式可以线性化为

$$\rho_0 C \dot{\theta} + \theta_0 \boldsymbol{\beta} : \dot{\boldsymbol{E}} - \boldsymbol{K} : \boldsymbol{\nabla}\boldsymbol{\nabla}\theta - \rho_0 h = 0 \tag{6.265a}$$

热弹性基本关系可以汇总如下：

几何方程 $\qquad\qquad \boldsymbol{E} = \dfrac{1}{2} \left(\boldsymbol{\nabla}\boldsymbol{u} + \boldsymbol{u}\boldsymbol{\nabla} + \boldsymbol{\nabla}\boldsymbol{u} \cdot \boldsymbol{u}\boldsymbol{\nabla} \right)$

加速度 $\qquad\qquad \boldsymbol{a} = \ddot{\boldsymbol{u}}$

运动方程 (见式 (4.19a)) $\qquad \boldsymbol{\nabla} \cdot [\boldsymbol{T} \cdot (\boldsymbol{I} + \boldsymbol{\nabla}\boldsymbol{u})] + \rho_0 (\boldsymbol{f} - \boldsymbol{a}) = \boldsymbol{0}$

能量方程 (见式 (6.264)) $\qquad -\rho_0 \theta \left(\dfrac{\partial^2 \psi}{\partial \theta^2} \dot{\theta} + \dfrac{\partial^2 \psi}{\partial \theta \partial \boldsymbol{E}} : \dot{\boldsymbol{E}} \right) + \boldsymbol{\nabla} \cdot \boldsymbol{q}_0 - \rho_0 h = 0$

本构方程 (见式 (6.243a)) $\qquad \boldsymbol{T} = 2\rho_0 \dfrac{\partial \psi}{\partial \boldsymbol{C}} = \rho_0 \dfrac{\partial \psi}{\partial \boldsymbol{E}}$

自由能函数 (见式 (6.243c)) $\qquad \psi = \bar{\psi}(\boldsymbol{C}, \theta, \boldsymbol{X})$

热流向量函数 (见式 (6.243d)) $\qquad \boldsymbol{q}_0 = \bar{\boldsymbol{q}}_0(\boldsymbol{C}, \theta, \boldsymbol{\nabla}\theta, \boldsymbol{X}); \quad -\boldsymbol{q}_0 \cdot \boldsymbol{\nabla}\theta \geqslant 0$

力学边界条件：

已知外力边界 (见式 (6.66a)) $\qquad (\boldsymbol{I} + \boldsymbol{u}\boldsymbol{\nabla}) \cdot \boldsymbol{T} \cdot \boldsymbol{N} = \bar{\boldsymbol{t}}_{(N)}$

已知位移边界 $\qquad\qquad\qquad u = \bar{u}$

热边界条件：

$$\theta = \bar{\theta} \quad \text{或} \quad q_0 \cdot N = \bar{q}_{(N)} \qquad\qquad (6.266)$$

初始条件：

$t = 0$ 时 $\qquad u = u_0(X); \quad \dot{u} = v_0(X); \quad \theta = \theta_0(X) \qquad (6.267)$

应该注意，边界条件本身及其与初始条件不能相互矛盾。

在小变形和温度变化较小的情况下，基本方程和边界条件可以线性化 (见式 (6.25a)、式 (6.25b)、式 (6.265a) 及式 (6.246b))，得到

$$E = \frac{1}{2}(\nabla u + u \nabla)$$

$$\nabla \cdot T + \rho_0(f - \ddot{u}) = 0$$

$$\rho_0 C \dot{\theta} + \theta_0 \beta : \dot{E} - K : \nabla \nabla \theta - \rho_0 h = 0$$

$$T = \Sigma : (E - \alpha(\theta - \theta_0))$$

$$T \cdot N = \bar{t}_{(N)} \quad \text{(已知外力边界)}$$

式中，C、β、α、K 为参考温度 θ_0 时的比热、热力系数、热膨胀系数和热传导系数。

将式 (6.25a) 代入式 (6.246b)，再代入式 (6.25b)，可以得到位移场方程：

$$\nabla \cdot [\Sigma : (\nabla u - \alpha(\theta - \theta_0))] + \rho_0(f - \ddot{u}) = 0 \qquad (6.268)$$

或

$$\Sigma^{KLMN}\left[U_{N;MK} - \alpha_{MN}(\theta - \theta_0)_{,K}\right] + \rho_0\left(f^L - \frac{\partial^2 U^L}{\partial t^2}\right) = 0 \qquad (6.268a)$$

将式 (6.25a) 代入热传导方程 (6.265a)，利用 β 的对称性，得到温度场方程：

$$K : \nabla \nabla \theta - \rho_0 C \dot{\theta} - \theta_0 \beta : \nabla \dot{u} + \rho_0 h = 0 \qquad (6.269)$$

或

$$K : \nabla \nabla \theta - \rho_0 C \dot{\theta} - \theta_0 \alpha : \Sigma : \nabla \dot{u} + \rho_0 h = 0 \qquad (6.269a)$$

$$K^{MN}\theta_{,MN} - \rho_0 C \dot{\theta} - \theta_0 \Sigma^{KLMN}\alpha_{KL}\dot{U}_{M;N} + \rho_0 h = 0 \qquad (6.269b)$$

式 (6.268) 和式 (6.269) 表明，一般说来热弹性体的位移场和温度场是耦合的 (全热力耦合)，即温度梯度引起热应力，而应变率也能改变温度。在等温条件下，温度梯度为 0，运动方程不含温度项，不需考虑热载荷；在绝热情况下，热弹性过程是等熵的，由式 (6.249)，得

$$\rho_0 \dot{\eta} = \rho_0 C \frac{\theta_0 \dot{\theta}}{\theta^2} + \beta : \dot{E} = 0; \quad \beta : \dot{E} = -\rho_0 C \frac{\theta_0 \dot{\theta}}{\theta^2}$$

将第 2 式代入式 (6.269) 消去应变，则热传导方程与变形无关，因而绝热时也非全热力耦合。在一般情况下，应变率对温度场的影响比较小，可以略去，所以温度与位移解耦，可以首先求出温度场，再代入运动方程求位移场，因此通常不考虑全热力耦合。

对于各向同性线性热弹性情况，将式 (6.255) 代入式 (6.268a) 和式 (6.269b)，可以得到场方程：

$$(\lambda+\mu)\, U^M_{;M}{}^L + \mu U^L_{;M}{}^M - (3\lambda+2\mu)\,\alpha(\theta-\theta_0)_{,N}G^{NL} + \rho_0\left(f^L - \frac{\partial^2 U^L}{\partial t^2}\right) = 0 \qquad (6.270a)$$

$$K\theta_{,M}{}^M - \rho_0 C\dot\theta - \theta_0(3\lambda+2\mu)\alpha\dot U_{M;}{}^M + \rho_0 h = 0 \qquad (6.270b)$$

利用式 (6.21)，上式也可表为

$$\frac{E}{2(1+\nu)}\left(\frac{1}{1-2\nu}U^M_{;M}{}^L + U^L_{;M}{}^M\right) - \frac{E\alpha}{1-2\nu}(\theta-\theta_0)_{,N}G^{NL} + \rho_0\left(f^L - \frac{\partial^2 U^L}{\partial t^2}\right) = 0$$
$$(6.270c)$$

$$K\theta_{,M}{}^M - \rho_0 C\dot\theta - \theta_0\frac{E\alpha}{1-2\nu}\dot U_{M;}{}^M + \rho_0 h = 0 \qquad (6.270d)$$

6.6 塑性

受力引起的固体变形在卸载后可以完全恢复的部分称为弹性变形，如果应力超过弹性极限，变形中还包含卸载后不能恢复的永久变形，称为塑性变形。塑性变形的本质特点是不仅与应力有关，而且与变形的过程有关，但与时间无关 (在动力问题中，本构方程中的应变随时间的变化隐含在应力中)。塑性理论研究塑性变形的发生和演化条件 (屈服与加卸载准则)、本构关系及其在结构弹塑性分析中的应用。由于材料的塑性变形机理和大小不同，多年来建立了不同的塑性理论，它们在一定情况下适用，例如主要用于金属的小变形塑性理论、大变形塑性理论、岩土材料塑性理论、晶体塑性理论和梯度塑性理论等等。塑性理论比弹性理论复杂得多，有些理论并不完全符合热力学定律，而是基于准热力学假设 (或公设)，一些问题尚未很好解决。本节主要介绍常用的与时间无关的 (率无关) 小变形塑性理论 (即不考虑几何非线性)，简要讨论大变形塑性理论 (以 Rice-Hill 理论为例)。

➤ 6.6.1 金属的单向拉伸压缩实验及塑性变形概念

6.6.1.1 单向拉伸压缩实验

在材料力学实验中，给出了一些金属标准试样在缓慢单向拉伸和压缩下的应力应变曲线及若干材料常数。图 6.17 和图 6.18 为低碳钢和铝、钛等合金拉伸实验结果的示意图，实线和虚线分别表示加载和卸载 (或再加载)。图中所用坐标为

$$\sigma = \frac{P}{A_0}; \quad \varepsilon = \frac{\Delta l}{l_0} = \frac{l-l_0}{l_0} = \lambda_1 - 1$$

式中，P、A_0、l_0 是试件的载荷、变形前横截面面积和初始标距长度；λ_1 是加载方向的伸长率。采用直角坐标系 $\{X^K\}$ 时，加载方向 X^1 的各种应变分量为

Green 应变张量
$$E_{11} = \frac{1}{2}\left(\lambda_1^2 - 1\right)$$

Green 或右 Cauchy-Green 变形张量
$$C_{11} = \lambda_1^2$$

Finger 或左 Cauchy-Green 变形张量 $B_{11} = \lambda_1^2$ (即第 2 章中的 b_{11})

Euler 应变张量
$$e_{11} = \frac{1}{2}\left(1 - \lambda_1^{-2}\right)$$

对数应变张量
$$E_{11}^{(0)} = \ln \lambda_1$$

等等。

图 6.17　低碳钢拉伸试验曲线

图 6.18　铝、钛等拉伸试验曲线

变形梯度为 $F_{kK} = \lambda_k\,(k = K = 1, 2, 3)$；$F_{kK} = 0\,(k \neq K)$，利用应力张量之间的关系，加载方向的各种应力分量为

第二类 Piola-Kirchhoff 应力张量 $\qquad T_{11} = \sigma/\lambda_1$

第一类 Piola-Kirchhoff 应力张量 $\qquad \tau_{11} = \sigma$

Cauchy 应力张量，即真应力 $\qquad t_{11} = \sigma/\lambda_2\lambda_3$

根据需要应力应变实验曲线可以采用不同的坐标组合，常用的是 $T_{11} \sim E_{11}$ 和 $t_{11} \sim E_{11}^{(0)}$。

图 6.17 中 σ_{s0} 是初始屈服极限，无明显屈服现象的材料 (图 6.18) 通常取 $\sigma_{s0} = \sigma_{0.2}$(塑性变形等于 0.2 % 时的应力)，称为条件屈服极限。弹性极限与屈服极限的差别很小，因此将屈服极限作为材料性质的弹、塑性界限，即当 $\sigma \leqslant \sigma_{s0}$ 时只有弹性变形，$\sigma > \sigma_{s0}$ 时出现塑性变形。屈服后随应变的增加应力继续增大，这种现象称为强化或硬化，此时若从某一点卸载，则卸载路径平行于初始弹性段 (由于损伤或者大塑性变形影响，卸载段的斜率也可能略小)，总变形 (OD) 等于弹性变形 (CD) 与塑性变形 (OC) 之和；如果卸载后 (到 C 点或者 BC 段的任一点) 继续加载，则再加载路径沿卸载路径回到初始卸载点 (B)，并沿原来无卸载时的路径继续强化，卸载路径上应力增量与应变增量满足弹性本构关系，而 B 点可以看作为新的屈服点，称为后继屈服。

多数金属材料单向压缩实验结果与单向拉伸基本相同，如图 6.19 所示，而脆性材料 (铸铁、岩石、混凝土等) 的拉压性质有巨大差别，拉伸时的塑性变形可以

略去。如果金属加载到某一点，例如图 6.19 中 B 点，然后卸载到 $0(C$ 点$)$ 并反向加载 (压缩)，则路径与初始压缩平行，随载荷增加发生反向屈服。实验发现，反向屈服时应力的绝对值小于正向屈服时的应力，这一现象称为包辛格 (Baushinger) 效应。该效应表明在卸载路径上反向屈服比正向后继屈服容易发生。需要指出的是，"正向"可以是拉伸，也可以是压缩。

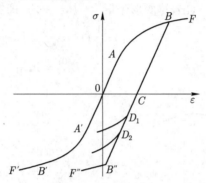

图 6.19 机动硬化，各向同性硬化，混合硬化

图 6.19 中还表明了初始各向同性、拉压性能相同的材料在单向拉压时的硬化行为 (假设正向为拉伸)。A 和 A' 点对应初始拉伸和初始压缩屈服，B 和 B'、F 和 F' 点是初始拉伸和初始压缩路径上的两个对应点。反向屈服的三种代表性情况是点 D_1、D_2、B''，其中 D_1 点对应线段 BD_1 的长度与 AA' 相等，即正反向屈服应力差等于初始拉压屈服应力差；B'' 点对应 $\sigma_{B''} = \sigma_{B'}$，即反向屈服应力等于 B' 点的应力 (数值上等于 σ_B)；D_2 点介于 D_1 和 B'' 之间。根据包辛格效应，显然 B'' 点是一种极端情况，称为各向同性硬化 (或等向硬化)，D_1 点对应另一种特殊情况，称为机动硬化，介于两者之间的硬化情况称为混合硬化。

正向和反向屈服时的应力中值 b 称为背应力 (back stress)；一般应力状态下背应力是对称二阶张量，称为背应力张量，它反映变形过程中微观塑性变形引起的残余应力的影响，是与应力及变形历史有关的材料参数。在初始屈服和各向同性硬化时背应力为 0，其他情况的背应力非 0。后继屈服点的应力与背应力差的绝对值为后继屈服极限，记作 σ_s。

以上是单向应力情况，只有一个非 0 主应力，屈服条件是 $|\sigma - b| = \sigma_s$；在复杂应力状态下，一般有三个非 0 主应力，屈服条件需要用主应力的函数表示，即应力空间中的曲面 (屈服面)，背应力张量给出屈服面的中心，而 σ_s 反映屈服面的大小 (详见下节)。在塑性理论中，材料参数和材料函数通常是利用单向拉伸和压缩实验确定的。

6.6.1.2 塑性变形

单向应力时的塑性变形是应变中不可恢复的部分，总应变是弹性与塑性应变的和。在一般应力状态下，可以类似地将应变张量及其增量分解为弹性和塑性两

部分:

$$\varepsilon = \varepsilon^{\mathrm{e}} + \varepsilon^{\mathrm{p}} \quad \text{或} \quad \varepsilon_{ij} = \varepsilon_{ij}^{\mathrm{e}} + \varepsilon_{ij}^{\mathrm{p}} \tag{6.271}$$

$$\mathrm{d}\varepsilon = \mathrm{d}\varepsilon^{\mathrm{e}} + \mathrm{d}\varepsilon^{\mathrm{p}} \quad \text{或} \quad \mathrm{d}\varepsilon_{ij} = \mathrm{d}\varepsilon_{ij}^{\mathrm{e}} + \mathrm{d}\varepsilon_{ij}^{\mathrm{p}} \tag{6.272}$$

ε 为小应变, 即 $\varepsilon = \dfrac{1}{2}(\boldsymbol{\nabla}\boldsymbol{u} + \boldsymbol{u}\boldsymbol{\nabla})$。式 (6.272) 也可以写作率形式:

$$\dot{\varepsilon} = \dot{\varepsilon}^{\mathrm{e}} + \dot{\varepsilon}^{\mathrm{p}} \quad \text{或} \quad \dot{\varepsilon}_{ij} = \dot{\varepsilon}_{ij}^{\mathrm{e}} + \dot{\varepsilon}_{ij}^{\mathrm{p}} \tag{6.272a}$$

式中, $(\dot{\ }) = \dfrac{\mathrm{d}}{\mathrm{d}t}(\ )$, t 是广义时间, 表示变形过程。

在小变形时, 应变张量的迹 $\mathrm{tr}\varepsilon = \varepsilon_{ii}$ 表示体积变形, 体积变形率为 $\dot{\varepsilon}_{ii} = \dot{\varepsilon}_{ii}^{\mathrm{e}} + \dot{\varepsilon}_{ii}^{\mathrm{p}}$。通常可以认为塑性变形保持体积不变, 所以

$$\varepsilon_{ii}^{\mathrm{p}} = \dot{\varepsilon}_{ii}^{\mathrm{p}} = 0 \tag{6.273}$$

因而塑性应变及其率的偏量等于各自张量:

$$\varepsilon'^{\mathrm{p}} = \varepsilon^{\mathrm{p}}; \quad \dot{\varepsilon}'^{\mathrm{p}} = \dot{\varepsilon}^{\mathrm{p}} \tag{6.274}$$

为了表示塑性变形的大小, 引入恒正标量等效塑性变形率 $\dot{\bar{\varepsilon}}^{\mathrm{p}}$ 和累积塑性变形 $\bar{\varepsilon}^{\mathrm{p}}$:

$$\dot{\bar{\varepsilon}}^{\mathrm{p}} = \sqrt{\frac{2}{3}\dot{\varepsilon}^{\mathrm{p}} : \dot{\varepsilon}^{\mathrm{p}}} \quad \text{或增量} \quad \mathrm{d}\bar{\varepsilon}^{\mathrm{p}} = \sqrt{\frac{2}{3}\mathrm{d}\varepsilon^{\mathrm{p}} : \mathrm{d}\varepsilon^{\mathrm{p}}} \tag{6.275a}$$

$$\bar{\varepsilon}^{\mathrm{p}} = \int_0^t \dot{\bar{\varepsilon}}^{\mathrm{p}}\mathrm{d}t = \int \mathrm{d}\bar{\varepsilon}^{\mathrm{p}} \tag{6.275b}$$

[**例 6.5**]　求单向拉伸和单向拉压时的 $\mathrm{d}\bar{\varepsilon}^{\mathrm{p}}$ 和 $\bar{\varepsilon}^{\mathrm{p}}$。

沿 1 方向拉伸时, 考虑式 (6.273), $\mathrm{d}\varepsilon^{\mathrm{p}}$ 的分量为

$$\mathrm{d}\varepsilon_{11}^{\mathrm{p}}; \quad \mathrm{d}\varepsilon_{22}^{\mathrm{p}} = \mathrm{d}\varepsilon_{33}^{\mathrm{p}} = -\frac{1}{2}\mathrm{d}\varepsilon_{11}^{\mathrm{p}}; \quad \mathrm{d}\varepsilon_{ij}^{\mathrm{p}} = 0\,(i \neq j)$$

由定义式 (6.275a) 和式 (6.275b) 得到 $\mathrm{d}\bar{\varepsilon}^{\mathrm{p}} = \sqrt{\left(\mathrm{d}\varepsilon_{11}^{\mathrm{p}}\right)^2} = \mathrm{d}\varepsilon_{11}^{\mathrm{p}}, \bar{\varepsilon}^{\mathrm{p}} = \varepsilon_{11}^{\mathrm{p}}$, 可见单向拉伸时的累积塑性变形等于拉伸方向的塑性应变。

如果沿 1 方向先拉伸然后卸载压缩, 由于压缩时产生的等效塑性变形增量也为正值, 所以在单向拉压时, 有 $\bar{\varepsilon}^{\mathrm{p}} = \varepsilon_{11(\text{拉})}^{\mathrm{p}} + \left|\varepsilon_{11(\text{压})}^{\mathrm{p}}\right|$, 可见累积塑性变形不能相互抵消。

▶ 6.6.2　屈服条件

屈服条件也称为屈服准则, 它给出复杂应力状态下材料中任一点从弹性状态进入塑性状态的条件和塑性变形增长方向, 是弹塑性分析中需要首先解决的问题,

也是塑性理论中最重要的本构函数之一。屈服条件可以表示为应力的一个标量函数

$$f(\boldsymbol{\sigma}, \boldsymbol{Y}_1 \cdots \boldsymbol{Y}_n, \theta) = 0 \tag{6.276}$$

式中，$\boldsymbol{\sigma}$ 是应力张量，例如 $\boldsymbol{T}$，$\boldsymbol{t}$ 等，小应变时各种应力张量相同，不需要区分；$\boldsymbol{Y}_i$ $(i = 1, 2, \cdots, n)$ 是硬化参量，作为内变量可以是标量、向量或张量，随塑性变形过程变化，例如屈服应力、背应力等等；θ 是温度。上式既包括初始屈服条件 (背应力等硬化参量为 0)，也包括后继屈服条件。在应力空间中屈服条件是随变形过程变化的超曲面，在主应力三维空间中是二维曲面，曲面内部的应力点为弹性状态，曲面上的点表示发生屈服或后继屈服。主应力 σ_1、σ_2、σ_3 对于各向同性材料初始屈服的影响应该是相同的，所以初始屈服面必然对于三个主坐标轴具有对称性，即与坐标轴夹角相同的等倾线 $\sigma_1 = \sigma_2 = \sigma_3$ 是初始屈服面的对称轴。

屈服函数既可以在应力空间中建立，也可以在应变空间建立，下面给出的屈服函数均基于应力空间，有关应变空间的屈服函数参见 6.6.8 节。

最常用的屈服条件是 Mises 条件和 Tresca 条件。

6.6.2.1 Mises 屈服条件

Mises(1913) 提出的各向同性材料屈服条件为

$$f(\boldsymbol{\sigma}, \boldsymbol{b}, \sigma_s) = \frac{3}{2}(\boldsymbol{\sigma}' - \boldsymbol{b}') : (\boldsymbol{\sigma}' - \boldsymbol{b}') - \sigma_s^2 = 0$$

或

$$f = \frac{3}{2}(\sigma_{ij}' - b_{ij}')(\sigma_{ij}' - b_{ij}') - \sigma_s^2 = 0 \tag{6.277}$$

式中，$\boldsymbol{\sigma}' = \boldsymbol{\sigma} - \dfrac{1}{3}\mathrm{tr}(\boldsymbol{\sigma})\boldsymbol{I}$ 是应力张量 $\boldsymbol{\sigma}$ 的偏量；$\boldsymbol{b}'$ 是背应力 $\boldsymbol{b}$ 的偏量，背应力反映塑性变形引起的微观残余应力；σ_s 是初始屈服应力或后继屈服应力。在有些文献中也用 $f/3 = 0$ 作为屈服函数，与式 (6.277) 只有系数上的差别。式 (6.277) 相当于式 (6.276) 中取两个内变量，$\boldsymbol{b}'$ 和 σ_s。若引入主动应力 $\bar{\boldsymbol{\sigma}} = \boldsymbol{\sigma} - \boldsymbol{b}$，式 (6.277) 也可以写作：

$$f(\boldsymbol{\sigma}, \boldsymbol{b}, \sigma_s) = \frac{3}{2}\bar{\boldsymbol{\sigma}}' : \bar{\boldsymbol{\sigma}}' - \sigma_s^2 = 0 \tag{6.277a}$$

由于应力偏量 $\boldsymbol{\sigma}'$ 的第二不变量为 $I_2(\boldsymbol{\sigma}') = \dfrac{1}{2}(\sigma_{ii}'\sigma_{jj}' - \sigma_{ij}'\sigma_{ij}') = -\dfrac{1}{2}\sigma_{ij}'\sigma_{ij}'$，所以常常定义 $J_2(\boldsymbol{\sigma}) = \dfrac{1}{2}\sigma_{ij}'\sigma_{ij}' = -I_2(\boldsymbol{\sigma}')$，用 J_2 表示 Mises 屈服条件：

$$3J_2(\boldsymbol{\sigma} - \boldsymbol{b}) - \sigma_s^2 = 0 \quad \text{或} \quad 3J_2(\bar{\boldsymbol{\sigma}}) - \sigma_s^2 = 0 \tag{6.277b}$$

还可以定义 Mises 等效应力 σ_{eq} 和等效主动应力 $\bar{\sigma}_{\mathrm{eq}}$，用等效主动应力表示 Mises 条件：

$$\bar{\sigma}_{\mathrm{eq}} = \sigma_s$$

Mises 等效应力
$$\sigma_{\text{eq}} = \sqrt{\frac{3}{2}\boldsymbol{\sigma}' : \boldsymbol{\sigma}'}$$

Mises 等效主动应力
$$\bar{\sigma}_{\text{eq}} = \sqrt{\frac{3}{2}\left(\boldsymbol{\sigma}' - \boldsymbol{b}'\right) : \left(\boldsymbol{\sigma}' - \boldsymbol{b}'\right)} \qquad (6.277c)$$

对于初始屈服，$\boldsymbol{b} = 0, \bar{\sigma}' = \sigma', \sigma_s = \sigma_{s0}$，Mises 屈服条件为

$$f(\boldsymbol{\sigma}, \boldsymbol{0}, \sigma_{s0}) = \frac{3}{2}\boldsymbol{\sigma}' : \boldsymbol{\sigma}' - \sigma_{s0}^2 = 0 \quad \text{或} \quad 3J_2(\boldsymbol{\sigma}) - \sigma_{s0}^2 = 0 \quad \text{或} \quad \sigma_{\text{eq}} = \sigma_{s0} \qquad (6.277d)$$

主应力形式为

$$\frac{1}{2}\left[(\sigma_1 - \sigma_2)^2 + (\sigma_2 - \sigma_3)^2 + (\sigma_3 - \sigma_1)^2\right] = \sigma_{s0}^2 \qquad (6.277e)$$

在主应力空间中，式 (6.277e) 表示以等倾线为轴线、半径为 σ_{s0} 的圆柱面 (图 6.20(a))，在过原点垂直于等倾线的等倾面 π 内是半径为 σ_{s0} 的圆 (图 6.20(b))，在坐标面内是椭圆 (图 6.20(c))。屈服面式 (6.277) 是位置和大小随变形过程改变的圆柱面，位置随背应力 $\boldsymbol{b}$ 变化，半径随屈服应力 σ_s 变化。

图 6.20　等倾线和初始屈服面

[**例 6.6**]　根据图 6.19 建立单向拉伸的 Mises 屈服条件。

当应力处于 B 点时卸载至反向屈服，再重新加载到后继屈服 (回到 B 点)，可以得到机动、混合、各向同性三种硬化情况下 B 点的背应力和后继屈服应力

$$b_{11} = \left\{\frac{1}{2}(\sigma_B + \sigma_{D_1}), \frac{1}{2}(\sigma_B + \sigma_{D_2}), 0\right\}; \quad b_{22} = b_{33} = 0; \quad b_{ij} = 0 \, (i \neq j) \qquad (a)$$

$$\sigma_s = \left\{\frac{1}{2}(\sigma_B - \sigma_{D_1}), \frac{1}{2}(\sigma_B - \sigma_{D_2}), \frac{1}{2}(\sigma_B - \sigma_{B''}) = \sigma_B\right\} \qquad (b)$$

将屈服点 B、D_1、D_2 和 B'' 的应力 $\sigma_{11} = (\sigma_B, \sigma_{D_1}, \sigma_{D_2}, \sigma_{B''})$，$\sigma_{22} = \sigma_{33} = \sigma_{ij} = 0 \, (i \neq j)$ 和式 (a) 代入 $\bar{\sigma}_{\text{eq}}$，不难得到 $\bar{\sigma}_{\text{eq}} = \sigma_s$ (σ_s 由式 (b) 给出)，即满足 Mises 屈服条件。

下面讨论如何确定 σ_s 和背应力 $\boldsymbol{b}$。

根据单向拉伸试验结果，后继屈服应力 σ_{s} 可以表示为累积塑性应变的函数，并假设该函数适用于任意复杂应力状态 (单一曲线假设)，因此很容易得到函数关系：

$$\sigma_{\mathrm{s}} = \sigma_{\mathrm{s}}\left(\bar{\varepsilon}^{\mathrm{p}}\right) \tag{6.278}$$

但是，确定背应力张量 $\boldsymbol{b}$ 则比较复杂，为了在塑性变形过程中得到 $\boldsymbol{b}$，需要给出它的演化 $\dot{\boldsymbol{b}}$，即屈服面中心的移动方向和速率。关于背应力的演化有多种理论或假设。Prager 假设 $\boldsymbol{b}$ 是偏量，并且与屈服面的法线方向平行，根据塑性理论 (6.6.4 小节) 塑性变形率 $\dot{\varepsilon}^{\mathrm{p}}$ 与屈服面外法线同向，因此令：

$$\dot{\boldsymbol{b}} = c\dot{\boldsymbol{\varepsilon}}^{\mathrm{p}}\ (c > 0) \tag{6.279}$$

Ziegler 假设 $\dot{\boldsymbol{b}}$ 平行于主动应力 $\boldsymbol{\sigma} - \boldsymbol{b}$，但 $\boldsymbol{b}$ 不是偏量，取：

$$\dot{\boldsymbol{b}} = \mu\left(\boldsymbol{\sigma} - \boldsymbol{b}\right)\left(\mu > 0\right) \tag{6.280}$$

系数 c、μ 与塑性变形历史 (过程) 有关，由单向拉伸实验确定。图 6.21 给出线性机动硬化材料的背应力和屈服应力随塑性变形的变化，图 6.21(a) 为实验曲线，图 6.21(b) 为根据实验得到的 σ_{11}、σ_{s}、b_{11} 与 ε^{p} 的关系，其中斜率 $\tan\alpha' = \tan\alpha/\left(1 - \tan\alpha/E\right)$，$E$ 是弹性模量。

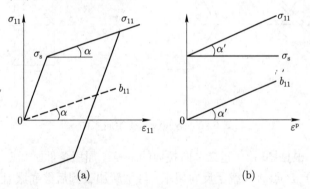

图 6.21　线性强化材料的机动硬化

6.6.2.2　Tresca 屈服条件

Tresca(1864) 通过实验观察，认为塑性变形是由于最大剪应力引起晶格滑移产生的，因此提出最大剪应力条件，即各向同性材料的 Tresca 屈服条件 (对于初始屈服)：

$$\sigma_1 - \sigma_3 = 2\tau_{s0}\ (= \sigma_{s0}) \tag{6.281}$$

式中，σ_1 和 σ_3 是最大和最小主应力。若 σ_1、σ_2、σ_3 任意排列，则屈服条件为

$$\sigma_1 - \sigma_2 = \pm\sigma_{s0};\quad \sigma_2 - \sigma_3 = \pm\sigma_{s0};\quad \sigma_3 - \sigma_1 = \pm\sigma_{s0} \tag{6.281a}$$

之中满足任何一式。上述条件在主应力空间中为 6 个平行于等倾线的平面相交而成的正六棱柱面，轴线为等倾线。如果用单向拉伸试验确定屈服应力，则单向应力时 Tresca 条件与 Mises 条件相同，所以 Tresca 屈服面是 Mises 屈服面的内接正六棱柱面 (见图 6.20，参考习题 6-16)。而且，与 Mises 后继屈服面一样，Tresca 后继屈服面的位置和大小决定于背应力和后继屈服极限。

Tresca 屈服条件和 Mises 屈服条件均能较好地符合金属的实验结果 (其中 Mises 条件符合更好)，因而被广泛应用。Tresca 屈服函数是非光滑的，而且依赖主应力和主应力次序，在用应力分量表示时要比 Mises 条件复杂得多。在一般情况下，主应力的大小和方向 (比值) 是未知的，并且可能随加载改变，这给 Tresca 条件的应用带来困难。因此，该条件在塑性力学分析中主要用于主应力方向 (即比值) 在加载过程中保持不变的情况。

6.6.2.3 岩土材料屈服条件

岩土类材料内部存在大量微裂纹，在外力作用下产生的微裂纹具有方向性，还可能有宏观材料不连续面 (例如节理)。材料内部微裂纹面之间受力发生滑动引起变形，是不可逆的耗散过程，具有塑性变形特点，在工程中可以按塑性理论处理。这种塑性变形在机理上与金属的塑性变形不同，满足不同的屈服条件。岩土类材料的屈服条件通常采用莫尔–库仑 (Mohr-Coulomb) 准则

$$|\tau| + \sigma_n \tan\varphi = \tau_0 \tag{6.282}$$

式中，τ 是沿滑移面的剪应力；σ_n (以拉应力为正) 是滑移面上的正应力；φ 为材料的内摩擦角；τ_0 为 $\sigma_n = 0$ 时引起滑动的剪应力 (剪切强度)，称为材料的内聚力。图 6.22 给出通过应力圆表示的 Mohr-Coulomb 准则，包括式 (6.282) 对应的直线和 (σ_n, τ) 对应的应力圆，屈服条件表示应力圆与直线相切。由图可以得到准则的主应力表达式:

$$\frac{\sigma_1 - \sigma_3}{2} + \frac{\sigma_1 + \sigma_3}{2}\sin\varphi = \tau_0\cos\varphi \tag{6.282a}$$

式中，σ_1 和 σ_3 是最大和最小主应力。利用几何关系，可以由式 (6.282a) 得到式 (6.282)。

图 6.22　Mohr-Coulomb 屈服准则

式 (6.282) 实质是沿滑移面的滑移条件。Mises 屈服条件和 Tresca 屈服条件均与静水压力无关，而岩土类材料的 Mohr-Coulomb 准则不同，静水压力对屈服有重要影响。

▶ 6.6.3　加、卸载准则和一致性条件

由于加载和卸载时材料满足不同的应力应变关系，在弹塑性分析中需要随时判断各点的变形过程是加载还是卸载，所以必须建立加卸载准则。加载引起应力、应变、内变量和屈服函数的变化，如果采用 Mises 屈服条件，由式 (6.277)，有

$$
\begin{aligned}
\mathrm{d}f &= \frac{\partial f}{\partial \boldsymbol{\sigma}} : \mathrm{d}\boldsymbol{\sigma} + \frac{\partial f}{\partial \boldsymbol{b}} : \mathrm{d}\boldsymbol{b} + \frac{\partial f}{\partial \sigma_{\mathrm{s}}} \mathrm{d}\sigma_{\mathrm{s}} \\
&= 3\left(\boldsymbol{\sigma}' - \boldsymbol{b}'\right) : \mathrm{d}\boldsymbol{\sigma} - 3\left(\boldsymbol{\sigma}' - \boldsymbol{b}'\right) : \mathrm{d}\boldsymbol{b} - 2\sigma_{\mathrm{s}}\mathrm{d}\sigma_{\mathrm{s}}
\end{aligned}
\tag{6.283}
$$

如果状态 $(\boldsymbol{\sigma}, \boldsymbol{b}, \sigma_{\mathrm{s}})$ 满足后继屈服条件：

$$
f(\boldsymbol{\sigma}, \boldsymbol{b}, \sigma_{\mathrm{s}}) = 0
\tag{6.284}
$$

状态 $(\boldsymbol{\sigma} + \mathrm{d}\boldsymbol{\sigma}, \boldsymbol{b} + \mathrm{d}\boldsymbol{b}, \sigma_{\mathrm{s}} + \mathrm{d}\sigma_{\mathrm{s}})$ 是邻近的后继屈服状态，则有

$$
f(\boldsymbol{\sigma} + \mathrm{d}\boldsymbol{\sigma}, \boldsymbol{b} + \mathrm{d}\boldsymbol{b}, \sigma_{\mathrm{s}} + \mathrm{d}\sigma_{\mathrm{s}}) = f(\boldsymbol{\sigma}, \boldsymbol{b}, \sigma_{\mathrm{s}}) + \mathrm{d}f = 0
\tag{6.285}
$$

比较式 (6.284) 和式 (6.285)，得到

$$
\mathrm{d}f = 0
\tag{6.286}
$$

在一般情况下，对于屈服函数 $f(\boldsymbol{\sigma}, \boldsymbol{Y}_1, \boldsymbol{Y}_2, \cdots, \boldsymbol{Y}_n)$，有

$$
\mathrm{d}f = \frac{\partial f}{\partial \boldsymbol{\sigma}} : \mathrm{d}\boldsymbol{\sigma} + \sum_{i=1}^{n} \frac{\partial f}{\partial \boldsymbol{Y}_i} : \mathrm{d}\boldsymbol{Y}_i = 0
\tag{6.286a}
$$

式 (6.286) 称为一致性条件，该式表示对于加载或非卸载过程，在应力空间中应力状态的对应点始终在屈服面上，即 $f = 0$；否则，若 $\mathrm{d}f < 0$，则发生卸载。

根据变形过程中屈服函数的变化，可以给出后继屈服状态下的加卸载准则 (图 6.23)

$$
\left.
\begin{aligned}
&(1)\ \text{加载：} && f = 0; \quad \mathrm{d}f = 0; \quad \mathrm{d}\bar{\varepsilon}^{\mathrm{p}} > 0 \\
&(2)\ \text{卸载：} && f = 0; \quad \mathrm{d}f < 0; \quad \mathrm{d}\bar{\varepsilon}^{\mathrm{p}} = 0 \\
&(3)\ \text{中性变载：} && f = 0; \quad \mathrm{d}f = 0; \quad \mathrm{d}\bar{\varepsilon}^{\mathrm{p}} = 0
\end{aligned}
\right\}
\tag{6.287}
$$

在初始加载的弹性阶段和卸载过程中，$f < 0$。在经典塑性理论中 $f > 0$ 是不可能的。

图 6.23 应力空间中加卸载示意图

➤ 6.6.4 增量型小变形塑性本构关系 (流动理论)

在屈服并且处于加载状态下，需要根据塑性本构关系确定各点的应力和应变。塑性情况下的应力应变关系是非线性的，并且依赖于变形历史，所以通常应为增量 (率) 型本构关系，其基础是塑性流动理论。本节讨论等温、率无关 (不随时间变化) 和小变形情况下的率型塑性本构关系，首先需要确定塑性变形增加的方向 (塑性变形增量分量的比值)，再确定增量分量的公共因子，然后给出应变增量与应力增量间的关系。

6.6.4.1 正交法则

为了确定塑性应变增量与应力之间的关系，洛德 (Lode) 对受轴向拉伸与内压联合作用的薄壁圆管进行了实验研究，发现塑性应变增量的洛德参数 μ_ε 与应力洛德参数 μ_σ 近似相等，即

$$\mu_\sigma = 2\frac{\sigma_2 - \sigma_3}{\sigma_1 - \sigma_3} - 1 \approx 2\frac{\mathrm{d}\varepsilon_2^{\mathrm{P}} - \mathrm{d}\varepsilon_3^{\mathrm{P}}}{\mathrm{d}\varepsilon_1^{\mathrm{P}} - \mathrm{d}\varepsilon_3^{\mathrm{P}}} - 1 = \mu_\varepsilon \tag{6.288}$$

式中, $\sigma_j, \mathrm{d}\varepsilon_j^{\mathrm{P}} (j = 1, 2, 3)$ 是主应力和塑性应变增量主值。由上式及和比定理, 可知:

$$\frac{\mathrm{d}\varepsilon_2^{\mathrm{P}} - \mathrm{d}\varepsilon_3^{\mathrm{P}}}{\sigma_2' - \sigma_3'} = \frac{\mathrm{d}\varepsilon_1^{\mathrm{P}} - \mathrm{d}\varepsilon_2^{\mathrm{P}}}{\sigma_1' - \sigma_2'} = \frac{\mathrm{d}\varepsilon_3^{\mathrm{P}} - \mathrm{d}\varepsilon_1^{\mathrm{P}}}{\sigma_3' - \sigma_1'}$$

近似成立, σ_j' 是主应力偏量。由上式得到比例关系:

$$\frac{\mathrm{d}\varepsilon_1^{\mathrm{P}}}{\sigma_1'} = \frac{\mathrm{d}\varepsilon_2^{\mathrm{P}}}{\sigma_2'} = \frac{\mathrm{d}\varepsilon_3^{\mathrm{P}}}{\sigma_3'} \tag{6.289}$$

这说明可以假设塑性应变增量与应力偏量的方向相同，而与应力的球形部分和静水压力无关。上述结果是塑性本构关系的重要实验基础。

另一方面，由各向同性硬化材料的 Mises 屈服函数式 (6.277)($b = 0$), 对应力取偏导数, 得

$$\frac{\partial f}{\partial \sigma_{ij}} = 3\sigma_{kl}'\frac{\partial \sigma_{kl}'}{\partial \sigma_{ij}} = 3\sigma_{kl}'\left(\delta_{ki}\delta_{lj} - \frac{1}{3}\delta_{mi}\delta_{mj}\delta_{kl}\right) = 3\sigma_{ij}' \quad (注意 \sigma_{kk}' = 0)$$

或

$$\frac{\partial f}{\partial \boldsymbol{\sigma}} = 3\boldsymbol{\sigma}' \tag{6.290a}$$

式中, $\dfrac{\partial f}{\partial \boldsymbol{\sigma}}$ 是屈服面 $f = 0$ 的外法线向量。类似地, 对于混合硬化材料的 Mises 屈服函数, 有

$$\frac{\partial f}{\partial \boldsymbol{\sigma}} = 3\left(\boldsymbol{\sigma}' - \boldsymbol{b}'\right) = 3\bar{\boldsymbol{\sigma}}' \tag{6.290b}$$

式 (6.290a) 和式 (6.290b) 表明, 屈服面上任一点 $\boldsymbol{\sigma}$ 的偏斜应力 $\boldsymbol{\sigma}'$ 方向 (各向同性硬化) 或主动偏斜应力 $\boldsymbol{\sigma}' - \boldsymbol{b}'$ 方向 (混合硬化) 与该点处屈服面的外法线方向相同。因此, 可以假设塑性应变增量方向沿屈服面的外法线方向, 这就是 Drucker 假设, 或 "正交法则"。

根据正交法则, 令塑性应变增量

$$\mathrm{d}\boldsymbol{\varepsilon}^{\mathrm{p}} = 3\left(\boldsymbol{\sigma}' - \boldsymbol{b}'\right)\mathrm{d}\lambda \tag{6.291}$$

$\mathrm{d}\lambda$ 是正值, 称为塑性应变增量因子, 表示塑性变形的大小。将上式代入式 (6.275a), 利用式 (6.277c) 和屈服条件, 得

$$\mathrm{d}\bar{\varepsilon}^{\mathrm{p}} = \left[\frac{2}{3}\left(3\bar{\boldsymbol{\sigma}}'\right) : \left(3\bar{\boldsymbol{\sigma}}'\right)\right]^{1/2}\mathrm{d}\lambda = 2\bar{\sigma}_{\mathrm{eq}}\mathrm{d}\lambda = 2\sigma_{\mathrm{s}}\mathrm{d}\lambda \tag{6.292}$$

用式 (6.292) 消去式 (6.291) 中的 $\mathrm{d}\lambda$, 得到以累积塑性应变增量和主动应力偏量表示的 $\mathrm{d}\boldsymbol{\varepsilon}^{\mathrm{p}}$:

$$\mathrm{d}\boldsymbol{\varepsilon}^{\mathrm{p}} = \frac{3\mathrm{d}\bar{\varepsilon}^{\mathrm{p}}}{2\sigma_{\mathrm{eq}}}\left(\boldsymbol{\sigma}' - \boldsymbol{b}'\right) = \frac{3\mathrm{d}\bar{\varepsilon}^{\mathrm{p}}}{2\sigma_{\mathrm{s}}}\left(\boldsymbol{\sigma}' - \boldsymbol{b}'\right) \quad \text{或} \quad \dot{\boldsymbol{\varepsilon}}^{\mathrm{p}} = \frac{3\dot{\bar{\varepsilon}}^{\mathrm{p}}}{2\sigma_{\mathrm{s}}}\left(\boldsymbol{\sigma}' - \boldsymbol{b}'\right) \tag{6.293}$$

6.6.4.2　用一致性条件确定塑性应变增量因子

一致性条件式 (6.286a) 给出硬化参量增量 $\mathrm{d}\boldsymbol{Y}_i$ 与应力增量 $\mathrm{d}\boldsymbol{\sigma}$ 的关系, 而硬化参量依赖变形过程, 是累积塑性应变 $\bar{\varepsilon}^{\mathrm{p}}$ 的函数, $\mathrm{d}\boldsymbol{Y}_i$ 可用 $\mathrm{d}\bar{\varepsilon}^{\mathrm{p}}$ 表示, 因此由关系式 (6.292), 可以得到 $\mathrm{d}\lambda$ 与 $\mathrm{d}\boldsymbol{\sigma}$ 的关系。

对于各向同性硬化情况 ($\boldsymbol{b} = 0$), 一致性条件为

$$\mathrm{d}f = \frac{\partial f}{\partial \boldsymbol{\sigma}} : \mathrm{d}\boldsymbol{\sigma} + \frac{\partial f}{\partial \sigma_{\mathrm{s}}}\mathrm{d}\sigma_{\mathrm{s}} = 3\boldsymbol{\sigma}' : \mathrm{d}\boldsymbol{\sigma} - 2\sigma_{\mathrm{s}}\mathrm{d}\sigma_{\mathrm{s}} = 3\boldsymbol{\sigma}' : \mathrm{d}\boldsymbol{\sigma} - 2\sigma_{\mathrm{s}}E_{\mathrm{y}}\mathrm{d}\bar{\varepsilon}^{\mathrm{p}} = 0 \tag{6.294}$$

其中

$$E_{\mathrm{y}} = \frac{\mathrm{d}\sigma_{\mathrm{s}}}{\mathrm{d}\bar{\varepsilon}^{\mathrm{p}}} \tag{6.295}$$

是屈服应力与累积塑性变形曲线的切线模量, 由单向拉伸实验确定。利用式 (6.292) 和式 (6.294), 得到

$$\mathrm{d}\lambda = \frac{3\boldsymbol{\sigma}' : \mathrm{d}\boldsymbol{\sigma}}{4E_{\mathrm{y}}\sigma_{\mathrm{s}}^2} \tag{6.296}$$

对于混合硬化情况，必须考虑背应力的演化。由式 (6.283)，一致性条件为

$$\mathrm{d}f = 3\bar{\boldsymbol{\sigma}}' : \mathrm{d}\boldsymbol{\sigma} - 3\bar{\boldsymbol{\sigma}}' : \mathrm{d}\boldsymbol{b}' - 2\sigma_{\mathrm{s}} E_{\mathrm{y}} \mathrm{d}\bar{\varepsilon}^{\mathrm{p}} = 0 \tag{6.297}$$

其中用到 $(\boldsymbol{\sigma}' - \boldsymbol{b}') : \mathrm{d}\boldsymbol{b} = (\boldsymbol{\sigma}' - \boldsymbol{b}') : \left(\dfrac{1}{3}\mathrm{tr}(\mathrm{d}\boldsymbol{b})\boldsymbol{I} + \mathrm{d}\boldsymbol{b}'\right) = (\boldsymbol{\sigma}' - \boldsymbol{b}') : \mathrm{d}\boldsymbol{b}'$。前面曾经指出，关于背应力的演化规律有不同的假设，例如式 (6.279) 和式 (6.280)。由 Prager 假设，$\boldsymbol{b}$ 为偏量：

$$\dot{\boldsymbol{b}}' = \dot{\boldsymbol{b}} = c\dot{\boldsymbol{\varepsilon}}^{\mathrm{p}}; \quad \mathrm{d}\boldsymbol{b}' = c\mathrm{d}\boldsymbol{\varepsilon}^{\mathrm{p}} \tag{6.298a}$$

由 Ziegler 假设，$\boldsymbol{b}$ 平行于主动应力 $\boldsymbol{\sigma} - \boldsymbol{b}$，但不是偏量。由式 (6.280) 和式 (6.293)，得

$$\dot{\boldsymbol{b}}' = \mu\left(\boldsymbol{\sigma}' - \boldsymbol{b}'\right) = \mu\dfrac{2\sigma_{\mathrm{s}}}{3\dot{\bar{\varepsilon}}^{\mathrm{p}}}\dot{\boldsymbol{\varepsilon}}^{\mathrm{p}} = c_1\dot{\boldsymbol{\varepsilon}}^{\mathrm{p}}; \quad \mathrm{d}\boldsymbol{b}' = c_1\mathrm{d}\boldsymbol{\varepsilon}^{\mathrm{p}} \tag{6.298b}$$

式中，c 和 c_1 是依赖塑性变形过程的材料参数，由单向拉伸试验确定。引入另一参数 E_{b}，令：$c = c_1 = \dfrac{2}{3}E_{\mathrm{b}}$，式 (6.298a) 和式 (6.298b) 可以共同表示为

$$\mathrm{d}\boldsymbol{b}' = \dfrac{2}{3}E_{\mathrm{b}}\mathrm{d}\boldsymbol{\varepsilon}^{\mathrm{p}} \tag{6.298c}$$

利用式 (6.298c)、式 (6.293)、式 (6.275a) 和式 (6.292)，有

$$(\boldsymbol{\sigma}' - \boldsymbol{b}') : \mathrm{d}\boldsymbol{b}' = \dfrac{4E_{\mathrm{b}}}{9\mathrm{d}\lambda}\mathrm{d}\boldsymbol{\varepsilon}^{\mathrm{p}} : \mathrm{d}\boldsymbol{\varepsilon}^{\mathrm{p}} = \dfrac{E_{\mathrm{b}}}{3\mathrm{d}\lambda}\left(\mathrm{d}\bar{\varepsilon}^{\mathrm{p}}\right)^2 = \dfrac{E_{\mathrm{b}}}{3\mathrm{d}\lambda}\left(2\sigma_{\mathrm{s}}\mathrm{d}\lambda\right)^2 = \dfrac{4}{3}E_{\mathrm{b}}\sigma_{\mathrm{s}}^2\mathrm{d}\lambda$$

将上式代入式 (6.297)，利用式 (6.292)，得 $3\bar{\boldsymbol{\sigma}}' : \mathrm{d}\boldsymbol{\sigma} - 4\left(E_{\mathrm{b}} + E_{\mathrm{y}}\right)\sigma_{\mathrm{s}}^2\mathrm{d}\lambda = 0$，所以

$$\mathrm{d}\lambda = \dfrac{3\bar{\boldsymbol{\sigma}}' : \mathrm{d}\boldsymbol{\sigma}}{4\left(E_{\mathrm{b}} + E_{\mathrm{y}}\right)\sigma_{\mathrm{s}}^2} = \dfrac{3\bar{\boldsymbol{\sigma}}' : \mathrm{d}\boldsymbol{\sigma}}{4E_{\mathrm{p}}\sigma_{\mathrm{s}}^2} \tag{6.299}$$

其中

$$E_{\mathrm{p}} = E_{\mathrm{b}} + E_{\mathrm{y}} \tag{6.300}$$

称为塑性模量。E_{p}、E_{b}、E_{y} 及其物理意义可由单向拉伸试验得到。

若硬化材料的单向拉伸及反向屈服试验给出 $\sigma_{11}, b_{11} \sim \varepsilon_{11}$ 曲线，例如图 6.21(a)，ε_{11} 中减去弹性应变，注意到 $\sigma_{11} = b_{11} + \sigma_{\mathrm{s}}$，便得到 $\sigma_{11}, b_{11}, \sigma_{\mathrm{s}} \sim \varepsilon_{11}^{\mathrm{p}}$ 关系 (图 6.21(b))。在单向应力时，$\varepsilon_{11}^{\mathrm{p}} = \bar{\varepsilon}^{\mathrm{p}}$, $\sigma_{11} = \sigma_{\mathrm{eq}}, \sigma_{22} = \sigma_{33} = 0$；按 Ziegler 假设，可取 $\boldsymbol{b}$ 的分量为 $b_{11} \neq 0, b_{22} = b_{33} = b_{ij} = 0\,(i \neq j)$，所以 $b_{11}' = \dfrac{2}{3}b_{11}$。由式 (6.298c) 得 $E_{\mathrm{b}} = \dfrac{3\mathrm{d}b_{11}'}{2\mathrm{d}\bar{\varepsilon}^{\mathrm{p}}} = \dfrac{\mathrm{d}b_{11}}{\mathrm{d}\bar{\varepsilon}^{\mathrm{p}}}$；由式 (6.295) 得 $E_{\mathrm{y}} = \dfrac{\mathrm{d}\sigma_{\mathrm{s}}}{\mathrm{d}\bar{\varepsilon}^{\mathrm{p}}}$；因此塑性模量可以通过单向拉伸试验确定：

$$E_{\mathrm{p}} = E_{\mathrm{b}} + E_{\mathrm{y}} = \dfrac{\mathrm{d}\sigma_{11}}{\mathrm{d}\bar{\varepsilon}^{\mathrm{p}}} \tag{6.301}$$

　　将混合硬化材料的式 (6.299) 代入式 (6.291)(当 $b = 0, E_\mathrm{p} = E_\mathrm{y}$ 时为各向同性硬化)，得到

$$\mathrm{d}\varepsilon^\mathrm{p} = \frac{9\bar{\sigma}'\bar{\sigma}' : \mathrm{d}\sigma}{4E_\mathrm{p}\sigma_\mathrm{s}^2} \tag{6.302}$$

　　需要指出，上式只适用于硬化材料，即 E_p 恒正。在单向拉伸加载过程中发生应力下降 ($E_\mathrm{p} < 0$)，称为软化材料。对于软化材料或 $E_\mathrm{p} \leqslant 0$ 的情况，则不能以 σ 为自变量，用 $\mathrm{d}\sigma$ 单值地表示 $\mathrm{d}\varepsilon^\mathrm{p}$，此时必须以应变为自变量，在应变空间中建立屈服准则，演化方程用 $\mathrm{d}\varepsilon$ 表示 $\mathrm{d}\sigma$。

6.6.4.3　普朗特–罗斯 (Prandtl-Reuss) 本构方程

　　在小变形情况下，弹性应变增量与应力增量的本构关系为 (见式 (6.24a) 的率形式)：

$$\mathrm{d}\varepsilon^\mathrm{e} = \boldsymbol{\Sigma}^{-1} : \mathrm{d}\sigma \tag{6.303}$$

将上式和式 (6.302) 代入 $\mathrm{d}\varepsilon = \mathrm{d}\varepsilon^\mathrm{e} + \mathrm{d}\varepsilon^\mathrm{p}$，得到

$$\mathrm{d}\varepsilon = \boldsymbol{\Sigma}^{-1} : \mathrm{d}\sigma + \frac{9\alpha}{4E_\mathrm{p}\sigma_\mathrm{s}^2}\bar{\sigma}'\bar{\sigma}' : \mathrm{d}\sigma = \boldsymbol{M}^\mathrm{ep} : \mathrm{d}\sigma \tag{6.304}$$

式中，$\boldsymbol{M}^\mathrm{ep}$ 称为弹塑性柔度张量 (α 为加载因子)，

$$\boldsymbol{M}^\mathrm{ep} = \boldsymbol{\Sigma}^{-1} + \frac{9\alpha}{4E_\mathrm{p}\sigma_\mathrm{s}^2}\bar{\sigma}'\bar{\sigma}'; \quad \alpha = \begin{cases} 1 & \text{加载} \\ 0 & \text{弹性或卸载} \end{cases} \tag{6.304a}$$

　　式 (6.304) 的逆形式为

$$\mathrm{d}\sigma = \boldsymbol{\Sigma}^\mathrm{ep} : \mathrm{d}\varepsilon \tag{6.305}$$

$$\boldsymbol{\Sigma}^\mathrm{ep} = \boldsymbol{\Sigma} - \frac{9\alpha G^2}{(E_\mathrm{p} + 3G)\sigma_\mathrm{s}^2}\bar{\sigma}'\bar{\sigma}' \quad \text{(弹塑性刚度张量)} \tag{6.305a}$$

式中，G 为线弹性剪切模量。式 (6.304) 和式 (6.305) 称为 Prandtl-Reuss 本构方程。

　　逆本构关系式 (6.305) 的推导如下。

　　首先，用 $\mathrm{d}\varepsilon$ 表示式 (6.304) 中的标量 $\bar{\sigma}' : \mathrm{d}\sigma$，由于

$$\mathrm{d}\sigma = \boldsymbol{\Sigma} : \mathrm{d}\varepsilon^\mathrm{e} = 2G\left(\mathrm{d}\varepsilon^\mathrm{e} + \frac{\nu}{1 - 2\nu}\mathrm{tr}\,(\mathrm{d}\varepsilon^\mathrm{e})\,\boldsymbol{I}\right)$$

上式前双点乘主动应力偏量，有

$$\bar{\sigma}' : \mathrm{d}\sigma = 2G\bar{\sigma}' : \mathrm{d}\varepsilon^\mathrm{e} = 2G\bar{\sigma}' : (\mathrm{d}\varepsilon - \mathrm{d}\varepsilon^\mathrm{p}) \tag{a}$$

将式 (6.302) 代入式 (a)，利用 $\bar{\sigma}' : \bar{\sigma}' = \dfrac{2}{3}\sigma_\mathrm{s}^2$ (Mises 屈服条件)，经过整理，可得

$$\bar{\sigma}' : \mathrm{d}\sigma = \frac{2G}{1 + 3G/E_\mathrm{p}}\bar{\sigma}' : \mathrm{d}\varepsilon \tag{b}$$

然后, 将式 (6.304) 双点积前乘 $\boldsymbol{\Sigma}$, 注意到 (因为 $\mathrm{d}\bar{\boldsymbol{\sigma}}'$ 是偏量):

$$\boldsymbol{\Sigma} : \left(\boldsymbol{\Sigma}^{-1} : \mathrm{d}\boldsymbol{\sigma}\right) = \mathrm{d}\boldsymbol{\sigma}; \quad \boldsymbol{\Sigma} : \mathrm{d}\bar{\boldsymbol{\sigma}}' = 2G\mathrm{d}\bar{\boldsymbol{\sigma}}' \tag{c}$$

再将式 (b) 和式 (c) 代入, 整理, 即得式 (6.305) 逆本构关系。

Prandtl-Reuss 方程是增量型本构关系, 适用于小变形、硬化材料, 由于变形中同时考虑了弹性和塑性部分, 因而比较复杂, 主要用于变形不太大的情况。

6.6.4.4 莱维–密泽斯 (Levy-Mises) 本构方程

假设材料为理想刚塑性材料 (图 6.24(b)), 变形中弹性部分恒为 0, 总变形等于塑性应变。由 Mises 屈服条件、正交法则式 (6.291) 和式 (6.293), 有

$$\mathrm{d}\boldsymbol{\varepsilon} = \frac{3\mathrm{d}\bar{\varepsilon}^{\mathrm{p}}}{2\sigma_{\mathrm{eq}}}\left(\boldsymbol{\sigma}' - \boldsymbol{b}'\right); \quad \mathrm{d}\varepsilon_{ij} = \frac{3\mathrm{d}\bar{\varepsilon}^{\mathrm{p}}}{2\sigma_{\mathrm{eq}}}\left(\sigma'_{ij} - b'_{ij}\right) \tag{6.306}$$

上式称为 Levy-Mises 本构方程。在许多金属塑性成形问题中, 弹性变形与塑性变形比较很小, 是完全可以忽略的[45]。由于略去了弹性变形, 因而 Levy-Mises 本构方程, 比同时考虑弹塑性变形的 Prandtl-Reuss 方程, 在应用中更为简单。

图 6.24 刚塑性 (a) 和理想刚塑性 (b)

本节和上节讨论的小变形理论均以 Mises 屈服条件为基础, Mises 屈服面是应力空间中的光滑曲面。当屈服面不是光滑的包含拐角时, 称为奇异屈服面, 例如 Tresca 屈服条件, 此时在拐角处外法线方向不唯一, 需要建立奇异屈服面理论, 本书不涉及这方面内容。

➤ 6.6.5 全量型小变形塑性本构关系 (形变理论)

流动理论给出了应变增量与应力增量间的塑性本构关系, 此外还有一种对于应变和应力全量建立的全量型小变形塑性本构关系, 其基础是形变理论 (或全量理论), 也称为形变理论本构关系。全量本构关系更加简单, 但只在一定条件下适用。

假设材料满足 Mises 屈服条件, 若 $\boldsymbol{b} = \boldsymbol{0}$(各向同性硬化), 则

$$\frac{3}{2}\boldsymbol{\sigma}' : \boldsymbol{\sigma}' - \sigma_{\mathrm{s}}^2 = 0 \tag{6.307}$$

形变理论认为, 塑性应变 ε^{p} 全量与应力偏量 $\boldsymbol{\sigma}'$ 同向, 即沿屈服面外法线方向, 可以表示为

$$\boldsymbol{\varepsilon}^{\mathrm{p}} = \lambda \boldsymbol{\sigma}' \tag{6.308}$$

式中, $\lambda \, (> 0)$ 是比例因子。为了用一个标量表示塑性应变全量的大小, 即塑性变形程度, 定义

$$\bar{\varepsilon}^{\mathrm{p}} = \left(\frac{2}{3} \boldsymbol{\varepsilon}^{\mathrm{p}} : \boldsymbol{\varepsilon}^{\mathrm{p}}\right)^{1/2} \tag{6.309}$$

称为等效塑性变形。可以验证, 在单向拉伸变形时 $\left(\varepsilon_{11}^{\mathrm{p}}, \ \varepsilon_{22}^{\mathrm{p}} = \varepsilon_{33}^{\mathrm{p}} = -\frac{1}{2}\varepsilon_{11}^{\mathrm{p}}\right) \bar{\varepsilon}^{\mathrm{p}} = \varepsilon_{11}^{\mathrm{p}}$。需要指出, 等效塑性变形只与当时的塑性应变 (总应变减去弹性应变) 有关, 与变形过程无关, 所以在一般情况下等效塑性变形不等于式 (6.275b) 定义的累积塑性应变 $\bar{\varepsilon}^{\mathrm{p}}$, 只有变形过程中塑性应变成比例变化时 (即方向不变) 两者相同。将式 (6.308) 代入式 (6.309), 利用 Mises 等效应力, 得到

$$\bar{\varepsilon}^{\mathrm{p}} = \lambda \left(\frac{2}{3} \boldsymbol{\sigma}' : \boldsymbol{\sigma}'\right)^{1/2} = \frac{2}{3} \lambda \sigma_{\mathrm{eq}}; \quad \lambda = \frac{3 \bar{\varepsilon}^{\mathrm{p}}}{2\sigma_{\mathrm{eq}}} \tag{6.310}$$

上式给出等效塑性变形 (或塑性应变强度) 与等效应力 (或应力强度) 的关系。假设材料中任一点在所有应力状态下应力强度 σ_{eq} 与应变强度 $\bar{\varepsilon} \left(= \left(\frac{2}{3} \boldsymbol{\varepsilon} : \boldsymbol{\varepsilon}\right)^{1/2}\right)$ 满足同一关系 (单一曲线假设), 因而可以用单向拉伸试验确定, 所以 λ 是等效应力的函数 $\lambda = \lambda(\sigma_{\mathrm{eq}})$。

假设总应变可以分解为弹性应变与塑性应变之和 $\boldsymbol{\varepsilon} = \boldsymbol{\varepsilon}^{\mathrm{e}} + \boldsymbol{\varepsilon}^{\mathrm{p}}$, 将式 (6.308) 代入, 利用线弹性本构关系表示弹性应变, 得

$$\boldsymbol{\varepsilon} = \boldsymbol{\Sigma}^{-1} : \boldsymbol{\sigma} + \lambda(\sigma_{\mathrm{eq}}) \boldsymbol{\sigma}' \tag{6.311}$$

上式称为亨奇–伊留辛 (Hencky-Ilyshin) 形变理论本构关系。将式 (6.311) 用于单向拉伸, 可以确定函数 $\lambda(\sigma_{\mathrm{eq}})$。由于 $\varepsilon_{11} = \dfrac{\sigma_{11}}{E} + \dfrac{2}{3} \lambda \sigma_{11}$, 所以

$$\lambda = \frac{3}{2} \left(\frac{\varepsilon_{11}}{\sigma_{11}} - \frac{1}{E}\right) = \frac{3}{2} \left(\frac{1}{E_{\mathrm{s}}} - \frac{1}{E}\right) \tag{6.312}$$

式中, E 是材料的弹性模量; $E_{\mathrm{s}}(\sigma_{\mathrm{eq}})$ 是假设单向拉伸应力 $\sigma_{11} = \sigma_{\mathrm{eq}}$(一般应力状态的等效应力) 时 $\sigma_{11} \sim \varepsilon_{11}$ 曲线的割线模量。

将式 (6.312) 和 $\boldsymbol{\Sigma}^{-1}$ 代入式 (6.311), 得到

$$\boldsymbol{\varepsilon} = \left[\frac{1}{2G} + \frac{3}{2}\left(\frac{1}{E_{\mathrm{s}}} - \frac{1}{E}\right)\right] \boldsymbol{\sigma} - \left[\frac{\nu}{E} + \frac{1}{2}\left(\frac{1}{E_{\mathrm{s}}} - \frac{1}{E}\right)\right] \mathrm{tr}\,(\boldsymbol{\sigma})\, \boldsymbol{I} \tag{6.313}$$

两端取迹，用 $\text{tr}\,(\varepsilon)$ 表示 $\text{tr}\,(\boldsymbol{\sigma})$，代入式 (6.313)，可以得到应变表示应力的逆本构关系。

全量理论本构关系也可以表示为率形式。由式 (6.308) 对广义时间取导数

$$\dot{\varepsilon}^{\text{p}} = \lambda\dot{\boldsymbol{\sigma}}' + \dot{\lambda}\boldsymbol{\sigma}' \tag{6.314}$$

$$\dot{\lambda} = \frac{\text{d}\lambda}{\text{d}\sigma_{\text{eq}}}\dot{\sigma}_{\text{eq}} = \frac{\text{d}\lambda}{\text{d}\sigma_{\text{eq}}}\frac{3\boldsymbol{\sigma}':\dot{\boldsymbol{\sigma}}'}{2\sigma_{\text{eq}}} \tag{6.315}$$

根据单一曲线假设，$\dfrac{\text{d}\lambda}{\text{d}\sigma_{\text{eq}}}$ 可由单向拉伸试验确定。由式 (6.312)，对于单向拉伸应力状态，

$$\frac{\text{d}\lambda}{\text{d}\sigma_{11}} = \frac{3}{2}\left(\frac{1}{\sigma_{11}}\frac{\text{d}\varepsilon_{11}}{\text{d}\sigma_{11}} - \frac{\varepsilon_{11}}{\sigma_{11}^2}\right) = \frac{3}{2\sigma_{11}}\left(\frac{1}{E_{\text{t}}} - \frac{1}{E_{\text{s}}}\right)$$

所以

$$\frac{\text{d}\lambda}{\text{d}\sigma_{\text{eq}}} = \frac{3}{2\sigma_{\text{eq}}}\left(\frac{1}{E_{\text{t}}} - \frac{1}{E_{\text{s}}}\right) \tag{6.316}$$

$E_{\text{t}}\,(\sigma_{\text{eq}})$ 是假设单向拉伸应力 $\sigma_{11} = \sigma_{\text{eq}}$ 时 $\sigma_{11} \sim \varepsilon_{11}$ 曲线的切线模量。将上式代入式 (6.315)，由式 (6.314)，得

$$\dot{\varepsilon}^{\text{p}} = \left[\frac{3}{2}\left(\frac{1}{E_{\text{s}}} - \frac{1}{E}\right)\boldsymbol{I}_{(4)} + \frac{9}{4}\left(\frac{1}{E_{\text{t}}} - \frac{1}{E_{\text{s}}}\right)\frac{\boldsymbol{\sigma}'\boldsymbol{\sigma}'}{\sigma_{\text{eq}}^2}\right] : \dot{\boldsymbol{\sigma}}' \tag{6.317}$$

式中，$\boldsymbol{I}_{(4)}$ 是 4 阶单位张量，直角坐标系中的分量为 $I_{(4)ijkl} = \dfrac{1}{2}\,(\delta_{ik}\delta_{jl} + \delta_{ij}\delta_{kl})$。另外，

$$\dot{\varepsilon}^{\text{e}} = \boldsymbol{\Sigma}^{-1} : \dot{\boldsymbol{\sigma}} = \frac{\dot{\boldsymbol{\sigma}}}{2G} - \frac{\nu}{E}\text{tr}\,(\dot{\boldsymbol{\sigma}})\,\boldsymbol{I} = \left(\frac{1}{2G}\boldsymbol{I}_{(4)} - \frac{\nu}{E}\boldsymbol{I}\boldsymbol{I}\right) : \dot{\boldsymbol{\sigma}} \tag{6.318}$$

将式 (6.317) 和式 (6.318) 代入 $\dot{\varepsilon} = \dot{\varepsilon}^{\text{e}} + \dot{\varepsilon}^{\text{p}}$ 即可得到形变理论增量本构关系。

形变理论在小变形、比例加载 (即应力偏量分量成比例单调增加) 情况下，可以得到正确结果。Ilyshin(Ильющин) 提出简单加载概念，即各点应力成比例增加，有中性变载但无卸载，并证明在幂强化材料、简单加载、小弹塑性情况下，形变理论与流动理论相同。形变理论采用的塑性变形程度度量和塑性变形假设是不完善的，所以一般不能用于复杂加载情况；但进一步研究表明，当加载路径与比例加载偏离不大时，形变理论与流动理论中 Drucker 假设 (见 6.6.6 节) 相符，因而仍然可以应用。在结构弹塑性稳定问题中，形变理论预测的临界载荷常常比流动理论更接近试验结果。

➤ 6.6.6　塑性流动理论的基本假设

小变形塑性理论本构关系的基础是屈服条件、正交法则和一致性条件。正交法则是在实验基础上提出的，也可以由一些基本假设导出。这些基本假设并不像热力学定律那样普遍成立，带有 "准热力学" 性质，也称为 "公设"。

6.6.6.1 Drucker 假设

假若材料内任一点的应力状态变化如图 6.25 所示，σ^* 是一个可能的应力状态，图中为 A 点，假设在应力空间中的屈服面内 (也可以在屈服面上，即 B 点)；从

图 6.25　Drucker 假设

σ^* 状态缓慢加载到状态 σ，图中为 C 点，ABC 为附加应力加载过程，其中 BC 是后继屈服以后的微小的加载段，B 点和 C 点在两个邻近的加载面上；然后缓慢卸载到应力状态 σ^*，图中为 CD 段，在应力空间中回到屈服面内原来的点。$ABCD$ 是应力空间的一个应力循环 (不是应变循环)，σ 是实际应力，σ^* 称为许可应力，$\sigma - \sigma^*$ 是附加应力。Drucker 假设：单位体积中附加应力循环所做的功非负，

$$\oint_\sigma (\sigma - \sigma^*) : \mathrm{d}\varepsilon \geqslant 0 \tag{6.319a}$$

式中，积分回路是指应力循环，而不是积分变量循环。

Drucker 假设的另一种等价的表示形式为

$$\oint_\sigma \varepsilon : \mathrm{d}\sigma \leqslant 0 \tag{6.319b}$$

上式证明如下：

由 $\mathrm{d}(\sigma : \varepsilon) = \sigma : \mathrm{d}\varepsilon + \varepsilon : \mathrm{d}\sigma$，两端对应力循环 ($ABCD$) 积分，有

左端 $= \oint_\sigma \mathrm{d}(\sigma : \varepsilon) = \sigma_D : \varepsilon_D - \sigma_A : \varepsilon_A = \sigma^* : (\varepsilon_D - \varepsilon_A) = \oint_\sigma \sigma^* : \mathrm{d}\varepsilon$

右端 $= \oint_\sigma \sigma : \mathrm{d}\varepsilon + \oint_\sigma \varepsilon : \mathrm{d}\sigma$

所以，$\oint_\sigma (\sigma - \sigma^*) : \mathrm{d}\varepsilon + \oint_\sigma \varepsilon : \mathrm{d}\sigma = 0$，由式 (6.319a)，式 (6.319b) 成立。

利用 Drucker 假设，可以得到两个重要推论：

推论 1　若许可应力 σ^* 在屈服面内部，则：

$$(\sigma - \sigma^*) : \dot{\varepsilon}^\mathrm{p} \geqslant 0 \quad \text{或} \quad \sigma : \dot{\varepsilon}^\mathrm{p} \geqslant \sigma^* : \dot{\varepsilon}^\mathrm{p} \tag{6.320}$$

即实际应力状态的塑性功率大于或等于任何许可应力状态的塑性功率。这一结论称为最大塑性功率原理。

推论 2　若许可应力 σ^* 在屈服面上，附加应力只是使该点进一步屈服，则：

$$\dot{\sigma} : \dot{\varepsilon}^\mathrm{p} \geqslant 0 \tag{6.321}$$

即硬化材料在后继屈服过程中塑性功增加。

推论的证明如下：将 $\mathrm{d}\varepsilon = \mathrm{d}\varepsilon^e + \mathrm{d}\varepsilon^p$ 代入式 (6.319a)，由于应力循环在变形上做的功等于梯形 $ABCD$ 的面积，所以有

$$\oint_{\sigma} (\boldsymbol{\sigma} - \boldsymbol{\sigma}^*) : \mathrm{d}\varepsilon = \left(\boldsymbol{\sigma} + \frac{1}{2}\mathrm{d}\boldsymbol{\sigma} - \boldsymbol{\sigma}^*\right) : \mathrm{d}\varepsilon^p \geqslant 0$$

若许可应力 $\boldsymbol{\sigma}^*$ 在屈服面内部，略去高阶小量，除以 $\mathrm{d}t$，故推论 1 成立。若许可应力 $\boldsymbol{\sigma}^*$ 在屈服面上 $(\boldsymbol{\sigma} - \boldsymbol{\sigma}^* = 0)$，除以 $\mathrm{d}t^2$，则推论 2 成立。

根据 Drucker 假设可以证明正交法则和屈服面的外凸性。

在应力空间中，一个实对称二阶张量相当于一个向量。式 (6.320) 表明，$\boldsymbol{\sigma} - \boldsymbol{\sigma}^*$ 与 $\dot{\varepsilon}^p$ 夹锐角或直角 (图 6.26(a))；由于 $\boldsymbol{\sigma} - \boldsymbol{\sigma}^*$ 是任意的，可以由屈服面内或屈服面上任一点 $\boldsymbol{\sigma}^*$ 指向点 $\boldsymbol{\sigma}$，假如 $\dot{\varepsilon}^p$ 不垂直于点 $\boldsymbol{\sigma}$ 处屈服面的超切平面，就一定可以找到某个 $\boldsymbol{\sigma} - \boldsymbol{\sigma}^*$ 与 $\dot{\varepsilon}^p$ 夹钝角，使 $(\boldsymbol{\sigma} - \boldsymbol{\sigma}^*) : \dot{\varepsilon}^p < 0$(图 6.26(b))，违背 Drucker 假设，因而 $\dot{\varepsilon}^p$ 只能沿屈服面的外法线方向 $\left(\dfrac{\partial f}{\partial \boldsymbol{\sigma}}\right)$，即正交法则成立。式 (6.320) 还表明，许可应力 $\boldsymbol{\sigma}^*$ 只能在切平面一侧而且是内侧，$\boldsymbol{\sigma} - \boldsymbol{\sigma}^*$ 才能与法线方向夹锐角或直角，否则必然存在夹钝角的情况，因此屈服面只能在切平面内侧，即为外凸曲面。

图 6.26 正交法则的证明

需要说明的是，Drucker 假设只适用于硬化材料，因为如果存在软化阶段，即随应变 (等效应变) 增加应力 (等效应力) 下降 (图 6.27)，当 $\boldsymbol{\sigma}^*$ 取屈服面上的点并位于下降段时，便不可能建立图 6.25 那样的应力循环，保证 D 点也在屈服面内。此外，Drucker 假设只适用于小变形情况，因为大变形时应力张量和应变张量可以用不同的功共轭对表示，由热力学第一定律，它们对应的功率相同，但余功率 (应变与应力率的乘积) 却不能保证相同，由式 (6.319b)，则会导致在用不同的功共轭对时 Drucker 假设不成立，这是不合理的。

6.6.6.2 Ilyushin 假设

Ilyushin(1961) 提出一个基于应变循环的积分不等式。如图 6.28 所示，A 为屈服面内的一点，应力和应变为 $\boldsymbol{\sigma}_1$、ε^*，弹性加载至屈服面上的点 $B(\boldsymbol{\sigma}, \varepsilon)$，再加微

小应变至点 $C(\sigma + \mathrm{d}\sigma, \varepsilon + \mathrm{d}\varepsilon)$，然后卸载使应变回到 ε^*，对应的应力为 σ_2，即 D 点 $(\sigma_2, \varepsilon^*)$，上述过程构成一个应变循环 $ABCD$(不是应力循环)。由于新增加的塑性变形 $\Delta\varepsilon^{\mathrm{p}}$ 的影响，CD 段的刚度小于 AB 段的刚度，这说明材料的弹性与塑性相耦合。Ilyushin 假设：在应变循环 $ABCD$ 中应力所做的功非负：

$$\oint_\varepsilon \boldsymbol{\sigma} : \mathrm{d}\boldsymbol{\varepsilon} \geqslant 0 \tag{6.322}$$

图 6.27 软化材料应力应变曲线

图 6.28 Ilyushin 假设

对上式积分可以得到下列不等式：

$$\oint_\varepsilon \boldsymbol{\sigma} : \mathrm{d}\boldsymbol{\varepsilon} \approx (\boldsymbol{\sigma} - \boldsymbol{\sigma}_1) : \Delta\boldsymbol{\varepsilon}^{\mathrm{p}} + \Delta e_1 - \Delta e_2 \geqslant 0 \tag{6.323}$$

下面只对上述不等式的推导作简要说明 (详细证明可阅参考文献 [8])。Ilyushin 积分表示图 6.28 中四边形 $ABCD$ 的面积，近似表达式的第一项是 $ABEF'$ 的面积，两个面积的差为 Δe_1 和 $-\Delta e_2$。Δe_1 是三角形 BCE 和三角形 ADF 面积之和，$-\Delta e_2$ 是三角形 EFF' 的面积。Δe_1 中两个三角形的面积等于各自底边与高的积之半，其中底边 $\leqslant \Delta\varepsilon^{\mathrm{p}}$，高正比于 $\Delta\varepsilon^{\mathrm{p}}$，所以面积是 $\Delta\varepsilon^{\mathrm{p}}$ 的高阶小量。$-\Delta e_2$ 表示塑性变形引起的刚度下降对变形功的影响，可以近似认为塑性变形的改变量 (底边)FF' 正比于 $\Delta\varepsilon^{\mathrm{p}}$ 和 $\varepsilon - \varepsilon^*$，三角形的高为 $\sigma - \sigma_1$，所以 $-\Delta e_2$ 可以略去。当 $\Delta\varepsilon^{\mathrm{p}}$ 趋于 0、$\varepsilon - \varepsilon^*$ 为小量时，式 (6.323) 中略去 Δe_1 和 Δe_2，得到不等式：

$$\oint_\varepsilon \boldsymbol{\sigma} : \mathrm{d}\boldsymbol{\varepsilon} \approx (\boldsymbol{\sigma} - \boldsymbol{\sigma}_1) : \Delta\boldsymbol{\varepsilon}^{\mathrm{p}} \geqslant 0 \tag{6.324}$$

与式 (6.320) 的分析类似，由上式同样得到 $\mathrm{d}\varepsilon^{\mathrm{p}}$ 垂直屈服面，即正交法则。如果无弹塑性耦合 ($\Delta e_2 = 0$)，在 $\sigma - \sigma_1$ 为有限值时上式依然成立，由此得到屈服面的外凸特性。

Ilyushin 假设比 Drucker 假设的适用性更广。由于采用应变循环，当应变位于软化阶段时，式 (6.322) 仍然可以应用，所以 Ilyushin 假设适用于软化材料，而且积分中的应力和应变可选择任何一种功共轭对，因而能用于大变形情况。

➤ 6.6.7　有限变形塑性理论 (Prandtl-Reuss 理论的推广)

以上讨论的是小变形情况下率无关 (不考虑运动) 的塑性理论，因此不区别各种应力张量及应变张量。在研究大变形塑性时，需要选取某一种功共轭的应力应变对，并满足客观性要求。为此，一种比较简单的方法是，考虑这些要求将小变形塑性理论推广，但通常这种推广只适用于不太大的有限变形。下面简要介绍各向同性硬化情况下由 Huthinson 提出的一种推广方法 (亦见文献 [2])。

选取由下式定义的 Kirchhoff 应力作为有限变形时的应力张量

$$\underset{\sim}{t} = Jt \tag{6.325}$$

式中，J、t 是体积比和 Cauchy 应力。由式 (4.52) 可知，$\underset{\sim}{t}$ 与变形率张量 d 构成一组在初始构形单位体积中功共轭变量，而且 J、t (所以 $\underset{\sim}{t}$) 和 d 皆为客观量 (见 5.4.2 节)。为了满足客观性要求，用 $\underset{\sim}{t}$ 的 Jaumann 导数表示应力的变率

$$\overset{\triangledown}{\underset{\sim}{t}} = \dot{\underset{\sim}{t}} - \boldsymbol{w} \cdot \underset{\sim}{t} + \underset{\sim}{t} \cdot \boldsymbol{w} \tag{6.326}$$

式中，$\boldsymbol{w}$ 是自旋张量。在应力空间 $\underset{\sim}{t}$ 中 Mises 屈服函数为 (若 $\boldsymbol{b} = \boldsymbol{0}$)

$$f(\underset{\sim}{t}, \underset{\sim}{b}) = \frac{3}{2} \underset{\sim}{t}' : \underset{\sim}{t}' - \sigma_{\mathrm{s}}^2 = 0 \tag{6.327}$$

变形率张量可以分解为弹性和塑性两部分：

$$\boldsymbol{d} = \boldsymbol{d}^{\mathrm{e}} + \boldsymbol{d}^{\mathrm{p}} \tag{6.328}$$

塑性变形率的大小可用等效塑性变形率表示：

$$\bar{d}^{\mathrm{p}} = \left(\frac{2}{3} \boldsymbol{d}^{\mathrm{p}} : \boldsymbol{d}^{\mathrm{p}} \right)^{1/2} \tag{6.329}$$

弹性变形率满足弹性本构关系：

$$\boldsymbol{d}^{\mathrm{e}} = \frac{1}{E} [(1+\nu) \overset{\triangledown}{\underset{\sim}{t}} - \nu \mathrm{tr}(\overset{\triangledown}{\underset{\sim}{t}}) \boldsymbol{I}] \tag{6.330}$$

式中，E 是根据单向拉伸试验，由 $t_{11} \sim E_{11}^{(0)}$ (对数应变) 曲线得到的弹性模量。假设塑性变形率沿屈服面的外法线方向 (平行于 $\underset{\sim}{t}'$)，大小正比于应力率 $\overset{\triangledown}{\underset{\sim}{t}}$ 在法线上的投影 $\underset{\sim}{t}' : \overset{\triangledown}{\underset{\sim}{t}}$，即

$$\boldsymbol{d}^{\mathrm{p}} = \frac{\alpha}{h} \underset{\sim}{t}' \underset{\sim}{t}' : \overset{\triangledown}{\underset{\sim}{t}} \tag{6.331}$$

式中，α 是加卸载因子，加载时为 1，否则为 0；h 是材料函数。

将式 (6.330) 和式 (6.331) 代入式 (6.328)，得

$$d = \frac{1}{E}[(1+\nu)\overset{\triangledown}{t} - \nu \mathrm{tr}(\overset{\triangledown}{t})I] + \frac{\alpha}{h}t't' : \overset{\triangledown}{t} \tag{6.332}$$

将式 (6.332) 应用于单向拉伸，可以得到 (参见习题 6-19)

$$\frac{1}{h} = \frac{9}{4\sigma_s^2}\left(\frac{1}{E_t} - \frac{1}{E}\right) = \frac{9}{4\sigma_s^2 E_p} \tag{6.333}$$

式 (6.332) 的逆形式为

$$\overset{\triangledown}{t} = \frac{E}{1+\nu}\left[d + \frac{\nu}{1-2\nu}\mathrm{tr}(d)I\right] - \frac{\alpha E}{(1+\nu)g}t't' : d \tag{6.334}$$

$$g = h + \frac{2E\sigma_s^2}{3(1+\nu)} \tag{6.335}$$

对于混合硬化材料，应该将式 (6.332) 和式 (6.334) 中的应力偏量 t' 用主动 Kirchhoff 应力偏量 $t' - b'$ 代替。

上面的做法是将小变形塑性理论推广，这样建立的大变形塑性理论缺乏严格的热力学理论基础，通常只能用于不很大的有限变形，在大变形下有时可能得出错误结果。

▶ 6.6.8 大变形塑性理论概述 (Rice-Hill 理论)

在高应变集中等大应变问题中 (例如裂尖场、剪切带分析)，需要考虑材料在大变形情况下的塑性。近年来，一些作者基于热力学和内变量理论，提出了多种大变形塑性理论，文献 [8] 进行了详细阐述和研究。为了初步了解大变形塑性理论的概念和方法，本节根据文献 [8] 作一简单介绍，只涉及 Rice–Hill 大变形塑性理论。

6.6.8.1 热力学基础

Rice 和 Hill(1971,1975) 采用 Green 应变张量 E 和绝对温度 θ 作为本构变量 (自变量)，对偶的第二类 Piola-Kirchhoff 应力张量 T 和熵 η 作为本构泛函 (响应)，并引入 n 个标量 $\xi_\alpha (\alpha = 1, 2, \cdots, n)$ 作为内变量描述塑性变形及其演化的内部特性。塑性体的大变形是不可逆热力学过程，假设单位质量的 Helmholtz 自由能为

$$\psi = \psi(E, \theta, \xi_{1-n}) \tag{6.336}$$

式中，ξ_{1-n} 是 $\xi_1, \xi_2, \cdots, \xi_n$ 的简记。引入定义：

$$\psi_G = \psi_G(T, \theta, \xi_{1-n}) = \psi(E, \theta, \xi_{1-n}) - \frac{1}{\rho_0}T : E \tag{6.337}$$

称为 Gibbs 自由能, 为应力 $\boldsymbol{T}$ 的函数, 上述转换称为 Legendre 变换。假设 ψ 和 ψ_G 是足够阶可微的, 分别用于以 $\boldsymbol{E}$ 和 $\boldsymbol{T}$ 为自变量的本构关系。由上式, ψ 可以表示为

$$\psi = \frac{1}{\rho_0}\boldsymbol{T} : \boldsymbol{E} + \psi_G\left(\boldsymbol{T}, \theta, \xi_{1-n}\right) \tag{6.338}$$

引入多个内变量, 可以表示多种塑性变形机制。例如, 由于多晶体是由杂乱无序排列的单晶晶粒组成的, 单晶体可以有多个滑移面和滑移方向, 形成取向不同的滑移系, 不同晶粒通常是互相制约的。宏观塑性变形可认为是大量单晶因受力引起某些滑移面滑移等永久性改变的平均结果, 用变形梯度和塑性应变度量; 而永久变形导致的材料内部结构变化, 形成不同的塑性变形机制, 可以用内变量 $\xi_\alpha\,(\alpha = 1, 2, \cdots, n)$ 表示。在变形过程中, 并不一定所有的内变量同时都在变化, 将正在变化的内变量称为 "开动" 的内变量 (active internal variables)。内变量的变化过程记录了塑性变形的历史。

由热力学第二定律, 内部耗散恒正 (见式 (4.67b)) 即

$$\theta r = -\dot{\psi} - \dot{\theta}\eta + \frac{1}{\rho_0}\boldsymbol{T} : \dot{\boldsymbol{E}} - \frac{1}{\rho_0\theta}\boldsymbol{q}_0 \cdot \boldsymbol{\nabla}_X\theta \geqslant 0 \tag{6.339a}$$

将式 (6.338) 代入, 得

$$\theta r = -\dot{\psi}_G - \dot{\theta}\eta - \frac{1}{\rho_0}\boldsymbol{E} : \dot{\boldsymbol{T}} - \frac{1}{\rho_0\theta}\boldsymbol{q}_0 \cdot \boldsymbol{\nabla}_X\theta \geqslant 0 \tag{6.339b}$$

对 ψ 和 ψ_G 取物质导数, 分别代入式 (6.339a) 和式 (6.339b), 得到

$$\theta r = \left(-\frac{\partial\psi}{\partial\boldsymbol{E}} + \frac{1}{\rho_0}\boldsymbol{T}\right) : \dot{\boldsymbol{E}} - \left(\frac{\partial\psi}{\partial\theta} + \eta\right)\dot{\theta} - \frac{\partial\psi}{\partial\xi_\alpha}\dot{\xi}_\alpha - \frac{1}{\rho_0\theta}\boldsymbol{q}_0 \cdot \boldsymbol{\nabla}_X\theta \geqslant 0 \tag{6.340a}$$

$$\theta r = \left(-\frac{\partial\psi_G}{\partial\boldsymbol{T}} - \frac{1}{\rho_0}\boldsymbol{E}\right) : \dot{\boldsymbol{T}} - \left(\frac{\partial\psi_G}{\partial\theta} + \eta\right)\dot{\theta} - \frac{\partial\psi_G}{\partial\xi_\alpha}\dot{\xi}_\alpha - \frac{1}{\rho_0\theta}\boldsymbol{q}_0 \cdot \boldsymbol{\nabla}_X\theta \geqslant 0 \tag{6.340b}$$

式中, $\dot{\xi}_\alpha$ 是内变量变率; α 只对开动的内变量求和。上式中变率的任意性, 导致

$$\boldsymbol{T} = \rho_0\frac{\partial\psi}{\partial\boldsymbol{E}}; \quad \eta = -\frac{\partial\psi}{\partial\theta} \tag{6.341a}$$

$$\boldsymbol{E} = -\rho_0\frac{\partial\psi_G}{\partial\boldsymbol{T}}; \quad \eta = -\frac{\partial\psi_G}{\partial\theta} \tag{6.341b}$$

$$-\frac{\partial\psi}{\partial\xi_\alpha}\dot{\xi}_\alpha \geqslant 0; \quad -\frac{\partial\psi_G}{\partial\xi_\alpha}\dot{\xi}_\alpha \geqslant 0; \quad -\frac{1}{\rho_0\theta}\boldsymbol{q}_0 \cdot \boldsymbol{\nabla}_X\theta \geqslant 0 \tag{6.342}$$

式 (6.342) 的前两式表示塑性变形过程的能量耗散率恒正, 等号仅对全部 $\dot{\xi}_\alpha = 0$ 成立, 规定 $\dot{\xi}_\alpha \geqslant 0$。将塑性能量耗散看作是一种热力学力 $\left(-\dfrac{\partial\psi}{\partial\xi_\alpha}, -\dfrac{\partial\psi_G}{\partial\xi_\alpha}\right)$ 对于内变量 ξ_α 所做的功。令:

$$F_\alpha = -\frac{\partial\psi}{\partial\xi_\alpha} = -\frac{\partial\psi_G}{\partial\xi_\alpha} \tag{6.343}$$

称为热力学力。

6.6.8.2　应变率的分解

在建立本构关系时, 将应变率分解为弹性部分和塑性部分是必要的, 因为它们与应力率满足不同的关系。在小变形塑性理论中, 我们已将小变形应变张量和应变率分解为弹塑性两部分 ($\varepsilon = \varepsilon^{\mathrm{e}} + \varepsilon^{\mathrm{p}}$, $\dot{\varepsilon} = \dot{\varepsilon}^{\mathrm{e}} + \dot{\varepsilon}^{\mathrm{p}}$), 这种分解可以看作是单向拉伸时变形分解的推广, 但并未讨论它们在复杂应力状态时的物理意义。实际上, 在大变形复杂应力状态下, 由于非均匀变形, 外载荷卸去后存在残余应力, 所以卸载构形只是用来表示即时状态中塑性变形的一个想象的中间构形, 不可能存在单向拉伸时那样的卸载构形和弹塑性变形分解。

但是, 从建立率形式塑性本构方程的目的出发, 应变全量的弹塑性分解并不一定是必要的, 只需要进行应变率的分解。应变率的分解可以有不同的方法和定义。

Rice 和 Hill 假设: 在应力和温度空间中存在弹性区域, 位于屈服面内部, 弹性区里的应力应变响应是弹性的; 塑性变形是材料内部结构变化引起的, 可以用内变量的变化描述, 塑性变形的变化只与内变量的变化有关, 如果内部结构不变, 则只发生弹性变形改变, 内变量不变。根据这些假设, $\boldsymbol{E}$ 的物质导数 (应变率) 可以分解为两部分:

$$\dot{\boldsymbol{E}} = \left(\dot{\boldsymbol{E}}\right)^{\mathrm{e}} + \left(\dot{\boldsymbol{E}}\right)^{\mathrm{p}} \tag{6.344}$$

其中

$$\left(\dot{\boldsymbol{E}}\right)^{\mathrm{e}} = \left(\frac{\partial \boldsymbol{E}}{\partial \boldsymbol{T}}\right)_{\theta,\xi} : \dot{\boldsymbol{T}} + \left(\frac{\partial \boldsymbol{E}}{\partial \theta}\right)_{\boldsymbol{T},\xi} \dot{\theta} \tag{6.345a}$$

$$\left(\dot{\boldsymbol{E}}\right)^{\mathrm{p}} = \lim_{\Delta t \to 0} \left[\boldsymbol{E}\left(\boldsymbol{T}, \theta, \xi_{1-n} + \Delta\xi_{1-n}\right) - \boldsymbol{E}\left(\boldsymbol{T}, \theta, \xi_{1-n}\right)\right] / \Delta t = \left(\frac{\partial \boldsymbol{E}}{\partial \xi_{\alpha}}\right)_{\boldsymbol{T},\theta} \dot{\xi}_{\alpha} \tag{6.345b}$$

应该注意的是, 因为未定义 $\boldsymbol{E}^{\mathrm{e}}$ 和 $\boldsymbol{E}^{\mathrm{p}}$, 所以 $\left(\dot{\boldsymbol{E}}\right)^{\mathrm{e}}$, $\left(\dot{\boldsymbol{E}}\right)^{\mathrm{p}}$ 不是 $\boldsymbol{E}^{\mathrm{e}}$ 和 $\boldsymbol{E}^{\mathrm{p}}$ 的率 ($\dot{\boldsymbol{E}}^{\mathrm{e}}$ 和 $\dot{\boldsymbol{E}}^{\mathrm{p}}$), 只是 $\dot{\boldsymbol{E}}$ 的弹性和塑性部分, 故加 ( ) 相区别。同样地, 将 $\dot{\eta}$ 分成弹性和塑性两部分:

$$\dot{\eta} = (\dot{\eta})^{\mathrm{e}} + (\dot{\eta})^{\mathrm{p}} \quad (\text{以 } \boldsymbol{T}, \theta \text{ 为自变量}) \tag{6.346}$$

$$(\dot{\eta})^{\mathrm{e}} = \left(\frac{\partial \eta}{\partial \boldsymbol{T}}\right)_{\theta,\xi} : \dot{\boldsymbol{T}} + \left(\frac{\partial \eta}{\partial \theta}\right)_{\boldsymbol{T},\xi} \dot{\theta}; \quad (\dot{\eta})^{\mathrm{p}} = \left(\frac{\partial \eta}{\partial \xi_{\alpha}}\right)_{\boldsymbol{T},\theta} \dot{\xi}_{\alpha} \tag{6.347}$$

在以 $\boldsymbol{E}$ 为自变量时, 需将 $\dot{\boldsymbol{T}}$ 和 $\dot{\eta}$ 分为弹塑性两部分:

$$\dot{\boldsymbol{T}} = \left(\dot{\boldsymbol{T}}\right)^{\mathrm{e}} + \left(\dot{\boldsymbol{T}}\right)^{\mathrm{p}} \tag{6.348}$$

$$\left(\dot{\boldsymbol{T}}\right)^{\mathrm{e}} = \left(\frac{\partial \boldsymbol{T}}{\partial \boldsymbol{E}}\right)_{\theta,\xi} : \dot{\boldsymbol{E}} + \left(\frac{\partial \boldsymbol{T}}{\partial \theta}\right)_{\boldsymbol{E},\xi} \dot{\theta}; \quad \left(\dot{\boldsymbol{T}}\right)^{\mathrm{p}} = \left(\frac{\partial \boldsymbol{T}}{\partial \xi_{\alpha}}\right)_{\boldsymbol{E},\theta} \dot{\xi}_{\alpha} \tag{6.349}$$

弹性应力率是总应变率乘弹性刚度张量得到的应力率与温度应力率的和, 可能远大于实际应力率, 塑性应力率是对弹性应力率的修正。与式 (6.346)、式 (6.347) 类

似, 有

$$\dot{\eta} = (\dot{\eta})^{\mathrm{e}} + (\dot{\eta})^{\mathrm{p}} \quad (\text{以 } \boldsymbol{E}、\theta \text{ 为自变量}) \tag{6.350}$$

$$(\dot{\eta})^{\mathrm{e}} = \left(\frac{\partial \eta}{\partial \boldsymbol{E}}\right)_{\theta,\xi} : \dot{\boldsymbol{E}} + \left(\frac{\partial \eta}{\partial \theta}\right)_{\boldsymbol{E},\xi} \dot{\theta}; \quad (\dot{\eta})^{\mathrm{p}} = \left(\frac{\partial \eta}{\partial \xi_\alpha}\right)_{\boldsymbol{E},\theta} \dot{\xi}_\alpha \tag{6.351}$$

6.6.8.3 大变形本构关系

将式 (6.341b) 代入式 (6.345a)、式 (6.345b) 和式 (6.347), 然后将结果代入式 (6.344) 和式 (6.346), 得到应力表示的 Rice-Hill 率形式大变形塑性本构关系:

$$\dot{\boldsymbol{E}} = \boldsymbol{M} : \dot{\boldsymbol{T}} + \boldsymbol{n}\dot{\theta} + \boldsymbol{P}_\alpha \dot{\xi}_\alpha; \quad \rho_0\dot{\eta} = \boldsymbol{n} : \dot{\boldsymbol{T}} - \varsigma\dot{\theta} + p_\alpha \dot{\xi}_\alpha \tag{6.352}$$

$$\boldsymbol{M} = -\rho_0 \frac{\partial^2 \psi_G}{\partial \boldsymbol{T} \partial \boldsymbol{T}}; \quad \boldsymbol{n} = -\rho_0 \frac{\partial^2 \psi_G}{\partial \boldsymbol{T} \partial \theta}; \quad \boldsymbol{P}_\alpha = -\rho_0 \frac{\partial^2 \psi_G}{\partial \boldsymbol{T} \partial \xi_\alpha} \tag{6.353a}$$

$$\varsigma = \rho_0 \frac{\partial^2 \psi_G}{\partial \theta^2}; \quad p_\alpha = -\rho_0 \frac{\partial^2 \psi_G}{\partial \theta \partial \xi_\alpha} \tag{6.353b}$$

式中, $\psi_G = \psi_G(\boldsymbol{T}, \theta, \xi_{1-n})$, $\dot{\boldsymbol{T}}$、$\dot{\theta}$ 是自变量的变率, 内变量率 $\dot{\xi}_\alpha$ 不是独立的, 依赖于 $\dot{\boldsymbol{T}}, \dot{\theta}$, 尚需确定。

将式 (6.341a) 代入式 (6.349) 和式 (6.351), 然后将结果代入式 (6.348) 和式 (6.350), 得到应变表示的 Rice-Hill 率形式大变形塑性本构关系:

$$\dot{\boldsymbol{T}} = \boldsymbol{L} : \dot{\boldsymbol{E}} + \boldsymbol{m}\dot{\theta} + \boldsymbol{Q}_\alpha \dot{\xi}_\alpha; \quad \rho_0\dot{\eta} = \boldsymbol{m} : \dot{\boldsymbol{T}} + \chi\dot{\theta} + q_\alpha \dot{\xi}_\alpha \tag{6.354}$$

$$\boldsymbol{L} = \rho_0 \frac{\partial^2 \psi}{\partial \boldsymbol{E} \partial \boldsymbol{E}}; \quad \boldsymbol{m} = \rho_0 \frac{\partial^2 \psi}{\partial \boldsymbol{E} \partial \theta}; \quad \boldsymbol{Q}_\alpha = \rho_0 \frac{\partial^2 \psi}{\partial \boldsymbol{E} \partial \xi_\alpha} \tag{6.355a}$$

$$\chi = \rho_0 \frac{\partial^2 \psi}{\partial \theta^2}; \quad q_\alpha = \rho_0 \frac{\partial^2 \psi}{\partial \theta \partial \xi_\alpha} \tag{6.355b}$$

式中, $\psi = \psi(\boldsymbol{E}, \theta, \xi_{1-n})$。

6.6.8.4 屈服函数、正交法则、一致性条件和加卸载准则

前面基于热力学第二定律、内变量理论和塑性变形只依赖内变量的假设, 建立了大变形塑性本构关系。此外, 还需要给出屈服函数, 确定塑性变形的发生、演化方向和大小。热力学力 F_α 作为塑性能量耗散的推动力, 与塑性的发生相联系, 因此 Rice 建议如下屈服条件, 在以应力和应变为自变量时, 分别为

$$f_\beta(\boldsymbol{T}, \theta, \xi_{1-n}) = F_\beta(\boldsymbol{T}, \theta, \xi_{1-n}) - Y_\beta(\theta, \xi_{1-n}) = 0 \quad (1 \leqslant \beta \leqslant n) \tag{6.356a}$$

$$g_\beta(\boldsymbol{E}, \theta, \xi_{1-n}) = F_\beta(\boldsymbol{E}, \theta, \xi_{1-n}) - X_\beta(\theta, \xi_{1-n}) = 0 \quad (1 \leqslant \beta \leqslant n) \tag{6.356b}$$

式中, 下标 β 表示开动的内变量 ξ_β, F_β 是与 ξ_β 相应的热力学力; Y_β、X_β 为屈服发生时热力学力 F_β 的临界值, 取决于材料特性, 在后继屈服时随塑性变形变

化。式 (6.356a) 是应力和温度空间中的屈服面，式 (6.356b) 是应变和温度空间中的屈服面。屈服面也称为加载面，用于判断加卸载。由于有多种塑性变形机制，所以屈服面也有多个。

将式 (6.341b)$_1$ 代入式 (6.345b)，利用式 (6.343)，得

$$(\dot{\boldsymbol{E}})^{\mathrm{p}} = \rho_0 \frac{\partial F_\alpha\left(\boldsymbol{T}, \theta, \xi_{1-n}\right)}{\partial \boldsymbol{T}} \dot{\xi}_\alpha \qquad (6.357a)$$

式 (6.357a) 表明，在一般情况下塑性变形率 $(\dot{\boldsymbol{E}})^{\mathrm{p}}$ 可以由 n 个分量组成，第 α 个分量沿 α 屈服面 $f_\alpha = 0$ 的外法线方向，即满足正交法则，大小正比于第 α 内变量的率 $\dot{\xi}_\alpha$。非开动的内变量不产生新的塑性变形，对应的内变量率为 0，所以式 (6.357a) 中的求和指标只对开动的内变量求和。在任何两个屈服面相交处，根据各自的正交法则，总的塑性变形率方向应该在两个外法线方向形成的锥形区域内 (称为塑性锥)，这一结论也适用于小变形塑性理论中含有角点的奇异屈服面情况。

同样地，将式 (6.341a)$_1$ 代入式 (6.349)$_2$，利用式 (6.343)，得

$$(\dot{\boldsymbol{T}})^{\mathrm{p}} = -\rho_0 \frac{\partial F_\alpha\left(\boldsymbol{E}, \theta, \xi_{1-n}\right)}{\partial \boldsymbol{E}} \dot{\xi}_\alpha \qquad (6.357b)$$

式 (6.357b) 说明第 α 个开动的内变量引起的塑性应力率沿第 α 应变屈服面 $g_\alpha = 0$ 的内法线方向，即满足应变空间的正交法则，大小正比于第 α 内变量的率 $\dot{\xi}_\alpha$。

在某一屈服状态下，即 $f_\beta\left(\boldsymbol{T}, \theta, \xi_{1-n}\right) = 0$，继续加载时，新的状态仍然在屈服面上，即 $f_\beta\left(\boldsymbol{T} + \mathrm{d}\boldsymbol{T}, \theta + \mathrm{d}\theta, \xi_{1-n} + \mathrm{d}\xi_{1-n}\right) = 0$，所以有应力空间中的一致性条件 $\dot{f}_\beta = 0$，或

$$\frac{\partial F_\beta}{\partial \boldsymbol{T}} : \dot{\boldsymbol{T}} + \frac{\partial F_\beta}{\partial \theta} \dot{\theta} + \frac{\partial F_\beta}{\partial \xi_{1-n}} \dot{\xi}_{1-n} - \frac{\partial Y_\beta}{\partial \theta} \dot{\theta} - \frac{\partial Y_\beta}{\partial \xi_{1-n}} \dot{\xi}_{1-n} = 0 \quad (1 \leqslant \beta \leqslant n) \quad (6.358a)$$

式中，$F_\beta = F_\beta\left(\boldsymbol{T}, \theta, \xi_{1-n}\right)$。上面一组方程给出了待定的开动内变量率与自变量率的线性关系，将内变量率的解代入率本构关系式 (6.352)，消去内变量率，最后得到以自变量率 $(\dot{\boldsymbol{T}}, \dot{\theta})$ 表示响应率 $(\dot{\boldsymbol{E}}, \dot{\eta})$ 的大变形塑性本构关系。

同样地，当自变量率为 $(\dot{\boldsymbol{E}}, \dot{\theta})$ 时，利用一致性条件：

$$\frac{\partial F_\beta}{\partial \boldsymbol{E}} : \dot{\boldsymbol{E}} + \frac{\partial F_\beta}{\partial \theta} \dot{\theta} + \frac{\partial F_\beta}{\partial \xi_{1-n}} \dot{\xi}_{1-n} - \frac{\partial X_\beta}{\partial \theta} \dot{\theta} - \frac{\partial X_\beta}{\partial \xi_{1-n}} \dot{\xi}_{1-n} = 0 \quad (1 \leqslant \beta \leqslant n) \quad (6.358b)$$

式中，$F_\beta = F_\beta\left(\boldsymbol{E}, \theta, \xi_{1-n}\right)$，可以得到以 $(\dot{\boldsymbol{T}}, \dot{\eta})$ 为响应率的大变形塑性本构关系。

加卸载准则由加载面的变化给出。以应力为自变量时，有

$$\left. \begin{array}{llll} \text{加载：} & f_\beta = \dot{f}_\beta = 0; & \dfrac{\partial f_\beta}{\partial \boldsymbol{T}} : \dot{\boldsymbol{T}} > 0 \\[2mm] \text{中性变载：} & f_\beta = \dot{f}_\beta = 0; & \dfrac{\partial f_\beta}{\partial \boldsymbol{T}} : \dot{\boldsymbol{T}} = 0 \\[2mm] \text{卸载：} & f_\beta = 0; & \dot{f}_\beta < 0 \\[2mm] \text{弹性：} & f_\beta < 0 \end{array} \right\} \qquad (6.359)$$

式中，β 包含全部开动的内变量。类似地可以建立以应变为自变量时的加卸载准则。

6.6.8.5　说明和讨论

Rice-Hill 大变形塑性理论未引入弹性应变和塑性应变概念，只进行应变率的弹塑性分解，用于建立率形式本构关系。另一些大变形塑性理论借助中间构形 (卸载构形) 将应变全量分解为弹性应变及塑性应变，然后取率，得到弹性应变率和塑性应变率。

在利用热力学框架建立本构方程时，需要假设 Helmholtz 自由能及 Gibbs 自由能存在和足够阶可微。当自由能的内变量恒等于 0 时，则退化为超弹性和热弹性情况，相应地大变形塑性本构关系也退化为超弹性和热弹性本构关系。自由能表达式是建立本构方程的基础，由式 (6.341) 和式 (6.343) 可见，自由能对自变量及内变量参量的一阶导数等于对应的响应变量及热力学力。由式 (6.353) 和式 (6.355) 可见，自由能对自变量的二阶导数反映响应变量率与自变量率及内变量率之间的关系，率型本构关系中的 L、M 分别为四阶弹性刚度张量和弹性柔度张量，n 和 m 是热力耦合张量，如果 L、M 中包含内变量，则表示弹性性质受塑性变形的影响，即弹塑性耦合。

塑性变形的发生和演化由屈服函数决定，所以屈服函数是塑性理论中另一个重要的本构函数。在实际应用中，通常认为屈服函数是与 Helmholtz 自由能及 Gibbs 自由能独立的函数，其中包含的材料常数和材料函数，根据单一曲线假设，由一种简单的均匀变形试验 (通常为单向拉伸) 确定。

习　题

6-1　利用线弹性体的弹性张量 $\boldsymbol{\Sigma}$ 与柔度张量 $\boldsymbol{\Sigma}^{-1}$ 的表达式，证明两者满足关系：

$$\boldsymbol{\Sigma} : \boldsymbol{\Sigma}^{-1} = \boldsymbol{\Sigma}^{-1} : \boldsymbol{\Sigma} = \boldsymbol{I}_{(4)}$$

式中，$\boldsymbol{I}_{(4)}$ 是四阶等同张量，分量为 $I_{(4)ijkl} = \dfrac{1}{2}\left(\delta_{ik}\delta_{jl} + \delta_{jk}\delta_{il}\right)$。

6-2　(1) 证明四阶等同张量具有下列性质：

$$\boldsymbol{I}_{(4)} : \boldsymbol{a} = \frac{1}{2}\left(\boldsymbol{a} + \boldsymbol{a}^{\mathrm{T}}\right) ; \boldsymbol{I}_{(4)} : \boldsymbol{s} = \boldsymbol{s} \quad (\boldsymbol{a}\text{为任意二阶张量}, \boldsymbol{s} \text{ 任意对称二阶张量});$$

(2) 利用上式和 $\boldsymbol{\Sigma}$ 及 $\boldsymbol{\Sigma}^{-1}$ 的定义证明 6-1 题。

6-3　利用 Hellinger - Reissner 变分方程式 (6.54)，推导平衡方程式 (6.25b)(假设 $\boldsymbol{a} = 0$)。

提示：将式 (6.54) 写成分量形式，分部积分，利用以位移和应力表示的虎克定律式 (6.25c)(其中，$\boldsymbol{E} = (\nabla\boldsymbol{u} + \boldsymbol{u}\nabla)/2$) 及边界条件式 (6.26)。

6-4 弹性张量依赖应力应变所用的参考构形，在用 U.L 格式的增量分析中，以即时构形作为参考构形，而弹性张量通常是在初始参考构形中给出的，所以需要给出两种参考构形中弹性张量的关系。试证明初始参考构形与即时 (流动) 参考构形中弹性张量的关系 (即式 (6.106a)) 为

$$\Sigma_{(t)}^{klmn} = \frac{1}{J_{(t)}} \Sigma^{KLMN} x^k{}_{,K} x^l{}_{,L} x^m{}_{,M} x^n{}_{,N}$$

两个弹性张量的定义为 $\Delta T^{KL} = \Sigma^{KLMN}\Delta E_{MN}$；$\Delta T_{(t)}^{kl}(\tau) = \Sigma_{(t)}^{klmn} E_{(t)mn}(\tau)$。

提示：利用式 (6.90) 及式 (6.100)。

6-5 试由几何非线性平衡方程和力边界条件，证明位能驻值原理 (即式 (6.113))：

$$\delta P = \delta\left(\int_V \Sigma(\boldsymbol{u})\,\mathrm{d}V - \int_V \rho_0\boldsymbol{f}\cdot\boldsymbol{u}\mathrm{d}V - \int_{S_\sigma}\bar{\boldsymbol{t}}_{(N)}\cdot\boldsymbol{u}\mathrm{d}A\right) = 0$$

提示：对于分量形式应用分部积分和散度定理，注意 $\delta\Sigma = \dfrac{\partial\Sigma}{\partial\boldsymbol{E}}:\delta\boldsymbol{E} = \boldsymbol{T}:\delta\boldsymbol{E}$。

图 6.29 简单后屈曲模型

6-6 已知如图 6.29 所示的刚性杆，长度为 L，下端简支，另一端受轴向压力 λ(保持竖直方向)，并与可上下滑动的水平拉伸线性弹簧连接，弹簧刚度为 k，转角 $a = 0$ 是初始平衡状态。

(1) 用平衡法和能量法求系统的临界载荷；

(2) 求后屈曲状态下载荷 λ 与转角 a 的关系及初始后屈曲近似解；

(3) 讨论屈曲前平衡状态的稳定性，证明分支点和后屈曲解路径为不稳定平衡。

提示：考虑虚线所示的许可状态。

6-7 如图 6.30 所示，在 Winkler 弹性基础上的梁受轴向压力 N 作用，两端简支，长度为 l，拉伸刚度和弯曲刚度为 EA、EJ，基础的弹性系数为 $k(k = q/w, q、w$ 是单位长度基础的垂直反力和梁的挠度)。试用平衡法和能量法建立中性平衡方程。

图 6.30 弹性基础上的简支压杆

6-8　各向同性平板如图 6.31 所示。

图 6.31　平板

在中等非线性假设下，板中面应变和曲率变形近似 (参见式 (6.148)) 为

$$\varepsilon_{\alpha\beta}^0 = \frac{1}{2}\left(u_{\alpha;\beta} + u_{\beta;\alpha}\right) + \frac{1}{2}w_{,\alpha}w_{,\beta}; \quad \kappa_{\alpha\beta} = -w_{,\alpha\beta}$$

不考虑横向剪切影响 (直法线假设)，板面单位面积受法向载荷 q 作用，在已知应力边界 C_σ 受单位长度载荷 $\overline{\boldsymbol{P}}(\overline{P}^\alpha, \overline{P}^3)$。试用位能驻值原理推导板的平衡方程 (von Kármán 薄板方程)。

提示：对式 (6.161)$(\gamma_{\alpha3} = 0)$ 取变分，再分部积分，例如

$$\delta\int_A \frac{1}{2}N^{\alpha\beta}\varepsilon_{\alpha\beta}^0 \mathrm{d}V = \int_A N^{\alpha\beta}\delta\varepsilon_{\alpha\beta}^0 \mathrm{d}V = \int_A N^{\alpha\beta}(\delta u_{\alpha;\beta} + w_{,\alpha}\delta w_{,\beta})\mathrm{d}V$$

$$= \int_C N^{\alpha\beta}\delta u_\alpha N_\beta \mathrm{d}S - \int_A N^{\alpha\beta}{}_{;\beta}\delta u_\alpha \mathrm{d}A + \int_C N^{\alpha\beta}w_{,\alpha}N_\beta\delta w \mathrm{d}S - \int_A (N^{\alpha\beta}w_{,\alpha})_{;\beta}\delta w \mathrm{d}A$$

(C、N_β 为全部边界和边界单位外法线向量)

可以得到平衡方程和边界条件：

$$\left.\begin{array}{l} N^{\alpha\beta}{}_{;\beta} = 0 \ (\alpha = 1, 2) \\ M^{\alpha\beta}{}_{;\alpha\beta} + N^{\alpha\beta}w_{,\alpha\beta} + q = 0 \end{array}\right\} \quad \text{(Kármán 方程)}$$

边界面内自由或固定　　　$N^{\alpha\beta}N_\beta = \overline{P}^\alpha$　或　$u_\alpha = 0$　$(\alpha = 1, 2)$

边界横向自由或固定　　　$(M^{\alpha\beta}{}_{;\beta} + N^{\alpha\beta}w_{,\alpha})N_\beta = \overline{P}^3$　或　$w = 0$

边界面外转动自由或固定　　$M^{\alpha\beta}N_\beta = 0$　或　$w_{,\alpha} = 0$　$(\alpha = 1, 2)$

6-9　上题平板面内平衡方程 $(N^{\alpha\beta}{}_{;\beta} = 0)$ 表明，可以引入应力函数 $F(x^\alpha)$，令：

$$\frac{\partial^2 F}{\partial x^2\partial x^2} = N^{11}; \quad \frac{\partial^2 F}{\partial x^1\partial x^1} = N^{22}; \quad \frac{\partial^2 F}{\partial x^1\partial x^2} = -N^{12}$$

则 F 自动满足平衡方程。为了保证 $N^{\alpha\beta}$ 对应的中面应变 $\varepsilon_{\alpha\beta}^0$ 是协调的，必须满足协调条件 (在中面应变–位移关系中，消去面内位移)：

$$\varepsilon_{11;22}^0 + \varepsilon_{22;11}^0 - 2\varepsilon_{12;12}^0 = (w_{,12})^2 - w_{,11}w_{,22}$$

试证明 von Kármán 板方程的另一种形式为

$$\Delta\Delta F = -EhL(w,w)$$

$$D\Delta\Delta w = q + L(F,w)$$

其中 $\Delta\Delta(\ ) = \nabla^2\nabla^2(\ ) = (\ )_{;1111} + 2(\ )_{;1122} + (\ )_{;2222}$ 为双调和算子, 算子 L 的定义为

$$L(F,w) = F_{;22}w_{,11} + F_{;11}w_{,22} - 2F_{;12}w_{,12}$$

提示: 将本构关系代入平衡方程和协调方程。

6-10 根据应变能函数 $W = C_{10}(\mathrm{I}_B - 3) + C_{01}(\mathrm{II}_B - 3)$(即式 (6.221)); 推导不可压缩超弹性橡胶材料 Mooney 本构关系, 给出单向拉伸时的形式。

6-11 根据应变能函数 $\rho_0 W = a(\mathrm{I}_1^n + \mathrm{I}_{-1}^n)$(即式 (6.227)), 推导可压缩和不可压缩情况下的橡胶本构关系及单向拉伸时的表达式。

6-12 试根据定义说明热力系数张量 $\boldsymbol{\beta}$ 和热膨胀系数张量 $\boldsymbol{\alpha}$ 的量纲及物理意义。

6-13 如果超弹性热力物质与外部无热交换 (绝热过程), 试说明内能、变形能、熵、热流量、热供应、温度等热力学变量的变化, 并证明能量平衡关系为 $\rho\dfrac{\mathrm{d}W}{\mathrm{d}t} = \boldsymbol{t} : \boldsymbol{d}$ (W 是单位质量的变形能), 说明能量平衡关系的物理意义。

6-14 如果超弹性热力物质温度梯度为 0 且温度场是定常的 (恒温等温过程), 试说明内能、变形能、熵、热流量、热供应、温度等热力学变量的变化, 并证明:

$$\rho\frac{\mathrm{d}W}{\mathrm{d}t} = \boldsymbol{t} : \boldsymbol{d} \ (W\text{是单位质量的变形能})$$

$$\dot{\eta} - \frac{h}{\theta} = 0$$

根据上述方程说明超弹性物质等温过程的能量转换特点。

提示: 利用 Clausius-Duhem 不等式 (4.67a)(取等号) 及能量守恒定律。

6-15 Ramber-Osgood 材料 (三参数材料) 的单向拉伸应力应变曲线可表为

$$\varepsilon = \frac{\sigma}{E} + K\sigma^n$$

式中, E, K, n 是材料常数。求 $\dfrac{1}{E_t}, \dfrac{1}{E_s}$ (E_t, E_s 是切线模量和割线模量), 并写出复杂应力状态时的形式。

6-16 (1) 如果用单向拉伸试验确定 Mises 屈服条件和 Tresca 屈服条件的初始屈服极限 σ_s, 即单向拉伸时两个屈服条件给出相同的屈服应力:

$$\frac{1}{2}\left[(\sigma_1 - \sigma_2)^2 + (\sigma_2 - \sigma_3)^2 + (\sigma_3 - \sigma_1)^2\right] \leqslant \sigma_s^2$$

$$\sigma_1 - \sigma_3 \leqslant \sigma_s \ (假设 \sigma_1 \geqslant \sigma_2 \geqslant \sigma_3)$$

在用于纯剪应力状态时两个屈服条件得到的薄壁圆管扭转屈服应力(τ_{Mises} 和 τ_{Tresca})差别最大。试证明 $\tau_{\mathrm{Mises}}/\tau_{\mathrm{Tresca}} = 2/\sqrt{3}$，Tresca 屈服面内接于 Mises 屈服面。

(2) 如果用薄壁圆管扭转试验确定 Mises 屈服条件和 Tresca 屈服条件的初始剪切屈服极限 τ_s，即纯剪切时两个屈服条件：

$$\frac{1}{2}\left[(\sigma_1 - \sigma_2)^2 + (\sigma_2 - \sigma_3)^2 + (\sigma_3 - \sigma_1)^2\right] \leqslant 3\tau_s^2$$

$$\sigma_1 - \sigma_3 \leqslant 2\tau_s \quad (假设 \sigma_1 \geqslant \sigma_2 \geqslant \sigma_3)$$

给出相同的剪切屈服应力；而用于单向拉伸时两个屈服条件得到的屈服正应力(σ_{Mises} 和 σ_{Tresca}) 差别最大。试证明 $\sigma_{\mathrm{Mises}}/\sigma_{\mathrm{Tresca}} = \sqrt{3}/2$，Tresca 屈服面外切于 Mises 屈服面。

6-17　(1) 试说明经典塑性理论正交法则的含义及其试验基础和理论基础 (假设或公设)。

(2) 试说明一致性条件的含义及其应用。

6-18　已知线性强化、各向同性硬化材料的单向拉伸应力应变曲线如图 6.32(a) 所示，弹性模量和泊松比为 E, ν，初始屈服极限为 σ_{s0}，切线模量 $E_t = E/10$；在两个相互垂直的方向 1 和 2 材料受均匀平面应力 σ_1, σ_2 作用，加载路径分别为图 6.32(b)：σ_1, σ_2 成比例从 0 加载到 $1.5\sigma_{s0}$(简单加载) 和图 6.32(c)：σ_1, σ_2 先后从 0 加载到 $1.5\sigma_{s0}$(非简单加载)。

图 6.32　线性强化材料的应力应变曲线及加载路径

(1) 分别用流动理论 (Prandtl-Reuss 本构方程) 和形变理论求加载路径 b 的总应变 $\varepsilon_1, \varepsilon_2$ 和塑性应变 $\varepsilon_1^{\mathrm{p}}, \varepsilon_2^{\mathrm{p}}$；

(2) 用流动理论求加载路径 c 的总应变 $\varepsilon_1, \varepsilon_2$ 和塑性应变 $\varepsilon_1^{\mathrm{p}}, \varepsilon_2^{\mathrm{p}}$。

答案：

(1) $\varepsilon_{11} = \varepsilon_{22} = \left[\dfrac{3}{2}(1-\nu) + \dfrac{9}{4}\right]\dfrac{\sigma_{s0}}{E}$；$\varepsilon_{11}^{\mathrm{p}} = \varepsilon_{22}^{\mathrm{p}} = \dfrac{9}{4}\dfrac{\sigma_{s0}}{E}$。流动理论与形变理论结果相同。

(2) $\varepsilon_{11} = \left[\dfrac{3}{2}(1-\nu) + \dfrac{9}{2}(1+a)\right]\dfrac{\sigma_{s0}}{E}$；$\varepsilon_{11}^{\mathrm{p}} = \dfrac{9}{2}(1+a)\dfrac{\sigma_{s0}}{E}$

$$a = \int_0^{1.5} \frac{(3-y)(4y-3)}{9-6y+4y^2} \mathrm{d}y$$

$$\varepsilon_{22} = \left[\frac{3}{2}(1-\nu) + \frac{9}{4}(-1+b) \right] \frac{\sigma_{s0}}{E}; \ \varepsilon_{22}^{\mathrm{P}} = \frac{9}{4}(-1+b)\frac{\sigma_{s0}}{E}$$

$$b = \int_0^{1.5} \frac{(4y-3)^2}{9-6y+4y^2} \mathrm{d}y$$

6-19 试根据单向拉伸试验推导本构关系式 (6.332) 中的材料函数 h(式 (6.333))。

提示：各向同性材料单向拉伸的运动变换、变形梯度、Green 应变和体积比为

$$x_k = \lambda_k X_k \ (k=1,2,3)(\text{不对} k \text{求和，下同。} x_k, X_k \text{是直角坐标系，} \lambda_k \text{是伸长率})$$

$$F_{kk} = \lambda_k; \ F_{kl} = 0 \ (k \neq l); \ E_{kk} = \frac{1}{2}(\lambda_k^2 - 1); \ E_{kl} = 0 \ (k \neq l); \ J = \lambda_1 \lambda_2 \lambda_3 = \lambda_1 \lambda_2^2 \text{。}$$

根据 Green 应变率与变形率的关系式 (2.149)，可得 $\boldsymbol{d} = \boldsymbol{F}^{-\mathrm{T}} \cdot \dot{\boldsymbol{E}} \cdot \boldsymbol{F}^{-1}$，即

$$d_{kk} = \lambda_k^{-1}(\lambda_k \dot{\lambda}_k)\lambda_k^{-1} = \dot{\lambda}_k/\lambda_k = (\ln \lambda_k)^{\cdot}$$

Kirchhoff 应力张量及其偏量和 Jaumann 率为

$$t_{11} = J t_{11}; \quad t_{kl} = 0 \quad (k \neq 1, l \neq 1) \quad (t_{11} \text{是 Cauchy 真应力})$$

$$t'_{11} = \frac{2}{3} t_{11}; \quad t'_{22} = t'_{33} = -\frac{1}{3} t_{11}; \quad \overset{\triangledown}{t}_{kl} = \dot{t}_{kl} \ (w_{kl} = 0)$$

将上述相关各式代入式 (6.332)，当 $\alpha = 0$(线弹性) 时，有

$$E = \dot{t}_{11}/d_{11} = \dot{t}_{11}/(\ln \lambda_1)^{\cdot}$$

所以 E 是各向同性材料 Kirchhoff 应力与对数应变曲线 $(t_{11} \sim \ln \lambda_1)$ 弹性段的斜率。

当 $\alpha \neq 0$ 时，得到 $\dfrac{d_{11}}{\dot{t}_{11}} = \dfrac{1}{E} + \dfrac{4}{9h}t_{11}^2$，令 $\dot{t}_{11}/d_{11} = E_t$(切线模量)，由屈服条件 $t_{11} = \sigma_{\mathrm{s}}$，代入上式，即得关系式 (6.333)。

第7章 黏弹性

本章提要：

    本章简要讨论黏弹性材料的特点和本构模型，包括一维和三维线性黏弹性本构关系，以及三维非线性黏弹性本构关系，重点是线性黏弹性。本章所述部分内容参考了文献 [9]。

7.1 概述

➤ 7.1.1 黏弹性概念

    黏弹性体的力学性质兼有固体和流体的某些特点，又与固体和流体有区别。固体有确定的形状，在不变的载荷作用下，变形不随时间改变，应力只决定于应变和应变过程 (有塑性变形时)，与变形率无关；流体则没有固定形状，其形状依赖容器，受力之后流体可以任意变形，运动流体中的应力只与变形速率和密度有关，与变形大小无关。黏弹性体在固定载荷作用下形状可以随时间改变，应力不仅与当时的变形有关，还与变形率及变形历史有关，这种性质称为黏弹性或黏弹塑性，具体的物质涉及塑料、树脂、橡胶、金属、岩石、土壤等等，其中典型的是高分子聚合物。

    事实上，物质的性质是与外部作用和外部条件相联系的，例如温度、载荷速率等。非晶高聚合物在不同温度范围内可表现为四种不同的物质性态。(1) 玻璃态：当温度低于玻璃化转变温度时呈现固体性质，具有较高的弹性模量；(2) 黏弹态：当温度在玻璃化转变温度附近时表现为黏弹性，应力与变形、变形率及其历史有关，模量随温度的升高急剧下降；(3) 橡胶态 (高弹态)：当温度高于玻璃化转变温度一定值时，模量稳定在某一较低的数值；(4) 黏流态：当温度高于黏流温度时，物质呈现高黏度流体状态。玻璃化转变温度和黏流温度因材料种类和成分而异，天然橡胶的玻璃化转变温度约为 $-70°C$，其黏流温度约为 $130°C$。高分子材料由于在使用中黏弹性特点比较突出，所以常常称为黏弹性材料，其实更确切地说应该是黏弹性状态。

    根据材料的本构关系，可以进一步分为黏弹性和黏弹塑性，黏弹性又可分为线性和非线性两种情况。若材料在黏弹性变形过程中出现塑性或塑性变形过程中发生黏滞变形，呈现弹塑性和黏性特点，称为黏弹塑性，否则为黏弹性。如果本构关系中只包含应力、应变和它们对时间的各阶导数 (率) 的一次项，称为线性黏弹性，此时材料兼有线弹性体和线性黏性流体的特点，应力应变响应满足叠加原理；否则，如果本构关系中还包含应力、应变及其时间变率的高次项则为非线性黏弹性。

▶ 7.1.2　蠕变和松弛现象

蠕变和应力松弛是具有代表性的黏弹性现象。

在恒定载荷作用下，变形随时间逐渐增加的现象称为蠕变。例如高速转动的钛合金叶片，受高温和离心力作用，蠕变变形使叶片变长，严重时可导致与机匣碰摩和断裂。蠕变过程通常可分为三个阶段，初始阶段变形率较大，然后逐渐减小，趋于恒定值，称为稳定阶段，临近破坏时蠕变速率急剧增大，称为破坏阶段，其中稳定阶段的时间最长。随应力水平和环境温度的增高，蠕变速率加快。图 7.1 所示为典型的单向拉伸蠕变曲线示意图，曲线 1、2、3 分别对应应力 σ_1、σ_2、σ_3 或温度 θ_1、θ_2、θ_3，且 $\sigma_1 < \sigma_2 < \sigma_3$ 或 $\theta_1 < \theta_2 < \theta_3$。当应力随时间改变时，蠕变是一个更复杂的过程。

图 7.1　蠕变曲线

考虑材料受单向拉伸阶跃应力作用 (图 7.2(a))，

$$\sigma(t) = \sigma_0 H(t) - \sigma_0 H(t - t_1) \tag{7.1}$$

其中

$$H(t - \tau) = \begin{cases} 0 & \text{当} t < \tau \\ 1 & \text{当} t \geqslant \tau \end{cases} \tag{7.2}$$

称为阶跃函数或 Heaviside 函数，其性质为

$$\frac{\mathrm{d}H(t - \tau)}{\mathrm{d}t} = \delta(t - \tau) = \begin{cases} \infty & \text{当} t = \tau \\ 0 & \text{当} t \neq \tau \end{cases} \quad (\delta \text{称为 Dirac 函数}) \tag{7.2a}$$

$$\int_{-\infty}^{\infty} \frac{\mathrm{d}H}{\mathrm{d}\tau} \mathrm{d}\tau = 1; \quad \int_{-\infty}^{\infty} f(\tau)\delta(t - \tau)\mathrm{d}\tau = f(t) \quad (f(t) \text{为连续函数}) \tag{7.2b}$$

$$\int_{-\infty}^{t} f(t')\delta(t' - \tau)\mathrm{d}t' = f(t)H(t - \tau) \quad (f(t) \text{为连续函数}) \tag{7.2c}$$

实验观测表明，在上述应力作用下，黏弹性应变 $\varepsilon(t)$ 随时间的变化可以分为 4 段，如图 7.2(b) 所示，第 1 段是快速加载产生的弹性变形，线弹性应变为 $\varepsilon_0 = \sigma_0/E$；第 2 段是在恒定应力作用下发生的蠕变变形 ($\varepsilon_1 - \varepsilon_0$，非弹性变形)，随时间非线性变化；第 3 段是伴随卸载产生的变形减小，称为回复，因为没有塑性变形，所以弹性回复变形为 ε_0；第 4 段应变继续有所减小，此变形反映材料存在记忆效应。

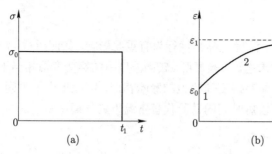

图 7.2　阶跃应力 (a) 和蠕变曲线 (b)

在恒定变形下，应力随时间逐渐减小的现象称为应力松弛 (图 7.3)。例如压力容器封盖法兰的紧固螺栓，其紧固力可以随时间延续逐渐下降。应力松弛速率在开始时最大，然后逐渐减小，趋于非 0 定值时称为黏弹性固体，趋于 0 时称为黏弹性流体。假设应力以初始最大速率降为 0，所需时间可用于表示材料的松弛特性，称为松弛时间 (图中 τ_R)。

图 7.3　松弛曲线

➤ 7.1.3　影响黏弹性的因素

与弹性体不同，黏弹性体的力学行为受加载速率、温度、载荷频率等因素的重要影响。

7.1.3.1　加载速率的影响

黏弹性体的应力决定于应变和应变率历史，与加载速率及材料特性有关。研究材料黏弹性性质时，需要考察不同应力率对变形的影响以及不同应变率时的应力响应。实验表明，在相同应变下高应变率时的应力增大 (如图 7.4 所示)，这种应变率效应在聚合物中尤为明显。此外，黏弹性材料的屈服强度也与应变率有关，应变率越大屈服强度越高。

图 7.4　应变率的影响

7.1.3.2 温度影响

像图 7.1 显示的那样，温度对黏弹性行为有重要影响，如前所述，温度的大范围变化甚至可以改变物质形态。实验表明，较高温度下的蠕变变形相当于低温蠕变时间加长，由于温度与时间对蠕变和松弛的影响相似，因此提出了时间–温度等效理论，可以用较高温度下较短时间的试验代替常温下的长期试验。

7.1.3.3 循环滞后效应及其影响

流体中的应力决定于变形率，应力在黏性变形上做功引起能量耗散，部分转化为热。与流体类似，黏弹性体的应力与应变率有关，黏性变形同样引起热耗散，这种耗散来自黏性引起的滞后效应 (黏滞效应)。在循环载荷作用下，滞后生热是黏弹性材料的重要属性，例如长时间行驶的车辆轮胎由于生热可导致力学性能下降甚至爆裂。图 7.5(a) 给出受循环应变 $\varepsilon = \varepsilon_0 \cos\omega t$ 作用时，弹性应力响应与黏弹性应力响应的区别，弹性应力和黏弹性应力分别为 $\sigma_{\mathrm{e}} = E\varepsilon_0 \cos\omega t$ 和 $\sigma_{\mathrm{ev}} = E_1(\omega)\varepsilon_0 \cos(\omega t + \delta)$，其中 $E_1(\omega)$ 是储能模量 (见 7.5 节)。可见弹性应力与变形同相位，而黏滞效应使黏弹性应力的相位比变形滞后 δ，因此应力–应变曲线出现滞后环 (图 7.5(b))，滞后环的面积等于应力在一个循环中所做的功，变为单位体积的能量耗散，随 δ 的减小滞后环的面积减小，弹性时变为 0。动态效应、循环滞后和能量耗散是黏弹性体的另一个重要属性。

图 7.5 应力滞后效应

7.2 一维简单模型

在用图形表示黏弹性模型时，通常用弹簧元件表示弹性，用阻尼元件 (也称为黏壶) 表示黏性，在线性情况下，弹簧元件和阻尼元件的本构关系为

$$\sigma = E\varepsilon; \quad \sigma = \eta\dot{\varepsilon} \tag{7.3}$$

式中，E, η 是弹性模量和黏性系数；σ, ε 为小变形情况下的应力和应变，不需区分应力和应变的不同定义。将两种元件组合，可以得到各种线性黏弹性模型，最简单的是 Maxwell 模型和 Kelvin 模型，更复杂和更精确一些的是三参量模型和四参量模型。

➤ 7.2.1 Maxwell 模型

将弹簧元件和阻尼元件串联的模型称为 Maxwell 模型 (图 7.6)，基本关系为

$$\varepsilon = \varepsilon_e + \int_0^t \dot{\varepsilon}\mathrm{d}t; \quad \varepsilon_e = \frac{\sigma}{E}; \quad \dot{\varepsilon} = \frac{\sigma}{\eta} \tag{7.4}$$

图 7.6 Maxwell 模型

对式 $(7.4)_1$ 取导数，得到 Maxwell 模型的微分形式本构关系：

$$\dot{\varepsilon} = \frac{\dot{\sigma}}{E} + \frac{\sigma}{\eta} \tag{7.5}$$

式 (7.5) 的积分形式 (若 $\varepsilon(0^-) = 0$) 为

$$\varepsilon = \frac{\sigma}{E} + \int_0^t \frac{\sigma(\tau)}{\eta}\mathrm{d}\tau \tag{7.5a}$$

若给定 $\sigma = \sigma_0[H(t) - H(t - t_1)]$，代入上式，得到蠕变曲线 (图 7.7(a))：

$$\varepsilon = \begin{cases} \dfrac{\sigma_0}{E} + \dfrac{\sigma_0}{\eta}t & \text{当}t \leqslant t_1 \\[2mm] \varepsilon_0 & \text{当}t > t_1 \end{cases} \tag{7.6a}$$

若给定 $\varepsilon = \varepsilon_0$(常应变)，则式 (7.5) 为齐次方程，初始条件为 $\sigma(0) = E\varepsilon_0$，可以解得

$$\sigma(t) = E\varepsilon_0 \mathrm{e}^{-t/\tau_\mathrm{R}}; \quad \tau_\mathrm{R} = \eta/E \tag{7.6b}$$

式 (7.6b) 给出应力松弛曲线 (图 7.7(b))。曲线在 $t = 0$ 处的切线为 $\sigma = \sigma_0 - \sigma_0 t/\tau_\mathrm{R}$，令 $\sigma = 0$，得 $t = \tau_\mathrm{R}$，所以松弛时间 τ_R 的物理意义是应力以最大速率松弛到 0 所需要的时间。

(a)　　　　　　　　　　　(b)

图 7.7 Maxwell 模型

(a) 蠕变；(b) 松弛

Maxwell 模型也称为 Maxwell 流体, 这是因为在图 7.6 模型中有单独承受应力 (串联) 的阻尼元件, 所以在应力作用下不能保持任何有限变形只能运动, 因而有流体特点。类似地, 在更复杂的模型中, 如果有串联的阻尼元件, 则可以称为黏弹性流体, 否则为黏弹性固体。因此下面的 Kelvin 模型也称为 Kelvin 固体。

▶ 7.2.2　Kelvin 模型

将弹簧元件和阻尼元件并联的模型称为 Kelvin 模型或 Kelvin-Voigt 模型 (图 7.8), 基本关系为

$$\sigma = E\varepsilon + \eta\dot{\varepsilon} \tag{7.7}$$

右端第 1 项是弹性应力, 第 2 项是黏性应力。

图 7.8　Kelvin 模型

若给定 $\varepsilon(t)$, 代入上式即得应力响应。若给定 $\sigma = \sigma_0[H(t) - H(t-t_1)]$(阶跃应力), 利用初始条件 $\varepsilon(0) = \sigma_0/E$, 求解微分方程 (7.7), 当 $t \leqslant t_1$ 时得到

$$\varepsilon = \frac{\sigma_0}{E}(1 - e^{-t/\tau_D}), \quad \tau_D = \frac{\eta}{E} \tag{7.8a}$$

当 $t > t_1$ 时, 式 (7.7) 变为齐次方程, 满足连续条件 $\varepsilon(t_1) = \dfrac{\sigma_0}{E}(1 - e^{-t_1/\tau_D})$。通解为 $\varepsilon = ce^{-t/\tau_D}$, 由连续条件确定常数 c, 可得解曲线方程:

$$\varepsilon = \frac{\sigma_0}{E}(e^{t_1/\tau_D} - 1)e^{-t/\tau_D} \tag{7.8b}$$

曲线如图 7.9 所示。由于弹性元件与阻尼元件并联, 弹性卸载和记忆效应共同引起回复应变, 可见受阻尼影响卸载变形不再发生跳跃。式 (7.7) 表明, 当应变等于常数时 Kelvin 模型不能描述应力松弛。

图 7.9　Kelvin 模型蠕变响应

Maxwell 模型和 Kelvin 模型过于简单不可能较好地表示材料的黏弹性行为, 但它们可以作为基本元件构造更复杂、更精确的模型。

➤ 7.2.3 三参量固体

将 Kelvin 模型与弹簧元件串联的模型称为三参量固体模型 (图 7.10)，基本关系为

$$\varepsilon = \varepsilon_1 + \varepsilon_2; \quad \sigma = E_2\varepsilon_2; \quad \sigma = E_1\varepsilon_1 + \eta_1\dot{\varepsilon}_1 \tag{7.9}$$

图 7.10　三参量固体模型

由式 (7.9) 消去 ε_2 和 ε_1，得到本构方程：

$$(E_1 + E_2)\sigma + \eta_1\dot{\sigma} = E_1E_2\varepsilon + \eta_1E_2\dot{\varepsilon} \tag{7.10}$$

或写成标准形式：

$$\sigma + p_1\dot{\sigma} = q_0\varepsilon + q_1\dot{\varepsilon} \tag{7.10a}$$

式中的三个参量

$$p_1 = \eta_1/(E_1 + E_2); \quad q_0 = E_1E_2/(E_1 + E_2); \quad q_1 = \eta_1E_2/(E_1 + E_2) \tag{7.11}$$

上面用直接消去元件变量的方法建立本构方程，如果元件较多而且方程复杂，直接消去法不便于应用。更方便的方法是，借助微分算子表示需要消去的元件应力导数及应变导数，代入总体变量方程，得到本构关系。以式 (7.9) 为例，第 3 式可表示为

$$\sigma = E_1\varepsilon_1 + \eta_1\mathrm{D}\varepsilon_1 = (E_1 + \eta_1\mathrm{D})\,\varepsilon_1 \quad \text{或} \quad \varepsilon_1 = \frac{\sigma}{E_1 + \eta_1\mathrm{D}} \tag{7.12}$$

式中，$\mathrm{D}(\ ) = \dfrac{\mathrm{d}}{\mathrm{d}t}(\ )$ 是时间微分算子，可以像参数一样参加代数运算。将式 $(7.12)_2$ 代入式 $(7.9)_1$，有 $\varepsilon = \dfrac{\sigma}{E_2} + \dfrac{\sigma}{E_1 + \eta_1\mathrm{D}}$，消去分母中单独存在的算子，得 $(E_1E_2 + \eta_1E_2\mathrm{D})\varepsilon = (E_1 + \eta_1\mathrm{D})\sigma + E_2\sigma$，即式 (7.10)。

另一种方法是应用 Laplace 变换，将元件和总体变量的基本关系变换为像函数的代数式，消去元件变量得到总体变量的像方程，再通过逆变换给出本构关系。

若给定阶跃应力 $\sigma = \sigma_0[H(t) - H(t - t_1)]$，求解常系数线性微分方程 (7.10)，可得蠕变响应 $\varepsilon(t)$。该蠕变响应也可以由 Kelvin 解式 (7.8a,b) 叠加弹簧元件 E_2 的变形得到，即

$$\left.\begin{aligned}
\varepsilon &= \frac{\sigma_0}{E_2} + \frac{\sigma_0}{E_1}\left(1 - \mathrm{e}^{-t/\tau_\mathrm{D}}\right) \quad \text{当}\,t \leqslant t_1 \\
\varepsilon &= \frac{\sigma_0}{E_1}\left(\mathrm{e}^{t_1/\tau_\mathrm{D}} - 1\right)\mathrm{e}^{-t/\tau_\mathrm{D}} \quad \text{当}\,t > t_1
\end{aligned}\right\} \tag{7.13}$$

式中，$\tau_D = \dfrac{\eta_1}{E_1}$。式 (7.13) 表明，增加串联弹簧 E_2 使蠕变变形在 $t = 0, t_1$ 时发生弹性加、卸载变形跳跃 (大小皆为 σ_0/E_2)，所以比 Kelvin 模型合理。

若给定常应变 $\varepsilon = \varepsilon_0 H(t)$，可以求得应力松弛响应 $\sigma(t)$，结果为

$$\sigma(t) = E_2 \varepsilon_0 - \frac{E_2^2 \varepsilon_0}{E_1 + E_2}(1 - e^{-t/\tau_R}) \tag{7.14}$$

式中，$\tau_R = \dfrac{\eta_1}{E_1 + E_2}$。

松弛曲线类似图 7.3，可见增加串联弹簧 E_2 可改进 Kelvin 模型，应力松弛较为合理。

除上述三参量固体模型之外，还可以建立其他三参量模型和四参量模型，如图 7.11 和 7.12 所示。图 7.11(a) 是三参量流体，图 7.11(b) 是另一种三参量固体，其本构关系形式同式 (7.10a)，但式 (7.11) 不同；图 7.12 是四参量流体，也称为 Bergers 模型。随着参量个数的增加，一般说来模型可以得到改进，但也更加复杂，需要更多的材料参数。

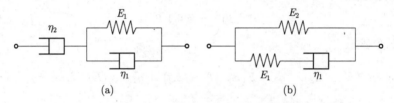

图 7.11　三参量流体模型 (a) 和其他三参量模型 (b)

图 7.12　四参量流体模型

➤ 7.2.4　蠕变函数和松弛函数

以上简单模型在阶跃应力 $\sigma_0 H(t)$ 或阶跃应变 $\varepsilon_0 H(t)$ 下的蠕变响应或松弛效应，可以写成统一形式：

$$\varepsilon(t) = \sigma_0 J(t) \quad \text{和} \quad \sigma(t) = \varepsilon_0 E(t) \tag{7.15}$$

式中，$J(t)$ 称为蠕变函数或蠕变柔度；$E(t)$ 称为松弛函数或松弛模量。由式 (7.6a)、式 (7.6b)、式 (7.8a)、式 (7.13) 和式 (7.14)，各种简单模型的蠕变函数和松弛函数为：

Maxwell 流体

$$J(t) = \frac{1}{E} + \frac{t}{\eta}; \quad E(t) = Ee^{-t/\tau_R} \left(\tau_R = \frac{\eta}{E} \right) \tag{7.15a}$$

Kelvin 固体

$$J(t) = \frac{1}{E}(1 - e^{-t/\tau_D}) \left(\tau_D = \frac{\eta}{E} \right) \tag{7.15b}$$

三参量固体

$$\left. \begin{array}{l} J(t) = \dfrac{1}{E_2} + \dfrac{1}{E_1}(1 - e^{-t/\tau_D}) \quad \left(\tau_D = \dfrac{\eta_1}{E_1} \right) \\[3mm] E(t) = E_2 - \dfrac{E_2^2}{E_1 + E_2}(1 - e^{-t/\tau_R}) \quad \left(\tau_R = \dfrac{\eta_1}{E_1 + E_2} \right) \end{array} \right\} \tag{7.15c}$$

常应力作用下的蠕变响应和常应变作用下的松弛响应，是建立更精确的黏弹性本构关系的基础，所以蠕变函数 $J(t)$ 和松弛函数 $E(t)$ 是黏弹性理论中两种重要的材料函数，称为积分型本构关系的核函数。

7.3 广义 Maxwell 模型和广义 Kelvin 模型

由 n 个 Maxwell 模型并联的模型称为广义 Maxwell 模型 (图 7.13)，由 n 个 Kelvin 模型串联的模型称为广义 Kelvin 模型 (或广义 Kelvin-Voigt 模型，如图 7.14 所示)。利用上节方法，可以建立广义模型的本构关系。

图 7.13 广义 Maxwell 模型

➤ 7.3.1 广义 Maxwell 模型

模型图 7.13(a) 的总应力为各 Maxwell 单元应力之和:

$$\sigma = \sum_{i=1}^{n} \sigma_i \tag{7.16}$$

第 i 个 Maxwell 单元的本构关系式 (7.5) 可写成算子形式:

$$D\varepsilon = \left(\frac{D}{E_i} + \frac{1}{\eta_i} \right) \sigma_i \quad \text{或} \quad \sigma_i = \frac{E_i \eta_i}{\eta_i D + E_i} D\varepsilon \tag{7.17}$$

式中，E_i、η_i 是 i 单元的材料常数。将上式代入式 (7.16)，得

$$\sigma = \sum_{i=1}^{n} \frac{E_i \eta_i}{\eta_i D + E_i} D\varepsilon \tag{7.18}$$

式 (7.18) 两端乘以 $(\eta_1 D + E_1)(\eta_2 D + E_2) \cdots (\eta_n D + E_n)$，消去分母，整理后可得

$$\sigma + p_1 \dot{\sigma} + p_2 \ddot{\sigma} + \cdots + p_n \sigma^{(n)} = q_1 \dot{\varepsilon} + q_2 \ddot{\varepsilon} + \cdots + q_n \varepsilon^{(n)} \tag{7.19}$$

式中，p_1、p_2、$\cdots$、p_n 和 q_1、q_2、$\cdots$、q_n 是材料参数，该模型属于黏弹性流体。

若给定阶跃应变 $\varepsilon = \varepsilon_0 H(t - \tau)$，类似式 (7.6b)，可以得到第 i 个 Maxwell 单元的应力

$$\sigma_i(t) = E_i \varepsilon_0 e^{-(t-\tau)/\tau_{Ri}} H(t - \tau) \tag{7.20}$$

式中，$\tau_{Ri} = \eta_i / E_i$。将式 (7.20) 代入式 (7.16)，总松弛应力为

$$\sigma(t) = E(t - \tau)\varepsilon_0 H(t - \tau) \tag{7.21}$$

其中松弛模量为

$$E(t - \tau) = \sum_{i=1}^{n} E_i e^{-(t-\tau)/\tau_{Ri}} \quad (\tau \leqslant t) \tag{7.22}$$

可见 $t \to \infty$ 时 $\sigma(t) \to 0$，模型图 7.13(a) 为黏弹性流体。

如果该模型并联一个弹簧元件 E_0，如图 7.13(b) 所示，应力为 $\sigma_0 = E_0 \varepsilon$，将变为黏弹性固体。在式 (7.18) 中加入 σ_0，得到图 7.13(b) 所示广义 Maxwell 模型的本构关系：

$$\sigma = E_0 \varepsilon + \sum_{i=1}^{n} \frac{E_i \eta_i}{\eta_i D + E_i} D\varepsilon \tag{7.18a}$$

$$\sigma + p_1 \dot{\sigma} + p_2 \ddot{\sigma} + \cdots + p_n \sigma^{(n)} = q_0 \varepsilon + q_1 \dot{\varepsilon} + q_2 \ddot{\varepsilon} + \cdots + q_n \varepsilon^{(n)} \tag{7.19a}$$

式中，p_1、p_2、$\cdots$、p_n 和 q_0、q_1、q_2、$\cdots$、q_n 是材料参数。该模型相应的松弛模量为

$$E(t - \tau) = E_0 + \sum_{i=1}^{n} E_i e^{-(t-\tau)/\tau_{Ri}} \quad (\tau \leqslant t) \tag{7.22a}$$

当 $t \to \infty$ 时 $\sigma(t) \to E_0 \varepsilon_0$，可见图 7.13(b) 模型为黏弹性固体。

当 $n \to \infty$ 时，松弛模量应为有限值，所以 E_i 是无限小量，上式中的无限多项和变为积分，τ_{Ri} 和 E_i 可以用适当选取的连续变量 $\bar{\tau}$(时间量纲) 和连续函数微分 $e(\bar{\tau})d\bar{\tau}$ 表示：

$$\lim_{n \to \infty} \sum_{i=1}^{n} E_i e^{-(t-\tau)/\tau_{Ri}} = \int_0^\infty e(\bar{\tau}) e^{-(t-\tau)/\bar{\tau}} d\bar{\tau}$$

因而式 (7.22a) 的积分表达式为

$$E(t-\tau) = E_0 + \int_0^\infty e(\bar{\tau})\mathrm{e}^{-(t-\tau)/\bar{\tau}}\mathrm{d}\bar{\tau} \tag{7.23}$$

式中，$t-\tau$ 是 t 之前的时刻 τ 与 t 的时间间距；$\bar{\tau}$ 可以采用与 t 相同的度量；$e(\bar{\tau})$ 称为松弛时间谱，表示 $\tau = t$ 时设定的单位时间内模量变化。上式表明，松弛模量随 $t-\tau$ 的增加迅速衰减，E_0 和 $e(\bar{\tau})$ 可根据简单应力状态下的松弛试验确定，再将松弛函数用于复杂应力状态。

➤ 7.3.2　广义 Kelvin 模型

下面的分析与广义 Maxwell 模型类似。

图 7.14(a) 模型的总应变为各 Kelvin 单元应变的和：

$$\varepsilon = \sum_{i=1}^n \varepsilon_i \tag{7.24}$$

第 i 个 Kelvin 单元的本构关系 (式 (7.7)) 可写成算子形式：

$$\sigma = E_i\varepsilon_i + \eta_i\mathrm{D}\varepsilon_i; \; \varepsilon_i = \frac{\sigma}{\eta_i\mathrm{D} + E_i} \tag{7.25}$$

式 (7.25) 代入式 (7.24)，整理后即是广义 Kelvin 模型的微分本构方程。

图 7.14　广义 Kelvin 模型

若给定阶跃应力 $\sigma = \sigma_0 H(t-\tau)$，利用式 (7.8a)，第 i 个 Kelvin 单元的应变为

$$\varepsilon_i = \frac{\sigma_0}{E_i}(1 - \mathrm{e}^{-(t-\tau)/\tau_{Di}})H(t-\tau) \tag{7.26}$$

式中，$\tau_{Di} = \eta_i/E_i$。将式 (7.26) 代入式 (7.24)，总蠕变应变为

$$\varepsilon(t) = J(t-\tau)\sigma_0 H(t-\tau) \tag{7.27}$$

其中蠕变柔度为

$$J(t-\tau) = \sum_{i=1}^{n} \frac{1}{E_i}(1 - \mathrm{e}^{-(t-\tau)/\tau_{\mathrm{D}i}}) \quad (\tau \leqslant t) \tag{7.28}$$

可见, $t \to \infty$ 时 $\varepsilon(t) \to \sum_{i=1}^{n} \dfrac{\sigma_0}{E_i}$, 图 7.14(a) 模型为黏弹性固体。为了便于考虑弹性变形的影响, 可以在该模型中再串联一个弹簧元件 E_0 (见图 7.14(b)), 类似的分析可以得到蠕变柔度

$$J(t-\tau) = \frac{1}{E_0} + \sum_{i=1}^{n} \frac{1}{E_i}(1 - \mathrm{e}^{-(t-\tau)/\tau_{\mathrm{D}i}}) \quad (\tau \leqslant t) \tag{7.29}$$

当 $n \to \infty$ 时, 用连续变量 $\bar{\tau}$ 和连续函数微分 $j(\bar{\tau})\mathrm{d}\bar{\tau}$ 表示 $\tau_{\mathrm{D}i}$ 和 $1/E_i$, 用积分表示和式的极限, 蠕变函数的积分形式为

$$J(t-\tau) = \frac{1}{E_0} + \int_0^{\infty} j(\bar{\tau})(1 - \mathrm{e}^{-(t-\tau)/\bar{\tau}})\mathrm{d}\bar{\tau} \tag{7.30}$$

式中, $j(\bar{\tau})$ 称为蠕变时间谱; E_0 和 $j(\bar{\tau})$ 需要利用简单应力状态下的蠕变试验确定。

7.4　线性黏弹性一维本构方程

黏弹性本构方程可以用微分形式和积分形式表示。

➤ 7.4.1　微分型本构方程

线性黏弹性的特点是应力及其各阶导数与应变及其各阶导数成线性关系, 例如前面建立的基本模型本构方程。小变形线性黏弹性体的一维微分本构方程的一般形式可以表示为

$$p_0\sigma + p_1\dot{\sigma} + \cdots + p_m\sigma^{(m)} = q_0\varepsilon + q_1\dot{\varepsilon} + \cdots + q_n\varepsilon^{(n)} \quad \text{或} \quad \sum_{i=0}^{m} p_i\sigma^{(i)} = \sum_{i=0}^{n} q_i\varepsilon^{(i)} \tag{7.31}$$

式中, $(\ )^{(i)} = \dfrac{\mathrm{d}^i}{\mathrm{d}t^i}(\ )$; $(\ )^{(0)} = (\ )$。当 $m = n = 1$ 时, 即为三参量模型; $m = 1$, $n = 0$ 和 $m = 0, n = 1$ 分别为 Maxwell 模型和 Kelvin 模型。

式 (7.31) 为常系数线性常微分方程, 给定应力可以求出应变响应, 或者相反, 常用的解法是应用 Laplace 变换。若 $f(t)$ 和 $\bar{f}(s)$ 是原函数和像函数, 拉氏变换的定义是

正变换

$$\bar{f}(s) = \int_0^{\infty} f(t)\mathrm{e}^{-st}\mathrm{d}t$$

逆变换
$$f(t) = \frac{1}{2\pi i} \int_{a-i\infty}^{a+i\infty} \bar{f}(s) e^{st} ds \quad (\mathrm{Res} \geqslant a > a_0; \ i = \sqrt{-1})$$

式中，t 是正实数；s 是复数；$a_0 > 0$ 且有 $|f(t)| \leqslant M e^{a_0 t}$，$M$ 为正数。例如：

常数 $f(t) = a$ 的像为 a/s；阶跃函数 $H(t)$ 的像为 $1/s$；

导数 $f^{(n)}(t)$，若 $f^{(i)}(0^-) = 0 \ (i = 1, \cdots, n-1)$，则像为 $s^n \bar{f}(s)$；

卷积 $g * f \equiv \int_0^t g(t-\tau) f(\tau) d\tau$ 的像为原函数 $g(t)$ 和 $f(t)$ 像的积 $\bar{g}(s) \bar{f}(s)$。

对式 (7.31) 进行拉氏变换，有

$$\sum_{i=0}^{m} p_i s^i \bar{\sigma} = \sum_{i=0}^{n} q_i s^i \bar{\varepsilon} \tag{7.32}$$

所以，微分本构方程的像函数解为

$$\bar{\sigma} = \frac{\overline{Q}}{\overline{P}} \bar{\varepsilon} \quad \text{或} \quad \bar{\varepsilon} = \frac{\overline{P}}{\overline{Q}} \bar{\sigma} \tag{7.33}$$

式中，$\overline{P} = \sum_{i=0}^{m} p_i s^i$；$\overline{Q} = \sum_{i=0}^{n} q_i s^i$。对上式进行逆变换，可得到松弛型本构关系 (用应变表示应力) 或蠕变型本构关系 (用应力表示应变)。

考虑阶跃载荷情况。若 $\varepsilon(t) = \varepsilon_0 H(t)$ 或 $\sigma(t) = \sigma_0 H(t)$，则 $\bar{\varepsilon}(s) = \varepsilon_0/s$ 或 $\bar{\sigma}(s) = \sigma_0/s$，分别代入式 (7.33) 第 1 和第 2 式，得到

$$\bar{\sigma} = \frac{\overline{Q}}{s\overline{P}} \varepsilon_0 = \overline{E} \varepsilon_0; \quad \bar{\varepsilon} = \frac{\overline{P}}{s\overline{Q}} \sigma_0 = \overline{J} \sigma_0$$

$$\overline{E} = \frac{\overline{Q}}{s\overline{P}}; \quad \overline{J} = \frac{\overline{P}}{s\overline{Q}} \tag{7.34}$$

式中，$\overline{E}$、$\overline{J}$ 是蠕变函数和松弛函数的像，两者满足关系：

$$s^2 \overline{E} \, \overline{J} = 1 \tag{7.34a}$$

通过逆变换可由式 (7.34) 求出蠕变函数和松弛函数。

➤7.4.2 积分型本构方程

线性黏弹性响应满足叠加原理，即多个载荷作用引起的响应等于每个载荷单独作用时的响应之和。例如，在 $t = 0, \tau_1, \tau_2, \cdots, \tau_r$ 时刻，受阶跃应力：

$$\sigma(t) = \sigma_0 H(t) + \Delta\sigma_1 H(t - \tau_1) + \Delta\sigma_2 H(t - \tau_2) + \cdots + \Delta\sigma_r H(t - \tau_r)$$

时，总的应变响应为

$$\varepsilon(t) = J(t)\sigma_0 + \sum_{i=1}^{r} J(t - \tau_i) \Delta\sigma_i \tag{7.35}$$

式 (7.35) 称为 Boltzmann 叠加原理，$J(t)$ 为蠕变函数。类似地，在给定应变

$$\varepsilon(t) = \varepsilon_0 H(t) + \Delta\varepsilon_1 H(t - \tau_1) + \Delta\varepsilon_2 H(t - \tau_2) + \cdots + \Delta\varepsilon_r H(t - \tau_r)$$

时，可借助松弛函数 $E(t)$ 得到应力响应：

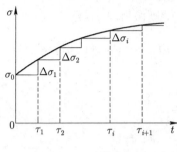

$$\sigma(t) = E(t)\varepsilon_0 + \sum_{i=1}^{r} E(t - \tau_i)\Delta\varepsilon_i \qquad (7.36)$$

若给定连续变化的应力，则可以简化为小的阶跃应力之和 (图 7.15)，再用式 (7.35) 近似计算连续应力函数引起的应变响应。当 $\Delta\sigma_i$ 无限减小时，求和式 (7.35) 变为积分：

图 7.15　叠加原理

$$\varepsilon(t) = J(t)\sigma(0) + \int_{0^+}^{t} J(t - \tau)\frac{d\sigma(\tau)}{d\tau}d\tau \qquad (7.37)$$

式 (7.37) 为积分形式的蠕变型一维线性黏弹性本构方程，也称为遗传积分。右端第 1 项是 $t = 0$ 时突加应力 σ_0 的记忆效应，第 2 项是 $(0^+, t)$ 时间内所加应力的记忆效应之和。蠕变函数 $J(t - \tau)$ 是时域中的影响函数，表示 $\tau(\leqslant t)$ 时刻加的单位应力增量在 t 时刻引起的应变增量。如果有应力跳跃 $\Delta\sigma H(t - t_1)$，上式中应增加项 $\Delta\sigma J(t - t_1)$，在积分中排除 t_1 点。

对式 (7.37) 右端第 2 项分部积分，得

$$\varepsilon(t) = J(0)\sigma(t) - \int_{0^+}^{t} \frac{dJ(t - \tau)}{d\tau}\sigma(\tau)d\tau \qquad (7.38)$$

若积分变量换成 $\tau^* = t - \tau$(从 t 起反向计时)，则上式可改写为

$$\varepsilon(t) = J(0)\sigma(t) + \int_{0^+}^{t} \frac{dJ(\tau^*)}{d\tau^*}\sigma(t - \tau^*)d\tau^* \qquad (7.39)$$

式 (7.37) 也可以表示为

$$\varepsilon(t) = \int_{-\infty}^{t} J(t - \tau)\frac{d\sigma(\tau)}{d\tau}d\tau \qquad (7.40)$$

积分中包括 $\int_{0^-}^{0^+} J(t - \tau)\frac{d\sigma(\tau)}{d\tau}d\tau = \int_{0^-}^{0^+} J(t - \tau)\sigma_0\frac{dH(\tau)}{d\tau}d\tau = J(t)\sigma(0)$。

式 (7.37)∼ 式 (7.40) 是等价的。

类似地可以给出等价的松弛型一维线性黏弹性本构方程：

$$\sigma(t) = E(t)\varepsilon(0) + \int_{0^+}^{t} E(t - \tau)\frac{d\varepsilon(\tau)}{d\tau}d\tau \qquad (7.41)$$

$$\sigma(t) = E(0)\varepsilon(t) - \int_{0^+}^{t} \frac{dE(t - \tau)}{d\tau}\varepsilon(\tau)d\tau \qquad (7.42)$$

$$\sigma(t) = E(0)\,\varepsilon(t) + \int_{0+}^{t} \frac{\mathrm{d}E\,(\tau^*)}{\mathrm{d}\tau^*}\varepsilon\,(t - \tau^*)\,\mathrm{d}\tau^* \tag{7.43}$$

$$\sigma(t) = \int_{-\infty}^{t} E\,(t - \tau)\frac{\mathrm{d}\varepsilon\,(\tau)}{\mathrm{d}\tau}\mathrm{d}\tau \tag{7.44}$$

微分型和积分型本构方程都可以表示线性黏弹性体的应力应变关系，将 7.2 节和 7.3 节得到的简单模型下的材料函数代入积分方程，经过微分便可得到相应的微分方程，可见两种本构方程在本质上是一致的。对于比较复杂的本构模型，应用积分形式的本构关系通常更加简单，只要选择适当的材料函数即可，而且材料函数中包含的材料常数便于通过简单应力状态下的蠕变或松弛试验确定。

7.5 简谐交变载荷下的滞后响应及动态模量

若材料受常幅简谐交变应变作用，为了计算方便，用复指数形式表示：

$$\varepsilon(t) = \varepsilon_0 \mathrm{e}^{\mathrm{i}\omega t} = \varepsilon_0(\cos \omega t + \mathrm{i} \sin \omega t) \tag{7.45}$$

式中，$\mathrm{i} = \sqrt{-1}$；ε_0 是实数振幅。式 (7.45) 实质是两个相位相差为 $\pi/2$ 的实简谐交变应变。用微分方程和积分方程均可求出应力响应。

将式 (7.45) 代入微分本构关系式 (7.31)，有

$$\sum_{k=0}^{m} p_k \frac{\mathrm{d}^k \sigma}{\mathrm{d}t^k} = \sum_{k=0}^{n} q_k\,(\mathrm{i}\omega)^k\,\varepsilon_0 \mathrm{e}^{\mathrm{i}\omega t}$$

令：
$$\sigma = \sigma^* \mathrm{e}^{\mathrm{i}\omega t} \tag{7.46}$$

代入上式得

$$\sigma^* = \varepsilon_0 \sum_{k=0}^{n} q_k\,(\mathrm{i}\omega)^k \Bigg/ \sum_{k=0}^{m} p_k\,(\mathrm{i}\omega)^k \equiv [E_1\,(\omega) + \mathrm{i}E_2\,(\omega)]\,\varepsilon_0 \tag{7.47}$$

$E_1\,(\omega)$, $E_2\,(\omega)$ 是式中复分数的实部和虚部。类似于阶跃应变下的模量定义，令：

$$E^*\,(\omega) = \frac{\sigma\,(t)}{\varepsilon\,(t)} = E_1\,(\omega) + \mathrm{i}E_2\,(\omega) \tag{7.48}$$

称为复模量，也称为动态模量。式中，E_1 为储能模量；E_2 为损耗模量。

将式 (7.47) 代入式 (7.46)，得

$$\sigma = \sigma'\,(t) + \mathrm{i}\sigma''\,(t) \tag{7.49}$$

$$\sigma'\,(t) = \varepsilon_0\,(E_1 \cos \omega t - E_2 \sin \omega t) = \varepsilon_0 E_1 \cos\,(\omega t + \delta) \tag{7.49a}$$

$$\sigma''\,(t) = \varepsilon_0\,(E_1 \sin \omega t + E_2 \cos \omega t) = \varepsilon_0 E_1 \sin\,(\omega t + \delta) \tag{7.49b}$$

$$\tan\delta = \frac{E_2}{E_1} \tag{7.50}$$

式中，δ 是实部应力落后于实部应变的相位差，也是虚部应力落后于虚部应变的相位差，比较式 (7.45) 和式 (7.49a,b) 可见，复数形式的实部和虚部没有本质差别，但指数运算很方便。当 $E_2 \to 0$ 时 $\delta \to 0$，应力与应变同相位，材料行为是弹性的；当 $E_1 \to 0$ 时 $\delta \to \pi/2$，应力相位比应变落后 $\pi/2$，$\sigma \propto \dot{\varepsilon}$，材料表现流体特性；当 $0 < \delta < \pi/2$ 时，为黏弹性材料。上述实部应变和应力响应见图 7.5。

下面用积分型本构方程求应力响应。

为了考虑交变应变载荷特点，将松弛函数分为弹性和黏性两部分：

$$E(t) = E' + E''(t) \tag{7.51}$$

当 $t \to \infty$ 时，$E''(t) \to 0$。将式 (7.51)、式 (7.45) 代入式 (7.44)，得

$$\sigma(t) = E'\varepsilon(t) + \int_{-\infty}^{t} E''(t-\tau)\frac{\mathrm{d}\varepsilon(\tau)}{\mathrm{d}\tau}\mathrm{d}\tau = E'\varepsilon_0 \mathrm{e}^{\mathrm{i}\omega t} + \mathrm{i}\omega\varepsilon_0 \int_{-\infty}^{t} E''(t-\tau)\mathrm{e}^{\mathrm{i}\omega\tau}\mathrm{d}\tau$$

令：$\tau^* = t - \tau$，上式变为

$$\begin{aligned}
\sigma(t) &= E'\varepsilon_0 \mathrm{e}^{\mathrm{i}\omega t} + \mathrm{i}\omega\varepsilon_0 \int_0^\infty E''(\tau^*)\mathrm{e}^{\mathrm{i}\omega(t-\tau^*)}\mathrm{d}\tau^* \\
&= E'\varepsilon(t) + \mathrm{i}\omega\varepsilon(t)\int_0^\infty E''(\tau^*)\mathrm{e}^{-\mathrm{i}\omega\tau^*}\mathrm{d}\tau^* \equiv E^*(\omega)\varepsilon(t)
\end{aligned} \tag{7.52}$$

式 (7.52) 与微分方程解 (7.46) 形式相同，其中复模量为

$$E^*(\omega) = E_1(\omega) + \mathrm{i}E_2(\omega)$$

式中，

储能模量
$$E_1(\omega) = E' + \omega\int_0^\infty E''(\tau^*)\sin\omega\tau^*\mathrm{d}\tau^* \tag{7.53a}$$

损耗模量
$$E_2(\omega) = \omega\int_0^\infty E''(\tau^*)\cos\omega\tau^*\mathrm{d}\tau^* \tag{7.53b}$$

将式 (7.53a) 和式 (7.53b) 分部积分，注意 $E''(\infty) = 0$，得

$$E_1(\omega) = E' + E''(0) + \int_0^\infty \frac{\mathrm{d}E''(\tau^*)}{\mathrm{d}\tau^*}\cos\omega\tau^*\mathrm{d}\tau^* \tag{7.54a}$$

$$E_2(\omega) = -\int_0^\infty \frac{\mathrm{d}E''(\tau^*)}{\mathrm{d}\tau^*}\sin\omega\tau^*\mathrm{d}\tau^* \tag{7.54b}$$

为了分析复模量随频率的变化，可取 E'' 按指数规律衰减，如 $E'' = c\mathrm{e}^{-a\tau^*}$ $(a > 0)$，则复模量 E^* 中与频率有关的部分为

$$\int_0^\infty \frac{\mathrm{d}E''(\tau^*)}{\mathrm{d}\tau^*}(\cos\omega\tau^* - \mathrm{i}\sin\omega\tau^*)\mathrm{d}\tau^*$$

$$= -\int_0^\infty cae^{-(a+i\omega)\tau^*}d\tau^* = \frac{ca}{a+i\omega}e^{-(a+i\omega)\tau^*}\Big|_0^\infty$$

$$= \frac{ca}{a^2+\omega^2}e^{-(a+i\omega)\tau^*}(a-i\omega)\Big|_0^\infty = \frac{-ca}{a^2+\omega^2}(a-i\omega)$$

由上式和式 (7.54a,b) 可见, 当 $\omega \to 0$ 时 $E_1 \to E'$, $E_2 \to 0$; 当 $\omega \to \infty$ 时, $E_1 \to E' + E''(0)$, $E_2 \to 0$。这一结论与实验观测结果一致。试验表明, 在黏弹性状态下聚合物的储能模量, 随频率的提高迅速增大并趋于定值, 具有玻璃态特点, 当频率很低、趋于静载时储能模量趋于很低的值, 材料呈现橡胶态, 两种情况的储能模量可能相差 3~4 个数量级; 而损耗模量在中等频率时最大, 材料表现为黏弹性, 高频和低频时迅速减小。$E_2 \to 0$ 意味应力与应变同步变化, 材料无黏滞效应, 黏性影响消失。储能模量和损耗模量随频率的变化趋势如图 7.16 所示。

图 7.16　聚合物复模量随频率的变化示意图

如果微分本构关系与积分本构关系模型和参数相同, 得到的复模量应该一致。复模量是黏弹性材料动态分析的重要参数, 式 (7.53) 和式 (7.54) 只适用于应变谐波周期变化情况。

类似地, 基于蠕变型本构关系, 可以得到谐波周期变化应力 $\sigma(t) = \sigma_0 e^{i\omega t}$ 引起的应变

$$\varepsilon(t) = J^*(\omega)\sigma(t) \tag{7.55}$$

$J^*(\omega) = J_1(\omega) - iJ_2(\omega)$ 为复柔度, 详细讨论可参阅参考文献 [9]。

在一个循环内黏滞效应引起的单位体积能量耗散, 等于应力应变曲线回线包围的面积

$$U_d = \oint \sigma d\varepsilon \tag{7.56}$$

由于式 (7.45) 中假定 ε_0 是实数, 所以实部应变 $\varepsilon' = \varepsilon_0 \cos \omega t$ 的应力响应为式 (7.49) 的实部 σ', 在 ε' 的一个循环中单位体积能量耗散为

$$U_d = \oint \sigma' d\varepsilon' = -\varepsilon_0^2 \omega \int_0^{2\pi/\omega} (E_1 \cos \omega t - E_2 \sin \omega t) \sin \omega t dt = \pi E_2(\omega) \varepsilon_0^2 \tag{7.57}$$

可见能耗与损耗模量成正比, 与储能模量无关, 在一个循环中弹性能的储存与释放相等, 既无损耗也无积累。

如果给定的应变或应力非简谐周期变化时, 应力或应变响应需要另行计算 (式 (5.49), 式 (7.52) 已不适用), 然后应用式 (7.56) 计算能耗。在描述黏弹性动态效应时, Maxwell 模型和 Kelvin 模型与试验的差别较大, 三参量固体模型和更精确的本构关系可以给出较好的预测。

7.2~7.5 节讨论了一维线性黏弹性的微分和积分型本构关系, 包括简单模型、复杂模型和一般模型, 分析了谐波周期性应变引起的应力响应和动态特性。一维模型可以反映黏弹性材料的许多基本属性, 也是三维理论的基础, 并可用于杆和梁等构件的实际黏弹性问题。

7.6 三维线性黏弹性本构关系

本节将一维本构关系推广, 建立三维线性黏弹性本构关系。由于讨论小变形情况, 不需要区分各种应变张量和应力张量。

首先讨论微分型本构关系。将式 (7.31) 推广, 分别考虑应力张量和应变张量的球形部分和偏斜部分, 得到

$$\sum_{i=0}^{m} p_i^0 \boldsymbol{\sigma}^{0(i)} = \sum_{i=0}^{n} q_i^0 \boldsymbol{\varepsilon}^{0(i)}; \quad \sum_{i=0}^{m} p_i' \boldsymbol{\sigma}'^{(i)} = \sum_{i=0}^{n} q_i' \boldsymbol{\varepsilon}'^{(i)} \tag{7.58}$$

式中, $(\ )^{(i)} = \dfrac{\mathrm{d}^i}{\mathrm{d}t^i}(\ )$; $(\ )^{(0)} = (\ )$; p_i^0、q_i^0、p_i'、q_i' 是材料参数, 假设材料各向同性;

$$\boldsymbol{\sigma}^0 = \frac{1}{3}(\mathrm{tr}\boldsymbol{\sigma})\boldsymbol{I}, \quad \boldsymbol{\sigma}' = \boldsymbol{\sigma} - \boldsymbol{\sigma}^0; \quad \boldsymbol{\varepsilon}^0 = \frac{1}{3}(\mathrm{tr}\boldsymbol{\varepsilon})\boldsymbol{I}, \quad \boldsymbol{\varepsilon}' = \boldsymbol{\varepsilon} - \boldsymbol{\varepsilon}^0 \tag{7.59}$$

将一维积分型本构方程推广, 类似式 (7.40) 和式 (7.44), 三维蠕变型和松弛型本构方程为

$$\boldsymbol{\varepsilon}(t) = \int_{-\infty}^{t} \boldsymbol{J}(t-\tau) : \frac{\mathrm{d}\boldsymbol{\sigma}(\tau)}{\mathrm{d}\tau} \mathrm{d}\tau \tag{7.60}$$

$$\boldsymbol{\sigma}(t) = \int_{-\infty}^{t} \boldsymbol{E}(t-\tau) : \frac{\mathrm{d}\boldsymbol{\varepsilon}(\tau)}{\mathrm{d}\tau} \mathrm{d}\tau \tag{7.61}$$

令: $\tau^* = t - \tau$, 进行分部积分, 以上两式可改写为

$$\boldsymbol{\varepsilon}(t) = \boldsymbol{J}(0) : \boldsymbol{\sigma}(t) + \int_{0}^{\infty} \frac{\mathrm{d}\boldsymbol{J}(\tau^*)}{\mathrm{d}\tau^*} : \boldsymbol{\sigma}(t-\tau^*) \mathrm{d}\tau^* \tag{7.60a}$$

$$\boldsymbol{\sigma}(t) = \boldsymbol{E}(0) : \boldsymbol{\varepsilon}(t) + \int_{0}^{\infty} \frac{\mathrm{d}\boldsymbol{E}(\tau^*)}{\mathrm{d}\tau^*} : \boldsymbol{\varepsilon}(t-\tau^*) \mathrm{d}\tau^* \tag{7.61a}$$

式中, $\boldsymbol{J}, \boldsymbol{E}$ 是四阶蠕变柔度张量和四阶松弛模量张量。

对于各向同性线性黏弹性体, $\boldsymbol{J}, \boldsymbol{E}$ 为各向同性四阶张量, 各含两个材料函数, 类似各向同性弹性张量 (见式 (6.20)), 其分量形式 (在直角坐标系中) 可以表示为

$$J_{ijkl} = \frac{1}{3} \left(J_2\left(t\right) - J_1\left(t\right) \right) \delta_{ij}\delta_{kl} + \frac{1}{2} J_1(t) \left(\delta_{ik}\delta_{jl} + \delta_{il}\delta_{jk} \right) \tag{7.62}$$

$$E_{ijkl} = \frac{1}{3} \left(E_2\left(t\right) - E_1\left(t\right) \right) \delta_{ij}\delta_{kl} + \frac{1}{2} E_1(t) \left(\delta_{ik}\delta_{jl} + \delta_{il}\delta_{jk} \right) \tag{7.63}$$

式中, J_1, J_2 和 E_1, E_2 是蠕变函数和松弛函数; J_{ijkl}, E_{ijkl} 具有 Voigt 对称性。利用关系

$$J_{ijkl}\dot{\sigma}_{kl} = \frac{1}{3} \left(J_2\left(t\right) - J_1\left(t\right) \right) \dot{\sigma}_{kk}\delta_{ij} + J_1\left(t\right)\dot{\sigma}_{ij} = J_2\left(t\right)\dot{\sigma}_{ij}^0 + J_1\left(t\right)\dot{\sigma}_{ij}'$$

$$E_{ijkl}\dot{\varepsilon}_{kl} = E_2\left(t\right)\dot{\varepsilon}_{ij}^0 + E_1\left(t\right)\dot{\varepsilon}_{ij}'$$

式 (7.60) 和式 (7.61) 可以表示成球形张量与偏斜张量形式的本构关系:

$$\boldsymbol{\varepsilon}^0\left(t\right) = \int_{-\infty}^{t} J_2\left(t-\tau\right) \frac{\mathrm{d}\boldsymbol{\sigma}^0\left(\tau\right)}{\mathrm{d}\tau}\mathrm{d}\tau; \quad \boldsymbol{\varepsilon}'\left(t\right) = \int_{-\infty}^{t} J_1\left(t-\tau\right) \frac{\mathrm{d}\boldsymbol{\sigma}'\left(\tau\right)}{\mathrm{d}\tau}\mathrm{d}\tau \tag{7.64}$$

$$\boldsymbol{\sigma}^0\left(t\right) = \int_{-\infty}^{t} E_2\left(t-\tau\right) \frac{\mathrm{d}\boldsymbol{\varepsilon}^0\left(\tau\right)}{\mathrm{d}\tau}\mathrm{d}\tau; \quad \boldsymbol{\sigma}'\left(t\right) = \int_{-\infty}^{t} E_1\left(t-\tau\right) \frac{\mathrm{d}\boldsymbol{\varepsilon}'\left(\tau\right)}{\mathrm{d}\tau}\mathrm{d}\tau \tag{7.65}$$

$$\boldsymbol{\varepsilon}\left(t\right) = \int_{-\infty}^{t} J_2\left(t-\tau\right) \frac{\mathrm{d}\boldsymbol{\sigma}^0\left(\tau\right)}{\mathrm{d}\tau}\mathrm{d}\tau + \int_{-\infty}^{t} J_1\left(t-\tau\right) \frac{\mathrm{d}\boldsymbol{\sigma}'\left(\tau\right)}{\mathrm{d}\tau}\mathrm{d}\tau \tag{7.64a}$$

$$\boldsymbol{\sigma}\left(t\right) = \int_{-\infty}^{t} E_2\left(t-\tau\right) \frac{\mathrm{d}\boldsymbol{\varepsilon}^0\left(\tau\right)}{\mathrm{d}\tau}\mathrm{d}\tau + \int_{-\infty}^{t} E_1\left(t-\tau\right) \frac{\mathrm{d}\boldsymbol{\varepsilon}'\left(\tau\right)}{\mathrm{d}\tau}\mathrm{d}\tau \tag{7.65a}$$

在应用中常常将应力 (或应变) 响应分成弹性部分和黏性部分, 即与变形历史 (或应力史) 无关和有关的两部分, 本构关系 (假如 $t < 0$ 时应力和应变为 0) 可写成

$$\boldsymbol{\sigma} = \left(\lambda\varepsilon_k^k\left(t\right) - \int_0^t \psi_1\left(t-\tau\right) \frac{\mathrm{d}\varepsilon_k^k\left(\tau\right)}{\mathrm{d}\tau}\mathrm{d}\tau \right) \boldsymbol{I} + 2\mu\boldsymbol{\varepsilon}\left(t\right) - \int_0^t \psi_2\left(t-\tau\right) \frac{\mathrm{d}\boldsymbol{\varepsilon}\left(\tau\right)}{\mathrm{d}\tau}\mathrm{d}\tau \tag{7.66}$$

$$\boldsymbol{\varepsilon} = \left(-\frac{\nu}{E}\sigma_k^k\left(t\right) + \int_0^t \varphi_1\left(t-\tau\right) \frac{\mathrm{d}\sigma_k^k\left(\tau\right)}{\mathrm{d}\tau}\mathrm{d}\tau \right) \boldsymbol{I} + \frac{\boldsymbol{\sigma}\left(t\right)}{2G} - \int_0^t \varphi_2\left(t-\tau\right) \frac{\mathrm{d}\boldsymbol{\sigma}\left(\tau\right)}{\mathrm{d}\tau}\mathrm{d}\tau \tag{7.67}$$

式中, λ, μ 为 Lamé 常数; E, G, ν 为弹性模量、剪切弹性模量和泊松比; ψ_1, ψ_2 和 φ_1, φ_2 是松弛函数和蠕变函数。

与各向异性弹性体 (6.2 节) 类似, 各向异性黏弹性体的材料函数可以写成矩阵形式, 材料函数的个数与材料的对称性有关。

7.7   非线性黏弹性本构关系

许多材料 (例如高聚合物、高温下的金属、生物材料和地质材料等) 的黏弹性响应，需要在记忆效应中考虑变形率高次项的影响，因而黏弹性本构关系是非线性的。本节简要介绍具有代表性的 Green-Rivlin 理论和部分半经验的非线性本构关系。

➤ 7.7.1   Green-Rivlin 多重积分本构理论

由简单物质的一般本构关系式 (5.57)，黏弹性物质 t 时刻的 Cauchy 应力决定于当时的转动 $\boldsymbol{R}(t)$ 和右伸长张量历史 $\boldsymbol{U}(\tau)$ $(\tau \leqslant t)$，$\boldsymbol{U}$ 可以用其他的 Lagrange 描述法变形张量或应变张量代替，例如 $\boldsymbol{C}$，$\boldsymbol{E}$ 及工程应变张量 $\boldsymbol{U} - \boldsymbol{I}$ 等，下面以 $\boldsymbol{E}$ 为例，有

$$\boldsymbol{t}(X, t) = \boldsymbol{R}(t) \cdot \hat{\boldsymbol{t}}(\boldsymbol{E}(\boldsymbol{X}, \tau), \boldsymbol{X}) \cdot \boldsymbol{R}^{\mathrm{T}}(t)$$

$$t_{ij}(\boldsymbol{X}, t) = R_{iP}(t) \hat{t}_{PQ}(E_{MN}(\boldsymbol{X}, \tau), \boldsymbol{X}) R_{jQ}(t) \tag{7.68}$$

式中，$\hat{\boldsymbol{t}}$ 是 $\boldsymbol{E}$ 的本构泛函。假设 $\boldsymbol{E}(\tau)$ 在 $[0, t]$ 区间连续，并可以展成收敛的级数：

$$E_{MN}(\tau) = \sum_{\alpha=1}^{\infty} E_{MN}^{(\alpha)} \varphi^{(\alpha)}(\tau) \tag{7.69}$$

式中，$\varphi^{(\alpha)}(\tau)$ 是某一种被选用的完备标准正交基函数，满足正交条件：

$$\left\langle \varphi^{(\alpha)} \cdot \varphi^{(\beta)} \right\rangle = \begin{cases} 1 & \text{当} \alpha = \beta \\ 0 & \text{当} \alpha \neq \beta \end{cases} \tag{7.70}$$

式中，$\langle\ \rangle$ 表示内积，根据内积条件可以选择适当的内积定义，例如取 $\left\langle \varphi^{(\alpha)} \cdot \varphi^{(\beta)} \right\rangle = \int_0^t \varphi^{(\alpha)}(\tau) \varphi^{(\beta)}(\tau) \, \mathrm{d}\tau$。利用正交条件和内积定义，可以得到展开式的系数：

$$E_{MN}^{(\alpha)}(t) = \int_0^t E_{MN}(\tau) \varphi^{(\alpha)}(\tau) \, \mathrm{d}\tau \tag{7.71}$$

式中，$E_{MN}^{(\alpha)}$ 是当前时刻 t 的函数，与 $\varphi^{(\alpha)}(\tau)$ 一起用于表示应变历史。由于级数式 (7.69) 是收敛的，$E_{MN}^{(\alpha)}$ 随 α 的增加迅速衰减，所以可截取级数的有限项作为式 (7.69) 的近似：

$$E_{MN}(\tau) = \sum_{\alpha=1}^{n} E_{MN}^{(\alpha)} \varphi^{(\alpha)}(\tau) \tag{7.72}$$

这样一来，通过 $E_{MN}^{(\alpha)}(t)$ 和基函数展开式，上式给出应变历史的近似函数表达式。张量泛函 $\hat{\boldsymbol{t}}$ 是对于历史时间 τ 的积分，将式 (7.72) 代入，经过积分之后，泛函变为

$E_{MN}^{(\alpha)}$ $(\alpha = 1, 2, \cdots, n)$ 的函数。可以将函数 $\hat{t}_{PQ}\left(E_{MN}^{(\alpha)}, \boldsymbol{X}\right)$ 表示成以变量 $E_{MN}^{(\alpha)}$ 的多项式表示的形式，有

$$
\begin{aligned}
\hat{t}_{PQ} =& \hat{t}_{PQ}^{(0)} + \hat{t}_{PQ}^{(1)}\left(E_{MN}^{(\alpha)}, \boldsymbol{X}\right) + \hat{t}_{PQ}^{(2)}\left(E_{M_1 N_1}^{(\alpha_1)} E_{M_2 N_2}^{(\alpha_2)}, \boldsymbol{X}\right) + \\
& \cdots + \hat{t}_{PQ}^{(n)}\left(E_{M_1 N_1}^{(\alpha_1)} \cdots E_{M_n N_n}^{(\alpha_n)}, \boldsymbol{X}\right) = \sum_{k=0}^{n} \hat{t}_{PQ}^{(k)}
\end{aligned} \tag{7.73}
$$

若 $t = 0$ 时无应力，则 $\hat{t}_{PQ}^{(0)} = 0$，由式 (7.71)，$E_{MN}^{(\alpha)}$ 的多项式可以写成重积分

$$
\begin{aligned}
E_{M_1 N_1}^{(\alpha_1)} \cdots E_{M_k N_k}^{(\alpha_k)} =& \underbrace{\int_0^t \cdots \int_0^t}_{k\text{重积分}} \varphi^{(\alpha_1)}\left(\tau_1\right) \varphi^{(\alpha_2)}\left(\tau_2\right) \cdots \varphi^{(\alpha_k)}\left(\tau_k\right) \\
& E_{M_1 N_1}\left(\tau_1\right) E_{M_2 N_2}\left(\tau_2\right) \cdots E_{M_k N_k}\left(\tau_k\right) \mathrm{d}\tau_1 \cdots \mathrm{d}\tau_k
\end{aligned}
$$

所以 $\hat{t}_{PQ}^{(k)}$ 可表示为

$$
\hat{t}_{PQ}^{(k)} = \underbrace{\int_0^t \cdots \int_0^t}_{k\text{重积分}} K_{PQM_1 N_1 \cdots M_k N_k}^{(k)}\left(t, \tau_1, \cdots, \tau_k\right) E_{M_1 N_1}\left(\tau_1\right) \cdots E_{M_k N_k}\left(\tau_k\right) \mathrm{d}\tau_1 \cdots \mathrm{d}\tau_k
\tag{7.74}
$$

将式 (7.74) 代入式 (7.68)，得到重积分型非线性黏弹性本构关系，$K_{PQM_1 N_1 \cdots M_k N_k}^{(k)}$ 是 $2(k+1)$ 阶材料函数张量。重积分通常取到三次，略去高次项。

下面用应变率的历史表示应变历史建立本构关系。与上述方法类似，将 $\dot{\boldsymbol{E}}$ 展成标准正交基的级数，近似表示应变率与时间的函数关系，可以得到与式 (7.74) 类似的本构泛函

$$
\begin{aligned}
\hat{t}_{PQ}^{(k)} =& \int_0^t \cdots \int_0^t \bar{K}_{PQM_1 N_1 \cdots M_k N_k}^{(k)}\left(t - \tau_1, \cdots, t - \tau_k\right) \dot{E}_{M_1 N_1}\left(\tau_1\right) \cdots \\
& \dot{E}_{M_k N_k}\left(\tau_k\right) \mathrm{d}\tau_1 \cdots \mathrm{d}\tau_k
\end{aligned} \tag{7.75}
$$

式中，积分变量以 t 为 0 点、向 "过去" 变化 (图 7.17)，与式 (7.74) 不同。以应变率表示的重积分非线性本构关系为

$$
t_{ij}\left(\boldsymbol{X}, t\right) = R_{iP}(t) \hat{t}_{PQ} R_{jQ}(t) \quad \text{或} \quad \boldsymbol{t} = \boldsymbol{R} \cdot \hat{\boldsymbol{t}} \cdot \boldsymbol{R}^{\mathrm{T}}
\tag{7.76}
$$

$$
\hat{t}_{PQ} = \sum_{k=0}^{n} \hat{t}_{PQ}^{(k)} \quad \left(\hat{t}_{PQ}^{(k)} \text{ 由式 (7.75) 给出}\right)
\tag{7.77}
$$

图 7.17　式 (7.75) 的时间坐标

➤ 7.7.2 各向同性情况

与 7.6 节类似，对于各向同性非线性黏弹性体，利用各向同性张量函数表示定理，可以得到各阶本构泛函张量 $\hat{t}_{PQ}^{(k)}$ 的一般表达式。由于 $\hat{t}_{PQ}^{(k)}$ 的被积函数 $\bar{K}_{PQM_1N_1\cdots M_kN_k}^{(k)}\dot{E}_{M_1N_1}\cdots\dot{E}_{M_kN_k}$ 中包含应变率张量的乘积，所以表示定理的形式比线性情况更加复杂，在二重和三重积分各向同性张量函数表达式中，需要引入多个标量材料函数作为系数。

各向同性材料的本构泛函式 (7.77) 中，单积分的表示定理形式同 7.6 节，为 $(\mathrm{tr}\dot{E})$ 和 $\dot{E}$ 的线性组合。二重积分的被积函数为 $\bar{K}^{(2)}:\dot{E}:\dot{E}$，根据表示定理可以表示为

$$\left(\mathrm{tr}\dot{E}\right)\left(\mathrm{tr}\dot{E}\right)I; \quad \mathrm{tr}\left(\dot{E}\cdot\dot{E}\right)I; \quad \mathrm{tr}\left(\dot{E}\right)\dot{E}; \quad \dot{E}\cdot\dot{E} \tag{7.78}$$

的线性组合。三重积分的被积函数为 $\bar{K}^{(3)}:\dot{E}:\dot{E}:\dot{E}$，根据表示定理可以表示为

$$\mathrm{tr}\left(\dot{E}\cdot\dot{E}\cdot\dot{E}\right)I; \quad \mathrm{tr}\left(\dot{E}\cdot\dot{E}\right)\left(\mathrm{tr}\dot{E}\right)I; \quad \left(\mathrm{tr}\dot{E}\mathrm{tr}\dot{E}\right)\dot{E}$$

$$\mathrm{tr}\left(\dot{E}\cdot\dot{E}\right)\dot{E}; \quad \left(\mathrm{tr}\dot{E}\right)\dot{E}\cdot\dot{E}; \quad \dot{E}\cdot\dot{E}\cdot\dot{E} \tag{7.79}$$

的线性组合。因此各向同性本构泛函的三重积分表达式为

$$\hat{t} = \int_0^t \left\{\psi_1\left(t-\tau\right)\mathrm{tr}\dot{E}\left(\tau\right)I + \psi_2\left(t-\tau\right)\dot{E}\left(\tau\right)\right\}\mathrm{d}\tau +$$

$$\int_0^t\int_0^t \left\{\psi_3\left(t-\tau_1,t-\tau_2\right)\mathrm{tr}\dot{E}\left(\tau_1\right)\mathrm{tr}\dot{E}\left(\tau_2\right)I + \right.$$

$$\psi_4\left(t-\tau_1,t-\tau_2\right)\mathrm{tr}\left(\dot{E}\left(\tau_1\right)\cdot\dot{E}\left(\tau_2\right)\right)I +$$

$$\left.\psi_5\left(t-\tau_1,t-\tau_2\right)\left(\mathrm{tr}\dot{E}\left(\tau_1\right)\right)\dot{E}\left(\tau_2\right) + \psi_6\left(t-\tau_1,t-\tau_2\right)\dot{E}\left(\tau_1\right)\cdot\dot{E}\left(\tau_2\right)\right\}\mathrm{d}\tau_1\mathrm{d}\tau_2 +$$

$$\int_0^t\int_0^t\int_0^t \left\{\psi_7\left(t-\tau_1,t-\tau_2,t-\tau_3\right)\mathrm{tr}\left(\dot{E}\left(\tau_1\right)\cdot\dot{E}\left(\tau_2\right)\cdot\dot{E}\left(\tau_3\right)\right)I + \right.$$

$$\psi_8\left(t-\tau_1,t-\tau_2,t-\tau_3\right)\mathrm{tr}\left(\dot{E}\left(\tau_1\right)\cdot\dot{E}\left(\tau_2\right)\right)\mathrm{tr}\dot{E}\left(\tau_3\right)I +$$

$$\psi_9\left(t-\tau_1,t-\tau_2,t-\tau_3\right)\left(\mathrm{tr}\dot{E}\left(\tau_1\right)\right)\left(\mathrm{tr}\dot{E}\left(\tau_2\right)\right)\dot{E}\left(\tau_3\right) +$$

$$\psi_{10}\left(t-\tau_1,t-\tau_2,t-\tau_3\right)\mathrm{tr}\left(\dot{E}\left(\tau_1\right)\cdot\dot{E}\left(\tau_2\right)\right)\dot{E}\left(\tau_3\right) +$$

$$\psi_{11}\left(t-\tau_1,t-\tau_2,t-\tau_3\right)\left(\mathrm{tr}\dot{E}\left(\tau_1\right)\right)\dot{E}\left(\tau_2\right)\cdot\dot{E}\left(\tau_3\right) +$$

$$\left.\psi_{12}\left(t-\tau_1,t-\tau_2,t-\tau_3\right)\dot{E}\left(\tau_1\right)\cdot\dot{E}\left(\tau_2\right)\cdot\dot{E}\left(\tau_3\right)\right\}\mathrm{d}\tau_1\mathrm{d}\tau_2\mathrm{d}\tau_3$$

$$\tag{7.80}$$

式中，$\psi_i\,(i=1,2,\cdots,12)$ 是时间差 $t-\tau$ 的一元、二元、三元材料函数。被积函数中不含 τ 的常数项积分后给出当时应变产生的弹性应力，其余项得到黏滞应力，总的应力为式 (7.76)。

应该指出，三重积分被积函数表示定理的基元，除式 (7.79) 的 6 项之外，还包括三个迹的乘积 $(\mathrm{tr}\boldsymbol{E})(\mathrm{tr}\boldsymbol{E})(\mathrm{tr}\boldsymbol{E})$ 共 7 个，但可以证明独立的只有 6 个，所以式 (7.80) 选用了式 (7.79) 给出的基元。

根据记忆公理，式 (7.80) 的松弛材料函数 ψ_i 中的黏性部分，随 $(t-\tau)$ 的增大迅速衰减，即材料具有短程记忆效应。二重和三重积分中的材料函数在 ψ_i 与记忆时程构成的空间中是二维和三维曲面，为了准确地描述曲面形状，需要很多实验点，而且每个点又需要多次实验，因此实验工作量极大，另外方程本身也很复杂，这使得重积分本构关系不便于实际应用。

▶ 7.7.3 单积分三维非线性本构关系

为了克服重积分本构关系的缺点，现已提出了多种单积分非线性本构方程，并得到了广泛应用，在应用中需要注意各种单积分本构关系的适用性，下面简要介绍其中的几种，更详细的内容可参阅参考文献 [9] 等。

7.7.3.1 BKZ 单积分本构方程

Bernstein, Kearsley 和 Zapas (1963) 提出了一个不可压缩黏弹性固体和黏弹性流体的单积分本构方程，对于各向同性材料，以 Green 应变张量 $\boldsymbol{E}$ 为自变量，Cauchy 应力张量作为响应变量，在直角坐标系中的分量形式为

$$t_{ij} = -p\delta_{ij} + x_{i,K}x_{j,L}\{m\delta_{KL} + k\mathrm{tr}\boldsymbol{E}(t)\delta_{KL} + 2\mu E_{KL}(t) -$$
$$\delta_{KL}\int_{-\infty}^{t} a(t-\tau)\mathrm{tr}\boldsymbol{E}(\tau)\,\mathrm{d}\tau - 2\int_{-\infty}^{t} b(t-\tau)E_{KL}(\tau)\,\mathrm{d}\tau\} \tag{7.81}$$

一般形式为

$$\boldsymbol{t} = -p\boldsymbol{i} + \boldsymbol{F}\cdot\bar{\boldsymbol{t}}(t)\cdot\boldsymbol{F}^{\mathrm{T}} \tag{7.81a}$$

$$\bar{\boldsymbol{t}} = m\boldsymbol{I} + k\mathrm{tr}\boldsymbol{E}(t)\boldsymbol{I} + 2\mu\boldsymbol{E}(t) - \int_{-\infty}^{t} a(t-\tau)\mathrm{tr}\boldsymbol{E}(\tau)\boldsymbol{I}\mathrm{d}\tau - 2\int_{-\infty}^{t} b(t-\tau)\boldsymbol{E}(\tau)\,\mathrm{d}\tau$$

式中，p 为静水压力；m、k、μ 为材料常数；a、b 为材料函数；$\boldsymbol{i}$、$\boldsymbol{I}$ 是空间坐标系和物质坐标系的度量张量。

在单向拉伸和不可压缩情况下，有

$$[x_{i,K}] = \begin{bmatrix} \lambda & 0 & 0 \\ 0 & 1/\sqrt{\lambda} & 0 \\ 0 & 0 & 1/\sqrt{\lambda} \end{bmatrix}; \quad [E_{KL}] = \frac{1}{2}\begin{bmatrix} \lambda^2-1 & 0 & 0 \\ 0 & \lambda^{-1}-1 & 0 \\ 0 & 0 & \lambda^{-1}-1 \end{bmatrix}$$

$$\mathrm{tr}\boldsymbol{E} = \frac{1}{2}\left(\lambda^2 + 2\lambda^{-1} - 3\right)$$

式中，λ 是加载方向的伸长率。将上式代入式 (7.81)，利用 $t_{22} = t_{33} = 0$ 消去 p，得到

$$
t_{11} = \left(\lambda^2(t) - \lambda^{-1}(t)\right)\left[m + \frac{k}{2}\left(\lambda^2(t) + 2\lambda^{-1}(t) - 3\right) + \mu\left(\lambda^2(t) - 1 + \lambda^{-1}(t)\right)\right] -
$$

$$
\left(\lambda^2(t) - \lambda^{-1}(t)\right)\int_{-\infty}^{t} \frac{1}{2}a(t-\tau)\left(\lambda^2(\tau) + 2\lambda^{-1}(\tau) - 3\right)\mathrm{d}\tau -
$$

$$
\lambda^2(t)\int_{-\infty}^{t} b(t-\tau)\left(\lambda^2(\tau) - 1\right)\mathrm{d}\tau + \lambda^{-1}(t)\int_{-\infty}^{t} b(t-\tau)\left(\lambda^{-1}(\tau) - 1\right)\mathrm{d}\tau
$$

$$
\tag{7.82}
$$

7.7.3.2　有限线性黏弹性本构关系

Lianis 等 (1963) 采用相对 Green 变形张量表示变形率历史，建立有限线性各向同性不可压缩单积分本构方程，Cauchy 应力响应为

$$
\boldsymbol{t} = -p\boldsymbol{i} + \left[a + b\left(I_1 - 3\right) + cI_1\right]\boldsymbol{B} - c\boldsymbol{B}^2 +
$$

$$
2\int_{-\infty}^{t} \varphi_0(t-\tau)\dot{\boldsymbol{C}}_{(t)}(\tau)\mathrm{d}\tau + 2\int_{-\infty}^{t} \varphi_1(t-\tau)\left[\boldsymbol{B}\cdot\dot{\boldsymbol{C}}_{(t)}(\tau) + \dot{\boldsymbol{C}}_{(t)}(\tau)\cdot\boldsymbol{B}\right]\mathrm{d}\tau +
$$

$$
\int_{-\infty}^{t} \varphi_2(t-\tau)\left[\boldsymbol{B}^2\cdot\dot{\boldsymbol{C}}_{(t)}(\tau) + \dot{\boldsymbol{C}}_{(t)}(\tau)\cdot\boldsymbol{B}^2\right]\mathrm{d}\tau + \boldsymbol{B}\int_{-\infty}^{t} \varphi_3(t-\tau)\dot{I}_1(\tau)\mathrm{d}\tau
$$

$$
\tag{7.83}
$$

式中，a、b、c 是材料常数；φ_0、φ_1、φ_2、φ_3 是材料函数；$\boldsymbol{B} = \boldsymbol{B}(t)$ 为当前时刻的左 Cauchy-Green 变形张量；$\dot{\boldsymbol{C}}_{(t)}(\tau)$ 是以 t 时刻为参考构形的相对 Green 变形张量变率的历史 (见式 (2.157))；$I_1 = \mathrm{tr}\left(\boldsymbol{B}\cdot\boldsymbol{C}_{(t)}(t)\right)$，$I_1(\tau) = \mathrm{tr}\left(\boldsymbol{B}\cdot\boldsymbol{C}_{(t)}(\tau)\right)$。

在单向拉伸情况下，采用直角坐标系，有

$$
\boldsymbol{F}(\tau) = [x_{i,K}] = \begin{bmatrix} \lambda(\tau) & 0 & 0 \\ 0 & 1/\sqrt{\lambda(\tau)} & 0 \\ 0 & 0 & 1/\sqrt{\lambda(\tau)} \end{bmatrix}; \quad [B_{kl}(t)] = \begin{bmatrix} \lambda^2 & 0 & 0 \\ 0 & \lambda^{-1} & 0 \\ 0 & 0 & \lambda^{-1} \end{bmatrix}
$$

$$
\boldsymbol{F}_{(t)}(\tau) = \boldsymbol{F}(\tau)\cdot\boldsymbol{F}^{-1}(t) = \begin{bmatrix} \lambda(\tau)/\lambda & 0 & 0 \\ 0 & \sqrt{\lambda}/\sqrt{\lambda(\tau)} & 0 \\ 0 & 0 & \sqrt{\lambda}/\sqrt{\lambda(\tau)} \end{bmatrix} \quad (\lambda = \lambda(t))
$$

由式 (2.48a)，
$$
\boldsymbol{C}_{(t)}(\tau) = \boldsymbol{F}_{(t)}^{\mathrm{T}}(\tau)\cdot\boldsymbol{F}_{(t)}(\tau) = \begin{bmatrix} \lambda^2(\tau)/\lambda^2 & 0 & 0 \\ 0 & \lambda/\lambda(\tau) & 0 \\ 0 & 0 & \lambda/\lambda(\tau) \end{bmatrix}
$$

$$
\dot{\boldsymbol{C}}_{(t)}(\tau) = \frac{\mathrm{d}}{\mathrm{d}\tau}\begin{bmatrix} \lambda^2(\tau)/\lambda^2 & 0 & 0 \\ 0 & \lambda/\lambda(\tau) & 0 \\ 0 & 0 & \lambda/\lambda(\tau) \end{bmatrix}
$$

$$I_1(t) = \lambda^2(t) + 2\lambda^{-1}(t); \quad \dot{I}(\tau) = \mathrm{tr}\left(\boldsymbol{B}(t) \cdot \dot{\boldsymbol{C}}_{(t)}(\tau)\right) = \frac{\mathrm{d}}{\mathrm{d}\tau}\left(\lambda^2(\tau) + 2\lambda^{-1}(\tau)\right)$$

将上述各式代入式 (7.83)，利用 $t_{22} = t_{33} = 0$ 消去 p，得

$$t_{11} = \left(\lambda^2 - \lambda^{-1}\right)\left[a + b\left(\lambda^2 + 2\lambda^{-1} - 3\right) + c\lambda^{-1}\right] +$$

$$2\int_{-\infty}^{t} \varphi_0(t-\tau)\frac{\mathrm{d}}{\mathrm{d}\tau}\left(\lambda^2(\tau)\lambda^{-2}(t) - \lambda^{-1}(\tau)\lambda(t)\right)\mathrm{d}\tau +$$

$$2\int_{-\infty}^{t} \varphi_1(t-\tau)\frac{\mathrm{d}}{\mathrm{d}\tau}\left(\lambda^2(\tau) - \lambda^{-1}(\tau)\right)\mathrm{d}\tau +$$

$$2\int_{-\infty}^{t} \varphi_2(t-\tau)\frac{\mathrm{d}}{\mathrm{d}\tau}\left(\lambda^2(\tau)\lambda^2(t) - \lambda^{-1}(\tau)\lambda^{-1}(t)\right)\mathrm{d}\tau +$$

$$\left(\lambda^2 - \lambda^{-1}\right)\int_{-\infty}^{t} \varphi_3(t-\tau)\frac{\mathrm{d}}{\mathrm{d}\tau}\left(\lambda^2(\tau) + 2\lambda^{-1}(\tau)\right)\mathrm{d}\tau \tag{7.84}$$

7.7.3.3 Christensen 单积分本构方程

Christensen(1980) 将橡胶非线性弹性本构关系推广，考虑黏滞效应，提出一个比较简单的单积分不可压缩非线性黏弹性本构方程：

$$t_{ij} = -p\delta_{ij} + x_{i,K}x_{j,L}\left\{g_0\delta_{KL} + \int_0^t g_1(t-\tau)\dot{E}_{KL}(\tau)\mathrm{d}\tau\right\}$$

$$\boldsymbol{t} = -p\boldsymbol{i} + \boldsymbol{F}\cdot\left\{g_0\boldsymbol{I} + \int_0^t g_1(t-\tau)\dot{\boldsymbol{E}}(\tau)\mathrm{d}\tau\right\}\cdot\boldsymbol{F}^{\mathrm{T}} \tag{7.85}$$

在单向拉伸时，有

$$[x_{i,K}] = \begin{bmatrix} \lambda & 0 & 0 \\ 0 & 1/\sqrt{\lambda} & 0 \\ 0 & 0 & 1/\sqrt{\lambda} \end{bmatrix}; \quad \left[\dot{E}_{KL}\right] = \frac{1}{2}\frac{\mathrm{d}}{\mathrm{d}\tau}\begin{bmatrix} \lambda^2 - 1 & 0 & 0 \\ 0 & \lambda^{-1} - 1 & 0 \\ 0 & 0 & \lambda^{-1} - 1 \end{bmatrix}$$

代入式 (7.85)，利用 $t_{22} = t_{33} = 0$ 消去 p，得

$$t_{11} = g_0\left(\lambda^2(t) - \lambda^{-1}(t)\right) +$$

$$\frac{\lambda^2(t)}{2}\int_0^t g_1(t-\tau)\frac{\mathrm{d}\lambda^2(\tau)}{\mathrm{d}\tau}\mathrm{d}\tau - \frac{1}{2\lambda(t)}\int_0^t g_1(t-\tau)\frac{\mathrm{d}}{\mathrm{d}\tau}\left(\frac{1}{\lambda(\tau)}\right)\mathrm{d}\tau \tag{7.86}$$

7.8 线性黏弹性力学基本方程与对应原理

除本构方程外，线性黏弹性体的基本方程和边界条件及初始条件与线弹性体相同，几何关系和平衡方程为

$$E_{KL} = \frac{1}{2} \left(U_{L;K} + U_{K;L} \right) \tag{7.87}$$

$$T^{KL}{}_{;K} + \rho_0 f^L = 0 \quad (\boldsymbol{a} = \boldsymbol{0}) \tag{7.88}$$

线性黏弹性积分本构方程为式 (7.64a) 或式 (7.65a),若 $t < 0$ 时 $\boldsymbol{T} = \boldsymbol{E} = \boldsymbol{0}$,有

$$\boldsymbol{E}\left(t\right) = \int_0^t J_2\left(t - \tau\right) \frac{\mathrm{d}\boldsymbol{T}^0\left(\tau\right)}{\mathrm{d}\tau} \mathrm{d}\tau + \int_0^t J_1\left(t - \tau\right) \frac{\mathrm{d}\boldsymbol{T}'\left(\tau\right)}{\mathrm{d}\tau} \mathrm{d}\tau \tag{7.89a}$$

$$\boldsymbol{T}\left(t\right) = \int_0^t E_2\left(t - \tau\right) \frac{\mathrm{d}\boldsymbol{E}^0\left(\tau\right)}{\mathrm{d}\tau} \mathrm{d}\tau + \int_0^t E_1\left(t - \tau\right) \frac{\mathrm{d}\boldsymbol{E}'\left(\tau\right)}{\mathrm{d}\tau} \mathrm{d}\tau \tag{7.89b}$$

对上式进行 Laplace 变换,利用卷积的变换公式,可以得到像函数的本构方程:

$$\overline{\boldsymbol{E}} = s\overline{J}_2\overline{\boldsymbol{T}}^0 + s\overline{J}_1\overline{\boldsymbol{T}}'; \quad \overline{E}_{IJ} = s\overline{J}_2\overline{T}_{IJ}^0 + s\overline{J}_1\overline{T}'_{IJ} \tag{7.90a}$$

$$\overline{\boldsymbol{T}} = s\overline{E}_2\overline{\boldsymbol{E}}^0 + s\overline{E}_1\overline{\boldsymbol{E}}'; \quad \bar{\sigma}_{IJ} = s\overline{E}_2\overline{E}_{IJ}^0 + s\overline{E}_1\overline{E}'_{IJ} \tag{7.90b}$$

将式 (7.90b) 与各向同性线弹性体的本构关系式 (6.22b) 比较可见,若令:

$$3\bar{k} = s\overline{E}_2; \quad 2\overline{G} = s\overline{E}_1 \tag{7.91}$$

则本构关系的像方程与线弹性本构关系形式相同。

线性黏弹性基本方程和边界条件的像函数形式为

$$\left.\begin{array}{l} \overline{E}_{KL} = \left(\overline{U}_{L;K} + \overline{U}_{K;L} \right) / 2 \\ \overline{T}^{KL}{}_{;K} + \rho_0 \bar{f}^L = 0 \\ \overline{T}_{KL} = \bar{k}\overline{E}_M^M G_{KL} + 2\overline{G}\,\overline{E}'_{KL} \end{array}\right\} \tag{7.92}$$

$$\overline{U}^K = \overline{\overline{U}}^K \quad \text{在边界 } S_u; \quad \overline{T}^{KL} N_L = \overline{\bar{t}}^K_{(N)} \quad \text{在边界 } S_\sigma \tag{7.93}$$

式中,$\overline{\overline{U}}^K$、$\bar{t}^K_{(N)}$ 是给定的位移和表面力的像函数。可见,式 (7.92)、式 (7.93) 分别与线弹性静力基本方程及边界条件形式相同,所以只要用 $\bar{k}$ 代替 k、用 $\overline{G}$ 代替 G,便可以由线弹性解得到同一问题的线性黏弹性解的像函数,再经过反演变换给出黏弹性解。这种对应性称为线性黏弹性与线弹性的对应原理,可为求解一些黏弹性问题带来方便,但反演变换有时是困难的。

需要注意,解的对应性的基础是基本方程和边界条件的对应性,因此替换关系是有条件的,应该具体分析。例如,式 (7.92)$_3$ 是基于积分本构方程,若改用微分本构方程式 (7.31),则应该先将该式用球形张量和偏斜张量表示,并转换为像函数,再给出相应的替换关系。又如,对于梁构件,根据黏弹性梁与弹性梁的基本关系的

对应性，可以得到替换关系为用 $s\overline{E}(\overline{E}$ 是松弛函数的像) 代替弹性模量 E(参见习题 7.5)。

习　题

7-1　已知 Kelvin-Voigt 固体的弹性模量 E、黏性系数 η 和蠕变函数式 (7.15b)，试利用积分本构方程，

(1) 当应力 $\sigma(t) = \sigma_0\left[H(t) + H(t - t_1) - 2H(t - 2t_1)\right]$ 时，求应变响应和蠕变恢复响应；

(2) 当应力 $\sigma(t) = \sigma_0\sin\omega t$ 时，求第 n 个循环 $t = 2(n-1)\pi/\omega \sim 2n\pi/\omega$ 的应变响应，以及一个应力循环内单位体积的能量耗散随循环次数 n 的变化。

7-2　若给定突加常应变 $\varepsilon = \varepsilon_0 H(t)$，根据三参量固体模型，求应力松弛响应 $\sigma(t)$。

答案：$\sigma(t) = E_2\varepsilon_0 - \dfrac{E_2^2\varepsilon_0}{E_1 + E_2}\left(1 - \mathrm{e}^{-t/\tau_R}\right)$；$\tau_R = \dfrac{\eta_1}{E_1 + E_2}$。

7-3　试推导图 7.12 所示四参量模型的微分型本构关系、蠕变函数及积分型蠕变本构关系。

答案：$J(t) = \dfrac{1}{E_2} + \dfrac{1}{\eta_2} + \dfrac{1}{E_1}\left(1 - \mathrm{e}^{-t/\tau_D}\right)$；$\tau_D = \dfrac{\eta_1}{E_1}$。

7-4　利用简单模型的蠕变函数或松弛函数式 (7.15a, b, c) 和积分本构方程，推导相应的微分本构方程。

提示：利用式 (7.40) 或式 (7.44)，积分对 t 求导。

7-5　若黏弹性梁 (如图 7.18 所示) 满足下列假设，

平面假设：

$$\varepsilon(t) = -\frac{y}{\rho(t)}$$

其中曲率为 $\dfrac{1}{\rho(t)} \approx \dfrac{\partial^2 v}{\partial x^2} = v''$($v$ 是挠度)；

单向应力假设：

$$\sigma_x = \sigma,\ \sigma_y = \sigma_z = 0$$

线性黏弹性：

$$\sigma(t) = \int_0^t E(t - \tau)\dot\varepsilon(\tau)\mathrm{d}\tau \equiv E(t) * \mathrm{d}\varepsilon(t) \quad (E(t) \text{ 为松弛函数})$$

$$\varepsilon(t) = \int_0^t J(t - \tau)\dot\sigma(\tau)\mathrm{d}\tau \equiv J(t) * \mathrm{d}\sigma(t) \quad (J(t) \text{ 为蠕变函数})$$

(1) 试证明黏弹性梁 (对称截面) 的正应力和曲率公式为

$$\sigma(t) = -\frac{M(t)y}{I}; \quad \frac{1}{\rho(t)} = \frac{1}{I}\int_0^t J(t-\tau)\dot{M}(\tau)\,\mathrm{d}\tau = \frac{1}{I}J(t)*\mathrm{d}M(t)$$

式中, $M = -\displaystyle\int_A y\sigma\mathrm{d}A$ 为弯矩; y 是对截面形心的坐标; I 是惯性矩。

(2) 试证明线性黏弹性梁与线弹性梁满足对应原理, 代换关系为 $s\overline{E} \sim E$(弹性模量)。

提示: 利用关系 $M = -\displaystyle\int_A y\sigma\mathrm{d}A$ 和松弛型本构关系, 对 y 积分, 引入惯性矩 I。

7-6 若黏弹性悬臂梁为三参量固体, 长度为 L, 对称截面的惯性矩为 I, 自由端受横向力 $P(t) = P_0 H(t)$ 作用 (如图 7.19 所示), 试利用对应原理求梁的应力和挠度函数, 说明与线弹性解的差别。

图 7.18　黏弹性梁

图 7.19　黏弹性悬臂梁

提示: 利用 $\overline{P} = P_0/s$ 和式 (7.34a)。

答案: $\sigma(x,y,t) = -\dfrac{y}{I}P_0 H(t)(L-x)$; $v(x,t) = \dfrac{P_0 x^2}{6I}(3L-x)\left(\dfrac{1}{E_2}+\dfrac{1}{E_1}\mathrm{e}^{-t/\tau_D}\right)$。

第8章 流 体

本章提要：

本章简要介绍流体的本构关系和基本方程，讨论两种常用流体模型 —— 理想流体和牛顿黏性流体的基本特点以及非牛顿流体的部分典型流动。

8.1 流体的本构方程和基本关系

▶ 8.1.1 流体的一般特点

流体是具有易流性的连续介质，在静止状态下可以承受外部压力和质量力，引起密度变化，但静止流体不能承受剪应力；在运动状态下，流体中的应力依赖变形率和密度，既能承受压应力，也能承受剪应力，但与变形的大小无关，不是依靠变形承受力的作用。流体的承载特点与固体有本质区别。

流体的形态分为液体和气体。液体的密度较大，密度变化很小，除研究振动传播等情况之外，一般可以认为液体是不可压缩的。气体的密度很小，密度与压强和温度有关，通常认为是可压缩的，但气体与物体之间的相对速度不大时，气体可压缩性的影响不明显，可以简化为不可压缩气体。不可压缩和可压缩是流体本构关系中需要考虑的两种重要情况，不可压缩流体的密度是常数，根据质量守恒要求速度场的散度等于0(无源场)，静水压力与物性无关，只依赖外部作用，由场方程确定；可压缩流体的密度是状态变量，静水压力与密度和温度有关，也受体积变形率的影响。

绝大多数流体是各向同性的，其应力响应和本构关系在密度不变的情况下与初始参考构形的选取无关，任一构形都可以作为无畸变构形，即与变形度量的参考构形无关，也就是与变形的大小无关，所以流体的参考构形通常取即时构形，用相对变形作为变形的度量，用相对变形率表示变形速率。

流体的应力响应依赖变形率，因而使流体中的黏性应力滞后于变形，产生黏滞耗散效应，所以流体动能的一部分将变为热能耗散掉。流体黏性的大小及其影响与流体本身的物性和运动状态有关。水和空气是两种最常见的流体，黏性很小，当黏性力的影响与惯性力比较可以忽略时，可以简化为非黏性流体(也称为理想流体)，否则应作为黏性流体。液态聚合物等高分子流体的黏性比较大，高黏性流体与低黏性的牛顿流体比较，流动有许多不同特点。

➤ 8.1.2　流体的本构方程

第 5.6.2 小节给出简单流体的一般本构关系为:

$$t(x,t) = f(C_{(t)}(\tau), \rho(t)) \tag{8.1}$$

式中, t 是 Cauchy 应力张量; ρ 是当前的质量密度; $C_{(t)}(\tau)$ 是以 t 时刻即时构形为参考构形的相对 Cauchy-Green 变形张量历史 $(\tau \leqslant t)$; f 是各向同性张量泛函, 对于任一参考构形的一切正交变换, 本构方程形式相同。将 $C_{(t)}(\tau)$ 在 t 时刻展开成 Taylor 级数:

$$C_{(t)}(\tau) = A^{(0)} + \sum_{k=1}^{\infty} \frac{1}{k!} A^{(k)}(\tau - t)^k \quad (\tau \leqslant t) \tag{8.2}$$

式中, 各阶 Rivlin-Ericksen 张量 (见 2.14.3 小节) 为

$$A^{(0)} = I; \ A^{(1)} = 2d; \ \cdots; \ A^{(k)} = \left.\frac{\mathrm{d}^k C_{(t)}}{\mathrm{d}\tau^k}\right|_{\tau=t} = \dot{A}^{(k-1)} + L^{\mathrm{T}} \cdot A^{(k-1)} + A^{(k-1)} \cdot L \tag{8.2a}$$

所以式 (8.1) 中 $C_{(t)}(\tau)$ 形式上是相对变形, 实质决定于变形的各阶变率。根据记忆公理, 只保留前 n 阶 R-E 张量, τ 作为积分变量不再出现, 式 (8.1) 可表为

$$t(x,t) = f\left(A^{(1)}(t), A^{(2)}(t), \cdots, A^{(n)}(t), \rho(t)\right) \tag{8.3}$$

式中, 函数 f 未采用新的记号。如果考虑热的作用, 将温度作为变量, 上式变为

$$t(x,t) = f\left(A^{(1)}(t), A^{(2)}(t), \cdots, A^{(n)}(t), \theta(t), \rho(t)\right) \tag{8.4}$$

将应力中的静水压力 p 分离出来, 式 (8.4) 可记作:

$$t(x,t) = -p(\theta, \rho) I + \tilde{f}\left(A^{(1)}(t), A^{(2)}(t), \cdots, A^{(n)}(t), \theta(t), \rho(t)\right) \tag{8.5}$$

式 (8.5) 是简单流体的一般本构方程, 满足上述关系的流体称为 n 次 Rivlin-Ericksen 流体。

对于不可压缩流体, ρ 为常数, 静水压力由场方程决定, 与状态无关, 式 (8.5) 变为

$$t(x,t) = -pI + \tilde{f}\left(A^{(1)}(t), A^{(2)}(t), \cdots, A^{(n)}(t), \theta(t)\right) \tag{8.5a}$$

当 $n = 2$ 时, 2 次 R-E 流体的本构方程 (不考虑温度) 为

$$t(x,t) = -p(\rho) I + \tilde{f}\left(A^{(1)}(t), A^{(2)}(t), \rho(t)\right) \quad \text{(可压缩流体)} \tag{8.6}$$

$$t(x,t) = -pI + \tilde{f}\left(A^{(1)}(t), A^{(2)}(t)\right) \quad \text{(不可压缩流体)} \tag{8.6a}$$

式中, $\tilde{f}$ 为各向同性张量函数, 根据表示定理, 如果在泛函积分中保留到 $(t-\tau)^2$ 项, 注意 $A^{(1)} = 2d$, 式 (8.6) 和式 (8.6a) 可表示成为具体的函数形式:

$$t(x,t) = -p(\rho)I + 2\eta d + 4\beta_1 d^2 + \beta_2 A^{(2)} \quad \text{(可压缩流体)} \tag{8.7}$$

$$t(x,t) = -pI + 2\eta d + 4\beta_1 d^2 + \beta_2 A^{(2)} \quad \text{(不可压缩流体)} \tag{8.7a}$$

式 (8.7) 和式 (8.7a) 中, 材料常数 η, β_1, β_2 是变形率张量 d 和 R-E 张量 $A^{(2)}$ 的三个不变量的函数。这些函数包含了流体短程记忆效应的影响, 由于略去了 $(t-\tau)^2$ 以上的高次项, 所以上述本构关系对于任何有限时差而言均为应变率历史响应的一种近似。

二次 R-E 流体本构模型适合于描述高聚合物流体的流动特性, 由后面 8.5 节给出的典型流动 (测黏流和恒定拉伸历史流动) 可见, 上述本构方程中 β_1 项和 β_2 项对于流动特性有重要影响。

当 $n=1$ 时, 得到 1 次 R-E 流体, 其本构方程为

$$t(x,t) = -p(\rho)I + 2\eta d + 4\beta_1 d^2 \quad \text{(可压缩流体)} \tag{8.8}$$

$$t(x,t) = -pI + 2\eta d + 4\beta_1 d^2 \quad \text{(不可压缩流体)} \tag{8.8a}$$

材料参数 η、β_1 是变形率张量 d 的三个不变量的函数。1 次 R-E 流体也称为 Stokes 流体。

将 Stokes 流体进一步简化, 略去 d^2 项并假设 η 是常数, 得到

$$t(x,t) = -p(\rho)I + 2\eta d \quad \text{(可压缩流体)} \tag{8.9}$$

$$t(x,t) = -pI + 2\eta d \quad \text{(不可压缩流体)} \tag{8.9a}$$

式中, Cauchy 应力张量与变形率张量成线性关系, 满足上式的流体称为 Newton 流体。试验和应用表明, 空气和水等低分子流体与 Newton 黏性流体模型相符合。Stokes 流体和二次 R-E 流体有时统称为非 Newton 流体。

在某些情况下, 黏性对于运动的影响可以忽略, 流体可以进一步简化为非黏性流体, 本构关系为

$$t(x,t) = -p(\rho)I \quad \text{(可压缩流体)} \tag{8.10}$$

$$t(x,t) = -pI \quad \text{(不可压缩流体)} \tag{8.10a}$$

非黏性流体是 0 次 R-E 流体, 也称为理想流体, 其动能不会变成耗散能, 是无耗散流体。

➤ 8.1.3　流体力学基本关系

由于流体的应力响应不依赖初始构形的选择和变形大小, 所以通常采用 Euler 描述法, 以当前时刻流体 (即时构形) 作为参考构形。流体力学的基本关系包括运动学方程、守恒方程和本构方程。

(1) 运动学方程:

变形率张量:

$$\boldsymbol{d} = \frac{1}{2}\left(\boldsymbol{v}\boldsymbol{\nabla} + \boldsymbol{\nabla}\boldsymbol{v}\right); \quad d_{ij} = \frac{1}{2}\left(v_{i;j} + v_{j;i}\right) \tag{8.11}$$

自旋张量:

$$\boldsymbol{w} = \frac{1}{2}\left(\boldsymbol{v}\boldsymbol{\nabla} - \boldsymbol{\nabla}\boldsymbol{v}\right); \quad w_{ij} = \frac{1}{2}\left(v_{i;j} - v_{j;i}\right) \tag{8.12}$$

旋度:

$$\boldsymbol{\Omega} = \boldsymbol{\nabla} \times \boldsymbol{v}; \quad \Omega^k = \frac{1}{2}\varepsilon^{ijk}v_{j;i} \tag{8.13}$$

R-E 张量:

$$\boldsymbol{A}^{(0)} = \boldsymbol{I}; \quad \boldsymbol{A}^{(1)} = 2\boldsymbol{d}; \quad \boldsymbol{A}^{(k)} = \dot{\boldsymbol{A}}^{(k-1)} + \boldsymbol{\nabla}\boldsymbol{v} \cdot \boldsymbol{A}^{(k-1)} + \boldsymbol{A}^{(k-1)} \cdot \boldsymbol{v}\boldsymbol{\nabla} \tag{8.14}$$

或

$$A_{ij}^{(k)} = \frac{\mathrm{D}A_{ij}^{(k-1)}}{\mathrm{D}t} + v_{;i}^m A_{mj}^{(k-1)} + v_{;j}^m A_{im}^{(k-1)} \quad (k = 2, 3, \cdots)$$

加速度:

$$\boldsymbol{a} = \frac{\partial \boldsymbol{v}}{\partial t} + \boldsymbol{v} \cdot \boldsymbol{\nabla}\boldsymbol{v}; \quad a_i = \frac{\partial v_i}{\partial t} + v^m v_{i;m} \tag{8.15}$$

(2) 质量守恒定律 (连续性方程):

可压缩流体:

$$\dot{\rho} + \rho\boldsymbol{\nabla} \cdot \boldsymbol{v} = 0; \quad \frac{\mathrm{D}\rho}{\mathrm{D}t} + \rho v_{;m}^m = 0 \quad 或 \quad \frac{\partial \rho}{\partial t} + (\rho v^m)_{;m} = 0 \tag{8.16}$$

不可压缩流体:

$$\rho = \rho_0; \quad \boldsymbol{\nabla} \cdot \boldsymbol{v} = d_{;m}^m = \mathrm{I}_d = 0 \tag{8.16a}$$

(3) Cauchy 动量方程:

$$\boldsymbol{\nabla} \cdot \boldsymbol{t} + \rho\left(\boldsymbol{f} - \boldsymbol{a}\right) = 0; \quad t^{ij}{}_{;i} + \rho\left(f^j - a^j\right) = 0 \tag{8.17}$$

(4) 动量矩守恒方程:

$$\boldsymbol{t} = \boldsymbol{t}^{\mathrm{T}}; \quad t^{ij} = t^{ji} \tag{8.18}$$

本构方程如前面所述，由式 (8.7)～式 (8.10a) 给出。

液体通常可以简化为不可压缩流体，而且温度的影响不明显，可按等温处理。但气体在高速流动时需要考虑可压缩性和温度变化，所以除上述方程之外，还应该补充下列与热和温度相关的方程。

(5) 能量方程 (式 (4.46))：

$$\rho \dot{e} = \boldsymbol{t} : \boldsymbol{d} + \rho h - \boldsymbol{\nabla} \cdot \boldsymbol{q} \tag{8.19}$$

(6) 状态方程。如果压力不过大、温度不过低，绝大多数气体可以略去分子之间的相互作用力，内能只决定于分子的热运动动能，这样的气体称为完全气体。完全气体的状态方程为

$$p = \rho R T \tag{8.20}$$

式中，T 为绝对温度；R 是气体常数。

需要说明的是，这里的压力 p 是热力学压强，与本构方程式 (8.6)、式 (8.7)、式 (8.8) 和式 (8.9) 中的静水压力 $p(\rho)$ 不同，区别是热力学压强不包括体积变形率引起的各向同性应力 (见 8.4.1 节)。

(7) 内能关系。完全气体的内能是分子热运动动能，只是温度的函数，内能的变化可以表示为

$$\mathrm{d}e = C_V \mathrm{d}T \tag{8.21}$$

式中，C_V 是定容比热。上式常常用另一种形式表示

$$\mathrm{d}e = C_V \mathrm{d}T = C_P \mathrm{d}T - (C_P - C_V)\, \mathrm{d}T = \mathrm{d}i - R \mathrm{d}T \tag{8.21a}$$

式中，i 是单位质量的焓，$\mathrm{d}i = C_P \mathrm{d}T$；$C_P$ 是定压比热，满足关系 $C_P - C_V = R$(气体常数)。若温度变化不太大，C_P, C_V 可以认为是常数，$R\mathrm{d}T = \mathrm{d}(RT)$，将式 (8.21a) 积分，利用状态方程，可得

$$e = i - \frac{p}{\rho} \tag{8.22}$$

(8) 热传导方程 (Fourier 方程)：

$$\boldsymbol{q} = -k\boldsymbol{\nabla}T \tag{8.23}$$

式中，k 是热传导系数。

上述基本关系中包含的未知量为 ρ, v_i, p, $t_{ij}(= t_{ji})$, e, q_i, T 共 16 个。控制方程为式 (8.16) 或式 (8.16a)、式 (8.17)、式 (8.19)、式 (8.20)、式 (8.21)、式 (8.23) 和 6 个本构方程，也是 16 个。

流场的边界条件分为自由表面和流–固 (或不同流体) 交界面两种情况。

在自由表面, 给定

$$t_{nn} = -p_0; \ t_{nt} = 0 \tag{8.24a}$$

$$T = T_0 \tag{8.24b}$$

式中, t_{nn}, t_{nt} 是流体表面处应力向量 $\boldsymbol{t}_n$ 的法向分量和切向分量; p_0, T_0 是大气压强和温度。

在流体与固体或者两种流体交界面, 有

$$v_n = \bar{v}_n \ ; \ v_t = \bar{v}_t \quad (\text{无滑脱}) \tag{8.25a}$$

$$T = \bar{T} \quad \text{或} \quad \frac{\partial T}{\partial n} = 0 \quad (\text{热平衡状态}) \tag{8.25b}$$

式中, $\bar{v}_n$, $\bar{v}_t$, $\bar{T}$ 是交界面法向和切向速度及温度。

如果流场是非定常的, 还需要给出初始条件

$$\boldsymbol{v}(\boldsymbol{x}, 0) = \boldsymbol{v}_0(\boldsymbol{x}) \ ; \ T(\boldsymbol{x}, 0) = T_0(\boldsymbol{x}) \tag{8.26}$$

流体力学研究给定条件下流体的运动和温度, 以及流体与固体的相互作用力和热交换 (如气动加热)。上面给出的基本方程非常复杂, 很难求解, 通常需要根据流体特点和流动情况, 对于可压缩性、黏性、温度影响等加以简化, 因而形成了不同的流体力学分支和研究领域。

8.2　流体运动的一些基本概念

根据连续介质运动学, 流体中任一质点及其邻域 (称为微团) 的运动状态, 由移动速度 ($\boldsymbol{v} = \dot{\boldsymbol{x}}$)、主变形率标架的刚性转动速度 (即自旋张量 $\boldsymbol{w}$ 或者旋度 $\boldsymbol{\Omega} = \nabla \times \boldsymbol{v}$) 及变形率 ($\boldsymbol{d}$) 描述。

质点的运动轨迹称为迹线, 记作 $x^i = x^i(\boldsymbol{X}, t)$, $\boldsymbol{X}$ 是给定的质点。迹线的微分方程 (用直角坐标系) 为

$$\frac{\mathrm{d}x_i}{\mathrm{d}t} = v_i(\boldsymbol{X}, t) \, (\text{给定} \ \boldsymbol{X}) \tag{8.27}$$

若已知速度向量, 给定初始条件 $\boldsymbol{x}(\boldsymbol{X}, 0) = \boldsymbol{x}_0$, 积分上式可以求出迹线。

在任一时刻的流场中, 如果过空间某点的一条曲线上每点的切线方向与流场中该点的速度方向一致, 则称该曲线为流线 (见图 8.1(a))。显然流线上线元的分量与速度分量成正比, 所以流线的微分方程 (即式 (2.120)) 为

$$\frac{\mathrm{d}x_1}{v_1(\boldsymbol{x}, t)} = \frac{\mathrm{d}x_2}{v_2(\boldsymbol{x}, t)} = \frac{\mathrm{d}x_3}{v_3(\boldsymbol{x}, t)} \quad (\text{给定} \ t) \tag{8.28}$$

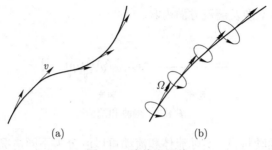

图 8.1 流线和涡线

(a) 流线; (b) 涡线

在定常流场中，任一迹线上各点速度不随时间改变，所以也是空间点的速度，并且沿迹线的切线方向，因而迹线和流线重合。非定常流场中流线与迹线不一致，流线表示流场瞬间的速度方向。如果流场没有流出流体的"源"或流入流体的"汇"，流线不能相交。过任一闭合曲线的流线构成的曲面称为流管。

像速度场中定义流线一样，在旋度场 (或涡旋场)$\boldsymbol{\Omega}\,(\boldsymbol{x},t)$ 中可以定义涡线，即曲线上每点的切线方向与旋度方向一致 (图 8.1(b))。涡线由微团在同一时刻的局部转动轴线组成。过闭合曲线的全部涡线构成的曲面称为涡管。

如果流场各点 $\boldsymbol{\Omega} = \nabla \times \boldsymbol{v} = 0$，则称为无旋场。由向量场理论 (1.15 节) 可知，无旋场的速度向量必然是一个标量场的梯度，$\boldsymbol{v} = \nabla \varphi$，从而 $\nabla \times \nabla \varphi = \boldsymbol{0}$，$\varphi$ 称为速度势。所以无旋是速度场有势的充要条件，有势流动也称为势流。

应该注意，旋度描述流体质点的微观转动 (即变形率张量主坐标系的刚性转动)，与流场的宏观旋转运动不是同一概念。一个宏观旋转流动可以是有旋的，也可以是无旋的，如图 8.2(b),(a) 所示。

图 8.2 宏观旋转和微观旋转

(a) 无旋; (b) 有旋

实验和观测发现，流动有两种不同形态: 层流和湍流，如示意图 8.3 所示。层流是流体的一种平稳、规则的流动形态，犹如沿平面或曲面一层层平行滑动，在垂直于流动的方向只有幅度很小的微观分子热运动；湍流则是一种紊乱、不确定的流动形态，微团运动中存在各方向的随机脉动，速度 v 可以分解为时均速度 $\bar{v}$ 与脉动速度 v' 的和。在一定条件下，层流可以由于微扰动影响转变为湍流，从而增大阻力和耗散。本书不涉及湍流方面内容。

图 8.3　层流和湍流

根据流体和运动特点，实际流体和流动可以区分为不同情况，例如：

非黏性流体 (理想流体，$\eta = \beta_1 = \beta_2 = 0$) 和黏性流体，黏性流体包括牛顿流体及非牛顿流体 (Stokes 流体和 2 次 R-E 流体)；

不可压缩流体 ($\rho = \rho_0$) 和可压缩流体 ($\rho = \rho(p, T)$)；

定常流动 (速度的局部导数 $\dfrac{\partial \boldsymbol{v}}{\partial t} = 0$) 和非定常流动 $\left(\dfrac{\partial \boldsymbol{v}}{\partial t} \neq 0\right)$；

层流和湍流；

无旋流动 (势流，$\boldsymbol{\Omega} = 0$) 和涡旋流动 ($\boldsymbol{\Omega} \neq 0$)；

低速 (小雷诺数) 流动和高速流动；$\cdots$ 等等。

以下将简要介绍三种主要流体模型，即非黏性流体、牛顿黏性流体和二次 R-E 流体的一些特点和规律。

8.3　非黏性流体

➤ 8.3.1　大雷诺数流动

实际流体都是有黏性的，但在一定条件下黏性对于流动的影响很小，可以略去，因而假设黏性系数等于 0，这样的流体称为非黏性流体或理想流体。

将本构方程式 (8.9) 或式 (8.9a) 代入运动方程 $\boldsymbol{\nabla} \cdot \boldsymbol{t} + \rho(\boldsymbol{f} - \boldsymbol{a}) = 0$，可见牛顿流体中任一微团受黏性力及压力差、质量力和惯性力作用，保持平衡。单位体积的惯性力和黏性力差分别为

$$\rho \frac{\mathrm{d}\boldsymbol{v}}{\mathrm{d}\boldsymbol{t}} = \rho\left(\frac{\partial \boldsymbol{v}}{\partial t} + \boldsymbol{v} \cdot \boldsymbol{\nabla} \boldsymbol{v}\right) \quad \text{即} \quad \rho\left(\frac{\partial v_i}{\partial t} + v^m \nabla_m v_i\right)$$

$$2\eta \boldsymbol{\nabla} \cdot \boldsymbol{d} = \eta\left(\boldsymbol{\nabla} \cdot \boldsymbol{\nabla} \boldsymbol{v} + \boldsymbol{\nabla} \cdot \boldsymbol{v} \boldsymbol{\nabla}\right) \quad \text{即} \quad \eta\left(\nabla^m \nabla_m v_i + \nabla^m \nabla_i v_m\right)$$

如果速度变化的特征尺寸为 l，v_i 的数量级为 v，则有数量级关系

$$\nabla_m v_i \sim \frac{\partial v_i}{\partial x^m} \sim \frac{v}{l}; \quad \nabla^m \nabla_m v_i + \nabla^m \nabla_i v_m \sim \frac{v}{l^2}$$

$$\frac{\partial v_i}{\partial t} \sim \frac{v}{t} \sim \frac{v}{l/v} = \frac{v^2}{l}; \quad v^m \nabla_m v_i \sim \frac{v^2}{l}$$

式中，～ 表示数量级相同。所以，惯性力与黏性力差的比值的数量级为

$$\frac{惯性力}{黏性力差} \sim \frac{\rho vl}{\eta} = \frac{vl}{\nu} = Re \tag{8.29}$$

其中
$$\nu = \eta/\rho \tag{8.30}$$

称为运动黏性系数，单位为 $\mathrm{m^2/s}$；η (常常也用希腊字母 μ 表示) 称为动力黏性系数，单位为 $\mathrm{N \cdot s/m^2}$ 或 $\mathrm{Pa \cdot s}$；Re 称为雷诺 (Reynolds) 数，是无量纲量，表示流动的惯性力与黏性力差之比的大小。

　　当物体的特征尺寸 l 较大、速度不太小时，空气、水等小黏性流体绕物体流动的雷诺数将很大，例如在航空、船舶、动力机械、管道等应用领域中的流动，Re 常常可达 $10^7 \sim 10^{10}$ 量级。在这种情况下，可以略去流体黏性的影响，简化为理想流体。但是，在靠近物体壁面的流体薄层中，由于无滑移条件，垂直于边界方向的速度梯度很大，因此 l 很小，黏性力不能忽略，形成流场中的边界层；而边界层外的流体仍然可以看作是理想流体。

▶ 8.3.2　欧拉方程及兰姆–葛罗米柯方程

　　将非黏性流体本构关系式 (8.10) 和式 (8.10a) 代入运动方程，得

$$\rho \frac{\mathrm{d}\boldsymbol{v}}{\mathrm{d}t} = \rho \boldsymbol{f} - \boldsymbol{\nabla} p \quad (可压缩流体) \tag{8.31}$$

$$\rho_0 \frac{\mathrm{d}\boldsymbol{v}}{\mathrm{d}t} = \rho_0 \boldsymbol{f} - \boldsymbol{\nabla} p \quad (不可压缩流体) \tag{8.32}$$

上式给出理想流体中惯性力、质量力、压力差三者的平衡关系，称为欧拉方程。

　　理想流体应该满足连续性方程 (8.16) 或式 (8.16a)，对于可压缩流体还需要补充状态方程。在等温条件下，p 与 ρ 成函数关系 $\rho = \rho(p)$。如果流体的密度只依赖压强，则称为正压流体。此外，由于无黏性假设，理想流体在流固界面自然不要求满足切向约束条件，即边界条件式 $(8.25a)_2$。

　　为了便于积分，将欧拉方程改写为另一种形式。速度的物质导数 (加速度) 为

$$\frac{\mathrm{d}\boldsymbol{v}}{\mathrm{d}t} = \frac{\partial \boldsymbol{v}}{\partial t} + \boldsymbol{v} \cdot \boldsymbol{\nabla} \boldsymbol{v} \tag{8.33}$$

其中右端第 2 项迁移导数可以表示为

$$\boldsymbol{v} \cdot \boldsymbol{\nabla} \boldsymbol{v} = \boldsymbol{\nabla} \left(\frac{1}{2} \boldsymbol{v} \cdot \boldsymbol{v} \right) + \boldsymbol{\varOmega} \times \boldsymbol{v} \tag{8.34}$$

可证明如下：

$$\boldsymbol{\Omega} \times \boldsymbol{v} = (\boldsymbol{\nabla} \times \boldsymbol{v}) \times \boldsymbol{v} = \left(\varepsilon^{ijk}\nabla_i v_j \boldsymbol{g}_k\right) \times \left(v^l \boldsymbol{g}_l\right) = \varepsilon^{ijk}\varepsilon_{klm}\left(\nabla_i v_j\right)v^l \boldsymbol{g}^m$$

$$= \left(\delta^i_l \delta^j_m - \delta^i_m \delta^j_l\right)\left(\nabla_i v_j\right)v^l \boldsymbol{g}^m = \left(\nabla_l v_m\right)v^l \boldsymbol{g}^m - \left(\nabla_m v_l\right)v^l \boldsymbol{g}^m$$

$$= \boldsymbol{v} \cdot \boldsymbol{\nabla}\boldsymbol{v} - \boldsymbol{\nabla}\boldsymbol{v} \cdot \boldsymbol{v}$$

$$\boldsymbol{\nabla}\left(\frac{1}{2}\boldsymbol{v}\cdot\boldsymbol{v}\right) = \boldsymbol{g}^i \partial_i \left(\frac{1}{2}\boldsymbol{v}\cdot\boldsymbol{v}\right) = \frac{1}{2}\boldsymbol{g}^i \left[(\partial_i\boldsymbol{v})\cdot\boldsymbol{v} + \boldsymbol{v}\cdot(\partial_i\boldsymbol{v})\right] = \boldsymbol{g}^i\left(\partial_i\boldsymbol{v}\right)\cdot\boldsymbol{v} = \boldsymbol{\nabla}\boldsymbol{v}\cdot\boldsymbol{v}$$

推导中先后应用了式 (1.125a)，式 (1.22) 和式 (1.123a)。可见式 (8.34) 成立。

将式 (8.33) 和式 (8.34) 代入欧拉方程，得

$$\frac{\partial \boldsymbol{v}}{\partial t} + \boldsymbol{\nabla}\left(\frac{1}{2}\boldsymbol{v}\cdot\boldsymbol{v}\right) + \boldsymbol{\Omega}\times\boldsymbol{v} = \boldsymbol{f} - \frac{1}{\rho}\boldsymbol{\nabla}p \tag{8.35}$$

式 (8.35) 称为兰姆–葛罗米柯 (Lamb-Громеко) 方程。

➤ 8.3.3　伯努利方程

在质量力有势 $\boldsymbol{f} = -\boldsymbol{\nabla}U$ (U 为势函数)、正压流体 $p = p(\rho)$、定常流动 $\dfrac{\partial \boldsymbol{v}}{\partial t} = \boldsymbol{0}$ 条件下，式 (8.35) 变为

$$\boldsymbol{\nabla}\left(\int \frac{\mathrm{d}p}{\rho} + \frac{1}{2}\boldsymbol{v}\cdot\boldsymbol{v} + U\right) = \boldsymbol{v}\times\boldsymbol{\Omega} \tag{8.36}$$

式 (8.36) 推导中利用了下列关系，由梯度的定义对于正压流体，有

$$\boldsymbol{\nabla}\int \frac{\mathrm{d}p}{\rho} = \boldsymbol{g}^k \frac{\partial}{\partial x^k}\int \frac{\mathrm{d}p}{\rho} = \boldsymbol{g}^k \frac{\partial}{\partial \rho}\left(\int \frac{1}{\rho}\frac{\mathrm{d}p}{\mathrm{d}\rho}\mathrm{d}\rho\right)\frac{\partial \rho}{\partial x^k}$$

$$= \boldsymbol{g}^k \left(\frac{1}{\rho}\frac{\mathrm{d}p}{\mathrm{d}\rho}\right)\frac{\partial \rho}{\partial x^k} = \boldsymbol{g}^k \frac{1}{\rho}\frac{\partial p}{\partial x^k} = \frac{\boldsymbol{\nabla}p}{\rho} \tag{8.37}$$

在不可压缩流体情况下，$\rho = \rho_0$，可直接得到上式，即 $\boldsymbol{\nabla}\displaystyle\int \frac{\mathrm{d}p}{\rho_0} = \frac{\boldsymbol{\nabla}p}{\rho_0}$。

式 (8.36) 右端向量与 $\boldsymbol{v}$ 垂直，所以左端梯度与 $\boldsymbol{v}$ 垂直，即沿速度方向的分量为 0：

$$\frac{\partial}{\partial s}\left(\int \frac{\mathrm{d}p}{\rho} + \frac{1}{2}\boldsymbol{v}\cdot\boldsymbol{v} + U\right) = 0$$

式中，s 沿 $\boldsymbol{v}$ 方向，即流线方向，故沿流线有

$$\int \frac{\mathrm{d}p}{\rho} + \frac{1}{2}\boldsymbol{v}\cdot\boldsymbol{v} + U = C \tag{8.38a}$$

若流体不可压缩，则得

$$\frac{p}{\rho_0} + \frac{1}{2}\boldsymbol{v}\cdot\boldsymbol{v} + U = C \tag{8.38b}$$

式 (8.38) 中的 C 对于同一流线是常数，不同流线的常数不同。上式称为伯努利 (D. Bernoulli) 方程，实际上是欧拉方程在定常、正压、质量力有势条件下的积分，所以也称为伯努利积分。如果流场是无旋的，式 (8.36) 右端恒为 0，所以对于整个流场伯努利方程中的 C 是相同常数。

如果流场是非定常势流，$\dfrac{\partial \boldsymbol{v}}{\partial t} = \dfrac{\partial}{\partial t} \boldsymbol{\nabla} \varphi = \boldsymbol{\nabla} \dfrac{\partial \varphi}{\partial t}$ (其中，φ 是速度势)，由兰姆–葛罗米柯方程，类似推导可得

$$\int \frac{\mathrm{d}p}{\rho} + \frac{1}{2} \boldsymbol{v} \cdot \boldsymbol{v} + U + \frac{\partial \varphi}{\partial t} = C(t) \tag{8.39a}$$

对于整个流场 $C(t)$ 是常数，但随时间改变。如果流场是非定常不可压缩势流，则有

$$\frac{p}{\rho_0} + \frac{1}{2} \boldsymbol{v} \cdot \boldsymbol{v} + U + \frac{\partial \varphi}{\partial t} = C(t) \tag{8.39b}$$

式 (8.39) 称为 Lagrange 积分。

Bernoulli 积分和 Lagrange 积分给出了理想流体任一点的压强与速度的简单关系，在应用中有重要意义。

[例 8.1] 盛水容器底部开口 (图 8.4)，距离液面深度为 h，试求水从开口流出的速度。水可认为是不可压缩非黏性流体，所受重力为有势力，在液面处取任意一点 A，在水出口处的点为 B，则两点的压力均为大气压 p_0，速度为 $v_A = 0$ (忽略液面下降速度)，$v_B = v$，重力势能为 $U_A = hg$(g为重力加速度)，$U_B = 0$。由伯努利定律式 (8.38b)，有 $\dfrac{p_0}{\rho_0} + gh = \dfrac{p_0}{\rho_0} + \dfrac{1}{2}v^2$，所以 $v = \sqrt{2gh}$。

图 8.4 盛水容器

▶ 8.3.4 涡量守恒条件及 Kelvin 定理

流场内沿任一闭合曲线的速度环量为 $\varGamma = \displaystyle\oint_c \boldsymbol{v} \cdot \mathrm{d}\boldsymbol{x}$(见式 (2.174))，利用 Stokes 定理，可以得到 $\varGamma = \displaystyle\int_A \boldsymbol{\varOmega} \cdot \mathrm{d}\boldsymbol{a}$(见式 (2.175))，即速度环量等于以该闭合曲线为边界的曲面所通过的涡通量。$\varGamma$ 的变化率为

$$\frac{\mathrm{d}\varGamma}{\mathrm{d}t} = \frac{\mathrm{d}}{\mathrm{d}t} \oint_c \boldsymbol{v} \cdot \mathrm{d}\boldsymbol{x} = \oint_c \left(\frac{\mathrm{d}\boldsymbol{v}}{\mathrm{d}t} \cdot \mathrm{d}\boldsymbol{x} + \boldsymbol{v} \cdot \mathrm{d}\boldsymbol{v} \right) = \oint_c \left(\frac{\mathrm{d}\boldsymbol{v}}{\mathrm{d}t} \cdot \mathrm{d}\boldsymbol{x} + \mathrm{d}\left(\frac{\boldsymbol{v}^2}{2} \right) \right) = \oint_c \frac{\mathrm{d}\boldsymbol{v}}{\mathrm{d}t} \cdot \mathrm{d}\boldsymbol{x}$$

将欧拉方程代入上式，由 Stokes 定理，可得

$$\frac{\mathrm{d}\varGamma}{\mathrm{d}t} = \oint_c \left(\boldsymbol{f} - \frac{\boldsymbol{\nabla} p}{\rho} \right) \cdot \mathrm{d}\boldsymbol{x} = \int_A \boldsymbol{\nabla} \times \left(\boldsymbol{f} - \frac{\boldsymbol{\nabla} p}{\rho} \right) \cdot \mathrm{d}\boldsymbol{a}$$

如果理想流体是正压流体且质量力有势 $f = -\nabla U$, 将式 (8.37) 代入上式, 利用微分恒等式 (1.126a), 可知右端被积函数等于 0, 所以

$$\frac{\mathrm{d}\Gamma}{\mathrm{d}t} = 0 \tag{8.40}$$

式 (8.40) 称为 Kelvin 定理, 即正压、质量力有势的理想流体沿任一闭合曲线的速度环量不随时间变化, 或速度环量及涡通量守恒。

Kelvin 定理表明, 在正压、质量力有势和理想流体三个条件下, 某一时刻无涡旋的流动, 以前和以后皆无旋; 反之若某一时刻有旋, 则以前和以后皆有旋。所以涡旋具有保持特性, 这是理想流体的重要性质。但在黏性流体中, 黏性导致剪应力和微团转动发生, 例如流入边界层的流体, 原来的无旋运动会变为有旋运动, 所以Kelvin 定理不成立。

8.4　牛顿黏性流体

当流动的雷诺数比较小, 例如轴承动力润滑中的油膜、物体外部绕流中的边界层及其他小雷诺数流动, 必须考虑黏性对运动的影响, 通常可以采用牛顿黏性流体模型。

▶ 8.4.1　纳维–斯托克斯方程

在可压缩牛顿黏性流体本构方程式 (8.9) 中, 静水压力 p 实际上包含两部分:

$$-p = -p' + \lambda \nabla \cdot v \tag{8.41}$$

式中, p' 是热力学压强 (即状态方程式 (8.20) 中的压强 p); $\lambda \nabla \cdot v$ 是体积膨胀率引起的各向同性应力; λ 称为膨胀黏性系数, 是材料常数

$$\lambda = \mu_v - \frac{2}{3}\eta \tag{8.42}$$

式中, μ_v 称为体积黏性系数 (或第二黏性系数), 通常很小可以略去, 所以取:

$$\lambda = -\frac{2}{3}\eta \tag{8.43}$$

上式称为 Stokes 条件。因此牛顿黏性流体本构关系式 (8.9) 可改写为

$$t = -(p - \lambda\nabla \cdot v)I + 2\eta d \quad \text{或} \quad t_{kl} = -(p - \lambda v^m_{;m})g_{kl} + 2\eta d_{kl} \tag{8.44}$$

其中热力学压强仍采用常用符号 p 表示 (即式 (8.41) 中的 p')。上式也可写作:

$$t = -pI + t_{\mathrm{d}} \tag{8.44a}$$

右端第 2 项 $t_\mathrm{d} = 2\eta d'$ (d' 为变形率张量的偏量), 是应力张量的耗散部分, 称为黏性应力或不可逆应力 (参见式 (5.100))。如果放弃 Stokes 条件, 则 $t_\mathrm{d} = \lambda \boldsymbol{\nabla} \cdot \boldsymbol{v} \boldsymbol{I} + 2\eta \boldsymbol{d}$。式 (8.44a) 右端第 1 项热力学压强是应力张量的非耗散部分。

由式 (8.44), $t^{kl}_{;k} = -\left(p_{,k} - \lambda v^m_{;mk}\right) g^{kl} + \eta \left(v^k_{;k}{}^l + v^l_{;k}{}^k\right)$, 代入动量方程式 (8.17), 得到

$$\rho \frac{\mathrm{D}v^l}{\mathrm{D}t} = \rho f^l - p_{,k} g^{kl} + (\lambda + \eta) v^k_{;k}{}^l + \eta v^l_{;k}{}^k$$

或

$$\rho \frac{\mathrm{d}\boldsymbol{v}}{\mathrm{d}t} = \rho \boldsymbol{f} - \boldsymbol{\nabla} p + (\lambda + \eta) \boldsymbol{\nabla}\boldsymbol{\nabla} \cdot \boldsymbol{v} + \eta \boldsymbol{\nabla} \cdot \boldsymbol{\nabla} \boldsymbol{v} \tag{8.45}$$

上式称为纳维–斯托克斯 (Navier-Stokes) 方程, 是牛顿黏性流体力学的基本关系。在不可压缩情况下 ($\boldsymbol{\nabla} \cdot \boldsymbol{v} = 0$), 方程简化为

$$\rho_0 \frac{\mathrm{d}\boldsymbol{v}}{\mathrm{d}t} = \rho_0 \boldsymbol{f} - \boldsymbol{\nabla} p + \eta \boldsymbol{\nabla} \cdot \boldsymbol{\nabla} \boldsymbol{v} \tag{8.45a}$$

式中, p 是静水压力, 与状态无关, 由平衡条件确定。

▶ 8.4.2 边界层概念和特点

此前在 8.3.1 小节内容中曾提到, 大雷诺数流动中靠近物体表面的流体薄层需要考虑黏性的影响, 该层称为边界层 (或附面层)。边界层外可以认为是非黏性流体, 例如不可压缩或可压缩势流, 边界层内为黏性有旋流动。当物体相对流体运动时, 边界层产生阻力, 高速运动时还会产生大量热量 (气动力加热), 因此需要深入研究边界层。本小节以平板层流边界层为例, 简要讨论边界层的基本概念和特点。

若来流平行于平板、定常、匀速, 平板上表面的边界层如图 8.5 所示, 坐标轴 x 平行气流、沿平板平面, y 轴垂直平板平面, z 轴为宽度方向。假设平板宽度很大, 可以认为 z 向速度为 0。理论和实验研究证明, 除非常缓慢的流动之外, 黏性对流动的影响只局限在物体表面附近很小的厚度 δ 之内, 若平板在气流方向的特征尺寸为 l, 则 $\delta \ll l$; 在平板前缘 (驻点)δ 为 0, 随 x 增加逐渐增大。平板表面的流速 $v_x = 0$, 随 y 的增加迅速趋近远处流速 v, 通常定义 $v_x = 0.99v$ 时的厚度为边

图 8.5 平板边界层

界层厚度 δ。边界层厚度的数量级为

$$\delta \sim l \big/ \sqrt{Re} \tag{8.46}$$

$Re = \dfrac{\rho v l}{\eta} = \dfrac{v l}{\nu}$ 为来流的雷诺数。若板长 $l = 3\text{m}$，气流速度 $v = 100\text{m/s}$，空气的运动黏性系数 $\nu = 1.3 \times 10^{-5}\text{m}^2/\text{s}$，则 $Re \approx 2.3 \times 10^9$，可见 δ 很小。

观测发现，前缘以后的一段距离内边界层中的流动是平稳的层流，流线几乎平行平板，在某一点 x_T(实际是一小段) 之后流动出现随机脉动，变为湍流，该点称为转捩点，x_T 大小与 Re 有关。转捩点之前为层流边界层，之后为湍流边界层，后者的速度梯度比前者更大。

下面对于层流边界层内流体的流动和受力作近似分析。假设边界层内为定常、不可压缩、二维层流，不受质量力作用，Navier-Stokes 方程式 (8.45a) 变为

$$\left.\begin{aligned}
\rho_0 \left(v_x \frac{\partial v_x}{\partial x} + v_y \frac{\partial v_x}{\partial y} \right) = -\frac{\partial p}{\partial x} + \eta \left(\frac{\partial^2 v_x}{\partial x^2} + \frac{\partial^2 v_x}{\partial y^2} \right) \\
\rho_0 \left(v_x \frac{\partial v_y}{\partial x} + v_y \frac{\partial v_y}{\partial y} \right) = -\frac{\partial p}{\partial y} + \eta \left(\frac{\partial^2 v_y}{\partial x^2} + \frac{\partial^2 v_y}{\partial y^2} \right)
\end{aligned}\right\} \tag{8.47}$$

连续性方程为

$$\frac{\partial v_x}{\partial x} + \frac{\partial v_y}{\partial y} = 0 \tag{8.48}$$

速度 v_x 的数量级为边界层外边缘速度 v，即 $v_x \sim v$，导数的量级为 $\dfrac{\partial(\ )}{\partial x} \sim \dfrac{(\ )}{l}$，$\dfrac{\partial(\ )}{\partial y} \sim \dfrac{(\ )}{\delta}$。由式 (8.48) 可知，速度分量的量级关系为 $v_y \sim v_x \dfrac{\delta}{l} \ll v_x$。

式 $(8.47)_1$ 左端为 x 方向的惯性力，右端第 2 项为黏性力差，数量级分别为

$$X_1 = \rho_0 \left(v_x \frac{\partial v_x}{\partial x} + v_y \frac{\partial v_x}{\partial y} \right) \sim \rho_0 \frac{v^2}{l}, \quad X_2 = \eta \left(\frac{\partial^2 v_x}{\partial x^2} + \frac{\partial^2 v_x}{\partial y^2} \right) \approx \eta \frac{\partial^2 v_x}{\partial y^2} \sim \eta \frac{v}{\delta^2}$$

式 $(8.47)_2$ 左端 y 方向的惯性力和右端第 2 项黏性力差的数量级分别为

$$Y_1 = \rho_0 \left(v_x \frac{\partial v_y}{\partial x} + v_y \frac{\partial v_y}{\partial y} \right) \sim X_1 \frac{\delta}{l}, \quad Y_2 = \eta \left(\frac{\partial^2 v_y}{\partial x^2} + \frac{\partial^2 v_y}{\partial y^2} \right) \sim X_2 \frac{\delta}{l}$$

可见，与 x 方向比较，y 方向的惯性力和黏性力差很小。由式 $(8.47)_2$ 和式 $(8.47)_1$，分别得到

$$\frac{\partial p}{\partial y} \approx 0, \quad \frac{\text{惯性力}}{\text{黏性力差}} = \frac{X_1}{X_2} \sim \frac{\rho_0 v l}{\eta} \left(\frac{\delta}{l} \right)^2 = Re \left(\frac{\delta}{l} \right)^2 \tag{8.49}$$

上述分析表明，边界层流动有下列特点：

(1) 由式 $(8.49)_2$ 和式 (8.46)，惯性力与黏性力差有相同的数量级；

(2) 压强沿厚度方向不变，边界层内外压力相同。

根据数量级分析，将运动方程 (8.47) 简化，与连续方程一起，得到平板不可压缩层流边界层方程：

$$\left.\begin{aligned}
v_x \frac{\partial v_x}{\partial x} + v_y \frac{\partial v_x}{\partial y} &= -\frac{\partial p}{\rho_0 \partial x} + \nu \frac{\partial^2 v_x}{\partial y^2} \\
\frac{\partial p}{\partial y} &= 0 \\
\frac{\partial v_x}{\partial x} + \frac{\partial v_y}{\partial y} &= 0
\end{aligned}\right\} \tag{8.50}$$

式 (8.50) 称为 Prandtl 边界层方程。

当物体表面为曲面时，例如圆柱、球、旋转体、翼面等，取 x, y 分别为沿曲面方向和垂直曲面方向作为边界层坐标系，进行类似的分析，并考虑可压缩性、温度和热的影响，可以给出类似的结论以及边界层简化方程。边界层内边界满足流固界面条件，外边界条件可由理想流体绕流问题的解确定。边界层方程虽然得到简化，仍然是很复杂的非线性微分方程，难以精确求解，现已发展了各种近似解法。

8.5　Rivlin-Ericksen 流体的简单流动

本节介绍 R-E 流体的两种简单流动：剪切测黏流和恒定伸长历史流动。剪切测黏流是一种剪切定常流动，变形率张量只有一个剪切变形率分量非零，可用于黏性函数测量等；恒定伸长历史运动 (例如单向拉伸流动)，常见于高聚合物溶液的纺丝和塑料制品成形过程。这些流动的速度场比较简单，可以先假设速度分布，再求变形率和应力，然后用平衡条件和边界条件确定静水压力和黏性系数，属于反逆解法，与弹性体简单问题的解法类似。通过分析这些简单问题，可以看到 R-E 流体的流动与牛顿流体有很多不同的特点。

➤ 8.5.1　平面剪切流

假设两个平行平板之间充满二次 R-E 流体，平板间距为 $2h$，x_3 方向宽度很大，上下平板分别以速度 $\bar{v}^{(1)}, \bar{v}^{(2)}$ 沿 x_1 方向匀速平行移动，$x_i\, (i = 1, 2, 3)$ 为直角坐标系，见图 8.6。

平板之间流体的运动 (若 $t = 0$ 时 $x^i = X^i$)，可以假设为

图 8.6　平行平板间的剪切流

$$x_1 = X_1 + v_1(x_2)\, t; \quad x_2 = X_2; \quad x_3 = X_3 \tag{8.51}$$

式中，函数 $v_1(x_2)$ 待定。如果取 t 时刻的位置 x_i 为参考构形，则相对运动为

$$\xi_1 = x_1 + v_1(x_2)(\tau - t); \quad \xi_2 = x_2; \quad \xi_3 = x_3 \tag{8.52}$$

由式 (8.51)，速度场只有 x_1 方向的分量

$$\dot{x}_1 = v_1(x_2); \quad \dot{x}_2 = v_2 = 0; \quad \dot{x}_3 = v_3 = 0 \tag{8.53}$$

速度梯度和变形率张量为

$$\boldsymbol{L} = \begin{bmatrix} 0 & v_{1,2} & 0 \\ 0 & 0 & 0 \\ 0 & 0 & 0 \end{bmatrix}; \quad \boldsymbol{d} = \frac{1}{2}\left(\boldsymbol{L} + \boldsymbol{L}^{\mathrm{T}}\right) = \frac{1}{2}\begin{bmatrix} 0 & v_{1,2} & 0 \\ v_{1,2} & 0 & 0 \\ 0 & 0 & 0 \end{bmatrix} \tag{8.54}$$

规定张量分量的前后指标分别对应矩阵的行和列 (下同)。

相对变形梯度、相对 Cauchy-Green 变形张量和 R-E 张量为

$$\boldsymbol{F}_{(t)} = \frac{\partial \boldsymbol{\xi}}{\partial \boldsymbol{x}} = \begin{bmatrix} 1 & v_{1,2}(\tau - t) & 0 \\ 0 & 1 & 0 \\ 0 & 0 & 1 \end{bmatrix} \tag{8.55}$$

$$\boldsymbol{C}_{(t)}(\tau) = \boldsymbol{F}_{(t)}^{\mathrm{T}}(\tau) \cdot \boldsymbol{F}_{(t)}(\tau) = \begin{bmatrix} 1 & v_{1,2}(\tau - t) & 0 \\ v_{1,2}(\tau - t) & 1 + v_{1,2}^2(\tau - t)^2 & 0 \\ 0 & 0 & 1 \end{bmatrix} \tag{8.56}$$

$$= \boldsymbol{A}^{(0)} + \boldsymbol{A}^{(1)}(\tau - t) + \frac{1}{2}\boldsymbol{A}^{(2)}(\tau - t)^2 + \cdots$$

$$\boldsymbol{A}^{(0)} = \boldsymbol{I}; \ \boldsymbol{A}^{(1)} = 2\boldsymbol{d}; \ \boldsymbol{A}^{(2)} = \begin{bmatrix} 0 & 0 & 0 \\ 0 & 2v_{1,2}^2 & 0 \\ 0 & 0 & 0 \end{bmatrix}; \ \boldsymbol{A}^{(k)} = 0 \ (k \geqslant 3) \tag{8.57}$$

由本构关系式 (8.7a)，Cauchy 应力为

$$\boldsymbol{t} = -p\begin{bmatrix} 1 & 0 & 0 \\ 0 & 1 & 0 \\ 0 & 0 & 1 \end{bmatrix} + \eta\begin{bmatrix} 0 & v_{1,2} & 0 \\ v_{1,2} & 0 & 0 \\ 0 & 0 & 0 \end{bmatrix} + \beta_1\begin{bmatrix} v_{1,2}^2 & 0 & 0 \\ 0 & v_{1,2}^2 & 0 \\ 0 & 0 & 0 \end{bmatrix} + \beta_2\begin{bmatrix} 0 & 0 & 0 \\ 0 & 2v_{1,2}^2 & 0 \\ 0 & 0 & 0 \end{bmatrix} \tag{8.58}$$

$$\left.\begin{array}{l} t_{11} = -p + \beta_1 v_{1,2}^2 \\ t_{22} = -p + (\beta_1 + 2\beta_2) v_{1,2}^2 \\ t_{33} = -p \\ t_{12} = \eta v_{1,2} \\ t_{13} = t_{23} = 0 \end{array}\right\} \tag{8.58a}$$

上式表明, 由于 β_1, β_2 非 0, R-E 流体的剪切流动引起正应力差 $t_{11} - t_{33}$ 和 $t_{22} - t_{33}$, 称为正应力差效应, 这在牛顿流体中是不存在的。令:

$$\left. \begin{aligned} \sigma^{(1)} &= t_{11} - t_{33} = \beta_1 v_{1,2}^2 \\ \sigma^{(2)} &= t_{22} - t_{33} = (\beta_1 + 2\beta_2) \, v_{1,2}^2 \\ \tau^{(12)} &= t_{12} = \eta v_{1,2} \end{aligned} \right\} \tag{8.59}$$

称为测黏函数, 如果能够测得应力与剪切变形率 $v_{1,2}$ 的关系, 便可确定 3 个黏性系数函数。

在应力表达式 (8.58a) 中还有 p 和 v_1 是待定的, 确定 p 和 v_1 需要利用平衡方程和边界条件。将应力代入平衡方程, 得到关系:

$$\left. \begin{aligned} -p_{,1} + (\eta v_{1,2})_{,2} &= 0 \\ -p_{,2} + \left[(\beta_1 + 2\beta_2) \, v_{1,2}^2 \right]_{,2} &= 0 \end{aligned} \right\} \tag{8.60}$$

因为速度只随 x_2 变化, 所以材料参数 η, β_1, β_2 也只能是 x_2 的函数, 同样地 $p_{,1}$ 是 x_2 的函数。将式 (8.60)$_1$ 对 x_2 积分, 有

$$\eta v_{1,2} = p_{,1} x_2 + c_1 \tag{8.61}$$

式中除 c_1 外均为 x_2 的函数, 所以积分常数 c_1 与 x_1 无关, 必为常数。式 (8.60)$_2$ 对 x_2 积分, 得到

$$(\beta_1 + 2\beta_2) \, v_{1,2}^2 = p + cx_1 + c_2 \tag{8.62}$$

因为 $p_{,1}$ 是 x_2 的函数, p 与 x_1 成线性关系, 所以式中积分常数只能是 x_1 的线性函数。上式对 x_1 取导数, 得

$$-p_{,1} = c \, (\text{常数}) \tag{8.63}$$

可见常数 c 是沿 x_1 方向单位长度的压力差, 称为比推力。

边界条件可以有不同情况, 例如两板静止、下板静止、上板匀速平行移动, 两板不等速平行移动等。下面考虑两板静止情况, $\bar{v}^{(1)} = \bar{v}^{(2)} = 0$, 流体运动由端部压力推动, 边界条件为 $v_1 (\pm h) = 0$。由于流场对 x_1 轴对称, 所以

$$v_1 (x_2) = v_1 (-x_2); \quad v_{1,2} (x_2) = -v_{1,2} (-x_2); \quad v_{1,2} (0) = 0 \tag{8.64}$$

由式 (8.58a)$_4$、式 (8.61) 、式 (8.63) 和式 (8.64)$_3$, 可得

$$t_{12} = \eta v_{1,2} = -cx_2 \tag{8.65}$$

可见剪应力沿 x_2 轴线性分布, 如图 8.7 所示。对于牛顿流体, $\eta = $ 常数, 上式可以积分, 利用板面处无滑移边界条件, 得到抛物线速度分布:

$$v_1 = \frac{c}{2\eta} \left(h^2 - x_2^2 \right) \tag{8.66}$$

图 8.7　平板剪切流的剪应力

对于 R-E 流体，η 是变形率的函数，本例中可表示为 $\eta = \eta(v_{1,2})$。显然在黏性函数未知时，无法求出速度和应力。通过下面的分析 [5] 可见，根据上述结果，能够通过实验测定黏性函数。

式 (8.65) 表明剪应力 t_{12} 是 $v_{1,2}$ 的函数，假如常数 c 已知，可以得到反函数，记作：

$$v_{1,2} = \lambda(t_{12}) = \lambda(cx_2) \tag{8.67}$$

将上式积分，利用边界条件，得

$$v_1 = -\int_{x_2}^{h} v_{1,2}\mathrm{d}\varsigma = -\int_{x_2}^{h} \lambda(c\varsigma)\mathrm{d}\varsigma \tag{8.68}$$

单位宽度平板之间的体积流量为

$$Q_V = 2\int_0^h v_1\mathrm{d}x_2 = -2\int_0^h \int_{x_2}^h \lambda(c\varsigma)\mathrm{d}\varsigma\mathrm{d}x_2 = -\frac{2}{c^2}\int_0^{ch}\left[\int_{\xi}^{ch}\lambda(\varsigma')\,\mathrm{d}\varsigma'\right]\mathrm{d}\xi$$

其中 $\varsigma' = c\varsigma$, $\xi = cx_2$。上式对 ξ 分部积分，得

$$Q_V = -\frac{2}{c^2}\int_0^{ch}\xi\lambda(\xi)\mathrm{d}\xi \tag{8.69}$$

上式说明体积流量 Q_V 是比推力 c 的函数，$c^2 Q_V$ 对 c 取偏导数，有

$$\frac{\partial}{\partial c}(c^2 Q_V) = -\frac{\partial}{\partial c}\left[2\int_0^{ch}\xi\lambda(\xi)\,\mathrm{d}\xi\right] = -\frac{\partial}{\partial(ch)}\left[2\int_0^{ch}\xi\lambda(\xi)\,\mathrm{d}\xi\right]h = -2ch^2\lambda(ch)$$

所以反函数为

$$\lambda(ch) = -\frac{1}{2h^2 c}\frac{\partial}{\partial c}(c^2 Q_V) \tag{8.70}$$

其中比推力 c 和体积流量 Q_V 是可测量，因此上式可以确定平板表面处的 $\lambda(ch)$，即速度梯度。由式 (8.59) 和式 (8.70)，得到黏性系数 (作为速度梯度的函数)，其中

$$\eta = \frac{t_{12}}{v_{1,2}} = \frac{-ch}{\lambda(ch)} = \frac{2c^2 h^3}{\dfrac{\partial}{\partial c}(c^2 Q_V)} \tag{8.71}$$

▶8.5.2　轴对称剪切流

轴对称剪切流有三种情况 (用圆柱坐标系表示，见图 8.8)：

(1) 轴向流动，速度梯度径向分量非 0(泊肃叶 (Poiseuille) 流)，即

$$v_z = v\,(r)\,;\quad v_r = 0;\quad v_\theta = 0 \tag{8.72a}$$

(2) 周向流动, 速度梯度径向分量非 0(库埃特 (Couette) 流), 即

$$v_\theta = \omega\,(r)\ (\text{角速度, 物理分量}:\ v_{\bar\theta} = r\omega(r));\quad v_r = 0;\quad v_z = 0 \tag{8.72b}$$

(3) 周向流动, 速度梯度轴向分量非 0, 即

$$v_\theta = \omega\,(z)\ (\text{角速度, 物理分量}:\ v_{\bar\theta} = r\omega\,(z));\quad v_r = 0;\quad v_z = 0 \tag{8.72c}$$

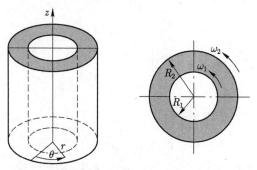

图 8.8　轴对称剪切流

以上流动的变形率只有一个剪切分量非 0, 均为测黏流。若用 $x^i\,(i = 1, 2, 3)$ 表示圆柱坐标, 适当选择 x^i 的排列次序, 可见式 (8.72a,b,c) 各式与平面剪切流的速度式 (8.53) 形式相同, 只是坐标系不同。因此, 可以通过类似分析, 得到类似结果。下面只考虑 Couelle 流。

取曲线坐标 (x^1, x^2, x^3) 表示 (r, θ, z), 式 (8.72b) 对应运动变换 (以 t 时刻为参考构形)

$$\xi^2 = x^2 + \omega\,(x^1)\,(\tau - t)\,;\quad \xi^1 = x^1;\quad \xi^3 = x^3 \tag{8.73}$$

ξ^i 是质点 x^i 在 τ 时刻的位置。速度为 $\boldsymbol{v} = \dfrac{\partial \boldsymbol{\xi}}{\partial \tau}\Big|_x = \dfrac{\mathrm{d}\xi^i}{\mathrm{d}\tau}\boldsymbol{g}_i$, 逆变分量和协变分量为

$$v^2 = \omega\,(x^1)\,,\ v^1 = v^3 = 0\,;\quad v_2 = r^2\omega\,(x^1)\,,\ v_1 = v_3 = 0 \tag{8.74}$$

速度梯度为 $v_{i;j} = v_{i,j} - \Gamma_{ij}^m v_m$, 其中圆柱坐标系的 Γ_{ij}^m 见 1.20 节, 所以

$$v_{2;1} = v_{2,1} - \Gamma_{21}^2 v_2 = r\omega + r^2\omega_{,r}\,;\quad v_{1;2} = -\Gamma_{12}^2 v_2 = -r\omega\,;\ \text{其余为}\,0 \tag{8.75}$$

变形率张量 $d_{ij} = \dfrac{1}{2}\,(v_{i;j} + v_{j;i})$ 的张量分量和物理分量为

$$[d_{ij}] = \frac{1}{2}\begin{bmatrix} 0 & r^2\omega_{,1} & 0 \\ r^2\omega_{,1} & 0 & 0 \\ 0 & 0 & 0 \end{bmatrix};\quad [d_{(ij)}] = \frac{1}{2}\begin{bmatrix} 0 & r\omega_{,1} & 0 \\ r\omega_{,1} & 0 & 0 \\ 0 & 0 & 0 \end{bmatrix} \tag{8.76}$$

相对变形梯度 $\boldsymbol{F}_{(t)} = \dfrac{\partial \boldsymbol{\xi}}{\partial \boldsymbol{x}} = \dfrac{\partial \xi^{i'}}{\partial x^j} \boldsymbol{g}_{i'} \boldsymbol{g}^j = F_{(t)j}^{\ i'} \boldsymbol{g}_{i'} \boldsymbol{g}^j$，混合分量和协变分量为

$$
\left[F_{(t)j}^{\ i'} \right] =
\begin{bmatrix}
1 & 0 & 0 \\
\omega_{,1}(\tau - t) & 1 & 0 \\
0 & 0 & 1
\end{bmatrix}; \quad
\left[F_{(t)k'j} = g_{k'i'} F_{(t)j}^{\ i'} \right] =
\begin{bmatrix}
1 & 0 & 0 \\
r^2 \omega_{,1}(\tau - t) & r^2 & 0 \\
0 & 0 & 1
\end{bmatrix}
$$

相对 Cauchy-Green 变形张量为 $\boldsymbol{C}_{(t)} = \boldsymbol{F}_{(t)}^{\mathrm{T}} \cdot \boldsymbol{F}_{(t)}$

$$
\left[C_{(t)ij} \right] = \left[F_{(t)ik'} \right] \left[g^{k'l'} \right] \left[F_{(t)l'j} \right] =
\begin{bmatrix}
1 + r^2 \omega_{,1}^2 (\tau - t)^2 & r^2 \omega_{,1}(\tau - t) & 0 \\
r^2 \omega_{,1}(\tau - t) & r^2 & 0 \\
0 & 0 & 1
\end{bmatrix} \tag{8.77}
$$

上式对 $(\tau - t)$ 展开，得 R-E 张量

$$
\boldsymbol{A}^{(0)} = \boldsymbol{I}, \ \boldsymbol{A}^{(1)} = 2\boldsymbol{d}, \ \boldsymbol{A}^{(2)} = 2
\begin{bmatrix}
r^2 \omega_{,1}^2 & 0 & 0 \\
0 & 0 & 0 \\
0 & 0 & 0
\end{bmatrix}; \text{物理分量} \quad A_{(ij)}^{(2)} = A_{ij}^{(2)} \tag{8.78}
$$

将式 (8.76) 和式 (8.78) 代入本构方程式 (8.7a)，得到 Cauchy 应力的物理分量：

$$
\left.
\begin{aligned}
\sigma_r &= t_{(11)} = -p + (\beta_1 + 2\beta_2) r^2 \omega_{,r}^2 \\
\sigma_\theta &= t_{(22)} = -p + \beta_1 r^2 \omega_{,r}^2 \\
\sigma_z &= t_{(33)} = -p \\
\sigma_{r\theta} &= t_{(12)} = \eta r \omega_{,r} \\
\sigma_{rz} &= t_{(13)} = 0, \ \sigma_{\theta z} = t_{(23)} = 0
\end{aligned}
\right\} \tag{8.79}
$$

式 (8.79) 与式 (8.58a) 比较可见，轴对称剪切流的应力分布与平面剪切流类似，这里的流动方向 θ 对应平面剪切流的 1 方向。三个测黏应力为

$$
\left.
\begin{aligned}
\sigma^{(1)} &= t_{(11)} - t_{(33)} = (\beta_1 + 2\beta_2) r^2 \omega_{,r}^2 \\
\sigma^{(2)} &= t_{(22)} - t_{(33)} = \beta_1 r^2 \omega_{,r}^2 \\
\tau^{(12)} &= t_{(12)} = \eta r \omega_{,r}
\end{aligned}
\right\} \tag{8.80}
$$

由于流场只随 r 变化，所以本例中的黏性系数 η, β_1, β_2 只能是 r 的函数。上式说明，为了确定黏性系数与流动的关系，需要测量某一点处的测黏应力和速度梯度。

利用第 1.20 节圆柱坐标系中对称二阶张量的散度物理分量表达式，运动方程

式 (8.17) 变为

$$
\left.
\begin{array}{l}
\dfrac{\partial \sigma_r}{\partial r} + \dfrac{\sigma_r - \sigma_\theta}{r} + \rho r \omega^2 = 0 \\[2mm]
\dfrac{\partial \sigma_{r\theta}}{\partial r} + \dfrac{2\sigma_{r\theta}}{r} = 0 \\[2mm]
\dfrac{\partial \sigma_z}{\partial z} - \rho g = 0
\end{array}
\right\}
\tag{8.81}
$$

式中，$r\omega^2$、g 是向心加速度和重力加速度。将式 (8.79) 代入上式，得

$$
\left.
\begin{array}{l}
-p_{,r} + \left[(\beta_1 + 2\beta_2) r^2 \omega_{,r}^2 \right]_{,r} + 2\beta_2 r \omega_{,r}^2 + \rho r \omega^2 = 0 \\[2mm]
(\eta r \omega_{,r})_{,r} + 2\eta \omega_{,r} = 0 \\[2mm]
-p_{,z} - \rho g = 0
\end{array}
\right\}
\tag{8.82}
$$

设 z 轴垂直地面，流体充满内外圆柱面之间 (见图 8.8)，边界条件为

$$
p = p_0 (\text{上液面}); \quad \omega(R_1) = \omega_1; \quad \omega(R_2) = \omega_2
\tag{8.83}
$$

式中，R_1、R_2、ω_1、ω_2 分别是内外圆柱面的半径和转速。

式 $(8.82)_3$ 表明，轴向应力 (即压强 p) 沿轴向的梯度 (比推力) 是常数。由式 $(8.79)_4$ 可见 $\sigma_{r\theta}$ 是 $r\omega_{,r}$ 的函数，所以 $r\omega_{,r}$ 是 $\sigma_{r\theta}$ 的反函数，并且与作用在圆柱面上的扭矩有关。通过测量扭矩，可以间接地得到 $r\omega_{,r}$ 与 $\sigma_{r\theta}$ 的函数关系，从而给出黏性系数。

如果忽略黏性系数 η 随 r 的变化，则可近似求出速度分布。由式 $(8.82)_2$，有

$$
r(\eta\omega_{,r})_{,r} + 3\eta\omega_{,r} = 0
$$

令：$y = \eta\omega_{,r}$，用分离变量法求解上式，得

$$
\eta\omega_{,r} = cr^{-3}
\tag{8.84}
$$

当 η 为常数时，将上式积分，则

$$
\omega = -\frac{cr^{-2}}{2\eta} + d
\tag{8.85}
$$

利用边界条件式 $(8.83)_{2,3}$，可得

$$
c = \frac{2\eta R_1^2 R_2^2 (\omega_1 - \omega_2)}{R_1^2 - R_2^2}, \ d = \frac{\omega_1 R_1^2 - \omega_2 R_2^2}{R_1^2 - R_2^2}
\tag{8.85a}
$$

将式 (8.85) 代入式 $(8.80)_3$，如果测得剪应力，便可确定黏性系数 η。

下面近似讨论 σ_z 的变化。将式 (8.84) 代入式 $(8.82)_1$，假设 β_1、β_2 是常数，可得

$$
\sigma_{z,r} = -p_{,r} = (4\beta_1 + 6\beta_2)\frac{c^2}{\eta^2 r^5} - \rho r \omega^2
\tag{8.86}
$$

对于牛顿流体 ($\beta_1 = \beta_2 = 0$), 上式表明随 r 的增加轴向压力变大、液面升高, 呈凹形。对于非牛顿流体, 由于 $2\beta_1 + 3\beta_2 > 0$ 导致上式右端 > 0, 所以随 r 的增加轴向压力减小, 液面呈凸形, 即液面沿旋转的内柱面爬升, 这种现象称为 Weissenberg 效应 (见图 8.9), 反映了非牛顿流体与牛顿流体不同的特点。

图 8.9   Weissenberg 效应
(a) 牛顿流体; (b) 非牛顿流体

▶8.5.3   恒定单向拉伸历史流动

一般情况下, 任一时刻 τ 的相对变形 $\boldsymbol{C}_{(t)}(\tau)$ 与 t 时刻参考构形及 τ 与 t 的时间间隔有关。如果 $\boldsymbol{C}_{(t)}(\tau)$ 的主值 $\lambda_{(t)k}^2$ 只与 τ 和 t 的时间间隔有关, 与参考时间 t 无关, 但主方向可以随 t 改变, 这样的运动称为恒定伸长历史运动。恒定伸长历史运动应该满足下列关系:

$$\boldsymbol{C}_{(\bar{t})}(\Delta t) = \boldsymbol{Q}(t) \cdot \boldsymbol{C}_{(t)}(\Delta t) \cdot \boldsymbol{Q}^{\mathrm{T}}(t) \tag{8.87}$$

式中, $\Delta t = t - \tau = \bar{t} - \bar{\tau}$; t 是当前参考时刻; $\bar{t}$ 是 t 以前的任一参考时刻; 而 τ 和 $\bar{\tau}$ 是与各自参考时刻间距相同的两个任意时刻; 正交张量 $\boldsymbol{Q}(t)$ 是 t 构形中主坐标系 $\boldsymbol{e}_{(t)k}$ 与 $\bar{t}$ 构形中主坐标系 $\boldsymbol{e}_{(\bar{t})k}$ 之间的刚性转动:

$$\boldsymbol{e}_{(\bar{t})k} = \boldsymbol{Q}(t) \cdot \boldsymbol{e}_{(t)k} \quad (k = 1, 2, 3) \tag{8.88}$$

将张量标准型 $\boldsymbol{C}_{(t)}(\Delta t) = \lambda_{(t)k'}^2 \boldsymbol{e}_{(t)k} \boldsymbol{e}_{(t)k}$ 和 $\boldsymbol{C}_{(\bar{t})}(\Delta t) = \lambda_{(\bar{t})k'}^2 \boldsymbol{e}_{(\bar{t})k} \boldsymbol{e}_{(\bar{t})k}$ ($k' = k$) 代入式 (8.87), 利用式 (8.88), 可得 $\lambda_{(\bar{t})k}^2 = \lambda_{(t)k}^2$, 即 $\boldsymbol{C}_{(\bar{t})}(\Delta t)$ 与 $\boldsymbol{C}_{(t)}(\Delta t)$ 主值相同, 主方向相差刚性转动, 因此式 (8.87) 可以作为恒定伸长历史运动的定义。

下面讨论一种恒定伸长历史运动 —— 不可压缩定常单向拉伸运动。

假设 $t = 0$ 时刻物质点 (X_1, X_2, X_3) 在空间点 (x_1, x_2, x_3) 的位置, X_K, x_k 是直角坐标系, 速度为

$$v_1 = kx_1; \quad v_2 = -\frac{k}{2}x_2; \quad v_3 = -\frac{k}{2}x_3 \tag{8.89}$$

式中, k 为常数, 显然 $\nabla \cdot \boldsymbol{v} = 0$, 所以为不可压缩流动。

将上式写成微分形式

$$\frac{\mathrm{d}x_1}{x_1} = k\mathrm{d}t; \quad \frac{\mathrm{d}x_2}{x_2} = -\frac{k}{2}\mathrm{d}t; \quad \frac{\mathrm{d}x_3}{x_3} = -\frac{k}{2}\mathrm{d}t \tag{8.90}$$

经过积分,利用 $x_i|_{t=0} = X_i$,可得 t 时刻和 τ 时刻 X_K 点的位置 x_k 和 ξ_k:

$$x_1 = X_1\mathrm{e}^{kt}; \quad x_2 = X_2\mathrm{e}^{-kt/2}; \quad x_3 = X_3\mathrm{e}^{-kt/2} \tag{8.91}$$

$$\left.\begin{array}{l} \xi_1\left(\tau\right) = X_1\mathrm{e}^{k\tau} = x_1\mathrm{e}^{k(\tau-t)}; \quad \xi_2\left(\tau\right) = X_2\mathrm{e}^{-k\tau/2} = x_2\mathrm{e}^{-k(\tau-t)/2} \\ \xi_3\left(\tau\right) = X_3\mathrm{e}^{-k\tau/2} = x_3\mathrm{e}^{-k(\tau-t)/2} \end{array}\right\} \tag{8.91a}$$

上式给出流场的迹线方程, 图 8.10 为 $x_3 = 0$ 面内物质点 $X_1 = 1, X_2 = \pm 1, X_3 = 0$ 的运动轨迹 (取 $k = 0.04/\mathrm{s}$)。

由式 (8.89),速度梯度和变形率张量为

$$\boldsymbol{L} = \begin{bmatrix} k & 0 & 0 \\ 0 & -k/2 & 0 \\ 0 & 0 & -k/2 \end{bmatrix}; \quad \boldsymbol{d} = \boldsymbol{L} \tag{8.92}$$

图 8.10 单向拉伸运动的迹线和流线

相对变形梯度和相对 Cauchy-Green 变形张量为

$$\boldsymbol{F}_{(t)}\left(\tau\right) = \frac{\partial \boldsymbol{\xi}}{\partial \boldsymbol{x}} = \begin{bmatrix} \mathrm{e}^{k(\tau-t)} & 0 & 0 \\ 0 & \mathrm{e}^{-k(\tau-t)/2} & 0 \\ 0 & 0 & \mathrm{e}^{-k(\tau-t)/2} \end{bmatrix} \tag{8.93}$$

$$\boldsymbol{C}_{(t)}\left(\tau\right) = \boldsymbol{F}_{(t)}^{\mathrm{T}}\left(\tau\right) \cdot \boldsymbol{F}_{(t)}\left(\tau\right) = \begin{bmatrix} \mathrm{e}^{2k(\tau-t)} & 0 & 0 \\ 0 & \mathrm{e}^{-k(\tau-t)} & 0 \\ 0 & 0 & \mathrm{e}^{-k(\tau-t)} \end{bmatrix} \tag{8.94}$$

上式表明,$\boldsymbol{C}_{(t)}\left(\tau\right)$ 的主值只与时间间隔 $\tau - t$ 有关,属于恒定伸长历史流动。比较式 (8.94) 和剪切流的变形式 (8.56) 及式 (8.77),可见单向拉伸流动与剪切流动不同,不是测黏流动。

将指数函数 $\boldsymbol{C}_{(t)}$ 展成 Taylor 级数,得

$$\boldsymbol{A}^{(0)} = \boldsymbol{I}; \quad \boldsymbol{A}^{(1)} = 2\boldsymbol{d} = \begin{bmatrix} 2k & 0 & 0 \\ 0 & -k & 0 \\ 0 & 0 & -k \end{bmatrix}; \quad \boldsymbol{A}^{(2)} = \begin{bmatrix} 4k^2 & 0 & 0 \\ 0 & k^2 & 0 \\ 0 & 0 & k^2 \end{bmatrix} \tag{8.95}$$

由本构关系式 (8.7a)，Cauchy 应力为

$$
\left.
\begin{aligned}
t_{11} &= -p + 2\eta k + 4\left(\beta_1 + \beta_2\right) k^2 \\
t_{22} = t_{33} &= -p - \eta k + \left(\beta_1 + \beta_2\right) k^2 \\
t_{12} = t_{23} &= t_{13} = 0
\end{aligned}
\right\}
\tag{8.96}
$$

p 与 k 的关系需要利用运动方程和边界条件确定。

恒定伸长历史运动可以描述高聚合物溶液在某些加工过程中的流动，例如纺丝、塑料制品成形等，纺丝过程可以认为是单轴拉伸流动。

习　　题

8-1　已知流体平面运动的速度场为

$$
v_x = -\frac{k}{4\pi} \frac{x^2}{y\left(x^2 + y^2\right)}; \quad v_y = \frac{k}{4\pi} \frac{y^2}{x\left(x^2 + y^2\right)}; \quad v_z = 0
$$

x, y, z 为直角坐标系，k 是常数，试求流线和涡线 (本题引自参考文献 [3])。

8-2　写出纳维–斯托克斯 (Navier-Stokes) 方程 (式 (8.45)) 在直角坐标系和圆柱坐标系中的物理分量展开式。

8-3　已知牛顿流体的速度场为：$v_1 = kx_1$；$v_2 = -kx_2$；$v_3 = 0$。x_1、x_2、x_3 为直角坐标系，k 是常数。

(1) 证明该速度场是无旋场；

(2) 求 Cauchy 应力张量；

(3) 求加速度场；

(4) 利用纳维–斯托克斯方程 (无体力)，求压力分布 (若坐标原点压力为 p_0)；

(5) 利用伯努利方程，求压力分布 (假设为理想流体)；

(6) 求机械能转变的耗散率 (提示：参见式 (5.99c))；

(7) 若 $x_2 = 0$ 为固定边界，那么什么条件不被该速度场所满足？

答案：(4),(5) $p = -\dfrac{\rho k^2}{2}\left(x_1^2 + x_2^2\right) + p_0$；(6) $4k^2\eta$　(本题引自参考文献 [7])。

8-4　理想气体的应力为 $\boldsymbol{\sigma} = -p\boldsymbol{I}$，试证明理想气体的绝热过程满足能量方程：

$$
\rho \frac{\mathrm{d}e}{\mathrm{d}t} = -p\boldsymbol{\nabla} \cdot \boldsymbol{v}
$$

p、ρ、e、$\boldsymbol{v}$ 是气体的压强、密度、内能和速度。

8-5　试证明可压缩牛顿流体满足熵不等式 (耗散函数非负) 的充分必要条件是

$$
3\lambda + 2\eta \geqslant 0, \ \eta \geqslant 0
$$

不可压缩牛顿流体 ($I_d = 0$) 耗散函数非负的充分必要条件是 $\eta \geqslant 0$。

　　提示：利用式 (5.99c)。

　　8-6　在亚音速气流中，常用空速管测量流速。空速管 (图 8.11) 由内外两管组成，内管前端开孔，用于测量驻点 (流速为 0) 的空气压力 p_0，外管侧面开孔测量气流的静压 p，将两种压力的空气分别引入膜盒内外，根据膜盒变形读取速度。试证明气流速度为 $v = \sqrt{\dfrac{2}{\rho}(p_0 - p)}$ (ρ 为空气密度)。

　　8-7　理想 (无黏性) 液体在圆筒中绕垂直轴线 z 以等角速度 ω 转动 (图 8.12)，试求液面的形状。

　　答案：$z = \dfrac{\omega^2 r^2}{2g}$。

图 8.11　空速管　　　　　图 8.12　转动液体的液面

参 考 文 献

[1] 黄克智, 薛明德, 陆明万. 张量分析 [M]. 第二版. 北京: 清华大学出版社, 2003.

[2] 黄克智. 非线性连续介质力学 [M]. 北京: 清华大学出版社, 北京大学出版社, 1989.

[3] Eringen A C. 连续统力学 [M]. 第二版. 程昌钧, 俞焕然, 译. 北京: 科学出版社, 1991.

[4] 匡震邦. 非线性连续介质力学 [M]. 上海: 上海交通大学出版社, 2002.

[5] 黄筑平. 连续介质力学基础 [M]. 北京: 高等教育出版社, 2003.

[6] 李松年, 黄执中. 非线性连续统力学 [M]. 北京: 北京航空学院出版社, 1987.

[7] Lai W M, Rubin D, Krempl E. 连续介质力学引论 [M]. 第三版. 康振黄, 陈君楷, 邹盛铨, 杨惊途, 译. 成都: 四川科学技术出版社, 1985.

[8] 黄克智, 黄永刚. 固体本构关系 [M]. 北京: 清华大学出版社, 1999.

[9] 杨挺青, 罗文波, 徐平, 危银涛, 刚芹果. 黏弹性理论与应用 [M]. 北京: 科学出版社, 2004.

[10] 董曾南, 章梓雄. 非黏性流体力学 [M]. 北京: 清华大学出版社, 2003.

[11] 郭仲衡. 张量 (理论和应用)[M]. 北京: 科学出版社, 1988.

[12] 郑泉水. 张量函数的表示理论, 力学进展, 1996, 26: 114~137.

[13] Новожилов В. 非线性弹性力学基础 [M]. 朱兆祥, 译. 北京: 科学出版社, 1958.

[14] 周又和, 郑晓静. 电磁固体结构力学 [M]. 北京: 科学出版社, 1999.

[15] Lemaitre J, Chaboche J-L. 固体材料力学 [M]. 余天庆, 吴玉树, 译. 北京: 国防工业出版社, 1997.

[16] 余寿文, 冯西桥. 损伤力学 [M]. 北京: 清华大学出版社, 1997.

[17] Lemaitre J. 损伤力学教程 [M]. 倪金刚, 陶春虎, 译. 北京: 科学出版社, 1996.

[18] Fung Y C. Foundations of solid mechanics. Prentice-Hall, New Jersey, 1965.

[19] Washizu K. Variational methods in elasticity and plasticity (Third edition), Pergamon Press, 1982.

[20] Pian T H H. Derivation of element stiffness matrices by assumed stress distribution, AIAA J., 1964, 2:1333~1336.

[21] Atluri S N, Gallagher R H, Zienkiewitz O C, eds. Hybrid and mixed finite element methods, Wiley, New York, 1983.

[22] 唐立民, 刘迎曦, 陈万吉. 有限元分析中的拟协调元 [J], 大连工学院学报, 1980, 19(2): 135~147.

[23] 吕和祥, 刘迎曦. 有限元中拟协调元及在构造双曲壳单元上的应用, 大连工学院学报, 1981, 20 (1): 75~78.

[24] Ashwell D C, Sabir A B. A new cylindrical element based on simple independent strain functions, Int. J. Mech. Sci., 1972, 14: 171~183.

[25] Huang B Z, Shenoy V B, Atluri S N. A quasi-conforming triangular laminated shell element based on a refined first-order theory, Computational Mechanics, 1994, 13: 295~314.

[26] Ziegler H. 结构稳定性原理 [M]. 任文敏, 黎佑铭, 译. 北京: 高等教育出版社, 1992.

[27] Fung Y C, Sechler E E. Instability of thin elastic shells, Structural Mechanics, Proc. First Symp., Naval Struct. Mech., edited by Goodier J N, Hoff N J, Pergamon Press, 1960.

[28] 朱兆祥. 弹性结构的动力屈曲. 见：中国力学学会办公室、中科院力学所 LNM 开放实验室，编. 材料和结构的不稳定性. 北京：科学出版社，1993: 157~172.

[29] Koiter W T. The stability of elastic equilibrium. Thesis, Delft, 1945. 亦见：NASA, TT F-10, 833, 1967.

[30] Koiter W T. Current trends in the theory of buckling, Proc. IUTAM Symp. on Buckling of Structures, 1974. Buckling of structures, edited by Budiansky B, 1974: 1~16.

[31] Mindlin R D. Influence of rotatory inertia and shear on flexural motions of isotropic, elastic plates, J. Appl. Mech., 1951, 18, Trans. ASME, 73: 31~38.

[32] Reddy J N. A simple higher-order theory of laminated composite plates, J. Appl. Mech., 1964, 51, 745~752.

[33] 黄克智，夏之熙，薛明德，任文敏. 板壳理论 [M]. 北京：清华大学出版社，1987.

[34] Whitny J M. Shear correction factors for orthotropic laminates under static loads, J. Appl. Mech., Trans. ASME 1973, 40: 302~304.

[35] Pagano J N. Exact solution for rectangular bidirectional composite and sandwith plates, J. Composite Materials, 1970, 40: 20~34.

[36] von Kármán T, Tsien H S. Buckling of thin spherical shells by external pressure, J. Aero. Sci., 1939, 7: 43~50.

[37] Huang B Z, Atluri S N. A simple method to follow post-buckling paths in finite element analysis. Computers & Structures, 1995, 57 (3): 477~489.

[38] Wriggers P, Wagner W, Miehe C. A quadratically convergent procedure for the calculation of stability points in finite element analysis, Comp. Meth. in Appl. Mech. Eng., 1988, 70: 329~347.

[39] Budiansky B. Theory of buckling and postbuckling behavior of elastic structures, Advances in Applied Mechanics, 1974, 14: 1~65.

[40] 黄宝宗，姜泽亚. 中面内边界条件对圆柱曲板屈曲的影响 [J]. 计算结构力学及其应用，1986, 3 (4): 26~32.

[41] 黄宝宗，杨文成，沈祥富. 薄壁结构屈曲和初始后屈曲的局部分析及其精度 [J]. 力学学报，1991, 22 (1): 103~109.

[42] Gao Y C. Large deformation field near a crack tip in a rubber-like material, Theor. Appl. Pract. Mech., 1997, 26: 155~162.

[43] Mullins L. Softening of rubber by deformation, Rubber Chem. Technol., 1969, 42: 339~362.

[44] Guo Z, Sluys L J. Computational modelling of the stress-softening phenomenon of rubber-like materials under cyclic loading, European J. Mech. A/Solids, 2006, 25: 877~896.

[45] 徐秉业，沈新普，崔振山. 固体力学 [M]. 北京：中国环境科学出版社，2003.